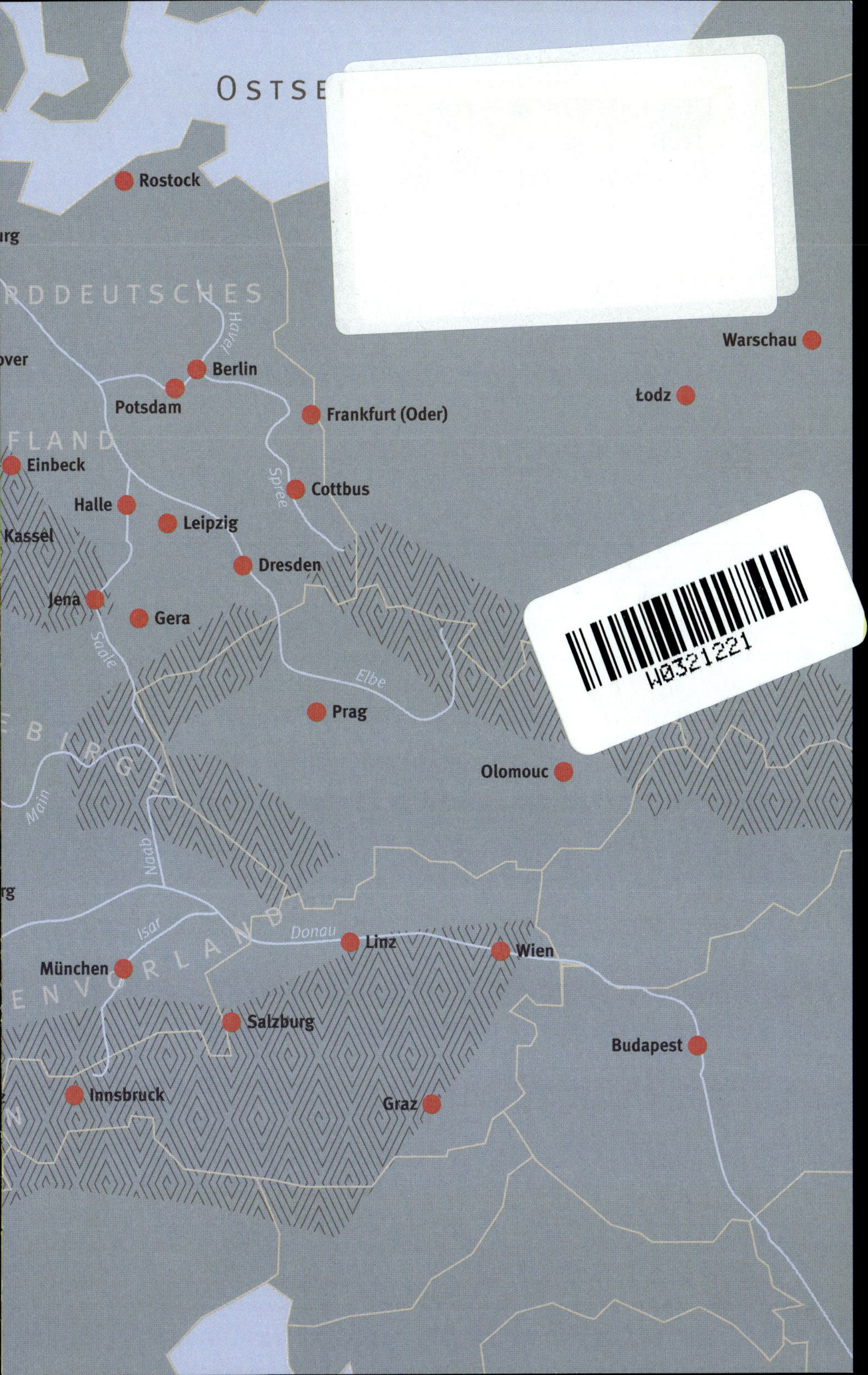
OSTSE
Rostock
rg
RDDEUTSCHES
Havel
over
Berlin
Potsdam
Frankfurt (Oder)
Warschau
Łodz
FLAND
Einbeck
Spree
Cottbus
Halle
Leipzig
Kassel
Dresden
Jena
Gera
Saale
Elbe
Prag
Olomouc
E B I R G E
Main
Naab
rg
Isar
Donau
Linz
Wien
München
E N V O R L A N D
Salzburg
Budapest
Innsbruck
Graz

Stefan Ineichen,
Bernhard Klausnitzer,
Max Ruckstuhl

Herausgeber

Stadtfauna
600 Tierarten unserer Städte

Haupt

Stefan Ineichen, Bernhard Klausnitzer, Max Ruckstuhl *Herausgeber*

Stadtfauna

600 Tierarten unserer Städte

Haupt Verlag
Bern • Stuttgart • Wien

Zu den Herausgebern

Stefan Ineichen, Zürich, ist Biologe. Er unterrichtet an der Zürcher Hochschule für Angewandte Wissenschaften und ist als freier Autor tätig.
Bernhard Klausnitzer, Dresden, ist Zoologe, Hochschullehrer und Fachbuchautor (Entomologie, vorwiegend Coleoptera, Stadtökologie).
Max Ruckstuhl, Zürich, ist Biologe und leitet die Fachstelle Naturschutz bei Grün Stadt Zürich.

Umschlag:
Vorne: Hintergrundbild (Paris): allover/Blickwinkel; Schleiereule: NPL/Marc Hobson/Arco Images; Rotfuchs: Laurent Geslin/Arco Images; Zauneidechse: M. Delpho/Arco Images; Gebänderte Prachtlibelle: McPHOTO/Blickwinkel; Wanderfalke: P. Cairns/Blickwinkel; Eichhörnchen: McPHOTO/Blickwinkel.
Hinten: Hintergrundbild (Paris): allover/Blickwinkel; Sächsische Wespe: J. Kottmann/Blickwinkel; Halsbandsittich: Norbert Uhlhaas; Weinbergschnecke: K. Wothe/Blickwinkel.

Gestaltung und Satz: pooldesign.ch

1. Auflage 2012

Bibliografische Angaben der Deutschen Nationalbibliothek:
Die Deutsche Nationalbibliothek verzeichnet diese Publikation in der Deutschen Nationalbibliografie; detaillierte bibliografische Daten sind im Internet unter http://dnb.d-nb.de abrufbar.

ISBN 978-3-258-07723-9

Printed in Germany

www.haupt.ch

Inhalt

Artporträts

Vorwort

Die Pflanzen- und Tierwelt der mitteleuropäischen Städte hat lange Zeit wenig Beachtung gefunden, da die urbane Landschaft aufgrund der starken Prägung durch menschliche Eingriffe als naturfremd und damit als kaum geeignet für die Entfaltung einer vielfältigen Flora und Fauna empfunden wurde. Natur wurde außerhalb der Städte gesucht, auf dem Land, im Wald, in den Bergen oder in weit entfernten Weltregionen, wo der Zugriff der Zivilisation weniger augenfällig ist.
In den letzten Jahrzehnten setzte jedoch ein Umdenken in der Bewertung der städtischen Lebensräume ein. Untersuchungen in zahlreichen Städten haben gezeigt, dass die Artenvielfalt gerade im Siedlungsbereich erstaunlich groß ist und sich die urbane Flora und Fauna keineswegs nur aus trivialen, allgemein verbreiteten Arten zusammensetzt, sondern auch zahlreiche seltene und gefährdete Arten umfasst. Bei vielen Verwandtschaftsgruppen können im städtischen Raum deutlich höhere Artenzahlen festgestellt werden als etwa in vorwiegend landwirtschaftlich genutzten Gebieten vergleichbarer Größe.
Das Tier- und Pflanzenleben der Städte ist nicht nur wegen seiner großen Vielfalt von besonderer Bedeutung, sondern auch, weil in Mitteleuropa unterdessen die Mehrheit der Menschen in städtischen Räumen lebt und arbeitet. Für die meisten lässt sich Natur im Alltag am ehesten im urbanen Wohn- und Arbeitsumfeld erfahren, bestaunen und erleben. Zahlreiche Publikationen zur Flora einzelner Städte erleichtern den Zugang zur urbanen Pflanzenwelt, Literatur, die einen Überblick über die städtische Fauna vermittelt, ist dagegen Mangelware. Dies hängt nicht zuletzt damit zusammen, dass die Fauna der Städte mit Ausnahme einiger attraktiver Verwandtschaftsgruppen, etwa der Vögel und Tagfalter, nur unzulänglich bekannt ist. Die vorliegende «Stadtfauna» versucht nun, einen Eindruck von der vielfältigen urbanen Tierwelt zu vermitteln, indem sie ungefähr 600 Arten vorstellt, die in vielen mitteleuropäischen Städten beobachtet werden können. Das Spektrum reicht vom Süßwasserschwamm bis zur Fledermaus.
Die vorliegende «Stadtfauna» basiert auf dem Titel «Stadtfauna. 600 Tierarten der Stadt Zürich», welcher 2010 ebenfalls im Haupt Verlag publiziert wurde. Die Zürcher Version – angeregt und ermöglicht durch die städtische Dienstabteilung *Grün Stadt Zürich* als Beitrag der Stadt zum Jahr der Biodiversität 2010 – hat als handliche Übersicht über die urbane Tierwelt auch international Beachtung gefunden. Die nun vorliegende, auf ganz Mitteleuropa erweiterte «Stadtfauna» unterscheidet

sich von der Zürcher Fassung aber in zweifacher Hinsicht. Zum einen fehlen hier jene Arten, welche in Zürich nachgewiesen, aber sonst in Europa kaum oder nur sehr selten anzutreffen sind, und zum anderen wurden einige Dutzend neue Artporträts in den vorliegenden Titel integriert. Sämtliche Artporträts sind zudem überarbeitet worden, nicht zuletzt um Hinweise auf die Verbreitung im gesamten Gebiet Mitteleuropas zu geben.

Unter «Mitteleuropa» wird – weder biogeografisch noch historisch korrekt – in der «Stadtfauna» im Wesentlichen der deutschsprachige Raum nördlich der Alpen verstanden, eine Beschränkung, die Herausgebern und Verlag aus praktischen Gründen sinnvoll erscheint. Trotz dieser räumlichen Eingrenzung und der Gemeinsamkeiten, die urbane Lebensräume unabhängig von ihrer Lage teilen, bestehen erhebliche Unterschiede in der Fauna verschiedener mitteleuropäischer Städte. Mitteleuropa reicht (im hier verwendeten Sinn) von den Alpen bis zum Meer, berührt im Südosten um Wien die Pannonische Tiefebene, umfasst im Norden Österreichs und der Schweiz sowie im südlichen Bayern Gebiete im Alpenvorland und erstreckt sich über die von Flusstälern durchschnittene Mittelgebirgsregion und das Norddeutsche Tiefland bis zu den Küsten der Nord- und Ostsee. In diesem ausgedehnten Gebiet wirken sich regionale Unterschiede und klimatische Gradienten auch auf die urbane Tierwelt aus, etwa die nordwärts tendenziell sinkenden Durchschnittstemperaturen oder das gegen Osten zunehmend kontinentale Klima mit einer deutlicheren Ausprägung der Differenz zwischen sommerlicher Hitze und winterlicher Kälte. Auch die historische Entwicklung der Verbreitungsareale verschiedener Tierarten im nacheiszeitlichen Europa beeinflussen die Artenspektren in urbanen Zentren unterschiedlicher geografischer Länge und Breite, ebenso stadtspezifische Faktoren wie Größe, Geschichte und vorherrschende Bebauungsformen.

Die hier vorgestellte Auswahl umfasst viele in Städten verbreitete sowie typisch urbane Arten, berücksichtigt jedoch immer wieder auch seltene, spezielle und sogar nur lokal vorhandene Tierarten. Neben der Fauna stark bebauter Stadtzonen werden auch Wald- und Grünlandarten beschrieben, die sowohl in innerstädtischen Grünräumen als auch in Stadtrandlagen auftreten können. Da Gewässer in fast allen Städten eine prominente Rolle spielen, sind auch zahlreiche Vertreter der Süßwasserfauna berücksichtigt worden, auf eigentliche Meeresarten wurde jedoch verzichtet.

Attraktive und gut bekannte Artengruppen wie Tagfalter, Amphibien, Reptilien, Vögel und Säugetiere werden ausführlicher behandelt, andere, teilweise sehr artenreiche, aber unzulänglich bekannte Gruppen werden nur durch einige wenige häufige, repräsentative und interessante Beispiele vorgestellt. Dies ist etwa bei den Spinnen, Käfern, Hautflüglern und Zweiflüglern (Fliegen und Mücken) der Fall. Um das Bild einer allgemeinen Fauna für mitteleuropäische Städte zu erweitern und abzurunden, werden in der vorliegenden «Stadtfauna» auch wenig beachtete

Verwandtschaftskreise berücksichtigt. Diese werden durch einige auffällige oder typische Vertreter repräsentiert oder – wie Bärtierchen und Springschwänze – pauschal beschrieben.
Die Artporträts sind nach vorgegebenem Schema von mehr als zwei Dutzend spezialisierten Fachleuten verfasst worden. Das hier vereinigte Wissen stellt, bei aller Knappheit der Darstellung, einen Überblick über die Fauna von Städten im urbanisierten Mitteleuropa dar. So mag die vorliegende Auswahl helfen, sich in der Tierwelt des «Stadtdschungels» zurechtzufinden. Auf jeden Fall möchten wir mit der «Stadtfauna» die auch im urbanen Raum große natürliche Vielfalt und den Wert der Biodiversität ins öffentliche Bewusstsein rücken.

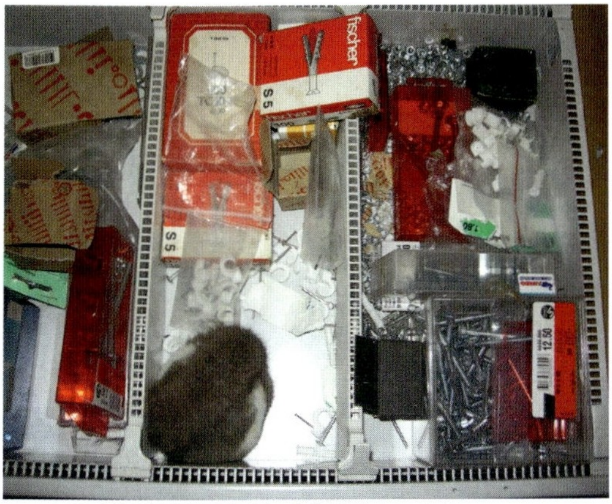

Ein Siebenschläfer verschläft den Tag zusammengerollt in einer Werkzeugkiste in einem Gebäude am Zürcher Stadtrand.

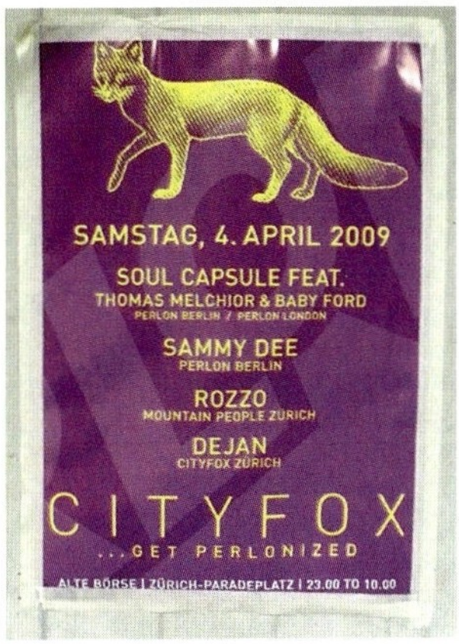

Cityfox: Stadtfauna als Bestandteil der urbanen Kultur.

Geschichte der Stadtfauna auf dem Weg von der Altstadt zur Großstadt

Wie jede Stadt eine Geschichte hat, so hat auch jede Stadtfauna eine eigene Geschichte. Verfolgen wir stellvertretend die historische Entwicklung der Fauna der Stadt Zürich, die nicht zuletzt dank guter Quellenlage, die mit den zoologischen Schriften Konrad Gessners bis ins 16. Jahrhundert zurückblicken lässt, besser bekannt ist als diejenige vieler anderer Städte.
Das Gebiet der heutigen Stadt Zürich liegt in einer vom Linthgletscher ausgehobelten Mulde. Der Zürichsee staute sich ursprünglich am Moränenwall, der während des Rückzugs der Vergletscherung im Bereich der heutigen Innenstadt entstanden ist, und entwässert in die Limmat, an deren Ufern das alte Zürich gebaut wurde. Die Sihl, Zürichs zweiter Stadtfluss, brachte als lange Zeit unberechenbarer Alpenfluss große Mengen Schotter in die Talmulde und schuf damit die Ebene des Sihlfelds.
Seit dem letzten Viertel des 5. vorchristlichen Jahrtausends bestanden am Seeufer mehrere neolithische Siedlungen. Mit der Bewirtschaftung vorerst kleiner Parzellen innerhalb der vorwiegend von Laubmischwäldern bedeckten Gegend durch sesshafte Bauern begann die Entwicklung einer halboffenen Kulturlandschaft, die bis in die Neuzeit große Teile des heutigen Stadtgebietes prägte. Die durch Ackerbau, Viehwirtschaft und Siedlungen geschaffenen neuartigen Biotope sowie die schon in prähistorischer Zeit bestehenden weitreichenden Handels- und Austauschbeziehungen erlaubten es zahlreichen Tieren aus den Steppen Osteuropas und dem westasiatisch-mediterranen Raum, ihre Verbreitungsareale nach Mitteleuropa auszudehnen. Zu diesen Alteinwanderern (Archäozoen) zählen etwa der Haussperling und die Hausmaus, die im Gegensatz zur Waldmaus im Gebiet ursprünglich nicht vertreten waren.
Den Kern der heutigen Stadtanlage bildete die spätkeltische Siedlung am Abhang des Lindenhofs, eines Moränenhügels am Limmatufer, der damals innerhalb des Deltas der auf breiter Front in die Limmat mündenden Sihl lag. Das römische Turicum ist durch Funde auf beiden Seiten der Limmat belegt, die schon damals durch eine Brücke an der Stelle der heutigen Rathausbrücke verbunden waren. In den letzten Jahren häufen sich die Hinweise, dass bereits in römischer Zeit Zürichs Wasserlandschaft durch bauliche Maßnahmen kontrolliert und der Seespiegel abgesenkt wurde. Eine der wenigen Inschriften, die aus Zürichs Antike erhalten blieben, berichtet von «ursarii», Bärenjägern, die sich in der Kleinstadt an der Limmat aufhielten und in den Wäldern der Region Bären und anderes Großwild fingen, vielleicht um das Amphitheater der nächstgelegenen größeren Stadt, der Militärstadt Vindonissa (Windisch im Kanton Aargau), zu beliefern. Im Bereich des heutigen Zürcher Stadtgebietes befanden sich, oft etwas erhöht gelegen, mehrere römische Gutshöfe, die großen Teilen der Landschaft jenseits der Limmatauen, der Sihlarme und des Sumpfgebiets im nahen Glatttal ein ländliches Gepräge gaben.

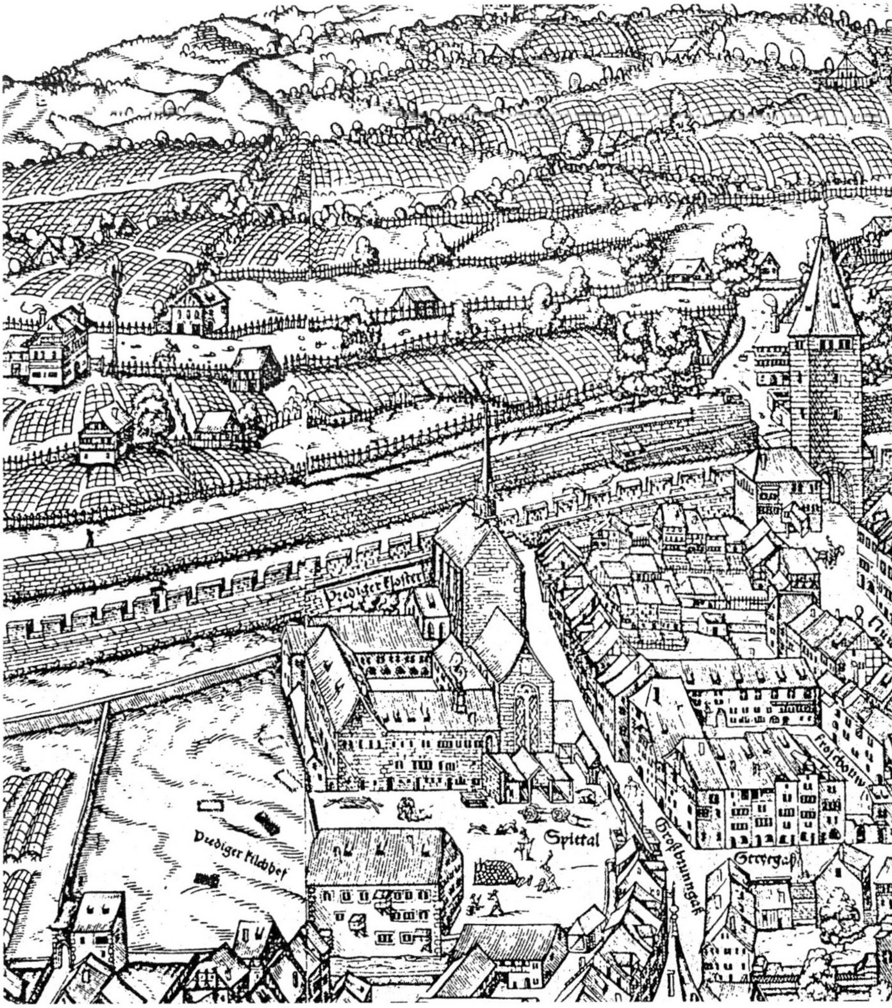

Zürich 1576 – städtische und vorstädtische Lebensräume im Plan von Jos Murer: Gebäude, Einzelbäume, Gärten, Friedhöfe, Reben, Wiesen und Hecken, Schweine vor dem «Spittal» und Hirsche im Stadtgraben.

Der Aufstieg des mittelalterlichen Zürich setzte mit dem Bau der Königspfalz auf dem Lindenhof und den karolingischen Stiftungen des Fraumünsters und des Großmünsters im 9. Jahrhundert ein. Ein etwas genaueres Bild der Fauna inner- und außerhalb der Stadt, die im 13. Jahrhundert beidseits der Limmat von einer großen, turmbewehrten Stadtmauer umgeben wurde, zeichnet sich erst zu Beginn der Neuzeit ab, nicht zuletzt dank der zoologischen Publikationen des Zürcher Stadtarztes und Universalgelehrten Konrad Gessner (1516–1565), die zahlreiche Hinweise auf die Fauna der Stadt und ihrer nächsten Umgebung enthalten.

Das Zürich des späten Mittelalters und der frühen Neuzeit war eine Stadt kleinräumiger, geschlossener ökologischer Kreisläufe. Getreide wurde aus einer Distanz von höchstens wenigen Dutzend Kilometern importiert, die übrigen Nahrungsmittel und der Wein stammten zum größten Teil aus Gärten und Rebbergen, die in unmittelbarer Nähe oder sogar innerhalb der Stadt lagen. Organische Abfälle – auch mit Stroh vermischte menschliche Fäkalien – wurden systematisch gesammelt, auf Misthaufen vor den Häusern deponiert und wieder in die Gärten ausgebracht. Auch Viehställe waren in der ummauerten Stadt lange Zeit nichts Ungewöhnliches: In den Gassen liefen Schweine herum. In den Dachstöcken, in denen Vorräte gelagert wurden, lebten die in der Region unterdessen längst ausgestorbenen Hausratten, auch Dachratten genannt, die nachts oft in lärmigen Jagden von Steinmardern, die Gessner «Tachmarder» oder «Hausmarder» nennt, verfolgt wurden. In den städtischen Gärtchen zeigte sich das «Hussrötele», der Gartenrotschwanz, Grasfrösche galten als «Gartenfrösche» und Erdkröten als «Gartenkrotten». Zur biologischen Schädlingsbekämpfung hielten sich Zürcher Gärtner Waldrappe *(Geronticus eremita)*, die sich von Engerlingen und Maulwurfsgrillen ernährten, wie Konrad Gessner nach dem Sezieren eines toten Waldrapps feststellte. Waldrappe sind heute weltweit nur noch äußerst selten, zu Gessners Zeit gab es aber auch in anderen mitteleuropäischen Städten noch letzte Waldrappkolonien, so etwa am Mönchsberg in Salzburg, wo man sich bis ins späte 16. Jahrhundert mit Schutzbestimmungen um den Fortbestand dieser Vögel bemühte. In Zürich wurden ebenfalls im 16. Jahrhundert Verordnungen zum Schutz von Kleinvögeln in den Gärten erlassen, mit den modern anmutenden Begründungen, dass sie als Insektenfresser «die wahren Reiniger der Bäume» darstellen und «mit ihrem lieblichen Gesang die Herzen der Menschen erfreuen». Auf einigen städtischen Dächern nisteten Störche, die sich nach Gessner von Fischen, Fröschen, Eidechsen, Blindschleichen und Schlangen ernährten. In der Limmat schwammen Fischotter und Flussneunaugen – beide heute in der Schweiz ausgestorben. Im dichten Netzwerk von Hecken in der vorstädtischen Landschaft lebten zahlreiche Igel und Haselmäuse und im Wald auf dem Burghölzlihügel Wildkatzen. Man vermutet, dass im Raum Zürich die Biodiversität um das Jahr 1800 ihren Höhepunkt erreicht hat.

Im 19. Jahrhundert geriet die bisherige Verteilung von Stadt und Land aus den Fugen. In den 1830er-Jahren wurde beschlossen, die mittelalterlichen Ringmauern

Stadtvögel im 16. Jahrhundert: Storch und Waldrapp aus Konrad Gessners Vogelbuch.

zu schleifen, in deren Türmen Iltisse, Steinmarder und Fledermäuse hausten. Ebenso wurden die in der Barockzeit um die erweiterte Stadt gebauten Schanzenanlagen größtenteils beseitigt. Die städtische Bebauung begann sich der Flächen der umliegenden Gemeinden zu bemächtigen, deren Siedlungsentwicklung durch restriktive Regelungen während Jahrhunderten praktisch blockiert war. Im Zuge der Industrialisierung und des Ausbaus eines leistungsfähigen Schienennetzes (ab etwa 1850) sowie der Urbanisierung der Landschaft wuchs Zürich zu einer modernen Stadt mit einem hohen Grad an Diversifizierung der Teilflächen, die verschiedenartige Funktionen erfüllen, unterschiedlich ausgestaltet sind und sich auch hinsichtlich Flora und Fauna deutlich voneinander abheben. Durch die Eingemeindungen von 1893 und 1934 erweiterte sich das Stadtgebiet von der flächenmäßig bescheidenen Altstadt zur heute 92 Quadratkilometer großen Gemeinde.

Das Wachstum der Stadt führte nicht nur zur Überbauung zuvor landwirtschaftlich genutzter Biotope, sondern auch zur Entstehung bisher in der Region nicht bekannter Lebensraumtypen. Im Bahnhofsgelände, heute im Bereich der innerstädtischen Hitzeinsel gelegen, entstand eine großflächige, trockene Schotterlandschaft. Um das Stadtzentrum und die Nebenzentren wurden dichte Wohnquartiere hochgezogen,

an den früher mit Rebbergen bedeckten Südhängen entwickelten sich gut durchgrünte Villenquartiere, am Seeufer wurden auf aufgeschüttetem Gelände Quaianlagen erbaut und in das Stadtgebiet eingestreut kleinere und größere Stadtparks und Friedhöfe angelegt.
Auf dem Weg zur Großstadt wurde Zürich von einer Schwalbenstadt zur Seglerstadt. Sowohl Schwalben als auch Segler brüten in oder an Gebäuden. Die in der alten Stadt häufigen Mehl- und Rauchschwalben verschwanden bis zum Ende des 19. Jahrhunderts im eigentlichen Stadtgebiet und wurden im Verlauf der späteren Stadtentwicklung fortlaufend weiter an die Peripherie verdrängt. Im Gegensatz zu den Schwalben, die auf ein reichhaltiges Nahrungsangebot in nächster Nähe des Nistplatzes angewiesen sind, nutzen Mauer- und Alpensegler ihre luftigen Jagdgründe großräumig und können daher Nistplätze auch an innerstädtischen Gebäuden besetzen. Wie die Schwalben wurde infolge der Vergroßstädterung auch der Gartenrotschwanz – Konrad Gessners «Hussrötele» – mehr und mehr an den Rand gedrängt. Im Gegensatz dazu ist der Hausrotschwanz, der bis ins 18. Jahrhundert nur als Vogel felsiger Gebirge bekannt war, in die wachsende Landschaft urbaner Kunstfelsen vorgedrungen und besetzt heute auch vegetationsarme Standorte in der City.
Auch in den gut durchgrünten städtischen Bereichen vollzogen sich auf dem Weg zur Großstadt charakteristische Arealverschiebungen. Um bei den Vögeln zu bleiben: Die Entstehung vielfältig strukturierter Gärten mit offenen Flächen, Bäumen und Gehölzgruppen erlaubte zahlreichen Arten, die in der alten Stadt kaum beobachtet werden konnten, den Einzug. Prominentestes Beispiel dafür ist die Amsel, die noch 1842 erst als Wintergast in den «Kunstanlagen der sogenannten englischen Gärten» bekannt war, 1854 jedoch bereits zu den Brutvögeln gezählt wird. Die damals in Zürich neuartigen Gärten im Landschaftsstil wurden während des 19. Jahrhunderts, als der Rückgang traditioneller Mittelwälder und anderer lichter Wälder einsetzte, von Grünfink, Gelbspötter, Zilpzalp, Trauerschnäpper und weiteren Arten schnell als attraktive Ersatzlebensräume entdeckt.

Klima und Ausbreitung mediterraner Arten

Städte haben ein besonderes Klima, das durch den hohen Versiegelungs- und Verdichtungsgrad, die Bebauungsdichte und die Baukörper- und Stadtstruktur verursacht wird. Die hervorstechendste Eigenart liegt in der Veränderung des örtlichen Wärmehaushaltes durch anthropogene Wärmezufuhr (Abwärme) und Änderung der Strahlungsbilanz. Durch Kondensationskerne (Aerosole) kommt es zur Ausbildung einer Dunsthaube und damit zur Verminderung der Einstrahlung, aber

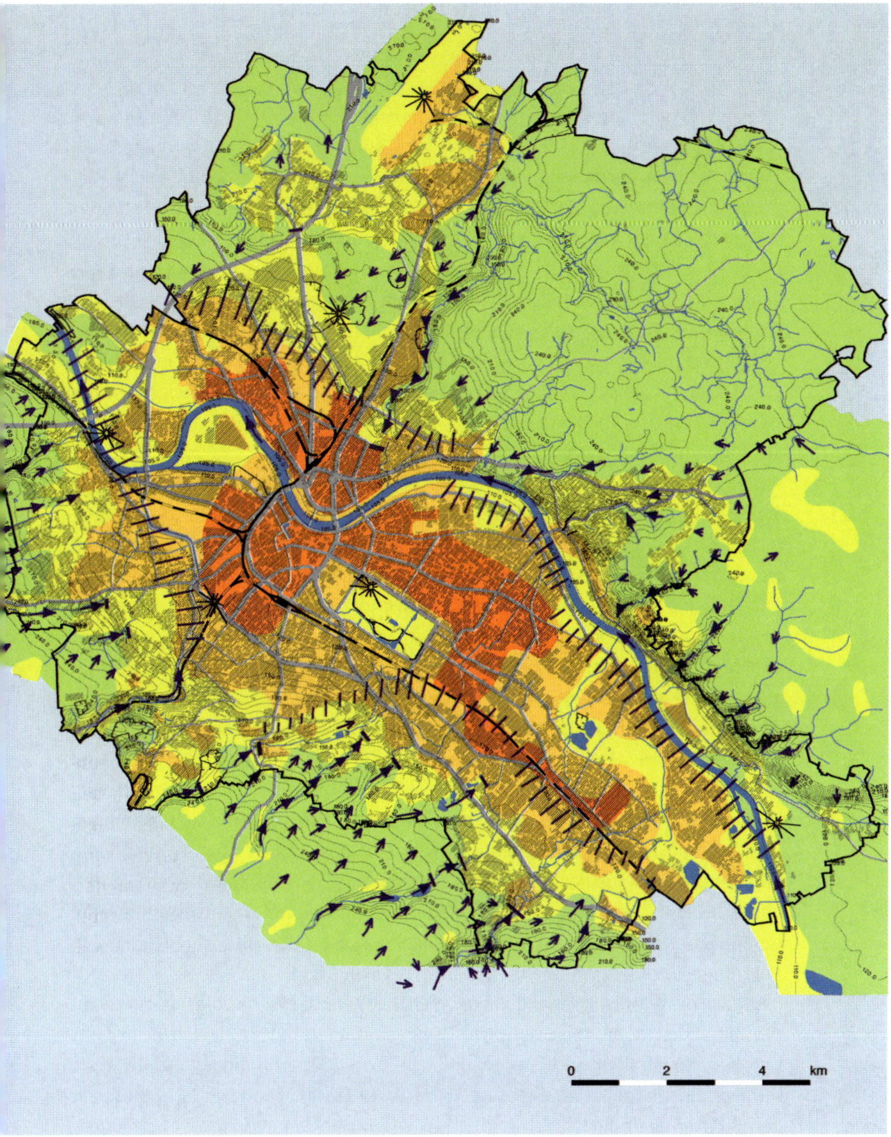

Stadtklima Dresden. Zonen thermischer stadtklimatischer Veränderungen gegenüber Freilandverhältnissen: grün – keine Veränderung, hellgelb – geringe Veränderung (137 Frosttage mit Minimaltemperaturen unter 0 °C), dunkelgelb – mäßige Veränderung (132 Frosttage), orange – hohe Veränderung (107 Frosttage). Bodennahe nächtliche Kaltluftströmung: offene Pfeile – flächenhafter Kaltluftabfluss, geschlossene Pfeile – Kaltluftströmung in Tälern, Balken – Kaltluftbarrieren (Gebäude, Dämme), schraffierte Bereiche – Grenzbereich der abkühlenden Wirkung der Kaltluft auf das Stadtgebiet. Kreise mit Strahlen – Windrosen (Windrichtungshäufigkeit). Aus: Stadtklima von Dresden (Umweltbericht 1998), Hg. Landeshauptstadt Dresden, Amt für Umweltschutz.

auch der Ausstrahlung im langwelligen Bereich, die zu einem Netto-Wärmegewinn führt («Glashauseffekt»). Der Vorgang wird durch das Strahlungsverhalten, die z.T. hohen Oberflächentemperaturen und das vom Baumaterial abhängige Wärmespeichervermögen der Gebäude und versiegelten Flächen noch gefördert («Backofenwirkung»). Hinzu kommt die allgemeine Klimaerwärmung.

Diese Situation hat dazu geführt, dass Städte oft Wärmeinseln (vor allem auch in den Nachtstunden) darstellen, in denen Temperaturerhöhungen bis 10 °C bei austauscharmen Wetterlagen im Vergleich zu ihrer nicht überbauten Umgebung nicht selten sind. Es kann eine beachtliche vertikale Mächtigkeit (bis 100 m) der Temperaturdifferenzen vorkommen («Wärmedom»). Die Jahresmitteltemperaturen schwanken, abgesehen von der Höhenlage, meist zwischen 7 °C und 9 °C, sodass die für Städte typischen Übertemperaturen von 0,5–1,5 °C einem Höhenunterschied von 200–300 m beziehungsweise einer Verschiebung nach Süden um etwa 300 km entsprechen. Relativ viele ursprünglich mediterran verbreitete Arten konnten sich deshalb in weiter nördlich gelegenen Städten ansiedeln. Besonders wesentlich für die Existenz dieser Spezialisten sind warme, trockene, sonnige Sommer und milde, niederschlagsreiche Winter. Mediterrane Tierarten können zusätzlich dadurch begünstigt sein, dass in Städten vor allem wegen des Klimas und des Bodens eine große Zahl von wärmeliebenden Pflanzenarten gedeihen, die als Nahrungsgrundlage wichtig sind. Beispiele sind die Südliche Eichenschrecke, die in Deutschland zunächst nur an wärmebegünstigten Standorten der südlichen Oberrheinebene (Freiburger Bucht, Kaiserstuhl) vorkam, sich mittlerweile aber weit nach Norden ausgebreitet hat, oder die Bernstein-Waldschabe, die inzwischen in den Städten des südlichen Mitteleuropas überaus häufig ist und sich im Sommer durch offene Fenster und Türen oft in Innenräume verirrt. Ebenso gehört die Weißrandfledermaus dazu, der es gelungen ist, in den neu besiedelten Städten nördlich der Alpen schnell wachsende Populationen zu bilden, die mittlerweile bereits von den urbanen Zentren ins Umland ausstrahlen. Die wärmeliebenden Roten und Gehörnten Mauerbienen sind in vielen Städten bis in die Innenstadt häufig anzutreffen, im Umland dagegen eher selten. Die für das Mittelmeergebiet charakteristische, an eine schwarze Hummel erinnernde Große Holzbiene lässt sich auch in Städten der Schweiz und Süddeutschlands beobachten. Der trotz seines Namens primär mediterrane Alpensegler brütet schon seit Jahrzehnten in den Städten Freiburg, Zürich und Basel. Die Malvenwanze und die Mittelmeer-Ackerschnecke sind weitere Beispiele für die zunehmende Anwesenheit südlicher Arten. Dass die Stadt nicht nur Ausgangspunkt für die Besiedlung des im Zuge des Klimawandels erwärmten Umlands ist, sondern auch aus dem Umland wärmeliebende Arten in Richtung Stadt vordringen, zeigen die beiden Tagfalter Karstweißling und Kurzschwänziger Bläuling, die beispielsweise in Zürich im Sommer 2009 zum ersten Mal im Stadtgebiet nachgewiesen werden konnten.

Neozoen: Neubürger aus aller Welt

Goldfische, Sonnenbarsche, Seefrösche und Rotwangen-Schildkröten in Teich und Weiher, Neuseeländische Zwergdeckelschnecken in Seen und Flüssen, Spanische Wegschnecken im Garten, Asiatische Marienkäfer am Waldrand und im Haus, Bisamratten und Waschbären aus Nordamerika, Halsbandsittiche und Streifenhörnchen in Parkanlagen: Überall machen sich Tiere aus aller Welt breit, ursprünglich nichteinheimische Arten, die durch menschliche Hilfe aus oft weit entfernten Regionen nach Mitteleuropa gelangen konnten. Die meisten Archäozoen und Neozoen mitteleuropäischer Städte stammen aus wärmeren Gebieten. Die Abgrenzung solcher Arten von Organismen, die ihr Verbreitungsareal auf natürliche Weise vergrößern konnten, ist gerade bei wärmeliebenden Arten mit mediterranem Verbreitungsschwerpunkt, die heute im urbanen Bereich starke Populationen stellen, nicht immer ganz einfach.
Ingo Kowarik definiert in seinem 2003 erschienenen Werk über Neophyten und Neozoen in Mitteleuropa den Begriff «biologische Invasion» als «durch den Menschen vermittelte Ausbreitung von Organismen in einem Gebiet, das sie zuvor nicht auf natürlichem Weg erreicht haben». Etwas abweichend davon versteht die IUCN (International Union for the Conservation of Nature) unter «invasiven Arten» nichteinheimische Arten, die in natürlichen oder halbnatürlichen Ökosystemen oder Habitaten etabliert sind, Veränderungen verursachen und die heimische Biodiversität bedrohen. «Neozoen» und «Neophyten» werden Tiere und Pflanzen genannt, deren Ausbreitung in der Neuzeit stattfand (z. B. Amerikanische Großschabe). Die Alteinwanderer, die sich schon vor 1500 etablieren konnten, werden als «Archäozoen» beziehungsweise «Archäophyten» bezeichnet (Beispiele: Heimchen, Silberfischchen, Bettwanze). Archäozoen und Neozoen müssen heute der mitteleuropäischen Fauna zugerechnet werden.
Städte sind in verschiedener Hinsicht prädestiniert für die Besiedlung durch invasive Arten. Aus verschiedenen Gründen konzentrieren sich die Neuankömmlinge auf bestimmte Stadthabitate, und zwar zuerst solche, die gleichsam Auffangbecken für derartige Arten darstellen, weil sie am Ende des Zustromes liegen, z. B. die Knotenpunkte und Endstationen des Handels (Lager, Speicher, Bahnhöfe, Häfen, Flugplätze), die Endstationen der Abfälle (Mülldeponien) oder des Pflanzenimportes (vielfach die Gewächshäuser). Mit Vorräten, Materialien, Pflanzen u. a. wurden und werden ständig Tiere eingeschleppt. Als Verkehrsknotenpunkte und Handelszentren stehen Städte in einem regen Warenaustausch und sind global vernetzt, die klimatischen Bedingungen im Siedlungsraum entsprechen exotischen Arten oft besser als alteinheimischen, und die Fragmentierung der Lebensräume favorisiert Arten mit einem hohen Ausbreitungspotenzial, zu denen auch die invasiven Arten zählen. Neben der Zerstörung von Lebensräumen gilt die biologische Invasion unterdessen als einer der wichtigsten Faktoren, die der Biodiversität gefährlich werden. Neozoen können teilweise beträchtliche Schäden anrichten.

Neozoen: Der Asiatische Marienkäfer hat sich in kurzer Zeit als weitaus häufigste Marienkäferart Mitteleuropas etabliert. Die Ostasiatische Baumwanze (im letzten Larvenstadium) ist vorerst erst im Süden des Gebietes verbreitet und sehr häufig.

Pflanzenschädlinge wie die Rosskastanien-Miniermotte, die Platanennetzwanze oder die Wollige Napfschildlaus, denen in Mitteleuropa die in ihrem Herkunftsgebiet vorhandenen Antagonisten zunächst fehlen, können sich in neu erschlossenen Gebieten ungehindert entwickeln. Konkurrenzstarke «alien species» verdrängen sogar einheimische Arten. So hat die Spanische Wegschnecke die traditionell im Gebiet vorhandene Rote Wegschnecke offenbar schon fast völlig ersetzt. Die nordamerikanischen Krebse übertragen die Krebspest, die wiederholt ganze Populationen des einheimischen Edelkrebses ausgelöscht hat. Schmuckschildkröten beseitigen heimische Amphibien und andere Wassertiere. Bei verhältnismäßig wenigen Arten dürfte es sich um absichtliche Einführung handeln; die meisten sind unbeabsichtigt eingeschleppt worden bzw. haben sich aktiv ausgebreitet. Während biologische Invasionen oft kaum kontrollierbar sind, wäre das illegale Aussetzen von Schildkröten in Weihern und Teichen absolut vermeidbar.
Andere Neozoen scheinen sich vergleichsweise gut in die hiesigen Lebensgemeinschaften einzufügen. So konnte in den Gebieten Deutschlands, in denen der Waschbär etabliert ist, die befürchtete schädliche Auswirkung auf die einheimische Fauna nicht nachgewiesen werden.

Fragmentierung, Vernetzung und Mobilität

Die Lebensräume urbanisierter Landschaften werden durch Gebäude, Straßen und andere versiegelte Flächen zerstückelt. Städtische Habitate können durch die Isolationseffekte von Straßen und Bauwerken einen ausgesprochenen Inselcharakter aufweisen, denn die Grenzen sind markiert, Arealgröße und Form sind meist langfristig bestimmt (z. B. umbaute Parks, Friedhöfe, Kleingärten und Brachflächen sowie begrünte Flachdächer). Die Lebensraumfragmente können, selbst wenn sie geeignete Habitatqualitäten aufweisen, aufgrund der Trennwirkung der Verbreitungsbarrieren oft gar nicht erst besiedelt werden oder beherbergen kleine Populationen, denen ein genetischer Austausch mit Artgenossen fehlt und die mit einem hohen Aussterberisiko behaftet sind. Die Anzahl der auf einer Habitatinsel vorkommenden Arten ist vor allem von der Verfügbarkeit potenzieller Mikrohabitate abhängig sowie vom Angebot an Ressourcen wie Nahrung, Zahl der Nistplätze und Verstecke.

Die trennende Wirkung von Straßen beruht nicht nur auf der Bedrohung durch Fahrzeuge, sondern mindestens ebenso sehr auf den im Vergleich zu den bewachsenen Flächen im Umfeld völlig veränderten mikroklimatischen Verhältnissen auf der deckungsfreien, trocken-heißen, versiegelten Fahrbahn und den Störungen durch Licht und Lärm. So werden auch mäßig befahrene Straßen von einer Vielzahl von Tieren kaum überquert: Rötelmäuse und andere Kleinsäuger meiden Straßen ebenso wie größere Laufkäfer oder Wolfsspinnen. Amphibien wiederum sind, wenn sich Laichgewässer und Jahreslebensräume nicht nahe beieinander befinden, bekanntlich auf ihren saisonalen Wanderungen gezwungen, Straßen zu überqueren. Jahr für Jahr werden zahlreiche Grasfrösche und Erdkröten auf ihren Frühjahrswanderungen überfahren. An Straßen werden daher immer häufiger von Freiwilligen Zäune gesetzt, an denen die Tiere aufgehalten, eingesammelt und über die Straße gebracht werden können. Für Molche, die höchstens fünf Zentimeter hohe Stufen übersteigen können, stellen zudem Randsteine unüberwindliche Hindernisse dar. Für Igel sind Stufen und Mäuerchen bis etwa zwanzig Zentimeter Höhe noch überwindbar. Größere Wildtiere wiederum werden vornehmlich durch Hauptverkehrsachsen und dicht bebaute Siedlungen in ihrer Mobilität eingeschränkt.

Um den Problemen, die durch die Fragmentierung der Lebensräume entstehen, so weit wie möglich begegnen zu können, wird in manchen Städten versucht, eine Vernetzung durch verbindende «ökologische» Korridore einerseits und Trittsteinhabitate andererseits zu erreichen. Es wird sogar versucht, ein Biotopverbundsystem aufzubauen bzw. zu erhalten. Unter «Trittsteinhabitaten» werden kleinflächige Lebensräume verstanden, in denen Arten zwar keine beständigen Populationen bilden können, da gewisse Lebensraumstrukturen fehlen oder die Flächen zu klein sind, die sich jedoch für einen vorübergehenden Aufenthalt oder eben als Trittstein auf dem Weg zu ausreichend großen und vollständigen Lebensräumen eignen.

Mobile Arten erschließen auch stark fragmentierte Stadträume: Wildbienennester in Löchern von Backsteinen im Zierstreifen über dem Erdgeschoss eines Hinterhofgebäudes.

Die Zerschneidung von Lebensräumen und die Barrierewirkung von Straßen und Gebäuden wirken sich nicht auf alle Arten gleich aus. Manche Tiergruppen weisen eine geringe Mobilität auf; sie können durch eigene Fortbewegung neue Habitatinseln kaum erreichen, da die Individuen im Zwischenfeld absterben (z. B. Regenwürmer, Schnecken, Asseln auf Asphalt).
Besonders begünstigt sind Arten mit großen Massen zur Ausbreitung befähigter Nachkommen. Tiere mit geringer Körpergröße werden oft passiv durch Luftströmungen verbreitet und verschleppt (geflügelte, aber auch ungeflügelte kleine Insekten, junge Spinnen und kleine Arten, ebenso die Jungraupen des Kleinen Frostspanners, die lange Flugfäden spinnen, an denen sie sich als «Aeronauten» durch die Luft treiben lassen). Die Eignung für diese passive Verschleppung wird durch geringes Gewicht, spezifische Behaarung, Gespinste und eigenes Flugvermögen gefördert.
Bei Blattläusen sind zwischendurch eingeschaltete geflügelte Generationen für die passive Erschließung neuer Wirtspflanzen auf dem Luftweg zuständig. Die Auswertung der Insekten und Spinnen ergibt vielfach auch in stark von Fragmentierung und Isolation betroffenen innerstädtischen Lebensräumen erstaunlich hohe Artenzahlen – vermutlich weil die urbanen Arten danach selektioniert wurden, Fragmentierung zu tolerieren und über ein hohes Besiedlungspotenzial zu verfügen.
Für Vögel und viele (aber nicht alle) flugfähigen Insekten stellen Straßen kaum Hindernisse dar. Besonders mobil sind unter den Insekten diejenigen Arten, die Jahr für Jahr in großer Zahl aus dem Mittelmeergebiet über die Alpen und teilweise bis nach Skandinavien fliegen. Die bekanntesten dieser Wanderarten sind Distelfalter, Admiral und das an einen kleinen Kolibri erinnernde Taubenschwänzchen, weitere jährlich von Neuem eintreffende Gäste aus dem Süden sind Gammaeule, Windenschwärmer, Feuerlibelle und Gemeine Heidelibelle sowie die Schwebfliegen Mistbiene, Hain-Schwebfliege und Gemeine Stiftschwebfliege.

Artenvielfalt

Die mitteleuropäische Flora – auch die städtische – darf als weitgehend bekannt betrachtet werden. Neue Arten treten höchstens als Neophyten auf oder in Form von neu definierten Arten innerhalb von durch Fachleute anders gruppierten Verwandtschaftskreisen. Pflanzen und Pilze sind wesentliche Lebensgrundlagen für die städtische Tierwelt, das verhältnismäßig große Angebot wird durch die folgenden beiden Tabellen verdeutlicht.

Pflanzengruppe	Stadt	geschlossene Bebauung	aufgelockerte Bebauung	innere Randzone	äußere Randzone
Pilze (Fungi)	Lodz	72	162	403	
Flechten (Lichenes)	Newcastle	0	1–4	7–12	23–28
Moose (Bryophyta)	Newcastle	0	0	0	4
Farnpflanzen (Pteridophyta)	Düsseldorf	1	7	12	24
Farn- und Samenpflanzen (Pterido- et Spermatophyta)	Berlin	380	424	415	357

Artenzahlen verschiedener Stämme des Pflanzenreiches in vier Stadtzonen (Sukopp & Wittig 1998).

Ort	Größe [ha]	Absolute Artenzahl	Mittlere Artenzahl	Artenzahl/ha
Große Parkanlagen	100	663	335	3,4
Stadtparks im locker bebauten Gebiet	15	120–230	155	10,3
Stadtparks im geschlossen bebauten Gebiet	15	110–150	132	8,8
Kleine Grünanlagen im locker bebauten Gebiet	1	60–140	100	100,0
Kleine Grünanlagen im geschlossen bebauten Gebiet	1	40–80	53	53,0

Zusammenhang zwischen Artenzahl und Flächengröße in der Pflanzenwelt (Wildpflanzen) städtischer Grünanlagen (Sukopp 1983).

Der Vergleich von Stadtfloren ergibt vor allem eine überraschende Ähnlichkeit des Baumartenbestandes. Unter den Krautpflanzen dominieren Arten aus den Familien der Korbblütengewächse (Asteraceae), Kreuzblütengewächse (Brassicaceae), Gänsefußgewächse (Chenopodiaceae) und Gräser (Poaceae). Die klimatischen und standörtlichen Besonderheiten der Stadt führen zu einigen Reaktionen der Pflanzenwelt, z.B. liegen die Blühtermine mancher Arten früher, wodurch das Angebot an Pollen und Nektar für Insekten verbessert werden kann. Auch auf den Laubfall und damit die Begrünungsdauer wirken sich die ökologischen Besonderheiten (z.B. die zusätzliche Belichtung) der Stadt aus, wodurch die Vegetationsperiode insgesamt durchschnittlich acht bis zehn Tage gegenüber dem Umland verlängert werden kann. Die Schädigung der Pflanzen durch Staub- und Aerosolauflagen, bestimmte gasförmige Luftbestandteile, Tausalze, Eutrophierung, Versiegelung, Bodenverdichtung, Überschüttung, austretendes Gas defekter Leitungen, Verletzungen im Stammbereich von Bäumen usw. kann physiologische Veränderungen bewirken, die zu einem für den Befall mit Insekten günstigen Zustand führen können. Die Absenkung der Überlebensrate von Bäumen kann Pilzbefall hervorrufen, der ein weiteres wichtiges Nahrungsangebot für viele Insekten und andere Arthropoden bildet.
Bei der Tierwelt dagegen fehlt oft nicht nur die Kenntnis der Verbreitung bestimmter Arten in Stadtgebieten, manche in mitteleuropäischen Städten vorkommende Arten werden der Wissenschaft nach wie vor ganz und gar unbekannt sein und noch auf ihre Entdeckung und Benennung beziehungsweise wissenschaftliche Erstbeschreibung warten. So konnten beispielsweise Ende der 1990er-Jahre bei der Untersuchung von an Totholz lebenden Insekten im Sihlwald vor den Toren Zürichs unter den Zweiflüglern (Fliegen und Mücken) 186 für die Schweiz neue und zwanzig bisher gänzlich unbekannte Arten gefunden werden.
Ein Großteil der Fauna besteht aus kleinen bis winzigen, nur schwierig zu unterscheidenden und sehr unvollständig bekannten Arten, die zu formenreichen Verwandtschaftskreisen wie Fadenwürmern (Nematoden) oder Milben (Acari) zählen. In Agglomerationen wie Frankfurt, Zürich oder Wien können nach Schätzung des Frankfurter Ökologen Bruno Streit ohne Weiteres rund 20000 verschiedene Arten von Organismen erwartet werden, Pflanzen und Pilze mit eingerechnet. Werden die im Vergleich zu Käfern, Zweiflüglern und anderen Tiergruppen eher kleinen Artengruppen betrachtet, bei denen die Zahl der vorkommenden Arten bekannt ist oder zuverlässig abgeschätzt werden kann, so stellt sich heraus, dass in Stadtgebieten im Durchschnitt immerhin etwa vierzig (oft mehr) Prozent der jeweils landesweit bekannten Arten gefunden werden können. Geht man von mehr als 40000 Tierarten aus, die für Deutschland, Österreich und die Schweiz ermittelt wurden, und nimmt man an, dass dreißig bis vierzig Prozent davon auch in Städten vorkommen, so dürfte die Größenordnung der in der Stadt lebenden Tierarten zwischen 12000 und 16000 Arten liegen (vgl. Tabelle).

Warschau			Leipzig		
Landschaftstyp	n	%	Landschaftstyp	n	%
Masowische Niederung	3543	100,0	Auwald	4315	100,0
Vororte	2005	56,6	Vororte	2780	64,4
Stadtgebiet insgesamt	1350	38,1	Stadtgebiet insgesamt	2335	54,1
Parkanlagen	1109	31,3	Parkanlagen	1445	33,5
Stadtzentrum	484	13,7	Stadtzentrum	770	17,8

Artenzahlen für Insekten (n) in der Umgebung und im Stadtgebiet von Warschau und Leipzig (nach Pisarski 1989 und Klausnitzer 1992).

Interessant ist auch eine Betrachtung der Biomassewerte einer Großstadt. Überraschend ist der hohe Anteil an Regenwürmern (der allerdings durch zunehmende Mechanisierung der Grünflächenbehandlung vermindert werden dürfte). Selbst Naturkundige würden bei einer Befragung nach der massereichsten Tiergruppe kaum auf Regenwürmer kommen, sondern eher Haustiere vermuten.
Die Rolle der Tiere in urbanen Ökosystemen und überhaupt im Stadtbereich wird oftmals gegenüber derjenigen von Pflanzen unterschätzt. Ihre Biomasse ist zwar erheblich geringer (s. folgende Tabelle), ihre Artenzahl aber wesentlich höher, woraus sich eine beachtliche Vielfalt an Beziehungen zum Menschen ergibt:

- bodenbiologische Bedeutung der Makrosaprophagen (vor allem Regenwürmer, Asseln, Doppelfüßer) durch Beseitigung organischer Abfälle, Erhöhung der Regenerationsfähigkeit von Rasenflächen und Nahrung für Vögel und Säugetiere
- Parasitoide und Prädatoren von sogenannten Schadinsekten an Nutzpflanzen
- Blütenbestäuber
- Bioindikation (passives und aktives Monitoring, Rückstandsanalysen)
- Informationsgehalt von Tiergesellschaften zur Bestimmung des ökologischen Wertes städtischer Grünflächen
- Existenz von Refugialbeständen bedrohter bzw. auf Roten Listen aufgeführter Arten
- Beeinflussung der psychischen Gesundheit des Menschen durch Beobachtung von und Begegnung mit Tieren (Eichhörnchen, Igel, Vögel, Schmetterlinge, Hummeln u. a.)
- Schädlinge an Pflanzen, Vorräten und Material (auch an Gebäuden durch Tauben)
- Überträger (z. B. synanthrope Fliegen, Stadttauben, Ratten) und Erreger (z. B. Hausstaubmilben) von Krankheiten (Gesundheitsschädlinge)
- Produzenten von störenden Abfällen (z. B. Tauben, Hunde).

Biomasse (Frischgewicht)			
	kg	%	Konsumenten %
Einwohner (1075 000)	59 000 000	7,16	80,00
Hunde (100 000)	1 000 000	0,12	1,36
Katzen (250 000)	750 000	0,09	1,02
Regenwürmer	8 000 000	0,97	10,85
andere Tiere	5 000 000	0,61	6,78

Biomasse (Frischgewicht)		
	kg	%
Summe Konsumenten	73 750 000	8,95
Pflanzen	750 000 000	91,05
Biomasse insgesamt	823 750 000	100

Biomassewerte aus einer Erhebung in der Stadt Brüssel (nach Duvigneaud & Denayer-De Smet 1977).

In städtischen Lebensräumen findet sich also eine große faunistische Vielfalt, die diejenige von ländlichen – insbesondere intensiv genutzten – und bewaldeten Gegenden bei vielen, wenn nicht gar bei den meisten Artengruppen übertrifft. Das nachgewiesene Artenspektrum umfasst keineswegs nur triviale Allerweltsarten. So fanden sich beispielsweise unter den 61 in den letzten Jahren auf dem Gebiet der Stadt Zürich beobachteten Tagfaltern und Dickkopffaltern zwölf landesweit als gefährdet, fünf als stark gefährdet und drei als vom Aussterben bedroht eingestufte Arten. Fast ein Drittel der Stadtzürcher Tag- und Dickkopffalter gilt also gemäß Roter Liste der Schweiz mindestens als gefährdet. Da städtische Lebensräume eine große Zahl auch seltener und gefährdeter Arten beherbergen, kommt Städten eine große Verantwortung bei der Erhaltung der Biodiversität zu.
Hinter den Artenzahlen verbergen sich Populationen sehr unterschiedlicher Größe. Gewisse Arten, wie der an Gebäuden nistende Mauersegler, kommen in Mitteleuropa fast nur in Städten vor oder sind im Siedlungsraum deutlich häufiger als im Umland. Igel erreichen in Stadtgebieten zwei- bis dreifach höhere Dichten als in außerstädtischen Räumen, und Füchse können stellenweise mehr als zehnmal so dichte Bestände erreichen wie im Umland.
Auf der anderen Seite darf nicht vergessen werden, dass viele in unserem Buch vorgestellte Arten innerhalb von Stadtgebieten selten oder gar nur von Einzelbeobachtungen bekannt sind und bloß in verschwindend geringen Individuenzahlen vorkommen. Seit dem 19. Jahrhundert und in vermehrtem Maße in den letzten Jahrzehnten, sind durch die veränderte Nutzung land- und forstwirtschaftlicher Flächen sowie durch Überbauung mit Gebäuden und Verkehrsanlagen artenreiche Lebensräume großflächig zerstört oder beeinträchtigt worden, was sich im Artenschwund und im

Schrumpfen der Verbreitungsareale vieler Tiere ebenso widerspiegelt wie im Rückgang der Individuenzahlen. Für Tagfalter und Heuschrecken wird geschätzt, dass ihre Individuenzahlen vielerorts zu Beginn des 20. Jahrhunderts 100 bis 1000 Mal höher lagen als am Ende des Jahrhunderts; ein Einbruch, der sich nicht zuletzt für Vögel, die sich von Großinsekten ernähren, verhängnisvoll auswirkt. Bei Tieren der Gewässer hat teilweise ebenfalls ein dramatischer Rückgang an Individuen stattgefunden. Das Wassergeistchen, eine auch heute nicht gefährdete Köcherfliege, war etwa in Zürich früher so häufig, dass es in der Schwarmzeit «alle Häuser und Mauern am Wasser» bedeckte, in großen Scharen wolkenartig um Turmspitzen flog und, angezogen vom Licht, auch in Innenräumen «durch ihre Menge sehr unangenehm und lästig werden» konnte, wie sich der Zoologe Hans Rudolf Schinz 1842 ausdrückte.

Städtische Lebensräume

Einer der Hauptgründe für die große Artenvielfalt der städtischen Fauna liegt in der Heterogenität städtischer Lebensräume, die wiederum ein Abbild der vielfältigen Nutzungsformen ist, die die meist kleinräumig parzellierten städtischen Teilflächen prägen. In Städten finden sich auf engem Raum Wohnblöcke, Geschäftshäuser und Kleinbetriebe, Verwaltungsgebäude, Industrieanlagen, Villen und Schulen, verbunden durch Netze von Schienen, Straßen und Wegen, eingebettet in Gärten und weitere Umgebungsflächen unterschiedlicher Dimension und ökologischer Qualität, durchsetzt mit Bäumen und ergänzt von Parks, Friedhöfen und anderen Grünanlagen, während sich am Stadtrand großzügige Grünräume anschließen und das Zentrum meist von einem Gewässer durchflossen wird, an dem die Entwicklung der Stadt begann. Städte sind grundsätzlich Orte der Vielfalt. Der großen strukturellen Diversität entspricht eine hohe Biodiversität, die diejenige ausgeräumter Kulturlandschaften naturgemäß übersteigt. Außerdem sind Städte durch eine hohe Flächendynamik ausgezeichnet, die vielen Pionierarten Ansiedlungsmöglichkeiten bietet. Die biotischen Komponenten sind so stark von dem Habitatmosaik und der hohen Heterogenität (Vielzahl von Siedlungsstrukturen, Flächennutzungen und Kleinsthabitaten) der Stadtstruktur und der Flächennutzung abhängig, dass auf ihnen Vorschläge zur ökologischen Gliederung der Stadt beruhen können.

Städte und Ballungszentren umfassen nicht nur bebaute Flächen, sondern auch Gewässer, Waldgebiete und landwirtschaftlich genutzte Grünräume: Blick vom Kahlenberg auf Donau und Wien.

Weinberge, Wälder, Hecken, Gartenbau und Wiesen am Stadtrand: Landschaft am Kahlenberg im Norden Wiens.

Es darf nicht vergessen werden, dass neben den im Folgenden beschriebenen städtischen Lebensräumen auch Wälder, landwirtschaftlich genutzte Flächen und Gewässer angetroffen werden können. So liegt beispielsweise fast jede Stadt an einem Fluss. Städtische Fließgewässer sind oft kanalisiert oder werden gar unterirdisch geführt, zuweilen aber trifft man auch auf gut strukturierte, renaturierte Bach- und Flussabschnitte wie an der Isar in München oder sogar eigentliche Auen wie in Leipzig. Fast in jeder Stadt sind von Ufern und Brücken aus Wasservögel und Fische zu beobachten. Eintags- und Köcherfliegen, die in einiger Distanz von den als Larven-Entwicklungsraum dienenden Flüssen an den Fensterscheiben städtischer Wohnungen gefunden werden können, zeigen, wie weit die Fauna der Gewässer in die urbane Umgebung ausstrahlt.

Tiere, die für ihre Entwicklung auf Gewässer angewiesen sind, lassen sich oft auch in großer Distanz zu Flüssen, Teichen und Seen beobachten: Maifliege oder Große Eintagsfliege (Ephemera danica) am Fenster einer Prager Stadtwohnung.

Gärten und Parks

Zweifellos stellen die städtischen Grünflächen Zentren der Ansiedlung von Tieren in der Stadt dar. Die nachgewiesenen Zoozönosen sind mitunter relativ naturnah und oft artenreich, weil mit diesen Habitaten vielfach ursprüngliche Naturzustände nachgeahmt werden bzw. solche absichtlich oder unabsichtlich erhalten bleiben (Waldinseln). Die Artenvielfalt korreliert mit der Vielfalt der Teillebensräume (Wechsel von Waldteilen, Gebüschen, Wiesen, Rasen), dem Schichtenaufbau, dem Strukturreichtum (z. B. Totholz, Streuschicht, Gewässer), der Größe, dem Alter und den Verbindungswegen zu anderen Grünflächen.

Parks und begrünte Stadtplätze bestehen aus Kombinationen von Rasenflächen, Gebüschen und Bäumen sowie Zierblumenpflanzungen in wechselnder Menge. Die Versiegelung des Bodens ist gewöhnlich gering. Oft ist natürlich gewachsener Boden vorhanden, z. T. in der Form von Aufschüttungen mit natürlichen Substraten, die oft nur mäßig gedüngt werden. Parks mildern Extreme des Stadtklimas, gleichen die Temperatur aus und binden Luftverunreinigungen. Die Versickerung des Wassers wird kaum beeinflusst, teilweise erfolgt eine zusätzliche Bewässerung. Biozide und Tausalze werden nur selten angewendet. Der Artenreichtum der Rasen ist abhängig von Schnitthäufigkeit, Bodenart, Trittbelastung, Alter, Düngung und Beschattung. Der Anteil der autochthonen Arten wird durch Größe, Alter und Pflege bestimmt. Fremdländische Gehölze sind häufig. Parks sind Refugien für im Rückgang begriffene einheimische, aber auch archäophytische und neophytische Arten, außerdem Inseln des Flechtenvorkommens in der Stadt, gelegentlich kommen naturnahe Gebüsche vor, in Landschaftsparks sind Reste naturnaher Wälder möglich.

Gärten und Parks sind in den Siedlungsraum eingestreut und mit der Gebäudelandschaft verwoben. Auch kleinere, naturnah gepflegte Gärten können eine erstaunlich vielfältige Fauna aufweisen. Ulrich Sedlag (2000) stellt in seiner «Tiergeographie» in Bezug auf städtische Gärten fest:

«Jedenfalls für Randgebiete mit lockerer Bebauung kann man davon ausgehen, dass sich im Verlaufe einiger Jahre (mit Hilfe einer Reihe von Spezialisten) in einem einzigen Garten nicht weniger als tausend Tierarten nachweisen ließen. Dabei ist unübersehbar, dass von Jahr zu Jahr andere Arten auftreten, darunter solche, die zwischenzeitlich auch bei großer Mühe nicht zu finden sind: Man erlebt hier selbst, wie bedeutsam Ausbreitungsmöglichkeiten sind, um ein Aussterben zu verhindern.»

Gärten und Grünanlagen der Kernstädte sind – im Gegensatz zu den meist neueren Anlagen in urbanisierten Agglomerationsgemeinden – oft schon in einer Zeit entstanden, als es zahlreichen Arten der damals noch vielfältigeren Kulturlandschaft der Umgebung möglich war, ohne Weiteres in die städtischen Grünräume einzuwandern.

Entsprechend der Biotopstruktur, der Zusammensetzung der Vegetation und des Zustandes der Anlage ist die Fauna relativ reich, wovon vor allem einige Arthropodengruppen Zeugnis ablegen. Begünstigt sind Arten, die mehr oder weniger unabhängig von der Bodenstreu sind und durch deren regelmäßige Entnahme nicht beeinträchtigt werden (Überwinterung im Boden, gesamter Zyklus auf Holzgewächsen). Wegen des reichen Angebotes an Blüten und Blattläusen (Aphidina) sind Schwebfliegen (Syrphidae) in Parks besonders häufig.

Die Avifauna der Parkflächen ist mitunter artenreich (in Berlin gibt es z. B. 60 Brutvogelarten) und durch eine charakteristische Artenzusammensetzung und Häufigkeitsverhältnisse gekennzeichnet. Für Warschau werden insgesamt 66 Brutvogelarten angegeben (der reichste Park umfasste 29 Arten mit einer Dichte von 104 BP/10 ha). In kleinen Parkflächen des Stadtzentrums kann eine hohe Dichte von besuchenden Arten sowohl während der Brutsaison (bis 570 Individuen/10 ha) als auch im Winter (bis 709 Individuen und 192 kg Biomasse/10 ha) erreicht werden. Artendiversität und Dichte werden vor allem durch die Ausbildung der Baumschicht, das Alter des Baumbestandes, die Zahl der Brutplätze für Höhlenbrüter, die Größe und Lage der Fläche, den Ausbildungsgrad der Strauchschicht, Versteckmöglichkeiten, das Vorhandensein von Gebäuden und Gewässern, die Bereitstellung von Nahrung durch den Menschen, durch die Vegetation und das Angebot an tierischer Nahrung bedingt. Der Vergleich des Wald- und Parkteils eines Hamburger Stadtparks ergab ein Verhältnis der Artenzahlen von 2,5:1. Während der Vegetationsperiode dominieren auf offenen Parkflächen vielfach Stadttauben, Star und Haussperling als Besucher (Nahrungserwerb). Im Winter sind die dominanten Arten meist Saatkrähe, Dohle, Haussperling, Stadttaube und Kohlmeise. Im Winter können auf Flächen mit regelmäßigem Nahrungsangebot durch den Menschen 83 bis 148 kg Biomasse/10 ha konzentriert sein (Stadttaube, Saatkrähe, Dohle, Haussperling). Die Vergleichswerte für Stellen mit geringem Angebot sind 20 bis 25 kg/10 ha.

Gärten, Parks und andere Grünanlagen bieten je nach Funktion, Struktur, Bewirtschaftung, Alter und Größe Lebensräume für Tiere ganz unterschiedlicher Ansprüche: Schülergarten und Friedhof.

Friedhöfe unterscheiden sich in vieler Hinsicht nicht wesentlich von Parks. Eine Besonderheit ist die emotional bedingte weitgehende Störfreiheit, die manche Arten, vor allem Wirbeltiere, in ihrem Vorkommen begünstigen kann. Die Struktur wird wesentlich von der Anzahl, Größe, Lage und Art der Gehölze bestimmt. Die Versiegelung des Bodens ist sehr gering. Oft handelt es sich um natürlich gewachsenen Boden, die Horizonte sind aber vermischt. Es erfolgt z.T. ein hoher Einsatz von Bioziden (Herbizide auf Wegen, Düngung). In Friedhöfen wachsen artenreiche Rasen, schattenvertragende Wildkräuter, Gebüsche mit nitrophilen Saumarten und alte Zierpflanzen. Auf stark herbizidbehandelten Flächen dominieren Mauerpfefferarten (*Sedum* sp.). Der Baumbestand wird vorwiegend von fremdländischen Arten gebildet und ist meist durch einen hohen Nadelholzanteil gekennzeichnet. Friedhöfe sind Inseln hohen Flechtenvorkommens. Quantitative Aufnahmen gibt es insbesondere über die Vögel. Die Bodenbrüter sind wegen intensiver Pflegemaßnahmen meist unterrepräsentiert. Der Artenreichtum von Baumfreibrütern und Höhlenbrütern ist gewöhnlich ebenso mannigfaltig wie jener von ähnlich strukturierten Lebensräumen im Umland.

Auch Sportanlagen mit ihren vegetationslosen Flächen und kurz geschnittenen artenarmen Rasen mit z.T. hohem Trittpflanzenanteil sowie einer wechselnden Menge an Ziergehölzpflanzungen stellen Lebensräume für Stadttiere bereit. Vor allem in Rasenflächen lebt der Brach- oder Junikäfer; die kurz gemähten Rasenflächen genügen offenbar als Habitat für die Entwicklung seiner Larven. Typische Wirbeltiere auf Sportanlagen sind Haubenlerche und Wildkaninchen.

Botanische Gärten sind in allen Städten etwas ganz Besonderes. Sie sind durch die hohe Zahl an Pflanzenarten auf kleinstem Raum, eine Vielzahl fremdländischer Arten, eine große Mannigfaltigkeit an Mikrohabitaten mit vielen Grenzlinien gekennzeichnet. Meist fallen sie durch eine artenreiche Tierwelt auf. Zoologische Gärten mit ihrer Vielzahl gehaltener Arten und ihrem zumeist parkartigen Charakter sowie die dörflichen (ruralen) Aspekte ermöglichen die Existenz einer beachtenswerten Vielfalt an Tierarten zwischen den Gehegen, die z.T. in enger Beziehung zu den Tierhaltungen steht. Für den Zoo Basel ergab eine entsprechende Untersuchung eine hohe Artenzahl einschließlich zahlreicher gefährdeter Arten.

Vorwiegend die Kleingartenanlagen, aber auch viele Hausgärten sind durch kleinflächigen Wechsel von Nutz- und Zierpflanzenbeeten mit Wegen, kleinste Rasenflächen und wechselndem Baumbestand (mitunter zoologisch besonders wertvolle alte Obstbäume) unterschiedlicher Dichte gekennzeichnet. Der Boden ist meist nur zu einem geringen Anteil versiegelt. Es handelt sich fast immer um natürliche Böden, auch Aufschüttungen, oft erfolgt aber eine sehr starke Düngung und Bearbeitung. Biozide werden in z.T. großen Mengen verwendet. Gartenwildkräuter und wenige Trittpflanzen vertreten die natürliche Vegetation. Die Gartenfauna (Wirbellose) ist sehr heterogen und stark anthropogen beeinflusst; dennoch gibt

Bauliche Verdichtung in Wohnquartieren bedeutet meist nicht nur einen Verlust an Gartenfläche, sondern auch an faunistisch besonders wertvollen alten Strukturen. Zudem verhindert die dünne Humusauflage über den neu gegrabenen Tiefgaragen oft die Ersatzpflanzung von Bäumen, und die Begrünung um die Neubauten erfolgt im Allgemeinen schematisch mit für die einheimische Fauna wertlosen exotischen Gewächsen und Zierrasen.

es typische Arten, Artenkombinationen (viele Flucht- und Pionierarten) und Dominanzverhältnisse. Viele Gärten sind durch ihre Vielfalt und naturnahe Gestaltung von hohem ökologischem Wert, vor allem wegen ihres mindestens kurzfristig wirksamen Refugialcharakters. Über die Kulturpflanzenschädlinge hinaus ist die Tierwelt dieses Habitats jedoch schlecht bekannt. Typisch für Gärten ist ein hoher Anteil blütenbesuchender Insekten. Eine besondere Bedeutung haben sie für Schmetterlinge: Durch die Gestaltung der Kleingärten kann ihre Artenvielfalt entscheidend beeinflusst werden. Stadtgärten stellen auch ein Refugium für Stechimmen (Aculeata) dar. Die Zusammensetzung der Vogelfauna hängt vor allem von der Entwicklung der Vegetation und vom Angebot an Brutplätzen ab. Eine reiche Fauna wird erst ca. 20 Jahre nach der Begründung des Gartens erreicht. Im Sommer kommen 11–16 Brutvogelarten vor.

Bahn- und Industrieareale

Die Lebensräume der Bahnareale zeichnen sich durch ein warmes, meist trockenes Klima aus und durch magere Böden mit einem geringen Anteil an Feinerde. Der Boden ist durch Auflagerung von Fremdgestein, Kies, Sand und einen geringen Anteil natürlichen Bodens gekennzeichnet. Es kommt zu starker Oberflächenerwärmung des Schotters. Meist erfolgt ein Einsatz von Herbiziden und Tausalzen; Kraftstoff

Lebensraum Bahnareal: von Blütenbesuchern geschätzte Ruderalvegetation auf neu erstellter Fläche (Hauptbahnhof Zürich), Laubwald in nach dem Zweiten Weltkrieg aufgelassenem Gleisareal (Natur-Park Schöneberger Südgelände, Berlin).

und Öl treten als lokale Verschmutzungen auf. Böschungen, Mäuerchen, Werkstätten, Schuppen und Gärtchen auf Restflächen und in Randbereichen bieten oft vielfältige ökologische Nischen. Mitten in der Stadt gelegene Bahnareale gehören vielfach zu den Lebensräumen mit dem höchsten Naturwert. Sie bieten Ersatzstandorte für Arten wie die Blauflüglige Sandschrecke, die vor der Verbauung der Flüsse auf Kies- und Sandbänken vorkam und werden vielfach von zahlreichen Wildbienenarten besiedelt. Bahnlinien kommt sowohl als verbindender Korridor als auch als Rückgrat von Habitaten für Zauneidechsen, Große Glühwürmchen und verschiedene Arten von Heuschrecken und Tagfaltern ein hoher Stellenwert zu.

Rudolf Zimmermann (1916) prägte den Begriff «Eisenbahnvögel». Gemeint sind einige Arten, die Bahnanlagen mehr oder weniger regelmäßig als Brutplätze und zur Nahrungsaufnahme wählen, etwa Steinschmätzer, Hausrotschwanz, Bachstelze, Haubenlerche und Neuntöter.

Vielfach wird die Qualität der traditionell von mageren Wiesen bedeckten Bahnböschungen allerdings durch die Aufgabe der Unterhaltsmaßnahmen und die damit einhergehende Verbrachung und Verbuschung der Böschungen zunehmend gemindert.

Wie in Wohnquartieren geht von der baulichen Verdichtung in gewerblich und industriell genutzten Arealen gerade auch im Umfeld des Bahnhofgeländes die Gefahr aus, dass wertvolle Strukturen und lebendige Restflächen verloren gehen.

Gebäude

Zweifellos stellen Gebäude außen und innen ganz besondere und z. T. neue ökologische Lizenzen zur Verfügung. In ihrer äußeren Oberflächenstruktur sind sie mit Felsen vergleichbar und bieten für manche Arten, die ursprünglich in Felsengebieten vorkommen, geeignete Lebensbedingungen durch Substrat, Spalträume, Löcher, Nahrungsangebot und Mikroklima. Eine Besonderheit ist die hohe Temperatur, die die Außenwände in Abhängigkeit von Exposition, Material, Farbe und Sonneneinstrahlung erreichen können und auch mehr oder weniger lange zu bewahren vermögen. Das erlaubt manchen thermophilen Arten die Existenz. Weitere Lizenzen bestehen dann, wenn das Gebäude außen bewachsen ist.

Unter den Vögeln ist es vor allem die Stadttaube, die Gebäude zum Nisten nutzt. Ihre Nester (aber auch die Kotansammlungen unter Fledermausquartieren) werden von einer großen Anzahl von Arthropodenarten mitunter zur Überwinterung besiedelt, die zum Teil hygienisch nicht unbedenklich sind. Stadttauben können vor allem über den Kotstaub ca. 100 verschiedene Krankheitserreger (auch Parasiten) übertragen, von denen etwa 10 auch den Menschen befallen können (z. B. Ornithose, Salmonellen, Kryptokokkose).

Dachböden, -stühle und -verschalungen sind für manche Fledermaus-Arten ideale Plätze für Wochenstuben, zum Schlafen und zur Überwinterung. In spaltenartigen

Artenvielfalt im Straßenraum: extensiv begrünter, ruderaler Verkehrsteiler.

Verstecken auf Dachböden (Verschalungen) leben vor allem die Breitflügelfledermaus, die Mopsfledermaus, Bartfledermäuse (*Myotis brandti* und *M. mystacinus*) und die Zwergfledermaus.

Unter den Tieren, die an Hausmauern leben, finden sich wärmeliebende Neozoen wie die Mauerspinne, deren Netze Fassaden fleckig aussehen lassen, oder der zu den langbeinigen Weberknechten («Zimmermännern») zählende Apenninenkanker, der in vielen mitteleuropäischen Städten eine nah verwandte einheimische Art aus der gleichen Gattung verdrängt hat. Selbst die Innenräume werden von Tieren besiedelt (Intradomalfauna). Sie können folgenden Gruppen zugeordnet werden: Vorratsschädlinge, Materialschädlinge, Parasiten des Menschen, Parasiten von Haustieren, Bewohner des Hausstaubes, Bewohner von Schimmelrasen, Blumentopf- und Zimmerpflanzenfauna, synanthrope Dipteren, Webespinnen (Araneae) sowie zufällig, meist durch die Fenster eindringende Arten. Lästige Stechmücken und Fliegen dringen ebenso in die Wohnräume ein wie Bernstein-Waldschaben und andere Zufallsgäste. Schädlinge wie Teppichkäfer, Dörrobstmotten und verschiedene Schaben leben im Innern von Gebäuden, und die Populationen der wohl in jedem Haushalt vertretenen Hausstaubmilben erreichen ungeahnte Individuenzahlen. Es werden Hochrechnungszahlen angegeben, die sich auf je 1 g Staub von Matratzen bzw. Teppichen beziehen: Entwicklungsstadien verschiedener Pyroglyphidae 35 823 (Matratzen), 23 271 (Teppiche); adulte *Dermatophagoides pteronyssinus* werden mit 5248 bzw. 5313 angegeben, *D. farinae* mit 291 bzw. 1170 und *Euroglyphus maynei* mit 57 bzw. 115.

Oben: Außenhaut als Lebensraum: Fassaden- und Dachbegrünung.
Mitte: Junge Rauchschwalben. Schwalben benötigen insektenreiche Jagdgründe in unmittelbarer Umgebung des Nestes und nisten daher im Allgemeinen am Stadtrand bei landwirtschaftlich genutzten Flächen oder in der Nähe von Gewässern. Mauersegler können dagegen Nistplätze an geeigneten Stellen im gesamten Stadtgebiet beziehen.
Unten: Grüne Oase in Baulücke (Berlin Kreuzberg).

Wert der Vielfalt – Biodiversität im Wohnumfeld

Auch wenn nicht übersehen werden darf, dass die städtische Tierwelt auf die Vegetation angewiesen ist und dass die pflanzliche Biomasse diejenige der Tiere in Land-Ökosystemen üblicherweise um ein Mehrfaches übersteigt, so besteht die Artenvielfalt zahlenmäßig zum größten Teil aus faunistischer Diversität. Die Insekten stellen mehr als die Hälfte aller Arten und die übrigen Tiere ein weiteres Fünftel der Lebewesen, die die Biosphäre bevölkern. Die Erhaltung der biologischen Vielfalt, die neben dem Klimaschutz als zentrale Umweltaufgabe des 21. Jahrhunderts gilt, bedeutet ganz besonders auch die Erhaltung einer vielfältigen Fauna. Biologische Vielfalt, seit der internationalen Konferenz von 1992 in Rio de Janeiro unter dem Begriff «Biodiversität» bekannt, umfasst jedoch nicht nur die Artenvielfalt, sondern auch die Diversität innerhalb von Arten – die genetische Diversität – sowie die Vielfalt der ökologischen Systeme und Lebensräume auf dem Festland und im Wasser.

Die komplexen Zusammenhänge von Diversität und Stabilität von Ökosystemen sind erst unzulänglich bekannt. Einige Untersuchungen zeigen, dass Systeme mit hoher Diversität produktiver, stabiler und weniger anfällig gegen Störungen sind. Inwiefern dies auch auf urbane Verhältnisse zutrifft, wo verschiedenartige Störungen zum Alltag gehören, entzieht sich vorläufig weitgehend unserer Kenntnis. Genetische Diversität gilt als Versicherung für das Überleben einer Art. Wenn sich etwa die klimatische Situation verändert, so sind Populationen im Vorteil, die einen Anteil an genetisch gut an wärmere Durchschnittstemperaturen angepasste Individuen umfassen, die sich auch unter veränderten Bedingungen erfolgreich behaupten und fortpflanzen können. Ähnliche Mechanismen dürften in Ökosystemen eine Rolle spielen, wo in artenreichen Lebensgemeinschaften innerhalb des großen Artenspektrums eher eine Antwort auf Störungen gefunden werden kann als in artenarmen.

Gewisse Ökosystemdienstleistungen sind jedoch auch in urbanen Systemen offensichtlich. Eine Stadt ohne Vegetation wäre eine tote Stadt. Die städtische Vegetation gestaltet urbane Räume, ermöglicht Erholung und Freizeitaktivitäten und reguliert das städtische Klima. Nach einer 2001 veröffentlichten Analyse der Grüngut-Materialflüsse der Stadt Zürich entstehen im Stadtgebiet – die städtischen Wälder nicht eingerechnet – jährlich 127 000 Tonnen Grüngut. Ein Fünftel davon besteht aus Produkten des Acker- und Gartenbaus, die als Nahrungsmittel oder Viehfutter Verwendung finden. Die restlichen 100 000 Tonnen bestehen hauptsächlich aus Holzschnitt, Laub, Schnittgut von Wiesen und Rasen sowie Unkraut und Wechselflor. Davon werden 60 000 Tonnen an der Stelle, wo das Grüngut anfällt, in Prozessen zersetzt, an denen Tiere maßgeblich beteiligt sind. Laub, Rasenschnitt und andere abgetrennte Pflanzenteile werden unter anderem von Regenwürmern zerkleinert und vorverdaut, von Milben, Fadenwürmern und anderen Tieren weiter abgebaut und schließlich von Bakterien und Pilzen zu mineralischen

Substanzen umgewandelt, die den Pflanzen wieder als Nährstoffe zur Verfügung stehen. Weitere fast 14 000 Tonnen des Grünguts werden im unmittelbaren Umfeld des Entstehungsorts auf ähnliche Weise unter Mitwirkung von Tieren verwertet: unter Gehölzen und Bäumen verteiltes Laub, zu Asthaufen geschichtetes und in Grünflächen ausgebrachtes, gehäckseltes Schnittgut und in dezentralen Komposthaufen deponiertes Pflanzenmaterial.

Artengruppe	**Anzahl/m²**
Asseln	200
Ameisen	400
Spinnen	700
Käfer und Käferlarven	900
Zweiflüglerlarven	900
Tausendfüßer (Myriapoda)	1800
Regenwürmer	2000
Weitere Wenigborster	20 000
Springschwänze	40 000
Milben	120 000
Fadenwürmer (Nematoda)	9 000 000

Zu den Ökosystemdienstleistungen der urbanen Fauna zählt der Abbau organischer Abfälle. In Zürich werden auf Stadtgebiet (ohne Waldflächen) jährlich 74 000 Tonnen Grüngut vor Ort auf natürliche Weise abgebaut. Die Tabelle gibt die Anzahl von Tieren aus verschiedenen Gruppen wieder, die auf einem Quadratmeter europäischem Wiesenboden bis zu einer Tiefe von 30 cm leben (Gleich 2000).

Auch tote Tiere werden in Wald, Park und Garten schnell beseitigt. Kleinere Wirbeltiere können während der warmen Jahreszeit innerhalb weniger Wochen von Fliegen und Käfern fast vollständig verwertet werden, tote Insekten landen zum Teil in Ameisennestern. Nicht nur beim Abbau leistet die städtische Fauna wertvolle Arbeit: Blütenbestäubende Insekten insbesondere aus den Ordnungen der Hautflügler (Bienen, Hummeln und Verwandte) und der Zweiflügler (Fliegen und Mücken) ermöglichen ertragreiche Landwirtschaft und Gartenbau sowie die Vermehrung von Zierpflanzen. Angesichts der Probleme, mit denen die durch die Varroa-Milbe geschädigten Völker der Honigbiene konfrontiert sind, gewinnen Wildbienen, Schwebfliegen und andere blütenbestäubende Insekten an Bedeutung.

Bei einer schweizweiten Befragung wurden unter verschiedenen Gestaltungsformen eines Grünraums im Wohnumfeld von den Befragten abwechslungs- und strukturreiche Varianten bevorzugt – Varianten mit hoher Biodiversität (BiodiverCity, Home 2009).

Jenseits von Destruktion und Produktion liegt die Bedeutung der Biodiversität im städtischen Raum darin, dass sie einen ausgezeichneten Indikator für attraktive Grünräume darstellt. Verschiedene Untersuchungen wiesen in den letzten Jahren nach, dass auch im Wohnumfeld gut strukturierte, eher naturnahe Landschaften monotonen und damit auch artenarmen Lebensräumen vorgezogen werden. So zeigte beispielsweise eine umfangreiche Befragung im Rahmen des Forschungsprojekts *BiodiverCity*, deren Auswertung 2009 abgeschlossen wurde, dass unter verschiedenen, als Bildmontagen visualisierten Varianten eines Grünraums relativ komplexe, abwechslungs- und strukturreiche Gestaltungsvarianten bevorzugt werden – Grünräume also, die auch eine hohe Biodiversität aufweisen. Für die Befragten ist es jedoch wichtig, dass die Räume nutzbar bleiben und keinen verwilderten Eindruck machen. Die Akzeptanz für naturnahe Gestaltungsformen lässt sich, so die Ergebnisse der Untersuchung, noch steigern, wenn die Bedeutung gewisser Strukturen für die Biodiversität verständlich gemacht wird. Thomas

Sattler, der im Rahmen des Projekts *BiodiverCity* die Artenvielfalt von Vögeln, Fledermäusen, Insekten und Spinnen an jeweils etwa drei Dutzend Stellen in Zürich, Luzern und Lugano erforschte, kommt nach mehrjähriger Beschäftigung mit urbanen Lebensräumen und Artenspektren zu folgendem Schluss:

«Unterdessen bin ich überzeugt, dass der weitaus bedeutendste Grund für den Schutz der städtischen Biodiversität darin liegt, der städtischen Bevölkerung die Gelegenheit zu bieten, Natur zu erleben. Solche Erfahrungen sind von grundlegender Wichtigkeit einerseits für das individuelle Wohlbefinden der Stadtbewohner, andererseits – da persönliche Erfahrungen Werte und Meinungen der Bevölkerung beeinflussen – für politische Entscheidungen, welche den Schutz von Natur und Umwelt ganz allgemein betreffen.»

Schwämme, Moostierchen, Nesseltiere, Würmer und Bärtierchen

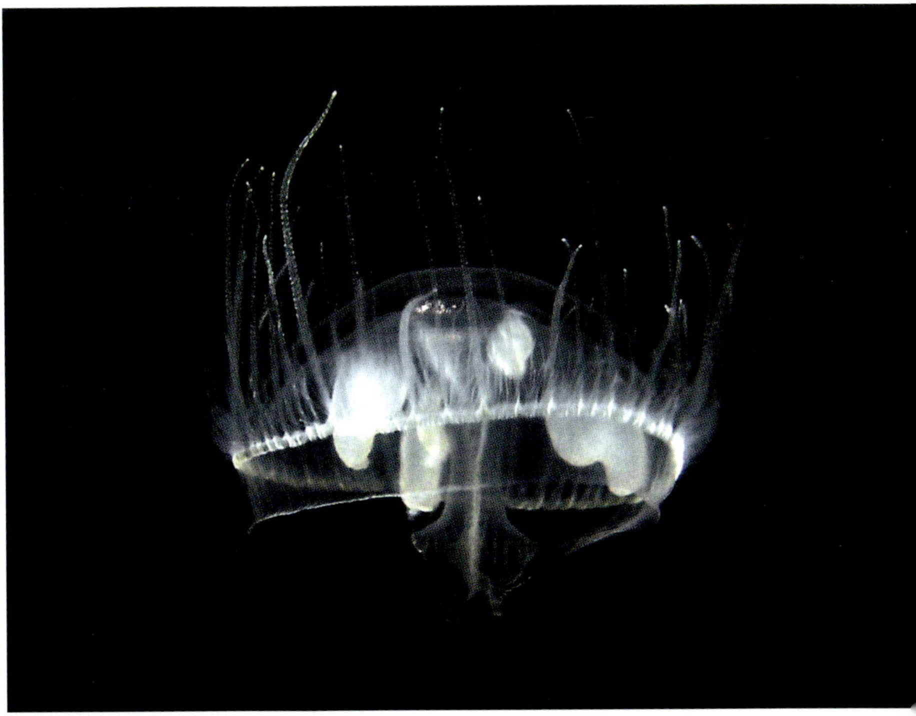

Süßwasserschwämme

Schwämme (Porifera) gehören zu den urtümlichsten mehrzelligen Organismen im Tierreich: Sie existieren schon seit rund 700 Millionen Jahren. Ihre größte Verbreitung haben die heutigen Schwämme mit rund 10 000 Arten im Meer. Sie besiedeln alle Meereszonen von den Polen bis in die Tropen, und auch in der Tiefsee kommen etwa 600 Arten vor. Im Süßwasser leben weltweit nur etwa 150 Arten, sechs davon kommen in Mitteleuropa in Seen und größeren Flüssen vor.

Die Süßwasserschwämme bilden Überzüge auf harten Unterlagen wie Steinen, Holz oder auch Betonmauern. Bei günstigen Bedingungen können sie Flächen von über einem Quadratmeter bedecken. Die grüne Farbe mancher Schwämme kommt durch eingelagerte einzellige Grünalgen zustande, mit denen sie in Symbiose leben. Schwämme haben keine Sinnesorgane und keine Nervenzellen. Der Schwammkörper wird durch winzige Glasnadeln aufgebaut, die mit einer zähen und elastischen Masse (Spongin) verkittet sind. Durch feine Porenkanäle zirkuliert ein Wasserstrom, der von Kragengeißelzellen (Choanocyten) angetrieben wird. Aus dem Wasserstrom werden feinste Nahrungspartikel ausgesiebt und Sauerstoff aufgenommen.

In einigen mitteleuropäischen Seen (z. B. Zürichsee, Bodensee) wächst der Finger- oder Geweihschwamm *(Spongilla lacustris)* an Pfeilern von Schiffsstegen und an Hafenmolen oder umgefallenen Bäumen in 1–4 m Tiefe. In Flüssen (Donau, nördliche Elbe) findet man ihn auf hartem Substrat im Wasser. Im Hochsommer bildet der Fingerschwamm bis zu 25 cm lange verzweigte Auswüchse («Finger»).

In verschiedenen Flüssen lebt der Flussschwamm *(Ephydatia fluviatilis)*. Er bildet dünne Krusten oder kleine kissenartige Gebilde. Lebende Süßwasserschwämme haben einen typischen stechenden Geruch.

Gegen Ende des Sommers bilden Süßwasserschwämme im Körper winzige runde Kapseln (Gemmulae). Nach der Bildung dieser Kapseln stirbt der Schwammkörper ab und zerfällt. Nur die Gemmulae überdauern die kalte Jahreszeit. Im Frühling brechen die Kapseln auf und entlassen ein Häufchen undifferenzierter Zellen, die im Laufe des Sommers wieder einen Schwammkörper aufbauen.

Oben: Finger- oder Geweihschwamm *(Spongilla lacustris)*
Unten: Flussschwamm *(Ephydatia fluviatilis)*

Moostierchen

Moostierchen (Bryozoa) bilden einen eigenen Stamm im Tierreich. Ihre ersten Vertreter lebten bereits vor rund 500 Millionen Jahren. Vor etwa 300 Millionen Jahren entwickelten sie mit etwa 20 000 Arten ihre größte Vielfalt und bildeten ausgedehnte Riffe im Flachwasser warmer Meere. Auch die meisten der heute noch existierenden rund 4500 Arten leben im Meer. Im Süßwasser kommen nur knapp fünfzig Arten vor, davon sind zehn Arten in Mitteleuropa heimisch.

Alle Moostierchen leben als festsitzende Kolonien. Die Einzeltiere der Kolonien sind zwischen 0,5 und 1 mm groß und bestehen aus einem wurmähnlichen Körper mit hufeisenförmiger Tentakelkrone. Der Körper sitzt in einem kästchenartigen Gehäuse. Mit der Tentakelkrone filtern die Tierchen Kleinpartikel aus dem Wasser und nehmen Sauerstoff auf. Bei Gefahr kann die Tentakelkrone eingezogen werden.

Die dicht beisammenstehenden Tentakelkronen einer Kolonie erinnern an Moospölsterchen, was den Tieren ihren Namen eingebracht hat. Die auffälligste und häufigste Art in den heimischen Seen ist das Gallertige Moostierchen *(Cristatella mucedo)*. Seine Kolonien wachsen auf Wasserpflanzen, Steinen und an den Wänden von Hafenmolen in ca. 1–3 m Wassertiefe. Die würstchenartigen Kolonien werden 2–20 cm lang und 4–8 mm breit. Hunderte von Moostierkolonien können quadratmetergroße Flächen überziehen.

Die Einzeltiere einer Kolonie leben nur wenige Wochen. Im Spätsommer bilden die Moostierkolonien kleine scheibenförmige Kapseln (Statoblasten), in denen je ein Embryo den Winter überdauert. Der Rest der Kolonie stirbt ab. Die Statoblasten bleiben entweder am Platz der alten Kolonie oder werden vom Wasser verdriftet und an neue Stellen gebracht. Im nächsten Frühsommer brechen die Kapseln auf und ein einzelnes Moostierchen wächst heran. Durch vegetative Vermehrung entsteht rasch eine neue Kolonie.

Neben *Cristatella mucedo* ist in einigen Seen auch *Fredericella sultana*, eine kleinere Moostierchenart, häufig anzutreffen. In Fließgewässern leben verschiedene Arten der Gattung *Plumatella*.

Lange blieben die Moostierchen weitgehend unbeachtet. Seit einigen Jahren rücken sie jedoch stärker ins Interesse, weil ein neu eingeschleppter Fischparasit *(Tetracapsula bryosalmonae)* die Moostierchen als Zwischenwirte benötigt. Nach einer ersten Entwicklungsphase in den Moostierchen befällt der Erreger Fische (hauptsächlich Forellen) und kann dort die Proliferative Nierenkrankheit (PKD) hervorrufen.

Moostierchen (oben: *Cristatella mucedo;*
unten: *Plumatella* sp.)

Nesseltiere

Auch die Nesseltiere (Cnidaria) sind ein urtümlicher Tierstamm mit Verbreitungsschwerpunkt im Meer. Sie existieren seit ca. 550 Millionen Jahren, und ihre äußere Erscheinung hat sich seither kaum verändert. Zu den Nesseltieren gehören neben unseren Süßwasserpolypen auch alle Quallen, Seeanemonen und Korallen. Alle Vertreter der Nesseltiere sind ähnlich aufgebaut und bestehen aus einem zweischichtigen Gewebe, das einen sackförmigen «Magen» bildet, der mit einer Mundöffnung ausgestattet ist, die gleichzeitig auch After ist, sowie einem kreisförmigen Kranz von Tentakeln. Das Nervensystem der Nesseltiere besteht aus einem lockeren, netzartigen Geflecht, ein Gehirn ist nicht vorhanden. Da die Tiere nur aus zwei Gewebeschichten bestehen, sind auch keine Atmungsorgane und kein Herz vonnöten, der Sauerstoff kann direkt aus dem Wasser ins Gewebe diffundieren. Einfache Muskeln ermöglichen es den Nesseltieren, sich zu bewegen. Dank des einfachen Körperbaus haben die Nesseltiere eine nahezu uneingeschränkte Regenerationsfähigkeit: Aus jedem kleinsten Gewebestückchen kann sich wieder ein ganzes Tier regenerieren.
Es kommen bei den Nesseltieren zwei Formen vor: Die festsitzenden Polypen, die bäumchenartig von ihrer Unterlage nach oben wachsen, und die frei schwimmenden Quallen. Bei unseren Süßwasserpolypen, aber auch bei den Seeanemonen und Korallen der Meere, kommt nur die Polypenform vor. Bei den Quallen finden wir dagegen einen erstaunlichen Generationswechsel: Aus den befruchteten Eiern einer weiblichen Qualle entsteht eine kleine Larve, die sich am Grund festsetzt. Aus der Larve entsteht nun ein festgewachsener Polyp, der oft durch vegetative seitliche Knospungen kleine Tochterpolypen bildet. Im ausgewachsenen Zustand beginnen die Polypen, kleine Scheibchen abzuschnüren, aus denen sich im freien Wasser kleine Quallen bilden, die heranwachsen und geschlechtsreif werden.
Den Namen Nesseltiere verdanken die Tiere ihren hoch entwickelten Waffen: In den Tentakeln der Polypen und Quallen sitzen unzählige winzige Nesselkapseln, die mit einem Deckel und einer Auslöserborste versehen sind. Wird eine solche Borste berührt, springt der Deckel auf und innerhalb einer 1/40 000 Sekunde schießt ein spitzes Stilett mit Widerhaken heraus, das eine kleine Wunde schlägt. Nun wird ein Schlauch in die Wunde gestülpt und ein starkes Nervengift injiziert, das die Beute sofort lähmt. Bei jeder Berührung eines Tentakels werden sehr viele solche Mini-Harpunen abgefeuert. Jede Kapsel kann nur einmal abgefeuert werden, daher müssen laufend neue solcher «Patronen» gebildet werden. Die Nesselkapseln mancher mariner Nesseltiere sind stark genug, um die menschliche Haut zu durchschlagen und schmerzhafte Verletzungen zu verursachen. Die Kapseln unserer Süßwasser-Nesseltiere sind dafür aber zu schwach, sie können dem Menschen nichts anhaben.

Süßwasserqualle

Craspedacusta sowerbyi

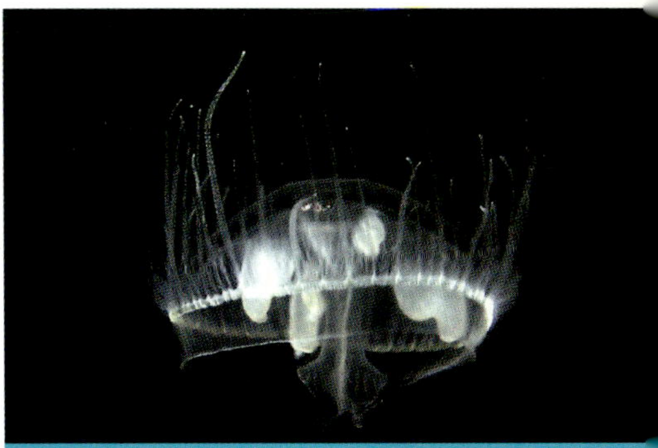

Stammt aus der Jangtse-Region (China), um 1900 nach Europa eingeschleppt, heute weltweit verbreitet.
Lebt bei Temperaturen unter 25 °C als kleiner Polyp an Wasserpflanzen und Steinen. Polypen vermehren sich ungeschlechtlich, bilden kleine Kolonien von 2–8 Tieren. Bei Temperaturen ab 25 °C schnüren sich von den Polypen kleine Quallen ab, die im Freiwasser heranwachsen und maximal etwa sechs Wochen leben. Geschlechtliche Vermehrung der Qualle in Europa bisher nicht nachgewiesen, vermehrt sich wohl nur vegetativ als Polyp. Qualle und Polyp ernähren sich von Kleinplankton, das sie mit ihren Nesselkapseln fangen. Sowohl Qualle wie Polyp sind für Menschen absolut ungefährlich, ihre Nesselkapseln können die menschliche Haut nicht durchdringen.

Qualle bis 2 cm, Polyp bis höchstens 2 mm.

Quallenform nur bei längeren Hitzeperioden im Hochsommer mit Wassertemperaturen um 25 °C, lebt sonst als winziger Polyp.

Einzige Quallenart in unseren Gewässern, Polyp sehr klein.

Trübe, pflanzenreiche Buchten oder windgeschützte Hafenanlagen. Auch in kleineren Teichen, Weihern, Steinbrüchen.

Mitteleuropa: Verbreitet. Oft unentdeckt. Beispiele: Zürichsee, Alte und Neue Donau in Wien. Verbreitung erfolgt über Vögel.

Süßwasserpolyp, Hydra

Hydra sp.

Die Fangtentakel der Polypen fangen Plankton. Für Menschen sind die Nesselkapseln der Süßwasserpolypen harmlos. Die Vermehrung erfolgt hauptsächlich vegetativ durch Knospung von Tochterpolypen, die sich seitlich am Stiel ausbilden. Bei Störung ziehen sich Polypen sofort zu einem kleinen Klümpchen zusammen. Süßwasserpolypen können sich von ihrer Unterlage lösen und sich im Wasser treibend oder im Zeitlupentempo mittels Purzelbäumen auf dem Boden fortbewegen.
Im Flachwasser von Seen kommt es im Sommer oft zur Massenvermehrung in Laichkrautwäldern. Im Winter in Tiefen zwischen 15 und 25 m häufig.
Für Mitteleuropa sind fünf Arten nachgewiesen. Die Artbestimmung ist schwierig und mit bloßem Auge nicht möglich.

1–12 mm, Tentakel bis mehrere cm lang.

Ganzjährig

Hellbraune «Bäumchen» aus Fußscheibe, Magenstiel und drei bis neun ringförmig um das Mundfeld angeordneten Tentakeln.

Stehende und langsam fließende pflanzenreiche Gewässer, auch Teiche und kleine Weiher. Im Sommer v. a. an Wasserpflanzen, im Winter auf Steinen und Holz.

Ganz Mitteleuropa

Fehlt in rasch fließenden Bächen, sonst in allen Gewässern anzutreffen.

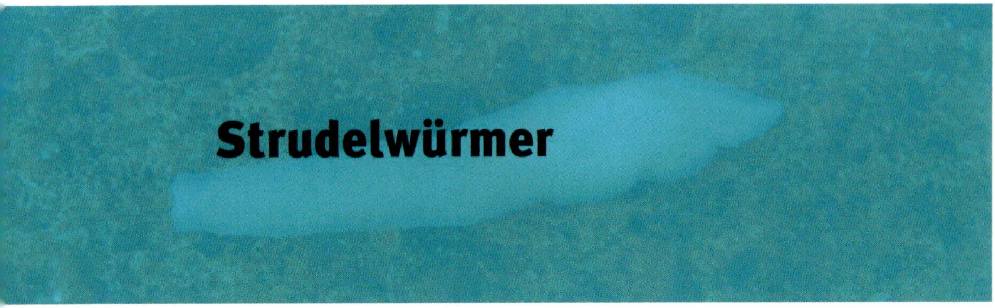

Strudelwürmer

Strudelwürmer (Turbellaria), oft auch als Planarien bezeichnet, zählen zum Tierstamm der Plattwürmer. Sie leben in unseren Breiten mit wenigen Ausnahmen im Wasser. Sie sind abgeplattet und ungegliedert. Atemorgane und Blutgefäße fehlen. Die größten Strudelwürmer werden etwa 25 mm lang. Sie bewegen sich mit bauchseitigen Wimperhaaren fort. Außerhalb des Wassers funktionieren die Wimpern zur Fortbewegung nicht mehr, sie können sich dann aber mit egelartiger Fortbewegung ins Wasser retten. In der Bauchmitte befindet sich ein vorstreckbarer Rüssel, der zugleich Mund und After ist. Vom Rüssel ziehen drei Äste des Darms durch den Körper, einer führt nach vorn und zwei nach hinten. Die meisten Arten haben nur zwei Augen, die Arten der Gattung *Polycelis* verfügen aber über eine Reihe kleiner Augen am Vorderrand des Körpers. Mit den Augen können Strudelwürmer die Richtung des Lichteinfalls feststellen, aber keine Bilder sehen.

Strudelwürmer sind Zwitter. Sie legen ihre Eier in braunen kugeligen Kokons verpackt ab, die auf umgedrehten Steinen gut sichtbar sind.

Strudelwürmer haben ein sehr gutes Regenerationsvermögen. Aus abgetrennten Stücken können sich (wenn sie nicht zu klein sind) vollständige Tiere entwickeln. Lange Hungerperioden vermögen sie zu überdauern, indem sie von der Körpersubstanz leben und kleiner werden. Strudelwürmer ernähren sich von kleinen wirbellosen Tieren wie Schnecken, Würmern und Insektenlarven. Die Beute wird mit von der Haut ausgeschiedenem, klebrigem Schleim gefangen. Größere Beutetiere werden außerhalb verdaut, kleinere ganz verschlungen. Von der Haut abgesonderter Schleim dient auch zur Abwehr von Feinden. Fische verschmähen Strudelwürmer.

Die einheimischen Strudelwürmer bewohnen stehende und fließende Gewässer. Die speziellen Ansprüche einiger Arten an die Wasserqualität machen sie zu guten Bioindikatoren (Zeiger für Umweltbedingungen). Als einzige Ausnahme lebt die Landplanarie *(Microplana terrestris)* in feuchten Wäldern. Man findet sie unter Holz und Steinen. Sie ist nicht abgeplattet, sondern wurmförmig und ca. 15 mm lang. Auf den ersten Blick kann sie mit einer Nacktschnecke verwechselt werden.

In Gewächshäusern kann man exotische Land-Strudelwürmer finden, die aber wegen ihres erhöhten Wärmebedürfnisses den Winter im Freien nicht überleben. Der aus Nordamerika eingeschleppte Gefleckte Strudelwurm *(Dugesia tigrina)* dagegen ist inzwischen in vielen mitteleuropäischen Gewässern – auch im Stadtgebiet – zu finden und stellenweise sehr häufig.

Milchweißer Strudelwurm

Dendrocoelum lacteum

Lichtscheu, unter Holz und Steinen versteckt. Ernährt sich von kleinen Wirbellosen wie Insektenlarven oder Würmern. Sogar flinke Tiere wie Asseln und Bachflohkrebse werden erbeutet. Eikokons werden ohne Befestigung abgelegt.

Die Art kommt auch in verschmutztem Wasser (Gewässergüte II, mäßig belastet) vor. Es gibt auch Beispiele, wo eine Verbesserung der Wasserqualität zum Rückgang des Milchweißen Strudelwurms geführt hat (z. B. Zürichsee). Verwandte, augenlose *Dendrocoelum*-Arten leben in Höhlengewässern und im Grundwasser.

Bis 25 mm lang, 6 mm breit.

Ganzjährig, am besten jedoch in der warmen Jahreszeit zu beobachten.

Färbung weiß, der Darm schimmert je nach Inhalt rötlich oder bräunlich durch. Zwei Augen, Vorderende in der Mitte leicht eingebuchtet, seitlich zwei abgerundete «Öhrchen».

Stehende und langsam fließende Gewässer aller Art. Erträgt auch verschmutztes Wasser.

Mitteleuropa: Weit verbreitet. Art relativ anspruchslos (seltener im Brackwasser der Ostsee).

Bachstrudelwurm

Dugesia gonocephala

Lichtscheu, unter Holz und Steinen versteckt. Ernährt sich von kleinen Wirbellosen wie Insektenlarven und Würmern. In den seitlichen «Öhrchen» befinden sich chemische Sinnesorgane, die dem Auffinden der Beutetiere dienen. Die runden Eikokons werden mit Stielchen am Substrat befestigt.

Besiedelt saubere Bäche (Gewässergüte I–II, gering belastet), erträgt auch wärmeres Wasser, weshalb *Dugesia gonocephala* auch noch in größeren, quellfernen Bächen vorkommt. In kalten Bachoberläufen und Quellen lebt z. B. *Polycelis felina*, die an den beiden Tentakeln und den vielen kleinen Augen am Vorderrand erkennbar ist.

Bis 25 mm lang, 5 mm breit.

Ganzjährig, am besten jedoch in der warmen Jahreszeit zu beobachten.

Färbung auf der Oberseite braun bis grau, Unterseite heller, zwei Augen, Kopf zugespitzt mit seitlichen «Öhrchen».

In sauerstoffreichen, sauberen Fließgewässern.

Mitteleuropa: Verbreitet. Bioindikator für gute Wasserqualität.

Schlauchwürmer

Die Fadenwürmer, Kratzer, Saitenwürmer, Rädertiere, Bauchhärlinge und Hakenrüssler werden aufgrund gemeinsamer Merkmale im Stamm der Schlauchwürmer (Nemathelminthes) zusammengefasst. Schlauchwürmer sind drehrunde, unsegmentierte Würmer, deren Leibeshöhle oft flüssigkeitsgefüllt ist (Hydroskelett). Sie besitzen eine harte äußere Kutikula und müssen sich in ihrem Leben mehrfach häuten. Aus diesem Grund und aufgrund zusätzlicher molekularbiologischer Hinweise werden sie seit einigen Jahren in eine enge Verwandtschaft zu den Gliederfüßern (Krebstieren, Spinnentieren, Insekten) gestellt und in der Gruppe der Häutungstiere (Ecdysozoa) zusammengefasst. Sie leben in Salz- und Süßwasser und besiedeln feuchte Landlebensräume. Viele Arten leben parasitisch an und in Pflanzen und in Tieren. Weltweit gibt es über 50 000 Arten, davon finden sich annähernd 5000 in Mitteleuropa.

Fadenwürmer

Fadenwürmer (Nematoda) gehören mit über 20 000 beschriebenen Arten (ca. 4000 heimische Arten) zu einer der artenreichsten Klassen im gesamten Tierreich und sind vermutlich die individuenreichste Tiergruppe unter den Vielzellern. In einem Kubikzentimeter Ackerboden können bis zu 200 Fadenwürmer leben. Sie sind ebenso im Erdreich in städtischer Umgebung wie auf Freiflächen und in Baumscheiben zu finden. Viele frei lebende Arten bevorzugen aber Moospolster, Mulm und faulende Substrate. Mit 0,5 mm bis 2 mm ist ihre geringe Größe der Hauptgrund dafür, dass sie von uns selten bemerkt werden. Sie ernähren sich von Bakterien, Pflanzen und Pilzen oder leben räuberisch von kleineren Tieren. Sie haben einen nicht unerheblichen Anteil an der Humusbildung.

Neben den frei lebenden Fadenwürmern gibt es eine zweite große Gruppe, die parasitisch in und an Pflanzen sowie in Tieren und Menschen lebt (Kartoffelzystenälchen, *Globodera rostochiensis*, Rüben-, Getreide- und Erbsenzystenälchen). Der Menschenspulwurm *Ascaris lumbricoides* lebt im Darmtrakt und erreicht eine Größe von bis zu 30 cm. Die Weibchen können täglich bis zu 200 000 Eier legen, die mit dem Kot an die Umwelt abgegeben werden. Der im Menschen parasitierende Madenwurm *Enterobius vermicularis* wird ca. 5–13 mm groß.

Aus stadtökologischer Sicht können überdauernde Eier dieses Parasiten in Hunde- und Katzenkot gefunden werden (Katzenspulwurm *Toxocara mystax*, bis über 10 cm lang, siehe Bild S. 53).

Fadenwürmer bewegen sich schlängelnd fort und klettern am Substrat. Die unter einem erhöhten Flüssigkeitsdruck stehende Leibeshöhle bildet den Gegenspieler zur Längsmuskulatur. Einige Arten besitzen zusätzlich Borsten.
Die Bestimmung ist aufgrund der geringen Größe der meisten Arten selbst mit einer guten Lupe meist nur bis zur Familie möglich. Die Fadenwürmer sind meist weiß oder farblos. Am Vorderende befindet sich die Mundöffnung, die zum Teil von Borsten umgeben ist. Der Schlund ist muskulös und arbeitet wie eine Saugpumpe.

Rädertierchen

Rädertierchen (Rotatoria) sind zwischen 0,05–2,5 mm groß. Von den insgesamt 1500 Arten findet man in Mitteleuropa ca. 600 Arten. Sie besitzen an der Mundöffnung zwei bewegliche Wimperkränze, das Räderorgan. Es dient den Tieren zur Fortbewegung und Nahrungsaufnahme. Am schmaleren, unbewimperten Hinterende ist meist ein «Fuß» mit zwei endständigen Zehen abgesetzt, die mit Klebdrüsen bestückt sind. Rädertierchen ernähren sich hauptsächlich von Mikroorganismen oder Algen, die eingestrudelt oder vom Substrat abgeweidet werden. Man findet sie im Süß- und Brackwasser, aber auch im Boden und feuchten Landbiotopen wie Dachrinnen.
Fadenwürmer und Rädertierchen erlangten in den letzten Jahrzehnten vor allem in der Entwicklungsbiologie und der Genetik große Berühmtheit, da in einigen Arten wie dem Fadenwurm *Caenorhabditis elegans* alle Tiere dieselbe Anzahl von Zellen besitzen (Zellkonstanz). Alle Tiere von *C. elegans* bestehen aus exakt 959 Zellen (gilt für die Hermaphroditen – bei dieser Art existieren neben den sich selbst befruchtenden Zwittern auch Männchen, die mit den zweigeschlechtlichen Tieren kopulieren können). Anhand des Schicksals der einzelnen Zellen konnten die Wissenschaftler grundlegende Erkenntnisse über die Entwicklung von Organismen gewinnen, die auch auf den Menschen übertragen werden können.

Ringelwürmer

Die lang gestreckten Körper der Ringelwürmer (Annelida) bestehen aus vielen aneinandergereihten Segmenten. In Mitteleuropa leben Ringelwürmer aus vier Klassen, von der die Wenigborstigen Würmer (Oligochaeta) und die Egel (Hirudinea) die bekanntesten sind.

Die **Wenigborstigen Würmer** haben pro Segment vier einzeln stehende Borsten oder Borstenbündel, die an jedem Segment seitlich unten oder seitlich oben stehen. Die wichtigsten Bestimmungsmerkmale der Familien der Oligochaeta sind die Anordnung und die Art der Borsten. Die Wenigborster sind Zwitter, sie legen ihre Eier in Kokons, die von der Haut im Bereich des Gürtels ausgeschieden werden. Die meist sehr kleinen Arten der Familie Naididae können sich auch ungeschlechtlich fortpflanzen, indem sich durch Einschnürung Tierketten bilden, von denen sich nach und nach Einzeltiere abtrennen.

Oligochaeta findet man an Land und in fast allen Gewässern. Die längste einheimische Art ist der bis 30 cm lange und nur 1,5 mm dünne Brunnendrahtwurm *(Haplotaxis gordioides)*. Erkennbar ist er an seinen Körperdimensionen, aber auch daran, dass auf jedem Segment vier einzelne, einspitzige Borsten sitzen. Man findet ihn in Brunnen und Quellen, selten auch in Oberflächengewässern. Er kann mit dem Wasserkalb *(Gordius aquaticus)* verwechselt werden, ebenfalls weißlich, lang und dünn. Bei genauerem Hinschauen sieht man aber, dass das Wasserkalb ein Fadenwurm ist, also nicht segmentiert und borstenlos. Die Zahl der in Städten lebenden Arten von Wenigborstigen Würmern ist nicht bekannt.

In Stadtgebieten sind meistens etwa zehn Arten von **Egeln** vertreten. Egel sind Ringelwürmer mit einer konstanten Segmentzahl, die meistens durch eine zusätzliche äußerliche Ringelung verwischt ist. Die Segmente tragen keine Borsten. Am Hinterende befindet sich eine größere und am Vorderende eine kleinere, oft nicht deutlich abgesetzte Haftscheibe, in der die Mundöffnung liegt. Am Vorderende sind artspezifisch zwei oder mehr einfache Augen vorhanden. Die Körpergröße liegt bei etwa 1–8 cm. Die Egel bewegen sich fort, indem sie die Saugnäpfe im Wechsel festsaugen und vorschieben – eben egelartig. Einige können schlängelnd schwimmen. Egel sind Zwitter, die Geschlechtsöffnungen liegen auf der Bauchseite. Ihre Lage ist ein Art-Bestimmungsmerkmal. Die meisten Egel legen ihre Eier in Kokons ab, die sie im Bereich des Gürtels ausscheiden, so wie die Regenwürmer. Die flachen, elliptischen, braunen Kokons werden auf Steine geklebt und sind auf umgedrehten Steinen gut sichtbar. Einige Egel betreiben Brutpflege, indem sie ihre Eier und später die Jungen auf der Bauchseite tragen. Die meisten Egel ernähren sich als Räuber oder Parasiten von wirbellosen Tieren. Der auch an Menschen saugende Medizinische Blutegel *(Hirudo medicinalis)* ist durch starke Besammlung inzwischen ziemlich selten.

Kompostwurm

Eisenia foetida

In Europa weit verbreitete Regenwurmart. Lebt nicht im Boden, sondern in Anhäufungen von organischem Material wie Kompost- und Misthaufen unter Bedingungen, die für andere Regenwurmarten nicht besiedelbar sind. Ernährung von organischen Abfällen und damit Beschleunigung des Zersetzungsprozesses. Sehr tolerant gegenüber Hitze. Unter Wärmeentwicklung im Kompost hohe Aktivität und Vermehrungsrate. Der Kompostwurm kann sich mehrmals jährlich paaren, anschließend Ablage von mehreren 3 mm langen Kokons (Eihüllen) mit bis zu elf Eiern, aus denen nach 2–3 Wochen Larven schlüpfen, die den ausgewachsenen Würmern ähnlich sehen. Bei Fischern und Anglern beliebter Köder. Kommerzielle Zucht und Handel. Verwandte Art *Eisenia andrei*, dunkler rötlich.

Länge bis 9 cm, 105 Segmente. 200–600 mg.

Ganzjährig, Ruhephase bei Frost.

Fleischfarben mit purpurnen Ringen.

In Kompost- und Misthaufen, selten in Wiesenböden.

Mitteleuropa, überall an geeigneten Stellen.

Gemeiner Regenwurm, Tauwurm

Lumbricus terrestris

Bekannteste und verbreitetste einheimische Regenwurmart. Lebt in vertikalen, selbst gegrabenen Bodengängen bis 3 m Tiefe. Jungtiere leben in den oberen Bodenschichten und in der Streuauflage. Substrat- und Pflanzenfresser, der sich von vermoderten Pflanzenteilen ernährt, die von der Bodenoberfläche in die Wohnröhren gezogen werden. Kotausscheidung in Form von Wurmhaufen an der Oberfläche. Geschlechtsreife mit einem Jahr, nach Paarung Ablage von Kokons mit je einem Ei. Regenwürmer sind Gradmesser der Bodenqualität. Die intensive Grab- und Durchmischungsarbeit führt zu stabilem, nährstoffreichem Humus und verbessert die Wasserdurchlässigkeit und Durchlüftung der Böden. Wichtige Nahrungsgrundlage für Vögel und Säugetiere (Dachs, Fuchs).

Länge 12–30 cm, bis 180 Segmente. 2–6 g.

Ganzjährig, Ruhephase bei Trockenheit und bei Frost.

Vorne rot, hinten blassrot gefärbt.

In Böden von Laub- und Mischwäldern, Wiesen und in allen landwirtschaftlich genutzten Böden, die nicht zu oft gepflügt werden. Nicht in Böden mit sauerstoffarmen Oberschichten.

Mitteleuropa: Verbreitet. In Städten häufigste Art. Sogar auf flachgründigen Flächen häufig (Verkehrsinseln).

25–80 mm lang; 3–7 mm breit.

Ganzjährig. Ruhephase bei Trockenheit und Frost.

Farbe meist grünlich, gelblich, manchmal rötlich oder farblos.

In feuchten Garten- und Wiesenböden, am Ufer von Gewässern, unter Moos und faulendem Laub.

Mitteleuropa: Verbreitet. Ist ein typischer Bewohner der städtischen Böden, an einigen Standorten sogar die häufigste Art.

Kleiner Ackerwurm

Allolobophora chlorotica

Der Kleine Ackerwurm konkurriert in unseren Stadtgebieten gemeinsam mit dem Tauwurm *(Lumbricus terrestris)* und dem Kleinen Wiesenwurm *(Aporrectodea caliginosa)* um Platz 1–3 in der Disziplin «Individuenzahl pro m^2». Wider Erwarten unterscheidet sich die Anzahl der Regenwürmer pro m^2 in Städten nicht so sehr von natürlichen Standorten, wohl aber das Artenspektrum. Im Durchschnitt findet man in den Böden der Städte zwischen 100–125 Individuen / m^2. In trockeneren Böden spielt der Kleine Wiesenwurm seine höhere Trockentoleranz aus. Auf Böden von feuchteren Rasen- und Rabattflächen geht jedoch der Kleine Ackerwurm als Anzahlsieger hervor. Die meiste Biomasse pro m^2 erbringt jedoch der Tauwurm.

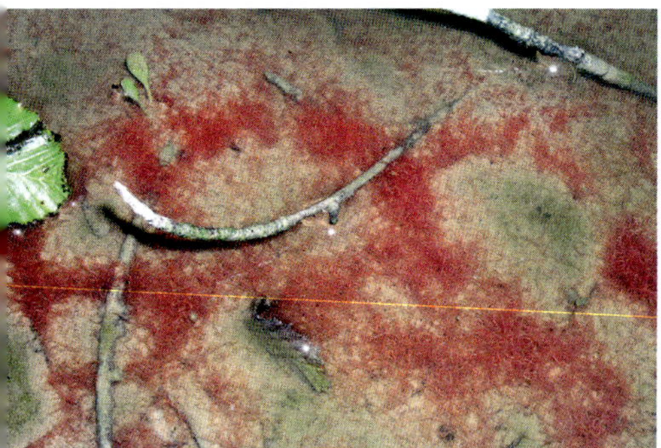

Wenige cm lang, 1 mm dünn.

Ganzjährig

Rot gefärbt. Würmer oft in großer Zahl am Gewässergrund, Vorderende in Bodenröhren, Hinterende bei Sauerstoffmangel in ständiger Bewegung.

Im sandigen oder schlammigen Boden von stehenden und fließenden Gewässern aller Art.

Mitteleuropa: In fast allen Oberflächengewässern, häufiger in verschmutztem Wasser.

Schlammröhrenwurm

Tubificidae (*Tubifex* und weitere Gattungen)

Schlammröhrenwürmer haben keine Augen, die Borstenbündel beginnen schon am zweiten Segment. Borsten zu mehreren in vier Bündeln, gegabelt oder gekämmt, bei einigen Gattungen am Rücken auch noch Haarborsten. Rotfärbung durch Blutfarbstoff Hämoglobin. Viele Schlammröhrenwürmer sind an nährstoffreiche und auch sauerstoffarme Gewässer angepasst. Wie Regenwürmer ernähren sie sich vom organischen Anteil im Bodenschlamm und den darin lebenden Mikroorganismen. Durch ihre Fresstätigkeit lagern sie die Sedimente von unten nach oben um. Zum Schutz vor Räubern bauen viele Arten kaminartige Röhren aus mit Schleim verbundenen Detrituspartikeln, in denen sie kopfüber stecken. Um sauerstoffreiches Atemwasser herbeizuwedeln, schlängeln sie ihren Hinterleib.

Rollegel

Erpobdella octoculata

Der Rollegel – gelegentlich auch Hundeegel genannt, obwohl er es nicht auf Hunde abgesehen hat – verschlingt Insektenlarven, Würmer und andere Kleintiere. Eiablage in braunen, 3–6 mm langen, elliptischen Kokons, die an Steine oder auch Wasserpflanzen geklebt werden. Schwimmt mit schlängelnden Bewegungen. Es gibt mehrere Arten in der Familie Erpobdellidae, von denen *E. octoculata* eine der häufigeren ist.
Ebenfalls sehr häufig: Vielfraßegel oder Pferdeegel *(Haemopis sanguisuga)*, bis 100 mm lang, ernährt sich trotz seines wissenschaftlichen Namens nicht blutsaugend, sondern räuberisch. Schwimmt gut, kann Beutetiere verschlingen, die größer sind als er selbst.

Bis 60 mm lang.

Ganzjährig, im Winter im Schlamm eingegraben.

Färbung variabel, meist rotbraun mit feiner, gelblicher oder dunkler Fleckung. Acht punktförmige Augen am Vorderende, im Halbkreis angeordnet.

Stehende und langsam fließende Gewässer aller Art, auch in Seen und Teichen.

Mitteleuropa: In geeigneten Gewässern häufig.

Enchyträe

Fridericia sp.

Die Vertreter Familie der Enchyträen (Enchytraeidae) sind nahe Verwandte der Regenwürmer (Lumbricidae) und besitzen wie diese einen Gürtel (Clitellum). Sie besiedeln nahezu alle Lebensräume vom Meer und dessen Stränden, über Pfützen und Oberflächengewässer. Die meisten Arten findet man jedoch in den Böden, wo sie aufgrund ihrer hohen Besiedlungsdichte einen wesentlichen Beitrag zur Humusbildung leisten: Auf städtischen Rasenflächen wurden zwischen 20 000–30 000 Individuen/m² gezählt! Einige Arten können mit einer kurzen Entwicklungszeit sehr schnell auf schwankende Nahrungsangebote reagieren. *Buchholzia appendiculata* kann sich z. B. durch Fragmentation vermehren. Andere wiederum können auch winzige Habitate, wie die Erde in Blumentöpfen, beleben.

Bodenbewohnende Enchyträe.

Körperlänge meist unter 25 mm; ausnahmsweise auch 40 mm.

Ganzjährig, Ruhephase bei Trockenheit und Frost.

Weißlich oder gelblich, selten rötlich. Gürtel (Clitellum).

In feuchten Garten- und Wiesenböden, am Ufer von Gewässern, unter Moos und faulendem Laub, in Blumentöpfen.

Mitteleuropa, häufig. Hohe Individuenzahlen, bei ausreichender Feuchtigkeit in allen Böden. Humusbildner.

Bärtierchen

Die achtbeinigen, raupenähnlichen Tierchen erinnern durch ihre etwas plumpe Gestalt, die tapsige Fortbewegung und den Kopf mit den kleinen Punktaugen entfernt an winzige Bärchen. Sie sind nur 0,1–0,3 mm groß. Färbung weiß, hellbraun oder rosa. An den Füßen befinden sich hakenartige Krallen. Bärtierchen (Tardigrada) kommen überall vor, wo es zeitweise oder permanent feucht ist. Besonders hohe Dichten von teilweise mehr als 200 Bärtierchen pro Quadratzentimeter finden sich in wechselfeuchten Moospolstern an Baumstämmen, Mauern, Dachziegeln und -rinnen.

Aufgrund ihrer geringen Größe findet man Bärtierchen erst, wenn man sie mit einer starken Lupe (Binokular) sucht. Unter feuchten Bedingungen krabbeln Bärtierchen aktiv herum. Am Kopf tragen sie einen einziehbaren Stechapparat (Stilett), mit dem sie Algenzellen oder auch Kleintiere anstechen und aussaugen. Bei Trockenheit ziehen sich die Tierchen zusammen und erstarren zu kleinen Tönnchen. In diesem Zustand können sie lange Trockenheit, große Hitze (über 90 °C), enorme Kälte (unter –200 °C im Labor) und auch sehr hohe Dosen von radioaktiver Strahlung unbeschadet überdauern. Bei günstigen Bedingungen bricht das Tönnchen auf, und das Tier wird wieder aktiv.

Weltweit sind bisher etwa 900 Bärtierchenarten beschrieben. Ihre Verwandtschaft mit anderen Tiergruppen ist noch nicht völlig geklärt.

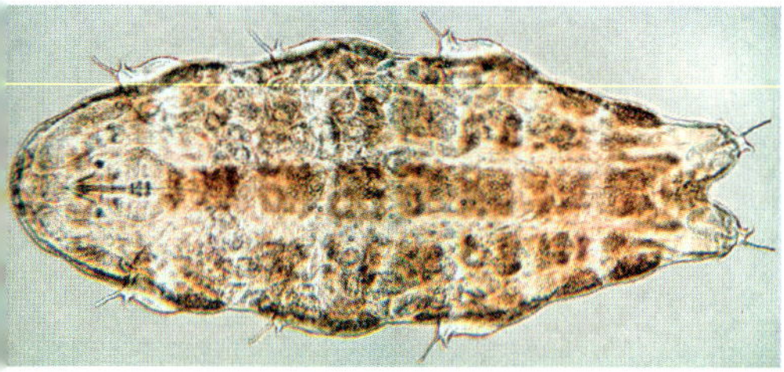

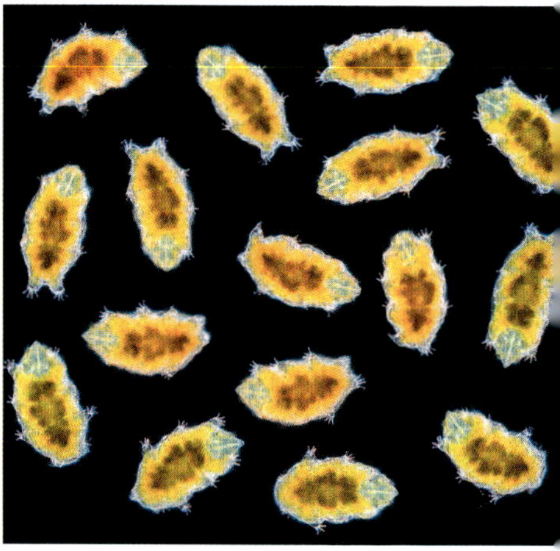

Weichtiere

Schnecken

Zwischen den Häusern unserer Städte erstreckt sich mehr oder weniger unbemerkt eine noch viel größere Stadt, deren Häusermeer sich nicht um mühsam ausgehandelte Bauzonen kümmert und auch Grünzonen in Anspruch nimmt: die Schneckenstadt. Vielen von uns Trampeln offenbart sich ihre Existenz nur dann, wenn es unter dem Schuh knirscht und danach an der Sohle eine zähe, schleimige Masse haftet. Dies ist auch nicht weiter verwunderlich: Die meisten Stadtschnecken sind kleiner als 1 cm, die Größenspanne reicht vom 20 cm großen Schwarzen Schnegel bis hinunter zur 1,5 mm kleinen Punktschnecke. Wer sich die Mühe macht, in diesen Mikrokosmos einzutauchen, wird belohnt: Man begegnet nicht nur nackten und gebänderten, sondern trifft auch auf halbnackte, behaarte, gerippte und mit Stacheln bewehrte Gesellen. Nicht nur die Formenvielfalt ist erstaunlich, auch die Vielfalt besiedelter Lebensräume ist sehr groß – sie reicht vom Blumentopf über Wald und Wiese bis zur Felswand und ritzenreichen Mauer, vom Wasserloch bis zu Flüssen und Seen.

Schnecken (Gastropoda) zählen wie die Muscheln zu den Weichtieren. Ihren Körper bewegen sie auf einem muskulösen **Fuß** fort, der Kriechsohle. Am Kopf befindet sich neben Fühlern und Augen der Mund mit der **Radula** oder Raspelzunge. Die inneren Organe liegen im **Mantel**, bei den Nacktschnecken unter dem **Mantelschild** in der vorderen Körperhälfte, bei den Häuschenschnecken gut geschützt im Gehäuse. Dieses besteht in der Regel aus mehreren **Umgängen**, die vom **Apex**, der Gehäusespitze, ausgehend, spiralig um die **Spindel** aufgewickelt sind. Diese ist innen oft hohl. Ist sie beim fertigen Gehäuse unten offen, spricht man von einem offenen **Nabel**, ansonsten ist dieser geschlossen, geritzt oder bedeckt. Der Rand der **Mündung**, der Gehäuseöffnung, ist beim ausgewachsenen Tier bei vielen Arten als **Lippe** ausgebildet, diese ist oft verdickt.

In mitteleuropäischen Städten kann bei großem Habitatreichtum mit bis zu 100 Landschneckenarten und je nach Lage mit ca. 20 Wasserschneckenarten gerechnet werden. Die Mehrzahl der Arten ist ungefährdet, eine beträchtliche Zahl jedoch gemäß Roter Liste gefährdet oder sogar vom Aussterben bedroht. Die Verbreitung der Schneckenarten in unseren Städten ist nur ansatzweise bekannt, ein systematisches Inventar fehlt meist. Gerade für stark gefährdete Arten wäre eine Erfassung ihrer Vorkommen eine Grundvoraussetzung für die Erhaltung ihrer Restbestände – Schnecken sind Teil der urbanen Biodiversität.

Schnecken lassen sich oft fast ganzjährig beobachten, Nacktschnecken vor allem im Sommer und Herbst.

Flussnixenschnecke

Theodoxus fluviatilis

Auch Gemeine Kahnschnecke oder Fluss-Schwimmschnecke genannt. Die Art gilt als stark gefährdet, da ihr durch die zunehmende Flussregulierung und durch Gewässerverschmutzung die Lebensgrundlage entzogen wird. Körper ragt beim Kriechen kaum hervor. Zwei langspitzige Fühler, Augen an deren Basis. Getrenntgeschlechtlich, atmet mit Kiemen. Alter: 2–3 Jahre. Die Flussnixenschnecke weidet Kieselalgen auf Steinen usw. ab, deren Panzer mit Reibbewegungen der Radula gegen das harte Substrat zerstört werden, damit die Algen verdaut werden können. Die 1 mm kleinen, runden, weißen Eikapseln enthalten ca. 70 Eier und werden an Steinen, anderem Hartsubstrat oder auf den Gehäusen der Artgenossen abgelegt. Pro Kapsel entwickelt sich meist nur ein Ei zum Jungtier, die übrigen Eier dienen als Nähreier.

Gehäuse 4,5–6,5 × 6–9 mm, selten etwas größer.

Dickwandig, halb eiförmig, Gewinde wenig erhoben; $1\frac{2}{3}$–$2\frac{2}{3}$ Umgänge, rasch zunehmend.

Variable, meist dunkelrote bis braun violette Netz-, Tropfen- oder seltener Zickzackzeichnung auf hellem Grund.

Orangeroter Kalkdeckel.

In Gewässern mit steinigem Untergrund. Sauerstoffbedürftig.

Sehr selten, in Mitteleuropa vom Aussterben bedroht. Im Alpenvorland sehr selten.

Stumpfe Sumpfdeckelschnecke

Viviparus viviparus

Kiemenatmer, Getrenntgeschlechtlich. Der rechte Fühler der Männchen wird vom Samenleiter durchzogen und dient bei der Paarung als Penis. Lebendgebärend: Embryonen reifen im Uterus der Weibchen und werden lebend geboren.

Nahrung: hauptsächlich organische Zerfallsprodukte, Algenbewuchs (Weidegänger). Plankton wird aus dem Atem- und Wasserstrom mit einem feinen Netz aus Schleimfäden an der Kiemenbasis herausgefiltert, mit Flimmerhärchen verdichtet und als «Klumpen» aufgenommen. Mehrjährig (5–10 Jahre). Tiere überwintern ohne Nahrungsaufnahme im Bodenschlamm eingegraben. Die Art hat relativ hohe Ansprüche an die Wasserqualität (hoher Sauerstoffgehalt nötig) und ist vielerorts durch wasserbauliche Maßnahmen gefährdet.

Gehäuse bis 30 mm hoch, 23–24 mm breit.

Aktiv von Mai–Oktober.

Festes Gehäuse schlank, eiförmig-spitzkonisch, Spitze gerundet. $5\frac{1}{2}$–6 Umgänge; Naht flach.

Farbe: oliv-graugrün, drei rotbraune Bänder. Horndeckel (Operculum).

Mäßig bewegtes Wasser von Flüssen, Kanälen und Uferzone von Seen.

Fehlt in der Schweiz und in Österreich. Selten. In Deutschland: Oder bei Frankfurt, Isebekkanal in Hamburg. Häufig Fehlmeldungen durch Verwechslungen mit der Spitzen Sumpfdeckelschnecke *(V. contectus)*.

Gehäuse 6 × 4 mm.

Spitz kegelförmig, spitzer Apex; 5,5 leicht gewölbte Umgänge, selten mit fadenförmigem Kiel.

Mündung spitz oval.

Glänzend gelblich bis rötlich hornbraun, durchscheinend. Horndeckel.

In verschiedensten Gewässern (Seen, einschl. Brandungszonen, Flüsse), 0–10 m Tiefe, oft massenhaft, bis 100 000 Tiere/m².

Häufig in ganz Mitteleuropa. Im Schlamm, auf Sand, an Steinen, Ufermauern und Wasserpflanzen.

Neuseeländische Zwergdeckelschnecke

Potamopyrgus antipodarum

Getrenntgeschlechtlich, Kiemenatmung. Zwei lange spitze Fühler, Augen an deren Basis. Alter: 0,5–2 Jahre. Ovovivipar, d.h. die Tiere sind lebend gebärend, aber die Jungtiere ernähren sich nur von den Nährstoffen des Eies, nicht von der Mutter. Ganzjährig aktiv, auch im Winter Geburt von Jungtieren. In Europa fast nur Weibchen, entsprechend fast nur parthenogenetische Fortpflanzung. Nahrung: offensichtlich hauptsächlich Detritus. Relativ resistent gegen Gewässerverschmutzung, auch im Brackwasser. Wärmebedürftig. Häufig durch Vögel und Schiffe verschleppt. Fischnahrung. Herkunft: Neuseeland. Erstnachweise: in England 1837, in Deutschland 1887, in der Schweiz 1972 (Bodensee), in Österreich 1985.

Gehäuse 10–11 mm hoch, 5,7–7,1 (9,5) mm breit.

Frühjahr–Herbst

Gehäuse hell bräunlich bis hornfarben.

Ca. 5,5 Umgänge, schwach gewölbt, mit wenig tiefen Nähten.

Mündung mit verkalktem Deckel verschließbar.

Stehendes und mäßig bewegtes Wasser von Seen (bis in mehrere Dutzend Meter Wassertiefe), Flüssen und Kanälen; auch Brackwasser.

Mitteleuropa: Weit verbreitet. In Gebieten des Oberrheins; im Brackwasser der Ostsee bei Rostock, in der Donau (Wien).

Gemeine Schnauzenschnecke

Bithynia tentaculata

Tier grauschwarz mit gelben Pigmentpunkten; breiter Fuß. Kopf kann rüsselartig vorgestreckt werden («Schnauze»). Zwei lange, fadenförmige Fühler, Augen an deren Basis. Alter: ca. 12–27 Monate. Getrenntgeschlechtlich. Eiablage Mai–Juni an vorher vom Weibchen gereinigten Plätzen. Ablage erfolgt an Wasserpflanzen, Wurzeln, Pflanzenresten sowie Steinen, Muschelschalen als zwei- bis dreireihiges Laichband mit 20–40 Eiern. Meist überwintern nur Jungtiere. Detritusfresser und Filtrierer, gelegentlich auch Weidegänger (Algen). Die Art bevorzugt in Gewässern pflanzenreiche Standorte, mit schlammigem Substrat und hohem Sauerstoffgehalt. Ähnlich, aber wesentlich seltener ist die Bauchige Schnauzenschnecke *(Bithynia leachii)*.

Gestreifte Mulmnadel

Acicula lineata

Körper weißlich durchscheinend, Kopf mit rüsselartiger Schnauze und zwei fadenförmigen Fühlern, Augen an deren Basis. Getrenntgeschlechtlich. Die Gestreifte Mulmnadel lebt tief im Mulm verborgen unter Blättern, in morschem Holz, unter Holzstücken und Steinen, zwischen Felsspalten, unter Riedstreu und in Ritzen von trocken gemauerten Stützmauern. Austrocknungsempfindlich. Carnivor, ernährt sich überwiegend von Eiern anderer Schneckenarten. Aufgrund der verborgenen Lebensweise oft übersehen, obwohl verbreitet und häufig. Ähnliche Art: die seltenere und feuchtigkeitsbedürftigere Glatte Mulmnadel *(Acicula polita)* mit vollkommen glattem Gehäuse, stärker gewölbten Umgängen und markant abgesetztem Nackenwulst.

Gehäuse 2,5–3,3 × 1,1–1,2 mm.

Zylindrisch mit stumpfem Apex; 5–6,5 schwach gewölbte Umgänge mit unregelmäßig verteilten, feinen Querrillen.

Mündung mit Nackenwulst; zarter, bleicher Deckel. Nabel sehr eng.

Rötlich ockerfarben bis braunrot, durchsichtig, stark glänzend.

Laubwälder, Flachmoore und Felsen.

In Mitteleuropa sehr selten. In Schweizer Alpen bis 1800 m. In Österreich und Deutschland vom Aussterben bedroht.

Flussnapfschnecke

Ancylus fluviatilis

Körper grau, kaum unter dem Gehäuse sichtbar, mit zwei langen, dünnen, zugespitzten Fühlern, an deren Basis die Augen liegen. Zwitter. Gallertartige, scheibenförmige Laichballen. Die Flussnapfschnecke oder Mützenschnecke weidet diverse Algenarten ab, auch Kiesel- und Blaualgen. Sie braucht sauerstoffreiches Wasser. Weitere ähnliche Napfschneckenarten im Gebiet sind: Teichnapfschnecke oder Schilflaus *(Acroloxus lacustris)* mit länglicherem Gehäuse, dessen Spitze nach hinten links gebogen ist, in Teichen mit Wasserpflanzen und in Schilfröhricht. Flache Mützenschnecke *(Ferrissia wautieri)* mit flacherem Gehäuse, Spitze kurz und stumpf, nach hinten rechts gebogen, ebenfalls in Weihern und Röhricht, an Pflanzen und Falllaub.

Gehäuse 2–3,5 × 3,5–8 mm, selten größer.

Mützenförmig, Spitze fast in der Mittelachse, leicht nach hinten rechts gebogen. Gegitterte Oberflächenstruktur, matt.

Dünnwandig, durchscheinend, weißlich-gelblich bis rotbraun.

Sauerstoffreiche Gewässer (Flüsse, Seen, Karstquellen). An Steinen und Ufermauern mit geeignetem Algenbewuchs.

Mitteleuropa: Vereinzelt bis häufig. Zeigerart für Gewässergüteklasse II.

Spitzhornschnecke, Spitzschlammschnecke

Lymnaea stagnalis

Gehäuse 29–54 × 12–27 mm, selten größer.

Spitz ahlenförmig ausgezogenes Gewinde, formvariabel.

7,5 Umgänge: erste kaum gewölbt, letztere deutlich aufgeblasen, oft hammerschlägig. Nabel geschlossen.

Ockerfarben bis braun, matt.

Stehende und langsam fließende Gewässer, gelegentlich auch Brackwasser.

In Mitteleuropa (bis 1800 m) häufig, mit großem Formenreichtum. Unterformen meist an Habitat angepasst.

Körper ockerfarben, braun pigmentiert. Kopf mit breiten Mundlappen und zwei flachen, dreieckigen Fühlern, an deren innerer Basis die Augen liegen. Kann zwei Jahre alt werden. Zwitter, Eiablage April–Anfang Oktober. Kalkliebend, bevorzugt hohe pH-Werte. Erträgt vorübergehendes Trockenfallen und Durchfrieren des Gewässers. Im Darminhalt von Spitzschlammschnecken wurden 15 % Kieselalgen und 85 % Detritus gefunden. Spitzhornschnecken zählen wie die Tellerschnecken zu den Süßwasserlungenschnecken und holen in Kleingewässern oft an der Wasseroberfläche Luft.

Die in sehr kleinen Gewässern verbreitete Kleine Sumpfschnecke *(Galba truncatulata)* dient als Zwischenwirt des Großen Leberegels *(Fasciola hepatica)*, eines Parasiten, der als Endwirt vorwiegend Schafe und Rinder befällt.

Bauchige Zwerghornschnecke

Carychium minimum

Gehäuse winzig: 1,6–2,2 × 0,9–1,1 mm. Durchmesser meist größer als halbe Höhe.

Spindelförmig; 4,5 leicht konvexe Umgänge. Mundsaum verdickt, zurückgeschlagen, «dreizähnig». Nabel geschlossen.

Farblos, durchscheinend, Seidenglanz.

In der Streu und an liegendem Totholz in dauernd nassen, kalkreichen Biotopen. Moore, nasse Laubwälder und Landröhrichte.

Mitteleuropa: Im Norden und der Mitte des Gebietes häufiger.

Körper weiß bis gelblich, mit zwei geraden Fühlern, Augen an deren Basis. Bis zu vier Generationen pro Jahr. Zwitter. Begattung einseitig: Ein Tier fungiert als Männchen, das andere als Weibchen, bei dem der Penis zurückgebildet wird. Die relativ großen Eier (0,4 mm) werden einzeln abgelegt. Ernährt sich von abgestorbenem Pflanzenmaterial. Die Aufhebung von Drainagen im Wald und die Umwandlung von Nadelholz- in Laubholzpflanzungen würden der Art sehr dienen. Häufig gemeinsam mit der Schlanken Zwerghornschnecke *(C. tridentatum)*, die fast gleich aussieht, jedoch etwas schlanker ist (Durchmesser des Gehäuses meist kleiner als halbe Höhe). Diese lebt ebenfalls in der Streu, ernährt sich ähnlich und ist in Laubwäldern allgemein verbreitet und häufig.

Kornschnecken

Chondrinidae

Das Roggenkorn besiedelt steinige oder felsige Wälder. Sein Gehäuse ist grau oder braun, regelmäßig rippenstreifig und trägt keinen Nackenwulst. Ebenso wie das Haferkorn werden zur Nahrungsaufnahme mit der Raspelzunge (Radula) Flechten und Algen vom Gestein abgerieben. Das Haferkorn besitzt ein rotbraunes, fein und unregelmäßig gestreiftes Gehäuse und besiedelt warme, kalkreiche Felsen. Beide Arten fehlen im Norden Deutschlands. Die Wulstige Kornschnecke (Gehäuse mit Nackenwulst) lebt im oder am Boden von Halbtrockenrasen und dringt auch bis nach Norddeutschland vor. Die Vorkommen von Kornschnecken sind stark rückläufig und die Arten vielerorts vom Aussterben bedroht.

Gehäuse hoch aufgewunden, walzig-eiförmig bis zylindrisch; 6–10 schwach bis gut gerundete Umgänge. Mund mit 7–8 Zähnen bestückt. Nabel eng.

Meist an Felsen, Steinen und Mauern, gelegentlich auch im Siedlungsraum. Grau bis bräunlich, matt. Mehrjährig.

Von links:
Roggenkornschnecke *(Abida secale)*: 6–8,5 × 2,3–2,8 mm;

Wulstige Kornschnecke *(Granaria frumentum)*: 6,5–8 × 2,7–3 mm;

Westliche Haferkornschnecke *(Chondrina avenacea)*: 6–8 × 2,3–2,5 mm.

Stachelige Streuschnecke

Acanthinula aculeata

Die winzige Stachelige Streuschnecke (oder Stachelschnecke) gehört zur Familie der Grasschnecken. Ihr Körper ist hell- und dunkelgrau, das größere der beiden Fühlerpaare ist lang und dünn. Die Hautrippen auf dem Gehäuse, insbesondere deren Zipfel, sind empfindlich und brechen oft schon am lebenden Tier ab. Häufig beklebt dieses sein Gehäuse zur besseren Tarnung mit Kot. Die zwittrige Stachelige Streuschnecke erreicht ein Alter von vermutlich einem oder wenigen Jahren. Sie ernährt sich von abgestorbenem Pflanzenmaterial, insbesondere Laub, vielleicht auch von Algen und Flechten. Da die Gehäuse sehr klein sind und die Tiere sich versteckt in der feuchten Streu aufhalten, werden sie oft übersehen, obwohl sie – wie Bodenproben zeigen – weit verbreitet und häufig sind.

Gehäuse 2 × 2 mm.

Kugelig, mit stumpf-kegeligem Gewinde; vier gut gewölbte Umgänge, mit regelmäßigen Hautrippchen, die zu stachelartigen Zipfeln ausgezogen sind. Nabel eng und tief.

Hellbraun, matt glänzend.

Laub- und Mischwälder, felsige Gebiete, extensiv genutztes Offenland mit Büschen.
Im Laub, an liegendem Totholz, unter Rinde, in Spalten, seltener an Steinen.

Mitteleuropa: Verbreitet; relativ häufig.

Gerippte Grasschnecke

Vallonia costata

Gehäuse 1,1–1,6 × 2,2–2,7 mm.

Flach scheibenförmig; $3\frac{1}{4}$ oft leicht geschulterte Umgänge, mit regelmäßigen, scharfen Hautrippen; letzter Umgang absteigend. Mündung schief gestellt, mit wulstiger Lippe. Nabel sehr weit.

Weiß, durchscheinend, Seidenglanz.

Sonnige bis halbschattige und trockene Standorte.

Mitteleuropa: Verbreitet; häufig. In Städten bevorzugt auf Kurzrasen (Gattung in Parks mit bis zu 2000 Individuen pro m^2), Wegrändern und Mauern.

Tier weiß und gelblich, frisst Streu sowie vermutlich Algen und Flechten. Allgemein verbreitet in extensiv genutzten, (halb)offenen, trockenen bis feuchten Lebensräumen mit Gras. Höchste Dichte in trockenen mageren Rasen. Daneben auch in Rabatten, Blumentöpfen und Gewächshäusern, an Mauern, Felsen und Waldrändern. Die Rippen auf dem Gehäuse sind oft schon am lebenden Tier abgerieben, manchmal auch schwach entwickelt. Dann ist eine Verwechslung mit der Schiefen Grasschnecke *(V. excentrica)* oder der Glatten Grasschnecke *(V. pulchella)* möglich, die teilweise gemeinsam mit der Gerippten Grasschnecke vorkommen. Jene besiedelt v. a. extensiv genutzte, frische bis trockene Rasen, diese bevorzugt offene Feuchtgebiete. Beide auch in Blumentöpfen.

Mittlere Schließmundschnecke

Macrogastra attenuata

Gehäuse 13–17 × 3,3–3,7 mm.

Linksgewunden, keulenförmig; ca. 10–11 Umgänge. Mündung basal gut gerundet, ohne Basalrinne.

Rotbraun, stumpf gerippt, ungefähr 5–6 Rippen/mm auf dem vorletzten Umgang.

Laubwälder. An Totholz, Baumstämmen und deren Fuß, im Falllaub.

Mitteleuropa: Verbreitet; häufig.

Eine der häufigsten Schließmundschnecken-Arten. Mehrjährig. Körper hell- und dunkelgrau. Wie viele andere Schließmundschnecken kriecht die Mittlere Schließmundschnecke bei Regen an nassen Baumstämmen hoch und weidet dort Algen und Flechten ab. Ältere Gehäuse von Schließmundschnecken sind deshalb als Folge der Luftverschmutzung auf der Bauchseite oft vom herablaufenden sauren Regenwasser verätzt. Frisst auch Falllaub.

In Stadtgebieten kommen weitere, ähnlich aussehende und z. T. gefährdete Schließmundschnecken-Arten vor, die fast alle ebenfalls über einen komplizierten Verschlussapparat mit einem Deckelchen (Clausilium) verfügen. Dieses verschließt das Gehäuse etwas hinter der Mündung, wenn sich die Tiere darin zurückziehen.

Gemeine Schließmundschnecke

Balea biplicata

Einer der größten und häufigsten Vertreter der Schließmundschnecken. Weichkörper hellgelblich grau, Rücken und Fühler dunkler. Zwittrig, in der Regel lebendgebärend. Das als Weibchen fungierende Elterntier gebiert zwischen 1–11 Jungtiere (1,3–1,8 mm hoch / 0,9 mm breit), die ein glattes Gehäuse mit 2,5 Umgängen besitzen. Nach 8–10 Monaten sind Gehäuse und Verschlussapparat (Clausilium) fertig ausgebildet, die Tiere geschlechtsreif. Lebensdauer bis zu 3 Jahren. Ernährung vorwiegend von Algen, Bakterienrasen, Pilzen und sich zersetzenden Pflanzenteilen (Kohldistel auch frisch). Spaltenbewohner. In Städten kann das Vorkommen durch den Erhalt von alten und rissigen Mauern sowie Totholz an schattig-feuchten Plätzen in Gärten unterstützt werden.

Gehäuse 16–18 × 3,8–4 mm.

Paarungszeit gesamtes Sommerhalbjahr bis Oktober.

Gehäuse bauchig-spindelförmig; 10–12 Umgänge; linksgewunden, scharf gerippt; Mündung oval, nach unten rinnenförmig.

Schattig-feuchte Standorte. Laubwälder. An Totholz, Baumstümpfen und am Boden. An Mauern und Felsen.

Mitteleuropa: Verbreitet. In Städten häufig an alten Mauern und in naturnahen Gärten.

Punktschnecke

Punctum pygmaeum

Tier grau, lange große Fühler. Kleinste europäische Landschnecke, legt im Verhältnis zur Körpergröße die größten Eier. Fortpflanzung auch ohne Partner möglich. Frisch geschlüpfte Schnecken haben einen Gehäusedurchmesser von 0,49 mm und wachsen während ihrer gesamten Lebenszeit, die durchschnittlich 200 Tage beträgt. Während der Lebensdauer werden 1–16, im Mittel sechs Eier abgelegt. Die Punktschnecke wird wegen ihrer Kleinheit oft übersehen, obwohl sie meist in hohen Dichten vorkommt. So wurden bis zu 173 Tiere pro m² gezählt. Sie besiedelt eine große Vielfalt von Lebensräumen, die von trockenen, sonnigen Felsfluren und Mauern bis hin zu Mooren und bodensauren Buchenwäldern reicht. Nahrung: Streu, eventuell auch Bodenalgen und Flechten.

Gehäuse 0,6–0,8 × 1,2–1,6 mm.

Scheibenförmig, schwach erhoben; 3,5 mäßig gewölbte Umgänge, mit tiefer Naht und dicht stehenden Hautrippchen. Mundsaum dünn, zerbrechlich, nicht umgebogen. Nabel groß, offen.

Hell hornfarben, Seidenglanz.

Wiesen, Wälder. An mäßig feuchten bis sumpfigen Standorten, unter Laub, morschem Holz, Steinen.

Mitteleuropa: Verbreitet; häufig. In Städten häufig in Streu der Parks und Gärten bzw. alten Steinmauern.

Kugelige Glasschnecke

Vitrina pellucida

Großer Durchmesser 6 mm, kleiner Durchmesser 4,9 mm, 3,4 mm hoch.

Sommer bis Herbst

Gehäuse kugelig-gedrückt; glatt, glänzend; dünn; glasig durchscheinend; grünlich. 3–3½ Umgänge, deutlich erhoben.

Feuchte bis mäßig-feuchte, kühle Standorte: Laubwälder, Gebüsche, Wiesen, Kulturgelände.

Im gesamten Gebiet verbreitet. In Städten häufig in Parks (Gebüschen), in den Ritzen alter Mauern und Gärten zu finden.

Weichkörper grau, Kopf und Fühler dunkler. Einjährig. Die Tiere sind sehr beweglich und selbst im Winter noch aktiv. Eier mit kalkhaltiger Schale, die Ablage erfolgt meist in oder unter Moos. Nahrung: welkende und verwesende Pflanzenteile. Besiedelt von allen Glasschneckenarten die trockensten Lebensräume (mäßig bewachsenes Grasland oder Brachen) und besitzt eine hohe Anpassungsfähigkeit unter verschiedenen Umweltbedingungen. So findet man *Vitrina pellucida* auch an Felsen und Mauern, an der Ufervegetation und auf Almenwiesen. Toleriert selbst sauren Bodengrund. Bei Glasschnecken wird das oft reduzierte Gehäuse mehr oder weniger stark von Teilen des Mantels bedeckt. Im Gegensatz zu andern Arten kann sich die Kugelige Glasschnecke vollständig ins Gehäuse zurückziehen.

Große Glanzschnecke

Oxychilus draparnaudi

Gehäuse 12–18 mm breit; 6–7 mm hoch.

Frühjahr–Herbst

Gehäuse schwach bräunlich gelb; scheibenförmig. 5½–6 Umgänge, letztere sich rasch erweiternd. Nabel mäßig tief, offen, ⅛ des Durchmessers.

Feuchte Habitate unter Blättern und Steinen, in offenen und halboffenen Wäldern. Siedlungsraum.

Ursprüngliche Habitate nur im SW. Nach NO Auftreten zunehmend an Siedlungen gebunden. Dort in Parks, Gärten, Gewächshäusern.

Der Weichkörper ist dunkel kobaltblau mit grauem Mantel. Fühler und Körperoberseite sind meist dunkler. Mehrjährig (zwei Jahre). Die Reproduktionsphase beginnt im Frühsommer. 70 Eier je Tier werden bis in den Spätherbst abgelegt. Die geschlüpften Jungtiere benötigen 8–9 Monate bis zur Geschlechtsreife. Die Art ernährt sich vorwiegend räuberisch von kleinen Schnecken, aber auch von Pflanzenteilen. Zur Hauptbeute zählen juvenile Bänderschnecken und Nacktschnecken, Regenwürmer, aber auch Artgenossen. Die Art ist ursprünglich im westmediterranen und westeuropäischen Raum beheimatet und wurde durch Verschleppung verbreitet. Anfänglich nur in Gewächshäusern, kommt sie heute fast überall im Freiland vor.

Gefleckte Schüsselschnecke

Discus rotundatus

Gattung *Discus* mit drei Arten im Gebiet. Nahrung: vorwiegend vermodernde Pflanzenteile. Mehrjährig (2,5–3,5 Jahre). Namensgebend ist die schüsselförmige Form des Gehäuses. *Discus rotundatus* konkurriert in höheren Regionen mit der Braunen Schüsselschnecke *(Discus ruderatus)* um Lebensräume, ist jedoch anhand der deutlichen Bänderung und dem stärker gerippten Gehäuse leicht von dieser zu unterscheiden. In Gewächshäusern ist sie die häufigste Schnecke und wird meist über Komposterde oder umgesetzte Pflanzen eingebracht. In Warmhäusern kommt sie fast ausschließlich in der Form *abietina* vor, die stärker gerippt und höher aufgewunden ist, vermutlich eine Anpassung an die Umweltbedingungen. Häufig in größeren Ansammlungen.

Gehäuse 5,8–7 mm breit; 2,4–2,8 mm hoch.

Mai–Oktober

Gehäuse flach, schüsselförmig; stark gerippt; schwach gelblichbraun mit deutlich rötlichbrauner Bänderung; $5\frac{1}{2}$–6 Umgänge; Nabel weit ($\frac{1}{3}$ des Durchmessers).

Feuchte, geschützte Standorte in Wäldern: Unter Laub, Holz, Brettern, Steinen.

Fast überall in Mitteleuropa, häufig. In Städten oft in Gärten und Gewächshäusern.

Boden-Kielschnegel

Tandonia budapestensis

Typisches Merkmal der Familie der Kielschnegel ist eine hufeisenförmige, nach hinten geöffnete Furche auf dem Mantel. Über den ganzen Rücken verläuft zudem ein deutlicher Kiel. Sein ursprüngliches Verbreitungsgebiet wird in den Südostalpen und dem Nordbalkan vermutet, inzwischen ist er über weite Teile Europas verschleppt worden. Nachtaktiv. Lebt sehr verborgen. Gelegentlich lässt sich der Kielschnegel unter mit Planen abgedeckten Komposthaufen beobachten. Nahrung: abgestorbenes Pflanzenmaterial, Bioabfälle, Frischpflanzen. Bei grober Berührung Aussonderung von weißem bis gelblichem, zähem Schleim. Kopulation ab erster Nachthälfte bis zum nächsten Nachmittag oder noch länger.

Gestreckt 50–70 mm.

Braun, oliv-gelblich-grau oder dunkelgrau, netzförmig schwarz gesprenkelt. Kopf und Nacken schwärzlich. Kiel einfarbig hell, oft gelb bis orange. Sohle meist mit dunklerem Mittelstreifen. Ausgestreckt sehr schlank. Schleim weißlich bis transparent gelb.

Gärten und Grünanlagen des Siedlungsraums, Felder.

Mitteleuropa: Lokal verstreut, mehr im Süden des Gebietes. Bevorzugt Siedlungsraum des Menschen.

Bierschnegel, Kellerschnegel

Limacus flavus

Alter: 3–5 Jahre. Ursprünglich wohl aus dem Mittelmeergebiet, aber schon seit früher historischer Zeit in Europa weit verbreitet. Nördlich der Alpen nur in Siedlungen mit frostfreien, feuchten Rückzugsmöglichkeiten. Früher häufig in Bierkellern, wo die Tiere vom ausgelaufenen Bier besonders angelockt wurden. Nahrung: im Keller lagernde Kartoffeln, Speisereste, Papier, Hunde- und Vogelkot, evtl. Grünpflanzen. Sanierung alter Bausubstanz, Ausmerzung «vergessener Flecke» und übertriebener Ordnungssinn gefährden die heimliche Art, die schon früher als Vorratsschädling in den Kellern angesehen wurde (Kellerschnecke) und bei allfälliger Entdeckung in Lagerräumen von Lebensmittelbetrieben bekämpft wird, bevor sie Fachleuten zu Gesicht kommt.

Gestreckt 70–90 mm, selten größer.

Helloliv, bräunlich oder schmutzig gelborange, mit mehr oder weniger verwaschener Tüpfelzeichnung, Jungtiere kontrastreicher. Fühler bläulich oder rötlich. Kiel nur hinten und schwach entwickelt, helle Rückenlinie.

Siedlungsraum mit feuchten Kellern, Mauerritzen und anderen frostfreien Hohlräumen, Kanalisation, Treibhäuser.

Mitteleuropa: Lokal verbreitet, in den letzten Jahren Nachweise aus Zürich, Einbeck, Olomouc (Tschechien). Stark rückläufig.

Tigerschnegel, Großer Schnegel

Limax maximus

Der Tigerschnegel kann 2–3 Jahre alt werden, Geschlechtsreife mit 1½ Jahren. Bei der Paarung kriechen die Partner hintereinander – mit Kopf-Schwanz-Kontakt – auf eine Kante zu, etwa einen Mauervorsprung oder einen Ast, umschlingen sich und seilen sich, während das verschlungene Paar sich um die eigene Achse dreht, an ihren zum gemeinsamen Strang verdrehten Schleimfäden rasch bis zu 40 cm tief ab. Danach stülpen sie frei hängend ihre Penes aus, die sich ebenfalls umschlingen, und tauschen ihre Spermienpakete aus. Breites Lebensraumspektrum: Laub- und Mischwälder, Hecken, Gebüsche, Gärten, Grünanlagen, Ruderalfluren, Materiallager und Mauern. Nahrung: diverse Wirbellose einschließlich anderer Nacktschnecken, Pilze, Flechten, Algen, Bioabfälle, seltener auch Pflanzen.

Gestreckt 100–200 mm.

Ockerfarben oder grau, mit unregelmäßiger, sehr unterschiedlicher dunkler Streifen- oder Fleckenzeichnung. Eher fein gerunzelt. Kiel nimmt ungefähr ⅓ des Rückens zwischen Schwanzende und Mantel ein, meist hellfarbig abgesetzt. Sohle einfarbig.

Siedlungsraum, Offenland, Wald.

Mitteleuropa: Verbreitet; mäßig häufig. Bei Tag an Totholz, unter Brettern und Steinen, in Mauerritzen und feuchten Kellern.

Schwarzer Schnegel

Limax cinereoniger

Die Seitenfelder der Sohle sind bei den ausgewachsenen Tieren fast immer grau bis schwarz, das Mittelfeld scharf abgesetzt hellfarbig. Die Jungtiere sind meist braun mit undeutlicher Zeichnung und einfarbiger Sohle. Fortpflanzung mit 1–1½ Jahren im Juni/Juli, seltener im August. Dazu steigen die Schwarzen Schnegel bei feuchtem Wetter in der Regel die Baumstämme hoch, heften sich mit der Schwanzspitze fest und stülpen ihre Penes etwa körperlang aus, diese umwickeln sich dann schraubenartig. Eiablage im Spätsommer. Alter: drei Jahre. Typische Waldart nicht zu kleiner Waldgebiete, die Offenland und Siedlungsraum meidet. Der Schwarze Schnegel ernährt sich von verrottendem Pflanzenmaterial, Pilzen und Algen.

Gestreckt 100–200 mm, selten länger.

Graubraun und fleckig gestreift bis ganz schwarz. Eher grob gerunzelt. Mantel meist einfarbig. Kiel erstreckt sich ungefähr über ⅔ des Rückens zwischen Schwanzende und Mantel, meist hellfarbig abgesetzt.

Laub- und Mischwälder (nicht in nassen Auwäldern), an Pilzen.

Mitteleuropa: Verbreitet; nicht selten. Oft an Pilzen bzw. versteckt unter Rinde, Steinen oder umgefallenen Bäumen.

Mittelmeer-Ackerschnecke

Deroceras panormitanum

Bei der rund 1½ Stunden dauernden Paarung nimmt das Vorspiel die längste Zeit ein. Dabei schlagen die Tiere heftig mit dem Schwanz und beißen sich gegenseitig. Schon ab acht Wochen nach Schlupf geschlechtsreif. Alter: im Schnitt vier Monate. 2–3 Generationen im Jahr. Diese inzwischen weltweit verschleppte Ackerschnecke stammt ursprünglich aus dem westlichen Mittelmeergebiet. In den 1970er-Jahren nach Deutschland verschleppt. Seit den 1980er-Jahren auch in Österreich und der Schweiz im Siedlungsraum. Nahrung: Grünpflanzen, Früchte, abgestorbenes Pflanzenmaterial. Weitere *Deroceras*-Arten im Gebiet: der Wasserschnegel (*D. laeve*) in Feuchtgebieten und die allgegenwärtige, in Gärten häufige Genetzte Ackerschnecke (*D. reticulatum*). Diese ist bräunlich, schwarz genetzt, der Schleim milchig.

Gestreckt 25–40 mm.

Cremefarben bis mittelbraun, manchmal leicht rötlich, auch grau(braun) bis fast schwarz, mit zerstreuten dunklen Flecken oder ohne. Wachsartig durchscheinend. Flach gerunzelt. Schwanzende gekielt. Schleim farblos.

Siedlungsraum: in Gärten, Grünanlagen und Ruderalflächen unter Totholz, Brettern, Steinen usw.

Mitteleuropa: Verstreut; in Ausbreitung. In Städten neben Friedhöfen und Grünanlagen auch in Gewächshäusern.

140–150 mm (max. 180 mm).

Frühjahr–Herbst

Meist einheitlich rot, ziegelrot, braun oder schwarz. Fußsaum fast immer rot bis gelblich braun. Jungtiere bis 30 mm grüngrau mit schwarzem Kopf. Sohlenschleim farblos

Feucht-schattige Standorte am Boden von Wäldern, Gebüschen und Hecken, Wiesen.

Mitteleuropa: Verbreitet; inzwischen selten. Im Kulturland fast vollständig von *A. vulgaris* verdrängt. Fast nur noch in Rückzugsbiotopen anzutreffen.

Rote Wegschnecke

Arion rufus

Wie bei allen einheimische Wegschnecken sind Kalkkörner unter dem Mantelschild (rudimentäre Gehäuseanlage). Tiere können sich zum Schutz einrollen (im Gegensatz zu Vertretern der Schnegel). Hohe Farbvarianz. Die Art wurde früher mit der Schwarzen Wegschnecke *(A. ater)* zu einer Art zusammengefasst, ist aber anatomisch (Genitalapparat) abgrenzbar. Einjährig. Tiere (Zwitter) befruchten sich gegenseitig, Selbstbefruchtung beobachtet. Eiablage (300–500 Eier) in mehreren Gelegen in oder auf der Erde, unter Steinen, in Moos o. Ä. Nahrung: frisst alles, frische oder vermodernde Pflanzen, Aas, auch Kot. Tiere vorwiegend nachtaktiv, bei feuchtem Wetter auch tagaktiv. Fast vollständig von der Spanischen Wegschnecke aus dem Kulturland verdrängt.

Gestreckt 80–120 mm.

Adulte einfarbig umbra bis rötlich braun bzw. schmutzig orange, seltener leuchtend ziegelrot. Sohle meist dunkelgrau. Jungtiere lebhaft gelbbraun gebändert, unverwechselbar. Fühler schwärzlich. Schwanzgrube.

Überall; in Gärten, Grünanlagen und auf Ruderalflächen, auf Feldern, in Feuchtgebieten, im Wald und an Mauern.

Mitteleuropa: Verbreitet; sehr häufig.

Spanische Wegschnecke

Arion vulgaris (Arion lusitanicus)

Einjährig, frisst Nutzpflanzen, Kompost, abgestorbenes Pflanzenmaterial, Streu, Pilze, überfällt gelegentlich selbst große Weinbergschnecken. Die ursprünglich lokale Art der westlichen Iberischen Halbinsel wird häufig vom Menschen verschleppt, gelangte spätestens in den 1950er-Jahren nach Mitteleuropa und hat sich seit 1960 massiv im ganzen Gebiet und weit darüber hinaus ausgebreitet. Ausgehend vom Siedlungsraum und Landwirtschaftsgebiet in tiefen Lagen, dringt sie immer mehr in naturnahe Gebiete und höhere Lagen vor. In Siedlungen und Agrarzonen hat sie inzwischen die einheimische Rote Wegschnecke *(Arion rufus)*, die äußerlich kaum von *A. vulgaris* unterscheidbar ist, vollständig verdrängt.

Kantige Laubschnecke

Hygromia cinctella

Tier rein cremefarben oder gelblich oder mit Braun, großes Fühlerpaar lang, dunkel. Frisst Falllaub und anderes abgestorbenes Pflanzenmaterial, aber auch Grünpflanzen. Die Art ist ursprünglich mediterran verbreitet, wurde aber vermutlich durch Blumenerde verschleppt. In der Südwest- und Südschweiz kommt sie möglicherweise natürlich vor. In Deutschland und den Niederlanden wurde sie erstmals in den 1990ern bekannt. Da die Art vom Menschen verschleppt wird, findet man sie meist nicht weit von Siedlungen entfernt. Dies könnte sich allerdings in Zukunft ändern, denn diese wärmeliebende Art ist nach wie vor in Ausbreitung begriffen – mit Unterstützung des Menschen und der Klimaerwärmung.

Gehäuse 6–7 × 10–12 mm.

Niedrig kegelförmig, Oberseite gewölbt; 5–6 abgeflachte Umgänge, besonders letzter weiß gekielt. Nabel sehr eng, fast ganz bedeckt.

Dünnschalig, verlöschend gestreift, weißlich grau bis hornbraun, durchscheinend.

Grün- und Ruderalflächen im Siedlungsraum, Mauern, Hecken, Gebüsche, Hochstaudenfluren, randliche Waldgebiete.

Mitteleuropa: Hauptvorkommen Schweiz; dort häufig. Nachweise auch aus verschiedenen Teilen Deutschlands und Österreichs. Art in Ausbreitung.

Maskenschnecke

Isognomostoma isognomostomos

Körper und Sohle grau, Rücken, Kopf und Fühler jedoch schwarz. Die Mündung erinnert an eine grinsende Maske. Die Zähne in der Mündung sollen, wie bei anderen Schnecken mit gezähnten Gehäusen, räuberischen Käfern und anderen Fressfeinden das Eindringen erschweren. Die Funktion der Haare am Häuschen ist unbekannt. Die Maskenschnecke verschließt sich im Winter mit einem pergamentartigen, weißen Deckel aus verhärtetem Schleim mit eingelagertem Kalziumkarbonat. Wie viele andere Landschnecken stimuliert sie bei der Begattung ihren Partner mit einem 2,2 mm langen Kalkpfeil (Liebespfeil), der im Genitalsystem gebildet wird. Eiablage Ende Juni–Anfang Juli. Mehrjährig. Frisst Laubstreu, gesteinsindifferent, höchste Dichte in feuchten Waldbiotopen.

Gehäuse 4–7 × 7–11 mm.

Gedrückt kugelförmig, 5–6 gut gerundete Umgänge.

Mundsaum flach ausgebreitet, starke lamellenartige Lippe, basal und außen mit Zahn.

Ganz ausgewachsene Tiere mit hoher, weißer Schmelzlamelle auf der Mündungswand. Nabel meist vollständig bedeckt. Gekörnelt, borstig behaart, braun.

Feuchter bis frischer Wald, an Totholz, Steinen und Laub.

Mitteleuropa: Vorwiegend in Alpen und Mittelgebirgen verbreitet; teilweise häufig. Fehlt im norddeutschen Tiefland.

Gehäuse 7–8,5 mm breit; 4,5–5 mm hoch.

Mai–September

Gewinde gedrückt, flachkegelig, 6–7 Umgänge.

Bräunlich, gestreift, meist helle Binde am letzten Umgang. Oberfl. mit feinen, gekrümmten Haaren bzw. Haarnarben.

Lichte Wälder, Gebüsche, Hecken, feuchte Wiesen, Ufer von Gewässern.

Mitteleuropa: Verbreitet; häufig. Auch im Siedlungsgebiet zu finden.

Gemeine Haarschnecke

Trichia hispida

Tiere schwärzlich, mehrjährig (zwei Jahre). Nahrung: vorwiegend verwelkte und vermodernde Pflanzenteile, bevorzugt Brennnesseln. Bodenbewohner: unter altem Laub, Moos, Totholz, Steinen und am Boden von Brennnesselbeständen (bei feuchtem Wetter dort oft an den Stängeln aufsteigend). Wird auch unter Steinschüttungen in Siedlungen gefunden, meidet aber sehr trockene Habitate. Eiablage in feuchter Erde oder an der Unterseite vermodernder Blätter. Die Art ist in Form, Größe und Behaarung sehr variabel. So sind die auf der Gehäuseoberfläche aufsitzenden feinen Härchen oft abgefallen oder abgestoßen, hinterlassen jedoch charakteristische Haarnarben.

Gehäuse 7–9 × 12–20 mm.

Linsenförmig; 5,5 Umgänge, scharfer Kiel. Mündung schief, Mundsaum abgelöst, stark erweitert mit dünner, weißer Lippe. Nabel weit.

Gestreift, gekörnelt, schwach bis mittelbraun opak, mit einem Muster radiär angeordneter Flecke.

Alter Laubwald, Felsen, ritzenreiche Mauern, an Baumstämmen, Totholz, Fels, Steinen und Mörtel.

Mitteleuropa: Im Süden und in Mittelgebirgen allgemein verbreitet. Im Tiefland vereinzelt in Buchenwäldern.

Steinpicker

Helicigona lapicida

Körper graubraun, am Kopf dunkler, gegen hinten heller, Fühler sehr lang und schwärzlich. Mehrjährig. Die flache Gehäuseform ermöglicht es dem Steinpicker, sich in schmale Spalten von Felsen und Mauern und unter die Rinde von Bäumen zurückzuziehen. Dies ist besonders während des Winters von Nutzen. Ansonsten oft einfach flach angeschmiegt an Baumstämmen, Felsen und Mauern. An Mauern und Felsen gerne in Einbuchtungen oder unter Vorsprüngen. Bei feuchtem Wetter weidet der Steinpicker Algen und Flechten ab. Daher ist er entweder auf alte Bäume mit meist eher glatter Rinde (Buche und Bergahorn) angewiesen, auf Kalk- und Nagelfluhfelsen oder auf spalten- und ritzenreichen, kalkhaltigen Mauern (z. B. auf Friedhöfen).

Garten- und Hainbänderschnecke

Cepaea hortensis und *Cepaea nemoralis*

Tier beige bis grau mit mehr oder weniger dunklen Längsbändern und Fühlern. Mehrjährig. *C. hortensis*: Gehäusemündung mit annähernd parallelem Ober- und Unterrand, Lippe weiß (selten braun); eher im Wald, seltener in Gärten und anderen offeneren, trockeneren Habitaten. *C. nemoralis:* Oberrand der Gehäusemündung mehr gerundet, zum Unterrand nicht parallel; Lippe braun (selten weiß); kaum im geschlossenen Hochwald, bevorzugt lichtere Lebensräume. Beide Arten kommen nicht selten gemeinsam vor. Nahrung: Streu und Grünpflanzen, Früchte. Wie häufig eine spezifische Färbungsvariante auftritt, ist vom Aufbau und Typ des Lebensraums sowie vom Suchbild Schnecken fressender Räuber (v. a. Drosseln) abhängig – beides wirkt auslesend.

Aktiv: März–Oktober

Gehäuse kugelig, Nabel geschlossen. 5–5,5 Umgänge, mit 0–5 dunklen, z.T. verschmolzenen Bändern.

Grundfarbe von Weiß über Gelb, Rosa, bis Dunkelbraun.

C. hortensis (links und Mitte): 10–17 × 14–20 mm

C. nemoralis (rechts): 10–22 × 18–25 mm, beide selten etwas größer.

Laubwald, Hecken, Gebüsche, Grün- und Ruderalflächen, Mauern, Felsen, Feuchtgebiete und Wiesen. An allen möglichen Strukturen.

Mitteleuropa: Beide Arten verbreitet und häufig. In allen städtischen Grüngebieten.

Weinbergschnecke

Helix pomatia

Körper beige bis ockerfarben. Alter: bis über 20 Jahre, Höchstalter 35. Mit 2–5 Jahren ausgewachsen und geschlechtsreif. Eier 2 mm groß, Ablage in selbst gegrabene Erdhöhle. Die Weinbergschnecke ist wärmeliebend und daher im geschlossenen Hochwald seltener. Die höchste Dichte wird im lichten Gebüsch oder in warmen, Luftfeuchtigkeitn Hochstaudenfluren erreicht. Zur Überwinterung graben sich die Weinbergschnecken in lockere Erde ein, scheiden viel Wasser aus und verschließen ihr Gehäuse mit einem rund 1 mm dicken Kalkdeckel, den sie im Frühjahr wieder abstoßen. Bei Trockenheit können sie sich ebenfalls eindeckeln, ihren Stoffwechsel reduzieren und in dieser Trockenstarre überdauern. Nahrung: Pflanzen, bevorzugt im welken Zustand, auch Hundekot.

Gehäuse 30–50 × 32–50 mm.

Kugelig, stumpf kegeliges Gewinde; 5–6 Umgänge, flache Lippe. Nabel geritzt, mehr oder weniger bedeckt.

Stumpf rippenstreifig, feine Spirallinien, hellgrau bis ockerfarben, mit dunkleren, verwaschenen Bändern.

Lichte Laubwälder, Waldrand, Gebüsche, Hecken, Weinberge, Mauern, Grünanlagen und Ruderalflächen.

In ganz Mitteleuropa verbreitet; nicht selten. Hier überall unter Naturschutz. Als Speise aus Zuchten stammend.

Muscheln

Muscheln (Bivalvia) haben zweiklappige Schalen, die mit Schließmuskeln fest verschlossen werden können. Die Schalen sind scharnierartig mit Schlosszähnen und mit einem Band (Ligament) aus hornähnlicher Substanz verbunden, bei den Teichmuscheln und Wandermuscheln ausschließlich mit dem Ligament. Das Tier wird von einem Gewebe namens Mantel umhüllt, das nach außen die Schale ausscheidet. Am Schalenrand und auf der Innenfläche wird die Schale in der warmen Jahreszeit erweitert, im Winter gibt es eine Wachstumspause. Diese ist als Linie außen auf der Schale sichtbar. Wie bei den Bäumen kann mit diesen Linien das Alter bestimmt werden. Leicht beschädigte Schalen können vom Mantel von innen her repariert werden. Mit dem zungenförmigen Fuß bewegen sich Muscheln im Zeitlupentempo fort. Der Fuß wird vorgestreckt, verankert, und durch Zusammenziehen des Fußes wird das Tier nachgezogen. Auch die jungen Wandermuscheln kriechen umher, aber wenn sie einen günstigen Platz gefunden haben, kleben sie sich mit Fäden auf dem Substrat fest.

Am Hinterende der Muschel befinden sich die beiden Siphons. Durch den unteren wird Wasser eingesaugt, und durch den oberen strömt es wieder aus. Die Wasserströmung wird von Wimperhärchen erzeugt. Das einströmende Wasser umspült die Kiemen, die der Atmung dienen, und es werden organischer Detritus und Mikroplankton herausfiltriert und auf Wimperförderbändern zum Mund transportiert.

Während Erbsenmuscheln und die Teichmuschel *Anodonta cygnea* Zwitter sind, sind die übrigen Muscheln vorwiegend getrenntgeschlechtig. Die Spermienübertragung geschieht immer über das freie Wasser. Wander- und Körbchenmuscheln haben frei lebende Larven, bei den anderen entwickeln sich die befruchteten Eier in Bruttaschen in den Kiemen. Bei den Kugelmuscheln erfolgt die Entwicklung bis zur Jungmuschel im Elterntier. Großmuscheln (Unionidae) entlassen Tausende spezieller Muschellarven (Glochidien) aus den Kiementaschen. Nur wenige gelangen auf Fische, meist in die Kiemen, wo sie sich festbeißen. Nachdem sie etwa einen Monat auf dem Fisch als Parasiten gelebt und sich zu Jungmuscheln entwickelt haben, lassen sie sich fallen. Der hauptsächliche Zweck dieses Parasitenstadiums ist die Verbreitung durch Fische.

Die meisten Muscheln leben in größeren Gewässern, Erbsenmuscheln findet man in fast allen Gewässertypen. Die Verschleppung fremder Arten (durch Ballastwasser von Schiffen oder Anheftung am Rumpf) stellt eine Bedrohung der einheimischen Muschelfauna dar. Neben der Wandermuschel bereitet die Ausbreitung der gut 2 cm langen asiatischen Körbchenmuscheln (*Corbicula fluminalis* und *C. fluminea*) aus Sicht des Naturschutzes derzeit Sorgen.

Wandermuschel, Zebramuschel, Dreikantmuschel

Dreissena polymorpha

Stammt aus dem Einzugsgebiet des Schwarzen und des Kaspischen Meeres. Mit Zunahme des Schiffverkehrs erfolgte seit dem 19. Jahrhundert die allmähliche Einschleppung über die Donau und von der Rheinmündung aus. Nach Neubesiedlung eines Gewässers jeweils Massenentwicklung, die allmählich zurückgeht, wenn sich ihre Feinde (z.B. Fische, Wasservögel, Egel, Plattwürmer) auf die neue Beute eingestellt haben. Treibt als Larve im Plankton, bevor sie als Jungmuschel sesshaft wird. Wandermuscheln ernähren sich von organischem Detritus und Mikroplankton.
Schäden: Verstopfung von Rohrleitungssystemen, Kühlanlagen, Wehranlagen; unerwünscht an Booten; Schnittverletzungen bei Badenden; heften sich an andere Schnecken und Muscheln und behindern diese.

Maximal 4 cm lang.

Ganzjährig

Im Querschnitt dreieckig, stark hervortretender Wirbel, Schale hellgelb mit dunkler, meist gezackter Bänderung.

In Seen und Flüssen, auf Hartsubstrat festgeheftet.

Mitteleuropa: Verbreitet, häufig. Sich weiter ausbreitend. Verschleppung durch Wasserfahrzeuge.

Große Erbsenmuschel

Pisidium amnicum

Größte einheimische Erbsenmuschel, lebt auf sandigem Grund, im See bis in wenigen Metern Tiefe. Die Muscheln sind im Sommer meist sehr aktiv und hinterlassen Kriechspuren im Sand, die bei ruhigem Wasser eine Weile als Linien sichtbar bleiben. In einem kleinen Sandhäufchen am Ende der Linie findet man die Muschel. Diese Muschelart hat in den Seen durch die Aufschüttung von Uferzonen viele Lebensräume verloren. Übrige Erbsenmuscheln sind sehr schwierig zu bestimmen, da die Schalenform oft beträchtlich innerhalb einer Art variiert. Die sichersten Bestimmungsmerkmale sind die Schlosszähne, die scharnierartig die beiden Schalen verbinden. Die Schalen der etwas größeren Kugelmuscheln sind symmetrisch, d.h., der Wirbel liegt etwa in der Schalenmitte.

Ca. 10 mm lang, 6 mm hoch.

Ganzjährig, jedoch im Winter eingegraben und nicht sichtbar.

Relativ groß (die übrigen Erbsenmuschel-Arten werden höchstens halb so groß), Farbe variabel, stark gerippt. Schale in Seitenansicht asymmetrisch, d.h., der Wirbel (ältester Schalenteil) liegt hinter der Mitte.

Langsam fließendes bzw. bewegtes Wasser von Bächen, Flüssen, Seen.

Mitteleuropa: Verbreitet; nicht selten. Oft im Sand der Ufer eingegraben.

Bis ca. 10 cm lang und 6 cm hoch.

In der warmen Jahreszeit sichtbar, im Winter eingegraben.

Schale ohne Schlosszähne. Schale rhombisch-eiförmig, grünlich-gelblich bis braun gefärbt. Vordere Hälfte des Schalenunterrands verdickt, Wirbelfalten schneiden die Anwachsstreifen.

Lebt auf sandigem bis feinkiesigem Grund von Seeuferzonen, meist in wenigen Metern Tiefe, aber auch in Flussauen, die noch mit dem Fluss verbunden sind.

Mitteleuropa: Überall verbreitet; früher häufig, Art im Rückgang. Bedrohung durch Wandermuschel.

Entenmuschel, Gemeine Teichmuschel

Anodonta anatina

Die Entenmuschel hat nichts mit Enten zu tun. Getrenntgeschlechtig, Larven parasitieren auf Fischen. Als Wirtsfische nachgewiesen sind Hasel, Blicke, Zander, Flussbarsch und Stichling. Durch die Aufschüttung vieler Seeuferzonen und das Verschwinden vieler Auengewässer an den großen Flüssen hat die Entenmuschel einen Teil ihrer Lebensräume verloren. Die Entenmuschel braucht saubereres Wasser als die Schwanenmuschel *(A. cygnea)*, die in eutrophierten Seen als einzige Großmuschel überlebt und auch für pflanzenreiche Weiher und Moorseen typisch ist. Großmuscheln leiden unter Bewuchs mit Wandermuscheln, die den aus dem Sediment ragenden Teil mit den Atemöffnungen überwuchern. Neuerdings werden Großmuscheln von Bisamratten (aus Nordamerika eingeschleppt) dezimiert.

7–9 cm lang, 3–4 cm hoch.

In der warmen Jahreszeit sichtbar, im Winter eingegraben.

Schalen sind mit Schlosszähnen und -leisten verbunden. Schale lang gestreckt, länger als doppelte Höhe.

Färbung gelblich bis braun.

Seen, Flüsse, Altgewässer, nicht in stark bewegtem Wasser. Gräbt sich gern in Sand ein.

Mitteleuropa: Verbreitet, zunehmend seltener.

Malermuschel

Unio pictorum

Wie alle Großmuscheln (Unionidae) durchläuft die Malermuschel ein Larvenstadium. Die Larven leben etwa einen Monat lang als Parasiten auf Fischarten, die für den Lebensraum der Malermuschel typisch sind. Als Wirtsfische nachgewiesen sind Alet, Rotauge, Rotfeder, Gründling, Schleie, Flussbarsch und Stichling. Der Bitterling *(Rhodeus amarus)* wiederum, ein kleiner Karpfenfisch, legt seine Eier in Maler- und anderen Großmuscheln ab, in deren Mantelhöhle sich die Jungfische während der ersten 15–20 Tage entwickeln. Wie viele Bewohner von Uferzonen hat auch die Malermuschel durch Aufschüttungen Lebensräume verloren. An den großen Flüssen gibt es kaum mehr Auengewässer, die sich als Lebensräume eignen.

Krebstiere

Krebstiere (Crustacea) bilden mit rund 40 000 Arten weltweit eine sehr arten- und formenreiche Gruppe der Gliederfüßer (Arthropoda). Mit wenigen Ausnahmen leben alle Arten im Wasser, die meisten im Meer. Typisches Merkmal ist ein zweiteiliger Körper, der aus einer Kopfbrust und einem gegliederten Schwanz besteht. Am Kopf befinden sich Komplexaugen, zwei Paar Antennen sowie mehrgliedrige kauende Mundwerkzeuge. An jedem Körpersegment befindet sich ein Beinpaar, das entweder zu Scheren, zu Laufbeinen, zu Begattungsorganen oder zu einem flossenartigen Schwanzfächer umgestaltet ist. Bei manchen Kleinkrebsen sind einige Beine zu kiementragenden Atmungsorganen umgebildet.
Der Körper der Krebse ist von einem zähen Chitinpanzer umschlossen, der bei großen Krebsarten noch zusätzlich mit Kalk verstärkt ist. Krebse müssen ihren Panzer in regelmäßigen Häutungen erneuern, da er starr ist und nicht wachsen kann.
Die «typischen» Krebse, zu denen unsere Flusskrebse, aber auch Krabben, Hummer, Langusten und Garnelen gehören, bilden die Klasse der Höheren Krebse (Malacostraca). Daneben gibt es noch weitere wichtige Klassen von kleineren Krebstieren. Die Ruderfußkrebse (Copepoda) und Blattfußkrebse (Branchiopoda), zu denen die Hüpferlinge und Wasserflöhe zählen, bilden zusammen mit den bodenlebenden Flohkrebsen (Amphipoda) und Wasserasseln (Isopoda) eine wichtige Nahrungsgrundlage für viele Fischarten.
Die Flusskrebse in unseren Gewässern waren früher als Fastenspeise sehr begehrt, gerieten dann aber nach und nach aus der Mode. Im 19. Jahrhundert wurde der amerikanische Signalkrebs *(Pacifastacus leniusculus)* nach Europa gebracht, später auch der Kamberkrebs *(Orconectes limosus)* und der Rote Sumpfkrebs *(Procambarus clarkii)*. Diese nordamerikanischen Krebse brachten eine Pilzkrankheit nach Europa, die Krebspest *(Aphanomyces astaci)*. Die amerikanischen Krebse können diese Pilzinfektion lange Zeit mit sich tragen, ohne daran zu sterben. Europäische Flusskrebse sterben jedoch kurze Zeit nach einer Infektion. Vielerorts wurden ganze Populationen von einheimischen Krebsen durch diese Infektion dahingerafft. In der Schweiz sind Import, Transport und Haltung von lebenden fremden Flusskrebsarten heute verboten.

Edelkrebs

Astacus astacus

Nachtaktiv. Tagsüber unter Wurzeln und in Höhlen versteckt, nachts auch außerhalb der Höhle auf Nahrungs- oder Partnersuche. Edelkrebse ernähren sich vorwiegend von Pflanzen und Aas, aber auch von Schnecken und Insekten. Nach der Paarung im Herbst legt das Weibchen 50–400 Eier, die bis zum Schlüpfen der Larven im Mai/Juni in einer Traube unter dem Hinterleib getragen werden.

Der Edelkrebs wurde im Mittelalter sehr geschätzt (Fastenzeit) und in viele Gewässer eingebracht. Infolge der um 1900 mit amerikanischen Krebsen nach Europa eingeschleppten Krebspest vielerorts verschwunden. Die heutigen Restbestände des Edelkrebses sind latent gefährdet durch die weitere Ausbreitung von amerikanischen Flusskrebsen und die Übertragung der Krebspest.

Männchen 12–13 cm, selten bis 18 cm; Weibchen 11 cm. Gewicht bis 200 g.

Ganzjährig

Körper einfarbig dunkelbraun. Kräftige Scheren mit roter Unterseite. Kein heller Fleck im Scherengelenk.

Im Uferbereich von Weihern und in größeren Bächen mit ausreichend Versteckmöglichkeiten. Gern unter freigespülten Wurzeln oder in Löchern von alten Uferverbauungen.

Mitteleuropa: Verbreitet. Oft nur noch in Rückzugsgebieten, die von amerikanischen Flusskrebsen nicht erreicht werden.

Amerikanischer Flusskrebs, Kamberkrebs

Orconectes limosus

1890 wurde diese Krebsart in einem Nebenarm der Oder freigesetzt, nachdem fast alle einheimischen Flusskrebse der Krebspest zum Opfer gefallen waren. Was man nicht wusste: Der Kamberkrebs erkrankt zwar nicht, fungiert aber als Überträger bzw. als permanenter Infektionsherd. Die Krebspest ist eine Pilzerkrankung, die durch begeißelte Sporen übertragen wird. Folgender Verlauf der Erkrankung: Aussetzen des Fluchtreflexes, verstärktes Kratzen, vermehrte Tagaktivität, zunehmende Lähmung, Verlust der Gliedmaßen, Tod.

Da die Zoosporen des Krebspestpilzes bis zu fünf Tagen ohne Wirt existieren können, ist die Gefahr groß, dass durch Wassereintrag die Krankheit auch in nicht durchseuchte Gewässer gelangt (Vögel, Aquarien, Umsetzen von Fischen usw.).

Körperlänge 11,1–11,8 cm.

Ganzjährig. Paarung im Herbst; Eiablage im Frühjahr.

Hinterleib (Pleon) mit rostroten Querbinden, sonst dunkelbraun bis olivgrün.

In Seen und Flüssen mit niedriger Fließgeschwindigkeit.

Mitteleuropa: Überall; häufig. Geringe Ansprüche an die Wasserqualität. Als Hauptüberträger der Krebspest eine Bedrohung für einheimische Flusskrebse.

Rückenpanzer ca. 6 cm lang, 6,4 cm breit.

Ganzjährig

Rückenpanzer fast quadratisch. Färbung grünlich grau bis dunkelbraun. Scheren mit dichtem, pelzartigem Haarbesatz (beim Männchen stärker).

Flüsse und Kanäle mit Verbindung zum Meer.

Mitteleuropa: Im Norden häufig, mit zunehmender Entfernung zum Meer seltener. In Flüssen und Kanälen mit Verbindung zur Ost- und Nordsee (Elbe, Weser, Ems, Rhein). Wanderung mit 8–12 km/Tag. Abfischen an Elbe-Staustufe Geesthacht.

Chinesische Wollhandkrabbe

Eriocheir sinensis

Ursprünglich in China beheimatete Krabbenart, 1912 Erstnachweis in Europa, seitdem etabliert. Die Fortpflanzung erfolgt im Salzwasser in der Nähe der Flussmündungen in Ost- und Nordsee. Von dort aus wandern die Tiere enorme Strecken stromaufwärts und zur Paarungszeit auch wieder zurück. Sichtungen in Riesa (Elbe) und Prag (Moldau), Calbe (Saale), aber auch im Bodensee. Die Krabben sind nach ca. vier Jahren geschlechtsreif. Die Krabbe ernährt sich von Fischen, aber auch Muscheln, Wasserpflanzen und Insektenlarven. Tagsüber verstecken sich die nachtaktiven Tiere in bis zu 80 cm tiefen Gängen in den Uferböschungen (Hochwasserschutz). Die Auswirkungen auf die einheimische Fauna sind noch nicht vollends absehbar. Auch als Speise verwendet.

Meist zwischen 0,8–1,2 cm, maximal bis 2 cm lang.

Ganzjährig

Seitlich schwimmender Kleinkrebs, einheitlich grau oder hellbraun. Rücken bogenförmig gekrümmt.

In Bächen und Flüssen unter Steinen, Totholz, in unterspülten Wurzelbärten von Ufergehölzen und in Falllaubansammlungen. In stehenden Gewässern seltener.

Mitteleuropa: In den meisten Bächen häufig, stellenweise Massenansammlungen unter Steinen.

Bachflohkrebs

Gammarus pulex

Körper in 10 Segmente gegliedert (mit je einem Beinpaar), Kopf mit zwei Antennenpaaren und zwei dunklen Komplexaugen. Ernährt sich von Pflanzenmoder und Aas. Fortpflanzung während des ganzen Jahres. Die Männchen klammern sich an die kleineren Weibchen und halten sie mehrere Tage fest. Nach der Paarung tragen die Weibchen ihre 20–40 Eier bis zum Schlupf der Jungen in einer Bruttasche am Bauch. Während des Wachstums häuten sich die Tiere mehrmals. Flohkrebse sind wichtige Nährtiere für Forellen.

Auch in mäßig verschmutzten Gewässern, solange genügend Sauerstoff vorhanden. Indikatorart für Gewässer der Güteklasse II (mäßig belastet). Eine weitere, sehr ähnliche Flohkrebsart *(Gammarus fossarum)* kann an denselben Stellen wie *G. pulex* vorkommen.

Großer Höckerflohkrebs

Dikerogammarus villosus

Räuberischer Flohkrebs aus der Region zwischen Schwarzem und Kaspischem Meer, Ende 1980er-Jahre in der österreichischen Donau nachgewiesen, nach der Öffnung des Rhein-Main-Donau-Kanals im Jahr 1992 mit Frachtschiffen in den Rhein eingeschleppt. Rasche Ausbreitung, auch in den Seen des Voralpengebietes. Klammert sich gern an Bootsrümpfen und Wassersportgeräten fest und kann so unbemerkt in neue Gewässer transportiert werden.
Oft hohe Bestandsdichten (bis über 2000 Tiere pro m^2). Unerwünschte Neuart. Kann einheimische Wasserinsekten und Kleinkrebse stark dezimieren oder ganz verdrängen. Bekämpfung in bereits besiedelten Gewässern nicht möglich. Priorität muss der Verhinderung der weiteren Ausbreitung zukommen (z. B. Reinigen von Sportbooten und Wassersportgeräten vor dem Versatz).

Bis 2,5 cm; größter Flohkrebs in unseren Gewässern.

Ganzjährig

Ähnlich Bachflohkrebs, aber deutlich größer.

Färbung hellbraun mit dunkler Querstreifung. Zwei spitze, kleine Höcker am Hinterleib vor dem Schwanz.

An steinigen Uferzonen von Seen und größeren Flüssen.

Mitteleuropa: Seit 1992 in Ausbreitung.

Hauptströme und deren Kanäle: z. B. Donau, Main, Rhein, Elbe, Havel, Spree, Bodensee, Zürichsee, Genfersee.

Wasserflöhe

Daphnia sp.

Mit ihren Ruderantennen bewegen sich Wasserflöhe ruckartig fort. Sie fressen einzellige Algen (Phytoplankton) und dienen selbst vielen Fischarten als Nahrung. In Mitteleuropa leben ca. 90 Wasserfloharten, die sich z. T. auch miteinander kreuzen und Mischlinge (Hybriden) bilden. Zu den häufigen Arten in den heimischen Seen gehören *Daphnia galeata* und *D. hyalina* und v. a. die Mischlinge dieser beiden Arten. Außerdem kommen *D. cucullata* und *Bosmina* sp. häufig vor. In Teichen und Weihern leben oft auch *Daphnia pulex* und die bis 6 mm große *D. magna*.
Wasserflöhe reagieren empfindlich auf Schadstoffe im Wasser. Diese Eigenschaft wird beim «Daphnientest» benutzt, um beispielsweise die Trinkwasserqualität zu überwachen.

1–3 mm; einzelne Arten auch größer, bis maximal 6 mm.

Ganzjährig. Im Sommer oft massenhaft.

Körper von durchsichtiger, rundlicher, zweiklappiger Schale umschlossen. Im Bauchraum fünf Beinpaare. Am Kopf ein bewegliches, dunkles Komplexauge und zwei große verästelte Ruderantennen.

Im offenen Wasser von Seen und Weihern. Auch in temporären Tümpeln.

Mitteleuropa: In allen geeigneten Gewässern.

1 cm

Ganzjährig. Im Sommer manchmal Massenvermehrung.

Völlig durchsichtiges, schlankes Planktonkrebschen mit einem großen Komplexauge am Kopf und zwei langen, beborsteten Schwimmantennen.

Im offenen Wasser von stehenden Gewässern mit gutem Zooplanktonangebot.

Ganz Mitteleuropa: In vielen Seen häufig, im Sommer manchmal massenhaft.

Glaskrebschen

Leptodora kindtii

Ernährt sich räuberisch von Wasserflöhen und Rädertierchen, die mit dem gut entwickelten Komplexauge erspäht und mit den korbartigen Brustbeinen gepackt werden. Während des Sommers entwickeln sich ohne Paarung und Befruchtung laufend Jungtiere im Brutsack des Weibchens (Parthenogenese). Sexuelle Fortpflanzung erst im Herbst. Nach der Paarung werden Eier ins Wasser abgegeben, die aber erst im folgenden Frühling schlüpfen. *Leptodora kindtii* ist der einzige Vertreter der Glaskrebschen. Er gehört zusammen mit den Wasserflöhen innerhalb der Krebstiere zur Ordnung der Krallenschwänze (Onychura). Erstbeschreibung 1844 nach Fund im Bremer Stadtgraben.

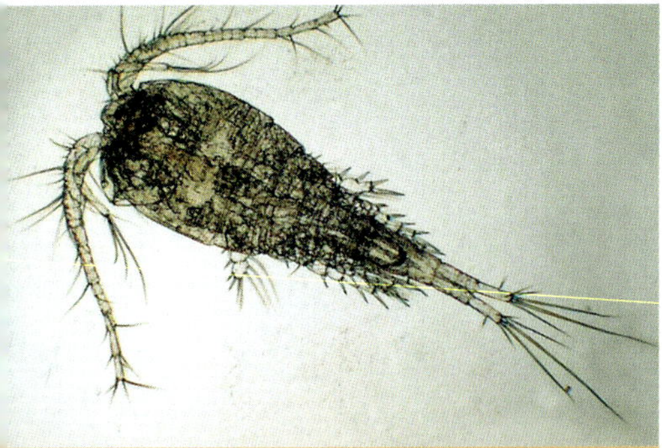

Bis 2,6 mm.

Ganzjährig

Tropfenförmiger Körper; ovale Kopfbrust und schlank zulaufender Hinterleib mit zwei fein verästelten Anhängen. Ein Komplexauge auf der Stirn, zwei große Antennen seitlich am Kopf.

Planktonreiches Wasser von Tümpeln, Weihern und Seen, auch in größerer Tiefe, teilweise sogar im Grundwasser.

Mitteleuropa: In allen geeigneten Gewässern.

Hüpferlinge

Cyclops sp.

Weibchen oft mit zwei traubenartigen Eipaketen am Hinterleib. Aus den Eiern schlüpfen kleine Larven (Nauplien), die erst nach mehreren Häutungen ihre typische Hüpferlingsgestalt annehmen. Fortpflanzung ganzjährig, bei höherer Wassertemperatur schnellere Vermehrung und oft Massenauftreten. Bei gutem Nahrungsangebot (Algen, Feinpartikel) lagern die Tiere im Körper Fettreserven in Form von orangefarbenen Ölkügelchen ein. Antennen und Hinterleibsanhänge dienen als Schwebehilfen. In Mitteleuropa rund 20 Hüpferlingsarten. In Seen besonders häufig ist v. a. *Cyclops abyssorum*. Im Gebiet ebenfalls öfter zu finden sind *C. bohater*, *C. vicinus* sowie verschiedene Arten der Gattungen *Mesocyclops* und *Eudiaptomus*. Im Grundwasser kommt *Acanthocyclops* sp. vor.

Wasserassel

Asellus aquaticus

Die Wasserassel ist in den meisten Gewässern zu finden. Sie stellt keine großen Ansprüche an die Wasserqualität und lebt auch in verschmutzten Seen, Teichen und Flüssen. Stellen mit starker Strömung in Bächen werden gemieden. Bei Austrocknen oder Zufrieren von Kleingewässern gräbt sie sich im Boden ein. Sie ist eine Indikatorart für Gewässer der Güteklasse III (stark verschmutzt).
Oft in großer Zahl in Ufernähe am Boden unter Steinen oder zwischen Wasserpflanzen, ernährt sich von verrottendem Laub und toten Kleintieren. Vermehrung ganzjährig. Die Weibchen behalten die bis zu 80 Eier umfassenden Gelege bis zum Schlüpfen der Jungen in einer Bruttasche (Marsupium) am Bauch.

Weibchen 0,8–1,2 cm, Männchen bis 1,8 cm.

Ganzjährig

Färbung graubraun, hell gesprenkelt. Sechs Laufbeinpaare, zwei Antennenpaare. An den Kopf schließen sich acht flache Körpersegmente an, von denen das letzte zu einer großen Platte umgebildet ist. Bauchseitig am Hinterteil blattförmige Kiemen.

In nicht zu stark fließenden Gewässern.

Mitteleuropa: In praktisch allen geeigneten Gewässern.

Mauerassel

Oniscus asellus

Die Mauerassel, eine Landassel, bewohnt nahezu die gleichen Lebensräume wie die Kellerassel *(Porcellio scaber)*. Jedoch ist sie gegenüber der Luftfeuchtigkeit anspruchsvoller, da fast der gesamte Sauerstoffbedarf durch die Kiemenatmung gedeckt wird. Pro Jahr haben die Weibchen bis zu drei Bruten. Je nach Größe der Tiere werden 10–70 Jungtiere aus dem Brutbeutel (Marsupium) entlassen. Mauerasseln leben von abgestorbenem Pflanzenmaterial und leisten einen wichtigen Beitrag zur Humusbildung im Boden. Da auch keine Krankheiten übertragen werden, sollten Hausbesitzer gelassen reagieren, wenn sie Mauerasseln feststellen.

Köperlänge: bis 18 mm.

In Gebäuden ganzjährig

Körper flach, dunkelgrau, schwärzlich mit hellen Flecken auf dem Rücken. Panzer mit hellen Seitenfortsätzen. Geißel an Antennenspitze drei Glieder (Kellerassel: zwei).

An feuchten Stellen in bodennahen Schichten: Falllaub, morsches Holz, unter Steinen und Moospolstern.

Mitteleuropa: Überall, häufig. Im Stadtgebiet oft in Gärten, in Komposthaufen und an feuchten Stellen in Gebäuden (Keller, Garagen).

Bis 2 cm

Von Frühling bis Herbst aktiv.

Färbung schiefergrau. Flacher, ovaler Körper, gegliederter Rückenpanzer mit anschließender Schwanzplatte. Sieben Schreitbeinpaare, am Kopf ein langes Antennenpaar.

Häufig an feuchten Stellen unter Steinen, in Falllaub, Komposthaufen, in morschem Holz und unter Moospolstern. Auch in Mauerritzen und an feuchten Stellen in Gebäuden.

Mitteleuropa: Häufig. In allen Stadtgebieten verbreitet.

Kellerassel

Porcellio scaber

Kellerasseln sowie die übrigen Landasseln sind die einzigen Krebstiere, die permanent an Land leben und sich auch an Land fortpflanzen. Wie alle Krebstiere atmen sie mit Kiemen. Die Kiemenblättchen werden von plattenartigen Strukturen an den Beinen bedeckt, um sie vor dem Austrocknen zu schützen. Zusätzlich hat die Kellerassel noch ein zweites Atemsystem, das aus einfachen Luftröhren in den Beinen besteht. Kellerasseln ernähren sich von Detritus (abgestorbene organische Substanz). Das Weibchen trägt die befruchteten Eier und die Larven in einer flüssigkeitsgefüllten Blase an der Bauchseite etwa 40–50 Tage. Überwinterung versteckt unter Moospolstern, in morschem Holz und unter Steinen.

Bis 1,6 cm

Von Frühling bis Herbst aktiv.

Ähnlich Kellerassel, aber Panzer dicker, glatt und glänzend. Dunkelgrau bis schwarz, manchmal mit hellen Sprenkeln. Rollt sich bei Störungen zu einer Kugel zusammen.

An Waldrändern und Ruderalstandorten in der Laubstreuschicht oder unter Steinen. Kann auch an trockenen Standorten vorkommen.

Mitteleuropa: Verbreitet. An Waldrändern häufig, auch Stadtgebiete.

Rollassel, Kugelassel

Armadillidium sp.

Bei den Rollasseln sind die Atmungsorgane noch stärker an das Landleben und an Trockenheit angepasst als bei anderen Landasseln. Kiemen stark zurückgebildet, Atmung vorwiegend über ein Tracheenlungen-System. Die röhrenartigen Tracheen, die den gesamten Körper durchziehen, sind stellenweise zu lungenartigen Säcken aufgebläht. Dies ermöglicht den Rollasseln, auch an trockenen Standorten zu leben. Rollasseln ernähren sich ähnlich wie Kellerasseln und sorgen dadurch zusammen mit Regenwürmern für die Mineralisierung von abgestorbenen Organismen. Pro Jahr werden bis zu drei Bruten ausgetragen (bis 160 Eier in Bruttasche). An geeigneten Stellen oft Massenansammlungen. Im Winter und bei großer Trockenheit im Boden eingegraben. Vorwiegend nachtaktiv.

Spinnentiere

Die Spinnentiere (Arachnida) sind eine sehr vielgestaltige Gruppe der Gliedertiere. Allen gemeinsam sind Luftatmung und das Fehlen von Antennen und Flügeln. Der Körper ist im Grundbauplan zweiteilig und besteht aus dem Hinterleib und dem aus Kopf und Brust bestehenden Vorderkörper, der die punktförmigen Augen, die Mundwerkzeuge und meist vier Laufbeinpaare trägt.
Die einheimischen Spinnentiere werden in fünf Gruppen unterteilt: Webspinnen (Araneae), Afterskorpione (Pseudoscorpiones), Skorpione (Scorpiones), Weberknechte (Opiliones) und Milben (Acari).
Die **Webspinnen** tragen an ihrem Körperende Spinndrüsen, mit denen sie Spinnseide herstellen können. Diese wird bei manchen Arten zum Bau von Fangnetzen verwendet, bei anderen Arten dient sie lediglich zum Bau eines Wohngespinstes, eines Eikokons oder als Sicherungsfaden. Spinnseide besteht aus Eiweißen und ist das reißfesteste Material, das wir kennen – über hundert Mal reißfester als Nylon und rund sechs Mal reißfester als ein Faden aus Stahl! Alle Webspinnen leben räuberisch, meist von Insekten und anderen Spinnen. Die Beute wird mit zu Giftklauen umgewandelten Mundwerkzeugen getötet. Bei einigen größeren Arten kann der Biss auch für Menschen schmerzhaft sein, doch gibt es keine gefährlichen einheimischen Spinnen. In Mitteleuropa leben gut tausend Webspinnenarten, von denen weit über 100 regelmäßig in Stadthabitaten vorkommen.
Die **Afterskorpione** sind 1–5 mm große, wenig bekannte, skorpionähnliche Tiere, die meist in der Bodenstreu oder in Vogelnestern leben und sich von winzigen Insekten und Milben ernähren. In Mitteleuropa gibt es rund 100 Arten.
Skorpione sind in mitteleuropäischen Städten eigentlich nicht heimisch, sondern kommen nur südlich der Alpen vor. Sie werden aber regelmäßig eingeschleppt. Ob sich einzelne Populationen halten können, ist nicht bekannt.
Weberknechte sind eher kleine Spinnentiere, bei denen Vorder- und Hinterkörper miteinander verschmolzen sind. Bei den meisten Arten sind die Beine extrem stark verlängert. Giftdrüsen fehlen. Die meisten Weberknechte sind Allesfresser, einige ernähren sich rein räuberisch von kleinen Schnecken, Würmern oder Insektenlarven. Heimisch sind rund 100 Arten.
Die **Milben** bilden die vielgestaltigste und weitaus artenreichste Gruppe der Spinnentiere. Alle Arten sind klein, manche werden nur 0,1 mm groß. Bezüglich Lebensraum, Lebensweise und Ernährung kommen alle möglichen Spezialisierungen vor. Viele Arten leben parasitisch auf anderen Tieren, andere haben sich ans Wasserleben angepasst.

Mauerspinne

Dictyna civica

Die Mauerspinne zählt zur Familie der Kräuselspinnen (Dictynidae) und versieht – wie die Kellerspinne – ihre Spinnfäden mit feinen Kräuselfäden, die klebrige Fadenschlingen bilden, in denen sich Insektenbeine sofort verfangen. Andere Spinnen dagegen arbeiten meist mit Klebfäden. Wärmeliebende Art, scheint aus Südeuropa zu stammen und sich in Städten nördlich der Alpen nordwärts auszubreiten. Die kleine Spinne baut an Fassaden – oft unter Fenstersimsen und an windgeschützten Stellen – kreisrunde Netze von etwa 5 cm Durchmesser, die die Fassade im Verlauf der Zeit schmutzig aussehen lassen. Besiedelt gerne grob verputzte Fassaden mit kleinen Vertiefungen und solche, wo durch nächtliche Außenbeleuchtung viele Insekten angezogen werden.

Körperlänge Weibchen: 3–3,5 mm, Männchen: 2,5–3 mm.

Erwachsene mindestens April–Juni.

Kleine Spinne mit weißgrauer Behaarung, besonders an den Seiten des Hinterleibs und in der Mitte des Vorderkörpers. Meist sind nur Netze feststellbar.

An Hauswänden.

Südliche Art, bereits in vielen mitteleuropäischen Städten durch fleckenartige Netze auf Hausfassaden auffällig (Schweiz, Österreich, Rheintal, Frankfurt, Dresden, Prag), breitet sich im Siedlungsraum weiter nach Norden aus.

Kellerspinne

Amaurobius ferox

Amaurobius ferox ist die größte der ca. sieben einheimischen Finsterspinnen-Arten. Finsterspinnen bauen ein weitmaschiges Trichternetz mit offener Wohnröhre und vorgelagertem Fangnetz. Dieses besteht aus sogenannter Kräuselwolle: extrem fein aufgesplissene Spinnseide, die durch Adhäsionskräfte zwischen den Molekülen die Beute festhält (z. B. Kellerasseln). Bemerkenswerte Art der Brutfürsorge: Wenn die Jungen aus dem Ei geschlüpft sind, beginnt das Weibchen seinen eigenen Körper mit Verdauungssäften zu zersetzen und stirbt. Die Jungspinnen versammeln sich anschließend um den toten Körper der Mutter und saugen ihn aus. Entwicklung bis adult: mindestens zwei Jahre.

Körperlänge Männchen: 8,5–12; Weibchen: 11–16 mm.

Ganzjährig, Paarung im Frühjahr.

Vorderleib dunkel rotbraun; Kopfbereich schwärzlich; Chelicerenbasis vorgewölbt. Hinterleib schwärzlich mit schwacher Flecken-Zeichnung.

Vorwiegend im Siedlungsbereich, z. B. in Kellern oder unverfugten Mauern. An warmen Standorten: In Felsritzen, unter Steinen oder unter Rinde abgestorbener Bäume.

In Mitteleuropa fast nur im Siedlungsraum. Sehr verbreitete, ähnliche Art: *A. fenestralis* (kleiner und häufiger in Außenbereichen).

Körperlänge 4–6 mm.

Erwachsene Frühling bis Herbst.

Anhand ihres speziellen Körperbaus und der Färbung unverwechselbar.

Bei uns streng an Gebäude gebunden, wo sie sich beispielsweise in Kellern aufhält.

Mitteleuropa: Wird oft übersehen. In Städten durch Mikroklima der Gebäude wohl verbreitet und häufig.

Speispinne

Scytodes thoracica

Die heimliche, nachtaktive Speispinne baut keine Fangnetze, sondern überwältigt ihre Beute auf eine ganz spezielle Art: Sie schleicht bis auf etwa 2 cm an ihr Beutetier heran und bespeit es mit einem sofort härtenden Leim, den sie in speziellen Drüsen in ihren Giftklauen produziert. Ist die Beute bewegungslos auf der Unterlage festgeklebt, nähert sich die Speispinne und verabreicht ihren Giftbiss. Bei milder Witterung im Sommer kann die Speispinne auch außerhalb von Gebäuden beobachtet werden. In Südeuropa lebt sie oft im Freien unter Steinen.

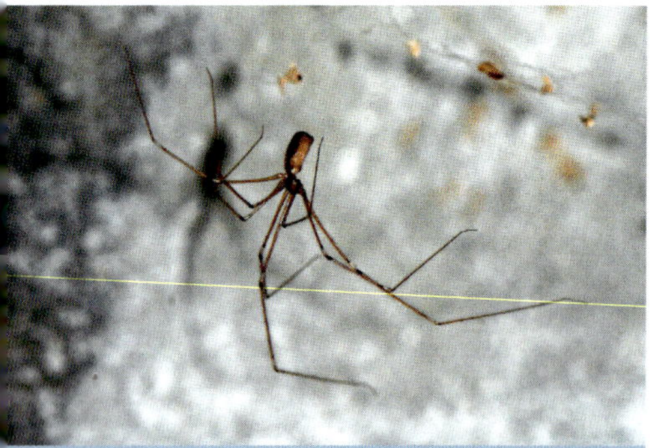

Körperlänge 7–10 mm.

Erwachsene vorwiegend im Frühling und Sommer, Weibchen auch ganzjährig.

Erwachsene Tiere sind anhand ihres Körperbaus, ihrer Größe und ihres Lebensraums unverwechselbar.

Bei uns ausschließlich in Gebäuden, oft in Kellern. In Südeuropa auch in Höhlen.

Mitteleuropa: In Siedlungsgebieten weit verbreitet und häufig.

Große Zitterspinne

Pholcus phalangioides

Baut unregelmäßige Raumnetze, meist in Ecken und Winkeln des Raums. Bei Störungen versetzt die Spinne ihr Netz in schnelle, zitternde Schwingungen, was ihr den deutschen Namen eingebracht hat. Im Gegensatz zu fast allen anderen Spinnen ist die Zitterspinne gegenüber Artgenossen meist sehr friedlich. Oft berühren sich die Fangnetze benachbarter Spinnen, und gelegentlich können an einem großen Beutetier sogar mehrere Spinnen fressen.
Eiablage im Sommer, die Weibchen tragen das rosa gefärbte Eipaket bis zum Schlüpfen der Jungen vor sich her. Mit einer Lebenserwartung von bis zu drei Jahren gehört sie zu den langlebigeren einheimischen Spinnen.

Kugelspinne

Theridion sp.

Die *Theridion*-Arten zählen zur Familie der Kugelspinnen, der noch weitere Gattungen angehören. *Theridion impressum* und mehrere andere Arten aus dieser Gattung besitzen ein sehr hoch entwickeltes Brutpflegeverhalten. Wenn die Jungen im August schlüpfen, werden sie von der Mutter zuerst mit vorverdauter Nahrung von Mund zu Mund gefüttert. Später erhalten sie von der Mutter ganze Beutetiere, die sie gefangen und getötet hat. Bald nach dem Schlüpfen der Jungen stirbt die Mutter jedoch. Bevor sie das mütterliche Netz verlassen, saugen die Jungspinnen die tote Mutter aus – die letzte Nahrung, die sie von der Mutter erhalten.

T. impressum Weibchen: 3,5–5,5 mm, Männchen: 2,5–4 mm.

Erwachsene Juli/August.

Kugelförmig hochgewölbter Hinterkörper, meist gemustert auf heller Grundfarbe; mehrere sehr ähnliche Arten, die sich anhand äußerer Merkmale nicht sicher unterscheiden lassen.

Je nach Art sehr unterschiedlich: Ruderalflächen, Wegränder, Waldränder, Gebüsche, Gärten, Gebäude.

Mitteleuropa: Verschiedene Arten in Städten und waldnahen Standorten, z. B. *Theridion impressum*, *T. sisyphium*, *T. varians*.

Fettspinne

Steatopoda bipunctata

Die Tiere bilden ein unregelmäßiges Raumgitternetz aus. Zum Boden ziehen unter Spannung stehende Fangfäden. Bei Berührung durch Ameisen, Käfer usw. reißen diese ab und fesseln die Beute in der Luft. Die Männchen besitzen ein gut entwickeltes Schrillorgan. Zahlreiche feine Rillen, die sich an den Seitenflächen des Vorderleibs befinden, werden über die Kante des Hinterleibs gerieben. So kann durch Auf- und Abbewegungen des Hinterleibs das Männchen einen Zirpton erzeugen, um das Weibchen zur Paarung herbeizulocken.

Körperlänge Männchen: 4–5,5 mm, Weibchen: 4,5–7 mm.

Ganzjährig aktiv (in Gebäuden).

Vorderleib rotbraun bis schwarzbraun. Hinterleib abgeflacht; kastanienbraun, in der Mitte oft aufgehellt, mit schmalem hellem Längsband; fettig glänzend. Netz unregelmäßig.

Überall an und in Gebäuden. Im Freiland unter Baumrinden, an Felswänden und frei stehenden Bäumen.

Allgemein verbreitet, in Gebäuden eine der häufigsten Spinnenarten.

Baldachinspinne

Linyphia triangularis

Linyphia triangularis ist eine der größten Vertreterinnen der Baldachinspinnen (Familie Linyphiidae), die bei uns mit über 400 Arten mit Abstand die artenreichste Spinnenfamilie ist. *L. triangularis* baut wie viele ihrer Verwandten ein Baldachinnetz, das im herbstlichen Morgentau in der Vegetation sehr auffällig ist. Es besteht aus einem horizontalen Netzteppich, unter dem die Spinne lauert, und unregelmäßigen, vertikalen Stolperfäden, die vom Netzteppich nach oben gespannt werden. Fliegt ein Insekt über das Netz, kollidiert es mit den Stolperfäden, stürzt auf den Netzteppich und wird von der Spinne gepackt.

Körperlänge 5–7 mm.

Erwachsene August–Oktober.

Anhand des dunklen, nach vorn gegabelten Mittelstreifens auf dem Vorderkörper gut zu erkennen. Hinterkörper oben hell mit dunklem, seitlich gezacktem Längsstreifen.

In fast allen Lebensräumen sehr häufig: Wiesen, Waldränder, Gärten, Gebüsche, Wälder usw.

Mitteleuropa: Wohl überall in geeigneten Lebensräumen verbreitet und häufig.

Streckerspinne

Tetragnatha extensa

Baut ein schräges, manchmal fast horizontales Radnetz in der Ufervegetation, oft über dem Wasser. Die Netze der Streckerspinnen fallen durch ihre freie Nabe auf. Die Tiere ruhen in einer typischen Haltung in der Vegetation: Die vorderen beiden Beinpaare werden gerade nach vorn, das hintere gerade nach hinten gestreckt, und mit dem dritten Beinpaar halten sie sich auf der Unterlage fest.

Streckerspinnen haben auffällig lange Giftklauen. Besonders ausgeprägt ist dies bei reifen Männchen. Um sich gefahrlos mit den größeren Weibchen paaren zu können, fixieren sie damit die Giftklauen des Weibchens.

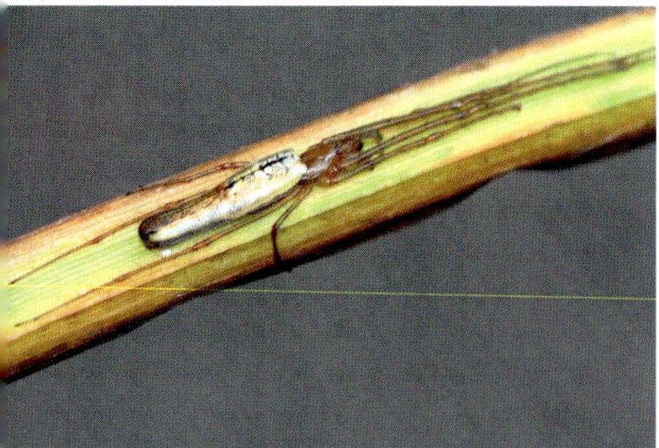

Körperlänge Weibchen: 10–12 mm, Männchen: 6–9 mm.

Erwachsene Mai–August.

Lang gestreckt, anhand der Färbung der Vorderkörperunterseite (dunkel mit einem hellen, lanzettförmigen Längsstrich) und des Lebensraums unverwechselbar.

Ausschließlich in der sonnigen Ufervegetation entlang von Gewässern.

Mitteleuropa: Häufig. In der Ufervegetation von Bächen und Weihern verbreitet.

Sektorspinne

Zygiella x-notata

Charakteristisch: Radnetz mit oberem freiem Sektor, in dem der Signalfaden zum Schlupfwinkel verläuft. Wird ein bestimmter Winkel zwischen Signalfaden und Netzebene überschritten, wird wie bei den Jungtieren ein geschlossenes Radnetz angelegt. Zur Paarung füllt das Männchen eine Blase an seinen Tastern mit Sperma und lockt das Weibchen durch Zupfsignale zur Paarung. Das Weibchen legt später 4–5 gelblich gefärbte Eikokons ab. Die Art ist ursprünglich in Südeuropa beheimatet. Die Tiere nutzen die Speicherwärme von Mauern und Hauswänden, wodurch eine Überwinterung in Kokons möglich wird. Die nördliche Ausbreitung der Art ist zunehmend synanthrop (an menschliche Siedlungen gebunden). Im Gebirge ist die Gattung häufig durch *Zygiella montana* vertreten.

Körperlänge Männchen: 4–7 mm, Weibchen: 7–11 mm.

Juli–Oktober, Weibchen auch bis Dezember.

Vorderleib gelbbraun, mit schwarzem Längsband. Hinterleib abgeflacht, graubraun, Blattzeichnung innen silbrig weiß. Radnetz mit ausgespartem Sektor.

Bevorzugt menschliche Ansiedlungen. Netz vorzugsweise in Gebäudenischen (Mauern, Zäune, Ställe, Schuppen).

Überall verbreitet. Verbreitung synanthrop. In Gebäudebereichen werden Standorte mit hohem Nahrungsangebot bevorzugt (z. B. im Lichtbereich von Neonleuchten).

Herbstspinne

Metellina segmentata

Baut Radnetze in der Vegetation, meist ziemlich nahe über dem Boden. Tagsüber lauert die Spinne meist im Netzzentrum.

Zur Paarungszeit im September und Oktober hält sich das Männchen am Rand des Netzes eines reifen Weibchens auf. Verfängt sich ein Beutetier im Netz, eilt das Männchen herbei, umwickelt die Beute mit Spinnseide und überreicht sie dem Weibchen als Brautgeschenk. Nach der Paarung baut das Weibchen einen grünlichen Eikokon und befestigt ihn in der Vegetation.

Körperlänge 6–9 mm.

Erwachsene August–Oktober.

Hinterleib hell, oben mit blattähnlicher, braunrötlicher Zeichnung. Kann mit der sehr ähnlichen *Metellina mengei* verwechselt werden, die aber bereits im Frühsommer erwachsen ist.

In fast allen Lebensräumen sehr häufig: Wiesen, Waldränder, Gärten, Wälder usw.

Mitteleuropa: Verbreitet; eine der häufigsten Radnetze bauenden Spinnen.

Körperlänge Weibchen: 12–17 mm, Männchen: 5–10 mm.

Erwachsene August–Oktober.

Trotz variabler Grundfärbung anhand der auffälligen hellen Kreuzzeichnung auf dem Hinterkörper leicht zu erkennen.

In ganz unterschiedlichen Lebensräumen, in der Kraut- und Strauchschicht offener und halboffener Lebensräume. Häufig auch in Gärten, an Brückengeländern usw.

Mitteleuropa: Verbreitet, an geeigneten Standorten im Siedlungsraum häufig.

Gartenkreuzspinne

Araneus diadematus

Wohl die bekannteste und auffälligste Spinne, deren große, kunstvolle Fangnetze auch mitten in der Stadt, etwa an Geländern entlang von Stadtgewässern, angetroffen werden können. Tagsüber sitzt die Kreuzspinne meist kopfüber im Netzzentrum und lauert auf Beute. Wo Kreuzspinnen v. a. nachts Beute machen, etwa in der Nähe von hellen Straßenlampen, haben sie ihre Aktivitätszeit umgestellt und sind nachtaktiv geworden.

Das Weibchen baut nach der Paarung im Spätsommer oder Herbst einen gelblichen, kugeligen Eikokon, in dem die Jungspinnen überwintern. Die Gartenkreuzspinne braucht zwei Jahre für ihre Entwicklung.

Körperlänge Männchen: 7,5–11 mm, Weibchen: 9–15 mm.

April–Oktober, Große Weibchen ganzjährig.

Vorderleib mit deutlich hellem Rand und V-förmiger Linie im Kopfbereich. Hinterleib mit dunkler Zeichnung auf hellbraunem Grund. Oberschenkel Laufbeine: dunkle Bereiche scharf abgesetzt. Radnetz.

Meist in unmittelbarer Gewässernähe, an Felsen und Bauwerken (z. B. Häusern und Brücken); seltener an trockenen Stellen (z. B. Parkhäuser).

Ganz Mitteleuropa, relativ häufig.

Brückenkreuzspinne

Larinoides scolpetarius

Die relativ großen Radnetze (Durchmesser ca. 70 cm, 20 Radien, Fangfadenabstand 10 mm) werden bevorzugt an Gebäuden und Felsen in Wassernähe angelegt. In Städten werden nahrungsreiche Standorte, wie etwa in der Nähe elektrischer Lichtquellen und Brücken bevorzugt. Vorwiegend nachtaktiv: Tagsüber meist im Schlupfwinkel, nachts im Netzzentrum. *Larinoides scolpetarius* kann Kolonien von mehreren Hundert Individuen bilden. Häufig werden die Fangnetze direkt aneinandergrenzend angelegt und der Rahmenfaden gemeinsam genutzt. Beutefang und Verzehr wird jedoch nie gemeinsam begangen. Dieses als «parasozial» bezeichnete Verhalten ist bei mitteleuropäischen Arten sehr selten und wird mit dem hohen Nahrungsangebot in Ufernähe begründet.

Spaltenkreuzspinne

Nuctenea umbratica

Baut ähnliche Fangnetze wie die Gartenkreuzspinne. Die Netze der Spaltenkreuzspinne sind aber oft noch größer und nie symmetrisch, sondern haben das Zentrum in Richtung des Schlupfwinkels der Spinne verschoben, in dem sie den Tag verbringt. Mit Einbruch der Dunkelheit baut sie ein neues Fangnetz und hält sich die ganze Nacht über im Netzzentrum auf, um Nachtfalter oder Köcherfliegen zu erbeuten. Wegen ihrer nächtlichen Aktivität ist sie weniger auffällig als die meist tagaktive Gartenkreuzspinne.

Körperlänge Weibchen: 13–16 mm, Männchen: 7–10 mm.

Erwachsene ganzjährig, am häufigsten Juli–Oktober.

Etwa so groß wie Gartenkreuzspinne, Grundfarbe schwarz- bis rotbraun, Blattzeichnung auf dem stark abgeplatteten Hinterleib.

Fast überall in offenen Lebensräumen, wo sie enge Spalten als Schlupfwinkel findet. Oft auch an Gebäuden.

Mitteleuropa: Überall; eine der häufigsten einheimischen Radnetzspinnen, auch in Stadtgebieten.

Kürbisspinne

Araniella cucurbitina

Die Kürbisspinne baut ihr kleines Radnetz meist horizontal oder schräg auf Blättern oder sogar größeren Blumen wie Margeriten, indem sie es an den Blatträndern oder an den Spitzen der Blütenblätter befestigt. Die Spinne sitzt mit dem Bauch nach oben in der Nabe des Netzes. Will ein Insekt auf dem Blatt oder auf der Blüte landen, gerät es unweigerlich in das Fangnetz und bleibt an den Fangfäden kleben.
Die Jungspinnen schlüpfen vom Spätsommer bis zum Herbst und überwintern halbwüchsig an Zweigen.

Körperlänge Weibchen: 4,5–8,5 mm, Männchen: 3,5–4,5 mm.

Erwachsene Mai–August.

Hinterkörper glänzend gelblich grün, mit mehreren feinen schwarzen Punkten. Von einigen nah verwandten, aber selteneren Arten nur schwer zu unterscheiden.

In ganz unterschiedlichen Lebensräumen, auf Bäumen, Sträuchern und in der Krautschicht von offenen Lebensräumen, entlang von Waldwegen, oft auch in naturnahen Gärten.

Mitteleuropa: Relativ häufig. Verbreitet vom Waldrand bis ins Stadtzentrum.

Körperlänge Weibchen: 14–17 mm, Männchen: mit 4–6 mm viel kleiner.

Erwachsene August–September.

Groß, mit gelb-schwarz-weiß gestreiftem Hinterleib. Netz in der Mitte mit senkrechtem Gespinstband in Zickzackform.

Sonnige Ruderalflächen, Brachen, Ränder von Riedwiesen, auch in Gärten.

Mitteleuropa: Verbreitet. Reagiert empfindlich auf menschliche Eingriffe (Mahd). Im Siedlungsbereich nur an naturnahen Standorten, z. B. Gärten.

Wespenspinne

Argiope bruennichi

War vor 100 Jahren in Europa noch auf das Mittelmeergebiet bis in die Südschweiz beschränkt, hat sich in der Zwischenzeit aber rasend schnell nach Norden ausgebreitet und unterdessen bereits Südschweden erreicht.

Baut ihre Netze an sonnigen Stellen wenig über dem Boden zwischen Grashalmen und Stauden. Hier fängt sie überwiegend Heuschrecken, manchmal auch Honigbienen und andere Insekten.

Die kleinen Männchen werden nach der kurzen Paarung normalerweise von den Weibchen getötet und verspeist. Dann baut das Weibchen einen gut 3 cm großen Kokon, der Hunderte von Eiern enthält, verankert ihn in der Vegetation und stirbt. Die Jungspinnen schlüpfen im darauffolgenden Juni aus dem Kokon und entwickeln sich in nur zwei Monaten zur erwachsenen Spinne.

Körperlänge 8–14 mm.

Erwachsene Juli–August.

Typische Netze: große, bis 50 cm breite Trichternetze, die meist tief in der Vegetation angelegt werden.

Sonnige, trockene Stellen mit niedriger Vegetation wie Böschungen, Waldränder, Wegränder, auch in Gärten.

Mitteleuropa: Verbreitet. In Siedlungen an geeigneten Orten häufig.

Labyrinthspinne

Agelena labyrinthica

Die Labyrinthspinne lauert im hintersten Teil ihres Netzes, meist am Eingang einer Rückzugsröhre. Gelangt ein Beutetier auf das Netz, kann sie die Beute exakt lokalisieren und blitzschnell packen.

Während der Paarungszeit im Juli suchen die Männchen die Weibchen in ihren Netzen auf. Ist das Weibchen paarungsbereit, verfällt es anfänglich in eine Starre, die dem Männchen eine ungestörte Paarung erlaubt. Nach erfolgter Paarung erwacht das Weibchen und stürzt sich blitzschnell auf das Männchen, um es zu töten und zu verspeisen. Nur selten gelingt den Männchen die Flucht. Nach einem Monat fertigt das Weibchen einen weißen Eikokon an, deponiert ihn in der Rückzugsröhre ihres Netzes und stirbt. Die Jungspinnen schlüpfen im folgenden April.

Hausspinne

Tegenaria atrica

Die Hausspinne baut an ungestörten Orten in Ecken oder hinter Möbeln ein großes, deckenartiges Netz. Wird über längere Zeit keine Beute gemacht, wechselt sie an einen anderen Ort. Dort baut sie ein neues Netz oder übernimmt ein bereits bestehendes. Dabei kann sie auch kleinere Artgenossen aus dem Netz vertreiben. Jagdweise und Paarung sind ähnlich wie bei der Labyrinthspinne, doch wird das Männchen nach der Paarung vom Weibchen nicht getötet. Im Gegensatz zu den meisten Spinnenarten, die nur ein oder zwei Jahre alt werden und deren Weibchen sich nur einmal im Leben fortpflanzen, können weibliche Hausspinnen bis zu sechs Jahre alt werden und sich mehrmals fortpflanzen.

Körperlänge 10–18 mm. Männchen erreichen mit ihren Beinen eine Spannweite von bis zu 10 cm.

Erwachsene Weibchen ganzjährig, erwachsene Männchen Juli–Oktober.

Sehr langbeinige Spinne mit auffällig langen Spinnwarzen, nur schwer von nah verwandten Arten zu unterscheiden.

Meist in Gebäuden, aber auch an regengeschützten Felsen und Mauern oder in Höhlen.

Mitteleuropa: Verbreitet. In Gebäuden, häufig.

Listspinne

Pisaura mirabilis

Wie die Wolfsspinnen ist auch die Listspinne ein frei umherschweifender Jäger ohne Fangnetz. Interessant ist ihr Balzverhalten: Bevor ein reifes Männchen auf Weibchensuche geht, sucht es sich ein Brautgeschenk. Das ist meistens ein Beutetier, das mit Spinnseide schön verpackt wird. Manchmal werden aber auch bloß trockene Pflanzenteile eingepackt. Bei einem Weibchen angekommen, wird der Spinnendame das Brautgeschenk angeboten. Wenn sie es annimmt und hineinbeißt, kann sich das Männchen ungestört paaren. Nach der Paarung frisst das Weibchen oft am Brautgeschenk weiter. Es gibt aber auch «Schlaumeier», die der Paarungspartnerin das Brautgeschenk wieder entreißen, es neu verpacken und dem nächsten Weibchen anbieten.

Körperlänge 10–15 mm.

Erwachsene Mai–Juli.

Recht langbeinige, gelb- bis dunkelbraune Spinne mit hellem Mittelstrich auf dem Vorderkörper.

Sonnige Waldränder, Magerwiesen und Säume. Bei Sonnenschein oft auf Brennnesselblättern.

Mitteleuropa: Fast überall an geeigneten Standorten relativ häufig. Bis 1000 m ü. M.

Körperlänge je nach Art 5–9 mm.

Erwachsene je nach Art bereits im März oder im Sommer.

Meist braune Jagdspinnen, die 29 einheimischen Arten sind nur schwer zu unterscheiden.

Lebensräume artspezifisch. In sonnigen, offenen Lebensräumen wie Wiesen und Weiden, Riedflächen, an Waldrändern, in Gärten, aber auch auf Äckern oder Kiesflächen.

Mitteleuropa: Häufigste Art *Pardosa lugubris*. Im Siedlungsgebiet ca. sieben Arten.

Wolfsspinne

Pardosa sp.

Wie fast alle Wolfsspinnen bauen auch die Vertreter der Gattung *Pardosa* keine Fangnetze, sondern sind aktive Jäger am Boden, die kleine Insekten wie Fliegen, Mücken und Springschwänze erbeuten. Im Frühling gehören sie an sonnigen Tagen in Wiesen oder an Waldrändern zu den häufigsten und auffälligsten Spinnen. Das Weibchen trägt den rundlichen Eikokon an Spinnwarzen fixiert mit sich herum (Bild). Geht der Eikokon verloren, wird gelegentlich «Ersatz» gesucht und z. B. ein kleines Schneckenhaus an die Spinnwarzen geheftet.
Nach dem Schlüpfen werden die Jungspinnen bis zur nächsten Häutung auf dem Rücken des Weibchens herumgetragen. Erst dann verlassen sie die Mutter und gehen selbstständig auf die Jagd.

Körperlänge Weibchen: 7–10 mm, Männchen: 3–5 mm.

Erwachsene Mai–Juli.

Unverwechselbar aufgrund von Körperform und Färbung.

Sonnige, blütenreiche Wiesen, Ruderalflächen und Waldränder.

Mitteleuropa: Im Süden relativ häufig, nach Norden deutlich abnehmend. Oft auch in Gärten.

Veränderliche Krabbenspinne

Misumena vatia

Die Weibchen dieser Krabbenspinne sind farblich außerordentlich variabel. Sie können von weiß über grüngelb bis leuchtend gelb gefärbt sein und haben oft zwei grünlich graue oder leuchtend rote, schmale Längsbinden. Als Lauerjäger sind sie auf gleichfarbigen Blüten hervorragend getarnt. Oft beobachtet man, dass weiße Tiere auf den weißen Blütenblättern, gelbe dagegen im gelben Zentrum von Margeritenblüten lauern.
Die mittelgroßen Krabbenspinnen können selbst so wehrhafte Blütenbesucher wie Honigbienen oder Hummeln überwältigen, indem sie ihnen mit den Vorderbeinen sanft die Flügel fixieren und sie mit einem gezielten Biss direkt ins Zentralnervensystem augenblicklich töten.

Zebra-Springspinne

Salticus scenicus

Wie alle Springspinnen besitzt die Zebra-Springspinne zwei stark vergrößerte, nach vorn gerichtete Augen, mit denen sie ein sehr scharfes, dreidimensionales Bild erhält. Sie beschleicht ihre Beutetiere – etwa Blattläuse oder kleine Fliegen – und springt sie aus einer Distanz von rund 1 cm an. Dabei ist sie immer mit einem Sicherungsfaden mit der Unterlage verbunden, der sie vor Abstürzen schützt.
Zebra-Springspinnen haben ein auffälliges Balzverhalten, bei dem sich konkurrierende Männchen auch Scheinkämpfe liefern können.

Körperlänge 5–7 mm.

Erwachsene Mai–August.

Kurzbeinige, flinke Spinne mit schwarz-weiß gestreiftem Hinterleib. Verwechslung mit zwei seltenen, nah verwandten Arten möglich.

An Baumrinde (außer Kiefer), in Obstgärten, auf Holzlagerplätzen, Gebäuden und sonnigen Mauern.

Mitteleuropa: Verbreitet; häufig. Im Siedlungsraum Ersatzbiotop: Fast immer in und an Gebäuden oder sonnigen Mauern.

Bücherskorpion

Chelifer cancroides

Bücherskorpione gehören zu den Pseudoskorpionen und sind heimliche, unauffällige Tiere, die man nur selten zu Gesicht bekommt. Meist halten sie sich in engen Spalten und Ritzen oder zwischen alten Büchern auf, wo sie Jagd auf kleine Insekten und Spinnentiere machen: Springschwänze, Haus- und Staubmilben, auch Bettwanzen. Die Beute wird mit den Scheren ergriffen und mit einem Giftapparat, der sich an der Scherenspitze befindet, getötet.
Für den Menschen sind die Winzlinge völlig harmlos und machen sich durch das Vertilgen von Schädlingen nützlich. Halten sich gelegentlich an Fliegenbeinen fest, um Ortswechsel vorzunehmen. In Gefangenschaft bis zu drei Jahre alt, über die Lebenserwartung in der Natur ist nichts bekannt.

Körperlänge 2,5–4,5 mm.

Erwachsene ganzjährig.

Winziges Tier, das mit seinen Scheren an einen Skorpion erinnert, jedoch ohne Stachelschwanz. Mehrere ähnliche Arten.

Alle möglichen, eher trockenen Lebensräume, z. B. unter der Rinde abgestorbener Bäume, in Vogelnestern. In Gebäuden.

Mitteleuropa: Verbreitet; relativ häufig. Im Siedlungsraum in Wohnungen (z. B. zwischen alten Büchern), Schuppen oder Vogelnestern.

Körperlänge Männchen: 4–5,5 mm, Weibchen: 6,5–8 mm.

Juli–November.

Körperfarbe variabel. Dunkle, winklig ausgezackte Sattelzeichnung. Alpine Tiere meist weiß gestreift.

Feuchte, schattige Wälder bis offene Lagen im Hochgebirge. In Laubstreu, Krautschicht, Bäumen, Felsen, Mauern.

Häufig in Mitteleuropa; überall vom Flachland bis in die Hochalpen (3000 m).

Gemeiner Gebirgsweberknecht

Mitopus morio

Im Deutschen gibt es dialektabhängig viele volkstümliche Bezeichnungen für die Weberknechte: Schneider, Schuster, Kanker, Opa Langbein oder Zimmermänner, wenngleich sprachlich wenig zwischen den Arten unterschieden wird. Wie bei allen Weberknechten sind auch bei dieser Art Vorder- und Hinterleib zu einer kompakten Einheit verschmolzen. Typisch sind auch die stark verlängerten Beine, deren Fußglieder nochmals durch viele Scheingelenke untergliedert sind. Netze werden keine gebaut, da die Tiere über keine Spinndrüsen verfügen. Nachtaktiv. *Mitopus morio* ist relativ häufig im Stadtgebiet an Mauern und Holzstapeln zu finden. Vorsichtig sollte man beim Umgang sein, da die Beine sehr schnell abbrechen.

Körperlänge 4–7 mm, Beinlänge bis 4 cm.

Erwachsene Juni–November, vermutlich eine Generation pro Jahr.

Langbeiniges Spinnentier mit für einige Zimmermänner typischer Gestalt, nur schwer von zahlreichen ähnlichen, verwandten Arten zu unterscheiden.

Verschiedene sonnige, offene Lebensräume: Wiesen, Wegränder, Gärten.

Mitteleuropa: Verbreitet; häufig. Auf städtischen Grünflächen meist die dominierende Weberknecht-Art.

Hornkanker

Phalangium opilio

Vertreter der Weberknechte (auch Zimmermänner genannt). *Phalangium opilio* ist eine häufige Art im urbanen Raum, wo strukturierte Grünanlagen vorhanden sind, die nicht zu Tode gepflegt werden. Tagaktiv, im Unterschied zu den meisten anderen Weberknechten auch bei Sonnenschein. Eiablage im Herbst in den Boden. Die Jungtiere, die meist im Frühling schlüpfen, halten sich in der Bodenstreu auf, später leben sie auf Gebüschen und an Hausmauern, die Erwachsenen überwiegend am Boden.
Ernährt sich räuberisch von kleinen Insekten und Spinnentieren, die mit den Kieferzangen gefasst und zerquetscht werden. Die Männchen kämpfen zur Paarungszeit mit hornartigen Verlängerungen auf den Kiefertastern um die Gunst der Weibchen.

Apenninenkanker

Opilio canestrinii

Nahrung: mikroskopisch kleine Gliederfüßer. Besitzt wie alle Weberknechte Stinkdrüsen, mit denen er ein stark riechendes Sekret abgeben kann. Dies wird vorrangig zum Schutz und zum Angriff (betäubende Wirkung) eingesetzt. Nachtaktiv. *O. canestrinii* ist ursprünglich in Italien beheimatet, lebt dort vornehmlich in Wäldern, aber auch in Buschlandschaften und auf Trockenrasen. In Deutschland erstmals in den 1970er-Jahren beobachtet, hat sich die Art rasant über ganz Mitteleuropa verbreitet und ist hier die wohl am meisten vertretene *Opilio*-Art. In Mitteleuropa kommt sie fast ausschließlich an Hauswänden vor. Dort hat sie die ehemals häufige und nahe verwandte Art *O. parientinus* fast vollständig zurückgedrängt.

Körperlänge Männchen: 4–6 mm, Weibchen: 5–8 mm.

Juvenil: März–Juni. Adult: Juni–Juli – Nov.–Dez.

Langbeinige Art. Männchen: Körper hell, gelbbraun bis orange. Weibchen: gelblich bis hellbraun; mit aufgehellter undeutlicher Sattelzeichnung.

Fast ausschließlich an Hauswänden. Außerhalb von Ortschaften selten; an Baumstämmen oder im Wald.

Eingeschleppte Art. Wichtigste urbane Weberknecht-Art in Deutschland und Österreich.

Rückenkanker

Leiobunum sp.

Im Herbst 2004 wurde in Nijmegen (in den Niederlanden) ein großer Weberknecht entdeckt, der nur bis auf die Gattung bestimmt werden konnte. Seither Ausbreitung der neuen Art über weite Teile Mitteleuropas. Zu welcher der rund 125 über Nordmerika, Nordafrika und Eurasien verbreiteten *Leiobunum*-Arten die nach Europa eingeschleppte Art gehört, ist bis heute nicht bekannt. Nachtaktiv, ernährt sich v. a. von kleinen Insekten und Aas von Wirbellosen. *Leiobunum* fällt tagsüber durch seine großen Ruhegesellschaften auf, die bis zu mehrere Hundert Tieren umfassen können. Männchen übergeben Weibchen als Brautgeschenk eine Flüssigkeit, bewachen Weibchen nach der Paarung bei der Eiablage, die in vertikale Spalten erfolgt, und verteidigen es gegen sich nähernde Männchen.

Körperlänge 4–6,4 mm.

Frühjahr–Spätherbst.

Meist fast schwarz, metallisch grüner Schimmer auf dem Rücken, sehr lange Beine (Beinspannweite bis 18 cm), in großen Schlafgemeinschaften.

An Hauswänden, Mauern und Ruinen, in Industriegebieten, Parks, Gärten, Wald.

Herkunft unbekannt. Mitteleuropa: v. a. im Südwesten (Ruhrgebiet, Rheintal, Main), auch in der Schweiz (Winterthur, Zürich) und Österreich (Bodenseeregion) nachgewiesen.

Rote Mauermilbe

Balaustium murorum

Körperlänge 0,5–1,4 mm.

Hauptzeit: Mai–Juni/Juli.

Körper leuchtend rot bis dunkelrot, Adulte meist heller. Mikroskop: Körperoberfläche behaart. Ein Paar Augen; rund mit Linse.

Natürlich: Warme Standorte an Felsen. Stadt: Warme Hausmauern.

In Mitteleuropa: Vorwiegend in Städten. Dort häufig Massenauftreten an Hausmauern. Schwarze Flachdächer gelten als optimale Brutstätten.

Ohne die blutrote Färbung würde man die Rote Mauermilbe schnell übersehen, da sie gerade noch mit bloßem Auge erkennbar ist. Jedoch treten die Milben im Frühsommer oft in gewaltiger Individuenzahl an Hausmauern auf. Mitunter wandern die Tiere dann auch durch offene Fenster in die Räume. Spätestens jetzt werden sie beachtet. Es existieren zudem Berichte, dass bei Massenauftreten in Wohnungen auch Hautkrankheiten beim Menschen ausgelöst werden können. In ihrem natürlichen Lebensraum, z. B. an Felsen in Gebirgen ist die Art meist nur in relativ wenigen Exemplaren vertreten. Die Rote Mauermilbe gilt als Pflanzenpollenfresser. Die Art ist sehr wärmeliebend und findet in Städten ein optimales Mikroklima.

Rote Samtmilbe

Trombidium holosericeum

Bis 4 mm, eine der größten heimischen Milben.

April–September, Adulte v. a. im Frühjahr, Larven im Spätsommer. Bei Sonnenschein am Boden und an Mauern.

Weichhäutig, mit dichter, scharlachroter Behaarung.

Vorwiegend in oberen Bodenschichten unterschiedlicher Lebensräume, im Wald, an Waldrändern, in Weinbergen, in Gärten usw., an offenen Bodenstellen und alten Mauern.

Mitteleuropa: Weit verbreitet; häufig.

Samtmilbenlarven parasitisch (saugend) etwa an Tagfaltern, Heuschrecken und Weberknechten, wo sie als leuchtend rote Anhängsel auffallen (s. Bild S. 154). Larven (achtbeinige ältere Jungtiere) und ausgewachsene Samtmilben leben räuberisch und machen sich als Vertilger von Rebläusen nützlich.

Milben (Acari) können sehr unterschiedlich in Erscheinung treten: Viele beteiligen sich als Bodenorganismen an wichtigen Nährstoffkreisläufen, andere gelten als Nützlinge (Raubmilben), weitere treten als Pflanzenschädlinge auf (Spinnmilben usw.), bilden Gallen (an Blättern von Ahorn, Linde usw.) oder leben parasitisch wie der Holzbock und die winzige Herbstmilbe *(Neotrombicula autumnalis)*, deren Stiche beim Menschen starken Juckreiz auslösen können.

Totengräbermilbe

Poecilochirus necrophori

Diese Milbe lebt in einer symbiotischen Beziehung zum Totengräber-Käfer (s. S. 191): In einem späten Jugendstadium (sog. DeutoLarven) setzen sich Totengräbermilben oft in größerer Zahl auf Totengräber, die zu den Aaskäfern zählen, und lassen sich vom Käfer zu Tierleichen transportieren, die dieser für die Aufzucht seiner Brut im Boden einzugraben pflegt. Beim Aas angekommen, verlassen die Milben den Käfer und machen sich über Fliegeneier her, die bereits am toten Körper abgelegt worden sind. Die Eier werden angestochen und ausgesaugt. Innerhalb weniger Stunden können sämtliche Fliegeneier vernichtet werden. Auch bereits geschlüpfte Jungmaden werden überwältigt. Die Beseitigung der konkurrierenden Fliegen erlaubt dem Käfer eine erfolgreiche Fortpflanzung.

1 mm

Frühjahr und Sommer

Gelbbraun, oft in Gruppen an Totengräber-Käfern (*Nicrophorus* sp.).

Wälder und Waldränder, wo auch Totengräber vorhanden sind.

Mitteleuropa: Weit verbreitet; nicht selten. Milben lassen sich von *Nicrophorus*-Arten (Totengräber) zum Aas transportieren.

Kugelmilbe

Hydrachna globosa

Häufigster und auffälligster Vertreter der rund 70 heimischen Wassermilbenarten (Hydrachnellae). Die ausgewachsenen Wassermilben jagen Wasserflöhe, die sie mit ihren winzigen Giftklauen töten und anschließend aussaugen. Die Eier werden an Wasserpflanzen geklebt. Die Entwicklung der Jungtiere verläuft über ein erstes Larvenstadium zu einem ersten «Puppenstadium», aus dem eine Nymphe schlüpft. Die Nymphe gleicht äußerlich dem Adulttier, ist aber noch nicht geschlechtsreif. Erst nach einem zweiten «Puppenstadium» schlüpft die geschlechtsreife Milbe.

Die Larven der meisten Wassermilben leben parasitisch an verschiedenen Wasserinsekten, vor allem an Wasserläufern und Zuckmückenlarven. Einige Arten parasitieren in Teich- und Flussmuscheln.

Bis 3 mm

Im Hochsommer oft massenhaft.

Blutrot gefärbter, kugelrunder Körper mit acht Ruderbeinen.

Pflanzenreiche Uferzonen von Seen und Weihern.

Mitteleuropa: An allen geeigneten Gewässern.

Zecken

Zecken zählen innerhalb der Spinnentiere zu den Milben. Verglichen mit anderen Milben sind sie jedoch meist größer und leben länger. Weltweit sind über 900 Zeckenarten bekannt, in Mitteleuropa kommen je nach Region 18 bis 30 Arten vor. Alle Zecken ernähren sich als Ektoparasiten ausschließlich von Blut. Die bekannteste Art ist der Holzbock *(Ixodes ricinus)*. Zecken, die noch kein Blut gesaugt haben, sind flach. Ihr Körper ist in zwei Teile geteilt: den Stechapparat und den ovalen Körper mit den Beinen. Fühler haben sie keine, dafür auf dem vordersten Beinpaar das Haller'sche Organ, womit sie Geruch und Feuchtigkeit wahrnehmen können. Deshalb sitzen sie, wenn ein Wirt in der Nähe ist, mit ausgestreckten Vorderbeinen auf den Grashalmen.
Am häufigsten findet man den Holzbock in Laubwäldern mit dichtem Unterholz, auf Waldlichtungen und an Waldwegen, er kann jedoch auch in Gärten und Parks auftreten, da Wildtiere – wie Vögel, Mäuse, Fuchs und Marder – die Zecken verbreiten. Weil der Holzbock eine nicht sehr dichte Wachsschicht auf der Körperhülle hat, braucht er eine feuchte Umgebung, um nicht zu vertrocknen. Am liebsten hält er sich in der Laubschicht auf. Die Anzahl gefundener Zecken variiert stark von Jahr zu Jahr und hängt vor allem von den Temperaturen und Niederschlägen im Frühling ab. Ist der April sehr trocken, gibt es wenig Zecken, weil sie an der Trockenheit sterben.
Der Entwicklungszyklus des Holzbocks erstreckt sich bei uns über 3–5 Jahre. Das Weibchen legt bis zu 3000 Eier, die daraus schlüpfenden sechsbeinigen Larven klettern auf Grashalme und warten auf vorbeikommende Wirte, eher kleinere Wirbeltiere wie Eidechsen, Vögel oder Mäuse. Nach der Blutmahlzeit verwandeln sie sich in achtbeinige Nymphen, die ebenfalls einmal Blut aufnehmen müssen, um sich anschließend zur ausgewachsenen, geschlechtsreifen Zecke zu entwickeln. Die weiblichen Zecken befallen ein drittes und letztes Mal ein meist größeres Wirbeltier, beispielsweise ein Reh, ein Wildschwein oder auch einen Menschen. Die Männchen benötigen keine große Blutmahlzeit mehr, können aber trotzdem ab und zu Blut saugen und sich zur Partnersuche für mehrere Wochen auf einem Wirt aufhalten und das gefundene Weibchen auch mehrfach begatten.
Der Holzbock kann verschiedene Krankheiten übertragen. Gefährlich sind besonders die Lyme-Borreliose und die Frühsommer-Hirnhautentzündung (FSME). Deshalb ist es sehr wichtig, sich nach dem Aufenthalt im Freien auf Zecken abzusuchen und Zecken so schnell wie möglich zu entfernen.
Die ursprünglich aus Ungarn, Österreich und Südpolen stammende Auwaldzecke *(Dermacentor reticulatus)* hat sich seit 1970 stark ausgebreitet. Heute ist sie in ganz Deutschland zu finden. Sie lebt auf halboffenen Flächen, bevorzugt mit Langgras, in Deutschland vor allem auf Brachflächen und feuchten Gebieten. Sie kann Babesiose auf Hunde übertragen.

Holzbock (Zecke)

Ixodes ricinus

Sitzt in der niedrigen Vegetation auf Grashalmen oder Büschen, nicht höher als 1,5 m über dem Boden, und wartet auf vorbeikommende Wirte (Reptilien, Vögel, Säugetiere oder Menschen).

→ www.zeckenwetter.de
(Informationen zu Zecken in Deutschland)
→ www.bag.admin.ch, Suche «Zecken»
→ www.stadt-zuerich.ch/schaedlingsbekaempfung (Merkblatt zu Zecken)
→ www.zecken.at

Larven 0,8–0,9 mm, fast durchsichtig, Larven 1,4–1,6 mm, Adulte 4–6 mm.

Der Körper schwillt während einer Blutmahlzeit stark an, Weibchen können bis auf Erbsengröße (über 1 cm) anwachsen.

Hauptaktivität Februar–Oktober, ab 7 °C.

Grau oder rotbraun, mit Schild auf dem Rücken. Larve drei, Nymphe und Adulte vier Beinpaare. Mundwerkzeug (Rostrum) mit Widerhaken.

In Wäldern, an Waldrändern, auch in Parks und Privatgärten, kann überall dort, wo es nicht für längere Zeit trocken ist, vorkommen.

Ganz Mitteleuropa

Taubenzecke

Argas reflexus

Blutsauger. Die Taubenzecke gehört zur Familie der Saumzecken oder Lederzecken. Neben weiteren 19 Ektoparasiten ist sie fester Bestandteil der Nestfauna (insges. 100 Arten) unserer überall verbreiteten und gern gefütterten Stadttauben. Tagsüber oft versteckt in Ritzen in der Nähe ihrer Wirtsnester. Befruchtete Weibchen legen ca. 12–70 Eier ab. In dichten Populationen ökologische Funktion. So wurde bei Befall von Nestlingen eine 64-prozentige Sterblichkeitsrate festgestellt. Insbesondere nach Ausräumen von Taubennistplätzen in Wohnhäusern wandern Taubenzecken in tiefer gelegene Wohnungen. Dort können sie auch den Menschen befallen und heftige allergische Reaktionen auslösen bzw. Krankheiten übertragen.

Körperlänge Larven weniger als 1 mm, Männchen ca. 4 mm; Weibchen 6–8 mm.

Ganzjährig

Körper schildartig, abgeflacht, birnenförmig.

Färbung nüchtern gelblich, nach Nahrungsaufnahme schimmern Darmblindsäcke rötlich violett. Stechapparat unter dem Körper.

Ektoparasit (vorwiegend an Tauben und anderen Vögeln bzw. deren Nistplätzen). Kann auch Menschen und Haustiere befallen.

Überall. Durch die starke Zunahme verwilderter Taubenpopulationen in Städten (aber auch Geflügelzuchten) häufig. Mitunter auch in Wohnungen.

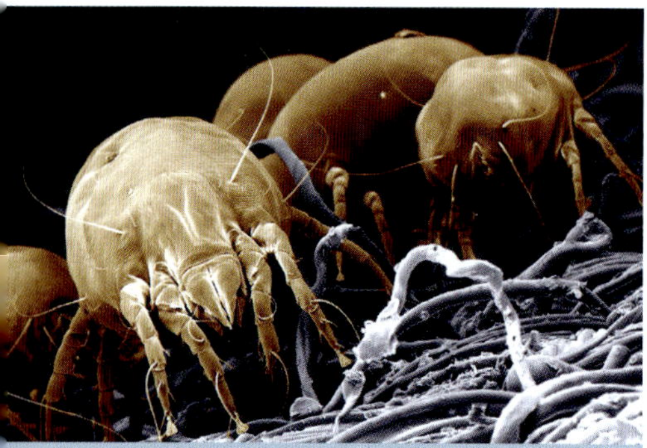

Ca. 0,3 mm

Ganzjährig

Ovale, gedrungene Milbe, mikroskopisch.

In Kissen, Decken, Matratzen, Polstermöbeln und Teppichen.

Mitteleuropa: Praktisch in jedem Haushalt, auch in öffentlichen Gebäuden.

Hausstaubmilben

Dermatophagoides pteronyssinus und *farinae*

Weltweit verbreitet, ursprünglich möglicherweise aus den Tropen, da optimale Wachstums- und Vermehrungsbedingungen bei 25 °C und einer relativen Luftfeuchtigkeit von 70–80 % liegen. Hausstaubmilben ernähren sich von menschlichen Hautschuppen, die zur Verjüngung der Haut abgestoßen werden (täglich etwa 1 g pro Person). Symbiose mit wärmeliebenden Schimmelpilzen, die Enzyme ausscheiden, welche für die Milbe giftige Fettanteile der Schuppen vorverdauen; Pilzsporen werden von Staubmilben verbreitet. In fast jedem Haushalt, besonders in Betten (optimale Temperatur- und Feuchtigkeitsverhältnisse). Kann Allergien auslösen, die Allergene finden sich konzentriert in den winzigen Kotkügelchen, die die Filter normaler Staubsauger passieren können.

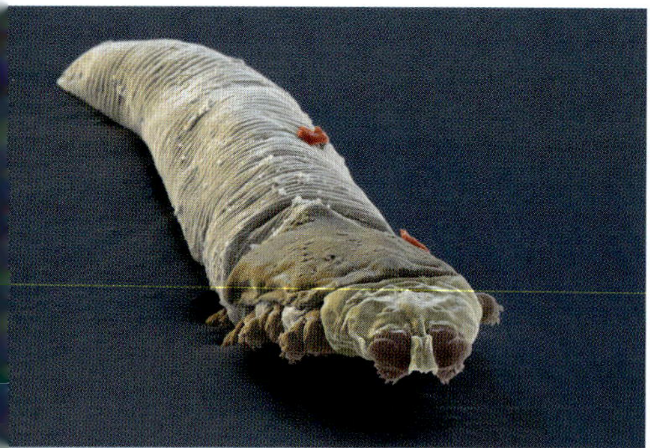

0,1–0,4 mm

Ganzjährig

Länglich, acht Stummelbeine im vorderen Körperteil, fast durchsichtig, mikroskopisch klein.

In den Haarfollikeln von Menschen.

Mitteleuropa: Praktisch an fast jedem Menschen.

Haarbalgmilbe

Demodex folliculorum

Haarbalgmilben entwickeln sich im Haarbalg (Haarfollikel), der länglichen Einstülpung der Oberhaut, an deren unterem Ende die Haarwurzel liegt, halten sich mit ihren kurzen, starken Beinen am Haarschaft fest und ernähren sich vornehmlich vom Talg, der von in die Haarfollikel mündenden Drüsen gebildet wird. Daneben werden auch andere fetthaltige Substanzen aufgenommen (Kosmetika). Lebenszyklus dauert gut zwei Wochen. Meist nachts verlassen ausgewachsene Haarbalgmilben den Balg und gelangen auf die Haut, wo sie sich paaren. Übertragung von Mensch zu Mensch, Befall meist schon im Kindesalter. Besonders an Stirn und Kinn, in Wimpern und Brauen, auch am Gesäß. Im Normalfall völlig harmlos.

Tausendfüßer

Tausendfüßer (Myriapoda) sind lang gestreckte, flügellose Gliedertiere, deren Rumpf nicht in Brust und Hinterleib unterteilt ist, sondern aus zahlreichen, mehr oder weniger gleichförmigen Körpersegmenten besteht. Trotz ihres Namens haben sie nie tausend Füße, sondern höchstens 750 (375 Beinpaare), meist aber deutlich weniger. Sie leben am oder im Boden. Bei einigen Arten ist beim Schlüpfen aus dem Ei bereits die volle Segmentzahl ausgebildet und die Segmente wachsen im Verlauf der Entwicklung und differenzieren sich aus, während bei anderen Arten beim Schlüpfen erst wenige Segmente und Beinpaare ausgebildet sind, deren Zahl im Verlauf der Entwicklung zunimmt.

Über unsere Tausendfüßer wissen wir bisher erst wenig, da es aus vielen Städten noch keine oder nur wenige Untersuchungen zu dieser Tiergruppe gibt, insbesondere zu den kleineren Wenigfüßern (Pauropoda). Für den mitteleuropäischen Raum sind über 200 Arten bekannt.

Man unterteilt die Myriapoden in vier Gruppen: Hundertfüßer (Chilopoda, gut 50 Arten in Mitteleuropa), Doppelfüßer (Diplopoda, etwa 130 Arten), Wenigfüßer (Pauropoda, etwa 20 Arten) und Zwergfüßer (Symphyla, etwa 15 Arten). Vorgestellt werden im Folgenden drei Arten der Hundertfüßer, vier der Doppelfüßer und ein Vertreter der Zwergfüßer.

Die **Hundertfüßer** besitzen an jedem Körpersegment nur ein Beinpaar und haben meist einen abgeflachten Körper. Sie ernähren sich räuberisch von Ringelwürmern, Insekten und anderen Kleintieren, die sie mit ihren kräftigen Giftklauen töten. Größere Arten können auch den Menschen schmerzhaft beißen.

Doppelfüßer dagegen tragen an jedem Körpersegment zwei Beinpaare. Zu ihnen zählen die klassischen Tausendfüßer mit ihrem lang gestreckten, im Querschnitt runden Körper. Sie ernähren sich überwiegend von abgestorbenem Pflanzenmaterial, seltener auch von lebenden Pflanzenteilen, und besitzen keine Giftklauen.

Wenigfüßer sind winzige, weniger als 1 mm große Tausendfüßer, die am Boden in der Streuschicht und unter Steinen oder Holz leben und sich von Pilzfäden oder winzigen Kleintieren ernähren.

Die **Zwergfüßer** schließlich sind ebenfalls kleine, bis maximal 10 mm lange Arten, die in der Streuschicht oder im Boden leben und sich vorwiegend von Algen und Bakterien ernähren. Wie die Wenigfüßer sind sie blind.

Trotz einer gewissen äußeren Ähnlichkeit sind diese vier Gruppen nicht näher miteinander verwandt. Die Hundertfüßer bilden eine sehr eigenständige Gruppe, während die drei anderen Gruppen den Insekten nahestehen.

An geeigneten Orten können Tausendfüßer eine Dichte von rund tausend Tieren pro Quadratmeter Boden erreichen. Viele Arten spielen als Verwerter von toter organischer Materie eine wichtige bodenbiologische Rolle und tragen wesentlich zur Humusbildung bei.

Spinnenläufer, Spinnenassel

Scutigera coleoptrata

Mit seinen langen Fühlern und Beinpaaren ein sehr auffälliger und leicht identifizierbarer Hundertfüßer. Einzigartig sind die am Kopf ausgebildeten Komplexaugen, die sich aus jeweils 100–200 Einzelaugen zusammensetzen. Der nachtaktive Räuber ist sehr agil und ernährt sich vorwiegend von Fliegen u. a. Insekten. Die Tiere erreichen bei der Jagd Geschwindigkeiten von bis zu 420 mm pro Sekunde und gehören somit zu den schnellsten Gliederfüßern. Im Mittelmeergebiet beheimatet, wo die Art oft in Gebäuden zu finden ist. Nördlich der Alpen hat sie sich (vermutl. verschleppt) an wärmeliebenden Standorten (wie Weinanbaugebieten) etablieren können. Die Art scheint sich in letzter Zeit zunehmend auszubreiten.

Körperlänge 18–26 mm.

Ganzjährig.

Körperquerschnitt rund. Färbung graugelblich, oft mit drei dunklen Längsbinden. 15 sehr lange Beinpaare; Fühler und hintere Beinpaare länger als Körper. Facettenaugen.

Warme und trockene Standorte (Weinanbaugebiete). Unter Steinen; in Häusern.

Mitteleuropa: Verstreut, nur an warmen Standorten. In der Schweiz schon zahlreihe Nachweise zwischen Zürich und Basel (Siedlungsraum, Bahnareale), Süddeutschland, Rhein- und Moseltal.

Gemeiner Steinläufer

Lithobius forficatus

Nachtaktiver Hundertfüßer, ernährt sich räuberisch von Insekten und Spinnen. Die Beute wird mit den Antennen ertastet und mit einem Giftbiss getötet. Große Tiere können auch den Menschen schmerzhaft beißen.
Lebenserwartung 5–6 Jahre; auch erwachsene Tiere häuten sich noch. Vor allem unter Steinen und unter der Rinde abgestorbener Bäume.
Verwechslung mit verwandten, meist kleineren Arten möglich.

Körperlänge 20–32 mm.

Erwachsene ganzjährig.

Dunkel rotbrauner, großer Steinläufer.

In sehr vielen Lebensräumen, oft auch in Gärten und Parks. Unter Holz und Steinen.

Mitteleuropa: Im Kulturland ein häufiger Hundertfüßer. Auch in Kellern.

Körperlänge 40–45 mm.

Erwachsene ganzjährig.

Lang gestreckter, schmaler Hundertfüßer, braunbeige.

In der Bodenstreu, unter Steinen und in Erdspalten verschiedener Lebensräume.

Mitteleuropa: Verbreitet; nicht selten. Bekannte Funde in Städten meist in Gebüschen von Parks.

Erdläufer

Geophilus electricus

Erdläufer zählen zu den Hundertfüßern, sind flinke, blinde Räuber und ernähren sich überwiegend von Regenwürmern, aber auch von Insekten, die sie mit den Antennen aufspüren und mit einem Giftbiss töten. Sie können Beutetiere überwältigen, die zwanzig Mal schwerer sind als sie selbst. Erdläufer werden mit 2–3 Jahren geschlechtsreif und haben eine Lebenserwartung von 5–6 Jahren. *Geophilus electricus* besitzt ausgewachsen 63–73 Beinpaare, ein Paar pro Körpersegment. Er kann mit zwei verwandten Arten verwechselt werden, die etwa gleich viele Beinpaare besitzen.
Bei Gefahr sondert er ein leuchtendes Wehrsekret ab und hinterlässt auf dem Boden eine leuchtende Spur.

Körperlänge 6–17 mm.

Erwachsene ganzjährig.

Färbung variabel, meist marmorierte, helle bis leuchtend rote Zeichnung auf dunklem Grund.

Am Boden von Laubwäldern und Waldrändern, auch in Gärten. Unter Laubstreu, Holzstücken und Steinen.

Mitteleuropa: Südlich; im Norden bis Hessen und Thüringen verbreitet. *G. marginata* auch weiter im Norden.

Gesprenkelter Saftkugler

Glomeris klugii

Saftkugler sind Doppelfüßer, ernähren sich von verrottenden Pflanzenteilen. Bei Gefahr rollen sie sich zu einer festen Kugel ein und sondern am Rücken ein sehr bitteres Wehrsekret ab, das sie für die meisten Räuber ungenießbar macht. Für die Entwicklung zum erwachsenen Tier brauchen sie 2–4 Jahre, ihre Lebenserwartung beträgt bis zu 12 Jahren.
Glomeris klugii kann nicht nur mit ähnlichen, verwandten Arten verwechselt werden, sondern auch mit den Rollasseln (*Armadillidium* sp.; s. S. 86), die zu den Krebstieren zählen und sich ebenfalls kugelförmig einrollen können. Während beim Saftkugler alle Segmente weitgehend gleichförmig sind, sind die hintersten Segmente der Rollassel deutlich verschmälert.

Großer Bandfüßer

Polydesmus complanatus

Dieser Tausendfüßer gehört zur Klasse der Doppelfüßer. Der aus 20 Segmenten zusammengesetzte Rumpf ist von sehr breiten Rückenschildern bedeckt, wodurch er im Aussehen an ein Gliederarmband erinnert. Interessant: Die Geschlechtsöffnung der Männchen befindet sich an den Hüften des zweiten Beinpaares. Vor der eigentlichen Paarung wird die Spermaflüssigkeit durch Einkrümmung des Körpers auf das als Penis fungierende siebte Beinpaar übertragen. *P. complanatus* ernährt sich vorwiegend von sich zersetzenden Pflanzen (fauliges Holz, Laubstreu) oder Algen. Frisst zur Erhaltung des Wasserhaushaltes auch junge Triebe bzw. Wurzeln. Viele *Polydesmus*-Arten haben urbane Habitate besiedelt.

Köperlänge 16–23 mm.

April–September

Körper bandförmig; braune Rückenschilde mit deutlich helleren Seitenflügeln. Jeder zweite oder dritte Seitenflügel heller (Unterschied zu *P. angustus*).

An moderndem Holz, alten Baumstümpfen und in der Bodenstreu der Laubwälder. Gärten, Gewächshäuser, Friedhöfe.

In Mitteleuropa im Osten (Berlin) und Südosten verbreitet.

Getüpfelter Tausendfuß

Blaniulus guttulatus

Die Art ist durch ihre leuchtend roten Seitenflecken leicht zu identifizieren. Wie bei allen Doppelfüßern sind die ursprünglichen Segmente paarweise verschmolzen und tragen daher zwei Beinpaare. Frisch geschlüpfte Jungtiere (Larven) besitzen zunächst nur wenige Körperringe (ca. sieben) und insgesamt drei Beinpaare. Die Tiere mögen hohe Luftfeuchtigkeiten und dunkle Standorte. Obwohl sie sich vorwiegend von verrottendem Pflanzenmaterial ernähren, treten sie insbesondere bei Trockenheit als Schädling an Kulturpflanzen auf. Zur Deckung des Feuchtigkeitsbedarfes wird dann auch junges Pflanzengewebe (Keimlinge, Wurzeln) aufgenommen. Die Art ist ein typischer Kulturfolger des Menschen. Mehrjährig.

Körperlänge 7–16 mm.

Frühjahr–Herbst

Körper drehrund, schlank; weißlich bis hellgrau, mit leuchtend roten Flecken; 33–54 Segmente.

Feuchte dunkle Standorte am Boden. Landwirtschaftliche Nutzflächen, Gärten.

Mitteleuropa: Verbreitet. Im Kulturland häufig. Als Pflanzenschädling an Kartoffeln, Rüben, Erdbeeren, Gurken, u. Ä., aber auch Spargel, Obst und Pilzen.

Körperlänge 5–15 mm.

Erwachsene ganzjährig, v. a. im Frühling aktiv.

Gräulich braun, schlank, mit 30–59 Segmenten.

In Gärten, Parkanlagen, Gewächshäusern; oft in Komposthaufen. Auch in Laubwäldern.

Mitteleuropa: Verbreitung fast ausschließlich im menschlichen Siedlungsraum. Dort häufig in Gewächshäusern.

Zweizähniger schwarzgetüpfelter Schnurfüßer

Choneiulus palmatus

Dieser Doppelfüßer lebt am Boden in der Streuschicht und unter Holz. *Choneiulus palmatus* ernährt sich von verrottenden Pflanzenteilen, morschem Holz, aber auch von lebenden Grünpflanzen. Bei Gefahr sondern die Tiere ein übel riechendes Wehrsekret ab. Sie sind mehrjährig. Verwechslungsmöglichkeit mit zwei verwandten Arten.

Körperlänge 5–8 mm.

Ganzjährig

Weiß oder blass gelblich, klein, adult mit 12 Beinpaaren.

In oberen Bodenschichten, im Kompost, unter Steinen.

Mitteleuropa: Allgemein verbreitet, häufig.

Garten-Zwergfüßer

Scutigerella immaculata

Zwergfüßer, 12 Rumpfringe und 12 Beinpaare. Gelegentlich sind mehr als ein Dutzend Rückenplatten zu zählen, da einzelne Segmente zwei dieser Strukturen ausbilden können. Frisch geschlüpfte Jungtiere besitzen nur sechs Beinpaare, bei jeder Häutung kommt ein zusätzliches Beinpaar hinzu, bis Maximalzahl erreicht wird. Kann vier Jahre alt werden. Ernährt sich von abgestorbenen Pflanzenteilen, Falllaub, Algenfäden, Pilzen, kann auch Setzlinge und Jungpflanzen befallen (Wurzelfraß) und in Glashäusern zum Schädling werden.

Insekten

Die Insekten (Insecta), auch Kerbtiere oder Kerfe genannt, bilden eine Klasse der Gliedertiere, zu denen auch Spinnentiere, Krebstiere und Tausendfüßer gezählt werden. Die Insekten stellen die artenreichste Tiergruppe überhaupt dar, alleine in Deutschland leben schätzungsweise etwa 33 500 Arten.
Die Namen «Insekten» (lateinisch für eingeschnitten) und «Kerbtiere» beziehen sich auf die meist deutlich voneinander abgesetzten Körperteile Kopf, Brustteil (Thorax) und Hinterleib (Abdomen).
Der Kopf trägt neben den je nach Ernährungsweise unterschiedlich ausgestalteten Mundwerkzeugen Sinnesorgane wie die Antennen (Fühler), die Träger des Geruchssinns, und die oft großen Facettenaugen, die ein unscharfes Bild liefern, jedoch eine ausgezeichnete zeitliche Auflösung erlauben. Daneben sind häufig Ocellen (Einzelaugen) vorhanden, die Helligkeitsunterschiede wahrnehmen.
Der Thorax ist mit Bewegungsorganen ausgestattet und besteht aus drei Segmenten, die mit je einem Beinpaar versehen sind. Auch die beiden Flügelpaare, über die viele Insekten verfügen, sind am Brustteil verankert.
Der Hinterleib trägt bei ausgewachsenen Insekten keine Gliedmaßen, teilweise jedoch Anhänge. Im Abdomen liegen innere Organe wie der Verdauungstrakt, die Geschlechtsorgane und ein schlauchförmiges Herz, welches die Körperflüssigkeit (Hämolymphe) durch den Körper pumpt. Durch seitliche Öffnungen in Brust und Hinterleib gelangt Atemluft in die verzweigten Tracheenschläuche, die das Gewebe mit Sauerstoff versorgen.
Ein Teil der Insekten macht eine vollständige Metamorphose (Verwandlung) durch mit den vier Stadien Ei, Larve, Puppe und Imago (Bezeichnung für das voll entwickelte ausgewachsene Tier; Mehrzahl Imagines). Bei anderen Gruppen fehlt das Puppenstadium, die Larven von Arten mit unvollständiger Metamorphose sehen nach dem Schlüpfen den adulten (ausgewachsenen) Formen oft schon recht ähnlich. Da die chitinhaltige äußerste Körperschicht mehr oder weniger starr ist, müssen während des Wachstums Häutungen vorgenommen werden.
Insekten spielen ihrer großen Vielfalt entsprechend eine äußerst wichtige Rolle in Ökosystemen und besiedeln alle möglichen Lebensräume im Wasser, zu Land und in der Luft. Ein großer Teil der in mitteleuropäischen Städten vorhandenen Insektenordnungen wird im Folgenden vorgestellt, meist nur durch einige typische, häufige oder spezielle Vertreter. Weitere auch in städtischen Lebensräumen nachgewiesene Insektenordnungen fehlen, so etwa Felsenspringer (Archaeognatha) oder Termiten (Isoptera), die als ursprünglich außereuropäische Ordnung in Europa durch die besonders in Hamburg seit Jahrzehnten beobachtete Gelbfußtermite *(Reticulitermes flavipes)* vertreten sind.

Das System der Insekten

Die Klasse der Insekten wird in zwei Unterklassen geteilt, die Sackkiefler (Entognatha), bei denen die Mundwerkzeuge in der Kopfkapsel verborgen sind, und die Freikiefler (Ectognatha), bei welchen die Mundwerkzeuge von außen sichtbar sind. Die überwiegende Zahl der Insektenarten wird innerhalb der Freikiefler den Fluginsekten (Pterygota) zugeordnet, darunter auch zahlreiche Arten, die Flügel und Flugfähigkeit sekundär wieder verloren haben wie Tierläuse und Flöhe. Die zu den Holometabola gezählten Ordnungen umfassen diejenigen Insekten, die eine vollständige Metamorphose durchlaufen. Der vorliegende Abschnitt gliedert die Auswahl der aufgeführten Insektenarten im großen Ganzen nach Ordnungen, die Ameisen jedoch werden als eigene Artengruppe vorgestellt, obwohl sie zur Ordnung der Hautflügler (Hymenoptera) zählen. In der folgenden Übersicht werden alle Ordnungen der Insekten angeführt, wobei die in der mitteleuropäischen Fauna nicht vertretenen in Klammern gesetzt sind.

Klasse *Insecta* – Insekten

Unterklasse	*Entognatha*, Sackkiefler	1. Ordnung *Diplura*, Doppelschwänze
		2. Ordnung *Collembola*, Springschwänze
		3. Ordnung *Protura*, Beintastler
Unterklasse	*Ectognatha*, Freikiefler	4. Ordnung *Archaeognatha*, Felsenspringer
		5. Ordnung *Zygentoma*, Fischchen
	Pterygota, Fluginsekten	6. Ordnung *Ephemeroptera*, Eintagsfliegen
		7. Ordnung *Odonata*, Libellen
		8. Ordnung *Plecoptera*, Steinfliegen
		(9. Ordnung *Notoptera*, Grillenschaben)
		(10. Ordnung *Mantophasmatodea*, Fersenläufer)
		(11. Ordnung *Embioptera*, Tarsenspinner)
		12. Ordnung *Dermaptera*, Ohrwürmer

	13. Ordnung *Mantodea*, Fangheuschrecken
	14. Ordnung *Blattoptera*, Schaben
	15. Ordnung *Isoptera*, Termiten
	16. Ordnung *Saltatoria (Orthoptera)*, Heuschrecken
	(17. Ordnung *Phasmatodea*, Gespenstheuschrecken)
	(18. Ordnung *Zoraptera*, Bodenläuse)
	19. Ordnung *Psocoptera*, Staubläuse
	20. Ordnung *Phthiraptera*, Tierläuse
	21. Ordnung *Thysanoptera*, Fransenflügler, Blasenfüße
	22. Ordnung *Sternorrhyncha*, Pflanzenläuse
	23. Ordnung *Auchenorrhyncha*, Zikaden
	24. Ordnung *Heteroptera*, Wanzen
	(25. Ordnung *Coleorhyncha*)
Holometabola	26. Ordnung *Raphidioptera*, Kamelhalsfliegen
	27. Ordnung *Megaloptera*, Schlammfliegen
	28. Ordnung *Neuroptera*, Netzflügler
	29. Ordnung *Coleoptera*, Käfer
	30. Ordnung *Hymenoptera*, Hautflügler
	31. Ordnung *Trichoptera*, Köcherfliegen
	32. Ordnung *Lepidoptera*, Schmetterlinge
	33. Ordnung *Mecoptera*, Schnabelfliegen
	34. Ordnung *Siphonaptera*, Flöhe
	35. Ordnung *Strepsiptera*, Fächerflügler
	36. Ordnung *Diptera*, Zweiflügler

Anmerkung: Obwohl das System der Insekten in den letzten Jahrzehnten einige Revisionen erfahren hat, bestehen nach wie vor zahlreiche Unklarheiten bezüglich Gliederung und Verwandtschaftverhältnisse der verschiedenen Insektengruppen. Es ist nicht möglich, im Rahmen dieses Überblicks auf die «höheren» Kategorien der Insektensystematik sowie auf Zweifelsfälle einzugehen, z. B. die möglicherweise mehrfach entstandene Entognathie (Entwicklung einer «Mundtasche», bei der die Mundwerkzeuge in der Kopfkapsel verborgen sind). Die Entognatha und einige Ordnungen wie Zygentoma (Fischchen), Psocoptera (Staubläuse), Auchenorrhyncha (Zikaden), Mecoptera (Schnabelfliegen) umfassen vermutlich nicht alle Gruppen, die sich entwicklungsgeschichtlich auf einen gemeinsamen Vorfahren zurückführen lassen (Paraphylie). Unklar ist weiter etwa die Stellung u. a. der Plecoptera (Steinfliegen) und der Strepsiptera (Fächerflügler), ebenso die Einbeziehung der Isoptera (Termiten) in die Blattoptera (Schaben).

Doppelschwänze

Die stechend bis stechend-schabend arbeitenden Mundwerkzeuge der Doppelschwänze (Diplura) sind in einer Tasche ins Kopfinnere versenkt. Daher werden sie gemeinsam mit den Beintastlern (Protura) und den Springschwänzen (Collembola) als Sackkiefler (Entognatha) behandelt. Namensgebend sind jedoch die auffälligen Anhänge am letzten Körpersegment. Diese sind je nach Lebensweise als lange, feingliedrige Tastorgane (Cerci) oder kurze, zangenartige Greiforgane (Forceps) ausgeprägt. Cerci findet man bei den Campodeidae-Arten, die sich von Pilzhyphen oder organischen Abfällen ernähren. Die Japygidae hingegen sind Jäger und fangen mit den Forcipes vorwiegend Springschwänze. Die Tiere haben keine Augen und sind primär flügellos. Zur Orientierung nutzen sie daher sehr lange, feingliedrige Fühler bzw. ihre Cerci. Der Körper besteht aus drei Brustsegmenten mit jeweils einem Beinpaar und 10 gleichartigen Hinterleibssegmenten.

Als Bodenbewohner bevorzugen die im Durchschnitt 2–5 mm langen farblos weißlichen Tiere feucht-dunkle Standorte (im Boden, in Höhlen, unter Laub, Steinen oder Rinde). Zur Paarung legt das Männchen ein gestieltes Spermapaket ab, das vom Weibchen aufgesammelt wird. Die Eiablage erfolgt in Ballen in kleinen Erdkammern, einige räuberische Arten betreiben sogar Brutpflege. Von den weltweit 850 bekannten Arten sind 19 Arten heimisch. Im Gebiet ist die Ordnung mit nur zwei Familien vertreten Campodeidae und Japygidae (nur im Süden). Einige Campodeidae gelten als Kulturfolger in stark vom Menschen beeinflussten Böden.

Campodea sp.

Meist 2–5 mm lang.

Artbestimmung nur mit Mikroskop. Körper weiß, gelblich. Hinterleib mit 10 gleichförmigen Segmenten. Primär flügellos. Feingliedrige Fühler und lange nach hinten gerichtete Cerci.

Wälder, unter Steinen, Laub, Moos und Ameisennestern.

Mitteleuropa: Überall häufig. In allen Stadthabitaten, aber auch in Blumentöpfen und Gewächshäusern. Kulturfolger. *C. rhopalota* kann sogar den Bodenanflug auf Beton besiedeln und gilt wie weitere Vertreter der Campodeidae als Kulturfolger.

Springschwänze

0,25–10 mm, viele Arten sind kleiner als 2 mm.

Ganzjährig

Flügellos, meist winzig, Färbung unterschiedlich, oft sprungfähig (Sprunggabel).

Am und im Boden, auch auf begrünten Dächern und gelegentlich in Blumentöpfen.

Mitteleuropa: Im gesamten Gebiet.

Springschwänze (Collembola) können hell oder dunkel gefärbt sein und werden wegen ihrer geringen Größe oft übersehen. Sie besitzen keine Flügel, haben aber meist eine Sprunggabel am Unterleib, mit der sie sich von einer Oberfläche ungezielt über beachtliche Distanzen wegkatapultieren können. Daneben bewegen sie sich auf den Beinchen laufend fort.

Springschwänze gelten als die häufigsten Insekten überhaupt. Auf 1 m^2 humusreichen Bodens können bis in eine Tiefe von 30 cm 400 000 Individuen leben. Nach den Milben bilden die Collembolen damit die individuenreichste Gruppe unter den Bodentieren. Die meisten Arten ernähren sich von zerfallenden pflanzlichen Stoffen und spielen eine sehr wichtige Rolle beim Abbau organischer Stoffe. Nicht nur im Falllaub und im meist etwas feuchten Boden sind Springschwänze zu finden: Auch auf der Oberfläche stehender Gewässer leben Collembolen, und selbst im Schnee lassen sich im Winter gelegentlich große Ansammlungen von Schneeflöhen *(Ceratophysella sigillata)* beobachten – nicht zu verwechseln mit dem ebenfalls als Schneefloh bezeichneten Winterhaft *(Boreus westwoodi)* aus der Ordnung der Schnabelfliegen (s. S. 276).

Fossilfunde lassen vermuten, dass die Springschwänze zu den ältesten landlebenden Tieren zählen. Die 7900 weltweit bekannten Arten durchlaufen keine Metamorphose.

Fischchen

Silberfischchen, Zuckergast

Lepisma saccharina

Das Silberfischchen ist weltweit verbreitet, die Hauptverbreitung ist tropisch bis subtropisch. Die nach ihrer grauen Beschuppung benannten Silberfischchen gehören zur Insektenordnung der Fischchen (Zygentoma). Silberfischchen sind dämmerungs- und nachtaktiv.
Im Freiland werden die Eier im Mai gelegt, im Juni schlüpfen die Jungen. Da keine Metamorphose stattfindet, schlüpft aus dem Ei ein winziges Silberfischchen, das mit jeder Häutung ein bisschen wächst. Ausgewachsene Tiere häuten sich weiterhin und können mehrere Jahre alt werden.
Im Haus fühlen sie sich in feuchter Umgebung wohl (relative Luftfeuchtigkeit über 75 %), z. B. in Badezimmern oder in feuchten Ritzen und Spalten, und können sich da gut vermehren. In geringer Dichte sind sie weitgehend harmlos, in großer Zahl können sie lästig werden und erhebliche Fraßschäden anrichten, weil sie zucker- und stärkehaltige Materialien wie Papier, gestärkte Textilien, Tapetenleim usw. abraspeln. Sie können aber auch von Hautschuppen und toten Insekten leben.
Ähnliche Arten: Papierfischchen *(Ctenolepisma longicaudatum)*, das in Holland ein gefürchteter Schädling in Bibliotheken ist und sich in den letzten Jahren auszubreiten scheint (z. B. in Hamburg und Zürich); Ofenfischchen *(Lepismodes inquilinus)* stellenweise in Bäckereien und ähnlichen Betrieben.

Ausgewachsene Tiere ohne Schwanzanhänge 7–10 mm.

In Gebäuden ganzjährig, im Freiland inaktive Phase unter 4 °C.

Stromlinienförmig, vorn breit und nach hinten hin schmaler werdend, flügellos, ganzer Körper von feinen, silbergrauen Schüppchen bedeckt, drei lange Anhänge am Hinterende.

Lebensraum hauptsächlich in warmer Bodennähe, auch in Ameisen-, Vogel- und Wespennestern. Häufig an Häusern (Holzstapel etc.), dringen oft in Häuser ein, können sich in Wohnungen mit feuchten Rückzugsmöglichkeiten (Ritzen und Spalten, Hohlräumen) vermehren.

Ganz Mitteleuropa.

Eintagsfliegen

Die geflügelten Stadien der Eintagsfliegen (Ephemeroptera) leben höchstens ein paar Tage. Die Mundwerkzeuge sind verkümmert, ihr Darm ist mit Luft gefüllt. Sie haben vier durchsichtige Flügel, die sie in Ruhestellung senkrecht nach oben halten. Der Larvenkörper gliedert sich in Kopf, drei Brustsegmente und einen zehngliedrigen Hinterleib. Am Kopf befinden sich zwei fadenförmige Fühler, zwei Komplexaugen und drei Einzelaugen (Ocellen). Die Füße haben im Unterschied zu den Steinfliegen eine einzige Kralle. Am Hinterleib befinden sich blatt- oder fadenförmige Kiemen und in der Regel drei Schwanzfäden.

Die Larven entwickeln sich in fließenden oder stehenden Gewässern. Sie ernähren sich von Algen und abgestorbenen Pflanzenresten. Einige Arten können sehr gut schwimmen, andere klettern in der Unterwasservegetation herum oder leben eingegraben im Gewässerboden. Für viele ist eine hydrodynamische Körperform charakteristisch, die es ihnen erlaubt, sich in Zonen starker Strömung aufzuhalten. Im Verlauf der meist einjährigen Entwicklung entsteht unter der Larvenhaut allmählich das geflügelte Tier, erkennbar an den immer größer werdenden «dreieckigen Taschen», Flügelscheiden genannt. Im letzten Larvenstadium (Nymphe) schimmern die aufgefalteten Flügel grauschwarz durch die nun durchsichtige Haut. Die Verwandlung zum geschlechtsreifen, geflügelten Insekt geschieht – einzigartig unter den Insekten – in zwei Etappen: Die Nymphe schwimmt an die Wasseroberfläche. Dort platzt die Haut an einer Naht an Kopf und Brust. In Sekundenschnelle zwängt sich die Subimago aus der Larvenhaut und fliegt an Land, wo sie sich nach wenigen Minuten oder Tagen ein zweites Mal häutet, dem nun erst geschlechtsreifen Tier (Imago). Die Subimago unterscheidet sich von der Imago durch ihre undurchsichtigen Flügel, deren Ränder von Haaren gesäumt sind.

Die Männchen tanzen in großen Schwärmen, die in erster Linie dem Anlocken der Weibchen dienen. Dazu steigen sie senkrecht nach oben und lassen sich danach mit ausgebreiteten Schwanzanhängen und Flügeln wieder sinken. Einst verdunkelten solche Schwärme durch die schiere Menge fast den Himmel. Die Männchen haben große Komplexaugen und finden die Weibchen optisch. Diese fliegen in den Schwarm und werden sofort von einem Männchen gepackt, worauf die Paarung noch in der Luft stattfindet. Zur Eiablage fliegen die Weibchen ein Stück flussaufwärts, um dadurch die Strecke auszugleichen, welche die Eier durch Abdrift bis zum Absinken auf den Gewässergrund stromabwärts zurücklegen. Larven sind Nahrung für räuberische Steinfliegenlarven und Fische; Imagines werden von Fischen, Spinnen, Fledermäusen und Vögeln gefressen.

Fliegenhaft

Cloeon dipterum

Cloeon dipterum ist eine kleine, anspruchslose Art, deren Larven in Teichen, Weihern, Seen oder auch Tümpeln leben, besonders wenn diese verkrautet sind. Sie ist weit verbreitet, auf der gesamten Nordhalbkugel. Die Larven können sogar in zugefrorenen Tümpeln mehrere Monate ohne Sauerstoff überdauern. Sie sind ausgezeichnete Schwimmer und ernähren sich von abgestorbenen Pflanzenteilen. Während die Männchen kurz nach der Begattung sterben, leben die Weibchen ungewöhnlich lange, weil sich die Larven in den Eiern im Körper der Mutter entwickeln. Nach etwa zwei Wochen fliegt das Muttertier zu einem Gewässer, wo es die Eier mit ca. 600 bis 700 schlüpfbereiten Junglarven auf die Wasseroberfläche abgibt und danach stirbt.

Kopf-Rumpflänge: 8–12 mm; Flügelspannweite (Vorderflügel): 7–11 mm.

Larve: ganzjährig. Imago: Mai und Juli bis September.

Imago: Durchsichtige Flügel mit einem schmalen gemusterten Band an der Oberkante, zwei lange, geringelte Schwanzanhänge; Körper hell, braun gemustert. Männchen mit auffallend großen «Turbanaugen».

Die Larven entwickeln sich in stehenden Gewässern aller Art.

Die recht anspruchslosen Larven dringen in Städten auch in Parkanlagen vor, wo sie Weiher, Gräben und Seen besiedeln. Es ist die häufigste Eintagsfliege in stehenden Gewässern. Die Weibchen verbergen sich für etwa zwei Wochen in der Ufervegetation bis zur Schlupfreife der Larven.

Uferaas, Weißwurm, Kornmotte, Augustfliege

Ephoron virgo

Die Larven graben mit ihrem geweihförmigen Oberkiefer U-förmige Wohnröhren. Mit den Kiemen erzeugen sie einen Wasserstrom, der von den spezialisierten Mundwerkzeugen und Vorderbeinen filtriert wird. Die adulten Tiere schwärmen in Massen an warmen Abenden im Sommer. Manchmal behindern die Schwärme ähnlich Schneegestöber sogar den Verkehr auf den Brücken! Zuerst schlüpfen die Männchen, später die Weibchen, die kurz danach noch im Stadium der Subimago begattet werden. Zur Eiablage fliegen sie flussaufwärts. Sie leben nur wenige Stunden. Die Weibchen werden oft vom Licht der Straßenbeleuchtung angelockt; ihre toten Leiber liegen mancherorts knöcheltief am Ufer und wurden früher als Tierfutter oder als Dünger verwendet.

Kopf-Rumpflänge: 11–15 mm; Flügelspannweite (Vorderflügel): 11–14 mm.

Larve: April–August. Imago: August.

Larve: weiß-gelb; lange, gegabelte Kiemen am Hinterleib. Am Kopf säbelförmig nach innen gekrümmte Oberkieferfortsätze. Imago: Weißliche Flügel, Körper braun-weiß, Hinterleib mit langen Schwanzfäden.

Die Larven entwickeln sich in großen Flüssen der Ebene. Lange verschollen, seit Anfang der 80er-Jahre wieder in die großen Flüsse zurückgekehrt (Verbesserung der Wasserqualität seit Ausbau von Kläranlagen). Derzeit am Mittel- und Niederrhein und an größeren Zuflüssen (z. B. Main). Massenflüge jedoch bloß im Donaueinzugsgebiet, z. B. in der Naab.

Libellen

Libellen (Odonata) faszinieren durch ihre riesigen Facettenaugen, ihren lang gestreckten, oft bunt gefärbten Hinterleib und ihre manchmal tollkühnen Flugkünste. Die beiden großen Flügelpaare entspringen dem muskulösen Brustteil, die sechs Beine sind auffallend kurz und bedornt. Sie eignen sich kaum zum Laufen, vielmehr wird mit ihnen Beute aus der Luft gegriffen oder der Paarungspartner festgehalten. Die Larven besitzen eine mit langen, spitzen Haken bewehrte, ausklappbare Fangmaske. Innerhalb der Ordnung Libellen werden zwei Gruppen unterschieden. Kleinlibellen sind zierlich und legen in Ruhestellung ihre gleich geformten Flügel schräg nach oben zusammen, während die Großlibellen kräftiger sind und ihre Flügel – die beiden Flügelpaare sind ungleich geformt – weit ausladend ausbreiten.

Libellen durchlaufen eine unvollständige Metamorphose: Die Entwicklung erfolgt vom Ei über mehrere Larvenstadien direkt – ohne Puppenstadium – zur geflügelten Imago, dem geschlechtsreifen Alttier. Nach dem Schlupf bleibt die Exuvie (Larvenhaut) als leere Hülle am Schlupfort zurück.

Weltweit sind gegen 6000 Libellenarten bekannt. In Stadtgebieten Mitteleuropas sind gut und gern 30–40 Arten zu erwarten.

Libellen sind für ihre Entwicklung ans Wasser gebunden. Sie besiedeln nahezu alle Gewässertypen. Grundsätzlich benötigen sie eine gute Wasserqualität, in manchen Fällen auch naturnahe, flache Gewässerufer mit spezifischem Pflanzenbewuchs und ein bestimmtes Bodensubstrat. In Fließgewässern ist eine heterogene Sohlenstruktur mit entsprechend unterschiedlichen Strömungen für viele Arten von Bedeutung. Durch die Veränderung der Larvenlebensräume – Verbauung von Quellgewässern, Bächen, Flüssen und Seeufern, Zerstörung von Hoch- und Flachmooren – sind viele Libellenarten regional ausgestorben oder selten geworden und in ihrer Existenz gefährdet.

Libellen sind keine Nahrungsspezialisten. Als Larven fressen sie kleine Wasserlebewesen wie Ringelwürmer, Schnecken, Wasserflöhe, Flohkrebse und Insektenlarven. Die Imagines sind geschickte Jäger und fangen im Flug Mücken und Fliegen, manchmal auch größere Beutetiere. Diese finden sie an besonnten, struktur- und damit insektenreichen Stellen wie Waldrändern, auf Lichtungen, Magerwiesen oder in naturnahen Gärten.

Viele Libellenarten kommen schlecht mit Fischbesatz zurecht, da ihre Larven von den Fischen gefressen werden. In vielen Weihern in der Stadt werden leider Goldfische oder auch einheimische Seefische eingesetzt, was zum Verschwinden gewisser Libellenarten führt.

Gebänderte Prachtlibelle

Calopteryx splendens

Die Gebänderte Prachtlibelle ist an größeren, langsam strömenden, krautreichen Fließgewässern mit von Hochstauden gesäumten, gehölzarmen und besonnten Ufern zu finden. Die Männchen besetzen am Ufer oder bei Wasserpflanzen wenige Quadratmeter große Reviere, wo sie mit Schau- und Balzflügen Rivalen zu vertreiben und Weibchen anzulocken versuchen. Paarung in der Ufervegetation. Die Eier werden mit der Legescheide in dicht unter der Wasseroberfläche liegende Triebe und Wurzeln von Wasserpflanzen und feinen Baumwurzeln eingestochen. Der Ort der Eiablage wird von einer Sitzwarte aus (Ufervegetation) vom Männchen, das sein Revier verteidigt, bewacht. Die Larvenentwicklung dauert 1–2 Jahre. Seltener als die Blauflügel-Prachtslibelle *(C. virgo)*, bei der fast die ganzen Flügel der Männchen blaugrün sind.

Kleinlibelle, 45–48 mm.

Mitte Mai–Ende August. Überwinterung als Larve.

Männchen metallisch blaugrün, Weibchen metallisch grünlich. Beim Männchen ist nur der Mittelteil der Flügel metallisch blaugrün gefärbt. Typisch ist der schmetterlingshafte Flug.

Wenig bis nicht bestockte und eher breite, eher langsam strömende Bäche sowie Flüsse und Gräben.

Ganz Mitteleuropa, dringt entlang naturnaher Fließgewässer bis in die Stadtzentren vor.

Gemeine Winterlibelle

Sympecma fusca

Die Winterlibelle legt ihre Eier in der Regel an horizontal liegende, oft frei schwimmende, abgestorbene Halme und Blätter ab, manchmal auch an grüne Pflanzenteile. Die Larvenentwicklung dauert etwa 2 Monate.

Dank der Überwinterung als Imago kommen für die Larven auch wintertrockene Tümpel als Lebensraum in Frage. Überwinternde Libellen findet man an Waldrändern sowie auf Ödland, in Lichtungen, Kiesgruben und Familiengärten an trocken Gräsern und Kräutern; sie sind oft mit Tautröpfchen benetzt.

Kleinlibelle, 34–39 mm.

Imagines ganzjährig, am häufigsten April–Mai und August–September. Überwintert als Imago.

Unscheinbar hellbraun mit dunkler, kupferfarbener Zeichnung.

Flache, gut besonnte Ufer kleiner Seen, Altarme, Weiher und Teiche. Mit Schilf oder Seggen locker bewachsene Ufer.

Ganz Mitteleuropa, an entsprechenden Gewässern mit naturnaher Umgebung auch mitten im Siedlungsraum.

Weidenjungfer, Gemeine Weidenjungfer

Chalcolestes viridis

Kleinlibelle, 34–39 mm.

Juli–Oktober. Überwinterung als Ei.

Metallisch grün bis kupferfarben.

Mit Weiden oder Erlen bestandene Weiher, Teiche und langsam fließende Bäche mit randständigen Weichhölzern, deren Äste über das Wasser ragen.

Ganz Mitteleuropa, an entsprechenden Gewässern mit naturnaher Umgebung auch am Siedlungsrand.

Die Gemeine Weidenjungfer legt die Eier unter die Rinde von Weiden- und Erlenästen ab, wo sie überwintern. Die im Frühling schlüpfenden Larven lassen sich von den Ästen ins Wasser fallen. Die Larvenentwicklung dauert etwa drei Monate.

Zum Schutz der Weidenjungfer sollen Weiher, Teiche und langsam fließende Bäche mit Weiden und Erlen an den Ufern erhalten bleiben und Pflege und Schnitt der Ufergehölze immer abschnittweise erfolgen, da die Eier in den Zweigen überwintern.

Im Siedlungsraum auch weitere Arten der gleichen Gattung, so die Gemeine Binsenjungfer *(Lestes sponsa)*, die im Norden bis zum Polarkreis vordringt, im südlichen und westlichen Europa dagegen seltener ist und auch zeitweise austrocknende Gewässer besiedelt.

Blaue Federlibelle

Platycnemis pennipes

Kleinlibelle, 35–37 mm.

Mai–September. Überwinterung als Larve.

Männchen hellblau, Weibchen weißlich, mit grünem oder cremefarbenem Stich.

Charakterart der Flussauen. Besonnte Teiche, Altarme, Gräben und langsam fließende Bäche und Flüsse mit üppiger Krautvegetation.

Ganz Mitteleuropa, dringt entlang naturnaher Fließgewässer auch ins Siedlungsgebiet vor.

Der Name der Federlibelle leitet sich von den federartig verbreiterten Schienen des mittleren und hinteren Beinpaares ab. Die Blaue Federlibelle fliegt schlecht und sitzt häufig auf Blättern. Die Eier werden an Unterwasservegetation oder an im Wasser stehende Krautpflanzen abgelegt, dicht unter der Wasseroberfläche. Eiablage erfolgt oft in Gruppen, die Weibchen werden dabei wie bei vielen andern Libellenarten hinter dem Kopf von den Hinterleibszangen der Männchen in «Tandemstellung» festgehalten. Die Larven leben im Bodenschlamm, zwischen Falllaub und Wasserpflanzen und benötigen zu ihrer Entwicklung 1–2 Jahre.

Frühe Adonislibelle

Pyrrhosoma nymphula

Die Frühe Adonislibelle gehört zusammen mit der Hufeisen-Azurjungfer zu den häufigsten Kleinlibellen und ist in nahezu jedem naturnahen Gebiet mit entsprechenden Gewässern zu finden. Es werden auch Waldweiher und Stehgewässer in Familiengärten und auf Friedhöfen besiedelt. Eiablage an Unterwasservegetation oder dicht unter der Wasseroberfläche an im Wasser stehende Krautpflanzen. Die Entwicklung ihrer wie bei allen Kleinlibellen zierlichen Larven dauert 1–2 Jahre. Larven wie bei allen Kleinlibellen schlank und mit drei blattförmigen Schwanzanhängen (Tracheenkiemen).

Kleinlibelle, 33–36 mm.

April–Anfang Juli. Überwinterung als Larve.

Leuchtend rot, schwarze Zeichnung auf der Oberseite des Hinterleibs. Beine schwarz.

Generalist. Besonnte Weiher, Altarme, Gräben und langsam fließende Bäche und Flüsse mit üppiger Krautvegetation.

Auch an Waldweihern sowie im Siedlungsgebiet an Stehgewässern in Familiengärten, Friedhöfen und Gärten.

Ganz Mitteleuropa, an entsprechenden Gewässern mit naturnaher Umgebung auch mitten im Siedlungsraum, wo sie zusammen mit der Hufeisen-Azurjungfer die häufigste Kleinlibelle ist.

Hufeisen-Azurjungfer

Coenagrion puella

Die Hufeisen-Azurjungfer zählt zusammen mit der Frühen Adonislibelle vielerorts zu den häufigsten Kleinlibellen und besiedelt verschiedene stehende, meist nährstoffreichere und üppig mit Krautvegetation bewachsene Kleingewässer, die zumindest teilweise besonnt sind. Sie tritt an jedem naturnahen Stehgewässer auf, das nicht vollständig beschattet ist, ebenso an Teichen und Gewässern in Gärten, Familiengärten, Parkanlagen und auf Friedhöfen.
Eiablage an Unterwasservegetation oder dicht unter der Wasseroberfläche an im Wasser stehende Krautpflanzen. Larvenentwicklung: 1–2 Jahre.

Kleinlibelle, 33–35 mm.

Mai–August. Überwinterung als Larve.

Männchen hellblau, schwarze Zeichnung auf der Oberseite des Hinterleibs. Hufeisenförmige Zeichnung auf dem zweiten Hinterleibssegment des Männchens. Weibchen meist grünlich, mit durchgehender schwarzer Zeichnung auf der Körperoberseite.

Nährstoffreiche Kleingewässer.

Ganz Mitteleuropa, an entsprechenden Gewässern mit naturnaher Umgebung auch mitten im Siedlungsraum.

Kleines Granatauge

Erythromma viridulum

Das Kleine Granatauge gilt als Art mit mediterranem Verbreitungsschwerpunkt, ist in den letzten Jahren jedoch in Ausbreitung nach Norden begriffen. Es besiedelt Altarme, Teiche, Weiher und Kleinseen mit ausgedehnter Tauchblattvegetation, seltener auch Gräben und langsam strömende Fließgewässer.

Das Kleine Granatauge hält sich selten in Ufernähe auf und legt seine Eier in untergetauchte sowie über das Wasser ragende, meist feingliedrige Pflanzenteile ab. Die Larvenentwicklung dauert ein Jahr.

Kleinlibelle, 26–32 mm.

Juni–Oktober. Überwinterung als Larve.

Azurblau; ausgedehnte schwarze Zeichnung auf Oberseite des Hinterleibs. Augen beim Männchen leuchtend granatrot, beim Weibchen grün. Letztes Hinterleibssegment des Männchens mit ×-förmiger Zeichnung.

Meist in pflanzenreichen Stillgewässern.

In wärmeren Regionen Mitteleuropas, in Norddeutschland kaum vorhanden.

Becher-Azurjungfer

Enallagma cyathigerum

Die Becher-Azurjungfer lebt in Weihern, Teichen, Seen und Flüssen und steigt in den Alpen bis in Höhen von 1800 m. Eiablage an vom Gewässergrund aufstrebende Pflanzenstängel. Die Larvenentwicklung dauert in der Regel ein Jahr, in kühlen Gewässern bis zu vier Jahren. In klimatisch günstigen Jahren werden zwei Generationen hervorgebracht.

Kleinlibelle, 29–36 mm.

Mitte Mai–Oktober. Überwinterung als Larve.

Azurblau, schwarze Zeichnung auf der Oberseite des Hinterleibs. Becherförmige Zeichnung auf dem zweiten Hinterleibssegment (hinter Flügelansatz) des Männchens. Die Unterscheidung der sehr ähnlichen Azurjungfer-Arten erfolgt nach den namensgebenden Zeichnungen auf dem zweiten Hinterleibssegment der Männchen.

Besiedelt verschiedene stehende oder langsam fließende Gewässer mit offener Wasserfläche.

Ganz Mitteleuropa, an entsprechenden Gewässern mit naturnaher Umgebung auch mitten im Siedlungsraum.

Große Pechlibelle

Ischnura elegans

Die Große Pechlibelle besiedelt zumindest teilweise besonnte Weiher, Teiche, Torfstiche, Kiesgrubengewässer, Seen, Flüsse und Gräben. Auch in Gartenweihern und künstlichen Wasserbecken. Sie stellt keine hohen Ansprüche an ihr Entwicklungsgebiet, ihre Larven sind gegenüber Gewässerverschmutzung wenig empfindlich.

Die Eier werden an im Wasser treibende tote Pflanzenteile oder auch an senkrechte Sprosse von Wasserpflanzen abgelegt, die Larvenentwicklung dauert 1–2 Jahre.

Kleinlibelle, 30–34 mm.

Mai–Mitte Oktober. Überwinterung als Larve.

Hinterleib oberseits schwarz, achtes Hinterleibssegment (fast am Körperende) jedoch vollkommen blau.

Besiedelt verschiedene stehende und langsam fließende Gewässer, die zumindest teilweise besonnt sind.

Ganz Mitteleuropa, an geeigneten Gewässern mit naturnaher Umgebung auch mitten in der Stadt.

Kleine Zangenlibelle

Onychogomphus forcipatus

Die Kleine Zangenlibelle entwickelt sich in naturnahen, rasch fließenden, kiesig-sandigen Flüssen, größeren Bächen, seltener auch an Seeufern.

Die klebrigen Eier werden von den Weibchen paketweise dicht über der Wasseroberfläche abgeworfen, verdriften im Wasser einige Meter und bleiben am Bodensubstrat kleben. Die Entwicklungszeit der Larve beträgt gewöhnlich drei Jahre, selten auch 4–5 Jahre. Die Larven der Großlibellen sind breiter gebaut als Kleinlibellenlarven, blattförmige Schwanzanhänge fehlen.

Großlibelle, 46–50 mm.

Juni–August. Überwinterung als Larve.

Männchen graugrün, Weibchen gelb, mit ausgedehnter schwarzer Zeichnung. Männchen mit dunkel gefärbter, auffälliger Hinterleibszange.

Bewaldete oder bestockte, naturnahe Fließgewässer mit heterogener Sohlenstruktur und flachen, besonnten Kiesufern und -bänken.

Ganz Mitteleuropa, im nördlichen Teil des Gebiets jedoch selten, dringt entlang naturnaher Fließgewässer auch bis in die Stadtzentren vor.

Großlibelle, 67–76 mm.

Juli–Anfang Oktober. Überwinterung als Larve.

Weibchen grün, Männchen grün und blau, mit ausgedehnter schwarzer Zeichnung.

Besiedelt meist kleinere, stehende oder langsam fließende, besonnte bis stark beschattete Gewässer verschiedener Art. Häufig auch im Siedlungsgebiet an Garten- und Parkweihern.

Ganz Mitteleuropa, an entsprechenden Gewässern mit naturnaher Umgebung auch mitten im Siedlungsraum.

Blaugrüne Mosaikjungfer

Aeshna cyanea

Anspruchsloseste und anpassungsfähigste Großlibelle, zählt wie die anderen Mosaikjungfern und die Königslibelle zur Familie der Edellibellen. Vielerorts häufig, dringt überall dort ins Siedlungsgebiet vor, wo geeignete Gewässer vorhanden sind. Wird gelegentlich von Katzen erbeutet und nach Hause gebracht.
Die Eier werden vom Weibchen meist einige Zentimeter oberhalb des Wasserspiegels in Moos oder feuchte Erde abgelegt. Die Entwicklung der Larve dauert gewöhnlich zwei Jahre, oft auch nur ein Jahr. Die Blaugrüne Mosaikjungfer profitiert von der Anlage kleinerer stehender Gewässer aller Art.

Großlibelle, 70–77 mm.

Juni–Oktober. Überwinterung als Larve.

Rotbraun, mit gelber Zeichnung beim Weibchen, mit gelber und blauer Zeichnung beim Männchen. Bräunlich getönte Flügel.

Stehende, seltener auch langsam fließende Gewässer, die zumindest teilweise besonnt sind: größere Weiher und Teiche, Altarme, Kleinseen, breite Gräben.

Ganz Mitteleuropa, fehlt im Süden. An entsprechenden Gewässern mit naturnaher Umgebung auch mitten im Siedlungsraum.

Braune Mosaikjungfer

Aeshna grandis

Die Braune Mosaikjungfer ist im städtischen Raum an größeren, gehölzreichen, eher älteren Teichen, Weihern und Kleinseen zu finden und lässt sich beim Jagen an Waldrändern und in Waldlichtungen beobachten.
Die Eier der Braunen Mosaikjungfer werden in lebende oder tote, angefaulte Pflanzenteile abgelegt. Die Entwicklungszeit der Larve beträgt in der Regel 2–3 Jahre.

Große Königslibelle

Anax imperator

Die Große Königslibelle bevorzugt spärlich bewachsene Gewässer, kann sich aber auch in stärker bewachsenen Weihern entwickeln. Auch im Siedlungsgebiet in größeren Garten- und Parkweihern, fliegt oft an denselben Gewässern wie die Blaugrüne Mosaikjungfer.

Die Eier werden vom Weibchen in lebende oder tote, angefaulte Pflanzenteile abgelegt, die Entwicklungszeit der Larve beträgt 1–2 Jahre. Wie bei allen Großlibellen sind – anders als bei den Kleinlibellen – die beiden Flügelpaare der Königslibelle verschieden geformt und können nicht über dem Rücken zusammengeklappt werden.

Großlibelle, 66–84 mm.

Mai–September. Überwinterung als Larve.

Brust einfarbig grün. Hinterleib beim Weibchen blaugrün mit braunem Längsstreifen, beim Männchen hellblau mit schwarzem Längsstreifen.

Besiedelt stehende, gut besonnte und eher warme Gewässer mit einer offenen Wasserfläche: Weiher, Teiche, Torfstiche, Baggerseen, Altarme, Kleinseen, Gräben.

Ganz Mitteleuropa, an entsprechenden Gewässern mit naturnaher Umgebung auch mitten im Siedlungsraum.

Falkenlibelle

Cordulia aenea

Die Falkenlibelle – auch Gemeine Smaragdlibelle genannt – besiedelt größere und eher tiefe Weiher, Teiche, Altarme und Kleinseen mit offener Wasserfläche sowie gut ausgebildeter Unterwasser- und Verlandungsvegetation.

Die Eier werden aus dem Flug mit Dippbewegungen an der Wasseroberfläche abgetupft. Die Larve benötigt für ihre Entwicklung 2–3 Jahre.

Großlibelle, 47–55 mm.

Mai–August. Überwinterung als Larve.

Metallisch dunkelgrün bis kupferfarben, Augen leuchtend smaragdgrün. Hinterleib des Männchens im hinteren Teil keulenartig verdickt. Legescheide im Gegensatz zur Glänzenden Smaragdlibelle kaum sichtbar.

In Stillgewässern mit Ufer- und Unterwasservegetation.

Ganz Mitteleuropa, fehlt im südlichen Europa. An entsprechenden Gewässern mit naturnaher Umgebung, eher am Siedlungsrand in Waldnähe.

Glänzende Smaragdlibelle

Somatochlora metallica

Großlibelle, 50–55 mm.

Ende Mai–Ende September. Überwinterung als Larve.

Grundfarbe metallisch Goldgrün. Die lange Legescheide des Weibchens ist anders als bei der Falkenlibelle auffällig und steht rechtwinklig ab (Bild: frisch geschlüpfte Libelle mit Exuvie).

Meist größere Gewässer in Waldnähe.

Ganz Mitteleuropa, im Norden häufiger, fehlt in Südeuropa. An entsprechenden Gewässern mit naturnaher Umgebung, eher am Siedlungsrand in Waldnähe.

Besiedelt Altarme, Seen und größere Teiche mit eher steilen Ufern und oft ohne gut ausgebildete Verlandungszone, seltener auch an Gräben, Kanälen, Bächen und Flussabschnitten mit schwacher Strömung zu finden. Die Entwicklungsgewässer liegen oft im Wald oder in Waldnähe, im Offenland sind sie größtenteils bestockt.

Ein Weibchen legt bis zu 900 Eier. Die Eiablage erfolgt durch wippende Bewegungen auf die Wasseroberfläche oder auf feuchtes Substrat nahe der Wasserlinie. Larvenentwicklung zwei bis drei Jahre.

Plattbauch

Platetrum depressum

Großlibelle, 39–48 mm.

Ende April–Anfang September. Überwinterung als Larve.

Grundfarbe Dunkelbraun. Männchen mit breitem, oberseits hellblau bereiftem Hinterleib; dieser ist beim Weibchen hellbraun bis graubraun. Auffälligstes Merkmal des Plattbauchs ist der ungewöhnlich breite Hinterleib. Beide Geschlechter tragen seitlich gelbe Randmonde an den mittleren Hinterleibssegmenten.

Pionierart in vegetationsarmen Kleingewässern.

Ganz Mitteleuropa, an entsprechenden Gewässern mit naturnaher Umgebung auch mitten im Siedlungsraum.

Der Plattbauch besiedelt als Pionierart vegetationsarme, seichte Stehgewässer sowie periodisch trockenfallende Vertiefungen in Flachmooren und Wiesen, Lehmtümpel in Kiesgruben, frische Torfgewässer und Flutmulden entlang von Fließgewässern. Im Siedlungsgebiet an frisch geschaffenen Garten- und Parkweihern.

Die Eiablage erfolgt aus der Luft, durch wippende Bewegungen, auf schwimmende Algenwatten und Wasserpflanzen oder auf die freie Wasseroberfläche. Die Larvenentwicklung dauert zwischen drei Monaten und zwei Jahren; in Tieflagen eine Generation pro Jahr.

Vierfleck

Libellula quadrimaculata

Charakterart für vegetationsreiche stehende oder langsam fließende Gewässer: Kleinseen, Weiher, Teiche, Altarme, Gräben mit freier Wasserfläche, teils besonnten Verlandungszonen und teils beschattenden Gehölzen, im Siedlungsgebiet in Weihern von Parkanlagen und Gärten.

Die Männchen warten sitzend auf ankommende Weibchen, die Paarung geschieht im Flug und dauert nur wenige Sekunden. Die Weibchen des Vierflecks dippen die Eier über seichten Stellen auf die Wasseroberfläche. Larvenentwicklung benötigt meist zwei Jahre, seltener ein oder drei Jahre.

Großlibelle, 40–48 mm.

Mai–August. Überwinterung als Larve.

Je ein dunkler Flügelfleck am Vorderrand der Mitte sowie an der Spitze jedes Flügels. Grundfarbe in beiden Geschlechtern Gelbbraun bis düster Braungrau, Hinterleibsspitze schwarz.

Vegetationsreiche stehende oder langsam fließende Gewässer.

Ganz Mitteleuropa, an geeigneten Gewässern auch mitten im Siedlungsraum.

Südlicher Blaupfeil

Orthetrum brunneum

Südliche Pionierart. Fliegt an vegetationsarmen, langsam fließenden Gräben, Bächen und Quellfluren mit kahlen Stellen, etwas seltener an stehenden Pioniergewässern in Kies- und Lehmgruben und Tümpeln von Hochwasserrückhaltebecken. Auch an neu angelegten Gartenweihern.

Die Eier werden aus dem Flug an der Wasseroberfläche abgestreift. Dauer der Larvenentwicklung: 1–2 Jahre. Der Südliche Blaupfeil profitiert vom warmen Stadtklima und der Eingriffsdynamik bei den Gewässern des Siedlungsgebiets. Als eine der ersten Libellenarten besiedelt er neu entstandene Weiher oder frisch ausgedolte Bäche und ausgebaggerte Gräben.

Großlibelle, 41–49 mm.

Juni–August. Überwinterung als Larve.

Männchen blau, Weibchen graubraun. Stirn weiß (beim Männchen mit Blaustich), Männchen meist mit blauem Thorax.

Pioniergewässer mit kahlen Stellen.

Ganz Mitteleuropa, an entsprechenden Gewässern auch auf Stadtgebiet.

Großer Blaupfeil

Orthetrum cancellatum

Großlibelle, 44–45 mm.

Ende Mai–Anfang September. Überwinterung als Larve.

Brust (Thorax) beim Männchen dunkelbraun, Hinterleib bis zur Mitte blau und zur Spitze hin schwarz. Weibchen gelb bis bräunlich, mit zwei schwarzen wellenförmigen Längsstreifen auf der Oberseite des Hinterleibs.

Offene Gewässer mit besonnten Ufern.

Ganz Mitteleuropa, an entsprechenden Gewässern mit naturnaher Umgebung auch mitten im Siedlungsraum.

Der Große Blaupfeil besiedelt stehende und langsam fließende Gewässer mit größeren offenen Wasserflächen und besonnten, eher spärlich bewachsenen Ufern: Weiher, Teiche, Seen, Grubengewässer, breite Gräben, aber auch größere Garten- und Parkweiher.
Das Weibchen des Großen Blaupfeils tupft seine Eier aus dem Flug an der Wasseroberfläche ab. Die Larvenentwicklung dauert 1–3 Jahre. Ähnliche Art: Östlicher Blaupfeil *(O. albistylum)*, selten an wärmebegünstigten Gewässern im südlichen Mitteleuropa (Österreich, Schweizer Mittelland, Süddeutschland).

Feuerlibelle

Crocothemis erythraea

Großlibelle, 36–45 mm.

Mitte Mai–Anfang Oktober. Überwinterung als Larve.

Männchen feuerrot, Weibchen gelbbraun mit feiner dunkler Linie oben auf dem Hinterleib. Breiter Hinterleib (Unterschied zu Heidelibellen), abstehende Legeklappe des Weibchens und rote Färbung des Männchens (Unterschied zu Blaupfeilen).

Besonnte, eher kahle Stillgewässer.

Besonders im südlichen Teil Mitteleuropas, vereinzelt auch im Norden.

Die Feuerlibelle ist an gut besonnten, eher flachen Stillgewässern mit lückiger Ufer- und Unterwasservegetation zu finden, also an Weihern, Altarmen von Flüssen und Grubengewässern mit offenen Wasserflächen. Typische Art des Mittelmeergebiets, dort weit verbreitet. Wanderlibelle, fliegt in warmen Sommern in Mitteleuropa ein, wo sie stellenweise heimisch geworden ist. Selten und eher am Siedlungsrand anzutreffen.
Die Eier werden aus dem Flug an seichten Wasserstellen im Bereich von Schilfröhricht oder Unterwasservegetation abgegeben. Larvenentwicklung innerhalb eines Jahres.

Blutrote Heidelibelle

Sympetrum sanguineum

Besiedelt Seeufer mit Verlandungszonen, Weiher, Altarme, Kiesgruben- und Moorgewässer, Gräben, langsam fließende Flüsse und Bäche, aber auch Park- und Gartenweiher. Optimale Gewässer sind teilweise bestockt, haben eine breite Verlandungszone und schwankende Wasserstände.
Eiablage auf den schlammigen Boden trockengefallener Gewässer oder Gewässerbereiche. Larvenentwicklung dauert nur 6–10 Wochen.

Großlibelle, 34–39 mm.

Juli–September.
Überwinterung als Ei, vermutlich teilweise auch als Larve.

Männchen leuchtend blutrot, Hinterleib leicht keulenförmig. Weibchen gelbbraun, Hinterleib ohne sichtbare Legeklappe. Schwarze Beine.

Verschiedenartige Gewässer.

Ganz Mitteleuropa, auch mitten im Siedlungsraum.

Gemeine Heidelibelle

Sympetrum vulgatum

Besiedelt verschiedenartige stehende und langsam fließende, bevorzugt vegetationsarme Gewässer. Auch im Siedlungsgebiet an Garten- und Parkweihern. Ansitzjäger: beobachtet auf einem Ast oder Stein sitzend die Umgebung und fliegt los, wenn eine mögliche Beute erblickt wird. Die Gemeine Heidelibelle wirft ihre Eier aus dem Flug an möglichst vegetationsfreie Stellen ins Wasser oder tupft sie an der Wasseroberfläche ab. Die Larvenentwicklung dauert ein Jahr, bei einem Teil der Larven zwei Jahre.
Im nördlichen Mitteleuropa ist die Schwarze Heidelibelle *(Sympetrum danae)* häufig: Männchen fast völlig schwarz, Weibchen braungelb mit schwarzer Zeichnung, Beine schwarz. Im südlichen Mitteleuropa vorwiegend in höheren Lagen.

Großlibelle, 35–40 mm.

Mitte Juli–Anfang Oktober.
Überwinterung als Ei (oder Larve).

Brust beim Männchen einheitlich braun, Hinterleib leuchtend ziegelrot. Weibchen gelbbraun, rechtwinklig abstehende Legescheide. Keine gelblichen Flecke an den Thoraxseiten (Unterschied zu Großer Heidelibelle).

Verschiedene stehende und langsam fließende Gewässer.

Ganz Mitteleuropa, fehlt im südlichen Europa. An entsprechenden Gewässern mit naturnaher Umgebung auch mitten im Siedlungsraum.

Steinfliegen

Die Steinfliegen (Plecoptera) werden auch Uferfliegen oder Frühlingsfliegen genannt. Die geflügelten Insekten (Imagines) sind eintönig dunkelbraun bis schwarz gefärbt, mitunter gelb gezeichnet. Die vier Flügel sind in Ruhe flach über den Hinterleib gelegt oder der Länge nach leicht um ihn gerollt.

Der Larvenkörper gliedert sich in Kopf, drei Brustsegmente und einen zehngliedrigen Hinterleib, der mit zwei Schwanzanhängen endet. Am Kopf befinden sich zwei Fühler, zwei aus vielen einzelnen Augen zusammengesetzte Komplexaugen und drei Einzelaugen (Ocellen) auf der Stirne. Die Füße (Tarsen) tragen anders als bei den Eintagsfliegen zwei Krallen. Manche Arten haben büschelförmige oder schlauchförmige Kiemen am Beinansatz, unter dem Hals oder zwischen den Schwanzanhängen. Die Larven bewegen sich laufend fort und schwimmen nur selten, wobei sie seitlich schlängeln.

Der typische Lebensraum der Larven sind kühle Bäche mit klarem Wasser und steinig-kiesigem Grund, die sich auch im Sommer nicht stark erwärmen. Es gibt nur wenige Arten, die sich in Seen oder kleineren stehenden Gewässern entwickeln können. Die Larven sind ein- bis mehrjährig. Sie wachsen unter zahlreichen Häutungen heran und werden dabei der Imago zunehmend ähnlich, es fehlt ein Puppenstadium. Ähnlich wie bei den Eintagsfliegen entwickeln sich die Flügel in Flügelscheiden. Bei der Häutung zur Imago verlassen sie das Wasser (Emergenz) und kriechen auf Steine, Baumstämme oder an Mauern empor. An Land platzt die Larvenhaut an einer Naht an Kopf und Brust, und die Imago schlüpft, meist im Schutze der Dunkelheit. Zurück bleibt die leere Larvenhülle (Exuvie), die längere Zeit vor Ort verbleibt.

Die Imagines halten sich in der Nähe ihrer Brutgewässer auf, wo sie exponiert auf Blättern ruhen oder sich im Pflanzengewirr verbergen. Es gibt auch winteraktive Arten, die auf Schnee herumlaufen. Die Geschlechter finden sich durch Trommelsignale; die Männchen laufen bei der Suche nach Weibchen eilig umher, trommeln mit dem Hinterleib auf Halme oder Blätter, verharren kurz, trommeln erneut, flattern ein paar Meter weiter. Die Weibchen antworten mit einem eigenen Signal, das beim Männchen sofort Suchverhalten auslöst. Ihre Lebensdauer beträgt 2–5 Wochen, wobei die Weibchen in der Regel eine längere Lebenserwartung haben, weil ihre Eier z. T. erst reifen müssen. Werden sie nicht gefressen, können sie mehrere Monate alt werden.

Gelbbeinige Uferfliege

Nemoura cinerea

Die kleine, eher unscheinbare Larve von *N. cinerea* lebt bevorzugt im reichen Pflanzenbewuchs verschiedenster Gewässer: langsam fließende Gräben, Tümpel, Weiher und die flache Uferzone von Seen. Bei optimalen Bedingungen erreicht sie Dichten von gegen 4000 Individuen pro m². Sie ist recht tolerant, was den Sauerstoffgehalt angeht, weshalb sie ein weites Spektrum von Gewässern besiedeln kann. Sie ernährt sich von abgestorbenen Pflanzen, die sie mit ihren Mundwerkzeugen zerkleinert. Mit ihren gut entwickelten Schreitbeinen läuft sie auf der Suche nach Nahrung auf dem Gewässerboden umher, immer auf der Hut vor Feinden. Zu diesen gehören Wasserkäferlarven, größere Steinfliegen, Fische und Libellenlarven. Für die Verwandlung zum geschlechtsreifen Tier steigen die Larven nachts an Land. Die Imago sitzt auf der Ufervegetation nahe am Wasser, wo sie auf Partnersuche geht. An schönen sonnigen Tagen starten die Weibchen von einer erhöhten Warte zu kurzen Flügen übers Wasser, wo sie ihre Eipakete im Kontakt mit der Wasseroberfläche abgeben. Es werden drei bis vier Gelege mit insgesamt 1400 Eiern produziert. Die Adulten sind unbenetzbar, ins Wasser gefallene Weibchen vermögen es alsbald wieder zu verlassen.

Kopf-Rumpf-Länge 6–10 mm; Flügelspannweite 17–24 mm.

Larve: Februar–September; Imago März–September.

Larve (oben): Dunkelbraun, Körper gedrungen mit Haaren und Borsten. Lange Fühler und Schwanzfäden. Flügelscheiden schräg nach außen gerichtet. Imago: Braun, Flügel matt, die Adern bilden eine X-förmige Figur. Kurze Schwanzanhänge (Bild unten zeigt die ähnliche *N. marginata*).

Die Larven entwickeln sich in langsam fließenden Gräben und stehenden Gewässern.

Ganz Mitteleuropa, die recht anspruchslosen Larven dringen in Städten auch in Parkanlagen vor, wo sie mit Pflanzen bewachsene Gräben und kleine Stehgewässer besiedeln. Sie haben sich auch schon im wasserhaltigen Unterteller eines Blumentopfs entwickelt. Die Imagines sitzen in der Ufervegetation, nah am Gewässer, sie sind tagaktiv.

Ohrwürmer

Die Ohrwürmer (Dermaptera) stellen eine eigene Insektenordnung dar, die in Deutschland durch acht Arten vertreten ist. Typisch sind die zu kräftigen Zangen ausgebildeten Anhänge am Hinterleib. Diese sind beim Weibchen mehr oder weniger gerade, beim Männchen dagegen erinnern sie an ein Nadelöhr oder die Form eines Ohrs, weshalb die Tiere als Heilmittel gegen Ohrenkrankheiten Verwendung fanden und verdächtigt wurden, in Ohren zu schlüpfen. Die Hinterleibszange kann zur Selbstverteidigung, als Hilfswerkzeug beim Entfalten der Flügel und zum Ergreifen der Beute dienen und kommt beim Männchen auch bei der Paarung zum Einsatz.

Die Spitzen der gefalteten Hinterflügel ragen unter den verkürzten, derben Vorderflügeln hervor. Das Entfalten und Zusammenlegen der Flügel ist mühsam, Ohrwürmer fliegen nur selten, manche sind flugunfähig.

Der Gemeine Ohrwurm nimmt sowohl pflanzliche (zarte Pflanzenteile wie Blüten, Pollen, Samen, Früchte) als auch tierische Nahrung (kleine Insekten, deren Gelege und Larven) zu sich. Als Nützling im Garten und Obstbau ernährt er sich u. a., von Blattläusen, Birnblattsaugern und Spinnmilben. Erwachsene Tiere fressen bis zu 120 Blattläuse pro Nacht. Als Liebhaber von Früchten kann er aber auch selbst zum Schädling werden, etwa bei massenhaftem Auftreten in reifen Weintrauben.

Ohrwürmer sind dämmerungs- und nachtaktiv und orientieren sich v. a. mit ihren langen, dauernd bewegten Fühlern. Tagsüber verstecken sie sich in engen Verstecken wie in durch Blattlausbefall eingerollten Blättern, in Rindenritzen, Stielgruben von Äpfeln oder in Blüten.

Im Sommer und Herbst paaren sie sich mehrmals mit verschiedenen Partnern. Die Weibchen des Gemeinen Ohrwurms legen meist erst im Frühjahr 20–90 ovale, weißliche Eier in eine Erdhöhle. Meist überwintern nur die Weibchen. Sie schützen ihr Gelege vor Fressfeinden, belecken und wenden die Eier, um Pilzbefall und Austrocknung vorzubeugen. Die im Frühjahr geschlüpften Larven werden während der ersten 1–2 Larvenstadien mit herausgewürgter Nahrung individuell und z. T. von Mund zu Mund gefüttert. Ohrwurm-Mütter bevorzugen ihre gesündesten Jungen. Da nur wenige Larven das Erwachsenalter erreichen, lohnt es sich für die Mütter, sich v. a. um die kräftigsten Jungtiere zu kümmern. Die Larven verlassen die Bruthöhle im Juni. Im Alter von 5–6 Monaten (ca. Ende Juli) sind Ohrwürmer erwachsen.

Gemeiner Ohrwurm

Forficula auricularia

Der Gemeine Ohrwurm benötigt geeignete Versteckplätze, die auch künstlich geschaffen werden können:
Tontopf (∅ 10–12 cm) mit Holzwolle oder Heu und Moos füllen. Zum Schutz vor Feinden Öffnung mit verzinktem Hühnergitter abdecken (Gitterrand um den Topf biegen). Befestigung mit Draht an Ast, mit der Öffnung nach unten an Ast anliegend, damit Ohrwürmer bequem hineinspazieren können. Werden die Ohrwurmnester nicht genügend schnell besiedelt, können diese ein paar Tage in einen mit Blattläusen befallenen Strauch gehängt werden. Ohrwürmer können auch mit Wellkartongürteln, die ab Mai für ca. zwei Wochen an Hochstamm-Obstbäumen angebracht werden, eingesammelt und umgesiedelt werden.

9–20 mm

Männchen (oben): vereinzelt im Frühjahr, häufig August–September; Weibchen: Mai–Oktober, ab Mitte September begeben sie sich in Winterquartiere.

Kastanienbraun, seitlich hellbraun, Beine gelblich, kurze Flügeldecken, typische Zangen am Hinterleib.

Verschiedenartige Lebensräume mit vielen Schlupfwinkeln und stets relativ hoher Luftfeuchtigkeit: Hecken, Gebüsche, Feldgehölze, Säume, Gärten, Obstgärten, Wälder, Rebberge.

Mitteleuropa: Weit verbreitet; auch in Stadtgebieten häufig.

Kleiner Ohrwurm, Zwergohrwurm

Labia minor

Labia minor ist der kleinste mitteleuropäische Vertreter aus der Gruppe der Ohrwürmer. Die Tiere ernähren sich vorwiegend von der Begleitfauna von Dunghaufen, welche zugleich ihre Brutstätten darstellen. Als gute Flieger können sie die vereinzelt vorkommenden Jagd- und Nistplätze aufsuchen. An warmen Tagen findet man sie daher oft um Strohmisthaufen fliegend, aber auch an warmen Hauswänden. Das Vorkommen ist im Gebiet häufig an die Tierhaltung in landwirtschaftlichen Betrieben (Pferdegestüte) gebunden.

Körperlänge 6,5–8,5 mm.

April–Oktober

Hinterflügel ragen unter den Deckflügeln heraus; guter Flieger. Fühler 12-gliedrig, mit heller Spitze. Hinterleib mit Zangen.

Warme Standorte: Strohmisthaufen.

Mitteleuropa: Vereinzelt. Vorliebe für Dunghaufen; daher häufig im Einzugsbereich von Landwirtschaftsbetrieben mit Tierhaltung.

Fangschrecken oder Gottesanbeterinnen

Fangschrecken (Mantodea) sind eine sehr eng mit den Schaben und Termiten verwandte Insektenordnung, die sich jedoch in Aussehen und Lebensweise sehr von diesen unterscheidet. Weltweit ist die Ordnung mit mehr als 2000 Arten in den warmen Gebieten der Erde (Tropen, Subtropen, Steppenlandschaften) vertreten. Die meisten Fangschrecken sind tagaktive Lauerjäger und ernähren sich von Insekten und Spinnentieren. Zum Beutefang sind die Vorderbeine zu Fangbeinen umgebildet. Der mit einer großen Endklaue bewehrte Unterschenkel (Tibia) kann gegen den Oberschenkel (Femur) wie ein Taschenmesser eingeklappt werden. Zum Festhalten der Beute sind diese jeweils mit zwei Dornenreihen besetzt, die bei eingeschlagener Schiene einander gegenüberliegen. Mit den vor dem Körper erhobenen Fangbeinen verharren sie zur Jagd oft stundenlang bewegungslos und können die sich ahnungslos nähernden Opfer im Bruchteil einer Sekunde fassen. Viele Arten sind durch Tarn- und Locktracht hervorragend an ihre Umgebung angepasst und werden von den Beutetieren daher zu spät erkannt. So nehmen einige durch Färbung und lappenartige Vergrößerungen ihrer Kutikula das Aussehen von Blättern (Geistermantis, *Phyllocrania paradoxa*) oder Blüten (Blütenmantis, *Creobroter pictipennis*) an. Der Jagd angepasst ist auch ihr hoch entwickeltes visuelles System. So stehen die großen Komplexaugen weit auseinander und ermöglichen damit eine gute Lokalisation der Beute (stereoskopisches Sehen). Der Kopf selbst ist über den Hals mit dem verlängerten ersten Brustsegment verbunden und ermöglicht eine Beweglichkeit über einen großen Winkel (Rundumsicht).

Für das Männchen gestaltet sich die Paarung als gefährlich, da es oft vor oder während der Begattung vom Weibchen gefressen wird, wobei die Kopulation hierbei nicht abgebrochen wird. Die Eiablage erfolgt in mehren Eipaketen (Ootheken). Bereits beim Schlüpfen und der damit verbundenen ersten Häutung sind die Fangarme der Larven frei, und sie beginnen sich räuberisch von kleinen Insekten zu ernähren. Nach mehreren Häutungen sind die Tiere geschlechtsreif (unvollständige Entwicklung).

Die in Lauerstellung erhobenen Fangarme und die Lebensweise der *Mantis*-Arten haben seit jeher die Fantasie der Menschen beflügelt. So wurden im alten Ägypten Gottesanbeterinnen den Toten in Gefäßen und wie Mumien eingewickelt den Gräbern beigefügt. In der griechischen Mythologie hingegen wurden sie als blutrünstige Geister der Göttin Hektate, der Göttin der Zauberkunst, zugeordnet. Nachts verführen sie als bildhübsche Mädchen junge Männer, um sie anschließend zu verspeisen. Auch Linné ließ sich bei der Namensgebung inspirieren: Der aus dem Griechischen entlehnte Name «Mantis» bedeutet Seherin oder Wahrsagerin.

Europäische Gottesanbeterin

Mantis religiosa

Einzige heimische Art aus der Ordnung der Mantodea. *Mantis religiosa* bedeutet «Fromme Seherin». Lauerjäger, der sich von Insekten und Spinnen ernährt. Männchen werden nicht selten bei der Paarung vom Weibchen gefressen. Die Eiablage erfolgt im Herbst in Ootheken. Die schaumigen, an der Luft erstarrenden 3–4 cm langen Sekretkokons enthalten jeweils 100–200 Eier. Die Eier können so auch sehr strenge Winter überdauern. Die 6 mm langen Larven schlüpfen im Frühjahr (Mai–Juni) und beginnen sofort zu jagen. Nach weiteren ca. sechs Häutungen sind die Tiere im Juli–August voll entwickelt und werden geschlechtsreif. Die in Südeuropa relativ häufig anzutreffende Art ist in Mitteleuropa nur an wenigen, sehr warmen Standorten vertreten. Zunehmend in Stadtgebieten.

Körperlänge Männchen 40–55 mm; Weibchen 48–75 mm.

Juni–Oktober

Körper grün, selten braun. Kopf dreieckig, frei beweglich. Vorderbeine: Fangbeine; Hüfte lang und frei beweglich. Flügel anliegend, gut ausgebildet.

Trockene warme Standorte. Auf Stauden, Gräsern und Gebüschen lauernd.

Mitteleuropa: Lokal, an sehr warmen Standorten. Deutschland: südlicher Oberrhein (Kaiserstuhl), Rheinland Pfalz, Saarland, Fränkische Schweiz, Berlin. Österreich: Thermenregion, Neusiedler See. Schweiz: bei Basel.

Schaben

Die meisten Leute assoziieren mit Schaben oder Kakerlaken unangenehme, ekelerregende und krabbelnde Insekten, die Keime verschleppen. Dabei führen die meisten der weltweit über 3600 bekannten Schabenarten ein unauffälliges Leben in der Vegetation (v. a. in der Laubstreu), sind nacht- oder dämmerungsaktiv und fressen alles, was ihre Mundwerkzeuge abschaben können.

Der Schaben-Bauplan ist seit 250 Mio. Jahren erfolgreich: Versteinerte Schaben aus dem Erdaltertum sehen ihren heutigen Verwandten sehr ähnlich. Schaben erkennt man üblicherweise schnell an der abgeflachten Form, den bedornten Beinen und den langen Fühlern. Alle Schaben legen Eipakete (= Ootheken). Die Eier sind darin dicht nebeneinander aufgereiht. Die Larven schlüpfen alle gleichzeitig aus der Hülle. Schaben entwickeln sich verhältnismäßig langsam und haben nicht selten mehrjährige Entwicklungszyklen.

Es gibt in Mitteleuropa mehrere Arten von Kleinschaben (Gattung *Ectobius*), welche in der Laubstreu leben und zwar zum Teil recht häufig sind, aber durch die versteckte Lebensweise selten gesehen werden. Einige Arten fliegen gut, alle können schnell rennen oder sich fallen lassen, wenn Gefahr droht. In der zweiten Hälfte des 20. Jahrhunderts begann sich die vorher in Italien verbreitete Bernstein-Waldschabe nördlich der Alpen auszubreiten. Sie ist nun in der Schweiz und Süddeutschland weit verbreitet und kann gerade in urbaner Umgebung in großer Zahl gefunden werden.

Die bekanntesten Schaben sind diejenigen, die bei uns gar nicht einheimisch sind, sich aber im dauerwarmen Klima unserer Wohnungen wohlfühlen. Gemeinsam ist diesen Arten, dass sie mit trockener Umgebung zurechtkommen, nachtaktiv sind, den Tag in Ritzen verbringen und anspruchslose Allesfresser sind.

Neben den hier vorgestellten Arten werden immer wieder andere Arten wie die Australische Schabe *(Periplaneta australasiae)* und die Braune Schabe *(Periplaneta brunnea)* eingeschleppt. Auch gewisse in Zoohandlungen erwerbbare Arten wie z. B. die Schokoschabe *(Blatta lateralis)* können sich in Häusern ausbreiten, wenn sie aus den Terrarien entwischen.

Nichteinheimische Schabenarten müssen bekämpft werden, da sie sich sonst in Häusern und ganzen Siedlungen ausbreiten. Nicht nur können sie schädliche Keime verschleppen, es gibt viele Leute, die allergisch gegen Schaben sind. Auf die Allergene im Kot und in der Cuticula (Haut der Schaben) reagieren (je nach Studie) ca. 15–20 % der städtischen Bevölkerung allergisch. Die Bekämpfung muss von einer professionellen Schädlingsbekämpfungsfirma durchgeführt werden (siehe Deutsche Schabe).

Orientalische Schabe

Blatta orientalis

Am wohlsten fühlt sich die Orientalische Schabe (auch Küchenschabe) in feuchter und warmer Umgebung, zum Beispiel in der Kanalisation und in Küchen und Kellern von Altbauten. Im Hochsommer kann man sie nachts auch an Außenfassaden bis unters Dach und um Gebäude herum beobachten. In der Kanalisation und draußen kann sie lange Wanderungen unternehmen. Die Entwicklungsdauer beträgt bis zu zwei Jahren. Aufgrund ihrer strikt nachtaktiven Lebensweise wird die Art häufig lange nicht entdeckt, kann sich stark vermehren und muss bekämpft werden (siehe Deutsche Schabe).

Urspr. in Nordafrika zu Hause, breitete sie sich seit Beginn des 17. Jahrhunderts in Mitteleuropa aus. Mit dem Aufkommen der Zentralheizung im letzten Jahrhundert wurde sie aus vielen Wohnungen wieder verdrängt.

Weibchen 22–28 mm, Männchen 21–25 mm (ohne Fühler).

Ganzjährig in Gebäuden; in der warmen Jahreszeit auch draußen, streng nachtaktiv.

Färbung einheitlich dunkelbraun bis fast schwarz. Männchen mit verkürzten Flügeln. Weibchen haben nur Flügelstummel.

In Gebäuden, mehrheitlich in Altbauten (Keller), landwirtschaftlichen Betrieben (Schweinemästereien), Restaurants, Bäckereien, Hallenbädern. Auch in der Kanalisation, zum Teil massenhaft.

Ganz Mitteleuropa, darüber hinaus weltweit verbreitet (Kosmopolit).

Deutsche Schabe

Blattella germanica

Auch Schwabenkäfer genannt, nachtaktiv, versteckt sich tagsüber gerne in Gruppen aggregiert in Küche und Badezimmer in warmen und feuchten Winkeln und Ritzen. Im Freien nicht zu beobachten.

In gemäßigten Breiten häufigste Schabenart in Gebäuden. Weltweit haben die Probleme mit der Deutschen Schabe in den letzten Jahren allerdings stark abgenommen: Nachdem früher alle Oberflächen mit Insektizid benetzt wurden, werden seit den 1990er-Jahren Ködergele benutzt, die von Fachleuten in kleinen Portionen von ca. 1 ml im Raum verteilt werden. Die Deutsche Schabe ist ein Hygieneschädling, der bekämpft werden muss. Die Bekämpfung sollte von einem geprüften Schädlingsbekämpfungsunternehmen mit anerkanntem Fachausweis durchgeführt werden.

Ohne Fühler 10–15 mm.

Ganzjährig, nachtaktiv.

Färbung gelbbraun, auf Halsschild zwei schwarze Längsstreifen, die sich bei den Larven über den Hinterleib fortsetzen.

In Gebäuden, wo das Klima dauerwarm ist: Wohnblocks, Lebensmittelbetriebe, Ställe usw.

Ganz Mitteleuropa, darüber hinaus weltweit verbreitet (Kosmopolit).

Ohne Fühler 10–13 mm.

Ganzjährig

Männchen gelbrötlich, Weibchen rötlich braun, mit Flügeln, die den Hinterleib nicht vollständig bedecken. Larven mit braunem Querband auf Hinterleib.

In Gebäuden mit dauerwarmem Klima. Wohnungen, Bürogebäuden, Restaurants.

Ganz Mitteleuropa, im Süden häufiger.

Braunband-Schabe

Supella longipalpa

Nur in Gebäuden. Braunband-Schaben können sich in Bürohäusern vermehren und über Akten weiterverschleppt werden. Sie verstecken sich tagsüber in warmen Winkeln wie z. B. in Elektrogeräten, Computern, Kaffeemaschinen und Kabelkanälen. Auch unter Namen wie «Computerbug», Fernsehschabe oder Möbelschabe bekannt. Braunband-Schaben leben weniger aggregiert als Deutsche Schaben und können z.T. auch tagsüber beobachtet werden. Ausgehend von Zentralamerika, hat sich die Braunband-Schabe im frühen 20. Jahrhundert in den USA immer weiter nach Norden ausgebreitet. Gleichzeitig eroberte sie Europa: 1910 in Südfrankreich festgestellt, 1960 in Großbritannien und 1965 in Genf. In Deutschland selten, in der Schweiz etwas häufiger, jedoch wie die Deutsche Schabe abnehmend. Bekämpfung: Siehe Deutsche Schabe.

Ohne Fühler Männchen: 35–40 mm, Weibchen: 29–37mm, Oothek 8 × 5 mm.

Ganzjährig in Innenräumen.

Größte in Europa eingeschleppte Schabenart, rötlich braun, undeutliche Zeichnung auf Halsschild, gut entwickelte Flügel.

In Gebäuden: Abwasserschächte von Produktionsstätten, Restaurants, Kanalisation, Universitäten (aus Zucht entwichen), Gewächshäuser, Warmhäuser von Zoologischen Gärten.

Nicht in allen mitteleuropäischen Städten häufig.

Amerikanische Schabe

Periplaneta americana

Adulttiere können ab einer Temperatur von 27 °C gut fliegen, bei tieferer Temperatur laufen und rennen sie über kurze Distanzen sehr schnell.

In Europa sind Amerikanische Schaben viel seltener als in Nordamerika, wo sie häufig in Wohnblocks vorkommen. Ausbreitung über den Schiffsverkehr in Hafenstädte, gelangen auch als unerwünschtes Souvenir im Reisegepäck in Wohnungen, wo sie sich z.T. in andere Wohneinheiten ausbreiten. In Frankfurt, Köln, Heidelberg, Heilbronn, Paris und anderen Städten gibt es stabile Populationen in der Kanalisation. Bekämpfung: Siehe Deutsche Schabe.

Ähnliche Art: Australische Schabe *(Periplaneta australasiae)*, ist etwas kleiner, sehr schön gezeichnet und kann ebenfalls aus den Tropen nach Hause gebracht werden.

Bernstein-Waldschabe

Ectobius vittiventris

Eipakete werden von August bis November gelegt, nach der Überwinterung schlüpfen die Larven im Frühling. Danach wachsen die Larven, häuten sich fünf oder sechs Mal und überwintern vermutlich ein zweites Mal, bevor sie ab folgendem Juni zu Imagines werden. Männchen fliegen bei warmen Temperaturen ab 25 °C gern. Weibchen lassen sich bei Gefahr lieber fallen oder segeln hinunter.
1989 in Zürich erstmals gefunden, seither starke Zunahme der Individuenzahl und Ausbreitung Richtung Norden. Anfänglich war die Bevölkerung aufgrund der Ähnlichkeit mit der Deutschen Schabe sehr verunsichert. In Innenräumen können Bernstein-Waldschaben aber nicht dauerhaft überleben oder sich vermehren. Sie müssen (und können) nicht bekämpft werden.

Ohne Fühler 10–14 mm.

Mai–November; auch im Winter vereinzelt zu beobachten, sobald die Temperaturen steigen; tagaktiv.

Bernsteinfarben ohne auffällige Zeichnung auf dem Halsschild (bestes Unterscheidungsmerkmal zur Deutschen Schabe).

Hecken, niedrige Vegetation, um Häuser, versteckt sich auch an Kunststoff (Grüntonnen), an Fassaden, dringt über Fensterritzen usw. häufig in Häuser ein.

In Städten und Dörfern nördlich der Alpen bis Stuttgart, Baden-Baden, sehr häufig.

Lappland-Schabe, Gemeine Waldschabe

Ectobius lapponicus

In Schädlingsbüchern liest man gelegentlich, dass die Lappland-Schabe im Norden bzw. in Skandinavien bei den Lappen (Samen) häufig in Häuser eindringe. Tatsächlich ist zu vermuten, dass unterschiedliche Arten als Lappland-Schaben bezeichnet werden, wie das in Zürich bis 1994 bei der Bernstein-Waldschabe der Fall war. *Ectobius*-Arten sind schwer zu bestimmen. Leider ist das Interesse an dieser Ordnung nur klein.
Andere Waldschaben-Arten sind *E. sylvestris*, *E. lucidus*, *E. pallidus* und weitere. Den Arten ist gemeinsam, dass sie vor allem in der Vegetation herumlaufen, am Boden überwintern und eine zweijährige Entwicklungsdauer haben. Die Ootheken werden abgelegt und überwintern, bevor die Larven schlüpfen.

Ohne Fühler bis 10 mm.

Mai–Oktober; bei warmem Wetter fliegen die Männchen häufig.

Braun, Flügel reichen bis Abdomenende. Häufig mit dunklen Flecken auf den Flügeln. Männchen mit dunkler Zeichnung auf dem Halsschild, welche hinten auf beiden Seiten abgerundet ist. Beim Weibchen ist dieselbe Zeichnung hellbraun.

Bodenbewohner: Unter Laubbäumen, Sträuchern und Farnen. Larven regelmäßig an trockenen Stellen im feuchten Gelände.

Mitteleuropa, überall an geeigneten Standorten.
Auch in Parks, unter Gebüschrainen und in naturnahen Gärten.

Heuschrecken

Heuschrecken (Saltatoria) zählen zu den auffälligsten und interessantesten Insekten. Sie sind durch verdickte, an das Springen angepasste Hinterbeine und spezielle Organe zur Lauterzeugung gekennzeichnet. Einige Arten sind sehr groß, die meisten haben differenzierte, artspezifische Gesänge entwickelt.

Wie alle Insekten tragen auch Heuschrecken ein hartes Außenskelett aus Chitin, das unflexibel ist. Daher müssen sie sich für die Entwicklung zum ausgewachsenen Tier (Imago) bis zu 15 Mal häuten. Heuschrecken zählen zu den Insekten mit einer unvollständigen Metamorphose (ohne Puppenstadium). Die Entwicklung verläuft vom Ei über mehrere Larvenstadien zur meist geflügelten, oft flugfähigen Imago.

Weltweit sind etwa 15 000 Heuschreckenarten bekannt. Aus Europa sind über 1000 Arten gemeldet. In mitteleuropäischen Städten können 30–40 Heuschreckenarten vorkommen.

Heuschrecken besiedeln verschiedene, bevorzugt wärmebegünstigte Lebensräume: Wiesen, Krautsäume, Ruderalflächen, Waldränder, Bäume, Büsche usw. Sie fressen pflanzliche oder tierische Nahrung oder beides. Sie sind meist keine Nahrungsspezialisten.

Heuschrecken sind anspruchsvoll in Bezug auf das Mikroklima und die Bewirtschaftung. Wiesenbewohnende Arten ertragen in der Regel nicht mehr als ein bis maximal drei Wiesenschnitte pro Jahr. Mit jedem Schnitt nimmt die Artenvielfalt ab. Die Grünflächenpflege mit nicht selten vier, fünf oder noch mehr Schnitten ist für Heuschrecken verheerend. Bei den Heuschrecken ist daher wie bei vielen anderen Tieren ein drastischer Rückgang der Arten- und Individuenzahl zu verzeichnen. Letzteres ist für viele Vogelarten problematisch, da Heuschrecken wichtige Eiweißlieferanten für die Jungenaufzucht darstellen.

Aufgrund der hohen Spezialisierung an ihren Lebensraum und der vergleichsweise geringen Mobilität sind die Heuschrecken wichtige und aussagekräftige Indikatoren für Lebensraumqualität und -veränderung.

Man unterscheidet zwei Unterordnungen: die der Langfühlerschrecken, zu denen die Familien der Laubheuschrecken, der Grillen und der Maulwurfsgrillen zählen, und die Unterordnung der Kurzfühlerschrecken, die die in mitteleuropäischen Städten vertretenen Familien der Dornschrecken und Feldheuschrecken umfasst.

Vierpunktige Sichelschrecke

Phaneroptera nana

Nördlich der Alpen früher durch die sehr ähnliche Gemeine Sichelschrecke *(Phaneroptera falcata)* vertreten. Während bei der Gemeinen Sichelschrecke der Halsschild länger als hoch ist, ist der Halsschild der Vierpunktigen Sichelschrecke von der Seite gesehen etwa gleich lang wie hoch.
Ihre Nahrung besteht aus verschiedenen Blüten und Blättern, besonders gerne scheint sie weiße Doldenblüten zu fressen. Die Eier werden in Blätter von Laubgehölzen abgelegt. Unscheinbarer, leiser Gesang. Flugtüchtige Art. Nachgewiesen unter anderem im Botanischen Garten der Universität Wien, im Zoologischen Garten Basel und in Genf.

Männchen 12–15 mm, Weibchen 15–18 mm.

Ungeflügelte Larven ab Mai, flugfähige Imagines Juli–Oktober. Überwinterung als Ei.

Grün mit dunklen Punkten, auffallend schlank, elegant. Lange Flügel, Hinterflügel ragen unter Deckflügeln hervor. Weibchen mit gebogener, fein gezähnter Legeröhre.

Gut besonnte, extensiv genutzte Magerwiesen oder Ruderalflächen mit einzelnen Laubgehölzen.

Ursprünglich südeuropäische Art mit nördlicher Verbreitungsgrenze in Österreich, seit einigen Jahren zunehmend auch nördlich der Alpen (Schweizer Mittelland, Süddeutschland).

Punktierte Zartschrecke

Leptophyes punctatissima

Die Nahrung der heimlich lebenden Punktierten Zartschrecke besteht aus Blättern verschiedener Laubhölzer und Kräuter, ebenso aus Pollen. Bei warmem, sonnigem Wetter hält sie sich gerne hoch oben in den Baumkronen auf. Bei wechselhaftem Wetter lässt sie sich auf einem Blatt sitzend aufwärmen. Besonders Jungtiere im Garten auch an Kräutern, Himbeeren und anderen Gewächsen. Eier werden in die Rinde von Gehölzen abgelegt. Unscheinbarer, leiser Gesang: «tick». Verbreitung nur ungenügend bekannt, wird als nachtaktive Art nur selten beobachtet. Wie alle Langfühlerschrecken trägt die Punktierte Zartschrecke sehr lange, feine Fühler, die länger sind als der Körper.

Männchen 10–14 mm, Weibchen 13–17 mm.

Larven ab Mai, Imagines Juli–Anfang Oktober. Überwinterung als Ei.

Grün, dunkle Punkte, Fühler und Beine oft rötlich. Flügel zu kleinen Schüppchen reduziert. Gelber Augenstreif. Weibchen mit gebogener Legeröhre. Braune Rückenbinde (beim Weibchen nur schmal).

Besonnte Waldränder, Lichtungen, Hecken und Gärten. Nicht auf Nadelgehölzen.

Ganz Mitteleuropa, dringt im städtischen Raum bis in zentrale Lagen vor, sofern entsprechende Lebensräume vorhanden sind.

Männchen 12–15 mm, Weibchen 11–15 mm.

Larven ab Mai, Imagines Ende Juni–Anfang November. Überwinterung als Ei.

Glasig hellgrün; zierlich. Flügel lang, die Hinterknie erreichend. Gelber Streifen über Kopf, Halsschild und Flügel. Weibchen mit gebogener, ungezähnter Legeröhre.

Waldränder, Lichtungen, Hecken und Gärten. Nicht auf Nadelgehölzen.

Ganz Mitteleuropa. Kann in Städten bis ins Zentrum vordringen, wird als nachtaktive Art eher selten beobachtet.

Gemeine Eichenschrecke

Meconema thalassinum

Die nachtaktive Gemeine Eichenschrecke ernährt sich ausschließlich von kleinen Insekten. Die Männchen trommeln mit den Hinterbeinen auf eine Unterlage, z. B. ein Blatt, um die Aufmerksamkeit der Weibchen auf sich zu lenken. Die Eier werden in die Rinde von Laubgehölzen abgelegt. Gelegentlich gelangt eine vom Licht angelockte Gemeine Eichenschrecke durch ein geöffnetes Fenster in Wohnungen oder Autos und bringt überraschte Städterinnen und Städter zum Staunen oder Schreien. Förderungsmöglichkeiten: Erhaltung und Anlage von Hecken, Waldrändern und naturnahen Gärten mit Laubgehölzen.

Männchen 11–13 mm, Weibchen 12–16 mm.

Larven ab Mai, Imagines Ende Juli–Anfang November. Überwinterung als Ei.

Glasig hellgrün. Flügel zu kleinen Schüppchen reduziert. Gelber Streifen über Kopf, Halsschild und Flügel. Weibchen mit gebogener, ungezähnter Legeröhre. Zierlich mit sehr langen Fühlern.

Waldränder, Lichtungen, Hecken und Gärten. Nicht auf Nadelgehölzen.

Die ursprünglich mediterrane Art ist erst in den 1980er-Jahren in Gebiete nördlich der Alpen eingewandert und entlang des Rheins bis zur Nordseeküste vorgedrungen.

Südliche Eichenschrecke

Meconema meridionale

In gut durchgrünten Gebieten auch mitten im Siedlungsraum. Wird in einigen Städten häufiger angetroffen als die Gemeine Eichenschrecke, die jedoch in andern Städten dominiert. Hält sich ohne Weiteres an fahrenden Autos und Motorrädern fest. Die Südliche ist wie die Gemeine Eichenschrecke nachtaktiv und ernährt sich von kleinen Insekten, aber auch von pflanzlicher Kost. Die Männchen der Südlichen Eichenschrecke trommeln ebenfalls auf Blätter, um die Weibchen auf sich aufmerksam zu machen. Auch sie legt ihre Eier in die Rinde von Laubgehölzen. Noch häufiger als die Gemeine zeigt sich die Südliche Eichenschrecke im Spätsommer bei geöffnetem Fenster vom Licht angelockt in Wohnungen.

Langflüglige Schwertschrecke

Conocephalus fuscus (Conocephalus dicolor)

Die Nahrung dieser flugtüchtigen Schwertschrecke besteht aus Gräsern, Kräutern und kleinen Insekten. Gesang: feines, anhaltendes «zrzrzrzrzrzr...». Eier werden in hohle Pflanzenstängel abgelegt. Wie für andere Arten, die in Pflanzenstängeln überwintern, ist es für die Langflüglige Schwertschrecke entscheidend, dass Altgrasbestände über Winter belassen werden.

Männchen 12–18 mm, Weibchen 13–18 mm.

Larven ab Mai, Imagines Juli–Anfang Oktober. Überwinterung als Ei in Pflanzenstängeln.

Grün; brauner Streifen über Kopf, Halsschild und Flügel. Flügel lang (bis Hinterknie). Weibchen mit gerader, ungezähnter Legeröhre. Spitzer Scheitel.

Riedwiesen und Hochstaudenfluren, entlang von Gewässern, selten auch in mäßig trockenen Wiesen.

Im südlichen und mittleren Teil Mitteleuropas, im Norden fehlend oder nur selten. Auch mitten im Siedlungsraum, sofern entsprechende Lebensräume in ausreichender Größe vorhanden sind.

Grünes Heupferd, Großes Heupferd

Tettigonia viridissima

Ernährt sich vorwiegend von Insekten, teilweise auch von Kräutern. Die Art konnte schon beim Verzehr einer Großen Königslibelle *(Anax imperator)* beobachtet werden. Gesang bis lange in die Nacht hinein: lautes anhaltendes «zi–zi–zi– zi...»; einziges Tier, das in Spätsommernächten «grillenartig» singt. Dieser Gesang ist heute nicht mehr aus dem Stadtsommer wegzudenken. Die Eier werden in den Boden abgelegt. Jungtiere oft in der Krautschicht, ältere Tiere bis in die Baumkronen.
Benötigt strukturreiche Lebensräume mit offenem Boden (Eiablage), Gräsern und Kräutern (Larven) sowie Laubgehölze als Aufenthaltsraum für die ausgewachsenen Tiere. Förderung durch Erhaltung und Anlage von naturnahen Gärten, Hecken, Waldrändern und Wiesen.

Männchen 28–36 mm, Weibchen 32–42 mm.

Larven ab Mai, Imagines Ende Juni–Anfang Oktober. Überwinterung als Ei.

Grün; brauner Streifen über Kopf, Halsschild und Flügel. Flügel lang, die Hinterknie weit überragend. Weibchen mit gerader, ungezähnter Legeröhre. Scheitel ungefähr rechtwinklig. Flugtüchtige Art.

Waldränder, Hecken, Wiesen, Ruderalflächen, Gärten.

Ganz Mitteleuropa. Auch mitten im gut durchgrünten Siedlungsraum.

Roesels Beißschrecke

Metrioptera roeselii

Häufigste Wiesenbewohnerin unter den Langfühlerschrecken, benannt nach August Johann Roesel von Rosenhof, einem Insektenforscher des 18. Jahrhundert Gesang: lang anhaltendes, gleichförmiges, hohes Sirren «sssssss...». Nahrung: Gräser und Kräuter, Larven fressen auch kleine Insekten. Die Eier werden in hohle Pflanzenstängel oder in den Boden abgelegt.

Männchen 15–18 mm, Weibchen 16–22 mm.

Larven ab April, Imagines Ende Juni–Anfang Oktober. Überwinterung als Ei.

Hellbraun oder grün, Unterseite gelb. Halsschildseiten mit breitem, gelbem Saum. Deckflügel beim Weibchen verkürzt, erreichen beim Männchen die Hinterleibsmitte. Weibchen mit kurzer, leicht gebogener, ungezähnter Legeröhre. Selten auch langflüglige, flugfähige Tiere.

Extensiv genutzte, trockene bis feuchte Wiesen, Weiden und Krautsäume, vermag in Intensivwiesen nicht zu überleben.

Ganz Mitteleuropa, fehlt jedoch südlich der Alpen. Im Stadtgebiet eher am Siedlungsrand.

Gemeine Strauchschrecke

Pholidoptera griseoaptera

Ihre Nahrung besteht aus Gräsern, Kräutern und kleinen Insekten. Die Eier werden in markhaltige Pflanzenstängel, Blattscheiden von Gräsern, verrottendes Holz oder in den Boden abgelegt. Gesang: scharfes, in größeren Abständen wiederholtes «zri», das an Weg- und Waldrändern, im hohen Gras, in Krautsäumen und sogar aus Bäumen vom Nachmittag bis spät in die Nacht vorgetragen wird. Die Lauterzeugung erfolgt wie bei allen Langfühlerschrecken (Laubheuschrecken und Grillen) durch das Aneinanderreiben der Vorderflügel.

Männchen 15–20 mm, Weibchen 16–20 mm.

Ungeflügelte Larven ab Mai, geflügelte Imagines Juli–Anfang Oktober. Überwinterung als Ei.

Grau- oder dunkelbraun, Unterseite gelb. Halsschildseiten mit sehr dünnem, hellem Saum. Flügel beim Männchen hell, stark verkürzt, beim Weibchen zu Schüppchen reduziert.

Waldränder, Lichtungen, Hecken, feuchte Wiesen, Krautsäume, Gärten.

Ganz Mitteleuropa. Auch mitten im Siedlungsraum, sogar in reinen Ziergehölzrabatten.

Feldgrille

Gryllus campestris

Feldgrillen leben in selbst gegrabenen, unverzweigten Wohnröhren (bis 40 cm lang) und fressen Gräser und Kräuter. Eiablage in den Boden. Gesang: auf große Distanzen bis weit in die Nacht hinein hörbares, wohlklingendes «gri-gri-gri...». Im Gegensatz zu den übrigen Heuschreckenarten, die im Sommer und Herbst singen, singt die Feldgrille nur im Frühling (bis Juni). Auch in von geeigneten Wiesen durchsetzten Wohnquartieren zu hören. Die Größe der Feldgrillenpopulationen kann von Jahr zu Jahr stark variieren.

Männchen 18–26 mm, Weibchen 19–27 mm.

Ungeflügelte Larven August–April, geflügelte Imagines Mai–Juli. Überwinterung als Larve im letzten Stadium.

Schwarz, glänzend. Flügel leicht verkürzt, an der Basis hellbraun. Weibchen mit gerader, am Ende verdickter Legeröhre. Selten treten auch langflüglige, flugfähige Tiere auf.

Südexponierte, lückige und meist trockene Wiesen und Weiden.

Vor allem im südlichen Mitteleuropa in entsprechenden Lebensräumen auch auf Stadtgebiet, besonders in Stadtrandlagen.

Heimchen, Hausgrille

Acheta domesticus

Das wärmebedürftige Heimchen legt seine Eier in den Boden ab. Allesfresser, bevorzugt jedoch tierische Nahrung. Flugfähige Art. Gesang abends bis nachts, unregelmäßig vorgetragenes «grüh». Das Heimchen stammt aus den Steppen Nordafrikas und Westasiens und gelangte möglicherweise schon in der Römerzeit in die Städte nördlich der Alpen. Seit dem Mittelalter als Hausgrille beschrieben, die sich bevorzugt beim Herd aufhielt, der lange Zeit die einzige warme Stelle im Wohnbereich darstellte. Heute sind Heimchen als Futter für Terrarientiere im Umlauf und gelangen gelegentlich in warme, feuchte Keller. Bekannt wurden Hausgrillenpopulationen, die sich in den Schächten einiger Pariser Metrolinien eingenistet haben.

Männchen 16–18 mm, Weibchen 17–20 mm.

Ganzjährig in Gebäuden, kein jahreszeitlicher Zyklus. Überwinterung in allen Stadien.

Strohgelb, Halsschild und Kopf schwarz. Flügel voll entwickelt, Vorderflügel nicht ganz körperlang. Die Hinterflügel überragen die Abdomenspitze in zwei Spießen deutlich. Weibchen mit gerader, am Ende etwas verdickter Legeröhre.

Reproduktion nur in Gebäuden, Mülldeponien, Kehrichtverbrennungsanlagen. Im Sommerhalbjahr können die Tiere auch im Freien angetroffen werden.

Südliche Art, nördlich der Alpen im Freien nur in den westlichen, östlichen und südlichen Randgebieten Mitteleuropas.

Männchen 7–10 mm, Weibchen 9–11 mm.

Larven August–Mai, Imagines Juni–Oktober. Überwinterung als Larve.

Dunkelbraun, mit heller Zeichnung. Flügel beim Männchen leicht, beim Weibchen stark verkürzt.

Lichte, sonnendurchflutete Wälder, Waldlichtungen, südexponierte Waldränder, buschreiche Magerwiesen.

Ganz Mitteleuropa mit Ausnahme der Gebiete ganz im Norden und Nordosten, sowie südlich und östlich des Alpenbogens. Auch am Siedlungsrand, sofern entsprechende Lebensräume in ausreichender Größe vorhanden sind.

Waldgrille

Nemobius sylvestris

Flinke, kleine Grillen, die sich meist am Boden im Falllaub aufhalten und sich bei Störung schnell verstecken. Waldgrillen laufen nicht nur schnell, sondern können auch gut springen. Gesang: leise vorgetragenes, weiches «grü-grüüü-grüü...», das oft bis in die Nacht hinein zu hören ist. Eiablage in den Boden. Entwicklung zweijährig, Überwinterung in isolierender Falllaubschicht. Ernährung vegetarisch, wird gerne von Waldeidechsen gefressen.

Männchen 35–45 mm, Weibchen 40–50 mm.

Ganzjährig in den unterschiedlichsten Stadien. Die Larve benötigt 2–3 Jahre für die Entwicklung.

Grundfarbe verschiedene dunkle Brauntöne. Vorderflügel verkürzt, Hinterflügel voll entwickelt.

Riedwiesen, Bach- und Grabenufer, feuchte Fettwiesen und bewässerte Kulturen.

Ganz Mitteleuropa, in Städten oft auf extensiv gepflegten Flächen.

Maulwurfsgrille

Gryllotalpa gryllotalpa

Die Nahrung der meist im Boden lebenden Maulwurfsgrille besteht vorwiegend aus Ringelwürmern und Insektenlarven, bei Nahrungsknappheit auch aus Wurzeln, Gräsern, Kräutern und Kulturpflanzen. Die Eier werden in selbst gegrabenen Bruthöhlen abgelegt, die Larven bis zur vierten Häutung vom Weibchen gepflegt und bewacht. Flugtüchtige Art. Gesang: lange anhaltendes, wohlklingendes «rrrrüüüü...»; fast ausschließlich nachts vorgetragen, bis etwa um Mitternacht. Früher waren die wenig geschätzten «Werren» in Feld und Garten weit verbreitet und oft zahlreich, unterdessen sind ihre Bestände nicht zuletzt infolge moderner Bodenbearbeitungsmethoden stark zurückgegangen.

Weinhähnchen, Blütengrille, Buschgrille

Oecanthus pellucens

Keine eigentliche Bindung an Weinrebe, als wärmebedürftige Art jedoch gerne an sonnenexponierten Standorten, wo auch Wein gedeihen kann. Die Nahrung des Weinhähnchens besteht vorwiegend aus zarten Pflanzenteilen wie Staub- und Blütenblättern verschiedener Krautpflanzen (z. B. Hauhechel), sowie Blattläusen. Die Eier werden in Stängeln der Wilden Möhre und anderen Pflanzen abgelegt. Gesang besteht aus Reihen von «zrüüü»-Rufen, die gegen Abend und während der Nacht vorgetragen werden und Dutzende von Metern weit zu hören sind. Die Buschgrille breitet sich nordwärts aus und bringt gelegentlich auch makroptere (langflüglige), flugtüchtige Individuen hervor.

Männchen 10–13 mm, Weibchen 11–14 mm.

Larven Mai–Juli, Imagines Ende Juni–Anfang Oktober. Überwinterung als Ei.

Grundfarbe Hellbraun bis Gelbbraun. Hinterflügel verkürzt, überragen jedoch die Deckflügel beim Weibchen.

Gebüschreiche Magerwiesen, Rebberge.

Südliche Art, nördlich der Alpen nur in wärmebegünstigten Regionen Mitteleuropas (z. B. Hoch-, Ober- und Mittelrheingebiet, südliches und östliches Österreich).

Langfühler-Dornschrecke

Tetrix tenuicornis

In Städten wird die Langfühler-Dornschrecke vorwiegend in Gärten, an Bahnböschungen, Weiden und Wiesen mit heterogener Vegetationsstruktur sowie auf Ruderalflächen angetroffen. Die Langfühler-Dornschrecke ernährt sich hauptsächlich von Moosen, Gräsern und Kräutern und legt ihre Eier in Wurzelfilz, Laubstreu und Moos oder einfach in den Boden ab. Sie wird oft übersehen, da sie klein und unscheinbar ist und wie alle Vertreter der Familie der Dornschrecken keine Laute erzeugt. Im Norden Deutschlands ist die ähnliche Gemeine Dornschrecke *(Tetrix undulata)* häufiger, deren mittlere Fühlerglieder bei adulten Tieren (nicht bei Larven!) langgezogener sind als jene der Langfühler-Dornschrecke.

Männchen 8–10 mm, Weibchen 9–12,5 mm.

Ganzjährig in unterschiedlichen Stadien.

Grau oder graubraun, oft zwei dunkle Flecke auf dem Halsschild. Flügel verkürzt. Halsschild meist bis zum Hinterleibsende verlängert.

Vegetationslose, erdige oder kiesige Stellen unterschiedlichster, eher trockener Lebensräume: Waldränder, Materialabbaugebiete, Wiesen, Weiden, landwirtschaftliche Kulturen und Gartenbeete.

In ganz Mitteleuropa, an geeigneten Stellen auch mitten im Siedlungsgebiet.

Säbeldornschrecke

Tetrix subulata

Dornschrecken sind winzige Heuschrecken, deren Halsschild dornartig über den Rücken nach hinten verlängert ist.

Die Säbeldornschrecke besiedelt eher feuchte, offene Lebensräume, die entweder in Waldlichtungen, am Waldrand oder neben Ufergehölzen liegen. Ihre Nahrung besteht vorwiegend aus Gräsern, Moosen, Farnen, Flechten und Pflanzenresten. Die Eier werden in Wurzelfilz, Laubstreu, Moos oder einfach in den Boden abgelegt. Flugtüchtige Art.

Männchen 10,5–12,5 mm, Weibchen 12,5–15 mm.

Ganzjährig Tiere in den unterschiedlichsten Stadien.

Grau oder braun. Flügel lang, flugfähige Art. Dorn stark verlängert, in der Regel den Hinterkörper deutlich überragend.

Riedwiesen, Feuchtwiesen, Waldlichtungen, Waldränder, landwirtschaftliche Kulturen, Gärten.

Ganz Mitteleuropa. Auch im Siedlungsgebiet, sofern entsprechende Lebensräume vorhanden sind.

Blauflüglige Ödlandschrecke

Oedipoda caerulescens

Wärme und Trockenheit liebende Art. Frisst verschiedene Gräser und Kräuter. Eiablage in vegetationsarme, sandige Bodenstellen. Der Werbegesang des Männchens besteht aus einem leisen und kurzen Schwirrlaut. Mandibellaute und leises Flugschnarren bei beiden Geschlechtern. Flugtüchtige Art, dennoch mehrheitlich ortstreu. Nur einzelne Tiere einer Population sind wanderfreudig. Die am Boden gut getarnten Tiere sind im Flug durch ihre blauen Hinterflügel sehr auffällig. Im Unterschied zur Blauflügligen Sandschrecke sind die Hinterflügel bei den Ödlandschrecken schwarz gesäumt.

Männchen 15–23 mm, Weibchen 20–30 mm.

Larven ab Mai, Imagines Ende Juni–Anfang Oktober. Überwinterung als Ei.

Grau oder bräunlich, mit dunkler Zeichnung. Hinterflügel (nur im Flug sichtbar) an der Basis hellblau, am Saum schwarz. Halsschild mit Mittelkiel.

Besiedelt Felsschuttfluren, felsige oder steinige Magerwiesen und -weiden, Sand- und Kiesgruben, Bahnareale, unverdichtete Kiesflächen, auch auf Flachdächern.

Zerstreut in ganz Mitteleuropa. Auch im urbanen Raum (z. B. Berlin, München, Basel) auf Bahnarealen, Industriebrachen usw., ebenso im Umfeld von Kohlebergwerken.

Blauflüglige Sandschrecke

Sphingonotus caerulans

Trockenheit liebende Art. Frisst verschiedene Gräser und Kräuter. Eiablage in vegetationsarme, sandige Bodenstellen. Werbegesang des Männchens «rrrrrr», Flugschnarren bei beiden Geschlechtern. Ursprünglich wohl Bewohnerin von Kiesbänken und Sanddünen. Flugtüchtige Art, die neu entstandene Lebensräume schnell besiedeln kann. Die am Boden gut getarnten Tiere sind im Flug durch ihre blauen Hinterflügel sehr auffällig. Bei der Landung schlagen sie einen Haken im rechten Winkel zur Flugbahn. Im Unterschied zur Blauflügeligen Ödlandschrecke sind die hellblauen Hinterflügel bei der Sandschrecke am Außenrand nicht schwarz gesäumt.

Männchen 14–25 mm, Weibchen 22–30 mm.

Larven ab Mai, Imagines Juli–Oktober. Überwinterung als Ei.

Grau oder bräunlich, mit dunkler Zeichnung. Hinterflügel (nur im Flug sichtbar) an der Basis hellblau.

Pionierart auf vegetationsarmen Kies- und Sandbänken in dynamischen Flussauen, in Sand- und Kiesgruben, auf Bahnarealen, unverdichteten Kiesflächen, auch auf Flachdächern.

Fast ganz Mitteleuropa, im mittleren und südlichen Teil des Gebietes häufiger. Im Siedlungsraum etwa auf Bahnarealen und Industriebrachen.

Lauchschrecke

Mecostethus parapleurus (Parapleurus alliaceus)

Diese Heuschrecke, deren Gestalt etwas an Lauchgemüse erinnert, ist vielerorts selten geworden und im urbanen Raum noch in Riedwiesen und Hangrieden am Stadtrand zu finden, ebenso an Gewässerufern, etwas seltener auch in Magerwiesen mitten im Stadtgebiet. Meist stumm, ernährt sich von Gräsern und Kräutern. Die Eier werden in den Boden abgelegt. Lauchschrecken sind mit ihrem schwarzen Seitenstreifen im Gewirr der Grasblätter gut getarnt und bleiben bei Annäherung zunächst unbeweglich sitzen, um sich dann in einem Flugsprung zu retten. Nach der Landung an einem Grashalm klettern die Tiere an der abgewandten Seite rückwärts am Stängel nach unten.

Männchen 17–21 mm, Weibchen 25–28 mm.

Ungeflügelte Larven ab Mai, Imagines Juli–Anfang Oktober. Überwinterung als Ei.

Hellgrün; zwei schwarze Streifen ziehen sich von den Augen über die Halsschildseiten. Flügel voll entwickelt, flugfähige Art.

Flachmoore, Gewässerufer, extensiv genutzte, feuchte bis trockene Wiesen.

Nur im südlichen Teil Mitteleuropas, fehlt in Norddeutschland. Auch mitten im Siedlungsgebiet in entsprechenden Lebensräumen.

Männchen 14–16 mm, Weibchen 17–23 mm.

Ungeflügelte Larven ab Mai, flugfähige Imagines Juli–Ende November. Überwinterung als Ei.

Färbung variabel. Grundfarbe Braun, Grau oder Rötlich. Flügel voll entwickelt. Auffälligstes Merkmal: verdickte, an der Spitze weiße Fühler.

Verschiedenartige, eher trockene und sonnige Lebensräume: Wald- und Heckenränder, Wiesen, Brachflächen, Gärten und Friedhöfe.

Fast ganz Mitteleuropa, fehlt jedoch in der weiteren Küstenregion der Nord- und Ostsee. Auch mitten im Siedlungsraum an geeigneten Stellen, besonders im Süden und in Mitteldeutschland.

Rote Keulenschrecke

Gomphocerippus rufus (Gomphocerus rufus)

Die Rote Keulenschrecke zählt im südlichen Teil Mitteleuropas zu den häufigsten Heuschreckenarten und kommt in fast jeder Wiese, auf den meisten Baubrachen und in vielen Gärten und Grünanlagen mitten im Siedlungsraum vor. Die Männchen erzeugen anschwellende Verse: «Schischischischi». Die Rote Keulenschrecke frisst Gräser, Kräuter und Binsen und legt ihre Eier in den Boden oder in den oberirdischen Wurzelfilz von Gräsern ab. Heuschrecken werden oft von parasitischen Milben befallen, die sich am Rücken zwischen den Flügeln oder am Rand des Halsschilds festhalten. Diese Milbenlarven fallen am Wirtstier als rote Punkte auf (Bild) und ernähren sich vom Körpersaft der Heuschrecke, was diese nicht stark zu beeinträchtigen scheint.

Männchen 13–16 mm, Weibchen 16–21 mm.

Ungeflügelte Larven ab Mai, flugfähige Imagines Juli–Anfang Oktober. Überwinterung als Ei.

Färbung variabel. Grundfarbe Graubraun oder Braun, Rücken manchmal grün oder rostrot. Flügel voll entwickelt. Hinterleibsspitze rot oder gelbbraun. Typisch sind die weiß nachgezeichneten, winklig geknickten Halsschildseitenkiele.

Hauptsächlich in extensiv genutztem Grünland.

Ganz Mitteleuropa. Auch mitten im Siedlungsgebiet auf extensiv gepflegten und genutzten Wiesen.

Nachtigall-Grashüpfer

Chorthippus biguttulus

Der Nachtigall-Grashüpfer bewohnt verschiedene extensiv genutzte, warme und meist trockene Lebensräume: Magerwiesen und -weiden, Brachen, Ruderalflächen, Ackersäume, Waldränder, aber auch Flachmoore, Gärten und Friedhöfe.

Seine Nahrung besteht aus wasserreichen Gräsern wie Knaulgras und Glatthafer. Anschwellende, klappernde Verse: «Schrr, schrrrr...». Die Eier werden in den Boden abgelegt.

Es existieren mehrere ähnliche Arten, mit denen der Nachtigall-Grashüpfer leicht verwechselt werden kann, von denen in urbanen Gegenden jedoch meist nur der Braune Grashüpfer vorkommt. Sichere Artunterscheidung oft nur akustisch möglich.

Brauner Grashüpfer

Chorthippus brunneus

Der Braune Grashüpfer bewohnt warme und meist trockene Lebensräume mit heterogener Vegetationsstruktur und offenen Bodenstellen wie Magerwiesen und -weiden, Brachen, Ruderalflächen, Ackersäume, Waldränder, Schlagfluren, ebenso Flachmoore und Gärten.
Ihre Nahrung besteht aus Gräsern und Kräutern. Die Eier werden in den Boden abgelegt. Der Braune Grashüpfer erzeugt kurze, oft von zwei Männchen abwechselnd vorgetragene Verse: «Srrrt–srrrt–srrrt...».
Es existieren mehrere ähnliche Arten, mit denen der Braune Grashüpfer leicht verwechselt werden kann, von denen in urbanen Gegenden jedoch meist nur der Nachtigall-Grashüpfer vorkommt. Sichere Artunterscheidung oft nur aufgrund des Gesangs möglich.

Männchen 13–18 mm, Weibchen 17–25 mm.

Larven ab Mai, flugfähige Imagines Ende Juni–Anfang Oktober. Überwinterung als Ei.

Färbung variabel, graubraun oder braun, oft kontrastarm. Flügel voll entwickelt. Hinterleibsspitze rot oder gelbbraun. Typisch sind die weiß nachgezeichneten, winklig geknickten Halsschildseitenkiele.

Vor allem warme, meist trockene Wiesen.

Ganz Mitteleuropa, auf geeigneten Flächen bis in die Innenstadt.

Gemeiner Grashüpfer

Chorthippus parallelus

Wie viele Heuschrecken sehr variabel gefärbt, Grundfarbe Grün, Gelbgrün, selten aber auch Braun oder Violett. Der Gemeine Grashüpfer ist als eine der letzten Heuschreckenarten auch in intensiv genutztem Grünland anzutreffen und fehlt nur in sehr trockenen und sehr feuchten Wiesen. Beide Geschlechter sind in der Regel nicht flugfähig. Selten treten langflüglige, flugfähige Tiere auf. Gesang: relativ rasch vorgetragene Verse – «Zäzäzäzäzä». Nahrung: Gräser und Kräuter. Eiablage in den Boden.

Männchen 13–16 mm, Weibchen 18–22 mm.

Larven ab Mai, Imagines Ende Juni–Anfang Oktober. Überwinterung als Ei.

Färbung variabel. Typisch sind grüne Tiere mit braunem Rücken. Flügel beim Weibchen verkürzt (bis zur Mitte des Hinterleibs), beim Männchen länger.

Verschiedene trockene bis feuchte Wiesen, Flachmoore, auch intensiv genutzte Fettwiesen, Gärten und Friedhöfe.

Ganz Mitteleuropa, oft auch auf Wiesen im Stadtzentrum.

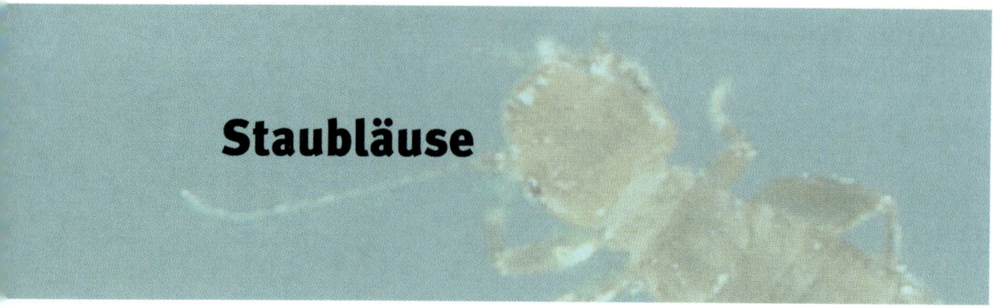

Staubläuse

Staubläuse (Psocoptera) sind weder eigentliche Läuse, wie die zu den Tierläusen (Phthiraptera) zählende Kopflaus, noch leben sie von Staub – ihren Namen haben sie wohl von ihrer unscheinbaren Gestalt, ihrer oft gräulichen Färbung und ihrer «staubhaften» Winzigkeit. Sie bilden eine eigene Ordnung innerhalb der Insekten. Staubläuse sind im Freiland etwa an Bäumen und Sträuchern, an Steinen, in Nestern oder in der Laubstreu zu finden. In Gebäuden leben sie in feuchten Kellern, an feuchten Wänden, an Büchern, hinter Bodenleisten, in zu feucht gelagertem Getreide, Herbarien usw. Sie bewegen sich lebhaft laufend in ruckartiger Weise fort und können auch hüpfen, wenn sie gestört werden. Einige Arten sind mit vollständigen Flügeln ausgestattet, bei anderen sind die Flügel auf Stummel reduziert oder fehlen ganz.

In Mitteleuropa sind ca. 100 Arten von Staubläusen bekannt, darunter die in Innenräumen häufigen Arten *Dorypteryx domestica* und *Liposcelis bostrychophila*. Letztere gehört zu der mehrere sehr ähnliche Arten umfassenden Gattung der Bücherläuse *(Liposcelis)*. Staubläuse ernähren sich von Schimmelpilzen, Sporen, Flechten, Grünalgen und auch vom Leim in Büchern oder an Tapeten. Viele Arten können sich durch Parthenogenese vermehren (ohne Paarung), dabei entwickeln sich aus den unbefruchteten Eiern wiederum Weibchen. Wenn genügend Nahrung vorhanden ist und die Feuchtigkeit mindestens 75 % beträgt, können sich Staublauspopulationen schnell vermehren. Staubläuse durchlaufen eine unvollständige Verwandlung. Die Larven ähneln den ausgewachsenen Tieren und haben die gleiche Lebensweise. Die Entwicklung ist temperaturabhängig und beträgt zwischen 30 bis 90 Tagen.

Staubläuse sind in Häusern, auch in Altbauten, weit verbreitet, fallen aber aufgrund der geringen Größe und blassen Farbe bei geringer Anzahl meistens nicht auf. In Neubauten oder nach einem Wasserschaden entwickeln sich oft nach wenigen Monaten große Populationen, die bei massenhaftem Auftreten lästig werden und in seltenen Fällen Allergien auslösen können. Die Anwendung von Insektiziden ist zur Beseitigung von Staubläusen wenig geeignet, viel eher sollten die Bedingungen geändert werden, die für das Wachstum von Schimmelpilzen, ihrer Nahrungsgrundlage, förderlich sind. Wenn sich in Gebäuden kein Schimmel mehr entwickeln kann, wird auch die Vermehrung der Staubläuse gestoppt. In Neubauten kann es durchaus 2–3 Heizperioden dauern, bis die Wände vollständig ausgetrocknet sind. Wichtig ist, dass möglichst täglich 2–3 Mal quer gelüftet und im Frühjahr und im Herbst an feuchten Tagen geheizt wird und dass Möbel und Bilder die Wände nicht zu stark abdecken.

Staublaus

Dorypteryx domestica

Die Art wurde 1958 aus Gebäuden im damaligen Südrhodesien beschrieben und wurde 1973 erstmals in der Schweiz gefunden. Sie hat sich seither in Europa stark ausgebreitet und gehört zu den häufigsten in Häusern auftretenden Staubläusen. Zwei weitere Arten derselben Gattung, *D. pallida* und die erst 1988 entdeckte, wahrscheinlich ebenfalls eingeschleppte *D. longipennis*, die beide auf den Vorderflügeln nur noch zwei unverzweigte Längsadern haben, kommen seltener vor. In der Regel bewegen sich die Tiere laufend fort, bei Gefahr können sie jedoch mithilfe der schmalen Flügel kleine Sprünge von drei bis vier Zentimeter vollführen.

Körperlänge 1,5 bis 2,0 mm.

Ganzjährig

Cremefarbig. Die langen dünnen Antennen bestehen aus mehr als 20 Gliedern. Die schmalen Flügel (mehrere Adern) sind stark behaart und reichen bis zum Hinterleibsende.

Vorkommen ausschließlich in Gebäuden, oft in Neubauten.

Ganz Mitteleuropa

Bücherlaus

Liposcelis bostrychophila

Die Art ist ein wahrscheinlich urprünglich aus Afrika eingeschleppter Kosmopolit und tritt hauptsächlich in Haushalten, wo Nahrungsmittel und weiteres organisches Material zu feucht gelagert werden, schädlich und lästig auf. Daneben kommt sie auch in Vogelnestern vor. *L. bostrychophila* vermehrt sich parthenogenetisch, d.h., Männchen fehlen. Bei geeigneten Bedingungen (feucht, warm) kann so innert kurzer Zeit eine Massenvermehrung stattfinden. Die Lebensdauer variiert mit der Temperatur, der Luftfeuchtigkeit und der vorhandenen Nahrung. Unter günstigen Bedingungen beträgt die Lebensdauer ca. sechs Monate. Bei einer Lufttemperatur von unter 20 °C und hoher Luftfeuchtigkeit können Adulttiere dieser Art mehrere Wochen lang auch völlig ohne Nahrung überleben.

Körperlänge 0,95 bis 1,15 mm.

Ganzjährig

Bräunlich, Körper ist abgeflacht, Hinterbeinschenkel sind stark verbreitert, Antennen 15-gliedrig, flügellose Art.

In alten feuchten Gebäuden, in Neubauten, deren Mauerwerk nicht ausgetrocknet ist, nach Wasserschäden im Gebäude; oft an Küchenvorräten (Mehl, Reis usw.), auch in Büchern und Papierstapeln.

Ganz Mittleuropa, darüber hinaus weltweit verbreitet.

Tierläuse

Tierläuse (Phthiraptera) sind eine parasitisch auf Vögeln (Federlinge) und Säugetieren (Echte Tierläuse und Haarlinge) lebende Insekten-Ordnung. Im Gegensatz zu Flöhen und Zecken leben die Läuse dauernd auf ihrem Wirt. Ihr Körper ist, angepasst an ihre Lebensweise, stark abgeflacht. Tierläuse haben keine Flügel, jedoch gut ausgebildete Klammerbeine mit kräftigen Klauen am Ende, um sich an Haaren oder Federn ihres Wirtes festzuhalten. Zwei Gruppen der Tierläuse sind besonders wichtig, die **Beißläuse** (Unterordnungen Amblycera und Ischnocera, früher als Ordnung Mallophaga = «Haar-Esser» zusammengefasst) und die blutsaugenden **Echten Tierläuse** (Anoplura).

Ein Beißlaus-Weibchen legt 50–100 Eier, welche sie an Haare oder Federn anklebt. Die gesamte Entwicklung über drei Larvenstadien dauert etwa 3–4 Wochen. Federlinge und Haarlinge sind mit 0,5–1,0 mm klein, abgeflacht und haben rudimentäre oder gar keine Augen. Sie haben im Gegensatz zu den Echten Tierläusen meist einen breiteren Kopf und kräftige Mundwerkzeuge.

Weltweit umfasst die Ordnung der Tierläuse etwa 3500 Arten, in Mitteleuropa kommen 650 bis 1000 vor. Die meisten davon sind auf Vögeln lebende Beißläuse, sogenannte Federlinge. Sie ernähren sich von keratinhaltigen Substanzen wie Hautschuppen und Federn, welche sie mit ihren kräftigen Kiefern abschaben. Einige wenige Arten ernähren sich von Blut. Federlinge übertragen im Normalfall keine Krankheiten, doch kann ein starker Befall zum Beispiel bei Hühnern zu Hautreizungen, Schlaflosigkeit, Gewichtsverlust und Verminderung der Eiproduktion führen. Vögel befreien sich von den Federlingen, indem sie Sandbäder nehmen oder sich auf Ameisenhaufen setzen («Einemsen»). Die Ameisensäure tötet die Parasiten. Beißläuse, die auf Säugetieren leben – sogenannte Haarlinge – können z. B. auf Hunde oder Katzen Bandwürmer übertragen. Haarlinge sind wirtsspezifisch und befallen den Menschen nicht. Heute sind Haarlinge auf Haustieren sehr selten, weil die meisten Tierhalter ihre Tiere mit Bekämpfungsmitteln behandeln.

Zu den Echten Tierläusen zählen unter anderen die Kopf-, Kleider- und Filzläuse. Die Kleiderlaus *(Pediculus humanus)* unterscheidet sich von der Kopflaus vor allem durch die durchschnittlich längere Körpergröße und ihr abweichendes Verhalten. Nissen werden nicht an Haare, sondern an Fasern der Unterwäsche geklebt, wo sich die Kleiderläuse auch in großen Gruppen aufhalten. Sie können bis zu sieben Tage ohne Blutsaugen überleben. Im Gegensatz zur Kopflaus, die keine Krankheiten überträgt, kann die Kleiderlaus eine Reihe von Krankheiten übertragen, z. B. das Fleckfieber. In Mitteleuropa sehr selten im Randständigenmilieu.

Kopflaus

Pediculus capitis

Kopfläuse saugen zwei bis drei Mal pro Tag Blut, ausschließlich auf dem Kopf von Menschen. Ohne menschliches Blut sterben sie nach spätestens zwei Tagen. Sie sind lichtscheu. Die optimale Temperatur liegt bei 29–34 °C. Weibchen kleben 3–4 Eier (Nissen) pro Tag mittels wasserunlöslicher Substanz dicht an der Kopfhaut an einzelne Haare, bevorzugt hinter den Ohren und im Nackenbereich. Larvenentwicklung in ca. 17 Tagen, als Adulttier kann eine Laus noch etwa 20–30 Tage leben. Übertragung v. a. bei Kindern durch Körperkontakt von Kopf zu Kopf, Läuse können nicht wie Flöhe hüpfen. Kopfläuse übertragen keine Krankheiten.

Bei Kopflausbefall Behandlung mit Medizinal-Shampoo nach Anleitung, danach über mehrere Wochen regelmäßig das Haar auf Nissen untersuchen.

2–3,5 mm

Ganzjährig

Körper länglich oval, flügellos. Kopf schmaler als Brustsegmente. Kräftige Klammerbeine mit großen Klauen an den Füßen zum Festklammern an Haaren. Stechend-saugende Mundwerkzeuge, in Ruhestellung im Mundkegel versenkt. Larven sehen den Adulten ähnlich.

Ausschließlich auf behaarten Köpfen; sehr wirtsspezifisch, nur auf Menschen.

In ganz Mitteleuropa.

→ www.kopflaus.ch

Filz- oder Schamlaus

Pthirus pubis

Filzläuse werden vor allem beim Geschlechtsverkehr übertragen. Ihre Stiche verursachen einen starken Juckreiz. Sie übertragen keine Krankheiten. Ohne Blutaufnahme kann eine Filzlaus maximal zwei Tage überleben. Ein Saugakt dauert 10–30 Minuten. Ein Weibchen klebt während ihres etwa 1 Monat dauernden Lebens jeden Tag 1–3 Eier an die Schamhaare ihres Wirtes. Die Larvenentwicklung beträgt 3–4 Wochen.

Filzläuse lassen sich mit einer Medizinal-Lotion aus der Apotheke bekämpfen oder durch eine Rasur der Körperbehaarung.

1–1,7 mm

Ganzjährig

Körper breit, krabbenartig, flügellos. Kopf schmaler als Brustsegmente. Kräftige Klammerbeine mit großen Klauen an den Füßen zum Festklammern an Haaren. Stechend-saugende Mundwerkzeuge, in Ruhestellung im Mundkegel versenkt. Larven sehen den Adulten ähnlich.

Entsprechend der dickeren Haare ihres Aufenthaltsortes kräftigere und größere Endklauen an den Beinen.

Körperbehaarung, Schamhaare, seltener auch in Achselbehaarung, Augenbrauen, Wimpern, Bart; sehr wirtsspezifisch, nur auf Menschen.

In ganz Mitteleuropa.

→ www.bsafb.de → Suche «Filzlaus»

Pflanzenläuse

Alle Pflanzenlausarten (Sternorrhyncha) verfügen über einen im Brustbereich liegenden Saugrüssel, mit dem sie den Pflanzen Saft entziehen. Da sie dabei im Verhältnis zu anderen Nährstoffen zu viel Zucker erhalten, scheiden sie diesen in Form von Honigtau wieder aus – in stark befallenen Pflanzenkulturen bis zu 300 kg pro ha. Pflanzenläuse sind in der Regel höchstens ein paar Millimeter groß. Von den weltweit 8000 bekannten Pflanzenlausarten leben in Mitteleuropa über 1000.
Die Pflanzenläuse werden in vier Gruppen unterteilt: Blattflöhe (Psyllina), Mottenschildläuse (Aleyrodina), Blattläuse (Aphidina) und Schildläuse (Coccina).
Ausgewachsene **Blattflöhe** können dank ihrer vergrößerten Hinterbeine gut springen, sind aber trotz großer Flügel meist schlechte Flieger.
Der Körper und die beiden Flügelpaare der **Mottenschildläuse** sind mit einem weißen, mehlartigen Wachsstaub bedeckt, weshalb sie auch als Weiße Fliegen bezeichnet werden.
Blattläuse besitzen auf dem Ende ihres Rückens fast immer sogenannte Siphons (Rückenrohre), aus denen sie Hämolymphe oder Pheromone abgeben können. Es gibt geflügelte und ungeflügelte Blattlausformen. Die verschiedenen Arten haben oftmals überraschend komplizierte Lebenszyklen mit einem Wirtspflanzenwechsel, bei dem zweigeschlechtliche und parthenogenetische Phasen abwechseln.
Die Entwicklungszeit der Blattläuse beträgt teilweise nur 7 bis 14 Tage. In einem trockenen, warmen Frühling vermehren sie sich besonders rasant. In naturnahen Gärten tragen Marienkäfer, Florfliegen, Schwebfliegen, Schlupfwespen, Ohrwürmer, Wanzen, Vögel und viele andere Tiere zur Dezimierung der Blattläuse bei.
Der Name der **Schildläuse** leitet sich vom deckelähnlichen Rückenschild vieler Arten ab. Einige Schildlausarten wurden schon vor Jahrhunderten als Nutztiere gehalten, in Europa z. B. seit der Eisenzeit Kermesläuse *(Dactylopius coccus)* für die Erzeugung von Karminrot. In Mittel- und Südamerika wird der Farbstoff aus der Cochenille-Schildlaus *(Coccus cacti)* extrahiert, der als Lebensmittelfarbstoff zum Beispiel in Campari oder Lippenstiften Verwendung findet. Die in Süd- und Südostasien beheimatete Lackschildlaus *(Kerria laccifera)* liefert den Schellack, aus dem in der ersten Hälfte des 20. Jahrhunderts Schallplatten hergestellt wurden. Heute wird er in der Möbelpflege, für Musikinstrumente (Geigen) sowie in der Lebensmittelindustrie als Überzugsmittel E 904 zum Beispiel für Schokoladendragees verwendet.

Gemeiner Birnblattsauger

Cacopsylla pyri

Birnblattsauger zählen zu den Blattflöhen. Ausgewachsene *Cacopsylla pyri* überwintern an Obstbäumen und in deren Nähe unter Rindenschuppen und werden schon im Vorfrühling aktiv. Eiablage am Holz und an Knospen, später an Blüten und jungen Blättern. Larven schlüpfen während der Blüte, saugen gruppenweise an Blättern und Trieben. Befall führt teils zur Deformation von Blättern und Trieben, ausgeschiedener Honigtau ist Nährboden für Rußtaupilze. Mehrere Generationen pro Jahr. Die Schwarze Blumenwanze *(Anthocoris nemorum)* ist ein wichtiger natürlicher Feind der Birnblattsauger. Bekämpfung auch durch Förderung von Ohrwürmern, die den Befall nachgewiesenermaßen einzudämmen vermögen.

Ausgewachsen bis 3 mm.

Ganzjährig an Birnbäumen oder in deren Nähe.

Adulte mit durchsichtigen, dachförmig an den Körper angelegten Flügeln; überwinternde Weibchen dunkel, gestreift, im Sommer heller.

An Birnbäumen, selten an Apfelbäumen.

Mitteleuropa: Niederstammanlagen und Hochstämme auch in Stadtrandgebieten.

Holunderblattlaus

Aphis sambuci

Die Holunderblattlaus ist ein typischer Pflanzensaftsauger aus der Familie der Röhrenblattläuse. Wobei Saugen wohl übertrieben ist: Wird die Pflanzensaft führende Kapillare einmal angestochen, läuft der unter Druck stehende Strom aus Kohlenhydraten und Aminosäuren von selbst in den Verdauungstrakt. Den Überschuss scheiden sie aus (Honigtau). Dieser wird gern von Ameisen aufgenommen (Blattläuse melken). Die Vermehrung erfolgt vorwiegend durch Jungfernzeugung aus unbefruchteten Eiern. Bei günstigen Bedingungen beträgt so die Generationszeit nur eine Woche. Es treten neben den ungeflügelten Formen auch geflügelte auf, die vorwiegend dem Wirtswechsel und der Ausbreitung dienen.

Körperlänge 2,2–3,2 mm.

Ganzjährig

Hinterleib der Larven dunkel, oft mit segmentalen weißlichen Wachstropfen besetzt. Saugrüssel. Segmentierte lange Fühler.

Holunder *(Sambucus nigra)*, an Stängeln saugend. Wirtswechsel zu Ampfer, Steinbrech- und einigen Nelkengewächsen; dort an Wurzelstock und Wurzelhals.

Mitteleuropa: Verbreitet; häufig. Wirtspflanze Schwarzer Holunder; im Gebiet eine der häufigsten Straucharten.

ca. 2 mm

Im Frühjahr und Sommer auf Rosen. Überwinterung als Ei.

Tropfenförmiger Körper, grün oder rosa.

Auf Rosen, Wirtswechsel auf Korbblütler.

Mitteleuropa: Gärten und Parks, Rosenrabatten, häufig.

Große Rosenblattlaus

Macrosiphum rosae

Gerne an jungen Rosenknospen, richtet an der gesamten Pflanze großen Schaden an: Knospen, Blätter und Triebe verkümmern.
Zyklus einjährig: Im Frühling schlüpfen aus den Dauereiern flügellose Weibchen. Durch ungeschlechtliche Vermehrung (Parthenogenese) entstehen bei trockenwarmer Witterung in kurzer Zeit Hunderte von Jungen, die ihrerseits schon nach etwa 14 Tagen parthenogenetisch Junge erzeugen. Die im Frühling massenhaft auftretenden Tiere sind flügellos. Erst im Sommer werden geflügelte Weibchen geboren, die einen Wirtswechsel vornehmen und auf Karden, Skabiosen oder andere Korbblütler fliegen. Im Herbst entstehen hier Männchen und Weibchen. Diese (geflügelten) Weibchen legen nun wieder befruchtete Dauereier auf Rosen ab.

Blattlaus 1–2 mm.

April – Herbst

Tiere sehr klein. Gallen unverkennbar: zuerst grünlich, später braun, ananasförmig, nussgroß.

Gallen (2,0–3,5 cm) an End- und Seitentrieben von Fichten, Wirtswechsel zu Lärchen.

Mitteleuropa: Überall, wo Fichten wachsen; in Wald, Garten und Park.

Gelbe Fichtengallenlaus

Adelges abietis

Komplexer zweijähriger Lebenszyklus, der auf Fichten beginnt: Aus befruchtetem Ei schlüpft Muttertier, das Pflanzensaft saugt und in schützender, wachsender Galle ungeschlechtlich Hunderte von Nachkommen erzeugt. Aus den Gallen fliegt eine geflügelte Blattlausgeneration aus, die auf Lärchen fliegt, wo ungeschlechtliche, flügellose Nachkommen erzeugt werden, die als Larven auf Lärchen überwintern (ohne Gallbildung). Im nächsten Frühling entstehen daraus geflügelte Geschlechtstiere, die auf Fichten zurückfliegen. Nach der Paarung legt jedes Weibchen ein einziges befruchtetes Ei. Daraus schlüpft noch im Herbst ein ungeflügeltes weibliches Tier, das nach Überwinterung ungeschlechtlich zahlreiche Nachkommen erzeugt – und der Zyklus beginnt von Neuem.

Weiße Fliege

Trialeurodes vaporariorum

Die Weiße Fliege ist trotz ihres Namens keine Fliege, sondern eine Art aus der Gruppe der Mottenschildläuse. Sie wurde vermutlich mit Pflanzentransporten aus Südamerika eingeschleppt. Die hohe Vermehrungsrate lässt sie zum Schädling für Gewächshaus und Zimmerpflanzen werden. Die Tiere werden nicht nur durch ihre Saugtätigkeit schädlich, sondern auch durch die Ausscheidung von Honigtau, der auf der Pflanze kleben bleibt und für schwarze Schimmelpilze ideale Wachstumsbedingungen schafft.
Bekämpfung: regelmäßige Kontrollen der obersten, jüngsten Blätter. Bei schwachem Befall einzelner Pflanzen kann das Kühlstellen (unter 16 °C) bereits helfen. Das Ausbringen spezifischer Schlupfwespen *(Encarsia formosa)* hat sich sehr gut bewährt.

1,5 mm

Ganzjährig

Weiß bepuderte, kleine Fluginsekten auf der Unterseite von Blättern.

Im Haus und in Gewächshäusern, besonders an Zierpflanzen.

Mitteleuropa: Überall im Siedlungsraum häufig.

Brennnessel-Röhrenschildlaus

Orthezia urticae

Röhrenschildläuse besitzen eine bizarr anmutende Panzerung aus Wachs, welches sie aus spezifischen Sekretdrüsen freisetzen. Die Tiere bewegen sich folglich sehr langsam. *O. urticae* lebt als Pflanzensaftsauger an verschiedenen krautigen Wirtspflanzen. Neben der vorwiegend ungeschlechtlichen Vermehrung gibt es auch die geschlechtliche, bei der sich adulte Weibchen mit den sehr viel kleineren, geflügelten Männchen (1¾ mm) paaren.
Zum Ausreifen lagert das Weibchen seine Eier in eine aus Wachs gebildete Eitasche aus. In der Regel schlüpfen ca. vier Larven über einen Zeitraum von zwei Monaten und überwintern. Spät gereifte Eier können auch im schützenden Wachskokon den Winter überdauern.

Körperlänge 8–10 mm (mit Eiersack).

Mai–September.

Körper von Wachsschicht umgeben. Weibchen mit Eiersack-Ausstülpung aus Wachs. Stechend saugende Mundwerkzeuge. Komplexaugen. Gegliederte Fühler.

Lichte Laubwälder; in Krautschicht. Wirtspflanzen: Brennnessel, Wachtelweizen, Schafgarbe, Labkraut, Sternmiere, Springkraut.

Überall in Mitteleuropa. Im Stadtgebiet häufig in naturnahen Gärten oder anderen krautreichen Bereichen.

Schild des ausgewachsenen Weibchens 4–6 mm lang.

Ganzjährig auf Wirtsbaum. Überwinterung als Larve.

Weiße Wachshäufchen, teilweise bedeckt von braunem Schild, an Baumstämmen.

An Laubholz, v. a. Linde *(Tilia)*, Ahorn *(Acer)*, Rosskastanie *(Aesculus)*.

Mitteleuropa: In Stadtgebieten häufig an Straßenbäumen und in Parkanlagen.

Wollige Napfschildlaus

Pulvinaria regalis

Vermutlich aus Asien eingeschleppt, in Europa erstmals 1964 bemerkt, seit 1989 im Rheinland, in der Schweiz seit 1992.

Lebenszyklus: Ende April/Anfang Mai legt das Weibchen an Stämmen und unter Hauptästen bis zu 2000 Eier, die in Wachswolle unter dem braunen Schild des Weibchens deponiert werden. Fortpflanzung ungeschlechtlich, obwohl hin und wieder Männchen auftreten. Larven schlüpfen im Juni/Juli, wandern in die Krone auf die Unterseite der Blätter und beginnen zu saugen. Im Herbst Wechsel von den Blättern auf die Zweige, wo sie überwintern. Ab April saugen sie dort weiter, häuten sich zum Adulttier und wandern abwärts zu dicken Ästen und zum Stamm, legen ihre Eier und sterben.

Hohes Vermehrungspotenzial, innerhalb weniger Jahre können große Teile der Baumrinde mit weißen Flecken bedeckt sein. Weitere mögliche Symptome: welke Blätter und vorzeitiger Blattfall. Keine Gefährdung ausgewachsener Bäume. Schwächung des Baums allenfalls bei langjährigem Befall oder in Kombination mit anderen Faktoren wie Trockenheit, Salzstress oder anderen Schadinsekten.

Verbreitung der Wolligen Napfschildlaus v. a. durch befallenes Pflanzenmaterial, teilweise auch durch Wind oder Vögel.

Zur Eindämmung der Ausbreitung sollte das Schnittgut befallener Bäume sofort verpackt und verbrannt werden. Nach der Eiablage im Mai können die Gelege mit einem leichten Wasserstrahl von der Rinde gespritzt werden. Damit sterben auch die meisten Eier ab, die optisch störenden Wachshüllen verschwinden. Einsatz chemischer Pflanzenschutzmittel nicht empfehlenswert, weil damit auch Nützlinge abgetötet werden. Die gezielte Freisetzung von Nützlingen (Marienkäfer, Schlupfwespen) scheint in Deutschland Erfolg versprechend zu sein.

Fransenflügler (Thripse)

Die kleinen, unscheinbaren Insekten aus der Ordnung der Fransenflügler (Thysanoptera) könnte man als Mensch schnell übersehen. Doch an schwülwarmen Gewittertagen sind sie zu Millionen unterwegs, bilden regelrechte Wolken und kleben in unseren Augen, der Nase, dem Mund oder auf unserer Haut. In Mitteleuropa sind ca. 250 Arten bekannt. Die Tiere haben eine durchschnittliche Größe zwischen 1 und 2 mm (bei uns maximal 5 mm) und einen sehr schlanken, etwas abgeflachten Körper. Die zwei paarigen Flügel sind ungewöhnlich schmal und am Rand mit einer Vielzahl wimperartiger Fransen besetzt, die auch der Ordnung zu ihrem Namen verhalfen. Einige Arten sind flügellos. Als Spielball des Windes können Fransenflügler 100–1000 km mit dem Wind als «Luftplankton» transportiert werden. Die Füße (Tarsen) der Tiere sind zweigliedrig und enden mit einer ausstülpbaren Haftblase oder Haftlappen, mit denen sich die Tiere an glatten Oberflächen wie mit Saugnäpfen festhalten können («Blasenfüße»). Fransenflügler leben vorwiegend von Pflanzen und deren Säften. Meist unter dem Blatt sitzend, saugen sie dann Blattzellen aus. Die Wahl der jeweiligen Wirtspflanze ist oft artspezifisch. Die befallenen Stellen werden durch die eindringende Luft meist weißlich silbrig, später braun und fallen schließlich ab oder vertrocknen. An Kulturpflanzen und in Gewächshäusern kann der durch Fransenflügler verursachte Schaden immens sein. Manche nehmen auch den Saft aus Pilzen, Flechten und Algen auf, weshalb man sie oft an feuchten Stellen in der Laubstreu oder unter Baumrinden findet. Wenige Arten leben räuberisch von anderen Thripsen bzw. anderen kleinen Insekten und saugen diese aus. Die Vermehrung erfolgt vorwiegend parthenogenetisch (Jungfernzeugung), aber auch zweigeschlechtlich.

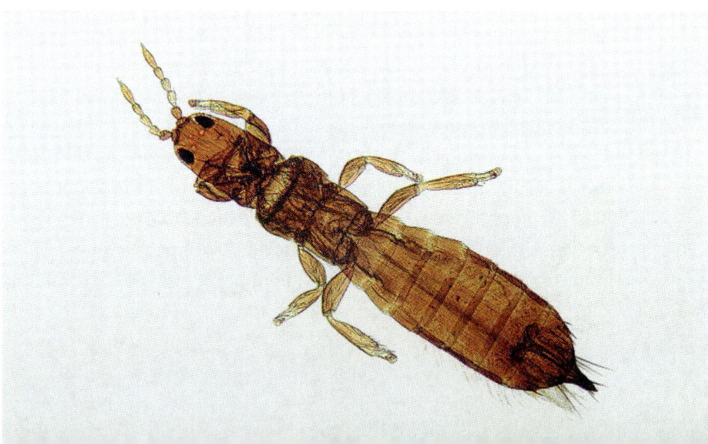

Zikaden

Systematisch gesehen, bilden die Zikaden (Auchenorrhyncha) zusammen mit Pflanzenläusen und Wanzen (sowie den in Europa fehlenden Coleorhyncha) die Überordnung der Schnabelkerfe (Hemiptera). Ihnen gemeinsam ist der stechend-saugende Mundapparat. Typisch für die Zikaden ist das dachförmige Zusammenlegen der Flügel in der Ruhelage. Die Hinterbeine der Zikaden sind zu Sprungbeinen umgewandelt, die es den Tieren erlauben, ähnlich wie Heuschrecken bei Störungen davonzuspringen. Alle Zikaden ernähren sich von Pflanzensäften. Deshalb kommen diese Insekten bei uns in praktisch allen von Pflanzen besiedelten Lebensräumen in meist großer Individuenzahl vor.

Die Eier werden mit dem Legebohrer in lebendes oder abgestorbenes Pflanzenmaterial abgelegt. Viele Zikaden überwintern im Eistadium, aber auch Larval- und Adultüberwinterer sind bekannt. Die Entwicklung erstreckt sich über fünf Larvalstadien, wobei die Jungtiere bereits große Ähnlichkeit mit den Erwachsenen (Adulten) aufweisen, allerdings noch flugunfähig sind. Sie ernähren sich ebenfalls von Pflanzensäften. Die Mehrheit der einheimischen Zikaden haben ein bis zwei Generationen pro Jahr. Die Entwicklung der großen Singzikaden dagegen dauert mehrere Jahre.

Unsere einheimischen Tiere sind meist klein und unauffällig. Nur wenige mitteleuropäische Zikadenarten sind größer als 1 cm, die überwiegende Mehrheit der Arten hat eine Körperlänge von höchstens 5 mm und gehört zur Familie der Kleinzikaden. Nur die Singzikaden – vertreten durch die Bergzikaden – produzieren für uns hörbare Töne.

Die meisten der 35 000–45 000 weltweit beschriebenen Zikadenarten leben in den Tropen und Subtropen, in Mitteleuropa dürften etwa 1000 Arten vorkommen. Trotz der großen Artenzahl und ihrer ökologischen Bedeutung innerhalb der Nahrungsketten ist diese Insektengruppe selbst bei Naturinteressierten weitgehend unbekannt. Hauptgründe dafür sind sicherlich die erwähnte geringe Körpergröße der allermeisten mitteleuropäischen Arten und ihre schwierige Bestimmbarkeit.

Während für Schmetterlinge und Heuschrecken auch für städtische Gebiete relativ viele Daten vorliegen, gibt es über Zikaden nur wenige Untersuchungen. Daten aus Basel, Berlin, Bremen, Brno, Köln und Strasbourg zeigen jedoch, dass städtische Gebiete für viele Zikadenarten attraktiv sind. Laut einer 1998 publizierten Untersuchung konnten beispielsweise in Halle 244 Arten nachgewiesen werden, was knapp 63 % der aus Sachsen-Anhalt bekannten Zikaden entspricht.

Echte Käferzikade

Issus coleoptratus

Die Echte Käferzikade zählt zur Familie der Käferzikaden (Issidae). In Mitteleuropa sind nur etwa 10 Arten aus verschiedenen Gattungen bekannt. Nördlich der Alpen kommt eine weitere, ähnliche Art vor *(Issus muscaeformis)*, die in Städten jedoch selten anzutreffen ist. Die für ihr Leben an Gehölzen farblich gut getarnte Echte Käferzikade ernährt sich wie alle Zikaden von Pflanzensäften. Eine Generation pro Jahr. Die Junglarven überwintern in der Laubstreu, auch in Efeu und an anderen Pflanzen.

Körperlänge 6–7,5 mm.

Ende Mai–Mitte Oktober.

Kompakte, käferförmig gebaute Zikade. Körper farbvariabel grau bis braun, Flügel mit ausgeprägter Netzzeichnung.

Sehr polyphage Art, oft auf hartblättrigen Pflanzen (Efeu, Buchsbaum, Eibe, Eichen).

Mitteleuropa: Wälder und Gärten, oft an efeubewachsenen Hauswänden und in Lauben.

Wiesenschaumzikade

Philaenus spumarius

Aufgrund der Größe und ovalen Körperform ist die Wiesenschaumzikade eindeutig zu erkennen. Andere Schaumzikaden-Arten in Mitteleuropa sind entweder deutlich größer oder schlanker.

Die Jungtiere entwickeln sich in selbst produzierten Schaumgebilden an den Stängeln verschiedener Kräuter und Gräser. Das Schaumnest, das die Jungtiere vor Feinden und Austrocknung schützt, wird auch als «Kuckucks-Speichel» bezeichnet, da das Auftreten zeitlich mit dem Erscheinen des Kuckucks im Frühjahr zusammenfällt. Der Name des Wiesenschaumkrauts *(Cardamine pratensis)*, an dem sich Wiesenschaumzikaden entwickeln können, leitet sich vermutlich von den Schaumhüllen der Zikadenlarven ab.

Körperlänge 5,5–7 mm.

Ende Mai–Anfang November.

Ovale Körperform, Färbung sehr variabel, von völlig schwarz über grau bis hellbraun, oft mit Streifen- oder Fleckenzeichnungen auf den Flügeln.

In unterschiedlichen Biotopen auf vielen verschiedenen Pflanzen.

Mitteleuropa: Sehr häufig in Wiesen, sofern diese nicht zu oft gemäht werden.

Körperlänge 9–11 mm.

Anfang Mai–Mitte Juli.

Rot-schwarze Flügelzeichnung, hinterste Flügelbinde stark gebogen.

In eher feuchten Wiesen an Gräsern und Kräutern.

Mitteleuropa: Häufig in Wiesen und Weiden sowie an Wegrändern am Stadtrand.

Gemeine Blutzikade

Cercopis vulnerata

Häufigste der sechs in Mitteleuropa vorkommenden Blutzikaden. Die Larven entwickeln sich in selbst produzierten Schaumgebilden im Wurzelbereich. Die rot-schwarze Färbung der ausgewachsenen Tiere dient als Warnung gegenüber Fressfeinden. Wie bei den ebenfalls rot-schwarz gefärbten Marienkäfern tritt beim Ergreifen ein Reflexbluten auf. Die an den Beinen austretende Hämolymphe (Insektenblut) riecht unangenehm und ist für andere Tiere vermutlich auch leicht giftig.

Körperlänge 8–9 mm.

Mitte Juli–Mitte Oktober.

Oberseite lebhaft grün mit roten Streifen auf den Flügeln, Unterseite gelb.

Entwicklung ausschließlich auf verschiedenen Rhododendren. Erwachsene auch auf anderen Pflanzen anzutreffen.

Mitteleuropa: Sehr häufig in großen Rhododendron-Beständen (Parkanlagen, Gärten).

Rhododendronzikade

Graphocephala fennahi

Die Rhododendronzikade ist aufgrund ihrer charakteristischen Färbung in unseren Gegenden unverwechselbar. Sie kann beim Sonnenbad auf Blättern beobachtet werden, begibt sich bei Störung auf die Blattunterseite. Diese ursprünglich aus Nordamerika stammende Zikadenart wurde Anfang der 1930er-Jahre mit Zierpflanzen nach Südengland verschleppt. Erst ab ca. 1960 schaffte die Rhododendronzikade den Sprung auf den europäischen Kontinent, wo sie sich rapide ausbreitete.
Eiablage in Knospen, dabei wird oft ein ebenfalls aus Nordamerika stammender Pilz übertragen. Infizierte Knospen werden gräulich und vertrocknen, bleiben noch einige Jahre an der Pflanze haften.

Bergahorn-Winkerzikade

Acericerus heydenii

Aus der Unterfamilie Idiocerinae (Winkerzikaden) kommen in Mitteleuropa etwa 25 Arten vor. Die Männchen vieler Arten besitzen eine charakteristische Gesichtszeichnung und abgeflachte Antennenenden, mit welchen sie den Weibchen vor der Paarung Winksignale geben. Überwinterung oft als Adulttier, dabei fliegen an wärmeren Wintertagen einige Arten häufig ans Licht in Wohnungen.

Körperlänge 6–6,5 mm.

Ende Juli–Ende Juni.

Grundfärbung schwarzbraun, Flügel graubraun mit weißen Flecken, Gesicht beim Männchen mit langem schmalem Längsstreifen.

Winkerzikaden leben auf verschiedenen Baumarten (z. B. Ahorn, Pappeln, Weiden).

Mitteleuropa: In Parkanlagen und an Waldrändern. Im Winter oft auch in Wohnungen.

Kräuter-Blattzikade

Eupteryx melissae

Auch Eibisch-Blattzikade genannt. Stellvertretend für zahlreiche ähnliche Kleinzikadenarten. Alleine aus der Gattung *Eupteryx* sind in Europa etwa 50 Arten bekannt. Körperzeichnung oft variabel, daher ist eine sichere Bestimmung bei Kleinzikaden meist nur anhand der männlichen Genitalien möglich. Einige *Eupteryx*-Arten sind auf bestimmte Wirtspflanzen spezialisiert.

Die Anwesenheit von Kleinzikaden zeigt sich meist durch kleine, helle Punkte auf Pflanzenblättern (oft an Küchenkräutern wie Salbei, Minze oder Melisse). Die Punkte sind von den Zikaden leergesaugte Pflanzenzellen. Bei Massenauftreten können die Zikaden die Pflanzen so sehr schwächen, dass diese eingehen (bekannt ist z. B. die Rosenzikade *Edwardsiana rosae*).

Körperlänge 2,5–3 mm.

Ende Mai–Anfang Oktober.

Grundfärbung hell gelbgrünlich, braune Flecken auf den Flügeln, mehrere schwarze Punkte auf Kopf, Halsschild und an den Seiten.

Blattzikaden leben auf verschiedenen Kräutern, oft an Lippenblütlern, gerne auch an Brennnesseln.

Mitteleuropa: An geeigneten Stellen fast im gesamten Stadtgebiet.

Wanzen

Wanzen (Heteroptera) sind charakterisiert durch einen Saugrüssel, zweigeteilte Vorderflügel (ledriger und membranöser Teil) und durch Drüsen, die sich bei Larven auf der Rückenoberseite und bei ausgewachsenen Tieren an der Brustunterseite befinden und in einer Öffnung enden.

Wanzen haben eine stechend-saugende Ernährungsweise. Es gibt Pflanzensaftsauger, Räuber, «Gemischtköstler» und Blutsauger. Einige Arten sind sehr wirtsspezifisch, d.h., sie ernähren sich von einer einzelnen Wirtsart, auf der sich ihre gesamte Entwicklung abspielt.

Die beiden Flügelpaare der Wanzen sind sehr unterschiedlich. Die Hinterflügel sind membranös und werden unter den Vorderflügeln eingefaltet. Die von oben sichtbaren Vorderflügel sind vorne ledrig und hinten membranös und dienen den Tieren zur Stabilisierung während des Flugs. Hinter dem Kopf befindet sich der sogenannte Halsschild, der bei den verschiedenen Wanzenfamilien ganz unterschiedlich aussehen kann. Angeschlossen daran sieht man das dreieckige Schildchen. Dieses ist oftmals ziemlich klein, bei manchen Wanzenfamilien – etwa den Baumwanzen – jedoch sehr groß, zugespitzt und leicht erkennbar.

Die Drüsen der Wanzen produzieren ein mehrheitlich übel riechendes Sekret. Dieses kann von den Tieren aktiv verspritzt werden: eine ideale Abwehrmethode.

Wanzen haben eine unvollständige Entwicklung (Hemimetabolie). Aus dem Ei schlüpft eine kleine Larve, die wächst, sich vier bis fünf Mal häutet und mit jeder Häutung der ausgewachsenen Wanze ähnlicher wird.

Wanzen sind in den unterschiedlichsten Lebensräumen zu finden. In Städten kommen sie in Grünräumen aller Art an und unter krautigen Pflanzen, Sträuchern und Bäumen, in steinigen Rabatten, in Uferzonen oder auf und im Wasser vor. Die hier vorgestellten Wanzenarten stellen nur eine kleine Auswahl der in mitteleuropäischen Städten auftretenden Arten dar.

Die Bestimmung von Wanzen ist nicht ganz einfach. Anhand von Fotos lassen sich nur die wenigsten Tiere bis zur Art bestimmen. Vor allem Vertreter aus der Familie der Weichwanzen sind praktisch nicht ohne die Untersuchung der Genitalien bis auf Artniveau bestimmbar.

Gemeiner Wasserläufer

Gerris lacustris

Der Gemeine Wasserläufer bewohnt sowohl kleinste stille Gewässer als auch langsam fließendes Wasser. Man findet flügellose, kurzflüglige und langflüglige Tiere mit fließenden Übergängen. In den Alpen kommt diese Art bis über 1500 m ü. M. vor. Sie ernährt sich ausschließlich von anderen Insekten, die auf die Wasseroberfläche fallen oder die sie mit einem kleinen Sprung von der Wasserfläche aus erbeutet. Zum Aussaugen der Beute wird diese mit den Vorderbeinen festgehalten.
Die Tarsen (Füße) der Mittel- und Hinterbeine sind mit einem speziellen Drüsensekret «eingefettet», sodass die Tiere nicht ins Wasser einsinken. Neben den auf der Wasseroberfläche lebenden Arten gibt es verschiedenartige weitere Wanzen, die das Wasser bewohnen.

8–10 mm

Mai bis Spätsommer; Adulte überwintern.

Schlank, Vorderbeine kürzer als Mittel- und Hinterbeine und mit schwarzen Streifen auf gelblichen Oberschenkeln. Schwer von weiteren Arten derselben Gattung zu unterscheiden.

Auf der Oberfläche stehender wie langsam fließender Gewässer.

Auf Bächen und Teichen in ganz Mitteleuropa.

Platanennetzwanze

Corythucha ciliata

Ausgewachsene Tiere und Larven sitzen in den Sommermonaten auf der Unterseite von Platanenblättern. Die Platanennetzwanze ernährt sich vom Saft der Blätter, saugt bevorzugt entlang der Blattadern und hinterlässt auf der Blattunterseite deutlich sichtbare kleine, tupfenartige, schwarze Kotflecken. Die Saugaktivität der Wanzen verursacht eine Gelbfärbung der Blätter. Bei starkem Befall kann es bereits im Sommer zum Blattabwurf kommen.
An sonnigen Sommertagen «tanzen» Platanennetzwanzen in Schwärmen um die Bäume. Da die Tiere klein und leicht sind, werden sie aber auch gerne passiv vom Winde verweht.
Überwinterung unter der losen Borke der Platanenbäume. Der europäische Erstnachweis stammt aus dem Jahr 1964. Seither hat sich die Art über ganz Europa ausgebreitet.

Ca. 3,5 mm

Mai bis Spätherbst; Adulte überwintern.

Weißlich schimmernd, filigran, mit netzartiger Flügelstruktur.

An Platanenbäumen, auf der Blattunterseite; überwintert unter der Borke der Platanen.

Ursprünglich aus Nordamerika, heute in Mitteleuropa weit verbreitet und häufig. In Parkanlagen, Alleen, Biergärten, bis in die Innenstadt.

4–5 mm

Mai bis Spätsommer; Adulte überwintern.

Zierlich, schwarzbraun mit gestreiften Schenkeln und Schienen und leuchtend gelbem Schildchen.

Auf Brennnesseln.

Weit verbreitet, in ganz Mitteleuropa häufig.

Vagant

Liocoris tripustulatus

Diese kleine Wanze gehört zur artenreichen Familie der Weichwanzen. Die auch als Nesselwanze bekannte Art ernährt sich von Brennnesseln, ist relativ häufig und überall anzutreffen, wo es Brennnesseln gibt. Sie saugt an den Blüten dieser Pflanzen. Man findet sie sowohl an sonnigen Stellen als auch an eher feuchten Standorten, sogar im Wald. Sie kann gelegentlich auch auf anderen krautigen Pflanzen angetroffen werden. Dabei ist unklar, ob es sich um weitere Nahrungspflanzen handelt oder ob die Kräuter aus anderen Gründen aufgesucht werden.

15–19 mm

Juni/Juli–Spätsommer. Da Larven wie auch Adulte längere Zeit ohne Nahrung auskommen können, kann die Generationsdauer bis zu 3 Jahre betragen.

Larve gräulich, klebrig mit allerlei Staub oder Sand bedeckt; ausgewachsene Tiere dunkelbraun bis schwarz, schlanke Gestalt.

Räuberisch lebend, herumstreifend auf der Suche nach kleineren Insekten und anderen Gliedertieren.

Im ganzen Gebiet, als Kulturfolger auch in Städten.

Maskierter Strolch

Reduvius personatus

Der Maskierte Strolch verdankt seinen deutschen Namen der stark klebrigen Körperoberfläche seiner Larven, an der Staubpartikel und Sandkörner der Umgebung kleben bleiben. Dadurch ist die Larve gut getarnt vor Feinden geschützt und kann ungehindert auf die Jagd nach kleinen Insekten gehen. Die Art findet man in nicht mehr benutzten Vogelnestern, in Taubenschlägen oder auch in menschlichen Behausungen. Nachtaktiv, dringt an lauen Sommerabenden, vom Licht angezogen, oft in Wohnungen oder Häuser ein.

Vorsicht ist geboten, wenn man einen Maskierten Strolch in die Hand nimmt: Mit seinem starken Saugrüssel kann er auch die menschliche Haut durchstechen. Dies ist unangenehm und vergleichbar mit einem Wespenstich, jedoch völlig ungefährlich.

Bettwanze

Cimex lectularius

Bettwanzen saugen nachts Blut an Menschen und Haustieren und können über ein halbes Jahr ohne Blutmahlzeit auskommen. Sie verbreiten sich passiv über Reisegepäck oder Gebrauchtmöbel, können aber auch aktiv von befallenen Wohnungen in andere laufen. Etwa 20 % aller Menschen zeigen auf Bettwanzenstiche keine Reaktion.

Die Bekämpfung ist sehr anspruchsvoll und muss durch eine Fachfirma ausgeführt werden. Herkömmliche Insektensprays führen nicht zu einer Befallstilgung, da Bettwanzen sich in Spalten und Ritzen verstecken und so nur schwer zugänglich sind. Meist werden Bettwanzen mit einer klassischen Sprühbehandlung bekämpft. Eine alternative, sehr gute Methode ist die Wärmebehandlung. Dabei wird der Raum während mindestens 24 Stunden auf über 50 °C aufgeheizt. Dies führt zu einer irreversiblen Denaturierung des Körpereiweißes und zum Absterben der Bettwanzen.

Andere Arten aus der Familie der Bettwanzen (Cimicidae): Schwalben- *(Oeciacus hirundinis)*, Tauben- *(Cimex columbarius)* und Fledermauswanzen (*Cimex dissimilis* und *C. pipistrelli*).

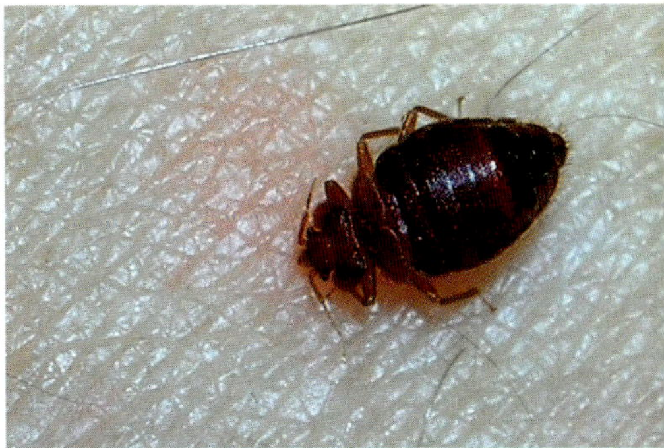

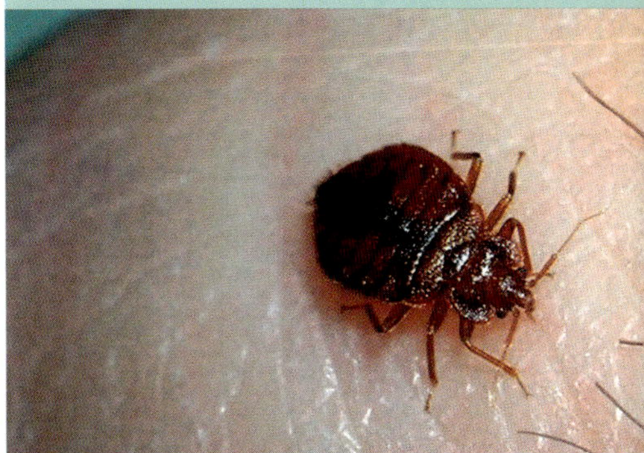

Larven ab 1 mm, Adulte 6–8 mm.

Ganzjährig

Oval, flügellos, rotbraun, Körper abgeflacht. Saugrüssel in Ruhestellung unter den Körper geklappt, wird erst zum Stechen aufgerichtet. Nymphen sehen den Adulten ähnlich.

Ausschließlich in Wohnungen, nachtaktiv, tagsüber versteckt v. a. in Bettnähe, z. B. am Bettgestell, unter Matratzen, hinter Bildern, Nachttischchen, Tapeten usw.

Weltweit stark zunehmend.

Europäischer Kodex für Bettwanzenbekämpfung: www.formaco.ch/_upload/transfer/BB_ECoP_D.pdf

4,5–6,0 mm

Ende März bis Oktober, Adulte überwintern.

Bräunlich schimmernd mit klaren Punktgruben auf der Körperoberseite; Membran stark glänzend; im vorderen Teil des Halsschildes zwei deutliche schwarze Querstreifen.

Auf Erle und Birke.

Verbreitet in ganz Mitteleuropa, auch in städtischen Gärten und Parks.

Birkenwanze

Kleidocerys resedae

Die Birkenwanze aus der Familie der Bodenwanzen lebt auf Birke *(Betula)* und Erle *(Alnus)*, wo sie an den Samen saugt. Sie ist in ganz Mitteleuropa verbreitet. Kann bei Störung zirpen. Im Alpenraum über 2000 m ü. M. lebt sie auf anderen Wirten: Man findet die Birkenwanzen ab dieser Höhe auf Alpenrosen *(Rhododendron)*. Die Birkenwanze kommt zum Teil in sehr großen Populationen vor, die man oft schon von Weitem riechen kann. Vor allem im Hochsommer und Herbst dringt die Birkenwanze gelegentlich in Häuser ein, wo sie aufgrund ihres unangenehm riechenden Drüsensekretes als Lästling wahrgenommen wird.

4,8–6,0 mm

April–Spätherbst, manchmal bis Dezember. Adulte und Larven überwintern.

Schwarz-orangerot mit stark glänzender Membran.

Auf Malven- und Lindengewächsen.

In Österreich, der Schweiz und im südlichen Deutschland, stellenweise häufig.

Malvenwanze

Oxycarenus lavaterae

Diese ursprünglich mediterran verbreitete Vertreterin der Familie der Bodenwanzen war in der Schweiz bis 2004 nur von der Alpensüdseite bekannt. Im Winter 2004/2005 war ein eindrückliches Massenauftreten der Malvenwanze auf der Alpennordseite (in Basel und Umgebung) festzustellen. Seit dieser Zeit hat sich die Malvenwanze auch auf der Alpennordseite etablieren können. Unterdessen tritt sie auch in Süddeutschland, Tschechien und Nordfrankreich auf, scheint sich nordwärts auszubreiten. Sie lebt an Pflanzen der Familien der Malven- und Lindengewächse, sowohl an holzigen als auch krautigen Arten. Kann in Biergärten mit alten Linden lästig werden (herunterfallende Tiere). Die Wanze saugt an den Samen und ist ein reiner Pflanzensaftsauger.

Feuerwanze

Pyrrhocoris apterus

Die Feuerwanze ist eine von zwei in Mitteleuropa vorkommenden Arten der Familie der Feuerwanzen und gehört im ganzen Gebiet zu den wohl bekanntesten Wanzen überhaupt. Man trifft sie vor allem an sonnenexponierten Stellen, meist in sehr großer Anzahl. Fast ganzjährig präsent, erscheint selbst im Dezember oder Januar beim ersten Sonnenstrahl.

Große Ansammlungen von Feuerwanzen findet man besonders oft unter Lindenbäumen, aber auch an krautigen oder holzigen Malvengewächsen. Sie saugen an Samen, aber auch an toten Insekten, Insekteneiern oder gar Wirbeltieraas. Um sich wohlzufühlen, braucht die Feuerwanze Winkel, Ritzen und Spalten in denen sie sich verkriechen kann. Feuerwanzen sind sehr standorttreu.

9–12 mm

Praktisch das ganze Jahr hindurch; Adulte überwintern.

Ausgewachsene Tiere feuerrot mit zwei deutlichen schwarzen Punkten auf den Vorderflügeln. Larven rot mit schwarz gezeichneten Drüsenöffnungen in der Mitte des Rückens und mit schwarzen Flügelanlagen.

An Linden- und Malvengewächsen.

Mitteleuropa, unter Bäumen, in Gärten und auf Plätzen, weit verbreitet bis ins Stadtzentrum.

Lederwanze, Saumwanze

Coreus marginatus

Häufigster Vertreter der Familie der Lederwanzen. Die bevorzugten Nahrungspflanzen der Lederwanze sind Ampfer- (*Rumex*), seltener Knötericharten (*Polygonum*). Die Larven saugen bevorzugt an Blättern, die Adulten hingegen an unreifen Früchten. Da sich die Fruchtstände des Ampfers bräunlich verfärben, sind die Tiere durch ihre ebenfalls bräunliche Färbung perfekt getarnt. Das Weibchen legt die Eier an den unteren Blättern der Wirtspflanzen ab. Die ausgewachsenen Tiere sind bei sonniger Witterung sehr flugaktiv, dann sind sie auf allerlei Pflanzenarten anzutreffen. Man findet Lederwanzen oftmals auch an reifen Beeren saugend. Werden sie aufgeschreckt, so fällt beim Auffliegen der hellorange aufleuchtende Rücken des Tieres auf.

11–15 mm

April bis Spätherbst; Adulte überwintern.

Braun gefärbte Wanzen von ledrigem Erscheinungsbild; orange-schwarze Fühler.

Lebt an Knöterichgewächsen, bevorzugt an Ampferarten.

In ganz Mitteleuropa verbreitet, in Parkanlagen und weiten Teilen des Stadtgebietes.

16–20 mm

Ganzjährig; Adulte überwintern.

Einzige bei uns auftretende Wanzenart mit blattartig verbreiterten Hinterschienen.

Auf Nadelbäumen.

Neozoon aus Nordamerika, in ganz Mitteleuropa verbreitet. Kann im gesamten Stadtgebiet auf entsprechenden Bäumen angetroffen werden, auch in Parkanlagen.

Nordamerikanische Kiefernwanze

Leptoglossus occidentalis

Diese ursprünglich aus Nordamerika stammende Wanze aus der Familie der Lederwanzen wurde 1999 erstmals in Europa nachgewiesen (Norditalien). Neueste Nachweise zeigen, dass sich die Art praktisch über ganz Europa ausgebreitet hat. Die Nordamerikanische Kiefernwanze lebt auf Nadelbäumen. Neben Arten aus der Familie der Kieferngewächse wird auch Wacholder *(Juniperus)* aus der Familie der Zypressengewächse besiedelt. Die Wanze saugt bevorzugt an den Samen der Nadelbäume. Die Eier werden in Reihen an den Nadeln abgelegt.

Die Nordamerikanische Kiefernwanze wird oft erst im Herbst wahrgenommen, wenn sich die Tiere auf der Suche nach einem Überwinterungsort in Wohnräume verirren.

6,5–8,5 mm

Frühjahr bis Spätherbst; Adulte überwintern.

Braunschwarz mit stark glänzender Membran.

Auf Korbblütlern (Asteraceae), an eher trockenen Standorten.

Im ganzen Gebiet, jedoch nur südlich der Mittelgebirge häufig. Im Siedlungsraum in blütenreichen Wiesen und Gärten.

Punktierte Porenwanze

Stictopleurus punctatonervosus

An dieser Wanze aus der Familie der Glasflügelwanzen fällt die glasigschimmernde Membran auf. Bei genauerem Hinschauen bemerkt man die glasartig-durchsichtige Flügelbeschaffenheit, der die Familie ihren deutschen Namen verdankt.

Diese Galsflügelwanzenart macht einen ziemlich robusten Eindruck und ist eher unscheinbar dunkel gefärbt. Sie bevorzugt krautige Pflanzen, speziell aus der Familie der Korbblütler (Asteraceae). Sie ist an geeigneten Standorten recht häufig.

Beerenwanze

Dolycoris baccarum

Die Beerenwanze, die zu den Baumwanzen zählt, trifft man, wie ihr deutscher Name schon andeutet, auf reifen Beeren. Vor allem Himbeeren und Brombeeren haben es ihr angetan. Man findet sie auch auf anderen Früchten und Samen verschiedener krautiger und holziger Pflanzen, ebenso an Gräsern. Oftmals sieht man die Wanzen nicht auf den Früchten sitzen, sondern nimmt ihre Gegenwart erst beim Verzehr einer Beere wahr, die ganz deutlich nach dem Drüsensekret schmeckt, das die Beerewanze aufgrund von «Stress» versprüht hat.
Sehr junge Larven sind knallrot, ältere Larven unscheinbar bräunlich gefärbt.

10–12 mm

Ab Juli; Adulte überwintern; eine Generation pro Jahr.

Rötlich gefärbte Wanze mit einem deutlich grünlich gelben Schildchen. Ziemlich «struppig-haarige» Körperoberseite.

An trockenen wie auch an eher feuchten Standorten, Gärten und Parks.

In ganz Mitteleuropa häufig, vielerorts am Stadtrand, in Gärten und Parkanlagen.

Grüne Stinkwanze

Palomena prasina

Die Grüne Stinkwanze ist eine Vertreterin der Familie der Baumwanzen. Die meisten Baumwanzen sind groß und leicht als Wanzen zu erkennen. Das Besondere an dieser Baumwanzenart ist ihr jahreszeitlich bedingter Farbwechsel: Die Tiere sind im Sommer grün gefärbt und verfärben sich bräunlich rot gegen Herbst. Die Grüne Stinkwanze überwintert als ausgewachsene, bräunlich rote Wanze, die sich nach der Überwinterung wiederum grün färbt. Oft sieht man die Grüne Stinkwanze im Garten auf Himbeerstauden sitzen. Ihre Anwesenheit wird oft erst beim Verzehr einer übel schmeckenden Himbeere bemerkt, die nach dem Drüsensekret der Wanze schmeckt – ein Zeichen dafür, dass sich irgendwo eine «gestresste» Wanze versteckt.

11–14 mm

Ab Mai das ganze Jahr hindurch; Adulte überwintern; eine Generation im Jahr.

Deutlich grün gefärbt, im Herbst braun oder rötlich braun.

Trockene und feuchte Standorte, auf Laubhölzern und auch an krautigen Pflanzen. Bevorzugt auf beerentragenden Pflanzen wie Himbeeren und Brombeeren.

In ganz Mitteleuropa häufig, in Parks, Gärten und im Landwirtschaftsgebiet.

12–15 mm

Adulte ab Ende Juni bis September/Oktober; Larven überwintern.

Deutlich rot gefärbte Beine; Gesamteindruck der Wanze rötlich braun; vordere Halsschildspitzen ausgezogen; gelborange Schildchenspitze.

Bevorzugt an Laubbäumen, zum Teil auch an Nadelbäumen.

In Mitteleuropa weit verbreitet, bis in die Innenstadt; verirrt sich auch gerne in Wohnungen.

Rotbeinige Baumwanze

Pentatoma rufipes

Diese Baumwanzenart ernährt sich vom Saft der Knospen oder von jungen Trieben ihrer Wirtspflanzen wie Birke, Hasel, Eiche, Linde und Buche. Daneben saugt sie auch an Eiern, Larven und Puppen verschiedener Insekten. Die Rotbeinige Baumwanze ist eine sehr gute Fliegerin. Sie wird in der Dämmerung und nachts von künstlichem Licht angezogen und verirrt sich so auch gerne in Wohnungen und Häuser.
Der Schweizer Entomologe Emil Frey-Gessner schreibt 1866 in seinem Katalog der Schweizer Wanzen, dass diese Baumwanze nach faulen Äpfeln mit beginnendem Moschusgeruch rieche und meint weiter, dass einige dieser Wanzen – mit viel Zucker verrieben – ein feines Parfüm abgeben würden, dem Patschuli nicht unähnlich.

13–16 mm

Adulte ab März bis Ende August/September; Adulte überwintern.

Bräunlich gefärbt mit schwarzer Musterung, Membran deutlich dunkel punktiert; 4. und 5. Fühlerglied an der Basis mit hellem Ring.

Bevorzugt an Laubgehölz, aber auch auf Nadelbäumen oder krautigen Pflanzen.

Fast ganz Mitteleuropa, gegen Norden seltener.
Bis ins Stadtzentrum; oftmals im Herbst als Eindringling in Wohnungen.

Gartenwanze

Rhaphigaster nebulosa

Die Gartenwanze ernährt sich einerseits von Pflanzensäften und Beeren, andererseits aber auch von Insekten. Diese Baumwanzenart kommt stellenweise in großen Populationen vor. Vor allem im Herbst kann sie sich auf der Suche nach einem geeigneten Überwinterungsort in Massen in Häuser und Wohnungen verirren. Im Freiland bieten Platanen mit ihrer losen Borke gute Überwinterungsplätze. Die Gartenwanze überwintert oftmals zusammen mit anderen Wanzenarten, zum Beispiel mit der Platanennetzwanze.
Leicht mit der neu eingeschleppten Ostasiatischen Baumwanze zu verwechseln. Ein gutes Unterscheidungsmerkmal ist aber die dunkel punktierte Membran der Gartenwanze.

Ostasiatische Baumwanze

Halyomorpha halys

Die Ostasiatische Baumwanze kommt auf verschiedenen Pflanzenarten vor. In der Schweiz wurde sie auf verschiedenen Zierpflanzen (z.B. *Buddleja davidii*, *Aralia elata*, *Stewartia pseudocamellia*, *Campsis grandiflora*) und auf einheimischen Baumarten (wie Berg-Ahorn) festgestellt. Kann auf Obstbäumen und Ziersträuchern zum Schädling werden.

Im Herbst suchen die ausgewachsenen Tiere geschützte Stellen zum Überwintern. Dabei gelangen sie oftmals in Häuser und Wohnungen, nicht selten in großer Zahl («Überwinterungslästlinge»).

Leicht mit einigen bräunlich gefärbten einheimische Baumwanzenarten zu verwechseln. Die Beobachtung der Ausbreitung dieser Baumwanzenart muss besonders auch im Hinblick auf diese Verwechslungsgefahr genau verfolgt werden.

Neozoon; aus Asien stammend; erster europäischer Nachweis 2007 (Schweiz).

12–17 mm

Adulte ab Mai/Juni bis September; Adulte überwintern.

Ältere Larven mit deutlichen weißen Ringen an den Schienen und Bedornung am Halsschild; ausgewachsene Tiere bräunlich mit schwarzen Streifen auf der Flügelmembran.

Auf einer Vielzahl von Pflanzen, vor allem Ziersträuchern, aber auch auf Obstbäumen.

Neozoon aus Asien, seit wenigen Jahren in der Nordschweiz und in Liechtenstein nachgewiesen. In Gärten und Parkanlagen.

Streifenwanze

Graphosoma lineatum

Die nördliche Verbreitungsgrenze dieser Art rückte in den letzten Jahrzehnten immer mehr nach Norden. Die Streifenwanze fällt mit ihrem rot-schwarzen Streifenmuster sehr auf, vor allem wenn sie während der Paarung im Juni/Juli auf den Dolden der Wirtspflanzen sitzt. Es können zum Teil große Ansammlungen auf den Dolden auftreten. Sie wurde auch auf Kulturpflanzen wie Dill oder Fenchel nachgewiesen. Die Tiere saugen bevorzugt an den Samen der Wirtspflanzen. Die ausgewachsenen Tiere überwintern in Laubstreu oder unter Pflanzenpolstern.

Die Streifenwanze kann in Mitteleuropa mit keiner anderen Wanzenart verwechselt werden.

8,5–11 mm

Adulte ab Mai/Juni bis Oktober; Adulte überwintern.

Larven auf Kopf, Halsschild und Flügelanlagen gelblich braun gestreift, erst letztes Larvenstadium mit rötlicher Färbung; ausgewachsene Tiere deutlich rot-schwarz längs gestreift.

Auf Doldenblütlern (Apiaceae), darunter auch an Dill und Fenchel.

Große Teile Mitteleuropas, fehlt in Nordwestdeutschland. Auf Wiesen, in Gärten und Parkanlagen.

Kamelhalsfliegen

Kamelhalsfliegen (Raphidioptera) bilden eine eigene Ordnung innerhalb der Netzflügelartigen Insekten (Neuropterida). Von weltweit 206 bekannten Arten sind nur 10 heimisch. Sie sind meist zwischen 6 und 20 mm groß bei einer Flügelspanne zwischen 14 bis 40 mm.

Durch ihren charakteristischen Habitus lassen sie sich schnell von den nahestehenden Ordnungen (Schlammfliegen und Netzflüglern) abgrenzen. Auf der verlängerten Vorderbrust befindet sich der abgeplattete sehr bewegliche Kopf. Ein solcher Körperbau ist sonst nur bei den Fangheuschrecken (Mantodea) und den zu den Netzflüglern zählenden Fanghaften (Mantispidae) zu finden. Die Vorderbrust ist zur Körperachse aufgestellt, der abgeflachte Kopf geneigt, wodurch eine Art Knick oder Höcker («Kamel») entsteht. Am Ende des verlängerten vordersten Segmentes des Brustbereiches (Prothorax) setzen die Beine an. Die vier durchsichtigen, geäderten Flügel werden in Ruhe dachförmig über dem Hinterleib getragen und besitzen ein Flügelmal (Pterostigma).

Kamelhalsfliegen leben als Räuber von Blattläusen und anderen kleinen Gliederfüßern, können aber auch Pollen aufnehmen. Man findet sie vorwiegend in lichten waldähnlichen Biotopen, dort von der Krautschicht bis in die Baumkronen, oft unter Borke. Im Frühjahr legen die Weibchen mit ihrer langen, dünnen Legeröhre ca. 20–50 Eier meist in die Ritzen von Baumrinde ab. Die im Juni bis Juli schlüpfenden Larven sind sehr beweglich, der Enddarm kann als Haftorgan ausgestülpt werden. Dies ermöglicht im Zusammenspiel mit den Beinen eine Vor- und Rückwärtsbewegung. Die räuberischen Larven fressen Eier und Larven anderer Insekten sowie kleine Gliederfüßer. Die Entwicklung dauert bis zu zwei Jahren, die Larven überwintern.

Kamelhalsfliegen können bei hoher Besiedlungsdichte eine Rolle bei der Dezimierung von Schadinsekten einnehmen.

Kenntliche Kamelhalsfliege

Phaeostigma notata

Ein wichtiges Merkmal zur Unterscheidung von Kamelhalsfliegenarten bildet das Flügelmal, ein verfestigter Teil des Geäders im Randbereich der Vorderflügel, die beim sitzenden Tier am Unterrand im hinteren Teil des Flügels zu sehen ist. Die Kenntliche Kamelhalsfliege stellt keine engen Ansprüche an den Lebensraum, ist in Mittel- und Nordeuropa weit verbreitet, besiedelt fast alle Waldtypen, Parks und Gärten und kann auch mitten in Städten angetroffen werden.

Körperlänge 13–15 mm; Flügelspannweite 20–30 mm.

Flugzeit Mai–Juli

Dunkel gefärbt, Flügelmal dunkelbraun, von zwei Adern durchzogen.

Wald: Larve unter Baumrinde von Laub- und Nadelhölzern (bevorzugt).

Mitteleuropa: Verbreitet; nicht selten. Bis auf 2000 m Höhe. Auch in Obstplantagen bzw. Streuobstwiesen. Oft in hohen Populationsdichten.

Gelbgezeichnete Kamelhalsfliege

Xanthostigma xanthostigma

Etwas kleiner als die Kenntliche Kamelhalsfliege, von dieser auch durch das hellgelbe Flügelmal am Vorderrand des Vorderflügels zu unterscheiden. Larve bevorzugt Laubbäume (Eichen, Erlen, Obstbäume), entwickelt sich nur selten an Nadelhölzern (Kiefern). Stellt wie *P. notata* nur geringe Ansprüche an ihren Lebensraum, ist auch in Auwäldern zu finden. Weibchen wie bei allen Kamelhalsfliegen mit langer Legeröhre, die über die Flügel hinausragt. Lebensdauer der adulten Tiere beträgt nur wenige Wochen.

Körperlänge 13–15 mm; Flügelspannweite 13–22 mm.

Flugzeit Mai–Juli

Flügelmal hellgelb, von einer Querader durchzogen.

Wald: Larve unter Baumrinde von Laubbäumen.

Mitteleuropa: Verbreitet; nicht selten. Bis auf 1000 m Höhe.

Netzflügler

Die Netzflügler (Neuroptera) sind eine sehr alte Insektenordnung, die mit den Käfern gemeinsame Vorfahren haben dürfte. Bei den meisten Netzflüglerfamilien haben nur wenige Arten bis heute überlebt. Gemeinsam ist allen Netzflüglern, dass die Larven Saugzangen besitzen, mit denen sie weichhäutige Kleintiere anstechen und aussaugen. Aber die einzelnen Familien der Netzflügler haben ganz unterschiedliche und zum Teil sehr ausgefallene Lebensweisen entwickelt.

In Mitteleuropa leben acht der weltweit 18 Neuropterenfamilien. Die häufigsten sind die grünen Florfliegen (Familie Chrysopidae; s. Porträt), die in der biologischen Schädlingsbekämpfung weltweit eine wichtige Rolle spielen. Ebenfalls häufig und artenreich sind die etwas kleineren braunen Taghafte (Familie Hemerobiidae, s. Porträt), auch ihrer Ernährung entsprechend Blattlauslöwen genannt. Wesentlich kleiner (3–4 mm) sind die weiß gepuderten Staubhafte (Familie Coniopterygidae), die Milben und Insekteneier fressen. Viel spektakulärer sind die Ameisenlöwen (Familie Myrmeleontidae) oder der Bachhaft (Familie Osmylidae). Besonders ausgefallen ist die Lebensweise der Schwammfliegen (Familie Sisyridae; s. Porträt), deren Larven sich von Süßwasserschwämmen und Moostierchen in sauberen Gewässern ernähren.

Von den wärmeliebenden Vertretern der farbenprächtigen Schmetterlingshafte (Familie Ascalaphidae) kommen in Süd-Mitteleuropa nur drei aus der Gattung *Libelloides* vor. Verbreitung meist lokal begrenzt, an sehr wärmeexponierten Standorten. Die tagaktiven Adulten jagen wie die Libellen Insekten im Flug, sehen aber wie gelb-schwarze Schmetterlinge aus. Bis Mitte des 20. Jahrhunderts war der Steirische Fanghaft *(Mantispa styriaca)* mit nördlichen Reliktvorkommen bis Berlin bekannt, gilt im Norden aber als verschollen. Adulte Fanghafte (Mantispidae) sehen aus wie kleine Gottesanbeterinnen (*Mantis religiosa,* s. Porträt S. 139) und erbeuten Insekten auf dieselbe Weise. Ihre Entwicklung ist abenteuerlich: Die winzigen Larven schlüpfen auf Büschen aus gestielten Eiern und lassen sich zu Boden fallen. Dort warten sie, bis eine Wolfsspinne vorbeikommt, und erklimmen deren Bein. Nur wenn es ein Weibchen ist, das einen Eikokon trägt, ist die Larve erfolgreich. Sie bohrt sich in den Kokon und saugt allmählich die noch ungeborenen kleinen Spinnen aus.

Gewöhnliche und Gefleckte Ameisenjungfer

Myrmeleon formicarius und *Euroleon nostras*

Die Trichter bauenden Larven der libellenähnlichen Ameisenjungfern sind als Ameisenlöwen bekannt. Beim Trichterbau gräbt sich die Larve rückwärts im Sand ein, wobei sie sich im Kreis dreht und mithilfe ihrer bedornten Saugzangen Sand aus dem entstehenden Trichter wirft. Gerät eine Ameise in den Trichter, versucht der Ameisenlöwe, sie mit den Zangen zu erfassen, bevor sie aus dem rutschigen Trichter fliehen kann. Er wirft energisch Sand aus dem Trichter, sodass der herunterrieselnde Sand das Opfer immer wieder nach unten zieht. Mit einem starken Gift aus der Saugzange tötet der Ameisenlöwe die Ameise, zieht sie in den Sand und saugt sie aus. Dann wirft er die leergesaugte Ameise aus dem Trichter und wartet geduldig auf die nächste.

Larve (Ameisenlöwe) bis 14 mm, adulte Ameisenjungfer bis 8 cm Flügelspannweite.

Larventrichter ganzjährig (außer Winter), Adulte fliegen nachts von Mai–August.

Libellenähnlich; Flügel bei *Euroleon nostras* gefleckt, bei *Myrmeleon formicarius* nicht. Larve oval, in Trichter verborgen.

Trichter bauend. Regengeschützte Standorte mit sandigen Böden. Wälder und Waldränder, z. B. unter Baumstrünken.

Mitteleuropa: Verbreitet. Im Stadtgebiet häufig entlang von überdachten, sonnigen Hausmauern, unter Balkonen und Brücken.

Panther-Ameisenjungfer

Dendroleon pantherinus

Die Larven der Panther-Ameisenjungfer bauen keine Trichter, sondern leben versteckt im Mulm ausgehöhlter Bäume und ernähren sich dort von diversen Kleininsekten. Besonders auffällig ist der stark verlängerte Ober- und Unterkiefer der Larven, der zu einer Saugzange umgebildet ist («Löwe»). Für die Art namensgebend ist die prächtige Flügelzeichnung der Imago. Mit ihrer augenförmigen Zeichnung sollen Fressfeinde verschreckt werden. Die adulten Tiere sind nachtaktiv und verzehren im taumelartigen Flug andere Fluginsekten. Mehrjährig. Parallel zum Rückgang der Totholz-Habitate wurden die Tiere auch auf Dachböden oder in Weingartenhütten angetroffen (dort oft im Zusammenhang mit Faltenwespen- und Hornissennestern).

Vorderflügel 25–33 mm.

Adulte: Juli–August; Larven ganzjährig.

Habitus libellenähnlich. Flügel mit dunklen Flecken; Augenfleck am Vorderflügelhinterrand; Larve im Baummulm; nicht trichterbauend.

Lichte, wärmebegünstigte, trockene Laubwälder mit Totholzstrukturen.

Sehr selten, vorwiegend im südlichen Mitteleuropa, nördlichste Verbreitungsgrenze: Rhein-Main-Gebiet. Vereinzelte Nachweise auf Dachböden (z. B. in Graz).

Sichelflügel-Taghaft

Drepanepteryx phalaenoides

Die an ein vertrocknetes Blatt erinnernde Flügelform macht die Art aus der Familie der Taghafte (Hemerobiidae) unverwechselbar. Sowohl Larven (Blattlauslöwe) als auch Imagines ernähren sich vorwiegend von Blatt- und Schildläusen sowie anderen weichhäutigen Gliedertieren. Mehrjährig. Die Weibchen legen ihre Eier oft unter Laubblätter ab. Die Larven unterscheiden sich von den sehr ähnlichen Florfliegenlarven durch fehlende Borstenwarzen sowie unauffälligere Beborstung. Die reifen Larven (Ende drittes Stadium) spinnen einen Kokon, in dem sie sich verpuppen. Die aus der Puppe schlüpfenden Imagines überwintern. Eine Generation pro Jahr. Taghafte werden aufgrund der Blattlausvertilgung vom Menschen als sehr nützlich eingestuft.

Vorderflügellänge: 11–16 mm.

April–November

Erinnert an ein vertrocknetes Blatt. Flügel: Außenrand sichelförmig eingebuchtet; bräunlich gelb. Larven spindelförmig.

Lichte Laubwälder (insb. Buchenwälder). Vorwiegend an Laubgehölzen und -sträuchern, seltener an Koniferen.

Mitteleuropa: Verbreitet; selten. Zuweilen massenhaft an Holunder. Z. T. in den Obstgärten von Stadtgebieten vertreten.

Gemeiner Taghaft

Hemerobius humulinus

Zu den Netzflüglern aus der Familie der Taghafte/Blattlauslöwen zählen auch die Arten der Gattung *Hemerobius*. Die *Hemerobius*-Arten sind im Gelände schwer bestimmbar und nur mikroskopisch, anhand von Genitalpräparaten, zu unterscheiden. Ernährung und Lebenszyklus sind sehr ähnlich der des Sichelflügel-Taghaftes, jedoch überwintert hier das Vorpuppenstadium. Mindestens zwei Generationen entstehen im Jahr. *H. humulinus* ist einer der häufigsten Vertreter der Gattung und tritt als Kulturfolger auch in Parks und Gärten von Großstädten auf. *H. stigma* hingegen findet sich häufiger in Nadelgehölzen und Schonungen (z. B. Weihnachtsbaumkulturen), insbesondere bei Befall mit der Weißtannentrieblaus *(Mindarus abietinus)*.

Flügelspannweite ca. 12–20 mm.

April–Oktober

Flügelzeichnung sehr variabel. Äußere Querrandreihe des Hinterflügels vollständig ausgebildet. Lange perlschnurförmige Fühler.

Laub- und Nadelwälder, Waldschonungen, Baum- und Strauchschicht.

Mitteleuropa: ca. 13 schwer unterscheidbare Arten. *H. humulinus* als Kulturfolger in Parks und Gärten der Städte.

Gemeine Florfliege

Chrysoperla carnea

Bis vor 20 Jahren hießen fast alle grünen Florfliegen in der Kulturlandschaft der Nordhemisphäre *Chrysoperla carnea*. Heute wissen wir, dass es sich um einen Komplex von sogenannten kryptischen Arten handelt, die man äußerlich fast nicht unterscheiden kann. In der Stadt leben drei Arten dieses Komplexes, die alle etwa gleich häufig sind: *Chrysoperla carnea* entwickelt sich an Gras, Kräutern und Büschen und überwintert gerne in Häusern, *C. pallida* lebt nur auf Bäumen, und *C. lucasina* hat keinen bevorzugten Lebensraum, überwintert aber mit Vorliebe in Efeu. Wie der immergrüne Efeu bleibt *C. lucasina* auch im Winter grün. Auch Florfliegenarten, die auf Nadelhölzern überwintern, wechseln die Farbe nicht.

14–20 mm

Adulte ganzjährig.

Grazil; Augen schillernd, wie das Laub von Mai bis September grün, von Oktober bis April rotbraun (*carnea* heißt fleischfarben).

Larven in Krautschicht, überall wo Blattläuse sind.

Kosmopolit: In mitteleuropäischen Städten häufigster Netzflügler. Larven auch an Zimmer- und Balkonpflanzen mit Blattlausbefall. Fliegt gern künstliche Lichtquellen an. Überwinterung oft in großer Zahl in Gebäuden, Scheunen oder im Dachboden.

Schwammfliegen

Sisyra nigra und *Sisyra terminalis*

Adulte Schwammfliegen auf der Unterseite von Blättern und Zweigen, die im Uferbereich über dem Wasser hängen. Nahrung: winzige Insekten und Milben. Eiablage so, dass die Larven nach dem Schlüpfen direkt ins Wasser fallen. Sie schwimmen zum Grund und suchen einen Süßwasserschwamm, auf dem sie künftig leben. Sie saugen die Schwammzellen aus, häuten sich drei Mal, ehe sie an Land kriechen und sich dort verpuppen. Viele Larven verhungern, bevor sie einen Schwamm finden, oder werden von Fischen gefressen, daher legen die Weibchen Hunderte von Eiern. Da Süßwasserschwämme auf sauberes Wasser angewiesen sind, sind Schwammfliegen gute Zeiger für die Wasserqualität. Durch Verbesserung der Wasserqualität sind beide Arten heute wieder häufiger.

5–6 mm

Adulte Mai–September (zwei Generationen).

Braun oder schwarz gefärbt, Vorderflügel ohne Queradern. *S. terminalis* mit weißer Fühlerspitze.

Saubere Gewässer mit Süßwasserschwämmen.

Mitteleuropa: Lokal an geeigneten Standorten. An Seeufern meist *Sisyra nigra*, an Bächen und kleinsten Rinnsalen eher *S. terminalis*. Abends oft in der Stadt, auch an hell erleuchteten Schaufenstern.

Käfer

Die Käfer (Coleoptera) bilden die artenreichste aller Insektenordnungen. Weltweit sind etwa 350 000 Arten beschrieben worden, in Mitteleuropa kommen um die 8000 Arten vor (davon 1400 Kurzflügler, 1100 Rüsselkäfer, 600 Blattkäfer, 500 Laufkäfer). Die städtische Käferfauna ist im Vergleich zu anderen Insektengruppen meist schlecht untersucht, sodass Verallgemeinerungen schwierig sind.

Käfer zählen zu den Insekten mit vollständiger Entwicklung, sie durchlaufen alle vier Stadien vom Ei über Larve und Puppe zum ausgewachsenen Insekt (Imago). Im Gegensatz zu den meisten anderen Insektengruppen verfügen Käfer nicht über zwei Paar Flugflügel: Während die Hinterflügel dem Käfer zum Fliegen dienen, ist das andere Flügelpaar meist stark chitinisiert und schützt als verhärtete Flügeldecke die häutigen Hinterflügel und meist auch den Hinterleib.

Unter den Käfern gibt es zahlreiche Fleischfresser, die mit kräftigen Kiefern ihre Beute packen und Verdauungssekrete in die erzeugte Wunde pumpen, worauf sich das Innere des Opfers verflüssigt und aufgesaugt werden kann. Sehr viele Arten sind reine Pflanzenfresser, darunter der weit bekannte, meist nicht mehr aktuelle Maikäfer. Andere Arten sind Allesfresser oder machen sich nützlich als Verwerter von Mist und Aas und tragen so zur schnellen Rückführung organischer Abfälle in die natürlichen Kreisläufe bei.

Käfer besiedeln alle denkbaren Lebensräume. Wälder und insbesondere die Waldränder verfügen über eine reiche Käferfauna, Hecken und Wiesen werden gerne von Blütenbesuchern aufgesucht, Gewässer und Feuchtgebiete werden ebenso von Käfern bewohnt wie offene, trockenwarme Flächen. Selbst im Inneren von Gebäuden entwickeln sich Käfer wie etwa der Veränderliche Scheibenbock, dessen Larven unter der Rinde des Brennholzes leben, oder Teppich- und Pelzkäfer, die Textilien, Leder und andere Materialien schädigen können.

Feld-Sandlaufkäfer

Cicindela campestris

Der schön gefärbte Feld-Sandlaufkäfer lebt räuberisch von allerlei Insekten und anderen Kleintieren, die blitzschnell überfallen und getötet werden. Fliegt bei Störung schnell auf und landet abrupt in wenigen Metern Entfernung. Braucht offene, sonnige Flächen und unversiegelte Feld- und Waldwege. Larven in senkrechten, selbst gegrabenen Wohnröhren, die mit Kopf und Halsschild abgeschlossen werden. Kommt eine Ameise oder ein anderes Beutetier in die Nähe, wird es ruckartig gepackt und in die Röhre heruntergezerrt. Zur Überwinterung wird die Wohnröhre verschlossen. Verpuppung im nächsten Sommer, nach drei Wochen schlüpft der Käfer, der nach einem weiteren Winter fortpflanzungsfähig ist. Überwintert zuweilen auch zwei bis drei Mal als Larve.

10,5–14,5 mm

April–Oktober

Metallisch grüne Flügeldecken mit kleinen, cremefarbenen Flecken. Mehrere Lokalformen mit unterschiedlicher Färbung und Punktierung.

Offene, sandige Stellen auf Feldwegen, Äcker, trockene, lehmige Hänge und kahle, sonnige Flächen im Wald.

Mitteleuropa: Häufigste *Cicindela*-Art im Gebiet. An geeigneten Standorten; zunehmend seltener.

Hainlaufkäfer

Carabus nemoralis

Einer der häufigsten Arten der Gattung *Carabus*, nach der die Familie der Laufkäfer (Carabidae) benannt ist, die fast ausschließlich räuberische, mehrheitlich flugunfähige und nachtaktive Arten umfasst. Der Hainlaufkäfer ist jedoch auch tagsüber aktiv. Er hält einen Sommerschlaf und überwintert als Käfer. Frühjahrsbrüter. Auch die nachtaktiven Larven laufen über den Boden und leben räuberisch. Die größeren Carabiden bewegen sich in begrüntem Gelände, auch auf Kieswegen, meiden jedoch Straßen und dringen meist nicht weit ins Stadtgebiet vor. Weitere größere Arten: Goldglänzender Laufkäfer (*C. auronitens*, goldgrün mit dunklen Längsrippen), Lederlaufkäfer (*C. coriaceus*, schwarz mit lederartig gerunzelten Flügeldecken).

18–28 mm

März–Mai, August–Oktober.

Gedrungen gebauter, violettbrauner Laufkäfer mit wenigen, in Längsrichtung verlaufenden Punktstreifen auf den Flügeldecken. Meist mit rotvioletten Flügeldeckenrändern.

Wälder, Waldränder, auch Hecken, Gärten, Wiesen, Felder, gerät wie etwa *C. coriaceus* gelegentlich in feuchte Keller und Gebäude.

Mitteleuropa: In Wäldern und am Stadtrand recht häufig. Ist die *Carabus*-Art, die am weitesten in die Städte eindringt.

Dunkellaufkäfer

Laemostenus terricola

Das ursprüngliche Vorkommen dieser Art ist in Höhlen und Grotten. Daher ist es nicht verwunderlich, dass dieser Laufkäfer in der urbanen Fauna seinen Platz als Spezialist für Kellerräume gefunden hat. Die Art, ursprünglich aus dem Kaukasus stammend, wurde auch nach Nordamerika verschleppt.

Körperlänge 12–16 mm.

April–September

Flügeldecken mit metallisch-blauviolettem Schimmer.

Ursprünglich in Höhlen, Grotten, Erdaushöhlungen an Klippen. Kellerräume, Ruinen.

In Mitteleuropa nach Osten seltener; in den Alpenländern kaum vorhanden. Fast ausschließlich in Kellerräumen.

Pechschwarzer Dammläufer

Nebria brevicollis

Im Gegensatz zu anderen Vertretern dieser Gattung, die sich in Mitteleuropa vorwiegend an feuchten, lehmigen Gewässerufern aufhalten, bevorzugt der Pechschwarze Dammläufer humusreiche, feuchte Plätze in Wäldern. Die Ansprüche an sein Waldhabitat scheinen jedoch bereits durch die Parkanlagen der Städte erfüllt zu sein. Für viele Städte Mitteleuropas ist er eine typische Laufkäferart (Leitart). Die Art gilt in den Städten als ziemlich standorttreu. Steine, Rindenstücke oder lichte Stellen in der Grasnarbe werden als Verstecke genutzt. Spinnen, Ringelwürmer und Insekten werden mit den Kiefern erfasst, durch Sekrete zersetzt und anschließend ausgesaugt.

Körperlänge 10–14 mm.

Frühjahr–Herbst

Flügeldecken glänzend schwarz, mit jeweils neun feinen Längsrillen. Fühler und Endglieder der Beine braunrot.

Feucht-schattige Plätze in Wäldern. Städtische Parkanlagen.

Mitteleuropa: Verbreitet; häufig. Die Art gilt in Stadtparks als Leitart. Ist dort eine der häufigsten Laufkäferarten.

Kellerkäfer

Sphodrus leucophthalmus

Dieser sehr langbeinige Laufkäfer ist ursprünglich von Nordafrika über Europa bis nach Zentralasien verbreitet. In Mitteleuropa ist seine Verbreitung ausschließlich synanthrop, d. h. an die Gebäude menschlicher Siedlungen gebunden. Vor 100 Jahren wurde er noch regelmäßig gemeinsam mit dem Dunkellaufkäfer *(Laemostenus terricola)* in Kellern angetroffen. Seit mehreren Jahrzehnten sind jedoch kaum neue Fundmeldungen bekannt geworden. Möglicherweise ist diese Art im Begriff, in Mitteleuropa auszusterben. Potenzielle Ursachen für das Verschwinden könnten in der veränderten Bauweise (Trockenlegung der Keller) und der veränderten Vorratswirtschaft (früher: Einkellern von Kartoffeln) zu finden sein.

Körperlänge 17–30 mm.

Ganzjährig

Flügeldecken schwärzlich rotbraun, mit Längsrillen. Fühler rotbraun.

Ausschließlich in feucht-dunklen Kellerräumen oder Ställen und Mühlen.

Mitteleuropa: Fast ausgestorben. Nur sehr weit zurückliegende Funde im Gebiet.

Metallfarbener Schnellläufer

Harpalus affinis

Dieser Schnellläufer bevorzugt sonnig-warme, trockene Standorte auf sandigen Böden. Das warme Mikroklima der Stadtzentren kommt diesem Schnellläufer entgegen, und er ist daher fast in allen mitteleuropäischen Städten heimisch und dort relativ häufig. Die tagaktiven Käfer ernähren sich sowohl von anderen Insekten (Larven) als auch von Pflanzensamen. Der Behaarte Schnellläufer *(Harpalus rufipes)*, ein weiterer Vertreter dieser Gattung, tritt durch seine Vorliebe für die Nüsschen der Erdbeerfrucht zuweilen als Schädling auf und wird auch Behaarter Erdbeersamenlaufkäfer genannt. Diese Art gilt ebenfalls als Kulturfolger und ist auch in Städten eine nicht seltene Laufkäferart. Die Entwicklungszeit vom Ei bis zum Käfer beträgt bis zu zwei Jahren.

Körperlänge 9–12 mm.

Fortpflanzung ab April.

Flügeldecken mit metallischem Glanz und recht variabler Färbung; meist grün, oft bronzefarben, selten schwarz. Fühler gelbrot (meist auch die Beine).

Sonnige, warme, trockene Stellen auf sandigen Böden.

In fast allen mitteleuropäischen Städten, kommt bis in die Stadtzentren vor.

Amara aenea: 6,5–8,5 mm.

Frühjahr–Herbst

Erzfarbener Kanalkäfer *Amara aenea* (häufigste Art): klein, oval, meist kupferfarben, die ersten drei Glieder der sonst dunklen Fühler sind gelbrot.

Sonnige, meist trockene Böden, Grünflächen, Straßenränder.

Mitteleuropa: Verbreitet. Häufig, nicht nur am Stadtrand. Im Stadtgebiet relativ häufig, auch auf Kiesdächern und Sportplätzen.

Kanalkäfer

Amara sp.

Metallisch glänzende Käfer mit fein gerillten Flügeldecken, Halsschild an der Basis eingedrückt. Tagaktiv. Während größere Laufkäfer vorwiegend am Stadtrand angetroffen werden können, dringen kleinere Arten bis weit in die Innenstadt vor. Wie andere Vertreter der innerstädtischen Laufkäferfauna lieben einige Arten der Kanalkäfer Wärme und Trockenheit und ernähren sich nicht nur räuberisch: Neben kleinen Insekten nehmen sie gerne Grassamen und andere pflanzliche Kost zu sich.
Wie der Hainlaufkäfer wurde der Erzfarbene Kanalkäfer *(Amara aenea)* aus Europa nach Nordamerika eingeschleppt.

27–35 mm

Frühjahr–Herbst

Großer, stromlinienförmiger, flacher Schwimmkäfer; Flügeldecken und Halsschild gelb gerandet.

Teiche und Tümpel, auch Wassergräben mit starkem Pflanzenbewuchs.

Mitteleuropa: In zahlreichen natürlichen und künstlich angelegten Kleingewässern.

Gemeiner Gelbrandkäfer

Dytiscus marginalis

Der Gelbrandkäfer rudert mit den Hinterbeinen im Gleichschlag, durchstößt mit dem Hinterleibsende die Wasseroberfläche und nimmt Atemluft in den Raum zwischen Hinterleib und Flügeldecken auf. Luftvorrat reicht für 10–20 Minuten. Eier werden in Wasserpflanzen abgelegt (eingestochen), Larven werden 5–6 cm lang, holen ebenfalls mit dem Hinterleibsende Atemluft von der Wasseroberfläche, schwimmen eher langsam und lauern deshalb in der Vegetation ihrer Beute auf (Wasserasseln, Libellenlarven, Kaulquappen usw.). Verpuppung an Land. Gelbrandkäfer fliegen besonders nachts und landen gelegentlich auf beleuchteten Verkehrsflächen und Glasdächern, die sie für Wasserflächen halten. Es gibt zahlreiche weitere, meist kleinere im Wasser lebende Käferarten.

Gemeiner Totengräber

Nicrophorus vespillo

Vertreter der Familie der Aaskäfer. Tagaktiv. Spielen eine wichtige Rolle bei der Beseitigung von Tierkadavern in der Natur. Lebensweise: Zur Eiablage werden von beiden Geschlechtern kleine Wirbeltierleichen durch Untergraben unter die Erde gebracht («Totengräber») und zu einer Kugel zusammengepreßt. Das Weibchen bleibt in einem Hohlraum, der «Krypta», zurück und legt zur Ablage der Eier einen Muttergang an. An einer anderen Stelle wird der Tisch für den Nachwuchs gedeckt: ein mit Verdauungssekreten versetzter Fresskrater, an dem sich die geschlüpften Larven sammeln und von der Mutter anfangs versorgt werden. Das Weibchen verlässt das Erdreich erst, wenn sich die Larven zur Verpuppung eingegraben haben. Puppe überwintert.

Körperlänge 12–24 mm.

Paarungsbeginn: im Mai.

Deckflügel schwarz mit zwei rotgelben Bändern. Erstes Fühlerglied meist rot (bei *N. vespilloides* immer schwarz, s. S. 103). Larve raupenförmig. Imagines können Töne erzeugen.

Meist an Aas, aber auch an Pflanzen und Pilzen.

Häufigste *Nicrophorus*-Art in Mitteleuropa. In den Städten in Gärten und Parks. Manche *N.*-Arten werden von Futterabfallbehältern und Kadavern in Zoos angezogen, z. B. *N. humator*, dessen Flügeldecken einfarbig schwarz sind.

Gerippter Totenfreund

Thanatophilus sinuatus

Sowohl die voll entwickelten Käfer wie auch die Larven des Totenfreunds ernähren sich von Aas. Käfer tagaktiv, flugfähig, werden von Verwesungsgeruch angelockt. Sie sind nicht wählerisch hinsichtlich Tierart und Verwesungsgrad. Eiablage in vom Weibchen gegrabene, wenige Zentimeter tiefe Erdhöhlen. Trotz ihrer Familienzugehörigkeit ernähren sich einige Aaskäferarten von faulenden und frischen Pflanzen (Rübenaaskäfer, *Aclypea* sp.) oder leben räuberisch. Der Vierpunktige Raupenjäger *(Dendroxena quadrimaculata)*, der in Eichenwäldern im Gebüsch zu finden ist, frisst u. a. Frostspannerraupen.

9–12 mm

April–Oktober

Flacher, ovaler, schwarzer Aaskäfer mit längs gerippten Flügeldecken und Beulen auf dem Halsschild.

Wälder, Gärten.

Mitteleuropa: Überall; nicht selten.

Schwarzer Moderkäfer

Ocypus olens

22–32 mm

April–Oktober

Schwarz, groß, kräftige Kiefer, kurze Flügeldecken.

Feuchte Mischwälder, Auen, Hecken, Gärten.

Mitteleuropa: Verbreitet; nicht selten. Tagsüber versteckt in Laubstreu oder Holz.

Zählt zu den Kurzflüglern, einer artenreichen Käferfamilie von Räubern und Fäulnisfressern mit kurzen Flügeldecken, die nur den vordersten Teil des Hinterleibs bedecken. Die Hautflügel sind darunter zusammengefaltet. Kurzflügler sind meist flugfähig.

Der Schwarze Moderkurzflügler wird auch Stinkender Kurzflügler genannt, da er bei Gefahr ein stark riechendes Sekret abgibt. Bei Bedrohung richtet er den Hinterleib auf und spreizt die Kieferzangen, vermag menschliche Haut durchzubeißen. Meist nachtaktiv, nicht selten auch tagsüber unterwegs, frisst Regenwürmer, Nacktschnecken und andere Kleintiere. Bei Tag oft im Laub, unter Holz oder unter Brettern. Überwintert als Larve oder ausgewachsener Käfer, eine Generation pro Jahr.

Ameisenbuntkäfer

Thanasimus formicarius

7–11 mm

Fast ganzjährig

Schwarz und rotbraun gefärbter Käfer mit zwei weißen gewellten Querbinden auf den Flügeldecken.

Wälder mit Nadelbäumen, auch Grünanlagen.

Mitteleuropa: Weit verbreitet; häufig. An Standorten mit Nadelbäumen, die Borkenkäferbefall aufweisen.

Der Ameisenbuntkäfer läuft an warmen Tagen schon im zeitigen Frühjahr ameisenartig rasch am Boden, auf Baumstrünken und Holzstößen herum. Während ihres dreimonatigen Lebens können die ausgewachsenen Käfer täglich drei Borkenkäfer verzehren, denen zuerst die Beine weggebissen werden, bevor sie innerhalb von etwa 10 Minuten ausgefressen werden. Eiablage im Frühling unter Rindenschuppen von Kiefern und anderen Nadelbäumen. Die zu Beginn borstig behaarte Larve ernährt sich zunächst von abgestorbenem organischem Material, später fängt die rosa gefärbte Buntkäferlarve Borkenkäfer sowie deren Puppen und Larven, die sie in ihren Gängen erbeutet. Überwinterung als Altlarve, als Puppe oder als voll entwickelter Käfer.

Roter Weichkäfer

Rhagonycha fulva

Käfer flugfähig. Bei Sonnenschein oft auf Doldenblüten (Wilde Möhre, Bärenklau), wo auch die Paarung stattfindet, die mehrere Stunden dauert. Ernährt sich v. a. von kleinen Insekten (Blattläusen). Eiablage am Boden. Larve dunkel, samtig behaart, frisst Larven von Fliegen und anderen Insekten sowie Regenwürmer. Larve häutet sich mehrmals, überwintert und verpuppt sich im folgenden Frühsommer.
In allen Städten kommen mehrere weitere Vertreter der Familie der Weichkäfer vor (u. a. verschiedene Arten der Gattung *Cantharis*).

7–11 mm

Mai–August

Lang gestreckt, rotorange bis braun. Flügeldecken hinten dunkel.

Blütenreiche Wiesen, auch Waldwiesen und -ränder, Felder, Ruderalvegetation, gelegentlich in Gärten.

Mitteleuropa: Ab Juni, eine der häufigsten Weichkäferarten. Blühende Wiesen, meist am Stadtrand.

Gemeiner Weichkäfer

Cantharis fusca

Die Familie der Weichkäfer ist eine artenreiche Gruppe, die mit über 85 Arten in Mitteleuropa verbreitet ist. Weichkäfer sind flach und nur wenig chitinisiert, was sich in ihrer deutschen Namensgebung widerspiegelt. Sowohl die Imagines als auch die Larven des Gemeinen Weichkäfers leben vorwiegend räuberisch von kleinen Insekten bzw. Regenwürmern. Die Überwinterung erfolgt als Larve. Daher kann man die dunklen Larven oft schon im zeitigen Frühjahr auf Schneeresten finden («Schneewürmer»). Sechs Larvenstadien. Zum Schutz vor Fressfeinden kann der Weichkäfer abwehr- und geruchsstoffhaltige Hämolymphe an spezifischen Stellen der Beine austreten lassen (Reflexbluten).

Körperlänge 11–15 mm.

Flugzeit Mai–Juni

Körper schwach chitinisiert. Halsschild meist rot-orange mit schwarzem Fleck in der Mitte. Deckflügel leicht behaart; schwarz. Larven schwarz behaart.

Relativ anspruchslos. Häufig in Waldnähe auf Blüten, auf Sträuchern und im Gras. Oft in großer Anzahl.

Mitteleuropa: Überall; häufig. In Stadtbiotopen, Gärten und Blumenrabatten sowie in Parks häufig. Auch auf landwirtschaftlichen Nutzflächen.

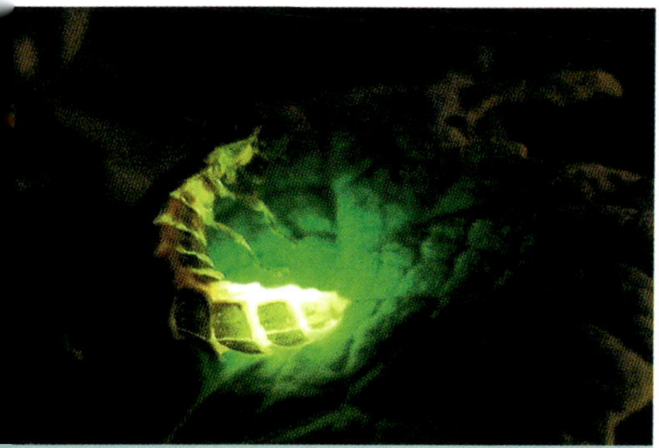

Larve

Weibchen 15–20, Männchen 10–12 mm.

Juni–Juli, stellenweise auch schon im Mai und bis in den Spätsommer.

Weibchen ungeflügelt, mit leuchtendem Hinterleib, Männchen ohne Leuchtorgan, flugfähig, ähnelt Weichkäfer.

Waldränder, Heckensäume, Feuchtgebiete, Wiesen, Gärten und Parkanlagen.

Mitteleuropa: Stadtrandgebiete, aber auch vielerorts im Siedlungsraum in älteren Gärten und Anlagen.

Großes Glühwürmchen

Lampyris noctiluca

Bei Einbruch der Dunkelheit beginnen Weibchen an Böschungen oder in krautiger Vegetation, oft an Weg-, Wald- und Heckenrändern, zu leuchten und machen damit Männchen auf sich aufmerksam, die auf Suchflügen nach Paarungspartnerinnen Ausschau halten. Licht wird in speziellen Leuchtorganen produziert (Biolumineszenz). Nach der Paarung am Boden Ablage von mehreren Dutzend Eiern, aus denen nach etwa vier Wochen Larven schlüpfen, die während 2–3 Jahren bis zu gut 2 cm Größe anwachsen und sich dabei mehrmals häuten. Larven ernähren sich von Nackt- und Gehäuseschnecken, haben ebenfalls zwei feine, punktförmige Leuchtorgane am Hinterleib. Larven für zahlreiche Fressfeinde ungenießbar und giftig, weshalb Biolumineszenz als Warnlicht für Fressfeinde interpretiert wird. In mitteleuropäischen Städten noch erstaunlich weit verbreitet. Kommt bis in zentrumsnahe, abwechslungsreich gestaltete, naturnah bewirtschaftete und oft ältere Gartenanlagen vor. Indikator für gut strukturierte, meist artenreiche Biotope.

Weitere Leuchtkäferarten: Gemeiner oder Kleiner Leuchtkäfer *(Lamprohiza splendidula):* in vielen deutschen und österreichischen Städten (Wien) verbreitet, in der Schweiz nördlich der Alpen nur in Schaffhausen in größerer Zahl. Bei diesem auch als Johanniswürmchen oder Kleines Glühwürmchen bekannten Käfer sind – im Gegensatz zum Großen Glühwürmchen – auch die flugfähigen Männchen mit Leuchtorganen ausgestattet. Kurzflügel-Leuchtkäfer *(Phosphaenus hemipterus)* mit Larven, die besonders in Spätsommernächten bis in die Morgenstunden fein leuchten; ausgewachsene Tiere unscheinbar, kaum leuchtend. Weibchen mit Flügelstummeln.

Leuchtkäfer leiden unter der Zunahme von Kunstlicht. Neben der direkten Beleuchtung wirkt sich auch der Widerschein an der Wolkendecke negativ aus, der über der Stadt ohne Weiteres die Helligkeit einer klaren Vollmondnacht erreicht. Licht unterdrückt die Aktivität der bei Dunkelheit aktiven Larven und erschwert die Wahrnehmung der biolumineszenten Signale. Männchen weichen direktem Licht aus, Weibchen, die sich zufällig im Lichtschein eines Beleuchtungskörpers platziert haben, sterben daher meist unverpaart nach etwa zweiwöchigem Leuchten an der gleichen Stelle.

Zierlicher Prachtkäfer

Anthaxia nitidula

5–7,5 mm

Mai–August

Klein, flach. Männchen leuchtend grün, Weibchen zweifarbig, mit grünmetallischen Flügeldecken und goldgrünem oder messingfarbenem Halsschild.

Gebüsche, Waldränder, Obstgärten, gelegentlich in Gärten.

Mitteleuropa: Verbreitet, selten. Naturnahe Stadtgebiete.

Käfer flugfähig, tagaktiv, ernährt sich hauptsächlich von Pollen. Auf Wildrosenblüten, anderen blühenden Sträuchern und gelb blühenden Wiesenblumen. Larven mehrjährig, entwickeln sich unter der Rinde von frisch ausgetrockneten Ästen von Kirschen, Schlehen und anderen Rosengewächsen.

Eine in Mitteleuropa relativ häufige Art ist der Vierpunkt-Kiefernprachtkäfer *(A. quadripunctata)*. Den dunkel bronzeschimmernd schwarzen Käfer findet man von Mai bis September oft an gelben Blüten, die Larven entwickeln sich an Nadelhölzern. In Süddeutschland und der Nordschweiz hat der grüne, schwarz gefleckte Wacholderprachtkäfer *(Lamprodila festiva)* in den letzten Jahren einen Wirtswechsel vorgenommen und begonnen, Thuja-Hecken zu befallen, die teilweise absterben.

Gemeiner Speckkäfer

Dermestes lardarius

Körperlänge 5–10 mm.

In Gebäuden ganzjährig

Flügeldecken dunkel mit graugelber Binde. Larven stark behaart und sehr beweglich, mit Analdornen am neunten Hinterleibsring.

Oft in Vogelnestern und an toten Tieren. Vorratsschädling an nahezu allen tierischen Stoffen.

Mitteleuropa: Überall; Schädling. In Städten in Lagerhallen, Wohnungen, Museen.

Von den ca. 40 im Gebiet lebenden Arten aus der Familie der Speckkäfer (Dermestidae) sind die meisten gefürchtete Vorratsschädlinge. Die Larven ernähren sich vorwiegend von tierischen Stoffen. Die Bandbreite ist groß: Aas, Wurst- und Fleischwaren, Trockenfisch, Horn, Hufe, Haare, Wolle, Federn, Insekten, Seide. Der hier besprochene Gemeine Speckkäfer ist ursprünglich ein Bewohner von Vogelnestern, spielt aber seine Rolle als Schädling in größerem Maße aus. Betroffen sind Lagerhallen (Tierkörperverwerter), Speisekammern, Wohnungen, aber auch Museen (z. B. mit ausgestopften Tieren). Speckkäfer-Larven nagen sich zur Verpuppung in Holz oder anderes festeres Material. Die Imagines vieler Arten ernähren sich von Blütenpollen.

Teppichkäfer, Blütenkäfer

Anthrenus sp.

Mehrere ähnliche Arten: Wollkrautblütenkäfer (*Anthrenus verbasci*, drei weiße Bänder auf Flügeldecken), Teppichkäfer (*A. scrophulariae*, rote Schuppen am Rand der Flügeldecken), Museumskäfer (*A. museorum*, Grundfarbe Schwarz). Käfer Blütenbesucher, fressen Nektar und Pollen. Larven lichtscheu, braun, behaart, mit Haarbüscheln am Hinterende (Pfeilhaare). Larven helfen in der Natur, tote Insekten und Kadaver mit Fell oder Federn zu beseitigen, und machen sich in Gebäuden als Schädlinge an Teppichen, Pelzen, Polstermöbeln, Wolle, Seide, Federn, Horn und an Insektensammlungen bemerkbar. Ähnlich leben: Dunkler Pelzkäfer (*Attagenus unicolor*, länglich oval, einfarbig), Gefleckter Pelzkäfer (*A. pellio*, mit zwei weißen Punkten auf den Flügeldecken).

2–4,5 mm

Ganzjährig, draußen ab Mai.

Klein, breit oval; oft sehr bunt.

Gebäude (v. a. Larven), Käfer im Freien oft auf Blüten.

Mitteleuropa: Verbreitet. Häufig in Stadtgebieten. Larven sind Lager- und Vorratsschädlinge (an keratinhaltigen Materialien).

Zweipunkt

Adalia bipunctata

In Lebensweise und Grad der Beliebtheit steht der Zweipunkt dem Siebenpunkt kaum nach. Interessant hier ist eine schwarze Variante, die ca. 15 % aller Individuen betrifft. Die schwarze Färbung scheint sowohl Vor- als auch Nachteile zur bringen. Durch die stärkere Wärmeabsorption bei Sonneneinstrahlung besitzt die schwarze Form einen höheren Stoffumsatz. Während der Winterruhe wirkt sich dies nachteilig aus, da die Fettreserven oft zu zeitig aufgebraucht werden und die Tiere verhungern. Dafür sind diese zeitiger im Jahr bzw. am Tag aktiv, ein Vorteil bei der Paarung und dem Nahrungserwerb. Sollte man Marienkäfer vor dem Winter in Wohnungen finden, setzt man sie am besten in einen kühlen Raum.

Körperlänge 3,5–5,5 mm.

Frühjahr–Herbst

Köper rundlich-oval. Flügeldecken rot, mit je einem schwarzen Punkt (rote Form) oder schwarz mit je 2 oder 3 roten Punkten (schwarze Form).

Wald- und Waldränder; an Sträuchern und anderen Pflanzen mit Blattlausbefall.

Mitteleuropa: Verbreitet. Besatz nimmt in den Städten in Richtung Stadtzentrum ab. Hohe Populationsdichten in den Baumkronen.

5,5–8 mm

Frühjahr–Herbst

Marienkäfer; Flügeldecken rot mit sieben schwarzen Punkten.

Wiesen, Gärten, Wegränder, Wälder.

Mitteleuropa: Von der Innenstadt bis zum Wald, häufigste einheimische Marienkäferart.

Siebenpunkt

Coccinella septempunctata

Das Weibchen des Siebenpunkt-Marienkäfers legt im Mai oft in der Nähe einer Blattlauskolonie bis zu 800 Eier ab. Die Larven können bis zu ihrer Verpuppung über 600 Blattläuse vertilgen. Die rundliche Puppe klebt an Blättern. Sie ist eine Mumienpuppe, die außer bei den Marienkäfern nur wenige andere Käfer ausbilden. Entwicklungszeit vom Ei bis zum Käfer je nach Witterung und Nahrungsangebot 1 oder 2 Monate. Bei Bedrohung sondern Käfer aus Poren an den Beinen ihr gelbes Blut (Hämolymphe) ab, das für einige Fressfeinde giftig und abstoßend wirkt. Käfer überwintert unter Baumrinde, Laub oder Nadelstreu, Moos und Graspolstern. Als Blattlausvertilger seit Langem populärer «Glückskäfer».

6–8 mm

Frühjahr–Herbst

Größer als die meisten anderen Marienkäferarten; Färbung unterschiedlich, oft rot, mit 0–19 Punkten, «W»-förmige schwarze Zeichnung auf dem Halsschild. Quere Bogenfalte am Ende der Flügeldecken.

Alle Lebensräume, bevorzugt aber Strauch- und Baumschicht.

Mitteleuropa: Von der Innenstadt bis zum Wald, dominierende Marienkäferart.

Asiatischer Marienkäfer

Harmonia axyridis

Der Asiatische Marienkäfer ist größer als die meisten einheimischen Marienkäfer und trägt vielfach eine «W»- oder «M»-förmige Zeichnung auf dem Halsschild (selten in vier Striche aufgelöst oder bei mehrheitlich schwarzen Käfern zu einem schwarzen Trapez aufgefüllt). Ursprünglich aus Ostasien, zur biologischen Schädlingsbekämpfung in Nordamerika und Europa v. a. in Gewächshäusern eingesetzt. Seit 1999 Freilandpopulationen in Frankreich, inzwischen in ganz Mitteleuropa. Entwicklung vom Ei zum Käfer in rund drei Wochen möglich. Larven nach erster Häutung mit orangefarbenen Seitenstreifen. Sehr gefräßig, machen anderen Blattlausjägern Konkurrenz, greifen diese auch an. Käfer suchen im Herbst oft in Massen Überwinterungsmöglichkeiten in Gebäuden.

Messingkäfer

Niptus hololeucus

Die eingeschleppte Art aus der Familie der Diebskäfer hat sich erst Mitte des 19. Jahrhunderts in Europa erneut etabliert. Die Larven ernähren sich bevorzugt von stärkehaltiger Nahrung (z.B. Getreide, Grieß, Graupen). Der Käfer selbst benagt u.a. Wollstoffe (kreisrunde Löcher), Getreideabfälle, Kräuter, Polstermöbel, Teppiche, alte Knochen, tierische Borsten und Federn. Die Anlage der Puppenwiege erfolgt in härterem Material (z.B. morsches Holz). Die nachtaktiven Tiere halten sich bevorzugt in Zwischenböden von Dielungen auf. Bei Massenvermehrungen quellen sie dann aus den Scheuerleisten hervor. Zur gleichen Familie gehörend und ebenso als Vorratsschädlinge gefürchtet sind Vertreter der Gattung *Ptinus* (Diebskäfer).

Körperlänge 2,6–4,6 mm.

Zwei Generationen pro Jahr. Juni–Juli / Oktober–November.

Körperform «spinnenförmig»; kugeliger Hinterkörper. Goldgelbe Behaarung. Hinterflügel nicht ausgebildet, flugunfähig.

Larven bevorzugen stärkehaltige Stoffe (z.B. Getreide- und Dreschabfälle).

Mitteleuropa: Häufiger Vorratsschädling. Kulturfolger. Bevorzugt in Häusern, Lagerhallen, Sämereien.

Scharlachroter Feuerkäfer

Pyrochroa coccinea

Die Käfer, die im Frühsommer zu beobachten sind, ernähren sich von Honigtau, Nektar, Blütenstaub und süßen Baumsäften (an frischen Baumstümpfen). Männchen mit kammartigen Fühlern, Fühler der Weibchen gesägt. Auffällig rote Farbe. Larven abgeflacht, gelblich, leben unter der Rinde geschädigter Laubbäume, wo sie sich von Larven von Bock-, Pracht- und Borkenkäfern ernähren. Verpuppung nach 2–3 Jahren.

Auch die beiden anderen mitteleuropäischen Feuerkäferarten können in Städten gefunden werden: der Rotköpfige Feuerkäfer *(P. serraticornis)*, dessen Kopf rot gefärbt ist, und der kleinere, unscheinbarere Orangefarbene Feuerkäfer *(Schizotus pectinicornis)* mit seinen besonders auffällig gesägten Fühlern.

14–18 mm

Mai–Juni

Mittelgroß; Flügeldecken und Halsschild scharlachrot, Kopf schwarz.

Wälder, Waldränder, Lichtungen, Gärten; an Blüten, im Gebüsch und Krautsaum, auf Holz.

Mitteleuropa: Stadtrandgebiet, auch gut durchgrünte Wohngebiete; nicht selten.

12–19 mm

Frühjahr–Herbst

Groß; schwarz mit metallisch blauem Anflug.

Wald und Waldwege, auch Weiden.

Mitteleuropa: Überall verbreitet. Häufig am waldnahen Stadtrand.

Waldmistkäfer

Anoplotrupes stercorosus (Geotrupes stercorosus)

Der Waldmistkäfer oder Rosskäfer ist etwa auf Waldwegen anzutreffen, die auch als Reitwege benutzt werden und mit Pferdeäpfeln belegt sind. Er ernährt sich von faulenden Pilzen, toten Insekten, Pferde-, Kuh- und Schafmist sowie von Menschenkot. Die Käfer bauen für den Eigenbedarf kurze Nahrungsröhren unter dem Kot, in die sie sich bei Gefahr zurückziehen. Der Mist dient auch als Larvennahrung. Nach der Paarung baut das Weibchen unter dem Kothaufen einen 20–40 cm tiefen Stollen in die Erde, von dem mehrere Seitenstollen abzweigen, die vom Weibchen mit «Mistwürsten» bestückt und einem Ei belegt werden. Die engerlingsartigen Larven überwintern im Bau, verpuppen sich im folgenden Sommer und schlüpfen im Herbst.

14–18 mm

Mitte Juni–Ende Juli

«Kleiner Maikäfer»; gelbbraun, mit feiner Behaarung.

Wiesen, Felder und Gärten.

Mitteleuropa: Stadtrand- und Wohngebiete; recht häufig.

Junikäfer

Amphimallon solstitiale

Auch als Sonnwendkäfer oder Brachkäfer (Brachmonat Juni) bekannt, häufigster Vertreter einer Gruppe ähnlicher Arten. Fliegt beim Eindunkeln oft in großer Zahl um Büsche und Bäume. Larven (Engerlinge) fressen an den Wurzeln von Rasen- und Wiesenpflanzen. Befall erfolgt gerne in kurz geschnittenen Zierrasen, die bei der Eiablage eine gute Lande- und Startbahn für die etwas plump fliegenden Käfer bilden. Käfer werden von Fledermäusen und Eulen gefressen, Larven von Dachsen ausgegraben.

Der Feldmaikäfer *(Melolontha melolontha)* – einst ein gefürchteter Schädling – ist infolge veränderter Wirtschaftsweise (Umstellung auf Ackerbau mit häufigem Umbruch), der Überbauung von Wiesen und der chemischen Bekämpfung (1950er-Jahre) in Mitteleuropa nur noch selten anzutreffen.

Gemeiner Rosenkäfer

Cetonia aurata

Im Gegensatz zu anderen Käfern fliegen die Rosenkäferartigen mit geschlossenen Flügeldecken, die mit einer seitlichen schlitzförmigen Öffnung versehen sind, aus der die Flügel hervorgestreckt werden. Käfer oft auf Blüten (Rosen, Holunder, Weißdorn, Schneeball, Pfingstrosen usw.), ernähren sich von Pollen, Nektar, Staub- und Blütenblättern sowie Baumsäften. Larven ähneln den Engerlingen von Mai- und Junikäfern, entwickeln sich im Gegensatz zu diesen im Siedlungsbereich jedoch vor allem in Komposthaufen, wo sie zur Verrottung des organischen Materials beitragen. Überwintert nach 1–2-jähriger Entwicklung als Puppe in einem Kokon aus Erde, Holz- und Kotteilchen.

14–20 mm

April–Oktober, besonders Mai–Juni.

Groß; metallisch dunkelgrün bis goldgrün glänzend, oft mit kleinen weißen Querlinien auf den Flügeldecken.

Waldränder, Hecken, Gärten.

Mitteleuropa: Stadtrand- und Wohngebiete; recht häufig.

Pinselkäfer

Trichius sp.

Behaarung und Färbung verleihen dem Pinselkäfer ein hummelähnliches Aussehen. Gattung mit drei sehr ähnlichen Arten im Gebiet: *Trichius fasciatus*, *T. sexualis* und *T. rosaceus*. Die ausgewachsenen Käfer besuchen Blüten von Doldengewächsen, Korbblütlern, Brombeeren und anderen Gewächsen, die Larven leben im modernden Holz von Laubbäumen. Da Pinselkäfer für ihre Entwicklung sowohl Gehölze als auch blütenreiche Wiesen benötigen, bewohnen sie abwechslungsreiche Lebensräume wie lichte Wälder, Waldrandzonen und strukturreiche, naturnahe Park- und Gartenanlagen.

9–13 mm

Mai–Juli

Mit Ausnahme der mattschwarz-quittengelb gebänderten Flügeldecken lang und wollig behaart; auf Blüten.

Wiesen in Waldnähe, Gärten, Grünanlagen.

Mitteleuropa: *T. fascinatus* im Gebirge und Vorland häufiger. *T. rosaceus* mit zunehmender Ausbreitung in Stadtgebieten.

10–19 mm

Juni–September

Männchen mit gelbbraunen Flügeldecken und schwarzem Halsschild; Weibchen größer, Halsschild und Flügeldecken rotbraun.

Lichte Wälder, Waldränder und -wiesen, Gärten und Parks.

Mitteleuropa: Einer der häufigsten Bockkäfer, fehlt in der Innenstadt.

Rothalsbock

Stictoleptura rubra (Corymbia rubra, Leptura rubra)

Männchen oft auf Blüten, besonders von Dolden- und Korbblütlern, Weibchen mehr am Brutholz, an alten Wurzelstöcken und Stämmen von Nadelbäumen. Larven in morschem Holz, früher schädlich in Telefonstangen. Wie viele andere Käfer ist der Rothalsbock auf ein Nebeneinander von blütenreichen Wiesen und Totholz angewiesen. Ein Fünftel aller mitteleuropäischen Käferarten sind Holzbewohner (s. auch Feuer-, Pinsel-, Pracht- und Ameisenbuntkäfer).
Der Rothalsbock zählt zu der nach ihren langen Fühlern benannten Familie der Bockkäfer. Ebenfalls recht häufig ist der Veränderliche Scheibenbock *(Callidium violaceum)*: 8–14 mm, Flügeldecken in unterschiedlichem Farbton von Beige bis Blauschwarz, kann sich in im Haus gelagertem Kaminholz entwickeln.

Körperlänge 7–21 mm.

Imagines: Juni–August. Larven 2–10 Jahre.

Grundfarbe Braun bis Schwarz. Flügeldecken fein grau behaart; mit weißen Haarflecken. Relativ kurze Fühler.

In verbautem Holz (Nadelbäume) von Gebäuden. Betroffen: Hausböden, Dachbalken und dicke Pfosten mit hohem Splintholzanteil (nicht im Kernholz).

Mitteleuropa: Gefürchteter Schädling der hölzernen Bausubstanz von Häusern. In vielen Ländern meldepflichtig.

Hausbock

Hylotrupes bajulus

Bewohner von verbautem Nadelholz (Balken). Eine ernsthafte Gefahr für die Statik von Gebäuden stellt ein Befall des Dachstuhls mit den Larven des Hausbocks dar. Mit der verlängerten Legeröhre legen die Weibchen ihre Eier bevorzugt in Spalten und Ritzen ab. Einmal in das Holz eingedrungen, fressen sich die geschlüpften Larven in Längsrichtung durch das Holz (hörbar). Mit dem Fraßmehl werden die Gänge wieder verstopft, sodass äußerlich keine Fraßspuren erkennbar sind. Da die Larven nur die im Holz eingelagerten Eiweiße verwerten können, dauert die Entwicklung in Abhängigkeit vom Nährwert sehr lange (2–10 Jahre). Wenn nach Jahren die ovalen Schlupflöcher der Imagines entdeckt werden, ist der Schaden meist bereits sehr groß.

Scheckhorn-Distelbock

Agapanthia villosoviridescens

Der Scheckhorn-Distelbock ist ein relativ häufiger Bockkäfer unserer Stadtfauna. An sonnigen Tagen findet man ihn oft an den Blättern und Blüten krautiger Pflanzen (Disteln, Brennnesseln und Doldenblütler). Diese Pflanzen sind zugleich die Nahrungsgrundlage der Larven, welche sich in den Stängeln entwickeln und dort auch überwintern. Im zeitigen Frühjahr verpuppen sie sich dann und schlüpfen zum Sommeranfang. Wie für viele andere Arten auch ist es daher wichtig, nicht gemähte Bereiche in den Parks und Gärten unserer Städte zu erhalten.

Körperlänge 10–22 mm.

Mai–August.
Larven überwintern.

Fühler hellgrau; schwarz geringelt. Kopf und Halsschild schwarz mit gelblicher Längsstreifung.

Waldränder, Wiesen, Feldränder und Waldwege.
An krautigen Pflanzen (Distel, Brennnessel, Kerbel u. a.).

Mitteleuropa: Überall.
In Stadtgebieten relativ häufig in Parks, Gärten und an Bahndämmen zu finden, sofern nicht alles auf einmal gemäht wird.

Kleiner Halsbock

Pseudovadonia livida

In den Sommermonaten ist diese tagaktive Art aus der Familie der Bockkäfer häufig auf Blüten von Dolden- und Korbblütlern (z. B. Schafgarbe) und Rosengewächsen zu finden. Anhand des eingeschnittenen Nackenschildes (Scutellum) lässt sich der Halsbock gut von seinen Artverwandten unterscheiden. Die Entwicklung der Larven erfolgt im mit Pilzfäden des Nelkenschwindlings *(Marasmius oreades)* durchsetzten Boden. Der Nelkenschwindling ist ein Speise- und Würzpilz, der sehr häufig auf kurzhalmigen Wiesen, Weiden bzw. Grünflächen der Parks und Gärten vorkommt. Die Imagines benötigen zur Ernährung ein reichhaltiges Blütenangebot.

Körperlänge 5–9 mm.

Mai–August

Körper länglich. Halsschild fast kugelig. Flügeldecken bräunlich gelb. Scutellum (Nackenschildchen) hinten eingeschnitten, zweispitzig (Lupe!).

Blütenreiche Habitate: Wiesen, lichte Wälder, Waldrand, Parks.

Mitteleuropa: Verbreitet; häufig. In allen Städten an wärmebegünstigten Standorten der Parks und Gärten mit Humusschicht und reichhaltigem Blütenangebot.

6–7 mm

April–September

Klein; breiter Hinterleib; Halsschild und Flügeldecken glänzend rot, Kopf schwarz.

Lichte Laubwälder, Gärten.

Mitteleuropa: Wald und Wohngebiete, auch dicht bebaute; recht häufig.

Lilienhähnchen

Lilioceris lilii

Die ausgewachsenen Käfer sind an Liliengewächsen zu finden (Türkenbund, Maiglöckchen, Salomonssiegel usw.) und fressen Laub- und Blütenblätter der Futterpflanzen. Die rotgefärbten Eier werden auf die Wirtspflanzen geklebt. Die rot gefärbten Larven, die sich ebenfalls von den Blättern der Liliengewächse ernähren, schützen sich vor Sonnenlicht und Feinden mit einem schleimigen, braunschwarzen Kotmantel. Bei starkem Befall an Gartenlilien können Lilienhähnchenlarven, die nach Entfernung unfähig sind, zur Wirtspflanze zurückzukriechen, mit scharfem Wasserstrahl abgespritzt werden. Eine bis drei Generationen im Jahr, Überwinterung als Puppe in einem Kokon oder als Käfer. Die Bezeichnung «Hähnchen» bezieht sich darauf, dass die Käfer bei Gefahr zirpen können. Eine zweite Art *(L. merdigera)* unterscheidet sich u. a. durch die rötlichen Beine und die etwas dunklere Färbung der Flügeldecken.

9–11 mm

Mai–August

Erinnert an lang gezogenen Marienkäfer – schwarzer Kopf, rote Flügeldecken mit einem Punktepaar an den Schultern und zwei meist breiten Flecken hinter der Mitte.

Waldränder, Feldgehölze, Gärten, auch offene Naturwiesen.

Mitteleuropa: Verbreitet; nicht häufig. Larven entwickeln sich in Ameisennestern (bevorzugt von der Gattung *Formica*).

Ameisen-Sackkäfer

Clytra laeviuscula

Die adulten Ameisen-Blattkäfer oder -Sackkäfer fressen an Trieben und Blättern von Weide, Esche und Steinobst. Die Weibchen lassen ihre mit Kotschuppen beklebten Eier, die winzigen Koniferenzapfen ähneln, von Grashalmen in der Nähe von Ameisennestern (Gattungen *Formica* und *Lasius*) fallen. Die Eier werden von Ameisen ins Nest getragen, wo die Larven schlüpfen. Diese schützen sich durch eine harte, sackartige Kothülle, in die sie sich bei Gefahr zurückziehen können, und ernähren sich von Resten der Beutetiere der Ameisen sowie von toten Ameisen. Entwicklung in 2–4 Jahren. Verwechslung möglich mit der ähnlich lebenden Art *Clytra quadripunctata*: hintere Flecken meist kleiner, Halsschild deutlich punktiert (bei *C. laeviuscula* fast glatt).

Gefurchter Dickmaulrüssler

Otiorhynchus sulcatus

Ab April beginnen die Käfer, die zur artenreichen Familie der Rüsselkäfer zählen, zu schlüpfen. Dämmerungs- und nachtaktiv, verstecken sich tagsüber an schattigen Stellen. Randfraß hinterlässt an Blättern halbmondförmige Einbuchtungen. Es treten nur weibliche Tiere auf, Vermehrung erfolgt parthenogenetisch (ohne Paarung). Weibchen legen 500–1000 Eier, aus denen nach 2–3 Wochen die Larven schlüpfen, die durch Wurzelfraß weit größere Schäden anrichten als die adulten Käfer. Viele Rüsselkäfer bevorzugen bestimmte Wirtspflanzen. Die in Ausbreitung befindliche osteuropäische Art *O. smreczynskii* findet man hier fast ausschließlich in Ortschaften, dort vorwiegend an Liguster (auch Flieder), seiner Wirtspflanze. Verbreitung durch Handel mit Gartenpflanzen. Auffällig sind die regelmäßig kerbartigen Fraßstellen an den Blatträndern.

8–14 mm

April–Ende August.

Schwarzer oder bräunlicher Rüsselkäfer mit kurzem, vorne verbreitertem Rüssel und gefurchten Flügeldecken, flugunfähig.

Verschiedene Lebensräume, insbesondere Gärten, auch an Topfpflanzen.

Mitteleuropa: Besiedelt zusammen mit nah verwandten Arten fast die gesamten Stadtgebiete.

Haselnussbohrer

Curculio nucum

Ausgewachsene Käfer fressen an Laub und Früchten verschiedener Bäume, nicht nur an Haselsträuchern. Zur Fortpflanzung jedoch auf Hasel angewiesen: Im Mai und Juni nagen die Weibchen mit ihrem Rüssel junge Haselnüsse an und legen ein Ei in die Frucht. Das Loch in der noch nicht verhärteten Schale wächst zu und die Käferlarve lebt gut geschützt von der reifenden Nuss. Nachdem die ausgefressene Nuss zu Boden gefallen ist, bohrt die Larve ein etwa 2 mm großes Loch in die Schale und zwängt sich ins Freie. Die Larve überwintert im Boden und verpuppt sich meist im folgenden Frühjahr. Die Puppe kann bis zu 3 Jahren überliegen.
Ganz ähnlich entwickelt sich der etwas kleinere Eichelbohrer *(Curculio glandium)*, der zur Fortpflanzung Eicheln benötigt.

6–8 mm

April–Oktober, besonders Mai–Juni.

Brauner, gelblich beschuppter Käfer mit lang gezogenem Rüssel, Fühler an Rüsselmitte.

Waldränder, Hecken, Gärten.

Mitteleuropa: Verbreitet; recht häufig.

Hautflügler

Die sehr vielgestaltige Ordnung der Hautflügler (Hymenoptera) ist mit über 10 000 Arten im Gebiet die umfangreichste Insektenordnung in Mitteleuropa. Hymenopteren verfügen meist über zwei Flügelpaare, verschiedene Arten sind jedoch flügellos. Bei ihrer Entwicklung machen sie eine vollständige Verwandlung mit Verpuppung durch, ihre Larven sind raupen- oder madenförmig.

Zu ihnen gehören mit den Bienen die wichtigsten Blütenbestäuber, dadurch kommt den Hautflüglern eine herausragende ökologische und auch ökonomische Bedeutung zu. Zahlreiche Arten haben eine soziale Lebensweise entwickelt und bilden neben Männchen und Weibchen auch geschlechtslose Arbeiterinnen aus.

Hautflügler werden in drei Hauptgruppen unterteilt: Pflanzenwespen (Symphyta), Legimmen (Apocrita/Parasitica) und Stechimmen (Apocrita/Aculeata).

Die **Pflanzenwespen** zeichnen sich im Gegensatz zu den anderen Hautflüglern durch das Fehlen einer Wespentaille aus. Sie besitzen keinen Giftstachel. Ihre Larven sind meist raupenförmig und ernähren sich von Pflanzen oder Holz, die Erwachsenen besuchen oft Blüten.

Die madenförmigen Larven der meisten **Legimmen** parasitieren andere Insekten und spielen für die biologische Schädlingsbekämpfung eine große Rolle. Wenige Arten parasitieren auch Spinnen, weitere ernähren sich als Larven von Pflanzen. Legimmen verfügen über keinen Giftstachel, die Weibchen vieler Arten jedoch über einen sehr langen, auffälligen Eilegestachel. Bekannteste Vertreter sind die Schlupfwespen, Brackwespen, Gallwespen und Erzwespen.

Zu den **Stechimmen** gehören die bekanntesten Hautflügler: Bienen, Wespen und Ameisen. Manche Arten wie die Honigbiene bilden hochkomplexe Staaten. Besonders ausgeprägt ist die Staatenbildung bei den Ameisen. Bei den meisten Arten besitzen die Weibchen beziehungsweise die Arbeiterinnen einen Giftstachel. Stechfreudig sind aber nur die Arbeiterinnen weniger staatenbildender Arten, solitär lebende Arten stechen meist nur im äußersten Notfall. Ihre Larven sind madenförmig, ernähren sich von Insekten und Spinnen (die meisten Faltenwespen, Grabwespen, Wegwespen und Ameisen) oder Nektar und Pollen (Bienen). Mit der Honigbiene gehört in diese Gruppe auch das einzige mitteleuropäische Insekt, das domestiziert wurde.

Der Wissensstand über die Hautflügler unserer Städte ist je nach Gruppe sehr unterschiedlich. Gute Kenntnisse gibt es zu den Bienen, Ameisen, Grab- und Faltenwespen. Kaum bekannt ist dagegen die Verbreitung der Legimmen und Pflanzenwespen. In unseren Städten scheinen die klimatischen Besonderheiten, das Nahrungsangebot und die Verfügbarkeit von Nistmaterial das Vorkommen einiger Arten zu begünstigen.

Rosen-Bürsthorn-Blattwespe

Arge rosae

Vertreter der Pflanzenwespen, die sich von anderen Hautflüglern durch das Fehlen der Wespentaille unterscheiden. *Arge rosae* legt die Eier gruppenweise auf die Triebspitze von Rosenbüschen. Dadurch verkümmert der Trieb und bildet keine Blüten mehr. Die Larven sehen – wie bei anderen Blattwespen auch – Schmetterlingsraupen sehr ähnlich, besitzen aber fünf Paar Bauchbeine (Schmetterlingsraupen 0–4 Paare). Sie fressen Rosenblätter vom Rand her bis auf die Blattrippen und können dadurch v. a. im Mittelmeergebiet auf Kulturrosen schädlich sein. Die Wespen lassen sich oft auf Doldenblüten beobachten.

Körperlänge etwa 10 mm.

Flugzeit Mai und Juli–August. Zwei Generationen pro Jahr.

Bürsthorn-Blattwespen (Argidae) als solche leicht bestimmbar (fehlende Wespentaille, nur drei Fühlerglieder, das letzte stark verlängert). Eigentliche Arterkennung jedoch schwierig.

Verschiedene trockenwarme Lebensräume, oft im Siedlungsraum in Gärten.

Mitteleuropa: Vereinzelte Nachweise, wenig untersuchte Gruppe. Berberitzen-Blattwespe *(A. berberidis)* auffallend häufig in Städten an Berberitzen.

Berberitzen-Blattwespe

Arge berberidis

Vertreter der Familie Bürsthornblattwespen: In Mitteleuropa mit über 30 Arten vertreten. Sie gehören in die große Gruppe der Blattwespenartigen. Diese Hautflügler haben im Gegensatz zu den echten Wespen weder «Wespentaille» noch Stachel. Die Larven, die als Afterraupen bezeichnet werden, ernähren sich vorwiegend von pflanzlicher Kost, leben meist frei an Blättern, aber auch als Minierer, in Gallen, oder Bohrer in Früchten und Stängeln. Sie treten daher oft als Schädlinge auf. In den städtischen Grünanlagen auffällig: der Befall von Berberitzensträuchern durch *Arge berberidis*. Die Blätter werden hierbei bis auf die Mittelrippe weggefressen. Die Art bildet zwei Generationen aus, die Larven verpuppen sich in einem Gespinst im Boden. Der Befall endet oft in Kahlfraß.

Imago: 8–9 mm.
Larve: bis 15 mm.

Imagines: Erste Generation: April/Mai. Zweite Generation: Juli/August.

Afterraupe: Nur ein freies Segment zwischen Brust- und Bauchbeinen. Körper hell mit schwarzen Punkten und gelben Querbändern.

Larven an Berberitze, daher oft in Parks.

Mitteleuropa: Wirtspflanzenangebot und Mikroklima begünstigt die Art in den Städten (Parks und Gärten).

Schmalbauchwespe

Gasteruption assectator

Schmalbauchwespen (Gichtwespen) zählen zu den Legimmen und sind Brutschmarotzer bei verschiedenen solitären Wildbienen, vielleicht auch bei Wespen. Ihre Biologie ist aber noch wenig bekannt. *G. assectator* parasitiert sicher Nester von Maskenbienen *(Hylaeus)*, vermutlich auch die von Löcherbienen *(Heriades)* und vielleicht Mauerbienen *(Osmia)*. Das Weibchen platziert mit seinem Eilegestachel ein oder mehrere Eier in das Wirtsnest. Die geschlüpfte Schmalbauchwespenlarve frisst zuerst das Ei oder die Larve des Wirts, danach den Futtervorrat.

Am einfachsten lassen sich Schmalbauchwespen an Nisthilfen für Wildbienen beobachten. Gelegentlich sieht man sie auch beim Blütenbesuch, meist auf Doldenblütlern.

Körperlänge 8–11 mm.

Flugzeit April–Oktober. Vermutlich meist zwei Generationen pro Jahr.

Gattungsmerkmale: keulenförmige Schenkel der langen Hinterbeine, nach hinten verdickter Hinterleib. Arten im Feld schwer zu unterscheiden.

Besiedelt alle möglichen Lebensräume, regelmäßig auch im Siedlungsbereich.

Mitteleuropa: Vereinzelte Funde; relativ selten. Als häufigste Art der Gattung wohl im gesamten Gebiet verbreitet.

Riesenschlupfwespe

Dolichomitus mesocentrus

Riesenschlupfwespen gehören wie die vorige Art zu den Legimmen. Sie parasitieren die Larven von großen Insekten, die sich im Totholz entwickeln, namentlich von Bockkäfern und vermutlich auch Holzwespen. Das Weibchen kann die Wirtslarve in einer Tiefe von bis zu 3 cm mit dem Geruchssinn exakt lokalisieren und mit ihrem langen Eilegebohrer zielgenau ein Ei auf ihr ablegen. Die Schlupfwespenlarve frisst die Wirtslarve auf, verpuppt sich und schlüpft im nächsten Herbst.

Körperlänge 30–40 mm, Weibchen mit dem körperlangen Eilegebohrer 60–80 mm.

Flugzeit September–Oktober. Eine Generation pro Jahr.

Große Schlupfwespe mit dunklem Körper und orangefarbenen Beinen. Lässt sich im Feld nicht von mehreren sehr ähnlichen, verwandten Arten unterscheiden.

Waldränder und Waldlichtungen mit Totholz (Nadelholz).

Mitteleuropa: Verbreitet; nicht selten. Gelegentlich auch im Siedlungsbereich.

Gemeine Goldwespe

Chrysis ignita

Obwohl *Chrysis ignita* bei uns die häufigste Goldwespenart ist, herrscht über ihre Biologie große Unklarheit – möglicherweise verbergen sich unter ihrem Namen mehrere Arten mit unterschiedlicher Biologie. Wie alle Goldwespen ist sie ein Brutschmarotzer bei anderen, solitären Hautflüglern. Als Wirte werden in der Literatur Lehmwespen der Gattungen *Ancistrocerus* und *Odynerus*, Grabwespen (Sphecidae) sowie Mauer- und Pelzbienen (Gattungen *Osmia* und *Anthophora*) genannt. Die Goldwespe dringt in das Nest des Wirts ein und legt ein Ei hinein. Die Larve frisst zuerst das Ei oder die Larve des Wirts, danach seinen Futtervorrat. Die erwachsenen Wespen besuchen nur selten Blüten und decken ihren Nektarbedarf v. a. mit Honigtau von Blattläusen.

Körperlänge 4–13 mm.

Flugzeit April–Oktober.

Goldwespen (Familie Chrysididae) sind leuchtend metallisch, oft sehr bunt gefärbt. Unterscheidung einzelner Arten im Feld meist unmöglich.

Besiedelt alle möglichen Lebensräume, häufig auch im Siedlungsbereich.

Mitteleuropa: Häufigste Goldwespenarten im Gebiet. In Städten ist mit ca. sieben Goldwespenarten zu rechnen. Dort bevorzugt in Parkanlagen.

Frühlings-Wegwespe

Anoplius viaticus

Das Weibchen der Frühlings-Wegwespe erbeutet größere Wolfsspinnen, die sie mit einem Stich lähmt. Anschließend wird ein Loch in sandigen Boden gegraben, die Spinne hineingezogen und mit einem Ei belegt. Daraus schlüpft bald die Wespenlarve, die die Spinne innerhalb weniger Tage auffrisst und sich dann verpuppt. Im Spätsommer schlüpfen die Wespen und paaren sich. Während die Männchen nach der Paarung sterben, überwintern die Weibchen in einem unterirdischen Versteck und gehen im nächsten Frühling auf Wolfsspinnenjagd. Gelegentlich kann man die Wespen auf Blüten beobachten, v. a. auf Wolfsmilch.

Körperlänge Weibchen: 9–14 mm, Männchen: etwas kleiner.

Flugzeit April–September. Eine Generation pro Jahr.

Schwarz, charakteristische Hinterleibsfärbung (halbmondförmige, orangerote Binden auf den ersten drei Segmenten).

Sonnige und warme Lebensräume mit sandigen Böden, z. B. Kies- und Sandgruben.

Mitteleuropa: Verbreitet; nicht selten an geeigneten Orten.

Körperlänge Königinnen: 16–19 mm, Arbeiterinnen: 11–14 mm.

Flugzeit Arbeiterinnen: Ende Mai–Oktober, junge Königinnen und Drohnen erscheinen ab Mitte August.

Variabel gefärbt. Kann leicht mit nah verwandten Arten verwechselt werden.

Besiedelt alle möglichen offenen und halboffenen Lebensräume, sehr häufig auch im Siedlungsbereich.

Mitteleuropa: Zahlreiche Nachweise, v. a. am Rand des Siedlungsraums.

Gemeine Wespe

Vespula vulgaris (Paravespula vulgaris)

Staatenbildende Art, die in Maus- und Maulwurfsgängen große Wabennester anlegt. Die Staaten umfassen eine Königin und 1000–10 000 Arbeiterinnen. Bei staatenbildenden Wespen überwintern nur begattete Weibchen (junge Königinnen), alle anderen Tiere gehen im Herbst ein. Ernährt sich hauptsächlich von zuckerhaltigen Pflanzensäften und Insekten.

Verhält sich v. a. in Nestnähe sehr aggressiv und alarmiert beim Stechen mit einem Alarmstoff Artgenossinnen. Kann auch abseits des Nestes lästig sein, indem sie an süßen Lebensmitteln nascht.

Wespen der Gattung *Vespula* haben im Vergleich zu *Dolichovespula* ein kürzeres Gesicht, die Gemeine Wespe meist mit ankerförmiger Zeichnung. Ebenfalls häufig im gesamten Stadtgebiet: Deutsche Wespe *(Vespula germanica)*.

Körperlänge Königinnen: 15–18 mm, Arbeiterinnen: 11–14 mm.

Flugzeit Arbeiterinnen: Juni–September, junge Königinnen und Drohnen erscheinen ab Ende Juni.

Sowohl die Wespen selbst als auch ihre Nester können mit wenigen anderen, nah verwandten Arten verwechselt werden.

Kommt häufig im Siedlungsbereich und in anderen offenen Lebensräumen vor.

Mitteleuropa: Verbreitet; häufig. Nestanlage im Siedlungsbereich gern in oder an Gebäuden, Schuppen, Dachböden u. Ä.

Sächsische Wespe

Dolichovespula saxonica

Staatenbildende Art, die in Dachböden, Schuppen oder Baumhöhlen rundliche, graue Wabennester mit 10–25 cm Durchmesser baut, die von einer Hülle umgeben sind. Die Staaten umfassen neben der Königin meist 100–300 Arbeiterinnen.

Ernähren sich vom Speichelsekret ihrer Larven, im Spätsommer oft auch von Blütennektar und reifen Früchten. Larven werden mit Insekten und Spinnen gefüttert. Ist sehr friedfertig und geht nicht an süße Lebensmittel. Da die Nester der friedfertigen *Dolichovespula*-Arten meist weniger versteckt angebracht sind, werden fälschlicherweise oft ihre Nester anstelle derjenigen der angriffslustigeren *Vespula*-Arten beseitigt.

Hornisse

Vespa crabro

Staatenbildende Art, die meist in Baumhöhlen oder auch Vogelnistkästen bis 60 cm große, von einer Hülle umgebene Wabennester baut. Ein Volk umfasst neben der Königin meist 100–700, ausnahmsweise bis 1700 Arbeiterinnen. Hornissen ernähren sich von Blütennektar und anderen zuckerhaltigen Flüssigkeiten und jagen Insekten, mit denen sie ihre Brut aufziehen. Sind 22 Stunden pro Tag aktiv und jagen auch nachts bei fast völliger Dunkelheit.
Hornissen sind ausgesprochen friedlich und können selbst in Nestnähe problemlos beobachtet werden, wenn man sich ruhig verhält. Ihr Stich ist nicht gefährlicher oder schmerzhafter als der anderer Wespen.

Körperlänge Königinnen: 25–35 mm, Arbeiterinnen: 18–25 mm.

Flugzeit Arbeiterinnen: Mai–Oktober, junge Königinnen und Drohnen erscheinen ab Mitte August.

Wegen ihrer Größe und der charakteristischen gelb-schwarz-rotbraunen Färbung unverwechselbar.

Offene und halboffene Lebensräume mit alten Baumbeständen. Oft auch im Siedlungsbereich.

Mitteleuropa: Verbreitet. In durchgrünten Stadtgebieten. Nestanlage in Baumhöhlen, Vogelnistkästen oder Gebäuden.

Hausfeldwespe
Gallische Feldwespe

Polistes dominulus

Staatenbildende Art, baut kleine, maximal 10 cm große Wabennester ohne Hülle in kleinen Hohlräumen oder Dachböden. Ein Nest enthält in der Regel etwa 30 Arbeiterinnen und eine bis mehrere Königinnen. Die reifen, begatteten Königinnen überwintern und gründen im nächsten Frühling einen neuen Staat, oft gemeinsam mit anderen Königinnen. Nur eines der Weibchen, die sogenannte Alpha-Königin, erzeugt aber Nachwuchs, während die anderen Königinnen Nahrung herbeischaffen, also mit den gleichen Aufgaben wie die Arbeiterinnen betraut sind.
Hausfeldwespen sind auch in Nestnähe recht friedfertig.

Körperlänge Königinnen: 13–18 mm, Arbeiterinnen: 12–15 mm.

Flugzeit Arbeiterinnen: Juni–September, junge Königinnen und Drohnen: ab Ende Juli.

Vorderstes Fühlerglied vollständig gelborange. Im Feld Verwechslung mit anderen Arten der Gattung möglich.

Verschiedene trockenwarme Lebensräume, häufig auch im Siedlungsbereich.

Mitteleuropa: Verbreitet, häufigste Feldwespe. Im Norden zunehmend an Siedlungsraum gebunden (Kulturfolger).

Körperlänge ca. 10–12 mm.

Flugzeit Ende Mai–Ende September.

Eumenes mit schwarzgelbem Körper, kugeligem Brustteil, langem, vorne dünnem Hinterleib. Einzelne Arten schwierig zu unterscheiden.

Verschiedene sonnige Lebensräume, auch im Siedlungsbereich.

Mitteleuropa: Verbreitet; in Norddeutschland seltener. Mehrere schwer unterscheidbare Arten.

Pillenwespe

Eumenes coronatus

Solitäre Art. Baut halbkugelförmige, einzelne Lehmnester an sonnige Steine. Das Nest wird mit Schmetterlingsraupen versorgt und mit einem Ei belegt. Möglicherweise wird das fertige, verschlossene Nest anschließend mit einer Schicht aus Holzpapier überzogen, doch ist nicht restlos erwiesen, dass sich diese Beobachtung auf unsere Art bezieht. Allgemein ist sehr wenig über die Biologie und das Verhalten der Art bekannt, da sie sich im Gelände nicht eindeutig bestimmen lässt.

Körperlänge Weibchen: 20–26 mm, Männchen: 16–20 mm.

Flugzeit Juni–August.

Groß, Brustteil kugelig, Hinterleib im vorderen Teil dünn, auffällig schwarz-rot-gelbe Färbung. Unverwechselbar.

Trockenwarme Lebensräume mit Felsen, Mauern oder Häusern. Bei uns meist im Siedlungsbereich.

Mitteleuropa: Südliche Verbreitung. In Deutschland zunehmende Ausbreitung (fast nur in Städten): Frankfurt/M., Stuttgart, Ludwigsburg.

Große Lehmwespe

Delta unguiculatum

Solitäre Art. Baut halbkugelförmige, gut 1 cm große Lehmnester an sonnigen, großen Steinen, Mauern und Hausfassaden, meist mehrere Meter über Boden. In jedes Nest wird ein Ei gelegt, und anschließend werden 2–3 gelähmte Nachtfalterraupen als Proviant für die Larve eingetragen. Bis zu sieben solcher Nester werden in einer Gruppe angelegt, die am Schluss mit einem Lehmmantel überzogen wird. Das fertige Nest sieht dann aus wie ein angetrockneter, fast faustgroßer Lehmklumpen.

Schornsteinwespe

Odynerus spinipes (Oplomerus spinipes)

Solitäre Art. Gräbt Gänge in sandigen, vegetationsfreien Böden, meist an vertikalen Anrissen und Abbruchkanten, an regengeschützten Stellen auch auf horizontalen Flächen. Das Aushubmaterial wird in kleinen Klumpen locker zu einer auffälligen, bis 5 cm langen, wasserhahnartig gekrümmten Eingangsröhre verbaut. Für den Nestverschluss wird ein Teil dieses Röhrenmaterials wiederverwendet. Nistet oft in größeren Gemeinschaften mit bis zu 300 Nestern pro m².
Als Larvennahrung werden Rüsselkäferlarven aus der Gattung *Hypera* eingetragen.

Körperlänge 10–13 mm.

Flugzeit Anfang Mai–Ende Juli.

Lässt sich nur sehr schwer von anderen Arten der Gattung unterscheiden, die aber alle sehr viel seltener sind. Charakteristikum der Gattung sind in erster Linie die schornsteinartigen Nesteingänge.

Verschiedene warme und sonnige Lebensräume, Gebirge, auch im Siedlungsbereich.

Mitteleuropa: Südliche Verbreitung. Zunehmend seltener wegen mangelnder Nistmöglichkeiten: meist Lehm- und Lößwände.

Bienenwolf

Philanthus triangulum

Solitäre Art. Gräbt bis über 1 m tiefe Gänge in sandige, horizontale bis senkrechte, vegetationsfreie Böden. Nistet oft in größeren Aggregationen, wobei die Nesteingänge nur wenige Zentimeter auseinanderliegen können. Als Larvennahrung werden ausschließlich Honigbienen eingetragen, die beim Blütenbesuch blitzschnell überfallen und mit einem Stich gelähmt werden. Wird irrtümlich eine falsche Bienenart attackiert, merkt das der Bienenwolf in Bruchteilen von Sekunden und lässt wieder vom Opfer ab. Auch seinen eigenen Nektarbedarf stillt er, indem er Honigbienen tötet und den erbrochenen Kropfinhalt der Biene aufleckt.
Der Buntkäfer *Trichodes apiarius*, dessen Larven räuberisch in Bienennestern leben, wird ebenfalls als Bienenwolf bezeichnet.

Körperlänge 13–17 mm.

Flugzeit Mitte Mai–Mitte September.

Kopf und Brustteil mehrheitlich schwarz, Hinterleib gelb mit schwarzen Streifen, Gesicht mit gelblich weißer «Fledermauszeichnung»; Weibchen mit langen Grabborsten an den Vorderschienen.

Trockenwarme und sonnige Lebensräume mit sandigen Bodenstellen, oft auch im Siedlungsbereich.

Mitteleuropa: Verbreitet; nicht selten. Südliche Art, die erst 1940 bis Nordwestdeutschland expandiert ist. Selbst in belebten Geschäftsstraßen.

Bienenjagende Knotenwespe

Cerceris rybyensis

Solitäre Art. Baut etwa 7 cm lange, senkrechte Gänge in vegetationsfreie sandige oder lehmige Böden. Oft kommt es zu größeren Nestansammlungen auf kleinem Raum. Die Knotenwespe trägt verschiedene kleinere Wildbienen wie Sandbienen oder Furchenbienen als Larvennahrung ein und legt das Nest häufig in der Nähe von Wildbienennestern an. Erbeutete Wildbienen werden fliegend zum Nest transportiert, meist in mehreren kurzen Etappen von nicht mehr als 1 m Länge.

Körperlänge 6–12 mm.

Flugzeit Anfang Juni–Mitte September.

Hinterleib mit sehr unregelmäßig angeordneten gelben Binden, gelbe Hinterschienen. Kann nur mit wenigen selteneren Verwandten verwechselt werden.

Wärmeliebend. Verschiedene sandige und lehmige Offenbereiche; oft im Siedlungsbereich.

Mitteleuropa: Verbreitet; nicht selten. Gilt als ausgesprochener Kulturfolger.

Orientalische Mauerwespe

Sceliphron curvatum

Im Gegensatz zu anderen Grabwespen legt diese Art ihre Brutstätten nicht im Boden oder in pflanzlichen Hohlräumen an, sondern errichtet Lehmzellen. Die ca. 3 cm langen ovalen Tönnchen werden nach ihrer Fertigstellung mit lebenden Spinnen gefüllt, wobei an der jeweils ersten Spinne das Ei angeheftet wird. Die erbeuteten Spinnen werden durch eine Giftinjektion paralysiert (bewegungsunfähig). Nach der Verfüllung mit ca. 8–25 Spinnen wird die Lehmzelle mit einem Deckel verschlossen und nebenan mit dem Bau der nächsten begonnen (insgesamt 5–60). Da die «Unterkünfte» nicht regenfest sind, werden sie meist in geschützter Lage in und an Gebäuden angebracht: Fensterstöcke, Fassadenverkleidungen, Bücher, Vorhänge, Kleidungsstücke. Die Art überwintert im Puppenstadium.

Körperlänge 13–21 mm; Lehmzelle: 3 cm.

Imagines: Mai–August. Lehmzellen ganzjährig.

Hinterleib an der Basis lang gestielt (Petiolus). Körper schwarz mit gelblich braunen Binden.

Lehmzellen an regengeschützten Standorten in und an Gebäuden.

In Mitteleuropa fast ausschließlich in Städten. Aus Indien und Nepal eingeschleppt. 1979 Erstmeldung für Europa (Steiermark), inzwischen in ganz Mitteleuropa bis Hamburg.

Reseda-Maskenbiene

Hylaeus signatus

Solitäre Art. Nistet in vorhandenen kleinen Hohlräumen ganz unterschiedlicher Art: im Boden, in Trockenmauern, in Totholz oder in hohlen Pflanzenstängeln. Auch verlassene Nester anderer Wildbienenarten können besiedelt werden.

Blütenbesuch ausschließlich auf Resede (*Reseda luta* und *R. luteola*). Kann in sonnigen Gärten durch Anpflanzen von Resede leicht angesiedelt werden.

Körperlänge 7–9 mm.

Flugzeit Mai–August.

Kropfsammler (ohne äußeren Sammelapparat), schwarz; Weibchen mit zwei senkrechten länglichen Gesichtsflecken; Männchen mit großer weißer Gesichtsmaske. Verwechslung mit ähnlichen Arten möglich.

Ruderalflächen, Bahnareale, Kiesgruben und Gärten mit Vorkommen der Futterpflanzen.

Mitteleuropa: Verbreitet. Nicht selten im Siedlungsbereich, in altem Gemäuer und Holz. Nutzt verlassene Brutgänge anderer Insekten.

Seidenbiene

Colletes similis

Solitäre Art; ist in Deutschland besonders geschützt und steht in der Schweiz auf der Roten Liste. Das Nest wird in vegetationsfreien Steilwänden, Abbruchkanten oder in vegetationsfreien oder -armen Stellen auf ebenen oder schwach geneigten Flächen angelegt. Durch Begrünung «unschöner» Ruderalflächen oder Trockenhänge vielerorts im Erhalt bedroht.

Besucht ausschließlich Korbblütler, besonders Rainfarn *(Tanacetum vulgare)*, aber auch weitere Arten wie Schafgarbe oder Geruchlose Kamille.

Körperlänge 8–10 mm.

Flugzeit Juni–September.

Dichte Behaarung besonders an Kopf und Brustteil; Beinsammler. Kann im Feld nicht von nahe verwandten Arten unterschieden werden.

Sonnige, trockenwarme Lebensräume wie Ruderalflächen oder Kiesgruben.

Mitteleuropa: Verbreitet, selten. An vegetationsarmen Standorten in Städten (Bahngelände, Ruderalflächen) mit Rainfarn.

Weiden-Sandbiene

Andrena vaga

Solitäre Art. Nistet in selbst gegrabenen Löchern im Sand, die bis 60 cm tief hinabführen können. Die Nester werden an ebenen, vegetationsarmen oder -freien Stellen angelegt, meist in Aggregationen, die unter Umständen mehrere 1000 Nester umfassen können. Kann auch kleine Sandflächen nutzen wie das Auswurfsmaterial von Dachsbauten. Pro Nest werden meistens 4–8 Brutzellen angelegt, die je ein Ei enthalten.
Besucht ausschließlich blühende Weidenkätzchen.

Körperlänge 11–15 mm.

Flugzeit März–Mai.

Beinsammler; Weibchen mit grauweißer Behaarung von Kopf und Brust sowie glänzend schwarzem Hinterleib.

Flussauen, Sand- und Kiesgruben. Kann auch in anderen Lebensräumen vorkommen, ist aber immer auf Sandböden und Weidengehölze angewiesen.

Mitteleuropa: Vor allem entlang der Flusstäler weit verbreitet; lokal auch häufig.

Rotpelzige Sandbiene

Andrena fulva

Solitäre Art. Nistet in selbst gegrabenen Löchern in der Erde, die bis über 50 cm tief hinabführen können. Die Nester werden meist an Stellen mit spärlicher oder fehlender Vegetation angelegt. Manchmal kann es zu Aggregationen von mehreren Hundert Nestern kommen (bis 50 Nester/m^2).
Die Art besucht ganz unterschiedliche Blüten, hat aber eine deutliche Vorliebe für Johannisbeeren. Die Männchen umschwärmen häufig Gebüsche.
In Stadtgebieten findet man oft eine Vielzahl weiterer Sandbienenarten.

Körperlänge 9–13 mm.

Flugzeit April–Mai.

Beinsammler; Weibchen sind an pelziger, anfänglich leuchtend gelbroter, später graubräunlicher Behaarung der Oberseite gut zu erkennen.

Verschiedenartige Lebensräume wie Waldränder, Hecken oder Magerwiesen, besonders häufig in Gärten und Parks.

Mitteleuropa: Verbreitet; häufig. Oft im Stadtgebiet (Gärten, Parks, sogar Fußwege).

Braunfilzige (Gelbbindige) Furchenbiene

Halictus scabiosae

Soziale Art; selten. Nest an vegetationsarmen oder -freien, ebenen bis schwach geneigten Stellen im Boden. Die befruchteten Weibchen überwintern gemeinsam im Geburtsnest. Im Frühling übernimmt eines der Weibchen die Rolle der Königin und legt Eier, während die anderen Weibchen als «Hilfsweibchen» Nektar und Pollen heranschaffen. Vor dem Schlüpfen der Arbeiterinnen werden die Hilfsweibchen von der Königin vertrieben und gründen ein eigenes Nest.
Besucht verschiedene Blüten, v. a. aber Korbblütler wie Disteln oder Flockenblumen. Mehrere weitere Arten der Gattung *Halictus* im Stadtgebiet nachgewiesen.

Körperlänge 12–15 mm.

Flugzeit Ende April–ca. September. Junge Weibchen überwintern.

Furchenbienen mit Längsfurche auf der Oberseite des letzten Hinterleibssegments; Beinsammler. Einzelne Arten teilweise nur sehr schwer zu unterscheiden.

Sonnige, trockenwarme Lebensräume wie Ruderalflächen oder Kiesgruben.

Mitteleuropa: Südliche Verbreitung. Vereinzelt in Deutschland, breitet sich nach Norden aus (Thüringen, Niedersachsen).

Gemeine Furchenbiene

Lasioglossum calceatum

Bei uns soziale Art, in kühleren Regionen dagegen solitär. Nistet in selbst gegrabenen Gängen im Boden, die sie an ebenen oder schwach geneigten, meist nur spärlich bewachsenen Stellen anlegt. Die befruchteten, überwinternden Weibchen legen im Frühling ein neues Nest an, in dem sich zuerst Arbeiterinnen entwickeln. Ab dem Hochsommer werden dann Männchen und Weibchen produziert.
Besucht eine große Vielzahl verschiedener Blüten.
Meist mit weiteren *Lasioglossum*-Arten in Stadtgebieten vertreten.

Körperlänge 8–10 mm.

Flugzeit März–Oktober.

Beinsammler. Im Feld nicht von ähnlichen Furchenbienenarten zu unterscheiden.

Besiedelt ganz unterschiedliche Lebensräume des Offenlands. Oft auch in Gärten und Parks.

Mitteleuropa: Verbreitet. In blütenreichen Stadtgebieten (z. B. Botanischen Gärten) relativ häufig.

Körperlänge 7–10 mm.

Flugzeit Mai–Juni (Weibchen), Juli–September (Männchen und Weibchen). Befruchtete Weibchen überwintern.

Kuckucksbiene, kein Sammelapparat. Im Feld nicht von anderen Blutbienen zu unterscheiden. Unerfahrene Beobachter können sie auch mit gewissen Furchen- und Wespenbienen verwechseln.

In allen Lebensräume, wo Wirtsbienen vorkommen, häufig auch im Siedlungsbereich.

Mitteleuropa: Verbreitet; sehr selten. Nachweise z. B. für Stadtrandgebiete Zürich (Limmattal) und Berlin (Tegel).

Blutbiene

Sphecodes ferruginatus

Brutparasit bei einzelnen Furchenbienen-Arten (*Lasioglossum*-Arten, die teilweise sozial leben). Die befruchteten Weibchen überwintern und suchen im Frühling das Nest einer Wirtsbienenart auf. Dort vertreiben oder töten sie die Wirtsbienen, zerstören ihre Brut und legen die eigenen Eier auf den Nahrungsvorrat. Die Art ist beim Blütenbesuch wenig wählerisch und besucht ganz unterschiedliche Blüten.
Im Gebiet sind ca. 26 *Sphecodes*-Arten heimisch, die sehr schwer unterscheidbar sind.

Körperlänge 8–13 mm.

Flugzeit März–Juni.

Bauchsammler. Weibchen ziemlich gut erkennbar: graubraun behaarte Brust, erste drei Segmente der Hinterkörper-Oberseite orangebraun, hintere drei Segmente schwarz behaart, Bauchbürste gelbbraun.

Waldränder, Obstgärten, sehr häufig im Siedlungsbereich in Gärten und Parks.

Mitteleuropa: Verbreitet. Eine der auffälligsten und häufigsten Wildbienen im Gebiet.

Rote Mauerbiene

Osmia bicornis

Solitäre Art. Nistet in ganz unterschiedlichen Hohlräumen: in Löchern im Totholz, hohlen Pflanzenstängeln, Mauerritzen, Fensternuten usw. Nimmt sehr gerne Nisthilfen in Gärten und auf Balkons an und ist hier oft die häufigste Wildbiene (Bambusröhrchen oder Bohrungen im Holz, innen 5–6 mm). Zellwände und Nestverschluss aus feuchter Erde, Nestverschluss je nach Mörtel grau oder gelblich. Besucht sehr viele verschiedene Blüten, auch Blüten, die von anderen Bienen kaum genutzt werden (z. B. Eichen).
Neben der Roten und der Gehörnten Mauerbiene *(O. cornuta)* treten oft weitere *Osmia*-Arten in Stadtgebieten auf; z. B. die Zweifarbige Mauerbiene *(Osmia bicolor)*, die ausschließlich in leeren Schneckenhäuschen nistet.

Gehörnte Mauerbiene

Osmia cornuta

Solitäre Art. Nistet in verschiedenen vorhandenen Hohlräumen in großen, vertikalen Flächen: Mauerritzen, Felsspalten usw. Besiedelt auch Nisthilfen, wenn sie an einer Hausfassade oder größeren Mauer angebracht werden (Bambusröhrchen oder Bohrungen im Holz, innen 8–9 mm, Tiefe 20–25 cm). Zellwände und Nestverschluss (grau oder gelblich) aus feuchter Erde. Weibchen wie bei der Roten Mauerbiene mit zwei deutlichen Hörnchen an der Stirn. Besucht sehr viele verschiedenen Blüten. Entsprechend ihrer frühen Flugzeit sammelt sie beispielsweise sehr häufig auf Weiden, Ahorn, Kirschen oder Schwarzdorn.

Körperlänge 10–15 mm.

Flugzeit März–Mai.

Bauchsammler; unverwechselbar dank bedeutender Größe und auffällig schwarzroter Färbung; Männchen zusätzlich mit weiß behaartem Kopfschild.

Vorwiegend im Siedlungsgebiet, in Städten und Dörfern.

Mitteleuropa: Südliche Verbreitung. In Deutschland profitiert die Art vom Wärmeangebot der Siedlungen.

Löcherbiene

Heriades truncorum

Solitäre Art. Nistet in röhrenförmigen Hohlräumen im Totholz (Insektenfraßgänge) und in hohlen Pflanzenstängeln, v.a. in Brombeerstängeln. Besiedelt häufig Nisthilfen wie Bambusröhrchen oder Bohrungen in Holzklötzen, bevorzugter Innendurchmesser 3–3,5 mm. Verschließt den Nesteingang mit Harz.
Besucht ausschließlich Korbblütler wie Disteln und Flockenblumen.

Körperlänge 6–8 mm.

Flugzeit Mitte Juni–Mitte September.

Bauchsammler; zylindrischer, schwach behaarter Körper, Hinterleib mit schmalen, weißen Binden. Im Feld nicht von weiterer in Städten gelegentlich ebenfalls vorkommender Löcherbienenart zu unterscheiden.

Waldränder, Obstgärten, Hecken; oft auch im Siedlungsraum in Gärten.

Mitteleuropa: Verbreitet; fast überall häufig. Meist weiträumig im gesamten Stadtgebiet.

Körperlänge 7–11 mm.

Flugzeit Anfang Mai–Ende Juni.

Bauchsammler; schwarz, schwach behaart. Kann nur von Spezialisten sicher erkannt werden.

Waldränder, Obstgärten, sehr häufig auch in Gärten und Parks.

Mitteleuropa: Verbreitet; nicht selten. Oft in Siedlungen.

Hahnenfuß-Scherenbiene

Chelostoma florisomne

Solitäre Art. Das Nest wird in röhrenförmigen Hohlräumen im Totholz angelegt, meist in alten Käferfraßgängen. Nimmt gerne Nisthilfen an: Bambusröhrchen oder Bohrungen in Holzklötzen, bevorzugter Innendurchmesser 3,5 mm. Nestverschluss aus mit Nektar (und Speichel?) getränktem Sand oder Lehm mit einzelnen kleinen Steinchen.

Besucht ausschließlich die Blüten von Hahnenfußarten (*Ranunculus* sp.) in der Umgebung des Nests (maximale Distanz 150 m). Die Männchen schlafen gelegentlich in Hahnenfuß-Blüten.

Körperlänge 12–16 mm.

Flugzeit Juni–August.

Bauchsammler; Weibchen gut zu erkennen anhand ihrer Größe, der gelbbraunen Behaarung von Vorderkörper und vorderem Teil des Hinterkörpers sowie der schwarzen Bauchbürste.

Waldränder, Obstgärten, auch in Gärten.

Mitteleuropa: Vereinzelt; vorwiegend in den Mittelgebirgen. Fehlt in der norddeutschen Tiefebene. Nutzt Blütenangebot im Siedlungsraum.

Schwarzbäuchige Blattschneiderbiene

Megachile nigriventris

Solitäre Art. Nistet in selbst genagten Gängen in morschem Holz. Die Brutzellen werden seitlich, hinten und vorne mit Blattstücken ausgekleidet, die diese Blattschneiderbiene an verschiedenen Laubbäumen, aber auch an Rosen und Weidenröschen ausschneidet.

Besucht ausschließlich Schmetterlingsblütler wie Rot- und Weißklee, Hornklee, Platterbsen oder Luzerne. Weitere Arten von Blattschneiderbienen in Stadtgebieten vorhanden, die hier gern das Blütenangebot z. B. von Gärten und Streuobstwiesen nutzen.

Große Wollbiene

Anthidium manicatum

Solitäre Art. Nistet in verschiedenen vorgefundenen Hohlräumen wie Erdlöchern, Steinspalten oder Trockenmauern. Besiedelt gerne auch geeignete Nisthilfen. Nestkammer wird mit Pflanzenwolle gefüllt, die an stark behaarten Pflanzen wie Ziest, Königskerzen oder Quitten gesammelt und mit pflanzlichen Drüsensekreten von Pippau, Habichtskraut, Gartengeranien u.a. imprägniert wird.

Die Große Wollbiene nutzt verschiedene Nektar- und Pollenquellen. Besonders beliebt sind Hauhechel, Ziest, Fingerhut und Leinkraut. An den Pollensammelstellen der Weibchen richten die Männchen kleine Territorien ein, die sie heftig gegen andere Fluginsekten verteidigen, wobei sie sogar Honigbienen schwer verletzen können.

Körperlänge Weibchen: 11–12 mm, Männchen: 14–18 mm.

Flugzeit Mitte Juni–Anfang Oktober.

Bauchsammler; gelbschwarze Zeichnung des Hinterleibs erinnert etwas an Wespen, behaart. Kann mit anderen Wollbienen verwechselt werden.

Vorwiegend im Siedlungsgebiet, in Gärten und Parks.

Mitteleuropa: Verbreitet; in Siedlungsgebieten häufiger.

Gemeine Pelzbiene

Anthophora plumipes

Solitär. Nistet in selbst gegrabenen Löchern in senkrechten Steilwänden, Abbruchkanten usw., gelegentlich auch in schwach geneigten oder horizontalen, vegetationsfreien Böden. Nestgänge meist nur 3–5 cm tief. An günstigen Orten legen oft zahlreiche Weibchen ihre Nester an, sodass Aggregationen von über 100 Nestern entstehen können.

Die sehr gut und schnell fliegende Pelzbiene nutzt Blüten auch weitab von ihrem Niststandort, oft mehr als 100 m entfernt. Sie besucht verschiedene Blüten, besonders gerne Lungenkraut und Schlüsselblumen, aber auch Apfel, Birne usw. Die Männchen lassen sich in Gärten oft an Blaukissen (Aubretien) beobachten.

Körperlänge 14–15 mm.

Flugzeit März–Anfang Juni.

Beinsammler; graubraun oder schwarz behaart, etwas hummelartig. Kann mit anderen Pelzbienen verwechselt werden.

In fast allen offenen Lebensräumen, wo geeignete Nistmöglichkeiten vorhanden sind.

Mitteleuropa: Verbreitet. Häufigste Pelzbiene. Im Stadtgebiet oft an lehmverputzten Gebäuden nistend.

Wespenbiene

Nomada fabriciana

Brutparasit bei verschiedenen Sandbienen (Gattung *Andrena*), am häufigsten bei der Zweifarbigen Sandbiene *(Andrena bicolor)*, die in vielen Stadtgebieten recht weit verbreitet ist. Am einfachsten lässt sich *Nomada fabriciana* an den Nestern der Zweifarbigen Sandbiene beobachten.

Nektarsuche auf verschiedenen Blüten: Weiden, Huflattich, Fingerkraut, Flockenblumen u. a.

Körperlänge 7–10 mm.

Flugzeit März–Mai und Juni–August (zwei Generationen).

Kuckucksbiene, daher kein Sammelapparat. Hinterleib rot, unbehaart, Brustteil schwarz. Kann nicht nur mit anderen *Nomada*-Arten, sondern auch leicht mit Blutbienen (Gattung *Sphecodes*) verwechselt werden.

In vielen verschiedenen Lebensräumen wie Hecken, Waldrändern, Gärten und Parks.

Mitteleuropa: In Verbreitung von Wirtsbienen (*Andrena* sp.) abhängig. Nicht selten im Siedlungsraum.

Ackerhummel

Bombus pascuorum

Soziale Art, die Staaten umfassen 80–150 Tiere. Nistet in verschiedenen größeren Hohlräumen, sowohl unter- als auch oberirdisch (Mausnester, Vogelnistkästen, in Grasbüscheln usw.). Wie bei anderen Hummeln treten im Frühjahr zuerst die Jungköniginnen auf, die – nach ihrer Überwinterung – einen Nistplatz suchen, sich dem Nestbau widmen und ihre Eier ablegen. Die Arbeiterinnen, die sich daraus entwickeln, fliegen einige Wochen später und sind deutlich kleiner als die Königin. Die Ackerhummel nimmt gerne Hummelnistkästen an. Das Nest besteht aus einer etwa 4 cm großen Kugel aus Moos, Gras oder Tierhaaren, deren Innenseite mit Wachs abgedichtet wird.

Besucht zahlreiche verschiedene Blüten.

Körperlänge 9–18 mm.

Flugzeit März–November. Junge Königinnen überwintern.

Beinsammler; Behaarung meistens am Brustteil gelbrot, an Hinterleib vorne schwarz, hinten gelbrot. Kann mit anderen Hummeln verwechselt werden.

In fast allen offenen Lebensräumen, häufig auch in Gärten und Parks.

Mitteleuropa: Verbreitet.

Dunkle Erdhummel

Bombus terrestris

Soziale Art, die Staaten umfassen 100–600 Tiere. Nest fast immer unterirdisch, meist in alten Mausnestern, manchmal bis 1,5 m tief im Boden, aber auch in Hohlräumen nahe der Erdoberfläche in Dielen und Mauern. Besucht zahlreiche verschiedene Blüten. Eine der häufigsten und verbreitetsten von 12 Hummelarten, die regelmäßig in Stadtgebieten nachgewiesen werden. Auch die ähnliche Helle Erdhummel *(Bombus lucorum)* mit ähnlicher Farbmusterung, jedoch zitronengelben Binden, ist in der Stadt verbreitet.

Körperlänge 11–23 mm.

Flugzeit März–Oktober. Junge Königinnen überwintern.

Beinsammler; Behaarung schwarz, am Hinterleibsende weiß, mit zwei braungelben Binden hinter dem Kopf und im vorderen Teil des Hinterleibs; auch andere Färbungsvarianten. Kann mit anderen Hummeln verwechselt werden.

In fast allen offenen Lebensräumen, häufig auch in Gärten und Parks.

Mitteleuropa: Verbreitet; häufigste Hummelart im Siedlungsbereich.

Steinhummel

Bombus lapidarius

Soziale Art, die Staaten umfassen 100–300 Tiere. Nistet gerne unter größeren Steinen oder Mauern aber auch in anderen größeren Hohlräumen, sowohl unter- als auch oberirdisch. Lässt sich mit Hummelnistkästen leicht im Garten ansiedeln. Das Nest ist eine Kugel aus Moos, Gras, Tierhaaren oder Vogelfedern, die meist mit einer Wachsschicht überzogen ist.
Besucht zahlreiche verschiedene Blüten.

Körperlänge 12–22 mm.

Flugzeit April–Oktober. Junge Königinnen überwintern.

Beinsammler; Königin und Arbeiterin schwarz behaart, Hinterleibsende rot. Auch hier Verwechslungsmöglichkeiten mit selteneren, sehr ähnlichen Hummeln.

In fast allen offenen Lebensräumen, häufig auch in Gärten und Parks.

Mitteleuropa: Verbreitet; Häufig im gesamten Siedlungsraum.

Körperlänge 8–20 mm.

März–September

Brust orangebraun bis schwarz; behaart. Kopf lang; Rüssel kurz. Schwarzer Hinterleib; am Ende weiß.

In lichten Wäldern, Waldrändern und Parks. Nutzt gern vorbereitete Nistplätze.

Mitteleuropa: Verbreitet; Kulturfolger. Relativ häufig in unseren Städten. Dort gute Nistmöglichkeiten.

Baumhummel

Bombus hypnorum

Die Baumhummel baut ihre Nester immer oberirdisch. Ihre Brutstätten richtet sie häufig in Vogelnistkästen, Vogelnestern oder Hummelnistkästen in Gärten ein. Sie baut aber auch Nester in Mauer- und Felsspalten, Dachböden, Ställen, Scheunen u. Ä. Ein Volk besteht aus ca. 80–400 Individuen. Eine Generation pro Jahr: Das überwinternde Weibchen (Königin) ist bereits zeitig im Frühjahr aktiv (März/April). Jungweibchen und Männchen erscheinen im Mai/ Juni bis Anfang August. Als Nektarquellen werden verschiedene Blütenpflanzen besammelt.

Körperlänge 15–20 mm.

Flugzeit Ende April–Ende Juli (Weibchen), Anfang Juli–September (Männchen und Weibchen). Befruchtete Weibchen überwintern.

Kuckucksbiene; träge Hummel, im Gesicht behaart. Lässt sich im Feld nicht sicher bestimmen.

Überall, wo ihr Hauptwirt, die Gartenhummel, vorkommt: blütenreiche Wiesen, Waldränder, Obstgärten.

Mitteleuropa: Verbreitet; relativ häufig. Oft im Siedlungsbereich in Gärten und Parks.

Bärtige Schmarotzerhummel

Bombus (Psithyrus) barbutellus

Brutparasit bei der Gartenhummel *(Bombus hortorum)*, gelegentlich auch bei anderen Hummelarten. Die Weibchen dringen im Frühling in die Nester der Gartenhummel ein, fressen die Eier des Wirts und legen ihre eigenen hinein. Dabei werden sie heftig von den Arbeiterinnen der Gartenhummel attackiert, die aber der Schmarotzerhummel unterlegen sind. Im Sommer schlüpfen dann die jungen Männchen und Weibchen der Schmarotzerhummel, die von den Arbeiterinnen der Gartenhummel aufgezogen wurden.

Besucht als Nektarquellen im Sommer und Herbst vorwiegend Disteln, Flockenblumen und Skabiosen, die Weibchen im Frühling Löwenzahn.

Schmarotzerhummeln *(Bombus/Psithyrus)* fallen immer durch den fehlenden Sammelapparat und das sehr träge Verhalten auf Blüten auf.

Violette Holzbiene

Xylocopa violacea

Untypisch für Bienen legen Holzbienen ihre Nistplätze selbst an. Hierfür nagen sie Nestgänge in Totholz (meist in Faserrichtung). Daher auch ihr Name: *Xylocopa*, griech. «die Holzschneidende». Die hintereinanderliegenden Brutzellen werden durch Zwischenwände aus Spänen, Mark und Speichel getrennt. Männchen und Weibchen überwintern und paaren sich im Frühjahr, woraufhin die Weibchen unverzüglich mit dem Nestbau beginnen. Jungtiere schlüpfen im Sommer. Nahrung (Pollen und Nektar verschiedener Pflanzen) wird zum Transport verschluckt (Kropfsammler).
Im Mittelmeerraum verbreitet, nördlich der Alpen nur an wärmebegünstigten Stellen. Im südlichen Mitteleuropa selten zwei weitere Arten: X. *valga* (mit breiterem Kopf) und die wesentlich kleinere *X. iris*.

Körperlänge 20–23 mm.

April–Spätsommer

Körper hummelartig; schwarzblau. Flügel metallisch blau oder grün glänzend.

Warme Gebiete mit Totholzbestand. Blütenbesucher (u. a. Lippen- und Schmetterlingsblütler).

Mitteleuropa: Selten; eher im Süden. Nördlichste Vorkommen: Berlin. Nestanlage manchmal in altem Holz von Wohnhäusern (Fachwerk).

Honigbiene

Apis mellifera

Hochsoziale Art, Staaten mit bis zu 80 000 Arbeiterinnen. Wildform in hohlen Bäumen und in Felshöhlen, wurde 5000 v. Chr. in Anatolien domestiziert, heute weltweit verbreitet. In den gemäßigten Breiten wichtigster Bestäuber von Blütenpflanzen. Besucht sehr breites Spektrum von Blüten, ist außerordentlich konkurrenzstark, kann unter Umständen auch Wildbienenarten verdrängen.
Durch Produktion von Honig und Wachs sowie Bestäubung von Kulturpflanzen große wirtschaftliche Bedeutung. Im Gegensatz zu den Wildbienen stechfreudig. Ihr Gift ist rund zehn Mal stärker als das der Hornisse und kann bei allergischen Menschen zum Tod führen.

Körperlänge 11–18 mm.

Flugzeit März–Oktober.

Beinsammler. Kann mit einigen ähnlichen Wildbienenarten verwechselt werden, ihr Sammelapparat ist aber charakteristisch.

Ursprüngliche Wildform wahrscheinlich in lichten Wäldern, domestizierte Völker in allen offenen und halboffenen Lebensräumen.

Mitteleuropa: Domestizierte Formen im gesamten Siedlungsraum. «Wilde» Honigbienen sind entflogene domestizierte Völker.

Wildbienenförderung im Garten und auf dem Balkon

Die Artenvielfalt der Wildbienen ist beeindruckend: Etwa 600 der weltweit 20 000 Wildbienenarten kommen in Mitteleuropa vor. Fast die Hälfte davon lebt im Siedlungsraum und somit auch vor unserer Haustüre. Schon im Februar finden sich zahlreiche Arten ein: Die oft haarigen, bunten oder glänzenden Bienen sind bereits an den ersten Krokussen im Garten oder an den Blüten des Aprikosenbaums zu beobachten.

Während Honigbienen große Völker bilden und unterschiedlichste Pflanzen als Nahrungsquelle nutzen können, sind die meisten Wildbienen Einzelgänger mit hohen Ansprüchen an ihren Lebensraum, die auf spezielle Futterpflanzen und besondere Strukturen zum Nisten angewiesen sind. So gibt es Bienen, die zur Eiweißversorgung auf die Blüten ganz bestimmter Pflanzenarten (z. B. Glockenblumen) als Pollenlieferanten spezialisiert sind. Etwa 70 % der Bienenarten nisten im Boden, die anderen nutzen je nach Art hohle oder markhaltige Pflanzenstängel, Mauerritzen, Käferfraßgänge, Morschholz, ja sogar leere Schneckenhäuser für die Aufzucht ihrer Nachkommen.

Viele Wildbienenarten sind in ihren Beständen gefährdet oder gar vom Aussterben bedroht, da ihr natürlicher Lebensraum verschwindet. Die Bienen leiden Mangel an geeigneten Futterpflanzen und Nistplätzen. Verantwortlich dafür sind die intensive Landwirtschaft, die Ausbreitung des menschlichen Siedlungsraums und die fehlende Toleranz, der Natur im Sinne naturnaher Garten- und Umgebungsgestaltung mehr freien Lauf zu lassen. In letzter Zeit zeichnet sich eine neue Gefahr für die Bienenbestände durch das Ausbringen von insektizidbehandeltem Maissaatgut ab: Beim Einschießen des Saatgutes scheinen belastete Partikel in die Luft zu gelangen und sich als «Feinstaub» zu verbreiten.

Wir alle können mithelfen, unsere Wildbienen, die da heißen Zottelbienen, Blattschneiderbienen, Mauerbienen, Maskenbienen, Wollbienen, Kuckucksbienen usw., zu fördern. Künstliche Nisthilfen, die selber gebaut oder bei verschiedenen Herstellern gekauft werden können, erlauben es uns, die faszinierende und hochinteressante Welt der Wildbienen aus nächster Nähe gefahrlos zu beobachten, denn Wildbienen sind harmlos und greifen nicht an. Nisthilfen können zum Beispiel auf einem Balkon aufgestellt oder an einer sonnenexponierten und regengeschützten Hauswand angebracht werden.

Nisthilfen lassen sich mit einfachen Mitteln selber herstellen: Gerne werden horizontal hingelegte, hohle Pflanzenstängel von Schilf, Bambus, Nachtkerzen usw. angenommen. In Hartholzstücke können Löcher gebohrt werden, mit einem Durchmesser von 2–10 mm und der 10-fachen Tiefe des Durchmessers, damit möglichst

viele verschiedene Wildbienen die Nisthilfen nutzen können. Dabei ist zu beachten, dass die Löcher seitlich in die Holzstücke gebohrt werden und nicht in die Stirnseite (Querschnitt), damit die Bildung von Rissen vermieden wird, die die Bohrgänge unbesiedelbar machen. Die Hohlgänge müssen hinten geschlossen sein, und die Nisthilfen müssen im Winter an ihrem vor der Witterung geschützten Standort im Freien belassen werden.
Gartenbesitzer können viel für Wildbienen – und für zahlreiche andere Tiere – tun, indem sie vorzugsweise einheimische Blumen und Sträucher pflanzen, eine Ecke im Garten sich selbst überlassen und auf übereifriges Jäten von Kiesplätzen und Bodenfugen verzichten. Blüten von Obst- und Beerensträuchern werden ebenfalls gerne besucht – Wildbienen leisten wichtige Dienste bei der Bestäubung von Wild- wie auch von Kulturpflanzen. Auch im öffentlichen Raum können Wildbienen nachhaltig gefördert werden, indem vielfältige Lebensräume erhalten oder neu geschaffen werden.

Folgende Fördermaßnahmen sind besonders wichtig:

- artenreiche Blumenwiesen in städtischen Grünflächen wie in Parks, auf Friedhöfen und in Gärten
- einheimische Blütengehölze
- unverfugte Plattenwege und Trockenmauern
- Toleranz gegenüber Wildpflanzen auf ungenutztem Land, an Wegrändern usw.
- kein Einsatz von Unkrautvertilgungsmitteln und Insektiziden

Wildbienen kennenzulernen, verspricht spannende Beobachtungen und das Entdecken einer enormen Vielfalt von verschiedenen Lebensweisen.

Ameisen

Wie Bienen, Faltenwespen und weitere Familien gehören auch die Ameisen zu der Gruppe von Hautflüglern, die wir Stechimmen nennen. Diese verfügen über einen Wehrstachel, der allerdings bei vielen Ameisen reduziert ist. Von unseren vier einheimischen Unterfamilien können nur Stechameisen und Knotenameisen stechen, nicht aber Drüsenameisen und Schuppenameisen.

Ameisen bilden mehrjährige Kolonien (Staaten) mit drei sich ergänzenden Kasten im selben Nest: Königinnen, flügellose Arbeiterinnen und kurzlebige Männchen. Junge Königinnen und Männchen schwärmen zu gegebener Zeit bei vielen Arten massenhaft aus dem Nest und fliegen ab zum Hochzeitsflug. Nach diesem Schwarmereignis verliert eine junge, nun aber befruchtete Königin ihre Flügel und gründet im Normalfall selbstständig ein Nest (Kolonie). Die ersten Larven zieht sie bis zu deren Verpuppung noch selbst auf, überlässt dann aber den aus den Puppen schlüpfenden, sterilen Arbeiterinnen alle Arbeiten außer der Eiablage. Die Königinnen einiger Arten gründen ihre Nester nicht selbstständig, sondern sozialparasitisch auf Kosten artfremder Kolonien, deren Königin sie oft umbringen und deren Arbeiterinnen sie stets für sich arbeiten lassen, also versklaven. Bei manchen Arten können sich zudem von einem Mutternest Tochterkolonien abspalten. Dieser Weg führt oft zu einer Superkolonie miteinander vernetzter, kooperierender Nester. Im Übrigen kann ein Nest entweder nur eine (Eier legende) Königin enthalten oder mehrere.

Die meisten Ameisen leben räuberisch von allerlei Gliederfüßern und sammeln gleichzeitig den Honigtau von Pflanzenläusen, die sie hegen wie Milchkühe. Pflanzensamen werden meist nur eingetragen, wenn sie mit einem fetthaltigen Anhängsel (Elaiosom) versehen sind, wie etwa bei Veilchen *(Viola)*. Die Ameisen fressen nur die Elaiosomen, während die eigentlichen Samen keimen können. Arbeiterinnen fast aller Ameisen sind fähig, Nestgenossinnen herbeizuholen, wenn sie eine ergiebige Nahrungsquelle gefunden haben. Meistens legen sie dazu eine Duftspur von der Nahrungsquelle zum Nest. Folgen der Duftspur zahlreiche Ameisen, spricht man von einer Ameisenstraße.

Von den 172 Ameisenarten, die in Mitteleuropa nachgewiesen sind, dürften rund fünfzig auch in Städten vorkommen (Schätzung für Zürich). Einige sind selten, andere (sehr) häufig, insgesamt aber ist praktisch das gesamte Stadtgebiet von Ameisen besiedelt.

Vierpunktameise

Dolichoderus quadripunctatus

Nistet in stehendem Totholz oder unter Borke, manchmal auch in Holzpfählen. Nest mit weniger als 300 Arbeiterinnen und nur einer Königin. Bildet manchmal bis zu 10 m entfernte, königinnenlose Außenposten. Das Leben der Arbeiterinnen spielt sich v. a. auf Bäumen ab. Dort jagen sie hauptsächlich kleine Gliederfüßer, besuchen Blüten und sammeln auch verstreute Honigtautropfen. Es werden aber keine Pflanzenläuse gehegt. Schwarmzeit Juli–September. Junge Königin gründet Kolonie selbstständig, also weder sozialparasitisch noch mithilfe von Arbeiterinnen aus dem Mutternest. Häufig an Eichen, Kirschen, Linden, Pappeln, am leichtesten zu finden an Nussbäumen *(Juglans regia)*.

Arbeiterin 3–4 mm, Königin 4–5 mm, Männchen 4,5–4,8 mm.

März–Oktober

Kopf und Hinterleib schwarz, Brustteil braunrot, vier weißliche Punkte an der Hinterleibsbasis.

Laub- und Mischwälder, auch Feldgehölze und Einzelbäume. Sogar auf Zaunpfählen u. a. Nutzholz, aber nirgends schädlich. Meidet Nadelbäume.

Mitteleuropa: Zerstreut, in Wärmegebieten häufig, im Norden Deutschlands selten oder fehlend. In Stadtwäldern, auch auf manchen Bäumen der Innenstadt.

Urbane Uferameise

Formica fuscocinerea

Nest im Boden, mit höchstens wenigen 1000 Arbeiterinnen, aber stets mehreren Königinnen. Die schnellen Arbeiterinnen entfernen sich auf der Suche nach Gliederfüßern und Aas oft mehr als 100 m vom Nesteingang und besteigen bei der Hege von Pflanzenläusen auch Bäume. In Ruderalfluren mit Hornklee *(Lotus corniculatus)* werden auch Larven des Idas-Bläulings *(Lycaeides idas)* betreut. Schwarmzeit Juni–September. Koloniegründung selbstständig. Bildet in Kiesgruben oft Superkolonien. Wird kaum je versklavt.

Areal weltweit auf den Alpenraum (unterhalb 1200 m ü. M.) und seine Ausläufer beschränkt. Ähnliche Arten: Wald-Hilfsameise *(Formica fusca)*, Wiesen-Hilfsameise *(Formica cunicularia)*, ferner die allerdings kleinere Schwarze Wegameise *(Lasius niger)*.

Arbeiterin 3,2–7,5 mm, Königin und Männchen 6,5–11 mm.

März–Oktober

Grauschwärzlich, silbrig schimmernd, langbeinig und großäugig.

Ursprünglich vegetationsarme Kies- und Sandbänke. Nun auch Ruderalfluren von Kiesgruben, Industriebrachen und Bahnanlagen. Sogar auf versiegelten Böden.

Mitteleuropa: Nur im Alpenvorland, Süddeutschland, Schweiz, Österreich. Auffällig und häufig in allen Stadtteilen bis in die Innenstadt. Leicht zu bemerken auf Gehsteigen, öffentlichen Plätzen, Schulhöfen usw.

Borstige Hilfsameise

Formica rufibarbis

Nest im Boden, mit 1000–3000 Arbeiterinnen und einer oder mehreren Königinnen. Arbeiterinnen sind schnell, finden neue Nahrungsquellen häufig als Erste. Erbeuten allerlei Wirbellose, nehmen auch Honigtau von Wurzel- und Blattläusen zu sich. Schwarmzeit Ende Juni–Anfang August. Koloniegründung selbstständig. Keine Superkolonien. Auch als Rotbärtige Sklavenameise bekannt, kann von Sozialparasiten wie der Blutroten Raubameise *(Formica sanguinea)* versklavt werden, verteidigt sich aber besser gegen Sozialparasiten als die ähnliche Wiesen-Hilfsameise *(Formica cunicularis)*, die etwas weniger wärmeliebend bzw. urban ist. Weitere ähnliche Arten: Wald-Hilfsameise *(Formica fusca)*, Moor-Hilfsameise *(Formica picea)*; auch Schwarze Wegameise *(Lasius niger)*, wobei diese kleiner und langsamer ist.

Arbeiterin 4–7,5 mm, Königin und Männchen 9–11 mm.

März–Oktober

Kopf und Hinterleib mattschwarz bis bräunlich, Brust rötlich. Zwischen Brust und Hinterleib ein Stielchenglied, wie immer bei *Formica* und *Lasius*.

Thermophile, kurzrasige Graslandhabitate, oft auf sandigen Böden.

Mitteleuropa: Verbreitet in Parkanlagen und Wiesen, an Wegrändern und Bahndämmen, auch in Hausgärten.

Kleine bzw. **Große Rote Waldameise**

Formica polyctena und *Formica rufa*

Die beiden Arten kreuzen sich oft, bilden fruchtbare Mischlinge. Nest mit Materialhügel (Nadeln usw.) über Baumstrunk; bei *F. rufa* (Foto) 1–10 Königinnen, bis zu 100 000 Arbeiterinnen, bei *F. polyctena* Hunderte (bis Tausende) Königinnen, bis zu 1 Mio. Arbeiterinnen. Schwarmzeit April–Juni. Nestgründung nie selbstständig, sondern nur Tochternestbildung oder sozialparasitisch auf Kosten der Wald-Hilfsameise *(Formica fusca)*. Bei *F. polyctena* oft Superkolonien, bei *F. rufa* kaum. Waldameisen erbeuten Wirbellose und sammeln Honigtau von Pflanzenläusen auf Bäumen. Ähnlich: Wiesen-Waldameise *(Formica pratensis)*, Blutrote Raubameise *(F. sanguinea)*. Schutzempfehlungen: Günstig exponierte Waldpartien lichten. Zugunsten von Spechten keine Schutzgitter für Nesthügel anbringen.

Arbeiterin 4–9 mm, Königin und Männchen 9–12 mm.

März–Oktober

Zweifarbig schwarz (Kopf) – rot (Brustteil) – schwarz (Hinterleib). Augen kleiner als bei Hilfs- und Uferameisen. Kein Stachel, nur Ameisensäure.

Lichte Wälder, *F. polyctena* mehr im Innern, häufiger bei Fichten, *F. rufa* mehr an Rändern und auf Lichtungen.

Mitteleuropa: Im ganzen Gebiet in Wäldern am Stadtrand, selten auch in vorstädtischen Gehölzen.

Zweifarbige Wegameise

Lasius emarginatus

Nistet zwischen Felsen, in Mauerritzen und morschem Totholz. Befällt jedoch keine frischen Balken. Nest ähnlich wie bei Glänzendschwarzer Holzameise *(Lasius fuliginosus)* mit Pilzkarton verstarkt, oft mit über 10 000 Arbeiterinnen, aber nur einer Königin. Schwarmzeit Juli–August. Nestgründung selbstständig. Keine Superkolonien. Arbeiterinnen jagen in einem Nestradius von bis zu 40 m nach Gliederfüßern, suchen Aas und melken auf Bäumen und Spalierpflanzen Honigtau von Pflanzenläusen. Manchmal dringen sie dabei durch offene Fenster oder andere Spalten auch in Küchen vor.

Arbeiterin 2–5 mm, Königin 6,6–10 mm, Männchen 3–5 mm.

März–Oktober

Auffällig schwärzlich (Kopf) – rot (Brustteil) – schwärzlich (Hinterleib), sonst ähnlich wie Schwarze Wegameise.

Ursprünglich Felsfluhen, lichte Wälder, nun zunehmend in Siedlungen.

Mitteleuropa: Wärmeliebende Art, fehlt im nördlichsten Deutschland. Ziemlich häufig, in Ausbreitung. Bindung an Städte unterschiedlich, im südlichen Ostdeutschland häufigste Haus- und Innenstadtameise. Südexponierte Mauern, Hauswände, sonnige Waldränder und Einzelbäume.

Braune Wegameise

Lasius brunneus

Nestgründung in Bäumen (in 3–22 m Höhe) unter Borke, in Astlöchern und Bohrgängen von holzbewohnenden Insekten. Nester werden aktiv im toten und im lebenden Holz ausgenagt. Bei Vergrößerung der Kolonie Verlagerung der Nester in Wurzelraum und unteren Stammbereich. Ernährt sich hauptsächlich von Honigtau, Betreuung u. a. der Großen Eichenrindenlaus *(Stomaphis quercus)*, Jungtiere werden von Brauner Wegameise an geeignete Stellen transportiert. Kann auch in Gebäuden in Holzbalken und Dämmstoffen Nester anlegen und dabei beträchtlichen Schaden anrichten, wird auch als Rotrückige Hausameise bezeichnet. Oft unauffällig, da Fortbewegung in Spalten und nicht über offene Flächen. Schwarmflug im Juni. Baut auch Nester in Autos.

Arbeiterin 2,5–4 mm, Königin 6,5–8,5 mm, Männchen 4–5 mm.

März–Oktober

Kopf dunkel- oder bronzebraun, Hinterleib ebenfalls dunkel, Brustteil gelblich braun, braungrau oder leicht rötlich, Verwechslungsmöglichkeit u. a. mit *L. emarginatus.*

Überall an Laubgehölzen, vom dichten (Laub)Wald bis zum Einzelbaum im Siedlungsraum, auch in Häusern.

In ganz Mitteleuropa verbreitet und häufig, in Wäldern, Parkanlagen, Gärten und an Einzelbäumen, besonders in Westdeutschland regelmäßig auch in Balken von Häusern.

Übersehene Gartenameise

Lasius neglectus

Verbreitung durch Transport mit Pflanzen- und Erdmaterial. In Mitteleuropa erst wenige Kolonien bekannt (Deutschland, Schweiz bei Genf), weitere Nachweise in Frankreich, Belgien, den Niederlanden, Polen (Warschau). Nach Ansiedlung kann es 10–20 Jahre dauern, bis *L. neglectus* als Schädling auffällig wird, da vor explosionsartiger Vermehrung Schwelle überschritten werden muss. Kolonie im Stadtgebiet von Budapest nimmt 6 km² ein. Im Gebiet solcher Superkolonien, die über 100 Millionen Tiere umfassen können, werden fast alle anderen Ameisenarten ausgerottet, ebenso viele andere Wirbellose zurückgedrängt. Allesfresser. Schadwirkung durch Förderung von Pflanzensaftsaugern (Blattläuse), Befall von Nahrungsmitteln in Küchen und Kantinen, Beschädigung von Elektroinstallationen.

Arbeiterin 2,5–3 mm, Königin 5,5–6 mm, Männchen 2,5 mm.

März–Oktober

Gelblich braun, Brustteil etwas bleicher.

Städtische, gestörte, von ruderaler Vegetation und mit Neophyten bewachsene Lebensräume, offene Flächen, auch mit einzelnen Holzpflanzen.

Hochinvasive Art, stammt aus Vorderasien, erst 1990 beschrieben («übersehen»), wohl seit 1970er-Jahren an verschiedene Stellen auch in Mitteleuropa verschleppt. Erst wenige Kolonien im Gebiet nachgewiesen (u. a. in Jena, Fürth in Bayern), nördlichste bekannte Kolonie in Rostock (Botanischer Garten).

Gelbe Wiesenameise

Lasius flavus

Nest oft mit grasdurchwachsenem Erdhügel, bis zu 100 000 Arbeiterinnen, aber nur 1–10 Königinnen. Zeitweise Superkolonien, die aber meist bald zu autonomen Einzelnestern zerfallen. Arbeiterinnen kommen selten an Oberfläche, hegen v. a. unterirdische, Honigtau liefernde Wurzelläuse, deren Eier überwintert werden. Bei Eiweißbedarf werden Wurzelläuse auch gefressen. Schwarmzeit Juli–September. Nestgründung vorwiegend selbstständig durch Grüppchen anfänglich kooperierender, später sich zerstreitender junger Königinnen. Nester können durch die Winterameise *(Lasius mixtus)* versklavt werden.

Ähnliche Arten: *Lasius myops*, auch Schattenameisen (*Lasius umbratus*, *L. sabularum* usw.), deren unterirdisch lebende Arbeiterinnen man aber kaum zu Gesicht bekommt.

Arbeiterin 1,7–4 mm, Königin 7–9,2 mm, Männchen 3–4 mm.

März–Oktober

Einfarbig honiggelb. Augen viel kleiner als bei dunklen Wegameisen.

Wiesen und Weiden, auch grasige Gärten und sehr lichte Wälder (z. B. Kiefernwälder). Meidet zu stark gedüngte, zu oft gemähte und extrem trittbelastete Flächen.

Mitteleuropa: Im ganzen Gebiet verbreitet, oft häufig. Trittgeschützte Randbereiche von landwirtschaftlich genutzten Wiesen. Auch Waldlichtungen. In Parks und Gärten selten geworden. Örtlich Rückgang durch Stickstoffüberdüngung von Grünland.

Glänzendschwarze Holzameise

Lasius fuliginosus

Nest meist in Baumstammbasis oder Wurzelwerk, mit über 100 000 Arbeiterinnen und mehreren Königinnen. Kartonartiger Nestbausubstanz wird so viel Honigtau beigemischt, dass tragende Neststrukturen von Schlauchpilzen (Ascomycota) durchwachsen und stabilisiert werden. Superkolonien häufig. Arbeiterinnen unterhalten Wegnetz zu Pflanzenlauskolonien (z. B. *Stomaphis quercus*) an Wurzeln und Rinde. Daneben jagen und sammeln sie wie andere Ameisen auch. Schwarmzeit Juni–August. Nestgründung nie selbstständig. Entweder Tochternestbildung oder sozialparasitisch auf Kosten von Schattenameisen (u. a. *Lasius umbratus* und *L. sabularum*), die ihrerseits schon sozialparasitisch gründeten, auf Kosten etwa der Schwarzen Wegameise *(Lasius niger)*.

Arbeiterin 4–6 mm, Königin 5–6,8 mm, Männchen 4–5 mm.

März–Oktober

Glänzend schwarz. Nur Extremitäten aufgehellt. Kein Stachel, aber Ameisensäure sowie weitere, nach Citronell riechende Drüsenwehrsekrete.

Wälder und Feldgehölze, auch Einzelbäume. Selten auch im Gebälk älterer Gebäude.

Mitteleuropa: Im ganzen Gebiet verbreitet, überall in geeigneten Habitaten, verstreut und eher selten auch in kleineren Gehölzen des Siedlungsbereichs.

Schwarze Wegameise

Lasius niger

Nest im Boden, manchmal mit Erdhügel; mit bis zu 50 000 Arbeiterinnen, aber nur einer Königin. Arbeiterinnen suchen nach Gliederfüßern, Aas und v. a. Honigtau. Die entsprechenden Blattlauskolonien können mit Erde ebenso überdacht werden wie die zuführenden Wege, sodass meterlange Galerien entstehen wie bei Termiten. Schwarmzeit Juli–August. Koloniegründung selbstständig. Keine Superkolonien. Die Art kann von Schattenameisen (*Lasius sabularum* und *L. umbratus*) versklavt werden. Ähnliche Arten: *Lasius platythorax*, ferner auch schwächer behaarte Wegameisen (z. B. *Lasius paralienus*) sowie die allerdings größeren, langbeinigeren und großäugigeren Ufer- und Hilfsameisen.

Arbeiterin 2–5 mm, Königin 7–10 mm, Männchen 3,5–5 mm.

März–Oktober

Dunkelbraun, nur Brustteil mitunter eine Spur heller.

Sehr anpassungsfähig. Als Kulturfolgerin auch in intensiv genutzten Äckern, Wiesen, Weiden, Gärten und sogar Balkonrabatten. Meidet Wälder und Feuchtgebiete zugunsten von *Lasius platythorax*.

Mitteleuropa: im ganzen Gebiet, sehr häufig in allen Stadtbereichen. Selbst in Vorgärten, Baumscheiben und großen Blumentöpfen.

Arbeiterin 2–2,5 mm, Königin 3,5–5 mm, Männchen 3 mm.

In Gebäuden ganzjährig.

Matt honiggelb, nur Hinterleib glänzender und hinten dunkler. Keulenförmige Fühlerspitze dreigliedrig. Stachel harmlos.

Wohnblöcke, Einkaufszentren, Hotels, stellenweise auch in Krankenhäusern, wo Krankheitskeime übertragen werden können.

Mitteleuropa: Im ganzen Gebiet, als gebäudebewohnende Art oft in Städten, zerstreute Vorkommen in Wohnblöcken, nicht überall auch in Spitälern, Bäckereien usw.

Pharaoameise

Monomorium pharaonis

Bereits im 19. Jahrhundert aus Indien eingeschleppt. Kann bei uns nur in frostsicheren Gebäuden überdauern. Nistet an schwer zugänglichen Stellen wie Steckdosen oder Leitungsschächten. Volkreiche Kolonien und Superkolonien mit Tausenden von Königinnen. Die winzigen Arbeiterinnen suchen nach Küchenabfällen, Vorräten, auch Aas. Giftköder können Königinnen nicht direkt erreichen, da diese sich indirekt von Sekreten ihrer Larven ernähren. Schwarmzeit Juni–Oktober, aber normalerweise keine Hochzeitsflüge. Begattungen am Boden oder an Wänden.

Ähnliche Arten: Braunrote Blütenameise (*Monomorium floricola*, in tropischen Pflanzen wie *Tillandsia*), Diebsameise (nicht in Gebäuden).

Arbeiterin 4–6 mm, Königin 6,5–7,5 mm, Männchen 4–5 mm.

März–Oktober

Bräunlich rot. Bewegungen bedächtig. Stachel sticht spürbar. Gift harmlos, außer bei Allergikern.

Frische bis feuchte Lebensräume, Wiesen, Ackerland, Saumbiotope, Moore, Waldränder, Gärten und Stadtparks.

In ganz Mitteleuropa, häufigste rote Ameise. In allen Parks, Friedhöfen und nicht zu kleinen Gärten. Auch an Waldrändern und auf Wiesen. Nester oft unter flachen Steinen.

Rote Gartenameise

Myrmica rubra

Nest an unterschiedlichen Orten (Boden, Pflanzenpolster, morsches Holz), im hohen Gras manchmal mit Erdhügel, enthält über 1000 Arbeiterinnen und mehr als 10 Königinnen. Mancherorts Superkolonien. Arbeiterinnen tragen Gliederfüßer, Aas und Honigtau ein, auch von Wurzelläusen. Schwarmzeit August–September. In gewissen Populationen treten neben normalen Königinnen auch kleine (sog. Mikrogynen) auf, die zwar geflügelt, sonst aber kaum größer als Arbeiterinnen sind. Heute betrachtet man sie als innerartliche Sozialparasiten, aus denen sich über kurz oder lang eine eigene Art entwickeln dürfte.

Ähnliche Arten: Wald-Knotenameise *(Myrmica ruginodis)* und weitere Knotenameisen (*Myrmica rugulosa, M. sabuleti, M. scabrinodis* usw.).

Diebsameise

Solenopsis fugax

Nest im Boden, normalerweise mit mehr als 100 000 Arbeiterinnen und mehreren Königinnen. Superkolonien möglich. Arbeiterinnen weitgehend unterirdisch, jagen Bodentierchen und hegen Wurzelläuse. Oft treiben sie auch schmale Gänge in artfremde Ameisennester, um deren Brut zu stehlen. Verfolger sind zu groß, um abziehende Diebe in deren Gängen verfolgen zu können. Schwarmzeit August–Oktober. Koloniegründung selbstständig oder durch Tochternestbildung. Keine Sklavenhaltung, da die erbeutete Fremdbrut gefressen wird.

Ähnliche Arten: Pharaoameise (ist jedoch langbeiniger und lebt stets in Häusern), Schmalbrustameisen (*Leptothorax*, *Temnothorax*, diese bei städtischen Arten aber mit größeren Augen und einem Dornenpaar hinten am Brustteil).

Arbeiterin 1,4–2,5 mm, Königin 5–7 mm, Männchen 4–5 mm.

März–Oktober

Arbeiterinnen honiggelb, am Kopf etwas dunkler. Augen sehr klein. Keulenförmige Fühlerspitze zweigliedrig. Stachel kaum spürbar.

Sonnige Ruderalfluren, Wiesen, Weiden und Gärten. Meidet grobkörnige Böden (z. B. Kies).

In ganz Mitteleuropa, besonders in Wärmegebieten im mittleren und südlichen Teil des Gebiets. Dort weit verbreitet auch in sonnigen Hausgärten der Siedlungszone. Am ehesten unter flachen, gut besonnten Steinplatten zu finden. Dringt bis in die Innenstädte vor.

Nussameise

Temnothorax nylanderi

Nistet nahe oder auf Bodenoberfläche in Totholz, Borke, Eichengallen oder hohlen Nüssen (Eichel, Haselnuss, Walnuss). Nest meist mit weniger als 100 Arbeiterinnen und nur einer Königin. Keine echten Superkolonien, denn Mutternest kooperiert höchstens mit einigen königinnenlosen Außenposten. Arbeiterinnen jagen nach Kleingetier in Streuschicht und Rindenklüften, hegen aber keine Pflanzenläuse, erbeuten sie höchstens. Schwarmzeit Juli–September. Koloniegründung selbstständig.

Auf Bäumen v. a. mit *Temnothorax affinis* und allenfalls *T. corticalis* zu verwechseln, am Boden oder auf liegendem Totholz mit einer Reihe weiterer Schmalbrustameisen (*T. unifasciatus*, *Leptothorax acervorum*). Am ehesten im unteren Stammbereich von Eichen zu entdecken.

Arbeiterin 2–3 mm, Königin 3,5–5 mm, Männchen 2,5–3 mm.

März–Oktober

Arbeiterinnen ungleichmäßig braun, Hinterleib teilweise schwärzlich. Zwischen Brust und Hinterleib zwei Stielchenglieder, wie auch bei *Myrmica*, *Solenopsis* und *Monomorium*.

Ursprünglich Waldränder und eher trockene, lichte Laub- und Mischwälder. Heute auch in Park und Garten.

Mitteleuropa: Im westlichen und zentralen Teil verbreitet, häufigste Schmalbrustameise an Waldrändern und in Hausgärten. Östlich von Berlin-Leipzig-München von Schwesternart *T. crassispinus* vertreten: lebt ähnlich, tritt aber auch in Kiefernwäldern und kleinen Gehölzen im Zentrum von Städten auf.

Köcherfliegen

Köcherfliegen (Trichoptera) sind weder als Larve noch als ausgewachsenes Tier (Imago) besonders auffällig. Oft sind sie schwarz, bräunlich oder gelblich gefärbt, manchmal mit einer charakteristischen Zeichnung versehen. Durch die Behaarung der Flügel unterscheiden sie sich von den nah verwandten Schmetterlingen. Die vier Flügel tragen sie in Ruhestellung dachartig auf dem Hinterleib. Auch besitzen sie keinen Saugrüssel, sondern haben Mundwerkzeuge, mit denen sie Wasser und Nektar aufsaugen oder lecken können. Die Imago hat lange Fühler, die sie stets nach vorne streckt. Die raupenähnliche Larve trägt außer den drei Beinpaaren an der Brust ein Paar hakenförmige, beinähnliche Nachschieber am Ende des Hinterleibs. Sie dienen der Verankerung im Köcher oder im Substrat. Die Larven laufen entweder frei herum oder sitzen in ortsfesten oder transportablen Gehäusen, Köcher genannt. Manche Fließgewässerbewohner spinnen kunstvolle Fangnetze. Die Entwicklung verläuft über ein Puppenstadium. Die ältesten Köcherfliegen stammen aus dem oberen Perm, d.h., sie existieren bereits seit ca. 260 Mio. Jahren.
Köcherfliegenlarven besiedeln alle Gewässertypen von der Quelle bis zum Fluss, vom Tümpel bis zum See; manchen Arten genügt sogar ein dünner Wasserfilm auf Gestein oder Falllaub. Nur zwei Arten haben ihre Kinderstube an Land: ihre Larven leben in der Laubstreu der Wälder und im Moos; manchmal findet man sie an Baumstämmen. Köcherfliegenlarven ernähren sich von Algen und Wasserpflanzen oder nagen an Rinden von im Wasser liegendem Holz, andere leben räuberisch. Viele Arten fertigen aus allerlei Materialien kunstvolle Köcher. Grundlage aller Köcher ist eine an beiden Enden offene Seidenröhre, die – je nach Art – mit verschiedenen Baumaterialien bekleidet wird. Der hintere Teil des Köchers ist der älteste, während am vorderen ständig weitergearbeitet wird. Die Larve verbringt ihr ganzes Leben im gleichen Köcher, in dem sie sich auch häutet, insgesamt fünf Mal. Das hintere Ende des Köchers wird mit einem Gespinst verschlossen, in dessen Mitte sich eine Öffnung befindet, durch die das Atemwasser strömt. Die Larven verlassen ihr Gehäuse nur notgedrungen, da der äußerst weiche Hinterleib einer schützenden Hülle bedarf. Alle Larven, ob sie frei oder in transportablen Köchern leben, bauen Puppenköcher und befestigen diese an einer strömungsgünstigen Stelle. Nach zwei bis vier Wochen Puppenruhe klettern oder schwimmen die gut beweglichen Puppen an Land und häuten sich zur Imago. Die meisten Arten sind dämmerungs- oder nachtaktiv. Manche Arten fallen durch Tanzschwärme auf. Die Eier werden einzeln in Ritzen von Steinen oder Holz abgelegt, manchmal wird das Gelege auch tauchenderweise am Substrat befestigt. Einige Arten umgeben ihren Laich mit Gallerte, die im Wasser aufquillt. Die Entwicklung bis zur Imago dauert ein Jahr.

Wassergeistchen

Hydropsyche pellucidula

Die Larve baut ein röhrenförmiges Wohngespinst an Steinen im Gewässer und spinnt vor der Öffnung ein Fangnetz mit etwa 10 mm Durchmesser, das mit winzigen Leimtröpfchen besetzt ist. Dort wachsen alsbald dichte Algenbeläge, die von der Larve von Zeit zu Zeit abgeweidet werden. Die Larven werden gerne von Fischen gefressen, weshalb Nachbildungen als Köder für die Fliegenfischerei dienen. Die Männchen sammeln sich in der Abend- und Morgendämmerung zu dichten Schwärmen und erreichen mit 25 km/h erstaunliche Fluggeschwindigkeiten. Fliegen Weibchen in solche Schwärme, werden sie von den Männchen gepackt. Die Paarung findet in der Ufervegetation statt. Die Weibchen steigen zur Eiablage ins Wasser und befestigen das Gelege (ca. 800 Eier) unter Steinen.

Kopf-Rumpflänge: 12–20 mm; Flügelspannweite bis 35 mm.

Larven überwintern; aktiv von Februar bis September. Imago Mai–September.

Larve: Köcherlos. Kopf dunkelbraun mit hellen Flecken; alle drei Brustsegmente dorsal mit dunkelbraun verhornten Platten. Mehrere weiße Kiemenbüschel. Nachschieber beinartig.

Imago: Flügel düster braun, schwarze Flecken.

Häufig und weit verbreitet. Larven in Fließgewässern auch mitten im Stadtgebiet. Imagines werden von Schaufenster- und Straßenbeleuchtung angelockt und sitzen dann oft im Massen auf Brücken und an Gebäuden.

Pilzkopf-Köcherfliege

Anabolia nervosa

Die Larve baut einen röhrenförmigen Köcher aus Sand und Detrituspartikeln. An diesem werden in Längsrichtung seitlich 2–3 lange Hölzchen (bis 70 mm) befestigt, die bei älteren Larven den Köcher weit überragen (s. Bild). So wird er flach und die langen Hölzchen verhindern vielleicht, dass der Köcher von den Wellen oder der Strömung fortgespült wird. Die Larve lebt am Gewässerboden und an den ins Wasser ragenden Wurzeln von Weiden und Erlen. Sie ernährt sich von abgestorbenen Pflanzenteilen, z. B. Erlenblättern und Wasserpflanzen. Im Sommer macht sie drei Monate lang eine Art Sommerschlaf, bevor sie sich verpuppt. Die Adulten fliegen vom Sommer bis in den Spätherbst tagsüber. Sie halten sich in der Ufervegetation auf und leben gut zwei Monate.

Kopf-Rumpflänge: 20–30 mm; Köcher bis 70 mm; Flügelspannweite 11–16 mm.

Larven: Januar–Oktober. Adulte: August–November.

Larve: Kopf gelblich mit pilzförmiger Zeichnung zwischen den Augen. Köcher röhrenförmig aus Sand und Detritus, daran angesponnen zwei bis drei bis 70 mm lange Hölzchen. Imago: braun ohne auffällige Zeichnung. Die Larven leben in stehenden (Seen, Teiche) und langsam fließenden, pflanzenreichen Gewässern oft mit Sandgrund. Recht tolerant bezüglich Wasserqualität, deshalb auch in Gewässern des Siedlungsgebietes zu finden. In Seen im flachen Uferbereich. Von Spanien bis Norddeutschland weit verbreitet und häufig.

Schmetterlinge

Schmetterlinge (Lepidoptera) faszinieren durch ihre bunten Farben, schillernden Lichteffekte, ihre Leichtigkeit und Flüchtigkeit. Sie sind durch zwei Paar mit Schuppen besetzte Flügel gekennzeichnet. Für die Farben sind Pigmente, für die schillernden Lichteffekte die besondere Oberflächenstruktur der Schuppen verantwortlich.
Schmetterlinge zählen zu den Insekten mit einer vollständigen Metamorphose (mit Puppenstadium). Die Entwicklung der Schmetterlinge verläuft vom Ei über mehrere Larvenstadien (Raupe) zur Puppe und schließlich zum geflügelten Falter.
Weltweit zählen sie 127 Familien und etwa 180 000 Arten. Nachfolgend werden umfassend die Tagfalter (inklusive Dickkopffalter sowie Rotwidderchen) ausführlich vorgestellt, während die Familien der meist nachtaktiven Schmetterlinge (Nachtfalter) nur durch einige ausgewählte Arten vertreten sind.
Auch wenn es nicht so scheint, in mitteleuropäischen Städten kann man mit über 1800 Schmetterlingsarten rechnen (Beispiel Berlin), wobei hier die Großschmetterlinge mit über 800 und die Kleinschmetterlinge mit ca. 1000 Arten in die Rechnung einfließen. Meist werden nur die Tagfalter (Mitteleuropa: ca. 200 Arten) wahrgenommen, die mit ca. 60 Arten in Stadtgebieten vertreten sind. Darunter sind auch Wanderfalter, welche nur in trockenwarmen Sommern einfliegen und meist keine dauerhaften Populationen bilden können.
Im bebauten Stadtkern jedoch wird man oft vergeblich nach Faltern suchen. Besonders artenreiche Lebensräume sind ungedüngte Wiesen und Weiden, Flachmoore, Wildkrautfluren, Waldränder und lichte Wälder. Schmetterlinge sind Nahrungsspezialisten, fressen als Raupe oft auf einer ganz bestimmten Pflanzenart und haben als Falter meist klare Vorlieben für bestimmte Blüten. Nicht selten benötigen die verschiedenen Stadien unterschiedliche Lebensräume oder Strukturen. Dies macht sie zu hervorragenden Indikatoren für die ökologischen Qualitäten eines Landschaftsraums. Für einige Nachtfalter wiederum, wie die Zahnspinner (s. Porträt), scheint es in stark belasteten städtischen Arealen von Vorteil zu sein, dass sie als Falter keine Nahrung mehr aufnehmen müssen.
Viele Wiesenarten reagieren empfindlich auf frühe, häufige und großflächige Mahd. Ihre wenig mobilen Stadien (Eier, Raupen, Puppen) werden durch Kreiselmähwerke, Mähaufbereiter und Silage mechanisch eliminiert und den Faltern kommen die Saugpflanzen abhanden. In den meist dichten und gleichförmigen Wäldern fehlt es zahlreichen Waldschmetterlingen an Licht und Wärme. Auch die intensive Grünflächenpflege wirkt sich für Tagfalter verheerend aus. Bei Schmetterlingen, besonders der Tagfalter ist in Mitteleuropa wie bei vielen anderen Tieren ein drastischer Rückgang der Arten- und Individuenzahl zu verzeichnen.

Gewöhnliches Widderchen

Zygaena filipendulae

Eiablage in kleinen Häufchen an Hornklee und Strauchwicke, an denen sich die Raupen entwickeln. Verpuppung am Stängel der Futterpflanze. Falter oft an Knautien, Flockenblumen, Skabiose, Disteln, Teufelsabbiss, Luzerne und Wasserdost. Standorttreu. Verwechslung möglich mit einer weiteren sechsfleckigen Rotwidderchenart (Hufeisenklee-Widderchen, *Zygaena transalpina*). Letztere besitzt jedoch eine kräftig rot übergossene Vorderflügelunterseite, ist selten und lebt nur in trockenen Magerwiesen.

Flügelspannweite 30–38 mm.

Juni–September.
Eine Generation pro Jahr.
Überwinterung als Raupe.

Sehr klein. Vorderflügel schwarz mit sechs roten Flecken. Hinterflügel rot mit schwarzem Saum.

Wenig intensiv genutzte, feuchte bis trockene Wiesen, Flachmoore und Ruderalflächen. Auch im Siedlungsgebiet.

In ganz Mitteleuropa und hier wohl auch in den meisten Städten. Eher in Stadtrandgebieten.

Hornissen-Glasflügler

Sesia apiformis (Aegeria apiformis)

Hornissen-Glasflügler sind Tagflieger und gleichen, wie der Name sagt, Hornissen, weshalb sie von Fressfeinden vermutlich gemieden werden. Ruhende Falter sitzen früh morgens oft an Baumstämmen. Die Falter nehmen keine Nahrung auf.

Raupen weißlich mit braunem Kopf. Sie leben im Holz verschiedener Pappelarten und brauchen für ihre Entwicklung 3–4 Jahre. Verpuppung unmittelbar beim Ausgang ihres Fraßgangs im Holz der Wirtspflanze. Wenn die Zeit zum Schlüpfen gekommen ist, winden sich die sehr beweglichen Puppen aus der Puppenkammer ins Freie, wo die Falter schlüpfen.

Flügelspannweite 35–45 mm.

Flugzeit Mai–Juli. Überwinterung mehrmals als Raupe.

Hornissenähnlich, Hinterleib behaart und gelb-schwarz geringelt, Flügel durchsichtig, nur Flügeladern und Rand bräunlich beschuppt.

Offene Landschaften mit älteren Pappelgruppen, Bach- und Flussläufe.

Mitteleuropa: Verbreitet in Städten mit alten Pappelbeständen; auch in Parkanlagen.

Flügelspannweite: 65–80 mm.

Falter nachtaktiv, Flugzeit Ende Mai–Anfang August.

Falter mit graumelierten, teilweise bräunlichen Flügeln, Raupe dunkel fleischrot, Seiten gelblich, Kopf schwarz.

In laubholzreichem Gelände, besonders in Gewässernähe, auch in Parks.

Ganz Mitteleuropa: verbreitet, häufig, auch im Siedlungsraum in Friedhöfen und anderen baumbestandenen Lebensräumen.

Weidenbohrer

Cossus cossus

Die Falter des Weidenbohrers treten v.a. im Juni und Juli auf, sind groß, wirken plump, haben verkümmerte Saugrüssel und nehmen keine Nahrung zu sich. Die Weibchen legen ihre Eier an die Stammbasis von Weiden, Pappeln, Obstbäumen und anderen Laubgehölzen, im Allgemeinen an geschwächte Bäume. Die Junglarven bleiben im ersten Jahr in der Rinde, später fressen sich die Raupen im Holz lange Gänge meist stammaufwärts. Die ausgewachsenen, fast fingerdicken Raupen können bis 10 cm lang werden und verleihen dem befallenen Baum einen Geruch nach Holzessig. Verpuppung nach meist drei Überwinterungen in mit Bohrspänen umhüllter Puppe in der Bodenstreu am Stammfuß oder in Ausbohröffnungen.

Flügelspannweite 26–31 mm.

Falter: Mai–September.

Flügel weiß mit schwarzen ovalen Fleckenreihen. Brust ockergelb. Raupen gelblich grün, schwach behaart; Kopfkapsel schwarz.

Lichte Laubwälder, Waldränder. Halbschattige und -feuchte Standorte mit Brennnesselbewuchs.

Mitteleuropa: Allgemein verbreitet. In Städten häufig in Gärten und Parkanlagen zu finden. Vom Licht angezogen, an Laternen und in Wohnungen.

Brennnesselzünsler

Eurrhypara hortulata

Dieser kleine dämmerungs- und nachtaktive Schmetterling aus der Familie der Zünsler versteckt sich tagsüber gerne in Sträuchern oder Brennnesseln. Als «Querfeldeinspazierer» scheucht man sie hier nicht selten auf. Nachts fliegen die Tiere, wie die meisten Nachtfalter, oft künstliche Lichtquellen an. Die Vorliebe für die Brennnesseln teilen sich die Raupen mit vielen anderen Schmetterlingslarven. Die grünen Raupen kann man von August bis September neben Brennnessel auch an Minze oder Johannisbeere finden. Sie überwintern in einem lockeren Gespinst am Boden und verpuppen sich im Mai des folgenden Jahres.

Dörrobstmotte

Plodia interpunctella

Nachtaktiv, nimmt als Falter keine Nahrung auf. Eiablage an Lebensmitteln wie Schokolade, Kekse, Trockenfrüchte, Nüsse, Mehlprodukte. Frisch geschlüpfte Larven sind sehr klein, dringen durch jedes noch so kleine Loch auch in ungeöffnete Packungen ein. Raupen weißlich gelb, haarlos, mit braunem Kopf, sitzen meist in selbst gefertigten Gespinströhren im Futter. Oft werden sie erst dank dieser Gespinste entdeckt. Ausgewachsene Raupen (bis 17 mm) verlassen die befallenen Vorräte und verpuppen sich in einem dichten weißlichen Kokon in Ritzen und Spalten.
Entwicklung vom Ei zum Falter je nach Temperatur in nur 35 Tagen möglich. Vorbeugung: Esswaren in wirklich dicht schließenden Gefäßen aufbewahren.

Flügelspannweite 13–20 mm.

Flugzeit im Haushalt ganzjährig. Mehrere Generationen pro Jahr.

Grundfarbe: Heller oder dunkler kupferfarben mit gezackten, schwarzen Querlinien. In der Flügelbasis befindet sich ein etwa ein Drittel der Flügel bedeckendes hellgraues bis gelbliches Feld.

Überall, wo getrocknete Nahrungsvorräte gelagert werden.

Mitteleuropa: Flächendeckend, kommt in jedem noch so sauber geführten Haushalt vor. Nahrungsmittelschädling.

Kleidermotte

Tineola bisselliella

Wenn man Löcher und kahle Stellen in Teppichen, Kleidungsstücken, Pelzen u. Ä. entdeckt, ist der Ärger meist groß. Spätestens jetzt wird klar, dass man die kleinen Falter nicht hätte ignorieren sollen. Die Falter der Kleidermotte fressen jedoch nichts, dafür legen die Weibchen immerhin 100–250 Eier ab. Nach 8–10 Tagen schlüpfen die Larven. Obwohl diese nur das tierische Keratin verwerten können, werden selbst rein pflanzliche oder synthetische Fasern mitgefressen. Die Raupen sondern einen weißen Gespinstfaden ab und verpuppen sich in einer Gespinströhre. Bekämpfung: chemisch (Mottenstreifen) und biologisch (Schlupfwespenbrutstreifen). Vorbeugung: ätherische Öle in Hölzern (Zedernholz).

Flügelspannweite: 12–16 mm. Raupe bis 10 mm.

Ganzjährig; meist zwei Generationen (max. drei bis vier).

Vorderflügel strohgelb. Graugelbe, lanzettartige Hinterflügel. Flügelränder mit Fransen. Raupen farblos mit dunkler Kopfkapsel.

Keratinhaltiges Material, z. B. Wollprodukte, Teppiche, Pelze, Federn, Polstermöbel. Nester von Vögeln und Säugern.

Mitteleuropa: Überall. Mikroklima der Wohnungen begünstigt Vermehrung. Fliegen oft aus den Nestern von Stadttauben in geöffnete Fenster.

Brombeerspinner

Macrothylacia rubi

Flügelspannweite 38–70 mm.

Flugzeit Mai–Juli. Überwinterung als ausgewachsene Raupe.

Vorderflügel der etwas größeren Weibchen graubraun, die der Männchen rötlich braun bis graubraun, bei beiden Geschlechtern mit zwei schmalen, hellgelben Querbinden.

Magerrasen und extensiv bewirtschaftete Fettwiesen, Feuchtgebiete, Waldlichtungen.

Mitteleuropa: Verbreitet. Häufig, an Bahndämmen, Wiesenböschungen, Wegrändern und auf Brachen.

Die Männchen fliegen schon am späten Nachmittag und in der Dämmerung und suchen paarungsbereite Weibchen. Eiablage nachts an verschiedene Pflanzen wie Brombeere oder Schlehe. Die Falter nehmen keine Nahrung zu sich.

Die Raupen (August–April) sind bis 80 mm lang: Grundfarbe fast Schwarz, dichte schwarz-rote Behaarung. Haare können bei Berührung allergische Reaktionen hervorrufen. Raupe überwintert und ist im Frühjahr auf der Suche nach einem geeigneten Verpuppungsplatz herumkriechend zu sehen. Verpuppung in einem dichten, tonnenförmigen Kokon in der Vegetation.

In Mitteleuropa weitere Vertreter der Familie der Glucken, z. B. Grasglucke oder Trinkerin *(Euthrix potatoria)*, deren Raupen gelegentlich beim Trinken von Wassertropfen beobachtet werden können.

Nagelfleck

Aglia tau

Flügelspannweite 50–65 mm.

Flugzeit April/Mai. Überwinterung als Puppe.

Männchen mit orangebrauner Grundfarbe, Hinter- wie Vorderflügel mit je einem großen, dunklen Fleck mit einem weißen Komma. Weibchen ähnlich, etwas größer, braune Grundfarbe.

Laubholzreiche Wälder, feuchte bis trockene Standorte, hauptsächlich Buchenwälder.

Mitteleuropa: Verbreitet. Nicht selten in Städten und an Stadträndern mit Buchenwaldbestand.

Die Männchen sind tagaktiv. Auf der Suche nach im Unterholz sitzenden Weibchen fliegen sie knapp über dem Boden in langsamem Zickzackflug durch den Wald. Männchen nehmen die Lockstoffe der Weibchen mit ihren federförmigen Fühlern wahr. Beide Geschlechter nehmen keine Nahrung zu sich und leben nur wenige Tage. Männchen auf dem Suchflug verirren sich manchmal in waldnahe Gärten.

Raupe (Mai–August) grün mit weißem Seitenstreifen. Jungraupen mit fünf charakteristischen, rot-gelb geringelten, beborsteten Dornfortsätzen. Raupen entwickeln sich an Buche und anderen Laubbäumen. Die verpuppungsreifen, bis 40 mm langen Raupen verfärben sich rot und klettern am Stamm nach unten, um sich in Erdlöchern zu verpuppen.

Kleines Nachtpfauenauge

Saturnia pavonia (Eudia pavonia)

Das Männchen des Kleinen Nachtpfauenauges fliegt tagsüber und sucht ein im Unterwuchs sitzendes, paarungsbereites Weibchen. Die Weibchen legen nachts Eier ab. Da sie – wie der ebenfalls zur Familie der Nachtpfauen-Augenspinner zählende Nagelfleck – keine Nahrung aufnehmen können, leben die voll entwickelten Nachtpfauenaugen nur wenige Tage. Grundfarbe der Jungraupen ist Schwarz, ausgewachsen sind die Raupen jedoch grün mit schwarzen Segmentringen und orangen Warzen. Sie leben in Gruppen an verschiedenen Pflanzen wie Salweide, Brombeere und Weißdorn. Raupenzeit Mai–Juli. Verpuppung in einem an Pflanzen festgesponnenen, sehr dichten Kokon.

Flügelspannweite Männchen: 50 mm, Weibchen: bis 65 mm.

Flugzeit April / Mai. Überwinterung als Puppe.

Auffällige Augenflecke auf Vorder- und Hinterflügeln, Männchen mit orangebrauner Grundfarbe, Weibchen graubraun.

Mager- und Trockenrasen, Feuchtwiesen, Waldränder, Schlagfluren, auch in naturnahen Gärten und Parks.

Mitteleuropa: Lokal vorhanden, am ehesten in naturnahen Gärten, auf Brachflächen und an Hecken.

Wiener Nachtpfauenauge

Saturnia pyri

Synonym: Großes Nachtpfauenauge. Die in Mitteleuropa auf Ostösterreich begrenzte Art ist der größte Schmetterling Europas. Vom Licht der Straßenlaternen angezogen, kann er bei flüchtiger Betrachtung schnell an eine Fledermaus erinnern. Die Flügel sind in Form und Aussehen dem Weibchen des Kleinen Nachtpfauenauges *(Saturnia pavonia)* sehr ähnlich. Die sehr großen Raupen des Wiener Nachtpfauenauges sind leuchtend gelbgrün mit reihenförmig angeordneten blauen Warzen, aus denen schwarze Borsten wachsen. Sie fressen an verschiedenen Laubbäumen, Sträuchern und Obstbäumen, fallen dort jedoch häufig Spritzmitteln zum Opfer. Die Verpuppung erfolgt in einem dichten Kokon am unteren Teil der Stämme. Die Art ist äußerst selten.

Flügelspannweite 105–160 mm. Raupe: bis 120 mm.

Fliegt nachts: März–Juni (bis Spätsommer).

Augenfleck auf jedem Flügel. Flügelgrundfärbung von Dunkelbraun (außen) zu Weißgrau; mit gewellter Binde.

Wärmeliebend. Offene, buschreiche Landschaften. Raupen oft an Obstbäumen, Walnuss, Edelkastanie, Rotbuche, Gemeiner Hasel.

Mitteleuropa: Lokal in Ostösterreich bis in die nördlicheren Weinanbaugebiete. Wien und Umgebung.

Flügelspannweite 90–130 mm.

Fliegt nachts: Mai–Juni (zweite Generation im Herbst möglich).

Flügel goldbraun bis oliv, mit breitem hellem Querband. Transparente Halbmonde in jeder Flügelmitte.

Warme Gegenden mit Götterbaum.

In Mitteleuropa nur zwei getrennte Populationen. Ostösterreich: Wien; Südschweiz: Tessin. Durch Klimaerwärmung und zunehmende Verbreitung der Futterpflanze wird eine Ausbreitung der Art erwartet (z. B. in Basel).

Götterbaumspinner

Samia cynthia

Der Götterbaumspinner wurde im 19. Jahrhundert zur Gewinnung von Seide nach Europa eingeführt. Nach Aufgabe der Seidenzucht und durch Freisetzung konnten sich einige Populationen in der freien Natur etablieren. Dies jedoch nur an klimatisch begünstigten Orten mit Götterbaum-Vorkommen, meist in der Nähe ehemaliger Seidenfarmen. Nach erfolgreicher Paarung legt das Weibchen die Eier in Gruppen an Äste und Ästchen des Götterbaums *(Ailanthus altissima)* ab, der ebenfalls in Europa eingeführt wurde und in vielen Städten weit verbreitet ist. Die Raupen sind blass blaugrün und mit einer weißen, wachsartigen Sekretschicht bedeckt. Fressen zunächst gemeinsam, später Einzelgänger. Jährlich entsteht eine neue Generation (selten auch zwei), wobei die Puppen im Kokon überwintern.

Flügelspannweite 55–75 mm.

Flugzeit April–Mai. Überwinterung als Puppe.

Grundfarbe variabel: Grün, Rot, Braun oder Grau. Außenrand der Flügel gezackt. Vorderflügel mit kräftiger Mittelbinde sowie Schattierungen.

Lichte, mit Sommerlinde durchmischte Laubwälder, auch Gärten und Parkanlagen.

Mitteleuropa: Verbreitet; dringt bei geeigneten Lebensräumen weit ins Siedlungsgebiet vor.

Lindenschwärmer

Mimas tiliae

Nachtaktive Art, die als Falter wahrscheinlich keine Nahrung aufnimmt. Weibchen legt Eier hauptsächlich auf Linden ab, aber auch auf Birken und verschiedenen weiteren Laubbäumen.

Die Raupen sind von Juni bis August zu finden, grün gefärbt mit rötlich eingefassten, weißen Schrägstreifen und tragen wie viele andere Raupen aus der Familie der Schwärmer ein langes, gebogenes Horn am Hinterleibsende (Afterhorn). Nach ca. 4–5 Wochen sind sie bis 7 cm lang und ausgewachsen. Sie verfärben sich rötlich und machen sich auf die Suche nach einem geeigneten Verpuppungsort. Die Verpuppung erfolgt in einem leichten Gespinst auf dem Boden unter Laub oder an einer ähnlichen Stelle.

Mittlerer Weinschwärmer

Deilephila elpenor

Dämmerungs- und nachtaktiv, trinkt gerne an Weidenröschen, Springkraut und Nachtkerze, oft auch an Phlox und Buddleja. Die Raupe (Juli–September) frisst u.a. an Weidenröschenarten, Springkraut, Fuchsie und Reben. Raupe in den frühen Stadien grün gefärbt, mit dünnen, weißen Längsstreifen und einem kleinen Horn am Körperende. Mit der letzten Häutung verändert die bis zu 8 cm lange Raupe ihr Aussehen, ist dann von brauner Grundfarbe und trägt zwei auffällige Augenflecke auf dem ersten und zweiten Hinterleibssegment. Bei Gefahr zieht sie ihren Körper zusammen und bringt die Augenflecke zur Geltung. Verpuppung in selbst gegrabener Erdhöhle.

Ebenfalls im Gebiet recht häufig ist der rotorange gefärbte Kleine Weinschwärmer *(Deilephila porcelleus)*.

Flügelspannweite 60–70 mm.

Flugzeit Mai–Juli. Überwinterung als Puppe.

Grundfarbe Olivgrün. Vorderflügel mit rosarotem Flügelsaum und mehreren Schrägstreifen. Hinterflügel rot mit breitem, schwarzem Band an der Basis.

Bachufer, Waldränder, Waldwege und Lichtungen, ebenso in Gärten und Parkanlagen.

Mitteleuropa: In naturnahen Gärten und Parks mit entsprechenden Futterpflanzen häufig.

Taubenschwänzchen

Macroglossum stellatarum

Taubenschwänzchen sind tagaktiv und können oft beim Nektarsaugen beobachtet werden. Sie stehen dann wie Kolibris im Schwirrflug vor der Blüte und tauchen ihren langen Rüssel in deren Kelch. Blaue und rotviolette Blüten werden bevorzugt.

Die Weibchen kleben ihre grünen Eier an sonnenexponiertes Labkraut (*Galium* sp.), oftmals in der Nähe von guten Nektarplätzen. Raupe bis 45 mm lang, Grundfarbe Grün oder Grüngrau mit weißer Seitenlinie, Afterhorn spitz, blauschwarz mit gelber Spitze. Raupen von Juni bis Oktober, Verpuppung in einem lockeren Gespinst am Erdboden.

Wanderfalter; die zweite Generation fliegt jedes Jahr aus ihren mediterranen Ursprungsgebieten zur Fortpflanzung über die Alpen bis nach Skandinavien.

Flügelspannweite 45 mm.

Flugzeit Mai–Ende Oktober, in mehreren Generationen. Überwinterung als Falter.

Grundfarbe von Körper und Vorderflügel Grau, Hinterflügel Gelborange. Auffälliges Haarbüschel an der Spitze des Hinterleibs.

Vorwiegend sonnige Stellen mit gutem Angebot an Nektarpflanzen.

Mitteleuropa: Nicht bodenständig. Wandert jedes Jahr aus Südeuropa in großer Zahl bei uns ein. In der Stadt oft an Balkonpflanzen.

Flügelspannweite bis 45 mm.

Flugzeit Mai/Juni, manchmal zwei Generationen. Juli/August. Überwinterung als Puppe.

Grundfarbe Oliv, mit einem roten und einem gelben Hinterleibsring. Flügel in der Mitte durchsichtig, mit rötlichem Saum.

Sonnige Randbereiche, Kahlschläge und Lichtungen.

Mitteleuropa: Verbreitet; z. T. selten. In Parks und naturnahen Gärten mit Nektarpflanzen und Heckenkirschen.

Hummelschwärmer

Hemaris fuciformis

Wie das ähnliche, aber weitaus häufigere Taubenschwänzchen fliegt der pelzige Hummelschwärmer tagsüber und besucht gerne Blüten wie Wiesensalbei, Knautie und Günsel, in Gärten und Parks auch an Buddleja zu beobachten.

Die grünen Eier werden an sonnenexponierte Geißblatt- (*Lonicera*-Arten) und Schneebeerenbüsche *(Symphoricarpus rivularis)* abgelegt. Raupe (Juni–August) grün mit weißer Längslinie, Bauchseite und Stigmen (Atemöffnungen) dunkel, Gesamtlänge bis 50 mm. Afterhorn braun und gekörnt. Verpuppung am Boden.

Förderung durch Anlage und Erhaltung blumenreicher Magerwiesen sowie von Geißblattbeständen.

Flügelspannweite 80–120 mm.

Flugzeit Juni–Oktober, wandert in mehreren Wellen ein. Überwinterung als Puppe, überlebt unsere Winter nicht.

Grundfarbe der Flügel unregelmäßig Hell- und Dunkelbraun, maseriert, mit graubraunen, gezackten Linien gezeichnet. Auffällig große, schwarze Augen.

Windenschwärmer sind Einwanderer aus dem Süden, sehr kräftige Flieger, die überall im Siedlungsgebiet einfliegen.

Mitteleuropa: Wanderfalter. Verbreitung nach Norden abnehmend.

Windenschwärmer

Agrius convolvuli

Die auffallend großen Windenschwärmer sind dämmerungs- und nachtaktiv und können beim Nektartrinken an Nachtkerze, Phlox, Tabak u. a. beobachtet werden.

Die Weibchen legen ihre blaugrünlichen Eier an Ackerwinden und anderen Windengewächsen ab. Grundfarbe der Raupen (Juli–September) variabel, von braun über ocker bis grün, mit schwarz-weißen, schrägen Seitenstreifen. Stigmen schwarz. Am Hinterleibsende haben auch die Windenschwärmerraupen ein langes, gebogenes, schwarzes oder oranges Afterhorn. Mit einer Länge von bis 120 mm gehören sie ausgewachsen zu den längsten Raupen. Verpuppung in der Erde.

Mehrere weitere Schwärmer im Gebiet, z. B. der Kiefernschwärmer *(Hyloicus pinastri)* und der Labkrautschwärmer *(Hyles galii)*.

Malvendickkopffalter

Carcharodus alceae

Falter bevorzugt an Kriechendem Günsel, Ackertaubnessel und Waldimmergrün. Raupen ernähren sich von verschiedenen Malvenarten (z. B. Wegmalve und Moschusmalve) und der Stockrose *(Alcea rosea)*. Eiablage einzeln an die Blätter und Blütenstände der Futterpflanze. Verpuppung in der Streuschicht. Mobile, vagabundierende Art, die in Ausbreitung begriffen ist.

Flügelspannweite ca. 32 mm.

März–Anfang Oktober.
2–3 Generationen pro Jahr.
Überwinterung als Raupe.

Klein, mit etwas gedrungenem Körper und deutlich verdickten Fühlerspitzen. Flügel beidseits graubraun marmoriert, mit mehreren transparenten Fensterflecken in den Vorderflügeln.

Trockene Magerwiesen, trockenwarme Krautsäume, Ruderalflächen, Buntbrachen, Gärten. Auch im Siedlungsgebiet.

Ursprünglich selten und lokal, heute durch Klimaerwärmung und Anlage von Buntbrachen zumindest im südlichen und mittleren Mitteleuropa häufig und sich weiter gegen Norden ausbreitend.

Dunkler Dickkopffalter

Erynnis tages

Standorttreue Art, deren Raupen sich an Hornklee, Hufeisenklee und Bunter Kronwicke entwickeln. Die Eier werden einzeln auf die Blattoberseite der Futterpflanze gelegt. Die Verpuppung erfolgt in der Streuschicht. Der Dunkle Dickkopffalter saugt gerne an Kriechendem Günsel und Frühlings-Fingerkraut und setzt sich im Gegensatz zu vielen anderen Arten der Familie der Dickkopffalter mit flach ausgebreiteten Vorder- und Hinterflügeln ab.

Flügelspannweite ca. 27 mm.

Mai–Anfang Juli.
Zwei Generationen pro Jahr.
Überwinterung als Raupe.

Kleiner Falter. Flügeloberseiten dunkelbraun mit schmutzig weißen Flecken und Bändern. Flügelunterseiten hellbraun mit hellen Flecken.

Wenig intensiv genutzte, trockene bis feuchte Wiesen, auch im Siedlungsgebiet.

In ganz Mitteleuropa und hier wohl auch in vielen Städten, stellenweise selten.

Rostfarbener Dickkopffalter, Mattfleckiger Kommafalter

Ochlodes venata (*Ochlotus venatus* oder *sylvanus*)

Die Raupen ernähren sich von Aufrechter Trespe, Knaulgras, Fiederzwenke und anderen Grasarten. Verpuppung im Grashorst. Falter, in für viele Dickkopffalter typischer Ruhehaltung mit flach ausgebreiteten Hinterflügeln und angewinkelten, hochgestellten Vorderflügeln, saugen bevorzugt an Skabiose, Flockenblumen, Disteln und Wasserdost. Standorttreu.
Der Mattfleckige kann mit dem Weißfleckigen Kommafalter (*Hesperia comma*, mit schneeweißen Flecken auf den Flügelunterseiten, fliegt erst ab August) verwechselt werden.

Flügelspannweite ca. 30 mm.

Mai–Anfang Juli.
Eine Generation pro Jahr.
Überwinterung als Raupe.

Kleiner Falter. Flügeloberseiten orange mit braunen Flügelbasen und Flecken. Flügelunterseiten orange mit graugrünen Stellen und hellen, aber niemals weißen Flecken.

Waldränder, buschreiche oder waldnahe, wenig intensiv genutzte, trockene bis feuchte Wiesen, Ruderalflächen.

In ganz Mitteleuropa und hier wohl auch in den meisten Städten.

Schwalbenschwanz

Papilio machaon

Als vagabundierende, mobile Art normalerweise in den meisten mitteleuropäischen Städten häufig, kommt in fast jedem naturnahen Gebiet vor und dringt weit ins Siedlungsgebiet ein. Populationsdichten schwanken jedoch stark.
Der Schwalbenschwanz legt die Eier an die Blätter der Futterpflanzen seiner Raupen ab, die sich an den Blättern und Blüten von verschiedenen Doldenblütlern wie Wilde Möhre, Fenchel und Karotte entwickeln. Verpuppung an Pflanzenstängeln. Die Falter besuchen viele verschiedene Blüten wie Rotklee, Löwenzahn und diverse Disteln.
Förderung: Erhaltung und Anlage von extensiv genutzten, ungedüngten Wiesen und Krautsäumen.

Flügelspannweite ca. 70 mm.

April–Oktober.
Zwei Generationen pro Jahr.
Überwinterung als Puppe.

Sehr großer Falter. Gelb mit vorwiegend schwarzer, aber auch blauer und roter Zeichnung. Auffällige Schwanzspieße an den Hinterflügeln.

Extensiv genutzte trockene bis feuchte Wiesen und Weiden, Waldränder, Ruderalflächen, Bahnanlagen, naturnahe Parks, Friedhöfe und Gärten.

In ganz Mitteleuropa häufig bis weit ins Stadtgebiet hinein.

Segelfalter

Iphiclides podalirius

Diese wärmeliebende, mobile Art mit Verbreitungsschwerpunkt im südlichen Europa legt ihre Eier an die Blätter von Schwarzdorn oder Felsenkirsche. Die Verpuppung findet an der Basis oder im Geäst der Futterpflanze statt. Die Falter besuchen verschiedene Blüten wie Salbei, Disteln, Natternkopf und Sommerflieder. Segelfalter benötigen buschreiche, magere Wiesen auf warmen, trockenen und steinigen Hängen. Sie treten in stark schwankenden Populationsgrößen auf und können bis in die Zentren von Großstädten wie Wien oder Prag vordringen.

Flügelspannweite ca. 70 mm.

März–Anfang Oktober. Eine Generation, im Süden zwei Generationen pro Jahr. Überwinterung als Puppe.

Sehr großer Falter. Gelb mit vorwiegend schwarzer, aber auch blauer und roter Zeichnung. Auffällige Schwanzspieße an den Hinterflügeln. Im Gegensatz zum Schwalbenschwanz ist die schwarze Zeichnung streifenartig.

Heiße, buschreiche Abhänge, auch naturnahe Parks, Friedhöfe und Gärten.

Nur in klimatisch begünstigten Städten im südlichen und östlichen Teil Mitteleuropas, etwa im Rheintal, in Bayern, in der Oberlausitz und in Österreich.

Senfweißlinge

Leptidea sinapis und *Leptidea reali*

Sesshafte, wenig mobile Arten. Die Senfweißlinge legen ihre Eier auf die Blattunterseite der Futterpflanzen ab – die Nahrung der Raupe besteht aus Blättern und Blüten der Wiesenplatterbse, seltener werden auch andere Schmetterlingsblütler gefressen. Verpuppung an Pflanzenstängeln. Die Falter besuchen Blüten von Hornklee, Wiesenplatterbse und Wickenarten.

Förderung: Erhaltung und Anlage von wenig intensiv genutzten, ungedüngten Wiesen und Krautsäumen.

Flügelspannweite ca. 40 mm.

April–Oktober. 2–3 Generationen pro Jahr. Überwinterung als Puppe.

Kleine, fragile Falter mit weißer bis cremefarbener Grundfarbe und grau gezeichneter Flügelspitze. Abgerundeter Flügelschnitt, auffällig v. a. an der Spitze des Vorderflügels.

Frische bis feuchte Wiesen und Weiden, Waldränder und Hecken.

In großen Teilen Mitteleuropas nicht selten, meist in wenig intensiv genutzten Wiesen in Waldnähe, teilweise auch im Siedlungsraum.

Postillon

Colias croceus

Sehr mobiler Wanderfalter, der jedes Jahr aus dem Süden über die Alpen zuwandert und im Winter normalerweise wieder ausstirbt, wird auch Wandergelbling genannt. In jüngster Zeit scheint die Art zunehmend erfolgreich nördlich der Alpen überwintern zu können. Die Raupen fressen Blätter und Blüten von verschiedenen Schmetterlingsblütlern wie Luzerne, Klee- und Wickenarten, Goldregen und Blasenstrauch. Eiablage an Futterpflanzen, Verpuppung an Pflanzenstängeln. Falter besuchen Blüten von Rotklee, Luzerne, Flockenblumen und Disteln. Verwechslungsmöglichkeit mit dem sehr ähnlichen Gemeinen Heufalter *(Colias hyale)*, der – wie der Postillon – gelegentlich auch als Goldene Acht bezeichnet wird.

Flügelspannweite ca. 48 mm.

April–Oktober. Drei Generationen pro Jahr. Überwinterung als Raupe.

Mittelgroßer Falter, hellgelb (Weibchen) bis orange (Männchen), mit oberseits schwarz gezeichneten Flügelrändern. Fleck in Form einer «8» auf dem Hinterflügel. Vorderflügeloberseite: Schwarzer Flügelsaum umrundet die untere Flügelecke.

Generalist. Frische bis trockene Wiesen und Weiden.

Meist in wenig intensiv genutzten Wiesen in Stadtrandgebieten. Im nördlichen Teil Mitteleuropas bisher meist Zuwanderer, im Süden bodenständig.

Zitronenfalter

Gonepteryx rhamni

Der Zitronenfalter ist einer der ersten Frühlingsfalter und kommt wohl in allen mitteleuropäischen Stadtrandgebieten an Waldrändern und Waldlichtungen vor. Gelegentlich dringt er auch weit ins Siedlungsgebiet ein.
Die Raupe ernährt sich an Faulbaum und Kreuzdorn, die Eier werden an die Blätter der Futterpflanzen gelegt. Verpuppung an Pflanzenstängeln oder unter Blättern. Die Falter besuchen verschiedene Blüten (Blutweiderich, Kriechenden Günsel, Gundelrebe und Disteln) und schalten im Hochsommer eine mehrwöchige Flugpause ein. Überwinterung als Falter in Wurzelstöcken, Holzstapel, im Efeubewuchs am Fuß von Bäumen oder unter Brombeerstauden.

Flügelspannweite ca. 60 mm.

März–November. Eine Generation pro Jahr. Überwinterung als Falter.

Großer Falter mit zitronengelber (Männchen) bis blassgelber (Weibchen) Grundfarbe. Geschwungene Form der Vorderflügelspitze, keinerlei graue oder schwarze Zeichnung.

Waldränder, lichter Wald, Hecken. Auch im Siedlungsgebiet. Vagabundierende, mobile Art.

In mitteleuropäischen Städten nicht selten.

Großer Kohlweißling

Pieris brassicae

Ähnelt Kleinem Kohlweißling und Karstweißling, ist jedoch größer. Anders als bei diesen beiden Arten ist der Innenrand der oberseits schwarzen und unterseits gelben Vorderflügelspitze beim Großen Kohlweißling gerundet. Bewohnt Waldränder, lichten Wald, Wiesen, Acker- und Gemüsebaugebiete, Familiengärten und andere Gärten. Auch im Siedlungsgebiet. Vagabundierende, mobile Art.
Nahrung der schmutzig gelben, schwarz gefleckten Raupe besteht aus kultivierten Kohlgewächsen (Weiß- und Rotkohl, Rosen- und Blumenkohl, Wirsing u.a.), aber auch wilde Kreuzblütler werden mit Eiern belegt. Verpuppung an Steinen oder Mauern. Falter an Blüten von Löwenzahn, Wiesensalbei, Luzerne, Rotklee, Flieder usw.

Flügelspannweite ca. 55 mm.

April–Oktober. 2–3 Generationen pro Jahr. Überwinterung als Puppe.

Großer Falter mit weißer bis hellgelber Grundfarbe, schwarzen Flecken und einer oberseits schwarzen Vorderflügelspitze, die unterseits gelb durchschimmert.

Nicht mehr ganz häufiger Kulturfolger.

In Stadtrandgebieten ganz Mitteleuropas, in naturnahen Bereichen auch im Siedlungsraum.

Kleiner Kohlweißling

Pieris rapae

Im Unterschied zum Großen Kohlweißling mit eher geradem Innenrand der schwarzen Vorderflügelspitze. Vom Karstweißling unterscheidet sich der Kleine Kohlweißling dadurch, dass der schwarze Vorderflügelspitzenfleck seitlich nicht bis auf die Höhe des Flecks in der Flügelmitte hinunterläuft.
Die Eier werden in Gruppen an die Blätter der Futterpflanzen gelegt. Die Nahrung der mattgrünen Raupen besteht vorwiegend aus kultivierten Kohlgewächsen wie Weiß- und Rotkohl, Rosen- und Blumenkohl, Wirsing u.a., auch wilde Kreuzblütler werden mit Eiern belegt. Die Verpuppung findet an Pflanzen, Steinen oder Mauern statt. Die Falter besuchen viele verschiedene Blüten.

Flügelspannweite ca. 45 mm.

März–Oktober. Zwei bis vier Generationen pro Jahr. Überwinterung als Puppe.

Mittelgroßer Falter mit weißer bis hellgelber Grundfarbe, schwarzen Flecken und einer oberseits schwarzen Vorderflügelspitze.

Häufiger Kulturfolger. Acker- und Gemüsebaugebiete, Gärten. Vagabundierende, mobile Art.

Eine der häufigsten Tagfalterarten in mitteleuropäischen Städten, flächendeckende Verbreitung bis in die urbansten Gebiete.

Karstweißling

Pieris mannii

Flügelspannweite ca. 42 mm.

April–Oktober. Vermutlich vier Generationen pro Jahr. Überwinterung als Puppe.

Mittelgroßer Falter mit weißer bis hellgelber Grundfarbe, schwarzen Flecken und einer oberseits schwarzen Vorderflügelspitze.

In Südeuropa trockenwarme, felsige Hänge. Nördlich der Alpen im Siedlungsgebiet in Gärten und Parkanlagen, Ruderalflächen.

In Mitteleuropa bisher nur in Österreich, der Nordschweiz und ganz im Süden Deutschlands.

Unterscheidet sich vom Kleinen Kohlweißling dadurch, dass der schwarze Vorderflügelspitzenfleck seitlich bis auf die Höhe des Flecks in der Flügelmitte hinunterläuft. Ursprünglich nur im südlichen Europa, seit 2008 auch auf der Alpennordseite im Siedlungsgebiet, pflanzt sich in Steingärten und fugenreichen Böschungsmauern mit Polsterpflanzen fort.

Nahrung der Raupe nördlich der Alpen (soweit bekannt): Immergrüne Schleifenblume *(Iberis sempervirens)*, Rucola. Verpuppung an Pflanzenstängeln, Steinen oder Mauern. Die Falter besuchen viele verschiedene Blüten. Vagabundierende, mobile Art.

Grünaderweißling, Rapsweißling

Pieris napi

Flügelspannweite ca. 42 mm.

April–Oktober. Drei Generationen pro Jahr. Überwinterung als Puppe.

Mittelgroßer Falter mit weißer bis hellgelber Grundfarbe, schwarzen Flecken, oberseits schwarzer Vorderflügelspitze. Flügeladern auf den Flügelunterseiten graugrün bestäubt.

Häufiger Kulturfolger.

Eine der häufigsten Tagfalterarten in mitteleuropäischen Städten. Verbreitung flächendeckend bis in urbanste Gebiete.

Der Grünader- oder Rapsweißling besiedelt Waldränder, lichten Wald, Wiesen, Acker- und Gemüsebaugebiete und Gärten, kommt auch mitten in der Stadt vor. Vagabundierende, mobile Art.

Die Eier werden einzeln oder in Gruppen an die Blätter der Futterpflanzen gelegt. Die Nahrung der mattgrünen Raupe besteht aus vielen verschiedenen Kreuzblütlern, darunter auch Kulturpflanzen wie Weißkohl oder Blumenkohl. Die Verpuppung findet an Pflanzenstängeln statt. Die Falter besuchen viele verschiedene Blüten.

Aurorafalter

Anthocharis cardamines

Von anderen Weißlingen ist der Aurorafalter durch die graugrün marmorierte Hinterflügelunterseite zu unterscheiden. Lebt an Waldrändern, im lichten Wald, in Waldlichtungen, auf waldnahen Wiesen und an Säumen. Vagabundierende, mobile Art.

Eiablage einzeln an Blütenstiele der Futterpflanzen: viele verschiedene Kreuzblütler wie Wiesenschaumkraut, Bitteres Schaumkraut, Spring-Schaumkraut oder Knoblauchhederich. Verpuppung an Pflanzenstängeln. Falter besuchen bevorzugt die Blüten des Wiesenschaumkrauts. Verpuppung gerne an Knoblauchhederich, Überwinterung daher nur möglich, wenn entsprechende Bestände an Wiesen-, Wald- und Wegrändern über Winter stehen gelassen werden.

Flügelspannweite ca. 42 mm.

Frühlingsfalter: April–Juni. Eine Generation pro Jahr. Überwinterung als Puppe.

Mittelgroßer Falter, Grundfarbe Weiß, schwarze Flecke, oberseits schwarze Vorderflügelspitze. Männchen durch großen, leuchtend orangefarbenen Fleck im Vorderflügel unverkennbar; Weibchen im Flug leicht mit anderen Weißlingen zu verwechseln.

Wald, Waldränder, waldnahe Wiesen und Säume.

Eine der häufigsten Tagfalterarten Mitteleuropas. Besiedelt Wälder und landwirtschaftlich genutzte Gebiete, ebenso größere naturnahe, gehölzreiche Gebiete im urbanen Raum.

Nierenfleck

Thecla betulae

Heimliche Art, die auch in Städten zwar ziemlich häufig, als Falter aber nur relativ selten beobachtet werden kann. Eher lassen sich die überwinternden Eier an Zweiggabeln der Futterpflanze auffinden (*Prunus*-Arten: Schwarzdorn, seltener Pflaumen, Zwetschgen). Der Nierenfleck kommt an vielen besonnten Waldrändern und Hecken vor, sowohl am Stadtrand als auch an geeigneten Stellen innerhalb des bebauten Gebiets.

Flügelspannweite ca. 36 mm.

Juli–Anfang Oktober. Überwinterung als Ei.

Klein bis mittelgroß, mit Zipfeln an den Hinterflügeln. Flügeloberseiten einfarbig dunkelbraun, beim Weibchen mit orangefarbenem nierenförmigem Fleck auf den Vorderflügeln. Flügelunterseiten orange mit weißen Linien.

Besonnte Hecken- und Waldränder. Auch im Siedlungsgebiet. Standorttreue Art.

In Mitteleuropa weit verbreitet und hier wohl auch in den meisten Stadtgebieten.

Kleiner Feuerfalter

Lycaena phlaeas

Vagabundierende Art, die in günstigen Jahren aus dem Süden einwandert. Raupenfutterpflanzen: Wiesensauerampfer und Kleiner Sauerampfer, Eiablage einzeln an Blattunterseite der Futterpflanze, wo auch die Verpuppung stattfindet. Feuerfalter saugen gerne an Blüten von Thymian und Rossminze.

Flügelspannweite ca. 26 mm.

Juni–Anfang September. 2–3 Generationen pro Jahr. Überwinterung als Raupe.

Sehr klein. Vorderflügel beidseits leuchtend orange mit dunkelbraunen Flecken. Hinterflügel oben braun mit orangefarbenem Band, unten graubraun mit auffallend undeutlichen und kleinen schwarzen Flecken.

Frische, halbtrockene oder trockene, wenig intensiv genutzte Wiesen, Ruderalflächen.

Tritt in ganz Mitteleuropa – auch im Norden – als Wanderfalter auf, entwickelt sich jedoch nur in wärmebegünstigten Gebieten. Auch im Siedlungsraum, beispielsweise auf Bahnarealen.

Geranienbläuling

Cacyreus marshalli

Nach der botanisch korrekten Bezeichnung der Zier-«Geranien» auch Pelargonienbläuling genannt. Ursprünglich aus Südafrika stammender Wanderfalter, der vom Mittelmeerraum her einwandert und seit einigen Jahren dauerhafte Populationen in Städten und Siedlungen südlich der Alpen gründen kann. Die sich gegen Norden ausbreitende Art wurde 2007 an verschiedenen Stellen nördlich der Alpen beobachtet. Es ist unklar, ob sich die Art hier halten kann. Einzelfunde aus Großbritannien, Belgien, den Niederlanden, Deutschland und dem Schweizer Mittelland.

Die Eier werden einzeln an die Blüten der Futterpflanze gelegt. Die Raupen leben an Geranien und Pelargonien. Die Verpuppung findet vermutlich am Boden statt. Die Falter besuchen verschiedene Blüten.

Flügelspannweite ca. 25 mm.

Juni–Oktober. Eine Generation pro Jahr. Überwinterung als Ei, Raupe und Puppe.

Sehr kleiner Falter mit Zipfeln an den Hinterflügeln. Flügeloberseiten dunkelbraun mit schwarz-weiß gescheckten Flügelsaum. Flügelunterseiten braun-weiß marmoriert.

Geranienkisten auf Balkonen, Dachterrassen und Gärten.

Im südlichen Europa verbreitet. Einzelfunde aus Deutschland, Österreich und der Schweiz.

Zwergbläuling

Cupido minimus

Der Zwergbläuling legt seine Eier auf die Blüten des Wundklees. Die Raupe frisst die Blüten und Fruchtstände der Pflanze. Förderung dementsprechend durch die Erhaltung und Anlage von trockenen Magerwiesen und Ruderalflächen mit Wundklee. Die Verpuppung findet am Boden statt. Die Falter besuchen am liebsten die Blüten des Wundklees und weiterer Schmetterlingsblütler, saugen aber ebenso gerne an feuchten Bodenstellen. Standorttreue Art.

Flügelspannweite ca. 22 mm.

Juni–Oktober.
Zwei Generationen pro Jahr.
Überwinterung als Raupe.

Sehr kleiner Falter. Flügeloberseiten dunkelbraun, beim Männchen mit blau bestäubter Flügelbasis. Flügelunterseite graubraun mit bläulicher Flügelbasis und einer einfachen schwarzen Punktreihe.

Trockene, lückige Magerwiesen mit reichlich Wundklee. Auch im Siedlungsgebiet.

Die Art ist in ganz Mitteleuropa verbreitet. In Norddeutschland selten.

Kurzschwänziger Bläuling, Schwänzchenbläuling

Cupido argiades

Der Kurzschwänzige Bläuling legt seine Eier an verschiedene Schmetterlingsblütler wie Rotklee, Hornklee, Luzerne *(Medicago sativa)* oder Vogelwicke, an deren Blüten- und Fruchtständen die Raupe frisst. Die Verpuppung findet am Boden an trockenen Pflanzenteilen statt. Mobile Art.

Die bis vor wenigen Jahren seltene Art breitet sich zurzeit stark aus und wird wohl bald in den meisten Stadtgebieten Mitteleuropas verbreitet sein. Gegenwärtig in der Oberrheinebene, im Schweizer Mittelland (in Zürich seit 2009), in Süd- und Ostösterreich.

Flügelspannweite ca. 28 mm.

April–September. Drei Generationen pro Jahr.
Überwinterung als Raupe.

Kleiner Falter mit feinen Zipfeln an den Hinterflügeln. Flügeloberseiten beim Weibchen dunkelbraun, beim Männchen mit Blau. Flügelunterseite graubraun mit bläulicher Flügelbasis, schwarzen Punktreihen und 1–3 orangen Flecken im Saumbereich der Hinterflügel.

Feuchte bis trockene, wenig intensiv genutzte Wiesen und Weiden. Auch im Siedlungsgebiet.

Vorwiegend in den tiefen Lagen verbreitet, in Mitteleuropa in wärmebegünstigten Gebieten.

Faulbaumbläuling

Celastrina argiolus

Flügelspannweite ca. 30 mm.

April–Oktober. 2–3 Generationen pro Jahr. Überwinterung als Puppe.

Klein. Flügeloberseiten blau, beim Männchen mit dunklem Flügelsaum. Flügelunterseite hellblau bis weiß mit schwarzen Punkten. Strichförmige Punkte auf der Vorderflügelunterseite.

Hecken, Waldränder, lichter Wald, naturnahe Gärten und Parkanlagen. Auch im Siedlungsgebiet.

Wohl in den meisten Städten Mitteleuropas, dringt bis in die Innenstädte vor.

Eiablage einzeln an die Blütenknospen der Futterpflanzen – Faulbaum, Hartriegel, Honigklee, Brombeere und Blutweiderich. Verpuppung auf der Blattunterseite. Falter oft an Wasserdost und Staudenholunder zu beobachten, besuchen aber auch andere Blüten und nehmen Honigtau auf. Standorttreue Art. Förderung durch Anlage und Erhaltung von Hecken und Waldrändern mit Faulbaum und Hartriegel.

Violetter Waldbläuling, Dunklebläuling

Polyommatus semiargus (Cyaniris semiargus)

Flügelspannweite ca. 33 mm.

Ende Juni–Mitte August. Drei Generationen pro Jahr. Überwinterung als Raupe.

Klein. Flügeloberseiten beim Männchen blau, beim Weibchen braun. Flügelunterseiten graubraun mit einfacher schwarzer Punktreihe.

Wenig intensiv genutzte, trockene bis feuchte Wiesen. Auch im Siedlungsgebiet.

In ganz Mitteleuropa und hier wohl auch in den meisten Städten.

Der auch als Rotkleebläuling bezeichnete Falter ist oft an Rot-, Horn- und Hufeisenklee, Luzerne, Esparsette und weiteren Schmetterlingsblütlern zu beobachten. Raupen an Rotklee, vermutlich auch an weiteren Schmetterlingsblütlern. Verpuppung am Boden. Standorttreu. Verschiedene Bläulingsarten sind oft recht schwierig auseinanderzuhalten – kleine Weibchen des Violetten Waldbläulings können leicht mit dem Zwergbläuling verwechselt werden.

Hauhechelbläuling, Wiesenbläuling

Polyommatus icarus

Eine der häufigsten Bläulingsarten wohl in allen Städten Mitteleuropas, bis ins Stadtzentrum verbreitet.
Die Eier werden einzeln an die Stiele und Blätter der Futterpflanze gelegt. Raupen hellgrün mit hellen Längslinien, maximal 13 mm, ernähren sich nicht nur von Hauhechel, sondern auch von Luzerne und verschiedenen Kleearten. Verpuppung am Boden. Falter besuchen Schmetterlingsblütler, Kuckuckslichtnelke, Wasserdost und Margerite, aber auch viele andere Blüten. Standorttreue Art.

Flügelspannweite ca. 29 mm.

Mai–Juni und August–Anfang Oktober. Drei Generationen pro Jahr. Überwinterung als Raupe.

Klein. Flügeloberseiten Männchen blau, Weibchen braun, selten auch blau mit Reihe oranger Flecke am Saum. Unterseiten: graubraun, schwarze Punkte und orange Fleckenreihe am Saum. Weiße Flügelfransen, schwarzer Basalfleck auf Vorderflügeln.

Mäßig intensiv bewirtschaftete Wiesen, Ruderalflächen, naturnahe Gärten und Parkanlagen.

Großer Schillerfalter

Apatura iris

Bewohnt Schlagfluren und Windwurfflächen, lichten Wald oder Wälder mit inneren Waldrändern, Lichtungen, breiten Waldwegen und -schneisen. Vagabundierende, mobile Art. Raupe erinnert mit ihren zwei langen Kopfhörnern an grüne Nacktschnecke, entwickelt sich meist an Salweide, seltener auch an Zitterpappeln. Falter besucht kaum Blüten, saugt vielmehr an Wasserpfützen auf unversiegelten Waldstraßen, an Baumsäften, Exkrementen oder Aas. Lebt heimlich, Falter sehr selten zu beobachten, als Raupe im Winter vergleichsweise einfach zu finden. Auch der fast gleich große Kleine Schillerfalter *(Apatura ilia)*, meist mit Augenfleck auch auf den Vorderflügeln, ist in Laubwäldern am Stadtrand zu finden. Wichtigste Futterpflanze: Zitterpappel (Espe).

Flügelspannweite ca. 65–70 mm.

Mitte Juni–Mitte August. Eine Generation pro Jahr. Überwinterung als Raupe an kleinen Salweiden.

Sehr großer Falter. Flügel in Braun, beidseits mit weißen Flecken und Bändern. Vorderflügelunterseite und Hinterflügeloberseite mit orangerotem Augenfleck.

Männchen oberseits mit blauviolettem Schillerglanz.

Typische Art des Pionierwaldes.

Wohl in allen großen Waldgebieten an den Rändern mitteleuropäischer Städte.

Flügelspannweite ca. 55 mm.

März–Oktober. Zwei Generationen pro Jahr. Überwinterung als Falter.

Großer, unverkennbarer Falter. Flügeloberseiten weinrot mit zwei blauen und zwei roten Augenflecken. Flügelunterseiten dunkelbraun marmoriert.

Verschiedene gehölz- und saumreiche Lebensräume.

In ganz Mitteleuropa weit verbreitet. Dringt, sofern geeignete größere naturnahe Lebensräume vorhanden sind, bis weit ins Siedlungsgebiet vor.

Tagpfauenauge

Inachis io

Bewohnt lichten Wald, Waldränder, Waldlichtungen, Hecken, Feuchtgebiete, Flussufer und Gärten. Benötigt blütenreiche Staudenfluren mit vielen Brennnesseln. Mobile, vagabundierende Art.

Die Eier werden in Gruppen an die Blattunterseite von Brennnesseln gelegt. Die samtschwarzen Raupen leben gesellig in einem Gespinst an Brennnesseln. Verpuppung an der Futterpflanze oder an Felsen, Steinen oder Wurzelstöcken. Falter saugt bevorzugt an Wasserdost, Staudenholunder, Disteln, Flockenblumen und Salweide. Falter überwintert in Wurzelstöcken, Holzstößen oder Ähnlichem. Benötigt blütenreiche Staudenfluren mit vielen Brennnesseln.

Flügelspannweite ca. 55 mm.

April–Oktober. 2–3 Generationen pro Jahr. Überwinterung als Falter.

Groß, unverkennbar. Grundfarbe Schwarz, mit roten Bändern und weißen Flecken. Hinterflügelunterseiten graubraun marmoriert.

Verschiedene saumreiche Lebensräume.

Je nach Anzahl im Frühling einwandernder Falter unterschiedlich häufig, ist in günstigen Jahren in mitteleuropäischen Städten flächendeckend anzutreffen.

Admiral

Vanessa atalanta

Besiedelt Waldränder, Waldlichtungen, Hecken, Bach- und Grabenufer sowie Gärten.

Sehr mobiler Wanderfalter, der jedes Jahr aus dem Süden über die Alpen zuwandert und im Winter normalerweise wieder ausstirbt oder in den Süden zurückwandert. In jüngster Zeit scheint der Admiral zunehmend erfolgreich nördlich der Alpen überwintern zu können. Falter überwintert in Wurzelstöcken oder Holzstößen.

Eier werden einzeln an die Blattunterseite von Brennnesseln gelegt, der Futterpflanze der Raupen. Verpuppung in zusammengesponnenen Blättern. Falter saugen bevorzugt an Wasserdost, Efeu, Sommerflieder oder überreifem Obst.

Braucht blütenreiche Staudenfluren mit vielen Brennnesseln.

Distelfalter

Vanessa cardui

Sehr mobiler Wanderfalter; wandert wie der Admiral jedes Jahr aus dem Süden über die Alpen zu, im Winter stirbt er normalerweise wieder aus oder fliegt in den Süden zurück. Möglicherweise können die Falter teilweise nördlich der Alpen erfolgreich überwintern. Besiedelt Krautsäume, Wiesen, Weiden, Waldränder, Hecken und Gärten. In Städten ist der Distelfalter je nach Anzahl im Frühling einwandernder Tiere unterschiedlich häufig, in günstigen Jahren in allen Städten flächendeckend anzutreffen. Raupenfutterpflanzen: verschiedene Distelarten, Brennnessel, viele weitere, auch Kulturpflanzen (Soja). Verpuppung an der Futterpflanze. Falter gerne an Wasserdost, Disteln, Buddleja.

Flügelspannweite ca. 55 mm.

April–Oktober. 2–3 Generationen pro Jahr.

Groß, unverkennbar. Flügeloberseiten orange mit schwarzen Flecken und schwarz-weiß gefleckten Flügelspitzen. Hinterflügelunterseiten braun-weiß marmoriert, mit vier bis fünf kleinen Augenflecken.

Verschiedenartige Lebensräume.

Je nach Anzahl im Frühling einwandernder Falter unterschiedlich häufig, ist in günstigen Jahren in mitteleuropäischen Städten flächendeckend anzutreffen.

Kleiner Fuchs

Aglais urticae

Der Kleine Fuchs kann an Waldrändern, in Waldlichtungen, an Hecken, in Feuchtgebieten und an Flussufern, in Wiesen und Weiden, in Familiengärten und anderen Gärten sowie auf Friedhöfen und in Parkanlagen beobachtet werden.

Eiablage an die Blattunterseite von Brennnesseln, die auch dieser Art als Raupenfutterpflanze dient. Raupen bedornt, schwarz mit gelben Längsbinden, verpuppen sich an der Futterpflanze oder an Felsen, Steinen und Wurzelstöcken. Die Falter sind wenig wählerisch und saugen an vielen verschiedenen Blüten. Mobile, vagabundierende Art.

Auch diese Art kann durch die Erhaltung und Anlage von blütenreichen Staudenfluren mit vielen Brennnesseln gefördert werden.

Flügelspannweite ca. 45 mm.

März–Oktober. 2–3 Generationen pro Jahr. Überwinterung als Falter.

Mittelgroß, Flügeloberseiten orangebraun mit schwarzen Flecken, Flügelsaum mit blauen Halbmondflecken. Flügelunterseiten dunkelbraun marmoriert mit gelblichen Stellen. Stark abgedunkelte Basis der Hinterflügeloberseite.

Verschiedene gehölz- und saumreiche Lebensräume.

Nahezu flächendeckend in allen mitteleuropäischen Städten verbreitet.

C-Falter, Hopfenfalter, Weißes C

Polygonia c-album

Flügelspannweite ca. 50 mm.

März–Oktober. Eine Generation pro Jahr. Überwinterung als Falter.

Mittelgroß, Flügeloberseiten orangebraun mit schwarzen Flecken, Flügelunterseiten braun marmoriert. Weißer Fleck in Form eines «C» auf der Hinterflügelunterseite.

Flügelsaum auffallend formenreich geschwungen, wirkt wie ausgefranst.

Verschiedene gehölz- und saumreiche Lebensräume.

Verbreitet im Wald und in gut durchgrünten Stadtteilen, wohl in den meisten mitteleuropäischen Städten.

Der C-Falter ist weit verbreitet und lebt in Waldlichtungen, an Waldrändern, an Flussufern, in Familiengärten, ebenso auf Friedhöfen und in Parkanlagen. Mäßig mobile Art.

Die Eier werden einzeln an die Futterpflanze gelegt. Die Nahrung der Raupen besteht aus Brennnesseln, Hopfen und Laubgehölzen wie Salweide, Ulme, Stachel- und Johannisbeere. Verpuppung an Pflanzenstängeln. Falter besuchen gerne Disteln, Wasserdost, Staudenholunder.

Profitiert von der Erhaltung und Förderung blütenreicher Staudenfluren mit vielen Brennnesseln und Salweiden.

Landkärtchen

Araschnia levana

Flügelspannweite ca. 35 mm.

April–Oktober. 2–3 Generationen pro Jahr. Überwinterung als Puppe.

Kleiner Falter mit zwei unterschiedlich gefärbten Generationen. Flügelunterseiten bei beiden Generationen ähnlich bunt gemustert und mit einer weißen Netzzeichnung überzogen.

Feuchte, gehölz- und saumreiche Lebensräume.

Nicht selten, in Stadtwäldchen oder in größeren Waldgebieten am Stadtrand mitteleuropäischer Städte. Fehlt südlich der Alpen.

Bildet zwei unterschiedlich gefärbte Generationen aus (Ursache: Tageslänge): Flügeloberseiten bei der Frühlingsgeneration orangebraun mit vielen großen schwarzen Flecken, bei der Sommergeneration schwarz, mit breiten weißen Bändern und schmalen orangefarbenen Linien.

Bewohnt lichten Wald, Waldränder, Waldlichtungen und Gewässerufer. Mäßig mobile Art, im Siedlungsgebiet eher selten anzutreffen.

Die Eier werden zu Stäbchen aufeinandergetürmt auf die Blattunterseite der Futterpflanze (Brennnessel) gelegt. Verpuppung an Pflanzenstängeln. Die Falter saugen gerne an Wiesenkerbel und anderen weißen Doldenblütlern, Disteln, Wasserdost und Staudenholunder.

Kaisermantel

Argynnis paphia

Größter der orangefarbenen Falter mit schwarzer Fleckung. Männchen mit vier streifenförmigen braunschwarzen Duftschuppenflecken auf der Vorderflügeloberseite, an denen die von Drüsen hervorgebrachten Duftstoffe zur Anlockung der Weibchen austreten. Weibchen legen ihre Eier einzeln an die Stämme von grobborkigen Bäumen am Waldrand. Raupen ernähren sich von Wald- und Hundsveilchen und verpuppen sich am Fuß von Baumstämmen oder an der Futterpflanze. Die Falter saugen gerne an Wiesenkerbel und anderen weißen Doldenblütlern, an Disteln, Wasserdost, Staudenholunder, Flockenblumen, Skabiose und Dost. Mäßig mobile Art.
Förderung durch Erhaltung und Entwicklung blütenreicher Staudenfluren an Waldrändern und lichten Waldstellen.

Flügelspannweite ca. 60 mm.

Juli–Mitte September. Eine Generation pro Jahr. Überwinterung als Raupe.

Großer Falter. Flügeloberseiten orange mit braunschwarzer, aufgelöster Fleckenzeichnung. Hinterflügelunterseite mit perlmutterfarbenen Streifen.

Lichter Wald, Waldränder, Waldlichtungen und gehölzreiche Feuchtgebiete, Stadtwäldchen.

Lebt wohl in allen größeren Waldgebieten am Rand mitteleuropäischer Städte, auch in Stadtwäldchen.

Kleiner Perlmutterfalter

Issoria lathonia

Mobile, vagabundierende Art, die teilweise auch aus dem Süden zuwandert. Lebt an Feldrändern, auf Ruderalflächen, in Wiesen, Weiden und Gärten. Auch im Siedlungsgebiet anzutreffen.
Eiablage an die Nahrungspflanzen der Raupen: Feld-Stiefmütterchen und Rauhaariges Veilchen, evtl. auch weitere Veilchenarten. Die Verpuppung findet in Bodennähe an Pflanzenteilen statt. Die Falter saugen bevorzugt an Disteln und Flockenblumen.

Flügelspannweite ca. 45 mm.

Juni–September. Drei bis vier Generationen pro Jahr. Überwinterung als Raupe, vermutlich auch als Puppe und möglicherweise auch als Falter.

Mittelgroß, Flügeloberseiten orange mit braunschwarzer, aufgelöster Fleckenzeichnung. Hinterflügelunterseite mit großen perlmutterfarbenen Flecken und im Saumbereich mit rotbraunen Ringen.

Verschiedenartige Lebensräume.

In allen mitteleuropäischen Städten anzutreffen, jedoch relativ selten.

Brombeer-Perlmutterfalter

Brenthis daphne

Flügelspannweite ca. 40–50 mm.

Juni–August. Eine Generation pro Jahr. Überwinterung als Ei oder junge Raupe.

Mittelgroßer Falter. Flügeloberseiten orange mit braunschwarzer, aufgelöster Fleckenzeichnung. Äußerer Teil der Hinterflügelunterseite violett übergossen.

Heiße, trockene buschreiche Abhänge oder Waldränder mit Brombeer- oder Himbeerbewuchs, Ruderalflächen, Bahnareale.

Südeuropäische Art, die sich Richtung Norden ausbreitet. Aktuelle Nachweise aus Süd- und Ostösterreich, der Hochrheinregion (Bahnareale), der Stadt Basel und der südlichen Oberrheinebene.

Eine weitere Art aus Südeuropa, die zunehmend auch nördlich der Alpen anzutreffen ist. Die Raupen des Brombeer-Perlmutterfalters ernähren sich von Brombeer- und Himbeerblättern, wo auch die Eier einzeln auf die Blattunterseite gelegt werden. Verpuppung an Pflanzenstängeln. Falter saugen bevorzugt an Brombeerblüten, Disteln, Dost und Sommerflieder.

Violette Färbung der Hinterflügelunterseite ausgeprägter als beim sehr ähnlichen Violetten Perlmutterfalter *(Brenthis ino)*, der jedoch nur in feuchten Lebensräumen vorkommt.

Schachbrettfalter

Melanargia galathea

Flügelspannweite ca. 45 mm.

Mitte Mai–Ende August. Eine Generation pro Jahr. Überwinterung als Raupe.

Mittelgroßer, unverkennbarer Falter. Schachbrettartig schwarz-weiß gemustert.

Typische Art der trockenen Magerwiesen. Extensiv genutzte, blütenreiche trockene Magerwiesen.

Auf Magerwiesen im Stadtrandgebiet vieler mitteleuropäischer Städte, erreicht in Nordwestdeutschland seine nördliche Verbreitungsgrenze. Mit größeren regionalen Lücken im Verbreitungsgebiet.

Der Schachbrettfalter, eine Charakterart trockener Magerwiesen, ist vielerorts selten geworden. Die Weibchen lassen ihre Eier auf den Boden fallen. Die Raupen entwickeln sich an verschiedenen Grasarten wie Aufrechter Trespe, Fiederzwenke und Schafschwingel, die Verpuppung findet anschließend an der Basis der Futterpflanze statt. Bevorzugte Falterblüten: Disteln, Witwenblumen, Skabiose und Flockenblumen. Standorttreue Art.

Artförderung durch Erhaltung und Förderung extensiv genutzter, blumenreicher Magerwiesen.

Großes Ochsenauge

Maniola jurtina

Das Große Ochsenauge lebt auf feuchten bis trockenen, mäßig intensiv genutzten Wiesen, in lichtem Wald, an Waldrändern und Krautsäumen. Eher standorttreu, fliegt beinah an jedem Waldrand, in fast jeder Waldlichtung und in vielen landwirtschaftlich genutzten Gebieten. Auch innerhalb des Siedlungsgebiets, sofern entsprechende Lebensräume vorhanden sind.
Eiablage an Raupenfutterpflanzen oder an dürres Gras nahe am Boden. Raupenentwicklung an verschiedenen Gras- und Seggenarten (Aufrechter Trespe, Fiederzwenke, Rotem Schwingel). Verpuppung in Bodennähe an Pflanzenstängeln. Falter besuchen gerne violette und lilafarbene Korbblütler wie Witwenblumen, Skabiose, Flockenblumen und Disteln.

Flügelspannweite ca. 45 mm.

Ende Juni–Anfang Oktober. Eine Generation pro Jahr. Überwinterung als Raupe.

Mittelgroß, Grundfarbe Dunkelbraun. Vorderflügel beidseits mit einem unterschiedlich großen orangebraunen Fleck, der mit einem schwarz-weißen Augenfleck besetzt ist. Vorderflügelunterseite mehrheitlich orangebraun.

Typische Art zweischüriger Wiesen.

In den meisten mitteleuropäischen Städten häufig an Waldrändern und auf Wiesen, eher in Stadtrandgebieten.

Brauner Waldvogel, Schornsteinfeger

Aphantopus hyperantus

Besiedelt feuchte bis trockene, mäßig intensiv genutzte Wiesen, lichten Wald, Waldränder und Krautsäume. Wie Großes Ochsenauge eher standorttreu, fliegt ebenfalls an jedem Waldrand, in fast jeder Waldlichtung, in vielen landwirtschaftlich genutzten Gebieten oder an Bahnböschungen. Auch im Siedlungsgebiet.
Lässt Eier ins Gras fallen. Raupen leben an verschiedenen Gras- und Seggenarten wie Aufrechter Trespe, Fiederzwenke und Rotem Schwingel, Verpuppung an der Basis von Grashorsten. Falter an violetten und lilafarbenen Korbblütlern (Witwenblumen, Skabiose und Flockenblumen) sowie weißen Doldenblütlern (Bärenklau, Wilder Möhre und Zwergholunder).

Flügelspannweite ca. 42 mm.

Juni–August. Eine Generation pro Jahr. Überwinterung als Raupe.

Mittelgroß. Grundfarbe Dunkelbraun, mit einer Reihe gelb umringter schwarzer Augenflecke auf den Flügelunterseiten und etwas schwächer gezeichnet auch auf den Flügeloberseiten.

Typische Art zweischüriger Wiesen.

In den meisten mitteleuropäischen Städten an Waldrändern und auf Wiesen, eher in Stadtrandgebieten.

Flügelspannweite ca. 30 mm.

Anfang–Ende Juni.
Eine Generation pro Jahr.
Überwinterung als Raupe.

Kleiner Falter. Flügeloberseiten hellbraun. Hinterflügelunterseite braun, Vorderflügelunterseite orangebraun mit einem Augenfleck.

Typische Art zweischüriger Wiesen.

In den meisten mitteleuropäischen Städten an Waldrändern und auf Wiesen, eher in Stadtrandgebieten.

Kleines Wiesenvögelchen, Kleiner Heufalter

Coenonympha pamphilus

Das Kleine Wiesenvögelchen lebt an mäßig intensiv genutzten feuchten bis trockenen Wiesen, Krautsäumen, Waldrändern und Bahnböschungen. Standorttreu, kommt selten auch im Siedlungsgebiet vor, sofern entsprechende Lebensräume vorhanden sind. Die grasgrünen Raupen entwickeln sich an verschiedenen Grasarten wie Rispengras, Ruchgras oder Rotem Schwingel. Auch die Eiablage erfolgt an Grashalme. Verpuppung an Grashalmen oder anderen Pflanzenteilen. Falter an verschiedenen Blüten von Kleearten, Flockenblumen, Margerite, Schafgarbe usw.

Flügelspannweite ca. 40 mm.

Ende März–September.
Zwei Generationen pro Jahr.
Überwinterung als Puppe.

Mittelgroß, unverkennbar. Grundfarbe Braun mit hellgelben, schachbrettartigen Flecken und einer Reihe Augenflecke.

Waldart. Bevorzugt laubholzreiche und warme Wälder mit lichten Stellen, Waldränder.

In den meisten mitteleuropäischen Städten an Waldrändern, in Stadtwäldchen und größeren Parkanlagen, eher in Stadtrandgebieten.

Waldbrettspiel

Pararge aegeria

Das Waldbrettspiel ist eine typische Art der Laub- und Mischwälder und fliegt in jedem Wald, an jedem Waldrand. Gelegentlich ist dieser Falter auch in entsprechenden Parkanlagen im Siedlungsraum anzutreffen. Eher standorttreu. Die Eier werden einzeln an meist dürre Grashalme gelegt. Wie bei anderen Augenfaltern leben die grünen, fein gestreiften Raupen an verschiedenen Gras- und Seggenarten, etwa an Waldsegge, Riesenschwingel, Fiederzwenke. Verpuppung an Grashalmen oder anderen Pflanzenteilen in Bodennähe. Falter besuchen Blüten von Kreuzkraut, Goldrute, Hahnenfuß usw., saugen auch gerne an feuchten Bodenstellen.

Mauerfuchs

Lasiommata megera

Der Mauerfuchs lebt in extensiv genutzten Magerwiesen mit offenen Bodenstellen, Felsen oder Mauern, an Bahnborten, naturnahen Gärten und in Rebbergen. Gilt als eher standorttreu.

Bisher vor allem in wärmebegünstigten Gegenden, im Zuge der Klimaerwärmung zunehmend auch in nördlichen Teilen Mitteleuropas.

Eiablage einzeln an meist grüne oder dürre Grashalme oder Grasblätter in Bodennähe, Raupen an Gräsern wie Aufrechter Trespe oder Schwingelarten. Verpuppung an dürren Grashalmen, Steinen oder Holzstücken. Falter zeigen eine Vorliebe für Flockenblumen.

Flügelspannweite ca. 40 mm.

April–August.
Zwei Generationen pro Jahr.
Überwinterung als Raupe.

Mittelgroß, Flügeloberseiten orangebraun mit dunkelbrauner, netzartiger Zeichnung. Vorderflügel mit einem großen, Hinterflügel mit einer Reihe kleinerer Augenflecken. Hinterflügelunterseite graubraun marmoriert.

Typische Art der trockenen Magerwiesen.

Auch im Siedlungsgebiet, sofern entsprechende Lebensräume vorhanden.
In Deutschland vor allem im Süden (Weinbaugebiete).

Roseneule

Thyatira batis

Die zur Familie der Eulenspinner gehörigen Roseneulen sind nachtaktiv und besuchen die Blüten von Brombeerstauden und anderen Gewächsen. Sie kommen gerne ans Licht.

Eiablage an Brombeere und Himbeere, die Jungraupen sitzen auf den Blättern ihrer Futterpflanze und ahmen in Haltung und Farbe täuschend echt Vogelkot nach. Die erwachsenen Raupen sind graubraun mit auffälligen Höckern auf dem Rücken. Sie werden bis 30 mm lang und verpuppen sich in einem leichten Gespinst zwischen zusammengesponnenen Blättern. Raupen sind von Juli bis September zu finden.

Flügelspannweite bis 40 mm.

Flugzeit April–September, in zwei Generationen, Überwinterung als Puppe.

Unverwechselbar: Vorderflügel dunkelbraun mit vier großen rosa Flecken mit braunem Zentrum. Hinterflügel graubraun, Körper braun.

Himbeerfluren an Waldwegen oder Waldrändern, auch in naturnahen Gärten und Parks mit genügend Futterpflanzen.

Mitteleuropa: Verbreitet.
In Gärten und Siedlungen in Waldnähe häufig.

Flügelspannweite 40–50 mm.

Flugzeit Juni–August. Überwinterung als Raupe.

Flügel cremeweiß bis gelb, Vorderflügel mit zwei geraden, braunen oder olivfarbenen Querlinien. Auf den Hinterflügeln nur eine solche Querlinie. Auffällig schwanzartig verlängerte Hinterflügelspitzen.

Auen- und Laubmischwälder und deren buschreiche Randregionen, auch in naturnahen Gärten und Parks.

Mitteleuropa: Verbreitet. Besonders oft in waldnahen Stadtgebieten an Straßenlampen.

Holunderspanner, Nachtschwalbenschwanz

Ourapteryx sambucaria

Der Holunderspanner oder Nachtschwalbenschwanz ist nachtaktiv und wird vom Licht angezogen.

Die Weibchen des Falters legen ihre Eier an verschiedene Laubhölzer ab (Schwarzer Holunder, Waldrebe, Efeu, Schlehe usw.). Raupe braun, ähnelt täuschend echt einem Ästchen. Sehr schlank, wird bis 50 mm lang. Verpuppung in einem an Zweigen frei hängenden, mit Blattresten versehenen Gespinst.

Der Holunderspanner ist in den meisten Wäldern weit verbreitet. Er dringt aber auch ins Siedlungsgebiet vor und kann bei Straßenlaternen sitzend gefunden werden. Auch diese Art ist auf einheimische Laubgehölze angewiesen.

Flügelspannweite bis 55 mm.

Flugzeit Mai–Juli. Überwinterung als Puppe.

Grundfarbe der Hinter- wie der Vorderflügel Weiß, mit schwarzer Zeichnung.

Auen- und Laubmischwälder und deren buschreiche Randregionen, auch im Siedlungsraum.

Mitteleuropa: Verbreitet in Wald, Park und Garten, gilt als Kulturfolger, der sich auch in der Stadt wohlfühlt.

Birkenspanner

Biston betularia

Nachtaktiv und deshalb nicht oft zu sehen. Besonders an Birkenstämmen sitzend sind Birkenspanner perfekt getarnt. Da sich im Verlauf der Industrialisierung seit dem 19. Jahrhundert besonders in England auf rußgeschwärzten Birken dunkle Formen des Birkenspanners durchsetzten, gilt die farbliche Anpassung des Birkenspanners als Beispiel der Evolution (Industriemelanismus).

Eiablage auf verschiedene Laubbäume wie Birke, Weide, Pappel und Eiche. Die Raupen (Juli–Oktober) haben eine für die Familie der Spanner typische Reduzierung der mittleren Beinpaare. Dies bedingt die «spannerartige» Fortbewegung. Färbung variabel von grün über oliv bis grau, Kopf braun. Birkenspannerraupen verpuppen sich in einem Gespinst in der Erde.

Kleiner Frostspanner

Operophthera brumata

Falter schlüpfen nach den ersten Frösten im Oktober. Weibchen mit stark reduzierten Flügeln, können sich nur laufend fortbewegen. Männchen flugfähig, fliegen gerne ans Licht, sitzen im Spätherbst oft neben Lampen an Hauswänden. Weibchen klettern am Wirtsbaum hoch und locken Männchen mit Duftstoffen an. Eiablage in Rindenritzen.
Jungraupen schlüpfen im Frühling, spinnen Fliegfäden, um sich vom Wind verbreiten zu lassen. Entwicklung an mindestens 50 verschiedenen Pflanzenarten (Salweide, Winterlinde, Hasel, Apfelbaum usw.). Typische Spannerraupe, die sich bei der Fortbewegung in der Mitte bogenförmig hochkrümmt. Raupe (April–Juni) lindengrün mit feinen weißen Längslinien, bis 30 mm lang, verpuppt sich in der Erde. Forst- und Obstbauschädling.

Flügelspannweite bis 25 mm, Weibchen mit stark reduzierten Flügeln.

Flugzeit Oktober–Dezember. Eier überwintern.

Grundfarbe der Vorderflügel der Männchen Graugelb bis Beige, bräunliche Querlinien und dunkleres Querband in der Mitte. Hinterflügel blassgelb bis grau.

Weit verbreitet in unterschiedlichsten laubholzreichen Lebensräumen.

Mitteleuropa: Wälder, Parkanlagen und Gärten, häufig.

Kleiner Gabelschwanz, Espengabelschwanz

Furcula bifida

Grundfarbe der Raupen hellgrün. Typisch ist ein brauner, gelb umrandeter Sattel, der sich vom Kopf bis zum Körperende erstreckt. Das Hinterleibsende mündet in zwei Schwanzgabeln mit langen Spitzen. Mit einer Länge von 25 mm ist die Raupe ausgewachsen und verpuppt sich in einem sehr harten Kokon an einem Ast der Futterpflanze (Weide, Pappel). Raupenzeit Juli–Mitte September.
Der Kleine Gabelschwanz ist gefährdet, da Auenwälder, sein ursprünglicher Lebensraum, weitgehend verschwunden sind. Im Gebiet kommen zwei weitere, kleinere Gabelschwanzarten vor: der etwas kleinere Buchen- *(Furcula furcula)* und der sehr seltene Birkengabelschwanz *(Furcula bicuspis)*.

Flügelspannweite 35–45 mm.

Flugzeit April–Juni, manchmal zweite Generation Juli–August. Überwinterung als Puppe.

Vorderflügel weißlich mit grauer Mittelbinde. Hinterflügel grauweiß, Körper weißlich, dicht behaart.

Lichtungen und Ränder der Auenwälder, gebüschreiches Offenland, ebenso in Parkanlagen und naturnahen Gärten mit Weiden und Pappeln.

Mitteleuropa: Vorhanden, an geeigneten Standorten.

Zickzackspinner

Notodonta ziczac

Die nachtaktiven Falter gehören zur Familie der Zahnspinner (Notodontidae). Diese haben häufig einen zahnartigen Vorsprung aus langen Schuppen am Innenrand der Vorderflügel. Werden die Flügel nun in Ruhestellung dachförmig zusammengelegt, ragen zwei «Zähne» an der Brust empor. Die Raupen des Zickzackspinners bevorzugen die Blätter von Laubbäumen, wie Pappel, Weide oder Espe als Nahrung. Der Spaziergänger wird die auffälligen Raupen leicht an ihrer Zickzackstellung erkennen. Der Falter bildet zwei Generationen im Jahr aus, wovon die zweite als Puppe in einem lockeren Gespinst am Boden überwintert. Viele Zahnspinner sind sehr tolerant gegenüber Umweltgiften, sodass man die Raupen selbst an stark befahrenen Straßen finden kann.

Flügelspannweite 37–48 mm. Raupe: bis 40 mm.

Falter: Erste Generation: April–Juni. Zweite Generation: Juli–August.

Vorderflügel hellbräunlich, mit großem mondförmigem Fleck. Raupe violettgrau bis rötlich; mit auffallend zickzackförmiger Haltung und rotem Analschild.

Lichte Wälder, Uferbereiche, Feuchtgebiete, sonnige Hänge, Parklandschaften.

Mitteleuropa: Überall; häufig. 17 Zahnspinnerarten als Kulturfolger eingestuft. Falter nehmen keinen Nektar auf; in Städten möglicherweise ein ökologischer Vorteil.

Mondfalter, Mondfleck

Phalera bucephala

Der auch als Mondvogel oder Mondfleck bekannte Falter ist nachtaktiv und kommt gerne ans Licht. In Ruhestellung mit angelegten Flügeln sieht er (tagsüber) einem abgebrochenen Zweig verblüffend ähnlich.

Raupen (Juli–August) sind sehr auffällig gefärbt: Grundfarbe Schwarz mit orangen Quer- und gelben Längsstreifen. Kopf recht groß, schwarz mit gelber V-Zeichnung. Mondfalterraupen sind polyphag – nicht auf eine bestimmte Futterpflanze spezialisiert – und fressen an vielen heimischen Laubgehölzen wie Eiche, Buche, Weide und Birke. Junglarven leben gesellig, nach der letzten Häutung werden sie zu Einzelgängern. Ausgewachsene Raupen bis 60 mm lang. Verpuppung in der Erde.

Flügelspannweite 55–67 mm.

Flugzeit Mai–Juli. Überwinterung als Puppe, gelegentlich zweimal.

Braungraue Vorderflügel, übersät mit silbernen Schuppen. Vorderflügelspitzen (Mondfleck!) und Kopfpartie hellbraun.

Lichtungen in Laubmisch- und Buchenwäldern, Waldränder, in naturnahen Gärten und Parkanlagen.

Mitteleuropa: Wälder. Als Kulturfolger auch im mit einheimischen Laubbäumen durchgrünten Siedlungsgebiet recht häufig.

Brauner Mönch

Cucullia verbasci

Nachtaktiver Eulenfalter, selten zu sehen. Umso auffälliger sind die Raupen: Auf weißer Grundfarbe trägt jedes Segment drei schwarze Punktringe und einen gelben, breiten Mittelring. Kopf gelb mit schwarzen Punkten. Mönchsraupen fressen an Königskerzen und anderen Gewächsen und sitzen oft offen auf den Blättern der Futterpflanze. Die Verpuppung erfolgt in der Erde. Raupenzeit Mai–Juli. Der auch Königskerzen-Mönch genannte Falter ist noch weit verbreitet und nicht selten. Er folgt seiner recht häufigen Raupenfutterpflanze weit ins Siedlungsgebiet. Förderung wie bei anderen Faltern durch Angebot geeigneter Futterpflanzen, in diesem Fall von Königskerzen.

Flügelspannweite 35–40 mm.

Flugzeit Mitte April–Juni. Überwinterung als Puppe, oft mehrmals.

Vorderflügel braungrau bis ledergelb, brauner Vorderrand. Saum deutlich gewellt. Körper dunkel behaart, Kopf mit nach vorne gerichteter Haube aus längeren, grauen Haaren.

Ruderalflächen mit Königskerzen.

Mitteleuropa: Naturnahe Parkanlagen und Gärten, Bahndämme und Industriegelände mit Königskerze.

Gammaeule

Autographa gamma

Gammaeulen sind mehrheitlich nachtaktiv, können aber auch tagsüber und in der Dämmerung beim Saugen an Blüten beobachtet werden. Sie stehen dann im Schwirrflug vor den Blüten und halten sich mit ihren Vorderbeinen an diesen fest.

Grundfarbe der Raupen sehr variabel, von Gelbgrün bis Graugrün. Haarlos, fressen an so verschiedenen Pflanzen wie Taubnessel, Klee, Löwenzahn oder Salat. Die Raupen sind fast das ganze Jahr über zu finden, werden etwa 25 mm lang und verpuppen sich eingesponnen zwischen Pflanzenteilen.

Häufigster Wanderfalter in Mitteleuropa, die sich hier entwickelnden Bestände werden jährlich durch aus Südeuropa einfliegende Tiere ergänzt.

Flügelspannweite 35–40 mm.

Flugzeit Mai–Ende September, in mehreren Generationen. Zusätzlich wandern jedes Jahr Tiere bei uns ein. Überwinterung als Raupe.

Vorderflügel mit graubrauner Grundfarbe und charakteristischem weißem Fleck, der dem griechischen Buchstaben Gamma ähnelt.

Überall, vorwiegend in offenem Gelände.

Mitteleuropa: Überall, in guten Flugjahren oft massenhaft, auch an Balkonblumen, verirrt sich oft in Häuser.

Flügelspannweite 25–30 mm.

Flugzeit in zwei Generationen von April bis August. Überwinterung als Puppe.

Vorderflügel graubraun mit zwei dunkel- oder rotbraunen Querbinden, weitere Binde am Flügelaußenrand. Hinterflügel an der Basis dunkelbraun, im äußeren Drittel gelb.

Moorwiesen, Feuchtwiesen und Trockenrasen, generell auf Wiesen mit gutem Angebot an Nektarpflanzen.

Mitteleuropa: Verbreitet. Auf allen Blumenwiesen, auch mitten im Siedlungsgebiet häufig.

Braune Tageule

Euclidia glyphica

Die Braune Tageule ist – was für Vertreter der Familie der Eulenfalter untypisch ist – tagaktiv und kann oft beim Nektarsaugen an Wiesenblumen beobachtet werden. Kulturfolger, Förderung durch die Anlage von Blumenwiesen. Die Raupen der Tageule entwickeln sich an verschiedenen Schmetterlingsblütlern wie Rotklee, Hornklee oder Vogelwicke. Raupe von Juni bis Oktober, Grundfarbe Gelbbraun mit mehreren dunkelbraunen Längslinien und unterhalb der Stigmen (Atemöffnungen) einem etwas breiteren, gelblichen Längsband. Verpuppung in der Erde.

Flügelspannweite 55–65 mm.

Flugzeit Juli–September. Überwinterung als Raupe oder Falter.

Große, dunkelbraune Vorderflügel mit schwarzbraunem Mittelfeld. Hell geränderte Flecken. Hinterflügel schwarzgrau mit einem breiten schwarzen Band.

In der Nähe von Wasser, in Flussniederungen und an Ufern von Gewässern.

Mitteleuropa: Im südlichen Teil des Gebiets verbreitet. Fehlt bzw. sehr selten im norddeutschen Tiefland. Sonst auch in grünen Stadtbereichen mit Futterpflanzen.

Schwarzes Ordensband

Mormo maura

Nachtaktiver Eulenfalter, ernährt sich von Baumsäften, die bei Verletzungen austreten (blutende Bäume).
Grundfarbe der Raupen Braun. Sie sind haarlos und fressen nachts an verschiedenen krautigen Pflanzen wie Löwenzahn, später an Erle und Weide. Sie verpuppen sich in einem dichten Gespinst am Boden.
Im Mittelmeergebiet häufiger als nördlich der Alpen, jedoch südlich der norddeutschen Tiefebene regelmäßig im Stadtgebiet (z. B. in Botanischen Gärten) anzutreffen.

Trapezeule

Cosmia trapezina

Dieser Nachtfalter ist ein Vertreter aus der Familie der Eulenfalter (Noctuidae). Die Raupen findet man zwischen Mai und Juni an den Blättern verschiedener Laub- bzw. Obstbäume. Ein Befall sollte den Gärtner jedoch nicht gleich beunruhigen. Die Raupen fressen nämlich nicht nur Blätter, sondern auch kleinere Raupen anderer Schmetterlinge, z. B. die des schädlichen Frostspanners oder des Eichenwicklers. Daher werden die Larven der Trapezeule auch als Mordraupen bezeichnet. Den Winter überdauert die Art als Ei, die Raupen findet man zwischen Mai und Juni. Nach einmonatiger Puppenruhe schlüpft der Falter.

Flügelspannweite 22–33 mm.

Falter: Juni–September.

Vorderflügel ockergelb bis braun oder rötlich; mit trapezförmigem Mittelfeld und schwarzem Nierenmakel. Raupe blaugrün, mit hellen Linien.

Laubwälder, Parks. Raupe frisst an Laub- und Obstbäumen: z. B. Eiche, Linde, Birne, Apfel.

Mitteleuropa: Verbreitet; vielerorts häufig. Raupen oft in Parks und Gärten der Städte. Durch Vertilgung anderer Raupen eher nützlich.

Hausmutter

Noctua pronuba

Weit verbreitet, von Ägypten bis Island, in Nordamerika eingeschleppt und in Ausbreitung begriffen. Die Hausmutter ist nachtaktiv und kommt gern in die Häuser. Tagsüber aufgeschreckte Tiere fliegen sofort und ohne eine bei anderen Faltern übliche Aufwärmphase blitzschnell weg.

Die Raupen werden bis 50 mm lang. Färbung variabel von dunkelbraun bis grün mit zwei dunklen Längsstrichen beiderseits der Rückenlinie. Hausmutterraupen sind haarlos und ernähren sich hauptsächlich von Gräsern. Raupenzeit August–Mai.

Dieser auffällige und große Eulenfalter ist ein guter Flieger und in naturnahen Gärten und Parkanlagen der Stadt oft zu beobachten.

Flügelspannweite 50–60 mm.

Flugzeit Mai–September. Überwinterung als ausgewachsene Raupe.

Grundfarbe der Vorderflügel variiert von Hellbraun bis Dunkelbraun mit dunklen Flecken und einem dunklen Ring. Hinterflügel gelb mit schwarzem Außenrand. Männchen dunkler als die Weibchen.

Viele Lebensräume wie Waldränder, Wiesen, Brachland, naturnahe Gärten und Parks.

Mitteleuropa: Weit verbreitet. Häufig auch im Stadtgebiet.

Flügelspannweite Männchen: 25–30 mm, Weibchen: fast flügellos.

Flugzeit erste Generation: Juni/Juli, zweite Generation: August/September. Eier überwintern.

Männchen rostbraun mit weißem Fleck im Vorderflügel, Weibchen grau, dicht behaart, plump und fast flügellos.

Praktisch in allen laubholzreichen Gebieten.

Mitteleuropa: Verbreitet. Häufig in Gärten und Parkanlagen.

Schlehenspinner, Bürstenspinner

Orgyia antiqua

Weibchen bleiben normalerweise beim Kokon, aus dem sie geschlüpft sind, und locken mit Duftstoffen paarungsbereite Männchen an. Nach der Paarung legt das Weibchen alle seine Eier direkt auf den Kokon und stirbt. Die Falter nehmen keine Nahrung auf.

Jungraupen haben überlange Haare und werden vom Wind verbreitet. Dementsprechend sind sie polyphag, können sich also auf ganz verschiedenartigen einheimischen Pflanzen entwickeln (Gehölze und Kräuter). Raupe (Mai–August, bis 40 mm) mit grau-schwarzer Grundfarbe und einer Reihe roter, behaarter Punktwarzen auf jedem Segment. Sehr auffällig sind zwei nach vorne gerichtete schwarze Haarbüschel beim Kopf, vier gelbe Haarbürsten auf dem Rücken und ein nach hinten gerichtetes Haarbüschel am Körperende.

Flügelspannweite Männchen: bis 35 mm, Weibchen: bis 57 mm.

Flugzeit Mai/Juni. Überwinterung als Puppe.

Vorderflügel hellgrau mit grauem Muster und mehreren gezackten Binden. Vorderbeine dicht behaart, in Ruhestellung meist nach vorne gestreckt.

Laubholzreiche Wälder, Parkanlagen und Gärten.

Mitteleuropa: Im Wald und bis weit ins Siedlungsgebiet, gilt als Kulturfolger.

Streckfuß, Buchenrotschwanz

Calliteara pudibunda

Der nach der Stellung seiner Vorderbeine benannte Streckfuß ist nachtaktiv und nimmt keine Nahrung auf. Seine Raupen (Juli–Oktober) sind sehr auffällig und oft zu sehen. Vor allem die ausgewachsenen, 4 cm langen Tiere gelbgrüner Grundfarbe fallen durch ihre Haartracht auf: neben den langen, hellen Haaren entlang des gesamten Körpers vier auffällige gelbweiße Haarbürsten auf dem Rücken und ein rotes, nach hinten gerichtetes Haarbüschel auf dem 11. Segment, das dem Streckfuß auch den Namen «Rotschwanz» eingetragen hat. Auf verschiedenen Laubbäumen, z. B. Rotbuche, Hainbuche und Eiche. Verpuppung am Boden, etwa unter Steinen. Benötigt wie viele Falterraupen einheimische Gewächse in Park und Garten.

Schönbär

Callimorpha dominula

Dieser sehr auffällige Falter aus der nach ihren behaarten Raupen benannten Familie der Bären (Arctiidae) ist tagaktiv und trinkt gerne an Dost, Disteln und anderen Nektarpflanzen. In Ruhestellung ist das Rot der Hinterflügel des Schönbärs meist versteckt.
Die Eier werden auf Brennnesseln, Taubnesseln, aber auch an Himbeere abgelegt. Die Raupe (August–Mai) kann sich jedoch auch an Hasel, Heckenkirsche und weiteren Gewächsen entwickeln. Sie ist schwarz gefärbt und trägt gelbe, unterbrochene Längsstreifen. Zwischen den Segmenten Querbänder von Knopfwarzen mit schwarzen, recht langen Stacheln. Die Schönbärenraupen werden bis 40 mm lang und verpuppen sich in einem Gespinst auf dem Boden.

Flügelspannweite 45–60 mm.

Flugzeit Mitte Juni–Juli. Überwintert als Raupe.

Vorderflügel schwarz mit gelben Flecken, Hinterflügel rot mit schwarzen Flecken. Körper schwarz, Hinterleib mit roten Seitenstreifen.

Feuchte Laub- und Nadelwälder sowie Bach- und Flussränder.

Mitteleuropa: Lokal vorhanden. Höchstens in Waldnähe, auch in naturnahen Gärten.

Brauner Bär

Arctia caja

Dieser Nachtfalter ist einer der größten Vertreter aus der Familie der Bärenspinner. Namensgebend und typisch ist die dichte Behaarung der Raupen. Die Raupen (September–Juni) überwintern und sind bei der Auswahl der Futterpflanzen nicht sehr wählerisch (z. B. Löwenzahn, Himbeere oder Schlehe). Im Frühjahr wärmt sie sich gern in der Sonne. Im Frühsommer erfolgt dann die Verpuppung in einem Gespinst. Die sehr schöne Flügelzeichnung ist sehr variabel. So können z. B. bei einigen Exemplaren die Vorderflügel komplett braun sein. Bei vorsichtiger Berührung des sitzenden Falters breitet er seine Flügel aus und die prächtigen Hinterflügel werden sichtbar. Zur Abschreckung von Fressfeinden kann der Falter ein Sekret abgeben.

Flügelspannweite 45–65 mm. Raupe bis 60 mm.

Falter fliegt nachts: Juli–August.

Färbung sehr variabel. Vorderflügel braun, meist mit weißem Netzmuster; Hinterflügel zinnoberrot mit blauen Punkten. Raupe schwarz mit weißen Warzen; stark behaart.

Waldränder und -lichtungen, Hochstaudenfluren, Flachmoore.

Mitteleuropa: Verbreitet; häufig. Stellenweise Rückgang bzw. Gefährdung. In den Innenstädten eher seltener als an waldnahen Rändern, aber auch in Parks und Gärten.

Rosskastanien-miniermotte

Cameraria ohridella

Die nachtaktive Rosskastanienminiermotte expandierte 1989 (Erstfund im Raum Linz) aus dem Balkan massiv nach Mitteleuropa. Da bei uns zunächst keine natürlichen Feinde vorhanden waren, konnte sich die Miniermotte unkontrolliert und explosionsartig vermehren. Verbreitung im «Luftplankton». Die Larven, die in den Blättern der Rosskastanie in selbst gefressenen Gängen (Minen) leben, bewirken eine Gelb- und Braunfärbung der Blätter schon im Sommer. Die Bäume werden geschwächt, sind anfälliger für Pilze und andere Schädlinge. Maßnahmen zur Bekämpfung sind sehr aufwendig. Die Verpuppung erfolgt in den Blättern. Die letzte Generation überwintert als Puppe im Falllaub. Verbrennen des Falllaubs im Herbst kann die Art eindämmen.

Flügelspannweite bis 7 mm.

Flugzeit meistens in drei Generationen Mai–September. Überwinterung als Puppe.

Grundfarbe: Fuchsbraun mit drei weißen Querbändern auf den Vorderflügeln. Beine und Fühler schwarz-weiß geringelt. Auffällig ist das federartige Ende der grauen Hinterflügel.

Anlagen und Alleen mit Rosskastanie.

Mitteleuropa: Verbreitet. An praktisch sämtlichen Rosskastanien. «Biergartenmotte». Ursprünglich möglicherweise aus Asien.

Platanenminiermotte

Phyllonorycter platani

Platanen sind als Allee- und Parkbäume in nahezu allen mitteleuropäischen Städten wegen ihrer Robustheit sehr beliebt. Hin und wieder findet man jedoch 2–3 cm große gelbbraune Blattflecken, die gegen das Licht betrachtet, Fehlstellen im Pflanzengewebe (Minen) offenbaren. Verursacher: die Raupen der Platanenminiermotte, eines kleinen Schmetterlings aus der Familie der Miniermotten (Gracillariidae). Geschützt vor Umwelteinflüssen fressen die Larven im Blattinneren, verpuppen sich und überwintern auch dort. Im Frühjahr schlüpft der Falter durch ein kleines Loch. Mitunter wird noch eine zweite Sommergeneration ausgebildet, die als Raupe überwintert. Größere Schädigungen der Bäume kann man durch Entfernung und Verbrennung des Laubs im Herbst vermeiden.

Flügelspannweite: 8–10 mm.

Flugzeit Mai–Juni. 2. Generation möglich: August–September.

Vorderflügel hell bräunlich, golden, mit silbrig glänzender Zeichnung. Hinterflügel federförmig. Larve farblos, transparent.

Stadtparks, Alleen mit Platanenbesatz (*Platanus* sp.). Raupen nur an Platanen.

Mitteleuropa: Überall an Platanenstandorten. Ausbreitung seit 1900 von Südeuropa nach Norden: um 1900 Schweiz, 1909 Ostösterreich, 1920 Süddeutschland.

Gespinstmotten

Yponomeuta sp.

Dämmerungsaktiv, nehmen als Falter keine Nahrung auf. Mehrere nah verwandte Arten, die jeweils auf bestimmte Gehölze spezialisiert sind: *Y. malinellus* auf Apfel, *Y. padella* auf Schlehe, Pflaume und Kirsche, *Y. cagnagella* auf Pfaffenhütchen und *Y. evonymella* auf Traubenkirsche.
Raupen von April bis Juni, je nach Art weißgelb, grün bis dunkelgrau mit einer Seitenlinie schwarzer Punkte, ein Punkt auf jedem Segment. Sie leben gemeinsam in ausgedehnten, dichten Gespinsten. In guten Jahren können ganze Büsche völlig eingesponnen werden. Die Verpuppung erfolgt in einem dichten, weißen Kokon im Gemeinschaftsgespinst. Erstaunlicherweise erholen sich die kahlgefressenen Gehölze meist wieder und treiben nach dem Befall neue Blätter aus.

Flügelspannweite bis 27 mm.

Flugzeit Juni–August. Überwinterung als Eiraupe (frisch geschlüpfte Raupe).

Grundfarbe Weiß, je nach Art mit unterschiedlicher Anzahl Längsreihen schwarzer Punkte. Hinterflügel grau. Körper weiß mit schwarzen Punkten. Feine, sehr lange, weiße Fühler.

Lichtungen, Waldränder, Bahndämme, Hecken aber auch Gärten und Parkanlagen mit einheimischen Laubgehölzen.

Mitteleuropa: Verbreitet. Dringen bei geeigneten Lebensräumen und Nahrungsangebot weit ins Siedlungsgebiet vor.

Federgeistchen

Pterophorus pentadactylus

Nacht- und dämmerungsaktiver Kleinschmetterling, der keine Nahrung aufnimmt. In Ruhestellung werden die Flügel eng zusammengelegt und stehen im rechten Winkel vom Körper ab. Federgeistchen – zur Abgrenzung von anderen Kleinschmetterlingen mit ebenfalls federartigen Flügeln auch Schlehengeistchen genannt – sitzen tagsüber gern im Gras und in Gebüschen und ruhen an Halmen oder Zweigen. Dank ihrer außergewöhnlichen Form und Farbe sind sie recht auffällig.
Das Weibchen legt seine Eier hauptsächlich auf Windenarten (Acker- und Zaunwinde), aber auch auf Schlehen und Rosen ab. Die Raupen sind hellgrün und behaart und ab August zu finden. Sie überwintern und verpuppen sich im Frühjahr.

Flügelspannweite bis 32 mm.

Flugzeit Mai–September. Überwinterung als Raupe.

Grundfarbe Weiß. Die Vorderflügel sind in zwei, die Hinterflügel in drei Federn mit feinen Seitenfransen unterteilt.

Waldränder, Ruderalflächen, Hecken, aber auch Gärten und Parkanlagen.

Mitteleuropa: Verbreitet. Dringt bei geeigneten Lebensräumen weit ins Siedlungsgebiet vor.

Schnabelfliegen

Die Mecoptera heißen Schnabelfliegen, weil sie einen stark verlängerten Vorderkopf haben, an dem sich beißende Mundwerkzeuge befinden. Sowohl die Adulten wie die im Boden lebenden, raupenähnlichen Larven ernähren sich räuberisch, oder sie fressen Moos oder Detritus (abgestorbenes pflanzliches Material und tote Gliedertiere).

Von den weltweit etwa 600 Arten kommen in Mitteleuropa nur zehn vor, die sich zudem auf drei Familien verteilen – also eine artenarme, reliktäre Insektenordnung. Die Schnabelfliegen gelten entwicklungsgeschichtlich als die Basis großer Insektenordnungen wie der Schmetterlinge und Fliegen.

In Mitteleuropa kommen 6 Arten (drei davon regelmäßig) der Familie Panorpidae (Skorpionsfliegen, s. Porträts) vor. Skorpionsfliegen, die in Stadtgebieten an Waldwegen und schattigen Waldrändern zu beobachten sind, fressen am liebsten tote oder halbtote Insekten, und am besten scheinen diese zu schmecken, wenn sie aus einem Spinnennetz gestohlen sind.

Die Familie Boreidae ist in der Region mit zwei kaum unterscheidbaren Arten vertreten; dem Westwoods Winterhaft *(Boreus westwoodi)* und dem Gebirgswinterhaft *(Boreus hyemalis)*. Diese Winterhafte – auch als Schneeflöhe oder Schneehafte bekannt – sind im Gegensatz zu fast allen übrigen Insekten im Winterhalbjahr aktiv, auch Paarung und Eiablage finden in der kalten Jahreszeit statt. Sie sind flugunfähig, die Flügel der Männchen sind zu hakenförmigen Organen umgewandelt, mit denen die Weibchen bei der Paarung festgehalten werden. Von der dritten Mecopterenfamilie, den ausgesprochen seltenen schnaken-ähnlichen Bittacidae (Mückenhafte), sind zwei Arten im Gebiet; Italienischer Mückenhaft *(Bittacus italicus)* und Hagens Mückenhaft *(Bittacus hageni)*, mit nur sporadischen Funden. 2003 sorgte daher der Wiederfund von *Bittacus hageni* in Deutschland (Harz, Sachsen Anhalt) für eine Sensation, da die Art dort als ausgestorben galt. Seltene Fundmeldungen von *Bittacus italicus* existieren aus der Schweiz (Tessin) und Österreich (Steiermark). Dort waren früher vermutlich beide Arten im sandigen Schwemmland großer Alpenflüsse verbreitet.

Gewöhnliche Skorpionsfliege

Panorpa communis und *Panorpa vulgaris*

Auffälligstes Merkmal der Skorpionsfliegen ist der Kopulationsapparat der Männchen, der einem Skorpionsstachel ähnlich sieht. Hält man ein Männchen mit den Fingern oder einer Pinzette fest, tut es so, als wollte es mit dem Hinterleibsende zustechen. Doch da ist kein Stachel und kein Gift – alles nur Bluff. Wie in verschiedenen anderen Insektenordnungen erkennen sich die Geschlechter der gleichen Art mithilfe eines arteigenen Vibrierens des Hinterleibs, das sich über Blätter und Zweige ausbreitet. Das Männchen überreicht dem größeren, gefräßigeren Weibchen zur Kopulation eiweißhaltige Sekretkügelchen, um nicht selber gefressen zu werden.

Flügelspannweite bis 30 mm.

Adulte fliegen von Mai bis September (zwei Generationen).

Flügel in der hinteren Hälfte (fast immer) mit durchgehender, aus Flecken bestehender Flügelbinde, Männchen mit komplexer Hinterleibsspitze.

Mitteleuropa: In schattigen Gebüschen an feuchten Waldrändern, in Gärten, Stadtparks und auf Friedhöfen.

Deutsche Skorpionsfliege

Panorpa germanica

Ernährt sich wie andere Skorpionsfliegen von Aas von Insekten (und anderen Gliedertieren). Auf der Suche nach Nahrung werden auch Netze von Webspinnen besucht und im Netz gefangene Insekten vertilgt. Wenn die Spinne die Skorpionsfliege bemerkt, nähert sie sich ihr, zieht sich aber aus bisher unbekannten Gründen wieder zurück. Balz in der Dämmerung, Weibchen werden bei Deutscher Skorpionsfliege durch Pheromone (Duftstoffe) angelockt. Eier werden gruppenweise im Boden abgelegt. Auch die Larven, die Schmetterlingsraupen ähnlich sehen, ernähren sich von toten oder geschwächten Insekten. Überwinterung vor Verpuppung im Larvenstadium.

Flügelspannweite bis 27 mm.

Sommerhalbjahr

Flügel gefleckt, jedoch keine durchgehende Flügelbinde, Männchen mit komplexer Hinterleibsspitze, deren Feinbau zur Artunterscheidung genutzt werden kann.

Mitteleuropa: In schattigen Gebüschen an feuchten Waldrändern, in Gärten, Stadtparks und auf Friedhöfen.

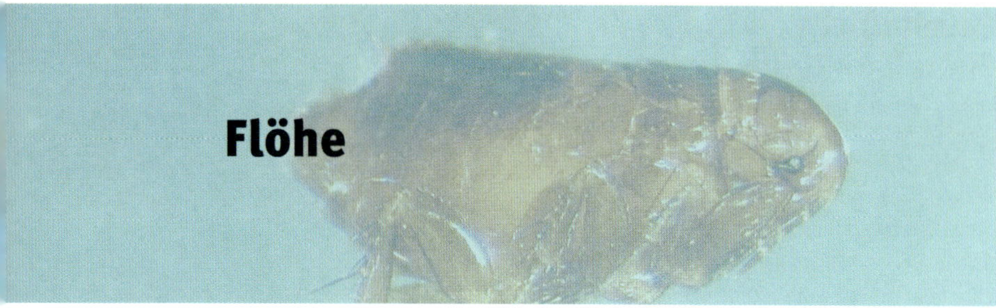

Flöhe

Flöhe (Siphonaptera) bilden innerhalb der Insekten eine eigene Ordnung. Sie sind ungeflügelt, verfügen dank ihrer kräftigen Hinterbeine teilweise über ein enormes Sprungvermögen und sind mit ihrer seitlich abgeplatteten Körperform ausgezeichnet an das Leben als blutsaugende Parasiten im Haar oder im Gefieder ihrer Wirte angepasst. Weltweit sind etwa 2500 Arten bekannt, in Mitteleuropa kommen etwa siebzig Floharten vor. Sie unterscheiden sich durch ihre Vorlieben für bestimmte Wirte und sind meist nur von Fachleuten auseinanderzuhalten. Der größte Floh in Europa ist der etwa 6 mm lange Maulwurfsfloh *(Hystrichopsylla talpae)*, der nicht nur Maulwürfe befällt, sondern auch Spitzmäuse und erdbewohnende Mäuse.
Der Saugvorgang erfolgt im Kopfstand, oft wird nebeneinander mehrmals zugestochen. Flohstiche können schmerzhaft jucken. Im Gegensatz zu Läusen können frisch geschlüpfte Flöhe monatelang hungern. Flöhe saugen zehn bis zwanzig Mal mehr Blut, als ihr Magen aufzunehmen vermag, und scheiden überschüssiges Blut wieder aus, was kleine braune Flecken in der Wäsche, am Boden oder im Nest des befallenen Tiers hinterlassen kann. Dieser Flohkot ist auch Bestandteil der Nahrung der bein- und augenlosen Flohlarven, die sich aus den oft Hunderten von Eiern entwickeln, die ein Weibchen fallen lässt. Die Larven ernähren sich aber auch von modernden Pflanzenresten, Hautschuppen, Schimmelpilzen und anderen pflanzlichen und tierischen Substanzen und Abfallstoffen. Unter günstigen Bedingungen kann die Entwicklung vom Ei über Larve und Puppe zum ausgewachsenen Floh in wenigen Wochen erfolgen, bei kalten und weniger feuchten Verhältnissen dauert sie bis zu acht Monaten. Flohlarven und -eier findet man dort, wo das Wirtstier häufig lagert, beispielsweise im Hunde- oder Katzenkorb, Vogelnest oder auf dem Sofa.
Der Menschenfloh *(Pulex irritans)*, der zusammen mit dem Rattenfloh *(Xenopsylla cheopis)* ein guter Überträger von Pestbakterien ist und in Flohzirkussen vorgespannt vor winzige Kutschen jahrhundertelang auf Jahrmärkten und an Volksfesten zur Schau gestellt wurde, ist heute sehr selten geworden. Grund dafür ist die veränderte Situation im «Nest» der Menschen: In fugenlosen Bodenbelägen fehlen die Stellen, wo sich die Larven ungestört im feuchten Schmutz entwickeln konnten, und die Einführung des Staubsaugers führte am Boden und in Teppichen zur Beseitigung des Substrats für die Larven. Besonders aber übersteigt die Trockenheit in modernen, zentralgeheizten Wohnungen die tödliche Grenze für die meisten Flohlarven-Arten, die eine relativ hohe Luftfeuchtigkeit benötigen.

Katzenfloh

Ctenocephalides felis

Der Katzenfloh ist weltweit für 80 % aller Flohprobleme verantwortlich, er ist Zwischenwirt verschiedener Bandwurmarten und kann bakterielle und virale Krankheiten wie Tularämie, Pseudotuberkulose, Salmonellose oder Fleckentyphus übertragen. Sein Lebenszyklus dauert 14–140 Tage, je nach Temperatur und Feuchtigkeit. Eine Flohpopulation besteht nur zu 5 % aus Adulten, 10 % sind Puppen, 35 % Larven und 50 % Eier. Neben Katzenflöhen können verschiedene andere Floharten wie z. B. Vogel-, Igel- oder Fledermausfloh auftreten. Daher ist jeweils eine genaue Artbestimmung (durch Fachleute) sehr wichtig, weil nur so das Problem an der Quelle bekämpft werden kann.

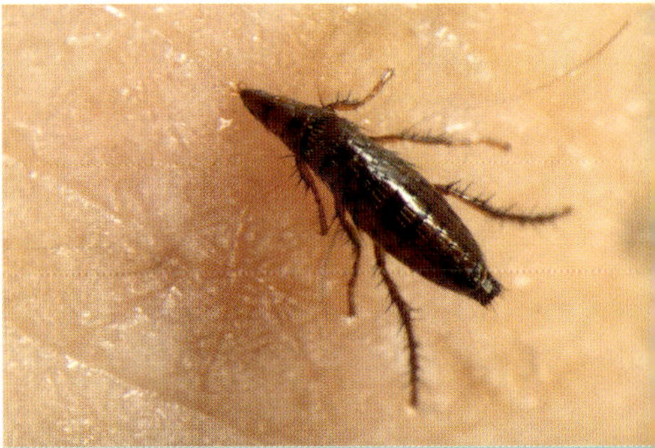

Larven 2–5 mm, Puppen 5 mm, Adulte 2–3 mm.

Ganzes Jahr.

Larve: Borstiger, augenloser «Wurm». Adulte: Körper seitlich abgeflacht, dunkelbraun, hinterstes Beinpaar sehr lang und kräftig, enormes Sprungvermögen.

Weltweit, nicht sehr wirtsspezifisch, kann sich auf über 50 Wirtsarten von Blut ernähren und fortpflanzen, auch auf Menschen. Häufig an Katze, Hund, Fuchs, Dachs, Steinmarder, Mäusen.

In ganz Mitteleuropa in allen Städten.

Merkblatt ⟶ s. Vogelfloh

Hühnerfloh, Vogelfloh

Ceratophyllus gallinae

Der Hühnerfloh befällt viele Vogelarten, saugt nicht nur an Hühnern. Häufig in Nistkästen anzutreffen. An warmen Frühlingstagen warten die Hühnerflöhe oft beim Einflugloch des leeren Nests auf anfliegende Vögel, die sie anspringen. Der Aktionsradius der Hühnerflöhe beträgt mehrere Meter, manchmal können Flöhe aus Vogelnestern also auch in Häusern auftreten. Säugetiere (auch Menschen) sind nur Gelegenheitswirte, zur Fortpflanzung wird Vogelblut benötigt.

Neben *Ceratophyllus gallinae* gibt es weitere Arten von Vogelflöhen.

Zur Vorbeugung soll im Spätherbst oder im Winter bei Temperaturen um den Gefrierpunkt das Nestmaterial aus leeren Nistkästen entfernt und entsorgt werden (im Kehricht, nicht auf dem Kompost), Meisennester in Rollladenkästen nicht tolerieren.

Larven bis 2–5 mm, Adulte 1,2–3 mm.

Besonders im Vorfrühling auch an Menschen.

Aussehen ähnlich wie Katzenfloh, ebenfalls dunkelbraun, meist kleiner (als schwarzer Punkt wahrnehmbar).

An Vögeln; befällt gelegentlich auch Menschen und andere Säugetiere.

In ganz Mitteleuropa in allen Städten.

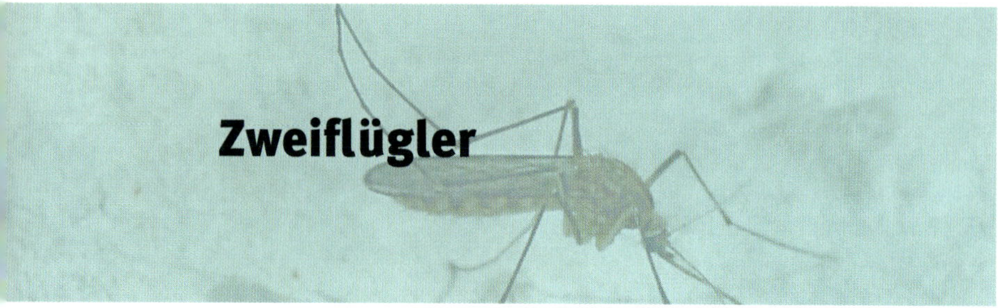

Zweiflügler

Im Gegensatz zu anderen geflügelten Insekten besitzen die Zweiflügler (Diptera) nur ein Flügelpaar. Die Hinterflügel sind zu winzigen, mitunter gestielten Schwingkölbchen umgeformt, die den Flug stabilisieren. Die Zweiflügler werden in zwei Gruppen eingeteilt: Fliegen – mit gedrungenem Körper, häufig mit Borsten und kurzen Fühlern – und Mücken – feine, langbeinige Tiere mit längeren Antennen, die oft mit Hörorganen versehen sind.
Viele Arten verfügen über große Facettenaugen, die eine ausgezeichnete zeitliche Auflösung der Bewegungen (1/200 Sek.) erlauben. Die räumliche Auflösung dagegen ist eher schlecht und unscharf, so werden Spinnennetze im Flug übersehen. Die Mundwerkzeuge der Zweiflügler sind je nach Art zum Saugen, Lecken oder Stechen geeignet.
Fliegen und Mücken machen eine vollständige Entwicklung mit den Stadien Ei, Larve, Puppe und Vollinsekt durch. Viele Larven (Maden) sind beinlos.
Die Zweiflügler bilden eine der größten Artengruppen der heimischen Fauna. In Deutschland leben weit über 9000 verschiedene Dipteren, in der Schweiz sind gegenwärtig fast 7000 Arten bekannt. Dass unsere Kenntnisse lückenhaft sind, zeigt etwa die Arbeit einer Wissenschaftlerin der Eidg. Forschungsanstalt für Wald, Schnee und Landschaft (WSL), die im Sihlwald vor den Toren Zürichs 1998 bei einer Untersuchung der Insekten in Totholz zwanzig neue, bisher noch nicht beschriebene Fliegen- und Mückenarten entdeckte.
Zweiflügler spielen in Ökosystemen eine wichtige Rolle bei der Zersetzung toter organischer Substanzen, ebenso als Nahrung für zahlreiche Wasser- und Landtiere sowie bei der Bestäubung. Sie treten in sämtlichen Biotopen auf, in Gewässern, Wäldern und auf Wiesen ebenso wie in Innenräumen. Viele Arten sind sehr mobil, gewisse Schwebfliegenarten wandern wie Zugvögel über große Distanzen. Zahlreiche Zweiflügler sind Kulturfolger und vermutlich schon in urgeschichtlicher Zeit nach Mitteleuropa gelangt. Fliegen beschäftigen die Menschheit seit biblischen Zeiten, wo der orientalische Gott Beelzebub als «Herr der Fliegen» mit dem Teufel gleichgesetzt wurde, bis zu Hugo Loetscher, der in seinem Erzählband «Die Fliege und die Suppe» (1989) vom Ende einer Stubenfliege in einem Teller Beutelsuppe berichtet, und zu Fredrik Sjöbergs 2008 auf Deutsch erschienenem Bestseller «Die Fliegenfalle».
Mit der Trockenlegung von Sumpfgebieten und dem Bau städtischer Kanalisationen gingen seit dem 19. Jahrhundert viele Mücken und Fliegen stark zurück. Während früher Mistbienen, Stuben-, Schmeiß-, Fleisch- und Abortfliegen auch in städtischen Häusern massenweise vorkamen, so treten Fliegen und Mücken im Stadtgebiet heute meist nur noch vereinzelt auf.

Riesenschnake

Tipula maxima

Larven der Riesenschnake wurmförmig, bis 5 cm, entwickeln sich unter vermoderndem Falllaub im flachen Uferbereich kleiner Fließgewässer.
Neben der Riesenschnake weitere, schwer unterscheidbare Schnakenarten. Schnaken gelangen gelegentlich in Wohnungen; besitzen jedoch keine stechenden Mundwerkzeuge. Beine brechen leicht an vorbestimmten Bruchstellen ab, was Flucht ermöglichen kann. Eier werden in feuchte Erde abgelegt, Larven ernähren sich von Falllaub und Pflanzenwurzeln. Meist einjährige Entwicklung. Einige Arten können in Wiesen und Gemüsefeldern in großer Dichte auftreten und Schäden anrichten. Schnakenlarven sind wichtige Beutetiere für zahlreiche räuberische Insekten, verschiedene Vögel und Insektenfresser wie Spitzmäuse und Maulwürfe.

Flügelspannweite 55–65 mm, Spannweite der Füße bis zu 12 cm.

Mai–September

Größter einheimischer Zweiflügler, am Flügelvorderrand mit drei scharf begrenzten Flecken.

An Waldbächen.

Waldgebiete am Stadtrand.

Abortfliege

Psychoda sp. und weitere Arten

Abortfliegen, die auf Wänden umherlaufen und nur kurze, sprungartige Flüge vollführen, erinnern an winzige Motten. Flügel behaart und beschuppt, Antennen schwarz-weiß geringelt. Eiablage an die Oberfläche des Bakterienbelags von Siphons, Abläufen oder Toiletten, wo die Larven von organischem Material leben. Früher häufig, durch Putzmittel stark zurückgedrängt.
Abortfliegen zählen zur Familie der Schmetterlingsmücken. Zahlreiche verwandte Arten in Kläranlagen, Ställen, Drainageröhren und unter Brücken. Auch an der Bestäubung des Aronstabs sind Schmetterlingsmücken beteiligt, die durch Harngeruch der «Blüte» angelockt und in der Fliegenkesselfalle an Stempel und Staubblättern vorbeigeführt werden, bevor sie wieder entlassen werden.

1–5 mm

ganzjährig

Dicht behaarte, kleine Mücken, Grundfarbe graubraun, mit abstehenden Flügeln.

Toiletten, Keller.

Zerstreut im ganzen Stadtgebiet.

5–7 mm

Frühjahr–Herbst, v. a. im Hoch- und Spätsommer.

Gelblich braun beschuppte Stechmücke, Weibchen nachtaktive Blutsauger.

Häufig auch in Wohnungen.

Gesamtes Stadtgebiet.

Gemeine Stechmücke

Culex pipiens

Larven in Kleinstgewässern (Regentonnen, Gartenteichen), ernähren sich als Filtrierer. Hängen oft mit Atemröhre (am Hinterleib) schräg unter Wasseroberfläche, ständig in Bewegung, bei Störungen schlängeln sie zum Gewässergrund. Puppe bleibt beweglich, hängt meist unter Oberfläche. Mücken oft weit vom Entwicklungsort der Larven entfernt. Männchen saugen Nektar, Weibchen Blut von Warmblütern, Reptilien und Amphibien. Männchen tanzen in Schwärmen, in die die Weibchen hineinfliegen. Flügelschlagfrequenz des Weibchens tiefer (300 Hz) als Flugton des Männchens (500 Hz). Weitere Stechmücken: Wald- und Wiesenmücken der Gattung *Aedes*, etwas seltener Fiebermücke *Anopheles*, bis ins 19. Jahrhundert auch in Mitteleuropa Überträgerin von Malariaerregern.

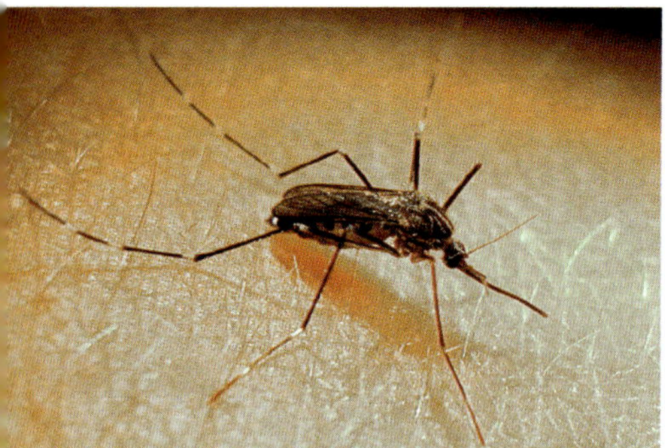

6–8 mm

Frühjahr–Spätherbst, v. a. im Spätsommer.

Sehr dunkle, große Stechmücke mit weiß gestreiftem Hinterleib, Beine mit weißen Ringen, Weibchen Blutsauger.

Parkanlagen, Waldränder, auch in Wohnungen.

Weit verbreitet nördlich der Alpen in der Schweiz und am Oberrhein, auch in Belgien.

Asiatische Buschmücke

Aedes japonicus

Larven entwickeln sich wie die Larven der Gemeinen Stechmücke in Kleinstgewässern, etwa in Blumenvasen auf Friedhöfen. Stammt ursprünglich aus China, Japan und Korea. Seit Ende des 20. Jahrhunderts in Nordamerika, 2002 in Belgien lokal an zwei Standorten festgestellt, spätestens seit 2008 im Schweizer Mittelland, auch im südlichen Deutschland. Einfuhr mit Handelsgütern, vielleicht in Containern. Die Asiatische Buschmücke erweist sich an gemeinsam besiedelten Stellen gegenüber der Gemeinen Stechmücke als durchsetzungsfähig und wird schnell zur häufigsten Stechmückenart. Eier überstehen auch kalte Winter in gemäßigten Zonen. Verwechslungsmöglichkeit mit weiteren Arten der Gattung *Aedes*, die von Fachleuten teilweise neu benannten Gattungen zugewiesen werden.

Ufer-Zuckmücke

Chironomus riparius

Eine von vielen Zuckmückenarten, die fließende und stehende Gewässer jeder Größe besiedeln. Larven («rote Würmer») im Schlamm, je nach Art 1–20 mm lang, oft in selbst gebauten Gespinströhren. Ernähren sich von Planktonalgen, organischen Abfallstoffen oder frischem Pflanzengewebe. Auch parasitisch, u.a. in Schwämmen oder Moostierchenkolonien. Am Grund von Seen stellenweise mehrere 1000/m², oft über die Hälfte der gesamten tierischen Biomasse, wichtige Fischnahrung. Puppe steigt zur Wasseroberfläche, wo die Mücke schlüpft. Ausgewachsene Mücken nehmen keine Nahrung zu sich. Männliche Zuckmücken tanzen in Gewässernähe in riesigen Schwärmen, in die die Weibchen hineinfliegen. Paarung sitzend oder im Flug. Eiablage noch am gleichen Abend.

7–8 mm

Mehrere Generationen im Sommerhalbjahr.

Gelblich weiße, fein behaarte Mücke, Kopf unter buckligem Thorax versteckt, hält Vorderbeine unter ruckartigen Bewegungen in die Luft (Name). Männchen mit stark verzweigten Fühlern.

Larve in langsam fließenden Bächen in offenem Wiesengelände, Mücken in der Nähe, auch an beleuchteten Fensterscheiben.

Zahlreiche Zuckmückenarten in allen Gewässern, auch in der Innenstadt.

Märzmücke

Bibio marci

Märzmücken oder Märzfliegen zählen zu den Haarmücken, die plumper gebaut sind als andere Mücken und feine Behaarung tragen. Bei den Männchen sind auch die großen Augen, die fast den ganzen Kopf einnehmen, behaart. Weibchen mit kleineren Augen. Mücken nehmen Pflanzensäfte und Honigtau (von Blattläusen) zu sich. Balzflug: Männchen schweben in der Abendsonne vor Büschen langsam auf und ab. «marci» im wissenschaftlichen Namen bezieht sich auf St. Markus, da diese Mücken um den Markustag (25. April) gehäuft auftreten. Maden gelblich braun, leben im Kompost oder im obersten Zentimeter der Bodenschicht von verrottenden Substanzen, können bei großer Dichte auch Pflanzenwurzeln befallen und schädlich werden.

8–10 mm

März–Juni

Schwarz, mit schwarzer Behaarung, fliegenartig.

Gärten und Parks, Waldränder, oft in Gewässernähe.

Weit verbreitet.

Gelbbauch-Trauermücke

Sciara analis

4–5 mm

Mai–August

Flügel und Körper schwarz, Bauch gelb.

Feuchte, warme und schattige Lebensräume innerhalb und außerhalb der Stadt, Gewächshäuser.

Weit verbreitet.

Im Hochsommer oft zahlreich auf Doldenblüten. Ausgewachsene Trauermücken leben nur wenige Tage. Larven fressen Laub, organisches Material und Pflanzenwurzeln. Mehrere Generationen pro Jahr.
Ähnliche, schwierig zu unterscheidende Arten. Einige der nach der schwarzen Färbung so genannten, meist sehr kleinen Trauermücken entwickeln sich selbst in Wohnungen in Blumentöpfen und Hydrokulturen. Auch Pilze können von Trauermückenlarven befallen werden. In den Wäldern zählen Trauermückenlarven zu den wichtigsten Laubzersetzern und können dort innerhalb der Zweiflügler zahlenmäßig die dominierende Gruppe darstellen.

Buchengallmücke

Mikiola fagi

Mücke 4–5 mm, Gallen bis 12 mm lang.

Mücken Ende März–Anfang April, Gallen bis in den Herbst.

Längliche, zugespitzte Gallen auf Blattnerven von Buchen.

Gallen auf Buchenblättern in Wäldern und gelegentlich auch in Grünanlagen.

Regelmäßig in Wäldern, auch in Parks.

Schon bald nach dem Schlüpfen paaren sich die Gallmücken, die nur selten zu sehen sind, und die Weibchen legen 200–300 Eier auf Blattknospen und Triebspitzen der Buche. Um die geschlüpften Larven bildet sich ein Wall, der zu einer geschlossenen Galle zusammenwächst. Die etwa 3–4 mm lange Larve ernährt sich vom pflanzlichen Gewebe der rötlichen Galle. Im Herbst lösen sich die Gallen von den Blättern, Überwinterung der Larve in der geschlossenen Galle in der Laubstreu. Verpuppung im März.
Die Gallen der etwas selteneren Buchenblattgallmücke *(Hartigiola annulipes)* sind kugelig und behaart. Auch Vertreter anderer Artengruppen können auf verschiedenen Pflanzen Gallbildung hervorrufen (Gallwespen, -läuse, -milben).

Wintermücke

Trichocera hiemalis

Im Herbst und im Frühling, aber auch an milden, sonnigen Wintertagen bilden die männlichen Wintermücken auffällige Tanzschwärme. Wintermücken stechen nicht, sind als Blütenbesucher etwa auf Weidenkätzchen zu finden. Die Familie der Wintermücken zählt zu den wetterhärtesten Insektengruppen. Glycerinähnliche Frostschutzmittel erlauben Aktivität auch bei Temperaturen von wenig über 0 °C, daher verbreitet bis ins Hochgebirge auf 3000 m Höhe und im Norden bis nach Nordgrönland und Spitzbergen. Die gelblich weißen Larven entwickeln sich in verrotteten Pflanzenteilen, faulenden Kartoffeln oder alten Pilzen.

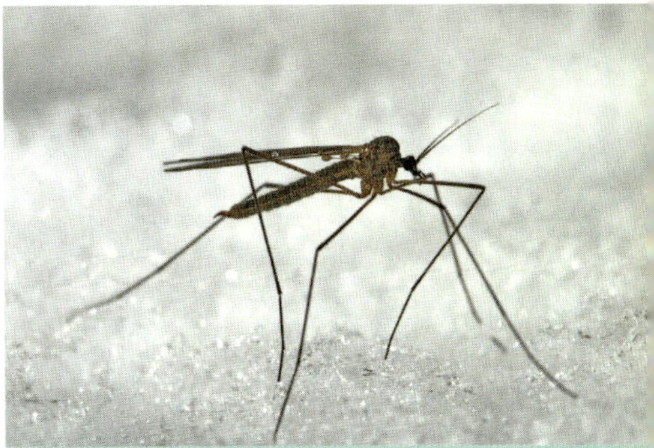

Körper bis 4,5 mm, Flügel bis über 6 mm lang.

Mücken v. a. im Herbst und im Frühjahr, auch im Winter.

Mittelgroße, langbeinige Mücken, in kalter Jahreszeit in Tanzschwärmen.

Wälder, Gärten und Parkanlagen, Keller.

In allen Stadtteilen.

Regenbremse

Haematopota pluvialis

Bremsen sind meist große Fliegen mit abgeplattetem Hinterleib. Sie fliegen schnell, fast geräuschlos und landen weich. Nur die Weibchen stechen und saugen Blut. Dabei wird ein gerinnungshemmendes Sekret in die Wunde gespritzt. Bremsen lassen sich, wenn bemerkt, im Gegensatz zu Stechmücken ohne Fluchtversuch erschlagen. Stiche schmerzhaft. Regenbremse befällt Mensch und Vieh. Besonders bei schwülem Wetter aktiv, auch bei feinem Regen oder vor Niederschlag, daher Name Regenbremse (auch Gewitterbremse). Männchen Blütenbesucher. Larven leben im feuchten Boden, überwintern und verpuppen sich im Frühjahr. Rinder- und Pferdebremsen (*Tabanus*-Arten) können wesentlich größer werden.

8–12 mm

Juni–August

Augen mit regenbogenfarbenen Zackenbinden, Flügel grau marmoriert, Hinterleib gemustert.

Feuchtes, offenes, parkartiges Gelände, auch an Waldrändern.

Besonders in Stadtrandgebieten.

Hummelschweber

Bombylius major

Woll- oder Hummelschweber können wie Schwebfliegen in der Luft stehen bleiben. Haarpelz gelblich, hinter den Augen dunkel, ältere Tiere teils kahl. Blütenbesucher (Weiden, Taubnesseln), saugen Nektar. Weibchen streuen ihre Eier fliegend um Eingänge von Wildbienennestern. Larven ernähren sich zunächst von Futtervorräten im Bienennest, dann von den Bienenlarven. Verbreitet von Nordafrika bis Lappland. Auch in Städten weitere braun und schwarz gefärbte Arten aus der Familie der Schweber.

Körperlänge ca. 1 cm, Rüssel bis 7,5 mm.

April–Mitte Mai.

Hummelartig dicht behaart, langer, nach vorne gestreckter Saugrüssel, Flügelvorderkante mit durchgehender, gezackter, scharf begrenzter Zeichnung.

Waldränder, Lichtungen und Gärten.

In allen gut durchgrünten Stadtteilen.

Buckelfliegen

Phoridae (Familie)

Artenreiche Familie. Larven entwickeln sich an verwesendem organischem Material, an Abfall, Kompost, Pilzen, Aas oder wie Schmetterlingsmücken (s. Abortfliege) an Bakterienbelägen in Abläufen. Gewisse Arten leben auch an menschlichen Leichen (Sargfliegen). Entwicklung wie bei den meisten Insekten temperaturabhängig, daher treten Buckelfliegen in der warmen Jahreszeit oft massenhaft auf. Stechen nicht, können aber durch Keimübertragung gefährlich sein und sollten deshalb in Lebensmittelbetrieben bekämpft werden. Da sie bei Störung oft mit ruckartigen Bewegungen herumrennen, werden Buckelfliegen auch Rennfliegen genannt.

0,5–6 mm, oft 3–4 mm.

Fast ganzjährig.

Kleine Fliegen mit buckelartig gekrümmtem Brustteil, oft grauschwarz.

Verschiedenartige Lebensräume, insbesondere auch Toiletten und Kläranlagen.

Fast im gesamten Stadtgebiet.

Hain-Schwebfliege

Episyrphus balteatus

Eine der häufigsten Schwebfliegen, Blütenbesucher. Im Herbst fliegen Hain-Schwebfliegen in großer Zahl über die Alpen in den Süden. Im Frühjahr besiedeln Schwebfliegen aus dem Süden die Gebiete nördlich der Alpen bis Skandinavien, wo es ihnen für Überwinterung zu kalt ist. Überwinterung begatteter Weibchen möglich, so ist die «Winter-Schwebfliege» gelegentlich an warmen Wintertagen zu beobachten. Eiablage in Blattlauskolonie. Larven transparent, tagsüber träge, in Morgen- und Abendstunden aktiv, vertilgen Blattläuse und Blattwespenlarven. Blattläuse werden mit Mundwerkzeugen durchbohrt, in die Höhe gerissen und innerhalb von ca. 1 Minute ausgesaugt. Viele Schwebfliegenlarven vertilgen täglich bis zu 80 Blattläuse.

7–12 mm

Fast ganzjährig.

Eher kleine Schwebfliege mit charakteristischem Streifenmuster auf dem Hinterleib («schwarzer Schnurrbart»).

Wiesen, offenes Gelände, auch Gärten.

Häufig am Stadtrand und in Wohngebieten.

Gemeine Stiftschwebfliege

Sphaerophoria scripta

Auch Langbauch-Schwebfliege genannt. Wie bei anderen Arten dieser Gattung wird Thorax (Brustteil) auf dem Rücken hinten von einem gelben, halbmondförmigen Schildchen abgeschlossen. Beine gelb. Besonders im Hochsommer häufig auf Blüten, wo sie Pollen und Nektar aufnimmt, Wanderart (wie Hain-Schwebfliege). Larven Blattlausvertilger.

Schwebfliegen vermögen in der Luft stehenzubleiben und sind oft wespen- oder bienenartig gefärbt (Mimikry), weshalb sie etwa von Vögeln bei der Nahrungssuche als vermeintlich stechende Insekten gemieden werden sollen.

9–12 mm

März–Oktober

Lang gestreckte, sehr schmale Schwebfliege mit markanter schwarz-gelber Zeichnung.

Wiesen, offenes Gelände, auch Gärten.

In ganz Mitteleuropa häufiger Blütenbesucher.

Gemeine Garten-Schwebfliege

Syrphus ribesii

9–13 mm

April–Oktober

Erste Binde auf dem Hinterleib unterbrochen, die folgenden durchgehend und zum Seitenrand verschmälert, Thorax dunkel-bronzefarben; weitere, ähnliche Arten der gleichen Gattung.

Fliegen als Blütenbesucher auf Wiesen, in Wäldern und Gärten.

Mitteleuropa: im gesamten Gebiet verbreitet und häufig, auch mitten in der Stadt.

Die Gemeine Garten-Schwebfliege (auch Große Schwebfliege genannt) zählt zu den häufigsten Schwebfliegen und lässt sich auf einer Vielzahl von Blüten beobachten (Hahnenfußgewächse, Doldenblütler, Dost, blühende Sträucher). Sie ist nicht nur in Eurasien verbreitet, sondern besiedelt auch Nordamerika, erreicht im Norden Grönland und im Süden Mexiko. Um sich zu erwärmen, kann die Große Garten-Schwebfliege ihre Flugmuskulatur aktivieren, ohne die Flügel zu bewegen. Die Larven ernähren sich von Blattläusen, unter anderem von solchen, die an Roten Johannisbeersträuchern *(Ribes rubrum)* saugen. Mehrere Generationen pro Jahr.

Mistbiene

Eristalis tenax

14–16 mm

Frühsommer–November

Bienenartig aussehender, dunkelbrauner Zweiflügler, zwei große, orange Flecke an den Seiten des zweiten, oft auch des dritten Hinterleibssegments.

Besonders um viehwirtschaftlich genutztes Gebiet.

Landwirtschaft und Gärten am Stadtrand, Adulte bis in die Innenstädte.

Eine der häufigsten Schwebfliegen, mehrere ähnliche Arten. Körper teilweise behaart. Blütenbesucher, gerne auf Korb- und Doldenblütlern. Ebenfalls Wanderungen über Hunderte von Kilometern vom Süden bis in den hohen Norden, im Herbst wieder südwärts. Fliegen können in unseren Breiten auch in hohlen Bäumen und ähnlichen Verstecken überwintern. 2–3 Generationen pro Jahr. Larven (Güllenwürmer) etwa 20 mm lang, weißlich, entwickeln sich in Wasseransammlungen am Rand von Misthaufen, auch in Jauche. Als «Rattenschwanzlarve» am Hinterende mit einem bis 4 cm langen Atemrohr ausgestattet, das bis zur Wasseroberfläche reicht. Strudelnde Mundwerkzeuge, mit denen Schlammteile und Mikroorganismen als Nahrung herbeibefördert werden. Verlässt zur Verpuppung das Wasser.

Totenkopf-Schwebfliege

Myathropa florea

Dieser wegen seiner Zeichnung Totenkopf- oder Batman-Schwebfliege genannte Zweiflügler lässt sich in blütenreichen Lebensräumen auch in Städten beobachten. Fliegt unruhig und geräuschvoll. Die Larven der Totenkopf-Schwebfliege entwickeln sich in kleinen, schlammigen Pfützen oder mit Wasser gefüllten, modrigen Astlöchern. Überwinterung als Ei. Verbreitungsgebiet reicht von Nordafrika über Eurasien bis zum Pazifik, seit 2005 auch in Kalifornien nachgewiesen.

10–14 mm

April–September

Unverwechselbare Zeichnung auf dem Rücken des Brustteils, die an Totenkopf oder Batman-Signet erinnert.

Trockenwiesen, Gärten, Waldränder.

Häufig in ganz Mitteleuropa.

Hummelschwebfliege

Volucella pellucens

Die Hummelschwebfliege – auch Gemeine Waldschwebfliege genannt – nimmt wie andere Vertreter der Familie Pollen und Nektar zu sich. Sie besucht mit Vorliebe weiße Blüten (Brombeere, Himbeere, Giersch, Bärenklau, Liguster, Holunder, Heckenrose usw.). Die Eier werden bei Nestern von Wespen deponiert, die Larven entwickeln sich in den Wespennestern, wo sie sich von Abfall, toten Insekten und – besonders gegen Ende der Saison – gelegentlich auch von lebenden Wespenlarven und -puppen ernähren. Die Altlarven der Hummel-Schwebfliege verlassen zur Verpuppung das Wespennest.

12–18 mm

Mai–Oktober, vor allem Juni–Juli.

Etwas hummelähnlich, jedoch weniger behaart. Hinterleib mit breitem elfenbeinfarbigem Band, Körperende schwarz. Flügelmitte mit dunkeln Flecken.

Waldränder, Waldwege, Gärten.

Nicht selten in gut durchgrünten, blütenreichen Stadt- und Stadtrandgebieten.

18–22 mm

Juni–September

Sehr große Schwebfliege, ähnelt auf den ersten Blick einer Hornisse. Vorderkörper rostbraun, Hinterteil gelb mit zwei kräftigen schwarzen Binden.

Waldränder, Parks und Gärten.

Besonders im Süden, Bestände schwankend, in gewissen Jahren selten.

Hornissenschwebfliege

Volucella zonaria

Die Hornissenschwebfliege (oder Große Waldschwebfliege) ist aufgrund ihrer Größe kaum mit andern Schwebfliegen zu verwechseln, am ehesten noch mit der etwas kleineren Gebänderten Waldschwebfliege *(Volucella inanis)*, die am Hinterkörper jedoch drei schwarze Binden trägt. Die Nachahmung der Warnfarbe gefährlicher Insekten (Mimikry) kann harmlose Schwebfliegen vor Fressfeinden schützen. Allerdings sind Vögel teilweise durchaus fähig, zwischen stachelbewehrten und ungefährlichen Insekten zu unterscheiden. Larvenentwicklung in Wespen- und Hornissennestern, Überwinterung als Puppe. Wanderart, scheint in Mitteleuropa in den letzten Jahren vermehrt aufzutreten.

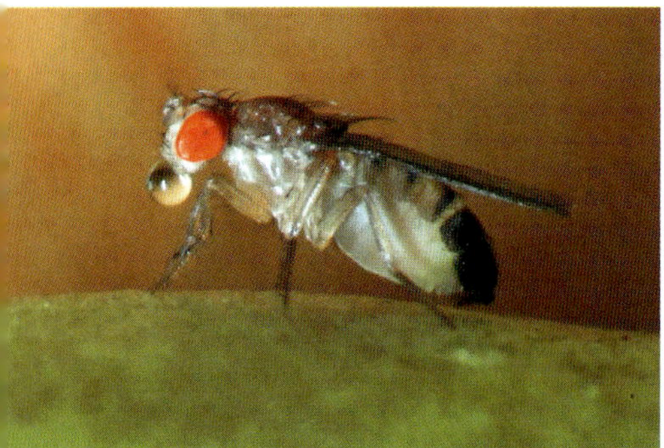

2 mm

Frühjahr–Herbst

Kleine, gelbliche Fliege mit roten Augen und schwarzer Hinterleibsspitze.

In Innenräumen, gerne an gärenden Früchten, an Kompost- und Abfallkübeln. Zahlreiche *Drosophila*-Arten auch im Freiland, im Wald.

Gesamtes Stadtgebiet.

Kleine Taufliege

Drosophila melanogaster

Fliegen schlüpfen am Morgen, wenn Tau vor Austrocknung schützt (Name). Die Weibchen der Tau-, Frucht- oder Essigfliege werden schnell begattet und können schon einen Tag später bis zu 400 Eier ablegen, Larven schlüpfen oft sofort aus und verpuppen sich nach 5–10 Tagen. Larven leben von Mikroorganismen in gärenden Substanzen. Wegen der schnellen Entwicklung, der geringen Chromosomenzahl (vier) und der außerordentlich großen Chromosomen, die in der Speicheldrüse zu finden sind, seit 1910 beliebtes Versuchstier in der Genforschung. Kosmopolit. Ähnliche, ebenfalls weit verbreitete, teilweise etwas größere Arten.

Gemeine Halmfliege

Thaumatomyia notata

Larven leben von Wurzelläusen und gallenbewohnenden Blattläusen. Verpuppung im Erdboden. Zwei Generationen pro Jahr. Ein Teil der Puppen überwintert, ebenso überwintern ausgewachsene Fliegen in Scharen in Spalten und Ritzen von Gebäuden sowie in Zwischenwänden von Dachböden. Beim Anflug im September oder Oktober sind die geeigneten Gebäude oft schwarz von Fliegen. Über Generationen werden dieselben Winterquartiere angeflogen, meist hohe helle Gebäude in der Nähe von Wiesen. Invasion gelegentlich nach der Installation vorgehängter Fassaden. Massenanflug kann lästig sein, ist aus hygienischer Sicht jedoch unbedenklich. Von Jahr zu Jahr starke Populationsschwankungen.

2 mm

Frühjahr–Herbst

Kleine, schwarz-gelb gefärbte Fliegen, Thorax längs, Hinterleib quer gestreift.

Wiesen, an hohen hellen Gebäuden in der Nähe von Wiesen.

Bis in die Innenstadt.

Stubenfliege

Musca domestica

Aufdringliche Fliege, die Zuckerkrümel mit Speichel löst und auftupft, aus der Kaffeetasse trinkt und Schlafenden über Gesicht und Hände läuft. Weltweit mit Mensch vergesellschaftet. Potenzieller Überträger von Krankheitskeimen. Made Allesfresser, kann sich an Kot oder Aas entwickeln, ebenso räuberisch leben oder parasitisch an Schnecken und Insekten.

Tönnchenpuppen rotbraun. Bis zu 15 Generationen jährlich.

Ähnliche Arten: Kleine Stubenfliege (*Fannia canicularis*, 4–7 mm, ebenfalls in Wohnungen, jedoch nicht aufdringlich, kreist gerne um Lampen), Herbst- oder Stallfliege (*Musca autumnalis*, sehr ähnlich wie *M. domestica*, häufig, jedoch nicht in Innenräumen), Wadenstecher (*Stomoxys calcitrans*, sticht Mensch und Vieh, bei Ställen).

7–8 mm

Frühjahr–Herbst

Schwarz, Thorax mit weißgrauen Längsstreifen, Hinterleib vorne und unten gelblich.

In der Nähe von Menschen, in Wohnungen.

Gesamtes Stadtgebiet, weltweite Verbreitung (Kosmopolit).

10–12 mm

März–Oktober

Körper glänzend schwarz, Backen und Flügelwurzel auffällig gelborange.

Wiesen und Waldränder bei Rinder- und Pferdeweiden.

Landwirtschaft und Gärten am Stadtrand.

Rinderfliege

Mesembrina meridiana

Zählt wie die Stubenfliege zu den Echten Fliegen, ähnliche Körperform wie Stubenfliege. Rinderfliegen nehmen vornehmlich Nektar zu sich und sind auf Blüten, Baumstämmen und Blättern zu finden. Ausgewachsene Tiere werden maximal 30–40 Tage alt. Eiablage an Dung von Säugetieren, besonders an frischen Kuhfladen. Aus den gut 1 mm langen Eiern schlüpfen schon nach etwa einem Tag Larven, die sich von Kot, organischen Abfällen und nicht zuletzt von Larven anderer Fliegen ernähren, die sich im Rinderdung entwickeln. Mehrere Generationen pro Jahr.

6–12 mm

März–Oktober

Pelzige, gelbe oder grünlich gelbe Fliege, meist an Dung.

Viehweiden, Ställe.

Landwirtschaft und Gärten am Stadtrand.

Gelbe Dungfliege

Scatophaga stercoraria

Fliegen treffen, gegen den Wind fliegend, beim noch warmen Kuhfladen ein. Auch an Kot anderer Tiere. Paarung im Gras. Eier mit zwei Seitenlappen, damit sie nicht zu tief im Dung versinken (Atmung, Nutzung der Sonnenwärme zur Reifung des Eis). Larven ernähren sich vom Kot, von Insekteneiern und Larven anderer Fliegen und Insekten, die in tierischen Exkrementen leben. Verpuppung und Überwinterung im Boden. Fliegen auf Blüten, auch räuberisch, verzehren z. B. kleine Fliegen.

Blaue Schmeißfliege

Calliphora vomitoria

Eiablage an Fleischwaren, Aas, Milchprodukte, an verdorbene Lebensmittel, Abfälle, menschliche und tierische Exkremente. Kann pathogene Keime übertragen. Larven fakultative Wundparasiten, greifen gesundes Gewebe nicht an, deshalb der Wundheilung förderlich. Seit 1917 (Erster Weltkrieg) werden steril aufgezogene Larven zur Behandlung schwer heilender Wunden eingesetzt, besonders bevor Penicillin zur Verfügung stand (seit 1940er-Jahren).
Tote Körper werden, wenn zugänglich, schnell von Schmeißfliegen und anderen Fliegen besiedelt, die daher in der Kriminalistik eine gewisse Rolle spielen. Nach Naturforscher Carl von Linné werden drei Fliegen mit einem toten Pferd so schnell fertig wie ein Löwe.
Mehrere sehr ähnliche Arten.

10–14 mm

Frühjahr–Herbst

Große, dunkle Fliege mit glasklaren Flügeln, stahlblau («Blauer Brummer»), metallisch glänzender Hinterleib.

Überall, auch in Wohnungen.

Gesamtes Stadtgebiet.

Kaiser-Goldfliege

Lucilia caesar

Junge Fliegen sind stahlblau, später tendiert die Farbe zu Grün und im Alter zu Kupferrot. Flügel alter Fliegen sind oft zerfetzt. Goldfliegen zählen zu den Schmeißfliegen. Sie sitzen gerne an der Sonne, besuchen Blüten und übel riechende Substanzen. Eiablage an Kadavern im Fell oder an anderen versteckten Stellen. Maden schlüpfen nach einem Tag, Verpuppung nach einer Woche im Boden. Puppen tönnchenförmig, rötlich, wie bei Stubenfliege. Wie bei *Calliphora*-Arten Entwicklung an offenen Wunden möglich.
Ähnliche, nur über die Unterscheidung der Genitalien sicher zu bestimmende Arten der gleichen Gattung, etwa Fischgoldfliege *(Lucilia sericata)*, deren rosa Maden als Angelköder Verwendung finden.

7–11 mm

Mai–Oktober

Am ganzen Körper grüngolden glänzend.

Überall, fliegt regelmäßig auch in Wohnungen.

Gesamtes Stadtgebiet.

Graue Fleischfliege

Sarcophaga carnaria

Häufigste Art einer Gattung, deren Männchen nur über die Begattungsorgane unterscheidbar sind. Weibchen oft unbestimmbar, wenn sie sich nicht gerade mit einem Männchen einer bekannten Art paaren. Eiablage an Aas, etwa toten Regenwürmern, auch an offenen Fleischwaren: «macht das Fleisch lebendig». Larven schlüpfen sofort und verflüssigen das Fleisch mit ausgeschiedenen Enzymen. Die im Nahrungsbrei eingetauchten Maden strecken die Atemöffnungen am Hinterende an die Luft. Fliegen nehmen Zucker aus Früchten, Nektar, Honigtau usw. auf.

7–17 mm

April–Oktober

Mittelgroße, oft kräftige Fliege von grauer Grundfarbe, helle Längsstreifen am Thorax, Schachbrettmuster am Hinterleib.

Überall, auch in Wohnungen.

Im gesamten Stadtgebiet, vom Siedlungsraum bis in den Wald.

Wanzenfliege

Phasia hemiptera

Phasia hemiptera zählt zur Familie der Schmarotzerfliegen (auch Raupenfliegen genannt), die in Mitteleuropa durch rund 500, oft schwer unterscheidbare Arten vertreten sind und auch städtische Grünflächen in zahlreichen Arten besiedeln. Die meisten Schmarotzerfliegen parasitieren Schmetterlingsraupen, die Wanzenfliege dagegen Wanzen aus der Familie der Baumwanzen: Die Weibchen injizieren Eier in die Baumwanzen, die Larven schlüpfen nach wenigen Tagen und fressen die Wirtstiere von innen auf, was zum Tod der befallenen Wanzen führt. Ausgewachsene Wanzenfliegen in zwei Generationen (April–Mitte Juni und Mitte Juli–Ende September) besuchen Blüten und nehmen Nektar und Pollen auf.

8–12 mm

April–September

Männchen mit breiten, blauschwarz gefleckten Flügeln, Weibchen mit kleineren, einheitlich durchsichtigen Flügeln. Hinterleib abgeflacht, seitlich orange.

Wärmere Habitate, auf Wiesen und an Hecken und Waldrändern.

Mitteleuropa: im gesamten Gebiet, in wärmeren Regionen verbreitet und recht häufig.

Fische

In Europas Süßwasserseen, Flüssen, Bächen und Teichen leben über 520 Knochenfischarten (Teleostei). Charakteristische Merkmale dieser Wirbeltiergruppe sind die mit Knochen- oder Knorpelstrahlen verstärkten Flossen. Typisch für Knochenfische sind paarige Brust- und Bauchflossen sowie unpaarige Rücken-, Schwanz- und Afterflossen. Anhand von Form und Position der Flossen am Körper lassen sich alle einheimischen Fischarten gut bestimmen. Der Körper der meisten Fische ist mit kleinen Knochenplättchen, den Schuppen, bedeckt. Über den Schuppen liegt eine empfindliche Schleimhaut, die den Fisch vor bakteriellen Infektionen schützt. Den Auftrieb im Wasser erhalten die Fische (außer einigen bodenlebenden Arten) durch eine Schwimmblase. Mit dem Seitenlinienorgan, das als horizontale Linie von gelochten Schuppen an den Flanken erkennbar ist, können die Fische kleinste Druckschwankungen im Wasser feststellen. Die Nasenlöcher enthalten Sinnesorgane, mit denen der Fisch Geruchsstoffe im Wasser wahrnehmen kann. Die Atmung erfolgt über Kiemen, indem Wasser mit dem Maul eingesaugt und durch die Kiemen gepresst wird. Die empfindlichen Kiemen sind durch bewegliche Knochenplatten (Kiemendeckel) geschützt.

Alle einheimischen Fische pflanzen sich durch Laichablage fort. Fische ernähren sich entweder räuberisch von anderen Fischen oder von Kleintieren. Nahrungsspezialisten wie die Felchen fressen ausschließlich Zooplankton, die Nase schabt mit ihren verhornten Lippen Algenaufwuchs von Steinen ab. Daneben gibt es auch Generalisten, die ein breites Nahrungsspektrum nutzen. Im Laufe ihres Lebens wechseln viele Fischarten die bevorzugte Nahrung.

In Siedlungen und Städten kommen in Abhängigkeit der Gewässerart, -größe und -qualität unterschiedlich viele Arten vor. In der Münchner Isar leben beispielsweise 34, in Berlin 36, im Zürichsee und dessen Abfluss Limmat 27, im Donaukanal bei Wien 25 und in der gesamten Donau über 50 Arten. In ganz Mitteleuropa werden große Anstrengungen zur Verbesserung der Wasserqualität unternommen, was nicht nur den Menschen, sondern auch den Fischen und andern Wasserlebewesen zugutekommt. Ohne direkte menschliche Hilfe könnten sich aber manche Fischarten kaum halten. Seit Jahrzehnten werden Fischeier künstlich erbrütet und Jungfische aufgezogen, die danach in die Gewässer freigesetzt werden. Ohne solche Besatzmaßnahmen wären manche Arten in vielen Gewässern wahrscheinlich längst verschwunden. Neben den fischereilich interessanten Arten werden beispielsweise in Zürich seit 1992 auch nicht nutzbare Arten (z. B. der Schneider, *Alburnoides bipunctatus*) durch Besatz gefördert. Gerade bei den Flussfischen gibt es besonders anspruchsvolle Arten, die saubere Kiesbänke für die Laichablage, flache Uferbuchten für die Jungfische und tiefe, kühle Zonen mit Versteckmöglichkeiten für die erwachsenen Tiere benötigen. Außerdem müssen auch die Nährtiere der Fische (Kleinkrebse, Insektenlarven, Schnecken) geeignete Lebensräume vorfinden. Eine gute strukturelle Vielfalt ist in unseren Gewässern jedoch Mangelware: Die Ufer sind oft begradigt und verbaut, die Sohle häufig monoton und ohne Strukturen, der Kies verschlammt und verdichtet. Neben den Bemühungen zur Verbesserung der Wasserqualität muss daher auch der strukturellen Vielfalt der Gewässer mehr Beachtung geschenkt werden.

Aal

Anguilla anguilla

Im Alter von 10–15 Jahren wandern die jugendlichen «Gelbaale» aus unseren Gewässern ab und ziehen flussabwärts. Beim Abstieg werden viele Aale in den Turbinen von Flusskraftwerken getötet, nur ein geringer Anteil erreicht das Meer. Als geschlechtsreife «Blankaale» ziehen diese in den Atlantik hinaus ins Sargassomeer östlich von Florida. Dabei keine Nahrungsaufnahme. Tod nach dem Laichen im Sargassomeer. Junge Aallarven schwimmen dann an die europäische Küste und als «Steigaale» die Flüsse hinauf bis in unsere Gewässer. Während des Aufstiegs wachsen sie zu 30–60 cm langen «Gelbaalen» heran, fressen Krebse, Schnecken und Fische. Bei größeren Wasserfällen und Staustufen können die Aale das Wasser verlassen und die Hindernisse landseitig umgehen.

Bis 130 cm, 3–4 kg.

Ganzjährig

Unverwechselbar; schlangenähnlicher bronzebrauner Körper, umlaufender Flossensaum an Bauch und Rücken.

Seeabflüsse, Stauhaltungen, große Flüsse. Nachtaktiver Jäger, tagsüber in Spalten und Höhlen oder in dichten Wasserpflanzen versteckt.

Ursprünglich nur in Gewässern, die in den Atlantik münden. Im Einzugsgebiet der Donau höchstens durch Besatz.

Ukelei, Laube, Läugel

Alburnus alburnus

Die Ukelei wurde ab 1960 zunehmend seltener und galt zuletzt in einigen Gewässern sogar als verschollen. Aufgrund der Überdüngung der Gewässer und des dadurch verstärkten Algenwachstums wurden die zur Laichablage benötigten Kiesflächen vielerorts mit Schlamm und faulenden Algenmassen bedeckt, was den Fortpflanzungserfolg massiv einschränkte. Seit Mitte der 1990er-Jahre Erholung der Bestände, heute können in großen Teilen Deutschlands, der Schweiz und Österreichs wieder große Schwärme beobachtet werden.
Ernährt sich von Plankton, wasserlebenden Insektenlarven und auch von fliegenden Insekten, die er springend erbeutet. Weißfisch, fischereilich unbedeutend. Früher oft als Köderfisch zum Fang von Flussbarschen oder Hechten verwendet.

15–20 cm, 60 g.
Höchstalter sieben Jahre.

Im Sommer oft größere Schwärme am Ufer und in Hafenanlagen.

Schlanker Fisch mit metallisch grünlichem Schimmer am Rücken.

Flachwasserzonen in großen Seen und langsam fließenden Flüssen.

Ganz Mitteleuropa, vom Alpenrand bis zum Brackwasser am Meeresufer.

Bis 70 cm, 9 kg.
Höchstalter ca. 20 Jahre.

Im Sommer in pflanzenreichen, schlammigen Uferzonen und Weihern.

Silbriggrauer, bei älteren Tieren leicht bronzefarbiger, hochrückiger Körper, kleiner Kopf mit vorstülpbarem Maul, spitze Rückenflosse, lang gezogene Afterflosse.

In langsam fließenden Gewässern (Brachsenregion im Unterlauf von Flüssen) und in vegetationsreichen stehenden Gewässern mit schlammigem Boden und warmen Sommertemperaturen.

Im Unterlauf von Flüssen, in Kanälen, Seen, Stauhaltungen und Baggerseen, auch in wenig sauberen Gewässern ganz Mitteleuropas. Anspruchslos.

Brachsen, Blei

Abramis brama

Leitart der Brachsenregion (Bleiregion), der artenreichen Fischregion im Unterlauf der Flüsse. Der zu den Karpfenfischen zählende Brachsen (auch Brachse, Brasse oder Brachsme) nahm in den 1960er- und 1970er-Jahren aufgrund der Überdüngung stark zu. Die Senkung der Phosphor-Einträge in die Gewässer und verstärkte Fangbemühungen führten dann vielerorts zu einer Reduktion der hohen Bestände. Nach wie vor häufig. Zählt bei Fischern nicht zu den bevorzugten Fischen. Große Brachsen saugen mit dem vorstülpbaren Maul Schlamm vom Boden auf und sieben Kleinmuscheln, Wasserschnecken, Insektenlarven und Ringelwürmer aus. Junge Brachsen ernähren sich zunächst von Plankton. Brachsen laichen im Mai/Juni in dichten Pflanzenwäldern in Ufernähe.

Bis 35 cm, 1 kg.
Höchstalter ca. 8–10 Jahre.

Im Sommer in pflanzenreichen Uferzonen. Laicht im Mai/Juni an pflanzenreichen Stellen in Ufernähe. Im Winter in tieferen Gewässerzonen, schwarmbildend.

Hochrückige, seitlich abgeflachte Körperform. Ähnelt dem Brachsen, ist aber deutlich kleiner, hat größere Augen. Die paarigen Bauchflossen und die Afterflosse an der Basis rötlich.

Pflanzenreiche warme Uferzonen von Seen, größere Stillwasserbereiche und Staustufen in Flüssen. Schwarmfisch.

In fast ganz Mitteleuropa.

Güster, Blicke

Blicca bjoerkna (Abramis bjoerkna)

Die Güster kann sich mit dem Karpfen und auch mit anderen karpfenartigen Fischen kreuzen und Mischlinge bilden. Die Lebensweise der Güster ist ähnlich wie die des Brachsen, mit dem sie auch oft gemeinsam vorkommt. Sie ist ziemlich anspruchslos und anpassungsfähig, besiedelt gerne wärmere, langsam fließende und stehende Gewässer und ernährt sich v. a. von wirbellosen Bodentieren und Plankton. Laichzeit ist Mai und Juni. Der Laich wird im Schwarm im Uferbereich abgelegt. Nach etwa 4–6 Tagen schlüpfen die Larven. Die Güster erreicht die Geschlechtsreife im dritten oder vierten Jahr. Fischereilich ist sie von geringer Bedeutung.
Die Güster wird oft mit dem Brachsen verwechselt. Dadurch könnten die effektiven Bestandsgrößen der Güster unterschätzt werden. Sie ist höchstens regional gefährdet.

Barbe

Barbus barbus

Bodenorientierter, eher träger Fisch, der kaum größere Strecken im freien Wasser schwimmt. Vor allem dämmerungs- und nachtaktiv. Mit ihren Barteln spüren Barben bodenlebende Tiere auf (Kleinkrebse, Ringelwürmer, Schnecken, Insektenlarven). Im Winter suchen sie tiefere, strömungsgeschützte Senken auf, in denen sie manchmal zu Tausenden dicht zusammengedrängt ruhen. Zur Laichzeit (Mai–Juli) ziehen die Barben flussaufwärts und legen ihre klebrigen Eier über steinigem Grund ab. Die frisch geschlüpften Jungfische halten sich während etwa zwei Wochen in den Zwischenräumen der steinigen Flusssohle auf. Auch während ihres ersten Sommers verstecken sie sich oft unter großen Steinen. Die Barbe wird von Fischern nur selten gefangen (zu viele Gräten).

Bis 120 cm, 10–12 kg. Höchstalter 15 Jahre.

Im Frühling/Sommer in Flüssen hinter Brückenpfeilern.

Schlanker Fisch, spitzer Kopf, große, goldene Schuppen, vier kurze Barteln am Maul. Spitze, dreieckige Rückenflosse.

Leitart der Barbenregion: langsam fließende, sommerwarme Flüsse mit kiesigen und sandigen Stellen (Mittellauf). Braucht sauberes und sauerstoffreiches Wasser. Steht gern in Gruppen im Strömungsschatten von Brückenpfeilern oder großen Steinen.

Ganz Mitteleuropa, besonders im Mittellauf von Flüssen.

Goldfisch

Carassius auratus

Anspruchslose und konkurrenzstarke Fischart. Allesfresser. Heimat der Naturform des Goldfischs ist vermutlich Ostasien. Durch jahrhundertelange Züchtungen entstanden unzählige Formen und Varietäten, die in ganz Eurasien verbreitet wurden. Als Zierfisch hat der Goldfisch bei uns keine Bedeutung für die Fischerei.

Das Aussetzen von Goldfischen in öffentliche Gewässer ist verboten. Große Populationen von Goldfischen können in Kleingewässern Amphibienbestände, andere Fischarten und Kleintiere dezimieren. In gewissen Fällen können gezielte Abfischungen von Goldfischen zum Schutz der einheimischen Fauna beitragen; ist allerdings mit großem Aufwand verbunden und gewünschter Erfolg wird meist nicht erreicht.

Bis 55 cm, 3 kg, meistens kleiner. Höchstalter 40 Jahre.

Im Sommer in pflanzenreichen Uferzonen.

Unverwechselbare orange bis gelbe Färbung, manchmal mit weißen oder schwarzen Flecken und Sprenkeln, vielfach auch grau, braun, sogar weiß.

Vegetationsreiche stehende Gewässer. Keine hohen Ansprüche an Lebensraum und Wasserqualität.

In ganz Mitteleuropa in vielen Teichen, Weihern und andern Gewässern ausgesetzt.

Nase

Chondrostoma nasus

Früher war die Nase in manchen Flüssen einer der häufigsten Fische. Seit mehreren Jahrzehnten in ganz Mitteleuropa stark rückläufig, manche Populationen sind ganz erloschen. Die Nase ist gegenüber Gewässerverschmutzung und Verschlammung des Kiesbetts sehr empfindlich, sodass in den letzten Jahrzehnten nur noch Restbestände in den Flüssen vorkamen. Seit ein paar Jahren scheinen sich die Bestände dank verbesserter Gewässerschutzmaßnahmen zumindest regional zu erholen. Jungfische fressen zunächst Plankton und verdriftete Kleintiere, später wechseln sie zu vegetarischer Ernährungsweise und schaben mit dem verhornten Maul den Kieselalgenbewuchs von Steinen ab. Als Ruheplätze braucht die Nase tiefere und ruhigere Zonen.

Bis 50 cm, 1,5 kg. Höchstalter 15 Jahre.

Zur Laichzeit (März–Mai) an kiesigen, stark umströmten Stellen im Flussbett.

Schlanker, lang gestreckter silbriger Fisch. Unterständiges Maul mit dicken, verhornten Lippen («Nase»). Rückenflosse grau, übrige Flossen rötlich.

Im Mittellauf reich strukturierter Flüsse mit stark strömenden steinigen Stellen, tieferen ruhigen Senken und kiesigen Flachwasserzonen.

Im südlichen und westlichen Mitteleuropa, im Norden und Nordosten Deutschlands weitgehend fehlend.

Karpfen

Cyprinus carpio

Der Karpfen war vor der letzten Eiszeit in Europa heimisch, sein Verbreitungsgebiet hat sich während der Vergletscherung nach Osten zurückgezogen. Von den Römern dann wieder nach Europa gebracht. Viele Zuchtformen: Lederkarpfen (ohne Schuppen), Spiegelkarpfen (mit nur einer Schuppenreihe am Rücken und an der Seite) oder Schuppenkarpfen, der der Wildform am nächsten steht. Die Lebensweise des Karpfens ähnelt derjenigen von Brachsen und Güster. Er gräbt mit seinem vorstülpbaren Maul Schnecken, Ringelwürmer und Insektenlarven aus dem Bodenschlamm. In vielen europäischen Ländern wird der Karpfen als Speisefisch geschätzt, in Teichanlagen gezüchtet und zur Weihnachtszeit gegessen.

Bis 120 cm, bis 40 kg, meist deutlich kleiner. Höchstalter 38 Jahre.

Im Sommer in pflanzenreichen Uferzonen. Laichablage Mai/Juni.

Hochrückiger, massiger Fisch mit lang gezogener Rückenflosse und kleinem Kopf mit wulstigen Lippen. Beschuppung und Gestalt variabel.

Stehende und langsam fließende sommerwarme Gewässer mit schlickigem Boden und üppigem Pflanzenbewuchs.

In ganz Mitteleuropa in den meisten Stillgewässern und größeren Fließgewässern. In Weihern und Teichen als Zuchtfisch.

Gründling, Gressling

Gobio gobio

Wie sein Name andeutet, ist der Gründling ein bodenorientierter Fisch, der im Flachwasser im Sand und im lockeren Kies nach Nahrung sucht. Im Sommer können an solchen Stellen oft größere Gruppen von hektisch wühlenden Gründlingen beobachtet werden. Sie fressen Kleintiere und abgerissene Pflanzenstücke. Der Gründling benötigt lockere Kiesbänke zur Laichablage. Durch Revitalisierung von hart verbauten Ufern und Gerinnesohlen können geeignete Laichplätze geschaffen werden.

10–15 cm.
Höchstalter acht Jahre.

Im Sommer oft in Gruppen im seichten Wasser umherziehend.

Schlanker drehrunder, grau-schwarz gesprenkelter bodenlebender Kleinfisch, zwei kurze Barteln am Maul.

An sandigen und kiesigen Flachuferzonen in Bächen, Flüssen und Seen. An hart verbauten oder verschlammten Stellen kommt der Gründling nicht vor.

In vielen mitteleuropäischen Gewässern, weit verbreitet.

Aland, Orfe, Nerfling

Leuciscus idus

Ernährt sich von Insektenlarven, Schnecken, Muscheln und anderen Wirbellosen, selten von Kleinfischen. Geschlechtsreife nach 3–7 Jahren, Laichzeit April–Mai. Eier werden an Wasserpflanzen und Wurzeln geheftet. Der Aland ist den beiden nahe verwandten Arten Döbel (Alet, *L. cephalus*) und dem besonders im südlichen Mitteleuropa verbreiteten Hasel *(L. leuciscus)* sehr ähnlich. Beim vorwiegend im Oberlauf lebenden Döbel ist die Afterflosse anders als bei der Orfe nach außen gewölbt. Der Aland besiedelt den Unterlauf von großen Fließgewässern, stellt keine besonderen Ansprüche an Lebensraum und Wasserqualität. Wie die meisten der zu den Karpfenartigen zählenden «Weißfische» wegen der typischen feinen Gräten als Speisefisch nicht geschätzt.

60–70 cm, bis 6 kg.
Höchstalter ca. zehn Jahre.

Gestreckte, etwas hochrückige Gestalt, dunkler Rücken, manchmal rötliche Flossen. Afterflosse konkav (nach innen gewölbt). Kleine Schuppen. Kleines, endständiges Maul. Augen golden.

Besiedelt vorzugsweise den Unterlauf von Fließgewässern, auch in Stillgewässern und Altarmen anzutreffen, auch im Brackwasser.

Besonders im nördlichen Mitteleuropa, im Mitteldeutschland und im Süden große Verbreitungslücken, fehlt in der Schweiz.

Bartgrundel, Schmerle

Neomacheilus barbatulus (Barbatula barbatula)

Die Bartgrundel ist ein bodenortientierter nachtaktiver Kleinfisch, der im Sand und Kies nach Insektenlarven und Kleinkrebsen sucht. Bei der Fortpflanzung werden vom Weibchen mehrere 10 000 Eier portionenweise an Steine geklebt, wo sie vom Männchen befruchtet und bis zum Schlüpfen der Larven bewacht werden.

Die Bartgrundel kann künstliche Hindernisse in Flüssen und Bächen schlecht überwinden. Eine Schwelle von 20 cm Höhe ist flussaufwärts bereits kaum mehr passierbar. Zur Förderung der Schmerle müssen Verbauungen in Fließgewässern fischgängig gemacht werden.

8–12 cm.
Höchstalter sieben Jahre.

Zur Laichzeit (April–Juni) an kiesigen Stellen im Flussbett. Nachtaktiv. Tagsüber unter Steinen versteckt.

Schlanker, dunkelbrauner Kleinfisch mit vielen hellen Sprenkeln. Sechs dicke Barteln am Maul.

Klare Bäche, Flüsse und Seen mit sandigem und kiesigem Grund und Pflanzenbewuchs. Auch im Uferbereich von Seen.

Ganz Mitteleuropa

Elritze

Phoxinus phoxinus

Die Elritze ernährt sich von Kleintieren im Wasser und fliegenden Insekten an der Oberfläche, hin und wieder auch von Laich und Larven anderer Fischarten. Die Elritzenlarven schlüpfen bereits 5–10 Tage nach der Laichablage. Die ersten Tage verbringen sie an dunklen Stellen, später bilden sie Schwärme im Flachwasser.

Elritzen sind eine wichtige Beute für große Forellen. Früher wurden sie von Fischern deshalb oft als Köderfische benutzt. In Osteuropa und Russland wird die Elritze sauer eingelegt genossen.

Die Elritze kann gut in Kaltwasseraquarien gehalten werden und wird als Laborfisch für physiologische Versuche und Verhaltensstudien verwendet. Bei solchen Versuchen hat sich die Elritze als sehr lernfähig erwiesen.

10–14 cm.
Höchstalter 11 Jahre.

Im Sommer an kiesigen Stränden mit untergetauchter Vegetation. Laichzeit April–Juli.

Lebhafter Kleinfisch, in Schwärmen im Flachwasser, Färbung goldbraun, dunkler Seitenstreifen. Männchen zur Laichzeit mit rotem Bauch.

In kalten, klaren und sauerstoffreichen Berggewässern, aber auch in Seen und Bächen im Flachland. Guter Indikator für intakte Gewässer.

In ganz Mitteleuropa verbreitet.

Plötze, Rotauge, Schwale

Rutilus rutilus

In den 1970er-Jahren als Profiteur der damaligen Überdüngung in vielen Gewässern sehr häufiger Fisch. Plötzen haben ein breites Nahrungsspektrum. Sie sind sogar in der Lage, Wandermuscheln zu knacken. Seit den 1990er-Jahren sind die Bestände vielerorts rückläufig (vermehrtes Abfischen, verbesserte Wasserqualität dank Gewässerschutzmaßnahmen bzw. Kläranlagen), das Rotauge zählt aber meist immer noch zu den häufigsten Fischarten.

Offenbar reagiert das Rotauge sehr empfindlich auf hormonähnliche Substanzen, die mit dem Abwasser in die Gewässer gelangen: Schon geringe Konzentrationen solcher Stoffe können bei Männchen eine Verweiblichung der Geschlechtsorgane hervorrufen.

Bis 40 cm, 1,5 kg.
Höchstalter 14 Jahre.

Zur Laichzeit im April/Mai in Schwärmen am Ufer. Im Sommer oft große Jungfischschwärme in Hafenanlagen.

Silbrig glänzende Rückenflosse direkt über den Bauchflossen. Augen meist orangerot. Bauch- und Afterflossen orange, die übrigen Flossen durchsichtig grau.

Seen, Kanäle, ruhige Flüsse, Teiche, auch im Brackwasser.

Ganz Mitteleuropa.

Rotfeder

Scardinius erythrophthalmus

Toleriert Überdüngung, hohe Temperaturen und niedrigen Sauerstoffgehalt, reagiert empfindlich auf anorganische Verschmutzung. Hauptaktivität in den Morgen- und Abendstunden von Mai bis September. Nahrung: Wasserpflanzen, Plankton, Kleintiere und Anfluginsekten, die an der Oberfläche geschnappt werden. Geschlechtsreife mit 2–3 Jahren, Laichzeit April–Juli.

Die Rotfeder kann sich mit dem Rotauge kreuzen, laicht aber meistens später als diese, weshalb Mischlinge eher selten sind. Im Gegensatz zum Rotauge meist nur in geringen bis mittleren Dichten. Geringe wirtschaftliche Bedeutung, kein begehrter Speisefisch.

25–35 cm, maximal 45 cm, bis 2 kg.
Höchstalter 10 Jahre.

Im Sommer in warmen, pflanzenreichen Uferzonen.

Flossenfärbung variabel, oft aber leuchtend orangerot. Rückenflosse im Vergleich zum Rotauge weiter hinten. Hochrückiger als Rotauge. Mundspalte nach oben gerichtet.

Pflanzenreiche, langsam fließende und stehende Gewässer, auch in Fischteichen und Weihern.

Ganz Mitteleuropa

Schleie

Tinca tinca

Die Schleie stellt geringe Ansprüche an Wasserqualität und Sauerstoffgehalt. Ihre Nahrung besteht aus Wasserpflanzen, Ringelwürmern und Schnecken. Sie erträgt hohe Wassertemperaturen bis 30 °C. Die Fortpflanzung findet erst bei Temperaturen ab 19–20 °C statt. Ein großes Weibchen kann bis zu 300 000 kleine und klebrige Eier ablaichen, die an Wasserpflanzen haften bleiben. Bei großer Kälte, Hitze oder Sauerstoffmangel gräbt sich die Schleie im Bodenschlamm ein und verfällt in eine Starre. In diesem Zustand kann sie sogar einige Zeit ohne Sauerstoff überleben. Schleien sind eher Einzelgänger, im Sommer kann man aber an schattigen Stellen (z. B. unter umgestürzten Bäumen oder unter Schiffsstegen) auch größere Gruppen oder ganze Schwärme antreffen.

60–70 cm, 5–8 kg, meist kleiner. Höchstalter bis 20 Jahre.

Im Sommer in Uferzonen.

Großer oliv- oder bronzefarbiger Fisch mit kleinen Schuppen, plumpe Gestalt, alle Flossen abgerundet, Maul mit wulstigen Lippen und zwei kurzen Barteln. Männchen mit größeren Bauchflossen als Weibchen.

Vegetationsreiche, sommerwarme Flachwasserzonen mit schlammigem Grund in Seen und größeren Weihern, Stillwasserzonen in großen Flüssen.

Ganz Mitteleuropa.

Hecht

Esox lucius

Raubfisch, lauert unbeweglich zwischen Wasserpflanzen oder Zweigen von umgestürzten Bäumen. Wenn Beute in Reichweite schwimmt, stößt er blitzschnell hervor. Auch große Beutetiere werden angegriffen. Große Hechte fressen im Frühsommer neben Fischen oft auch junge Enten.

Bereits im November werden die Reviere der Weibchen von Männchen belagert. Bis zur Laichzeit (Februar–Mai) kommt es unter den geschlechtsreifen Männchen (Milchnern) zu aggressiven Kämpfen. Weibchen legen mehrere Zehntausend Eier ab. Temperaturabhängig schlüpfen Larven ca. drei Wochen später und ernähren sich kurze Zeit vom Dottersack. Junghechte stellen ihre Ernährung bereits im Alter von 4–5 Wochen von Kleinkrebsen auf kleine Fische um.

Bis 160 cm und 40 kg. Höchstalter 40 Jahre.

Im Sommer lauernd in Schilfbeständen und Laichkrautwäldern in Ufernähe.

Unverwechselbar. Jungtiere kontrastreich getupft oder gestreift, mit zunehmendem Alter verblasst das Muster.

Strukturreiche Stellen in Seen und Stillwasserzonen in Flüssen.

In ganz Mitteleuropa in praktisch allen Seen und Flüssen, in größeren Teichen oft eingesetzt.

Trüsche, Rutte, Quappe

Lota lota

Die einzelne Kinnbartel ist ein Familienmerkmal der Dorsche. Die Trüsche ist die einzige Süßwasserart unter den Dorschfischen. Alle Verwandten leben im Meer.
Die Trüsche bevorzugt kaltes Wasser und ist v. a. im Winter aktiv. Den Sommer verbringt sie meist ruhend in Höhlen und Spalten in tiefen und kühlen Zonen größerer Seen und Flüsse. Zur Laichablage versammeln sich Dutzende bis Hunderte von Trüschen an einer Stelle und bilden einen dichten Klumpen. Die Weibchen legen bis zu 1 Mio. Eier pro kg Körpergewicht. Die winzigen Eier schweben bis zum Schlüpfen der Larven etwa zwei Monate im Wasser.

Bis ca. 100 cm, ca 8 kg.
Höchstalter 20 Jahre.

Nachts auch in Ufernähe.

Unverwechselbar. Schlangenartiger länglicher Fisch mit umlaufendem Flossensaum am Hinterleib. Leopardartiges Farbmuster. Einzelne Bartel vorne am Kinn.

Seen und Flüsse.

In ganz Mitteleuropa, regional selten und gefährdet.

Dreistachliger Stichling

Gasterosteus aculeatus

Stichlinge ernähren sich von Wasserinsekten und Kleinkrebsen. Sie werden ihrerseits oft von Raubfischen und fischfressenden Vögeln gejagt. Im Frühsommer baut das Männchen ein Nest aus Wasserpflanzen, in das mehrere Weibchen nacheinander ihre Eier legen können. Vor der Eiablage vollführt das Paar einen Hochzeitstanz, der nach einem festen Schema abläuft. Das Nest mit den Eiern und das umgebende Revier wird vom Männchen bewacht und sehr aggressiv gegen Eindringlinge verteidigt. Auch die Weibchen werden nach der Eiablage nicht mehr am Nest geduldet.

6–8 cm.
Höchstalter acht Jahre.

Besonders von April bis Juni gut zu beobachten (Balzspiel und Revierverteidigung der Männchen).

Drei spitze Stacheln auf dem Rücken. Männchen zur Laichzeit (März–Juli) auffällig bunt gefärbt.

Seeufer, Kleingewässer wie Teiche und Weiher, manchmal auch in Stillwasserbereichen von großen Fließgewässern.

In Mitteleuropa weit verbreitet, besonders im Norden des Gebiets, im Donauraum ursprünglich fehlend.

Kaulbarsch

Gymnocephalus cernuus

Der Kaulbarsch laicht zwischen März und Juni im Flachwasser an steinigen Stellen, Wurzeln und untergetauchten Ästen. Wegen seiner geringen Größe ist der Kaulbarsch für die Fischerei uninteressant und wenig beliebt. Die spitzen Flossenstrahlen können schmerzende Verletzungen verursachen, was die Handhabung versehentlich gefangener Kaulbarsche erschwert. Oft wird der Kaulbarsch auch als Konkurrent anderer Fischarten und als Laichräuber verdächtigt. Schädliche Einflüsse auf andere Fischarten konnten aber zumindest in der Schweiz nicht nachgewiesen werden. Nahrung: Insektenlarven und andere Kleintiere. Kaulbarschbestand ist in Mitteleuropa nicht gefährdet.

15–18 cm, im Osten bis 25 cm. Höchstalter 10 Jahre.

Lebt eher versteckt und in tieferen Zonen.

Silbrig bis bräunlich, mit schwarzen Sprenkeln. Erste Rückenflosse mit langen spitzen Strahlen, zweite Rückenflosse direkt an die erste anschließend, mit weichen Strahlen.

Seen und größere Flüsse, v. a. im Unterlauf. Meidet Stellen mit dichtem Pflanzenbewuchs oder starker Strömung. Gern in felsigen und tieferen Zonen.

Besonders im nördlichen und westlichen Mitteleuropa.

Flussbarsch, Kretzer, Egli

Perca fluviatilis

Sehr starke Bestandsschwankungen. Innerhalb weniger Jahre können nach dramatischen Bestandseinbrüchen wieder Rekordbestände heranwachsen. Als Generalist und Opportunist sehr anpassungsfähig, aber empfindlich auf Sauerstoffmangel, ernährt sich wahlweise von Plankton, Wirbellosen oder kleinen Fischen. Laichablage im April/Mai in ca. 3 m Tiefe. Die Eier werden als strumpfartiges Laichband (mit bis 200 000 Eiern) an Pflanzen und untergetauchten Ästen aufgehängt. Guter Speisefisch. Wird nicht durch Besatzmaßnahmen gefördert. Die Aufzucht von Flussbarschlarven ist sehr schwierig und im großen Stil nicht möglich. Glücklicherweise reicht die natürliche Laichmenge aber aus, um die Bestände zu halten.

20–30 cm, größte Exemplare bis 55 cm, bis 4,5 kg. Höchstalter 22 Jahre.

Im Sommer in Ufernähe (in Hafenanlagen, unter Schiffsstegen und Booten). Größere Exemplare tiefer an der Halde.

Zwei Rückenflossen, die vordere mit harten Strahlen und einem schwarzen Punkt, die hintere weich. Färbung variabel, meist 6–9 schwarze Querstreifen auf braungrünlicher Grundfarbe. Orange oder gelbliche Bauch-, After- und Schwanzflosse.

Verschiedene Bereiche von Seen und Flüssen.

In ganz Mitteleuropa verbreitet.

Sonnenbarsch

Lepomis gibbosus

Der aus Nordamerika stammende Sonnenbarsch breitet sich in Mitteleuropa seit dem späten 19. Jahrhundert aus. Er laicht zwischen Mai und Juli in Ufernähe auf Sand und Kies. Das Männchen baut eine Nestgrube im sandigen Boden und verteidigt sein Revier sehr aggressiv, auch gegen badende Menschen. Der kleine Fisch kann schon mal kräftig in den Unterschenkel zwicken, wenn sich ein im Wasser watender Mensch seinem Nest nähert. Wird ebenfalls oft als Laichräuber und Konkurrent einheimischer Fischarten verdächtigt, ein Beweis dafür steht aber auch hier aus. Hauptnahrung sind Insektenlarven. Für die Fischerei nicht von Bedeutung. Ähnlich der ebenfalls eingebürgerte Grüne Sonnenbarsch *(L. cyanellus)*, nur in der Umgebung von Frankfurt a. M.

10–20 cm.
Höchstalter 12 Jahre.

Im Sommer an sandigen und steinigen Stellen am Ufer. Sehr standorttreu.

Körperform hochrückig. Zwei zusammengewachsene Rückenflossen. Grundfarbe Braunoliv, leuchtend hellblau gezackte Linien und Sprenkel, schwarzer Punkt am Kiemendeckel.

Seeufer mit sandigen Böden und Pflanzenbewuchs, auch in Gartenteichen, Baggerseen und langsam fließenden Gewässern.

Vor allem im südwestlichen Mitteleuropa, besonders in städtischen und stadtnahen Gewässern, ursprünglich gebietsfremd.

Regenbogenforelle

Oncorhynchus mykiss

1881 in Europa eingeführt. Erträgt höhere Temperaturen und geringeren Sauerstoffgehalt als einheimische Bachforelle. Daher auch in Gewässern, wo Bachforelle bereits nicht mehr vorkommt. Regenbogenforelle wurde früher durch Besatzmaßnahmen gefördert. Laicht zwischen Dezember und März an kiesigen Stellen (Laichgruben). Seit vielen Jahren wird die Konkurrenz zur einheimischen Bachforelle diskutiert. Eine 2010 für das deutsche Bundesamt für Naturschutz und das Umweltbundesamt (Österreich) erarbeitete Studie setzt die Regenbogenforelle für Deutschland und Österreich auf die Schwarze Liste invasiver Arten, in der Schweiz werden die erforderlichen Bewilligungen zur Aussetzung in offene Gewässer nicht mehr erteilt.

Bis 70 cm, 6 kg.
Höchstalter 11 Jahre.

Ganzjährig

Unterständiges Maul, Fettflosse, kleine Schuppen. Färbung am Rücken dunkel, an den Flanken mit rosa bis grünlichem Schimmer (Regenbogen!). Schwarze Tupfen an Kopf, Rücken, Flanken und auch an der Rückenflosse, heller Bauch.

Seen, Flüsse und Bäche.

In ganz Mitteleuropa verbreitet, aber gebietsfremd (ursprünglich aus Nordamerika).

Bachforelle

Salmo trutta fario

Die Bachforelle ist bei Sportfischern sehr begehrt und wird deshalb seit langer Zeit in vielen Gewässern stark gefördert. Ohne Besatzmaßnahmen wäre die Bachforelle in vielen Gewässern seltener oder bereits verschwunden. Nicht die Fischerei macht ihr zu schaffen, sondern die durch Gewässerkorrekturen entstandene Strukturarmut. Für die Laichablage und die Jungtiere wird ein lockeres, gut durchlüftetes Kiesbett benötigt. Zudem reagiert die Bachforelle sehr empfindlich auf Gewässerverschmutzungen und erträgt keine hohen Sommertemperaturen. Nahrung: Insektenlarven und verschiedene andere Wirbellose. Seit einigen Jahren macht der Bachforelle auch ein neu eingeschleppter Parasit zu schaffen, der die Proliferative Nierenkrankheit (PKD) hervorruft.

Bis 80 cm, 7–9 kg, meist deutlich kleiner.
Höchstalter acht Jahre.

Ganzjährig

Schlank, unterständiges großes Maul, Fettflosse, kleine Schuppen. Färbung variabel, meist braungrau mit schwarzen Punkten an Kopf und Rücken und kleinen roten Tupfen an den Flanken.

Flüsse und Seen, kühle, rasch fließende, sauerstoff- und strukturreiche Bäche. Entwicklung im Oberlauf von Fließgewässern (Forellenregion).

In Fließgewässern und Seen in ganz Mitteleuropa, Jungfische auch in kleinen Seitenbächen.

Äsche

Thymallus thymallus

Infolge Gewässerverschmutzung, Anstauungen und dadurch verursachte Versandung in vergangenen Jahrzehnten stark zurückgedrängt. Viele Bestände haben sich dank Verbesserung der Wasserqualität, intensiven Besatzmaßnahmen und fischereilichen Regulierungen wieder stabilisiert. Außergewöhnlich hohe Sommertemperaturen in den letzten Jahren haben manchen Äschenbeständen stark zugesetzt. Laicht an kiesigen Stellen im Flussbett. Weibchen schlägt eine Laichgrube, darin werden die Eier abgelegt und von einem oder mehreren Männchen besamt. Jungfische stehen zunächst im flachen Wasser am Ufer, im Laufe des Sommers begeben sie sich in stärker strömende Zonen in der Gewässermitte. Äsche ist bei Anglern sehr begehrt (Fliegenfischen).

50–60 cm, 1,5 kg, große Exemplare bis 5 kg.
Höchstalter 14 Jahre.

Ganzjährig an kiesigen Stellen fließender Gewässer. Recht scheu, schnell.

Schlank, kleines Maul, etwas abgeplattet, mäßig große Schuppen, Fettflosse. Unverwechselbare Rückenflosse (Fahne), v. a. beim Männchen zur Laichzeit im Frühling prächtig rotblau mit schwarzen Tupfen.

In Seeabflüssen, rasch strömenden und großen, kühlen, sauerstoffreichen Flüssen. Leitart der Äschenregion.

Kommt in ganz Mitteleuropa vor, besonders im südlichen Teil des Gebiets, teilweise stark gefährdet.

Amphibien

Wie Fische, Reptilien, Vögel und Säugetiere zählen die Amphibien – auch Lurche genannt – zu den Wirbeltieren. In Mitteleuropa kommen zwei Amphibienordnungen vor: die Schwanzlurche, zu denen Salamander und Molche gehören, und die Froschlurche mit den Familien der Scheibenzüngler, der Kröten, der Echten Frösche und der Laubfrösche. Von den in Europa vorkommenden insgesamt über 60 Arten sind in Deutschland, Österreich und der Schweiz je etwa 20 Arten nachgewiesen. Davon können in Siedlungen und Städten rund die Hälfte entdeckt werden – allerdings die meisten Arten nur noch in verschwindend kleinen Beständen. In Österreich stehen alle heimischen Arten auf der Roten Liste, in der Schweiz 14 und in Deutschland mindestens 10. Die Bestandsrückgänge sind auf Lebensraumverlust, Trockenlegung von Feuchtgebieten und Intensivierung der Landwirtschaft zurückzuführen. Als ans Wasser und an feuchte Lebensräume gebundene Tiere sind Amphibien weniger in trockenwarmen, urbanen Stadtzonen zu finden, besiedeln eher schattigere, naturnahe Lebensräume am Stadtrand.

Mit Ausnahme des lebend gebärenden Alpensalamanders, der höchstens am Alpenrand städtische Gebiete erreicht (Luzern), benötigen die heimischen Amphibien Wasser für die Entwicklung ihrer Larven. Schwanzlurche setzen ihre Eier (Laich) zumeist einzeln zwischen zuvor mit den Hinterfüßen zusammengefaltete Pflanzenteile ab, während die Froschlurche im Allgemeinen ihren Laich in Form von Ballen oder Schnüren im Wasser absetzen. Ausnahmen bilden die sich an Land paarenden Arten Feuersalamander und Geburtshelferkröte. Der Feuersalamander setzt bereits fertig entwickelte Larven an geeigneten Stellen ins Wasser ab, und das Männchen der Geburtshelferkröte trägt die Eischnüre um die Hinterbeine gewickelt mit sich herum, bis die schlupfreifen Kaulquappen in ein Gewässer gegeben werden.

Schwanzlurchlarven ähneln schon schnell ihren Eltern und tragen beidseits an den hinteren Kopfseiten geweihartige Kiemenäste, mit denen sie dem Wasser Sauerstoff entnehmen. Die Kaulquappen der Froschlurche besitzen einen rundlich ovalen Rumpf mit einem von Flossen gesäumten Schwanz. Sie atmen mit inneren Kiemen. Erst nach der Umwandlung (Metamorphose) in landbewohnende Vierbeiner mit Lungenatmung beginnen die Jungtiere ihren Eltern ähnlich zu sehen.

Die sehr dünne, nackte und ungeschützte Haut der Amphibien ist reich an Schleim- und Giftdrüsen. Die unterschiedlich starken Giftsekrete der verschiedenen Arten schützen sie mehr oder weniger effizient vor einigen Fressfeinden. Die Schleimabsonderungen halten die Haut stets feucht, machen sie gegen Verletzungen widerstandsfähiger und schützen sie meist vor Infektionen und Pilzerkrankungen. Allerdings wurde 1998 bei tropischen Fröschen nach einem Massensterben die Pilzkrankheit Chytridiomykose entdeckt, welche seit kurzer Zeit auch in Europa grassiert und deren Herkunft noch nicht restlos geklärt ist.

Die meisten Amphibienarten sind in der Dämmerung und der Nacht aktiv, bei Regenwetter auch tagsüber. Als wechselwarme Tiere suchen Lurche im Winter einen frostfreien Überwinterungsplatz auf. Während der Winterruhe sind sie inaktiv und zehren von ihren Fettreserven.

Feuersalamander

Salamandra salamandra

Der Feuersalamander paart sich im Spätsommer an Land und überwintert unter Holzhaufen, Wurzelstöcken oder auch in Fuchs- und Dachsbauten. Weibchen erscheinen schon zeitig im Frühjahr (ab 2–5 °C), nachts aktiv, v. a. bei Regenwetter (alemann. «Regenmolli»). Sie setzen bereits voll entwickelte Junglarven in kolkenartige Vertiefungen sauerstoffreicher Bäche ab, manchmal auch in schattigere, kühle Weiher. Während der trockeneren Sommermonate verkriechen sich Feuersalamander und ruhen bis zur nächsten Regenperiode. Ihre starken Hautgifte dienen nicht nur zum Schutz der empfindlichen Haut, sondern werden auch sehr effizient gegen Fressfeinde eingesetzt (starke Reizungen an den Schleimhäuten und in den Augen). Nahrung: Ringelwürmer, Schnecken und Kerbtiere.

Bis um 18 cm.

Anfang März–Mitte/Ende November.

Schwarz glänzend mit leuchtend gelber, meist bandartiger Fleckenmusterung auf der Oberseite und den Flanken (Warnfärbung). Musterung individuell verschieden. Große paarige Ohrdrüsen hinter den Augen an den Kopfseiten.

Landbewohner; besiedelt eher schattige Mischwälder mit feuchten Bachtobeln und Waldbächen.

In allen größeren Waldgebieten mit Bachsystemen, an waldnahen Siedlungen auch unter Brettern und Holzstapeln, fällt gelegentlich in Schächte und taucht dann in feuchten Kellern auf. In Norddeutschland seltener oder fehlend (nördliche Verbreitungsgrenze).

Bergmolch

Mesotriton alpestris (Triturus alpestris)

Erscheint gegen Ende Februar oft zur Laichzeit des Grasfroschs, dessen Eier Bergmolche mit Vorliebe fressen. Während der Balz im Wasser fächelt das Männchen mit seitlich eingeklapptem Schwanz dem Weibchen Duftstoffe zu. Dieses nimmt mit seiner Kloake ein vom Männchen ausgesetztes, längliches Spermapaket auf. Nach wenigen Tagen werden 100–600 Eier einzeln in zuvor mit den Hinterfüßen zusammengefaltete Blättchen von Wasserpflanzen und Gräsern abgelegt. Larven mit Kiemenästen hinter dem Kopf, räuberisch. In kühlen Gewässern können Larven überwintern. Adulte Molche ebenfalls räuberisch, meist bis Juni im Wasser, später gerne im näheren Umfeld des Weihers an Land. Überwinterung in Erdspalten am Ufer und unter Falllaub-, Ast- und Steinhaufen.

Männchen bis 8 cm, Weibchen bis 12 cm.

Ende Februar–Mitte Oktober.

Ganze Unterseite leuchtend orange. Weibchen mit dunkel marmoriertem Fleckenmuster, Männchen mit blaugrauer bis schwärzlicher Oberseite, weißliches, schwarz geflecktes Rumpf-Seitenband auch bei Weibchen.

Vorwiegend in stehenden, kalkhaltigen Gewässern. Bei tiefem pH-Wert keine Fortpflanzung. In Wäldern, Rieden, Kulturland und Gärten, sofern Laichgewässer vorhanden. Anpassungsfähig.

In Mitteleuropa weit verbreitet, in Gartenteichen bis weit ins Stadtgebiet.

Männchen 7–9 cm,
Weibchen bis 9 cm.

Anfang März–Mitte Oktober.

Männchen zur Paarungszeit mit gewelltem Rückenkamm, der in eine Spitze ausläuft. Dunkler Streifen vom Nasenloch über die Augen. Körperseiten mit großen dunklen Punkten. Bauch leuchtend gelborange, schwarz getupft, bei Weibchen gefleckt. Kehle meist mit Flecken.

Sonnige, sich leicht erwärmende Gewässer mit reichem Bewuchs, niedrige Lagen (meist unter 1000 m ü. M.). Auengebiete, Flachmoore, bevorzugt eher offene Gebiete, auch in Pfützen usw. bis in die Innenstadt.

Ganz Mitteleuropa, meist häufigste Molchart, im Alpenvorland seltener.

Teichmolch

Lissotriton vulgaris (Triturus vulgaris)

Bereits im März an Laichgewässern. Männchen erscheinen vor Weibchen. Höhepunkt der Balz um Mitte Mai. Männchen wirbt mit auffälligen Schwanzbewegungen um das Weibchen. Mit peitschenartigem Schwanzwedeln werden Sexualduftstoffe verbreitet. Abgesetztes Spermapaket wird vom Weibchen aufgenommen. Verteilt über mehrere Tage, werden einige Hundert Eier von etwa 1,5 Millimeter Durchmesser einzeln an Wasserpflanzen abgelegt. Temperaturabhängig schlüpfen nach ein oder mehreren Wochen die Larven, die vollständige Metamorphose erfolgt zwei bis drei Monate später. Beobachtungen zeigten, dass kaum 5 % der Eier einen Jungmolch ergeben, weil sie vorher von Libellen, Fischen Ringelnattern und Vögeln gefressen werden. Geschlechtsreife nach zwei bis drei Jahren.

3,5–5 cm

Anfang März–Ende Oktober.

Gedrungen, gräulich bis graubraun. Mit vielen kleinen Warzen, auffällige Warzenreihe seitlich hinter den Augen bis über die Flanken. Iris weißgolden mit senkrechter Pupille.

Wald, waldnahe Kiesgruben und Steinbrüche, sonnigere Bachgebiete mit Steil- und Rutschhängen, Uferzonen langsamer Fließgewässer, auch Tümpel und Weiher.

Südwesteuropa, Schweiz und Mitteldeutschland, fehlt im nördlichen und östlichen Deutschland, in Österreich und südlich der Alpen.

Geburtshelferkröte, Glockenfrosch

Alytes obstetricans

Landbewohnerin, nachtaktiv, hält sich gerne in Rutschhanggebieten und in Steinmauern auf. Wegen ihres glockenähnlichen Tons auch «Glockenfrosch» oder «Glögglifrosch» genannt. Geschlechter schwer zu unterscheiden, auch Weibchen können rufen. Während der Paarung an Land (April–August) wickelt sich das Männchen die Eischnüre wie eine Perlenkette um die Hinterbein-Fersengelenke und trägt sie anschließend 3–7 Wochen mit sich herum. Die schlupfreifen Larven werden vom Männchen an einer geeigneten Uferstelle abgesetzt. Späte Larven überwintern häufig in kühleren Gewässern und können so im nächsten Frühling 7–9 cm groß werden. Geburtshelferkröten fressen Insekten, Spinnen und Ähnliches. Überwinterung häufig auch in den Sommerverstecken.

Rotbauchunke

Bombina bombina

Im Frühling und Sommer an und in Gewässern. Tag- und nachtaktiv bei Temperaturen zwischen 10–30 °C. Männchen rufen mit inneren Schallblasen eintöniges «uuh uuh uuh». In Überschneidungsgebieten mit Gelbbauchunken kann es zu erfolgreichen Kreuzungen kommen. Weibchen legt mehrere kleine Klümpchen mit insgesamt weniger als 600 Eiern ab. Bis zur Metamorphose dauert es 2–3½ Monate, Larven später Gelege können im Gewässer überwintern (Riesenlarven). Bei Gefahr biegen Rotbauch- und Gelbbauchunken ihren Rücken durch, sodass der auffällig gefärbte Bauch sichtbar wird, was Feinden gegenüber abschreckend wirkt. Hautsekret giftiger als bei anderen Fröschen, kann menschliche Schleimhäute stark reizen. Überwintert an Land in Höhlen im Erdreich.

3–5 cm

April–Mitte Oktober.

Oberseite warzig, grau bis lehmfarben, Unterseite orangerot bis gelb, grauschwarz gefleckt mit weißen Punkten (Warnfärbung). Augen mit herzförmiger Pupille.

Besiedelt pflanzenreiche Kleingewässer, aber auch Ufer von Seen.

Westlich bis zur Weser, östlich bis zum Ural, südöstlich bis zum Schwarzen Meer; in Österreich nur ganz im Osten, fehlt in der Schweiz. Eher in Stadtrandgebieten.

Gelbbauchunke

Bombina variegata

Einst waren in Tiefland, Hügelgebieten und auch lichten Wäldern fast jede Art von Kleintümpeln von Gelbbauchunken besiedelt. Die Dynamik von Auengebieten, Kiesgruben aber auch Truppenübungsplätzen entsprach ihren Vorzugslebensräumen. Selbst Pfützen in Baustellen wurden rasch angenommen. Zerstörung von Kleingewässern, Zerschneidung der Lebensräume und Verkehr gefährden Bestände. Männchen hupen ein dumpfes «uh uh uh» und umklammern die Weibchen bei Paarung an den Lenden. Eier werden an diverse Gegenstände im Gewässer angeheftet. Larvenentwicklung erfolgt im warmen Wasser rasch und kann bereits nach einem Monat abgeschlossen sein. Überwinterung an Land in Erdspalten, Erdlöchern und anderen Verstecken. Bestände überall stark rückläufig.

3–5 cm

April–Mitte Oktober.

Oberseite warzig grau bis lehmfarben, Unterseite gelb, grauschwarz gefleckt ohne weiße Punkte, gelbe Flecken miteinander verbunden. Augen mit herzförmiger Pupille. In Überschneidungsgebieten nur mit Rotbauchunke zu verwechseln.

Besiedelt sich rasch erwärmende Gewässer. Typische Pionierart, besiedelt kleinste Temporärfeuchtstellen bis hin zu wassergefüllten Karrenspuren, seltener im Mischwald.

Mittel- und Südeuropa, nördliche Verbreitungsgrenze Nordrhein-Westfalen, Niedersachsen.

Männchen bis 7 cm, Weibchen bis 8 cm.

März–Mitte Oktober.

Großer Kopf, Wölbung am Hinterkopf, senkrechte Pupillen. Grundfärbung oberseits variabel gelblich gräulich mit größeren bräunlichen Flecken, oft rote Punkte. Bei Berührung ausscheiden von nach Knoblauch riechendem Sekret.

Laichgewässer: verschiedenartige stehende bis schwach fließende Gewässer. Als Sommerlebensraum werden sandige steppenartige Lebensräume bevorzugt, mancherorts auch Spargelfelder auf Sandböden.

Im Tiefland Mittel- und Osteuropas auch auf Stadtgebiet, fehlt in der Schweiz, in weiten Teilen Süddeutschlands und im westlichen Österreich.

Knoblauchkröte

Pelobates fuscus

Die Knoblauchkröte ist mit ihrer gelblich gräulichen Färbung und verschiedenfarbigen Flecken und Punkten an sandige Lebensräume angepasst. Mit ihren großen Grabschaufeln an den Hinterbeinen kann sie sich gut eingraben und ist so vor Feinden und Austrocknung geschützt. Während Paarungszeit (März, April) lassen sich leise Laute vernehmen, die unter Wasser mit der Zunge erzeugt werden und an Pferdehufgeklapper erinnern: «dlock dlock dlock». 1–2 kurze dicke Laichschnüre mit bis zu 3500 Eiern werden an Unterwasserpflanzen angeheftet. Die bis über 10 cm langen Kaulquappen wandeln sich normalerweise im Juni–August um, gelegentlich Überwinterung von bis zu 18 cm langen Larven. Geschlechtsreife nach 2–4 Jahren. Überwinterung in selbst gegrabenen Höhlen.

Männchen bis 7,5 cm, Weibchen bis 10 cm.

Anfang / Mitte März–Mitte Oktober.

Braun bis gräulich und rötlich. Haut warzig, zwei bohnenförmige Ohr-Drüsen hinter den Augen. Iris rötlich orange mit waagerechter Pupille.

Laicht in Waldnähe in besonnten Tümpeln, Weihern und an Seeufern. Auch in Fischteichen (Larven mit Abwehrsekreten), meist starke Bindung zum Laichgewässer.

Ganz Mitteleuropa; Froschlurch mit der größten Verbreitung in Europa, in gut durchgrünten Räumen bis weit ins Stadtgebiet.

Erdkröte

Bufo bufo

Erdkröte legt während Frühjahrswanderung zum Laichgewässer oft bis über 3 km zurück und wird dabei – auch wegen ihrer Langsamkeit – häufig überfahren oder fällt in Sinkkästen. Ruf der Männchen: metallische «öök»- und «ük»-Laute. Weibchen spannen ihre in zwei Strängen austretenden Laichschnüre mit bis zu 4000 schwarzen Eiern an Schilf oder Ästen auf. Larven bilden besonders bei Fischbesatz dichte Schwärme und scheiden bei Gefahr Schreckstoffe aus. Nach ca. zwei Wochen Rückwanderung der Adulten in ihre Sommerlandlebensräume (Mischwälder, Heckensäume, auch Gärten). Frisst Insekten und andere Kerbtiere, Schnecken und Ringelwürmer. Versteckt sich in Stein-, Ast- und Wurzelstockhaufen oder selbst gegrabenen Höhlen. Winterruhe ab Mitte Oktober an Land. Bestände rückläufig.

Kreuzkröte

Bufo calamita

Nachtaktiv. Sucht von April bis Sommer stets neue Pionierlebensräume mit als Laichplatz geeigneten, flachen Kleintümpeln. Entwicklungszeit der Larven nur 3–4 Wochen. Konkurrenzschwach, tritt häufig zusammen mit Gelbbauchunke auf.

Kreuzkröten suchen offene, trockenwarme, sandige oder kiesige Lebensräume mit möglichst wenig Pflanzenbewuchs. Zur Laichzeit (April–Mai) können Rufe (metallisch lautes Rätschen «ärr ärr ärr») mehrere Kilometer weit gehört werden. Am Gewässerboden abgelegte Laichschnüre von mehr als 1 m Länge enthalten bis zu 10 000 Eier, welche meist eher einreihig angeordnet sind. Intensivierung der Landwirtschaft, Rekultivierung von Brachland, Zerstörung von Auenlandschaften und fehlende Dynamik ursprünglicher Flussauen sind Gründe für starken Rückgang.

5–7 cm

Mitte März–Ende Oktober.

Cremefarben mit olivfarbener bis brauner Marmorierung, warzig, gelbe Rückenlinie. Hinterbeine sehr kurz, daher nur krabbelnde, mausartige Fortbewegung. Iris gelb, Pupille waagerecht. Männchen mit großer, kehlständiger Schallblase.

Dynamische Pionierlebensräume an Flussläufen, Kiesgruben, Lehmgruben, Baustellen; heute mehrheitlich in verschiedenartigen Temporärfeuchtstellen, flachen, gut besonnten Tümpeln, Pfützen und Karrenspuren.

Ganz Europa von Spanien bis Weißrussland; eher in Stadtrandgebieten.

Wechselkröte

Bufo viridis

Wechselkröte lebt in den Steppen Südosteuropas. Gut an kontinentales Klima angepasst. Bevorzugt südexponierte trockene, warme Biotope mit lückiger Vegetation. Anpassungs- und widerstandsfähig gegenüber Temperaturdifferenzen. Die hellen und lang anhaltenden Trillerrufe «ürrrr» sind bei bedecktem Himmel und in der ersten Nachthälfte bei feuchtwarmem Wetter (mind. 12 °C) im April/Mai zu hören, ähnlich Maulwurfsgrille. Die am Boden verschiedenster Gewässertypen, darunter auch nährstoffreiche Teiche, abgelegten, über 1 m langen Laichschnüre enthalten bis 15 000 Eier, welche meist eher zweireihig angeordnet sind. Metamorphose nach 2–3 Monaten. Geschlechtsreife nach 2–4 Jahren. Überwinterung in Höhlen, unter Steinen und Wurzeln. Gefährdungsursachen: Zerstörung der Gewässer, Rekultivierung von Brachflächen.

Männchen 8 cm, Weibchen 10 cm.

April–Oktober

Ähnlich Kreuzkröte, Oberseite marmoriert, stärker abgegrenztes dunkelgrünes Fleckenmuster, heller Rückstreifen fehlt. Unterseite oft mit dunkelgrauen Flecken. Iris grünlich gelb, Pupille waagrecht. Männchen mit großer, kehlständiger Schallblase.

Trockenwarme Gebiete, sandige Böden, offene, vegetationsarme, brache Flächen. Gewässer möglichst ohne Unterwasservegetation.

Verbreitungsschwerpunkt Südosteuropa; dringt weit in den städtischen Raum vor, v.a. in Ostdeutschland und Teilen Österreichs, in der Schweiz ausgestorben.

Bis 5 cm.

Anfang April–Mitte Oktober.

Meist leuchtend grün, Unterseite weißlich. Farbwechsel (zu cremefarben, grau, bräunlich bis olivschwarz) wird über Umweltreizungen, Witterung und Stimmungen gesteuert. Männchen mit sehr großer, kehlständiger Schallblase. Die Haftballen an den Zehenenden befähigen zum Klettern.

Dynamische Flussauenlandschaften mit gut besonnten Tümpeln; heute als Pionierart auch in Kiesgruben und Flachmoorgebieten.

Ganz Europa außer Skandinavien und Britische Inseln.

Laubfrosch

Hyla arborea

Der Laubfrosch braucht weiträumige, von der natürlichen Dynamik (z. B. Hochwasser) beeinflusste Feuchtgebiete. Als konkurrenzschwache Art und um dem Feinddruck entgegenzuwirken, ist er zusätzlich auf spontan entstehende Laichgewässer angewiesen. Die Männchen eröffnen mit ihrer kehlständigen, gut körpergroßen Schallblase ihr lautstarkes Abendkonzert (Ruf: «äpp äpp»). Hauptlaichzeit Mitte April–Mai. Weibchen kleben ihre höchstens walnussgroßen Laichballen an Wasserpflanzen. Kletterfrosch, sitzt tagsüber gerne in der prallen Sonne im Krautsaum und Gebüsch (Brombeeren) im Gewässerumfeld, wandert aber auch recht weit. Beeinträchtigung, Zerstörung von Kleingewässern und intensivere Nutzung der Kulturlandschaft hat in ganz Europa zu Bestandseinbrüchen geführt.

9–13 cm, selten größer.

Anfang April–Mitte Oktober.

Sehr variabel, je nach Herkunftsgebiet. Grundfarbe lehmfarben, Braun, Oliv bis Moosgrün, mit zahlreichen dunkelbraunen oder olivfarbenen Flecken. Hinterbeinschenkel gebändert und gefleckt. Haut warziger als bei Wasser- und Teichfrosch; meist deutlich gelbgrüner Rückenstreifen. Zwei dunkelgraue Schallblasen hinter den Mundwinkeln.

Verschiedenartige Gewässer, auch im Siedlungsraum.

Ost- bis Südosteuropa, dringt im Bereich großer Flusstäler westwärts bis zum Rhein vor. Verbreitung ungenügend bekannt. In der Schweiz ursprünglich fehlend.

Seefrosch

Rana ridibunda

Hält sich im oder am Gewässer auf, auch im Winter, kann aber auch weit wandern. Zur Paarungszeit lautes, meckerndes, lachendes «oäh-mä-ä-ä». Weibchen setzen im Mai/Juni mehrere Laichballen mit insgesamt bis 10 000 Eiern ab. Kaulquappen schlüpfen temperaturabhängig nach spätestens 10 Tagen, Umwandlung zum Frosch nach 6–12 Wochen. Geschlechtsreife nach 2–3 Jahren. Frisst praktisch alles Lebendige, was halb so groß ist wie er selbst, auch andere Amphibien. In Europa nicht gefährdet.

Aus Osteuropa und dem Balkan stammende Seefrösche wurden zu Speise- und Forschungszwecken in die Schweiz eingeführt, sind entwichen oder ausgesetzt worden und konnten sich erfolgreich ausbreiten – als gefrässige Räuber oft zulasten anderer Amphibienarten.

Kleiner Wasserfrosch und Teichfrosch

Rana lessonae und *Rana esculenta*

Der Kleine Wasserfrosch und der Teichfrosch besiedeln Weiher, Sümpfe, Moore, Gräben und Flutmulden, auch Kiesgruben und flache, gut bewachsene Seeufer. Der kleine Wasserfrosch ist in Weihern und Kleingewässern mit Torfböden und krautigem Bewuchs häufig stärker vertreten als Teichfrosch, der aber in allen übrigen Gewässertypen meist dominiert und den konkurrenzschwächeren Wasserfrosch oft verdrängt.

Bei Teichfröschen handelt es sich um Bastarde, die durch die Kreuzung des einheimischen Kleinen Wasserfroschs mit dem eingeschleppten Seefrosch entstehen. Für den Fortbestand ist der Teichfrosch auf den Kleinen Wasserfrosch angewiesen. Teichfrösche können sich untereinander im Allgemeinen nicht fortpflanzen, und wenn dies doch gelingt, so entstehen als Nachkommen weibliche Seefrösche.

Sowohl Wasser- wie Teichfrosch sind hauptsächlich an Wasserflächen und Uferzonen gebunden, können aber auch erstaunlich große Distanzen über Land bewältigen, etwa auf der Suche nach neuen Lebensräumen. In der Fortpflanzungszeit (Mitte Mai–Juni) bilden die Männchen Reviere (Arenen), die sie heftig verteidigen. Die Weibchen setzen mehrere Laichpakete ab, die 1000–10000 Eier enthalten. Diese sind anfangs oberseits dunkelbraun, unterseits weißlich. Die Larven können 6–9 cm groß werden.

Beide Grünfrösche fressen fast alles Lebendige, das sie überwältigen können und das höchstens die Hälfte der eigenen Körpergröße erreicht. Auch Kannibalismus kommt vor. Vor allem große Teichfrosch-Populationen können anderen Amphibien-Arten ernstlich zusetzen und diese stark konkurrenzieren und dezimieren.

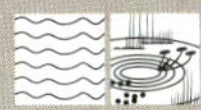

Kleiner Wasserfrosch: 5,5–7,5 cm.

Ende März–Mitte Oktober.

Gedrungener Körper, meist leuchtend grün bis türkis, Gliedmaßen und Hinterrücken oft bronzebräunlich. Bräunliche oder schwarze Flecke auf dem Rücken. Männchen mit zwei weißlichen Schallblasen hinter Mundwinkeln. Stimme: weiches, fast schnurrendes «oäh-chrr-chrr».

Verschiedene Gewässertypen. In saureren Gewässern ist *R. lessonae* häufiger als *R. esculenta*.

Mittel- und Osteuropa, in geeigneten Gewässern auch auf Stadtgebiet.

Teichfrosch: 9–12 cm.

Ende März–Mitte Oktober.

Körper und Gliedmaßen meist einheitlich grün, olivgrün, manchmal auch braun. Hinterbeine etwas länger als beim Wasserfrosch. Männchen mit leicht gräulichen Schallblasen hinter Mundwinkeln. Stimme: raues lautes «oäh-ä-ä-ä».

Verschiedene Gewässertypen.

Mittel- und Osteuropa, in geeigneten Gewässern auch auf Stadtgebiet.

Moorfrosch

Rana arvalis

Tag- und nachtaktiv. Moorfrösche erscheinen je nach klimatischen Verhältnissen zwischen März und Anfang Mai an den Laichgewässern. Blaufärbung der Männchen während der Paarungszeit: Bei der Wanderung zum Gewässer sind Männchen in der Regel noch braun, mit zunehmender Balzaktivität wird die Blaufärbung stärker. Mit den inneren Schallblasen rufen die Männchen leise, glucksend-blubbernd «wug, wug, wug», was erst in der Gruppe zur Geltung kommt. Weibchen legen 1–2 Laichballen mit insgesamt gegen 3000 Eiern ab, welche anfangs absinken und später wieder aufsteigen können. Temperaturabhängig schlüpfen die Larven nach etwa 10 Tagen und nach 1½ bis 3 Monaten findet Umwandlung zum Frosch statt. Geschlechtsreife nach zwei oder drei Jahren.

Bis 7 cm.

Ab Anfang März–Oktober.

Ähnlich Grasfrosch, aber spitzeres Maul. Ausgeprägte seitliche Drüsenleisten auf dem Rücken hell gerandet. Flanken oft dunkel (schwarz) marmoriert. Männchen zur Paarungszeit mancherorts auffällig blau gefärbt.

Periodisch überschwemmte Flussgebiete, Auenwälder, Moore, Sumpfgebiete, feuchte Wiesen.

In weiten Teilen Deutschlands, im östlichen und südlichen Österreich, eher am Stadtrand. Fehlt in der Schweiz.

Grasfrosch

Rana temporaria

Grasfrösche treten schon früh im Jahr (ab +4 °C) häufig in Massen an Laichgewässern auf. Bei den jährlichen Wanderzügen fallen mancherorts viele Tiere dem Straßenverkehr zum Opfer. Starke Bindung zum Geburtsgewässer, aber auch neue Gewässer werden spontan besiedelt. Männchen haben zwei innere Schallblasen und rufen leise und tief gurrend oder knurrend «grrrr». Weibchen setzt in der Regel einen Laichballen in seichter Verlandungszone ab. Die großen, an der Wasseroberfläche liegenden Laichklumpen beinhalten bis zu 4500 schwarze Eier. Jungfrösche verlassen Wasser im Juni und beziehen Landhabitate. Geschlechtsreife nach drei Jahren. Überwinterung im, aber meistens außerhalb des Gewässers in Verstecken an Land und im Boden. Frisst Insekten und andere Kerbtiere, Schnecken und Ringelwürmer.

6,5–10 cm

Mitte/Ende Februar–Mitte November.

Färbung variabel, meist bräunlich, schwarz gefleckt. Schläfenfleck braun oder schwarz. Haut eher glatt. Hinterbeine lang, meist dunkel gebändert. Augen goldgelb, Pupille queroval.

Moore, Mischwälder und weitere feuchte Lebensräume, auch Gärten. Laicht in Kleingewässern oder Flachwasserbereichen.

In Europa neben Erdkröte die am weitesten verbreitete Lurchart, in geeigneten Räumen auch im Stadtgebiet.

Reptilien

Reptilien (Kriechtiere) gehören wie Fische, Amphibien (Lurche), Vögel und Säuger zu den Wirbeltieren. In Europa gibt es über 130 Reptilienarten. Im deutschsprachigen Raum sind 24 Arten bekannt, davon sind in Deutschland 13, in Österreich 16 und in der Schweiz 17 Arten aus den Gruppen Sumpfschildkröten, Schleichen, Eidechsen und Schlangen (Nattern, Vipern) vertreten.

Im Gegensatz zu Vögeln und Säugetieren sind Reptilien wechselwarm. Ihre Körpertemperatur schwankt demnach mit der ihrer Umgebung. Bei Kälte drohen sich ihre Bewegungen so sehr zu verlangsamen, dass sie Feinden nicht mehr entkommen können. Um dies zu verhindern, müssen sich Reptilien an der Sonne aufwärmen oder sich in ein Versteck verkriechen können. Daher benötigen sie offene, sonnige Lebensräume, die viele Versteckmöglichkeiten bieten. Bei schlechtem Wetter kommen Reptilien nicht zum Vorschein. Werden Eidechsen und Blindschleichen am Schwanz festgehalten, so bricht dieser ab. Während er bei Eidechsen wieder nachwächst, ist dies bei der Blindschleiche nicht der Fall. Im Gegensatz zu Amphibien haben Reptilien keine Drüsen auf der Haut, fühlen sich also trocken an. Die Oberfläche ist mit Hornschuppen und -schildern bedeckt. Einst hatten alle Reptilien vier Beine, welche aber mittlerweile bei Schlangen und Blindschleichen zurückgebildet sind. Reptilien stammen zwar von amphibisch lebenden Wirbeltieren ab, sind aber für die Fortpflanzung nicht mehr auf Wasser angewiesen.

Die einheimischen Reptilien paaren sich im April und vor allem im Mai. Einige unserer Kriechtiere legen Eier, bebrüten sie aber nicht, sondern vergraben sie an warmen Stellen. Andere Arten halten die Eier bis zum Schlupf der Jungtiere im Bauch zurück, sind also lebend gebärend. Diese Arten sind auf nassen oder kühlen Moor- und Waldböden im Vorteil, wo sich Reptilieneier nicht entwickeln könnten. Ein lebend gebärendes Weibchen hingegen trägt seine Eier im Bauch stets mit, wenn es in seinem Lebensraum die gemäß Sonnenstand wechselnden wärmsten Stellen aufsucht. Reptilien legen ihre Eier meistens im Juni (Echsen) oder Juli (Schlangen) ab, lebend gebärende Reptilien werfen ihre Jungen gewöhnlich im August (Echsen) oder September (Schlangen).

Nach Geburt oder Schlupf sind die Jungen auf sich allein gestellt. Jungtiere werden bei Eidechsen in ihrem zweiten oder dritten Frühling geschlechtsreif, bei Schlangen dagegen meist erst im vierten oder fünften. Alle einheimischen Reptilien fallen in Winterstarre und ziehen sich von etwa Oktober bis März in geeignete Verstecke zurück.

Sumpfschildkröten sind Allesfresser, unsere übrigen Reptilien dagegen fressen ausschließlich andere Tiere. Echsen ernähren sich von allerlei Gliederfüßern, Ringelwürmern und selbst Schnecken. Schlangen erbeuten je nach Art Fische, Amphibien, Echsen oder Kleinsäuger.

Neben den hier aufgeführten Arten können gelegentlich auch weitere Reptilien im urbanen Raum oder in Stadtnähe auftreten. So etwa die wärmeliebende Smaragdeidechse (*Lacerta bilineata* und *L. viridis*), die bis zu 40 cm Gesamtlänge erreichen kann und außer in Teilen von Österreich auch in isolierten Populationen etwa im Raum Basel und in Nordostdeutschland vorkommt. Die giftige Kreuzotter *(Vipera berus)* zählt nicht zur urbanen Fauna, besiedelt aber beispielsweise das renaturierte Wittmoor am Hamburger Stadtrand.

Ringelnatter

Natrix natrix

Oft an Amphibiengewässern in naturnaher, halboffener Landschaft, die keineswegs feucht sein muss. Hier können rund fünf geschlechtsreife Ringelnattern pro Hektar leben. Nach Paarungszeit (April–Juni) legen Weibchen Ende Juni bis August etwa 10–30 (max. 50) weißliche Eier (25–35 mm) in gärungswarme Kompost-, Mist- oder Schnittguthaufen. Junge (14–18 cm) schlüpfen ca. Ende August. Nach 4–5 Jahren geschlechtsreif. Kennen mehrere Gewässer, auch Gartenweiher, in denen sie schwimmend und tauchend Amphibien und Fische jagen. Wälder werden gelegentlich nach Amphibien abgesucht. Im Jahr bewegt sich ein Tier auf einer Fläche von bis zu 15 ha, im Extremfall sogar bis zu 60 ha. Ziemlich scheue Tiere, sodass es Geduld braucht, sie zu beobachten. Sonnige Weiher sind gute Beobachtungsorte.

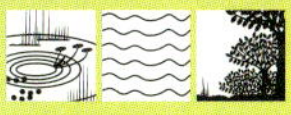

Bis 130 cm, selten bis 180 cm. Männchen durchschnittlich kleiner als Weibchen.

Höchstalter 15–20 Jahre.

März–Oktober

Gekielte Schuppen. Zwei gelbe Halbmonde am Hinterkopf. Mitunter ganz schwarze Tiere. Für Mensch weder giftig noch bissig, völlig ungefährlich.

Auen, Kiesgruben sowie Landschaftsmosaike von Gewässern, Feuchtgebieten, extensiver Kulturlandschaft und sonnigen Waldrändern.

In fast ganz Europa verbreitet, häufigste Schlangenart.

Schlingnatter

Coronella austriaca

Diskrete Lebensweise. In großflächig sonnigen, ergiebigen Eidechsenlebensräumen von über 0,5 km² kann mit einer Dichte von bis zu 10 geschlechtsreifen Schlingnattern pro Hektar gerechnet werden. Lebend gebärend, Weibchen verpaaren sich meist nur alle zwei Jahre (April–Mai) und werfen dann im August oder September 2–16 Junge (12–17 cm). Ein geschlechtsreifes Tier (ab 3. bis 5. Lebensjahr) bleibt in der Regel einem Wohngebiet (bis 3 ha) treu, das sich mit denen anderer Individuen überschneiden kann. Die auch Glattnatter genannte Schlange jagt v. a. Eidechsen und Blindschleichen. Auch Mäuse und Spitzmäuse werden aufgespürt und erdrosselt. Schlingnattern sind schwierig zu entdecken, weil gut getarnt. Sie verharren oft lange und fliehen leise.

Bis 75 cm, selten bis 92 cm.

März–Oktober

Glatte Schuppen. Kopfzeichnung mit dunklem Augenstreif. Jungtiere mit ziegelrotem Bauch. Bissig (wenn gefangen), aber ungiftig.

Sonnige Lebensräume: Felsfluhen, Geröllhalden, Trockenauen, Heiden, lichte Kiefernwälder, Steinbrüche, Dämme, Eisenbahngelände, terrassierte Rebberge, auch Magerwiesen und Waldränder.

In Mitteleuropa besonders in klimatisch begünstigten Regionen, gelegentlich auch im Siedlungsraum, meist jedoch seltener anzutreffen als Ringelnatter.

Gesamtlänge bis 16 cm.

Tagaktiv; März–Oktober.

Nie grün. Schwanz bis über seine Mitte gleich dick. Helle und dunkle längliche Fleckenreihen an Flanken und Rückenseitenrändern, oft feine dunkle Linie auf Rückenmitte. Jungtiere düster, fast schwarz. Männchen unterseits oft gelborange.

Moore und größere Waldschläge, in höheren Lagen auch offene Wiesen, Heiden (bis über 2200 m ü. M.).

Ganz Mitteleuropa, im urbanen Raum eher in Randgebieten.

Wald-, Moor- oder Bergeidechse

Zootoca vivipara (Lacerta vivipara)

Nicht besonders wärmeliebend, bevorzugt frische bis feuchte Lebensräume, auch lichte Wälder, Sanddünen oder Steinbrüche. Paarungszeit April bis Juni. Weibchen lebend gebärend, wirft im Spätsommer 5–8 Junge. In nördlichsten Gebieten Paarungszeit erst im Herbst, sodass Weibchen trächtig überwintern und Junge im folgenden Jahr geboren werden. Geschlechtsreife im dritten Lebensjahr. Nahrung: Ringelwürmer, Tausendfüßer, Spinnen, Insekten und andere Wirbellose. In optimalen Lebensräumen über 500 Tiere/ha. Wo Waldschläge zuwachsen, ohne dass neue entstehen, können Waldeidechsen höchstens an Waldränder ausweichen. Regional starker Rückgang durch Lebensraumverlust durch Zerstörung von Hecken oder Ödland, Veränderung der Waldnutzungsformen, z. B. Aufgabe Femelschlag (kleinflächige Auslichtung).

Gesamtlänge bis 25 cm.

Tagaktiv; März–Oktober.

Groß, gedrungen, eher plump. Grundfarbe Braun, helle Längsstreifen, dazwischen relativ große schwarze Flecken, Flanken schwarz und weiß gefleckt. Männchen mit grünen Flanken (besonders intensiv zur Paarungszeit). Schwanz verjüngt sich gleichmäßig. Jungtiere hellbraun.

Besiedelt namentlich im Süden vielfältige Lebensräume: Wiesen, Weiden, Heidegebiete, Waldränder, sehr lichte Wälder, Brachland, Rebberge, Kiesgruben, Bahnlinien, Hecken, Böschungen, Parkanlagen, Friedhöfe. Im Norden vor allem Dünen und Heiden.

Ganz Mitteleuropa, als Kulturfolger vielerorts auch im Siedlungsraum.

Zauneidechse

Lacerta agilis

Optimal sind sonnige Hangwiesen mit verfilztem Altgras, Lesestein-, Holzhaufen und Buschgruppen. Hier leben bis 500 Eidechsen/ha. Die Weibchen legen von Juni–Juli ein bis zwei Mal je ca. 10 Eier in lockeren, wasserdurchlässigen Boden. Junge schlüpfen im August/September. Geschlechtsreife im dritten Lebensjahr. Nahrung: Insekten, Spinnen, Ringelwürmer. Verdrängt Waldeidechse von Waldrändern, unterliegt aber Mauereidechse in Gärten und Bahnarealen. Gefährdungsursachen: Hauskatzen, Lebensraumverlust, Intensivierung der Landwirtschaft (chemische Hilfsmittel, Maschinen). Beobachtungstipp: An sonnigen Tagen im Mai/Juni südexponierte Waldränder ab 10 Uhr absuchen.

Mauereidechse

Podarcis muralis

In klimatisch warmen, eher trockenen Gebieten wie Rhein-, Elb-, Donau- und Inntal konnten sich Mauereidechsen namentlich in Städten gut ausbreiten. Viele Populationen dürften aber auf Aussetzungen oder Einschleppungen mittels Materialtransporten zurückgehen. Eine genetische Untersuchung in Deutschland an 24 Lokalitäten hat ergeben, dass die Tiere von fünf verschiedenen Unterarten stammen, welche ihre ursprüngliche Verbreitung weit außerhalb des Untersuchungsgebietes haben. Ähnliche Beispiele sind auch aus Österreich und der Schweiz bekannt. Wie geschaffen für Mauereidechsen sind Ruderalfluren auf Bahnschotter (Ersatz für Schutthalden) sowie sonnige Gartenlandschaften mit vielen spaltenreichen Mauern (Ersatz für Felsstandorte). Entlang von Schienennetzen breiten sich Mauereidechsen erfolgreich aus. Warmes, trockenes Stadtklima, gepaart mit naturnaher Umgebungsgestaltung, bietet ideale Lebensbedingungen. Weibchen legen zwischen Mai und Juli ein bis drei Mal je 2–9 mattweiße, pergamentschalige Eier in lockeren Boden oder sandhaltige Mauerspalten. Junge schlüpfen im Juli/August. Geschlechtsreife Tiere beanspruchen Wohnflächen von je 15–60 m^2, wo sie nach Spinnen, Insekten, Asseln und anderen Wirbellosen jagen. Da sich Wohnflächen – trotz zeitweiliger Rivalenkämpfe während der Paarungszeit – überschneiden, können in einem optimalen Lebensraum pro Hektar deutlich über 500 geschlechtsreife Tiere vorkommen. Im Siedlungsraum kann sich die flinkere Mauereidechse den allgegenwärtigen Katzen besser entziehen als die plumpere Zauneidechse.

Mauereidechsen lassen sich in südexponierten, sonnigen Haus- und Familiengärten leicht fördern, indem man spaltenreiche Legesteinmauern anlegt, Lesesteinhaufen und Holzstapel aufschichtet und für Bretterverschläge unbehandeltes Holz verwendet. Auf chemische Hilfsmittel ist zu verzichten. Naturnahes Gärtnern fördert die als Nahrung benötigten Insekten.

Gesamtlänge 20–25 cm.

März–Oktober, mitunter auch an warmen Wintertagen aktiv.

Gestalt abgeflacht, spitzschnauzig, schlank. Schwanz doppelt so lang wie Körper. Jungtiere braun.

Die nördlich der Alpen ursprünglich heimische Unterart *(P. m. muralis)* ist braun. Eindeutig grün gemusterte Tiere (Unterart *nigriventris*) aus Mittelitalien eingeschleppt. Eine weitere teilweise eingeschleppte Unterart *(P. m. maculiventris)* kann grünlich schimmernd gefärbt sein.

Felsstandorte, Steinbrüche, Schutthalden, Eisenbahnareale, terrassierte Rebberge und mauerreiche Siedlungsbereiche.

Besonders im südlichen und westlichen Teil Mitteleuropas. Als wärmeliebende Art in zahlreichen Städten, oft eingebürgerte Populationen.

Blindschleiche

Anguis fragilis

Günstig sind giftfreie, naturnah bewirtschaftete Gärten mit verkrauteten Beet- und Wegrändern, flachen Trittsteinen und Versteckstrukturen wie Holz- oder Lesesteinhaufen an sonniger Lage. Lebend gebärend. Weibchen verpaaren sich nur alle zwei Jahre (April/Mai) und werfen im August/September meist 4–12 Junge (7–9 cm). Diese werden erst in ihrem dritten Frühling geschlechtsreif. Die langlebigen Tiere (in Gefangenschaft bis 46 Jahre) jagen unterirdisch kleine Nacktschnecken und Regenwürmer. Ab und zu kommen sie hervor, um sich zu sonnen oder fortzubewegen. Dann droht Gefahr von Mähmaschinen, Hauskatzen und Vögeln. Überwinterung oft gemeinschaftlich in Kleinsäugerbauten. Am leichtesten zu finden sind Blindschleichen in Komposthaufen. Gern gesehener Nützling.

Gesamtlänge bis 53 cm, meist kürzer.

März–Oktober

Beinlose Echse. Kopf eidechsenähnlich. Augenlider vorhanden. Bauchschuppen mehrreihig, so klein wie Rückenschuppen. Vor allem Männchen manchmal mit blauen Tupfen.

Feldgehölze, Säume, lichte Wälder, Ruderalfluren, extensiv genutzte Wiesen, Weiden und Gärten, auch trockenere Bereiche von Mooren. Meidet verdichtete Böden.

In ganz Mitteleuropa verbreitet, in Städten besonders in älteren und wenig intensiv gepflegten Grünbereichen, Anlagen und Gärten.

Rotwangen-Schmuckschildkröte

Trachemys scripta elegans

Lebensraumansprüche ähnlich wie Europäische Sumpfschildkröte *(Emys orbicularis)*, reagiert aber empfindlicher auf verregneten Frühling. Paarungszeiten im Herbst und Frühling, Eiablage (2–20 Eier) von Frühling bis Frühsommer in sandigen Uferpartien. Junge schlüpfen in Nordamerika nach 70 Tagen, überwintern meist im «Nest». Geschlechtsreife nach 2–8 Jahren. Alttiere überwintern unter Wasser oder graben sich ein. Lebensdauer bis 75 Jahre, bei uns im Freiland bislang aber noch kaum Fortpflanzungserfolg. Als Jungtiere räuberisch, dann zunehmend alles fressend.

In Europa unerwünscht, da sie in kleinen Weihern alles kahl frisst und in größeren Stillgewässern der schützenswerten einheimischen Sumpfschildkröte den Lebensraum streitig macht. Aussetzung verboten.

Bis über 30 cm, Weibchen bis 4 kg.

Tagaktiv; März–Oktober.

Kopf und Hals gelb gestreift, auffälliger roter Kopfstreif hinter dem Auge.

Stillgewässer und sehr ruhige Fließgewässer mit reichlichem Wasserpflanzenbewuchs und schlammigem Untergrund. Heimat: südöstliches Nordamerika (USA, Mexiko).

In Europa nicht einheimisch (Neozoon). Widerrechtlich ausgesetzt in vielen Teichen und Seen in zahlreichen Städten des Gebietes.

Vögel

Von den etwa 500 in Europa brütenden Vogelarten pflanzen sich in Deutschland und Österreich etwa 250 regelmäßig fort, in der Schweiz gegen 200. Ein Großteil davon brütet auch im urbanen Raum, dabei hängt die Anzahl der in einer Stadt festgestellten Brutvögel unter anderem von der Fläche des Stadtgebietes ab: Im 755 km² großen Stadtgebiet von Hamburg brüten ca. 160 Arten, in Berlin (890 km²) 150, in Wien (414 km²) 119, in München (310 km²) 110 und in Zürich (92 km²) rund 100 Vogelarten. Diese große Artenvielfalt erklärt sich durch die Vielfalt an unterschiedlichen Lebensräumen, zu denen auch stadtnahe Flächen der Kulturlandschaft, Wälder und Feuchtgebiete, Seen, Flüsse und Bäche gehören.

Charakteristisch für Städte ist das bebaute Siedlungsgebiet. In der Innenstadt leben Vogelarten, die sich an das urbane Leben angepasst oder – wie die Felsenbewohner – hier einen Ersatz für ihren ursprünglichen Lebensraum gefunden haben. Die Vogelwelt des Stadtkerns ist verarmt. In innerstädtischen Grünflächen treten Allerweltsarten auf; größere, naturnah gestaltete Friedhöfe, Parkanlagen und Gärten tragen jedoch zur Bereicherung der Vogelwelt bei.

Die zunehmend verdichtete Bauweise führt in vielen mitteleuropäischen Städten – besonders im Innenstadtbereich, auf umgenutzten Industriearealen und in ursprünglich gut durchgrünten, älteren Wohngebieten – zu einem Verlust an geeigneten Lebensräumen für Vögel. Auch die Tendenz, mit dem attraktiven Baumaterial Glas mehr Licht in die Gebäude zu bringen, stellt für viele Vögel ein großes Problem dar. Jährlich kollidieren Tausende Vögel an solchen Glasfronten. Um dies zu verhindern, können gestalterisch geschickt eingesetzte Strukturen in den Gläsern Abhilfe schaffen.

Im Jahresverlauf ändert sich die Zusammensetzung der Vogelwelt. Vom Frühling bis zum Sommer nisten die Brutvögel und ziehen ihre Jungen hier auf. Einige der Brutvogelarten bleiben das ganze Jahr bei uns, andere – hauptsächlich Insektenfresser – ziehen im Herbst weg und verbringen die Wintermonate in wärmeren Regionen, etwa im Mittelmeergebiet (Kurzstreckenzieher) oder im tropischen Afrika (Langstreckenzieher). Während uns die einen Vögel verlassen, bereichert sich unsere Vogelwelt durch den Zuflug von Wintergästen aus dem Norden. Wasservögel finden in Stadtnähe ideale Überwinterungsgewässer. Am nördlichen Alpenrand versammeln sich in der kalten Jahreszeit auf nicht zufrierenden natürlichen Seen, Flussstauseen und vielen andern Gewässern große Trupps von Reiher-, Tafel- oder Schnatterenten, Blässhühnern, Lachmöwen und anderen Wasservögeln. Während der Zugzeit im Frühling und Herbst treten selbst seltene Vogelarten kurzzeitig im Stadtgebiet auf.

Die Zusammensetzung der Vogelwelt vieler Städte ist nicht zuletzt dank vielerorts regelmäßiger Kartierung durch Mitglieder von Natur- und Vogelschutzvereinen gut dokumentiert. Die dabei festgestellten Veränderungen der Avifauna bilden wertvolle Indikatoren für Stadtentwicklung und Qualität urbaner Lebensräume.

Zwergtaucher

Tachybaptus ruficollis

Brutvogel und Wintergast. Die Wintergäste kommen v. a. aus Nord- und Osteuropa. Ernährt sich von Insekten und deren Larven, Flohkrebsen, Kaulquappen, Wasserschnecken und kleinen Fischen. Taucht bis 2 m tief, bleibt bis 20 Sek. unter Wasser. Zur Brutzeit ist regelmäßig der Balztriller, ein auffälliges Duett beider Partner, zu hören. Baut Schwimmnest in Ufervegetation. Brütet im Gegensatz zum Haubentaucher einzeln. Zwergtaucher brüten an ruhigen, stehenden oder langsam fließenden Gewässern. In Städten wegen der stärkeren Störung sehr seltener Brutvogel, in Wien und Hamburg brüten beispielsweise etwa 20 Paare, in München und Zürich nur vereinzelte Bruten. Gehört wie Haubentaucher zu den Lappentauchern, die ausschließlich auf dem Wasser leben und sich an Land kaum fortbewegen können.

23–29 cm

Ganzjährig

Prachtkleid: kastanienbrauner Vorderhals, grüngelbliche Schnabelwinkel. Ruhekleid: oberseits dunkelbraun; Hals, Brust und Flanken hellbraun.

Brütet meist an Kleinstgewässern, zur Brutzeit scheu, in Ufervegetation versteckt. Im Winter leichter zu beobachten.

Ganz Mitteleuropa. In Städten auf größeren Gewässern im Winter gelegentlich Ansammlungen von einigen Dutzend Tieren.

Haubentaucher

Podiceps cristatus

Seltener Brutvogel und häufiger Wintergast. Die Wintergäste kommen von der Nord- und Ostsee. Fischfresser, Tagesbedarf: 200 g. Tauchtiefe bis 40 m; kann bis 50 Sek. unter Wasser bleiben. Im 19. Jahrhundert war der Haubentaucher selten, da er intensiv bejagt wurde. Im 20. Jahrhundert hat der Bestand stark zugenommen wegen des Schutzes und weil die Bestände an Weißfischen als Folge hoher Phosphateinträge (Überdüngung) in die Gewässer zugenommen haben. Die auffällige Balz (Pinguintanz) beginnt bereits im Spätwinter. Schwimmnest im Schilf, Partner wechseln sich alle drei Stunden mit Brüten ab. Die Jungen haben einen schwarz-weiß gestreiften Hals und verkriechen sich gerne im Federkleid der Eltern und reiten so mit.

46–51 cm

Ganzjährig

Schlanker Körper, dünner Hals. Im Prachtkleid auffällige zweispitzige Federhaube und kastanienfarbene Krause an den Kopfseiten.

An stehenden Gewässern und großen Flüssen.

In mitteleuropäischen Städten seltener Brutvogel in Schilfinseln, an ruhigen ungestörten See- und Altarmabschnitten von Flüssen; als Wintergast auch auf Gewässern mitten in Städten anzutreffen, mitunter in Ansammlungen von mehreren Hundert Individuen.

77–94 cm

Meist ganzjährig.

Schwarz mit grünlichem Schimmer.

Weißer Gesichtsfleck, gelber Schnabelgrund. Jungvögel unterseits ausgedehnt schmutzig weiß. Beim Schwimmen liegt Körper tief im Wasser, sodass oft fast nur Hals und Kopf zu sehen sind.

Größere Gewässer, übernachtet auf Bäumen entlang von Seen und Flüssen.

Lokal ganzjährig, in vielen mitteleuropäischen Städten hauptsächlich im Winter zu sehen.

Kormoran

Phalacrocorax carbo

Brutvogel und Wintergast v. a. aus Nord- und Osteuropa. Taucht 15–60 Sek., bis 16 m tief. Trocknet nach Wasseraufenthalt Gefieder mit halb ausgestreckten Flügeln. Flügel werden nass, damit weniger Auftrieb unter Wasser. Gesellig. Versammelt sich abends an traditionellen Schlafplätzen. Als Brutvogel im mitteleuropäischen Binnenland vor hundert Jahren praktisch verschwunden. In der zweiten Hälfte des 20. Jahrhunderts erhöhte sich der Winterbestand stark dank europaweitem Schutz und Zunahme der Fischbestände infolge Nährstoffanstieg in den Gewässern, vielerorts auch wieder große Brutbestände. Ausbreitung nach Süden. Konflikte mit der Fischerei v. a. an begradigten und strukturarmen Fließgewässern, insbesondere, wenn er die in ganz Europa gefährdete Äsche bejagt.

84–102 cm

Ganzjährig

Sehr groß, oberseits mittelgrau, unterseits grauweiß. Erwachsene mit schwarzen Haubenfedern. Fliegt mit eingezogenem Hals.

Sucht Nahrung im seichten Wasser, auf Feldern und Wiesen.

An geeigneten Gewässern in vielen mitteleuropäischen Städten besonders im Winter bis in die Innenstädte.

Graureiher

Ardea cinerea

Wurde wie Kormoran als Fischfresser von den Menschen verfolgt, starke Bestandesrückgänge bis vor wenigen Jahrzehnten. Bestände haben sich durch Unterschutzstellung seit dem letzten Drittel des 20. Jahrhunderts erholt. Ernährt sich vorwiegend von Fischen, aber auch Mäusen, Fröschen, großen Insekten und Regenwürmern. Brütet in Kolonien. Die Horste befinden sich meist in Baumkronen, Bodennester sind selten (z. B. Hamburg). In Städten seltener Brutvogel. In der Dämmerung fliegende Graureiher geben oft krächzende Laute von sich, die auch in Städten unüberhörbar sind. Jungtiere können während des ganzen Jahres an Seen, Flüssen, Bächen und Teichen mitten im Siedlungsgebiet angetroffen werden. Regungslos lauern Graureiher an den Ufern auf Beute, um dann blitzschnell zuzustoßen.

Weißstorch

Ciconia ciconia

Der Bestandsschwerpunkt des Weißstorchs liegt im nördlichen Mitteleuropa, in Osteuropa und in Teilen Südeuropas. Starker Rückgang bis vor wenigen Jahrzehnten, regional ausgestorben (Schweiz um 1950). Erfolgreiche Durchführung von Wiederansiedlungsprojekten seit den 1940er-Jahren in verschiedenen europäischen Regionen. Weißstörche ziehen im Winter üblicherweise weg. Tiere der westlichen Population überqueren das Mittelmeer an der Meerenge von Gibraltar, die östlichen Tiere erreichen Afrika über den Bosporus. Zugscheide Holland – Harz – Alpenrand. Bei Weststörchen Trend zur Überwinterung in Südspanien (auf Müllhalden). Störche kehren meist wieder zum selben Horst zurück. Hauptnahrung: Insekten (Käfer, Heuschrecken, Raupen), Regenwürmer, Mäuse und Frösche.

95–110 cm

Mitte Februar–Anfang September.

Sehr groß, schwarz-weiß, mit langem Hals und langen, roten Beinen und rotem Schnabel.

Offene und halboffene Landschaften, insbesondere feuchte und wasserreiche Gegenden. Braucht Bäume, Gebäude oder Strommasten als Horststandort. Brut in Städten etwa bei Tierparks, Nutzung der städtischen Thermik zum Aufstieg, am Stadtrand auf Nahrungssuche.

Hauptsächlich im östlichen Teil Mitteleuropas, Bruten in Städten selten.

Graugans

Anser anser

Brütet hauptsächlich in Nord- und Osteuropa, in Westeuropa Wintergast. In den letzten Jahrzehnten vielerorts ausgesetzt. Stammform der Hausgans. Wildtiere und Gefangenschaftsflüchtlinge (Hausgans) können sich vermischen. Im Herbst ziehen Graugänse teilweise weg. Besonders in städtischen Habitaten (Parkanlagen mit Weihern) verweilt ein Teil der Tiere allerdings seit einigen Jahrzehnten in der näheren Umgebung der Brutplätze. Örtlich große Ansammlungen von mehreren Hundert Individuen. In München gehen die Graugänse (Englischer Garten) teilweise auf Versuchstiere des Verhaltensforschers und Nobelpreisträgers Konrad Lorenz zurück. Weitere Gänsearten, in Hamburg, Berlin, Münster und München: etwa Kanadagans (*Branta canadensis*; schwarzer Hals mit weißem Kopffleck).

75–90 cm

Wintergast und Brutvogel.

Große Gans. Silbergrau, heller Vorderflügel, orangefarbener Schnabel, fleischfarbene Füße.

Brut an Gewässern, Nahrungssuche auf Feldern, Wiesen, in Parks.

In Mitteleuropa ganz im Norden und im Osten, teilweise größere Populationen, die auf Aussetzung zurückgehen, in Städten wie Hamburg, München und Frankfurt.

Höckerschwan

Cygnus olor

140–160 cm

Ganzjährig

Erwachsene Tiere ganzjährig weißes Gefieder (Junge schmutzigbraun), orangefarbener Schnabel mit schwarzem Schnabelgrund und Höcker. Langer, meist S-förmig gebogener Hals, beim Flug pfeifendes Geräusch.

Auf Seen, Flüssen und an Parkteichen.

In Mitteleuropa besonders in städtischen Räumen.

Gehört mit einer Flügelspannweite von 230 cm und einem Gewicht von 14 kg zu den größten Vögeln Mitteleuropas. Stammt ursprünglich aus Nordosteuropa. Wegen ihrer majestätischen Erscheinung wurden Höckerschwäne früher in Schlossparks und seit den ersten Jahrzehnten des 20. Jahrhunderts in städtischen Parks und Gewässern ausgesetzt. Höckerschwan ernährt sich von verschiedenen Wasser- und Landpflanzen. Im städtischen Raum an Menschen gewöhnt und zahm durch die Fütterung, kann sich aber in Nestnähe mit schmerzhaften Flügelschlägen aggressiv zur Wehr setzen. Dauerehe. Großes Nest am Ufer aus Pflanzenmaterial, auch in der Nähe von regelmäßig begangenen Wegen. Eier und Junge werden durch Greifvögel, Hechte und Ratten stark dezimiert.

Mandarinente

Aix galericulata

41–49 cm

Ganzjährig

Männchen mit auffälligen Schmuckfedern, dadurch mit keiner andern Art zu verwechseln. Weibchen unauffällig graubraun, mit weißem Augenring.

Parkteiche

In Mitteleuropa als Gefangenschaftsflüchtling und nach Aussetzung an verschiedenen Gewässern etabliert, etwa im Raum Berlin-Potsdam, Dresden und in Cottbus. Bestand zunehmend. In der Schweiz und in Österreich nur punktuell.

Seltener Brutvogel. Stammt ursprünglich aus Ostasien, dort heute stark bedroht, heute in Mitteleuropa vermutlich mehr frei lebende Mandarinenten als in China und Japan zusammen. Als Ziervogel sehr beliebt und in Europa vor mehr als 200 Jahren in Parkteichen angesiedelt. In Berlin Auswilderung in den 1920er-Jahren. Mandarinenten brüten natürlicherweise in Baumhöhlen, bei uns auch in künstlichen Nisthilfen. Mandarinente nimmt hauptsächlich pflanzliche Nahrung sowie wirbellose kleine Wassertiere zu sich. Nimmt auch gerne Brot. In der Regel werden nur einzelne Individuen oder Paare beobachtet.

Stockente

Anas platyrhynchos

Brutvogel und Wintergast. Häufigste Ente. Stammform der Hausente. Wie alle Entenvögel legt sie über 10 Eier, im Durchschnitt schlüpfen ungefähr acht Küken. Wegen großer Verluste durch Feinde und Kälte erreichen nur wenige das Erwachsenenalter. Ernährt sich von Gras, Wasserpflanzen, Weich- und Krebstieren sowie Insekten. Lässt sich im Winter häufig von Menschen füttern. Zu ihrem Namen kam sie, weil sie zuweilen auf Kopfweiden brütet, die man auf den «Stock» gesetzt hat. Als Gründel- oder Schwimmente schwimmt sie hoch auf dem Wasser, der Schwanz ist gut sichtbar, sie kann im Gegensatz zu den Tauchenten direkt vom Wasser auffliegen. In Städten brüten Stockenten mitunter auf Balkonen oder Flachdächern und werden von Polizei oder Wildhütern evakuiert.

50–60 cm

Ganzjährig

Schillernder, tiefblauer Flügelspiegel. Männchen im Prachtkleid mit metallisch grünem Kopf und weißem Halsring, an der Schwanzoberseite eine neckische Federkrause. Weibchen dunkelbraun gefleckt.

An Gewässern aller Art. Brütet unter Gebüschen, in Baumhöhlen oder an Gebäuden (z. B. auf begrünten Flachdächern, auf Balkonen in Blumenkisten).

Ganz Mitteleuropa

Kolbenente

Netta rufina

Seltener Brutvogel und Wintergast. Ursprünglich in Zentralasien und Südrussland beheimatet. Beliebter Parkvogel. Besiedelt Mitteleuropa erst seit dem 20. Jahrhundert. Unklar, wie weit es sich bei dabei um Wildvögel oder entwichene Parkvögel handelt. Die Zahl der überwinternden Kolbenenten ist in den 1990er-Jahren stark angestiegen. Aufgrund der verbesserten Wasserqualität konnten sich die Armleuchteralgen, die Hauptnahrung der Kolbenente, stark vermehren. Brütet an stehenden, langsam fließenden Gewässern mit dichter Ufer- und Unterwasservegetation. Der Begriff «Kolben» bedeutet Keule, klumpiger Gegenstand. Die Kolbenente fällt durch den im Vergleich zu anderen Enten ziemlich großen «klumpenförmigen» Kopf auf, das Männchen zudem durch einen knallig roten Schnabel.

53–57 cm

Ganzjährig

Großer, runder Kopf. Männchen im Prachtkleid rostoranger Kopf, korallenroter Schnabel.

Nährstoffreiche Gewässer mit schilfbestandenen Ufern, auch an Parkteichen.

In Mitteleuropa zerstreute Vorkommen, in Stadtnähe besonders im südlichen Mitteleuropa (Bodensee und andere Alpenrandseen).

Tafelente

Aythya ferina

42–49 cm

Im Osten nur im Sommer, im Westen und Süden ganzjährig, hauptsächlich aber Wintergast Juli–April.

Kopf dreieckig. Männchen im Prachtkleid mit kastanienbraunem Kopf; Flanken und Oberseite grau meliert, Brust und Steiß schwarz.

Brutvogel an Schilfseen Osteuropas, im Winter auf Seen und großen Flüssen an eher seichten Gewässerabschnitten oft zu Hunderten oder Tausenden. Kann bis über 20 Jahre alt werden.

Als Brutvogel in Mitteleuropa nicht sehr häufig, jedoch große Überwinterungsgemeinschaften im Süden des Gebiets.

Dehnt ihr Brutareal in Europa langsam nach Westen aus. Tauchente, liegt wie Reiherente tiefer im Wasser als Schwimmenten. Weil die Beine weit hinten am Körper ansetzen, gehen sie schwerfällig an Land und halten sich dort selten auf. Tauchenten rennen eine längere Strecke übers Wasser, bis sie in die Luft abheben. Ernährt sich im Winter v. a. von Wandermuscheln, lässt sich auch mit Brot füttern. Frisst 1 kg Wandermuscheln (= 4000 Stück) pro Tag. Taucht bis 5 m tief, bleibt bis 25 Sek. unter Wasser. Wurde wegen des besonders schmackhaft geltenden Wildbrets gejagt. Deutscher Name «Tafel» (= Tisch) und lateinischer Name «ferina» (= Wildbret) deuten auf die frühere Verwendung hin. Auf Alpenrandseen zahlreich als Wintergast aus dem Baltikum und Russland.

Reiherente

Aythya fuligula

40–47 cm

Ganzjährig, als Wintergast Juli–April.

Federschopf am Hinterkopf. Männchen im Prachtkleid mit schwarzem Gefieder und weißen Flanken.

Als Brutvogel wenig anspruchsvoll, überwintert in seichten Abschnitten von eisfreien Gewässern aller Art (Baggerseen, Staubecken, Seen).

Im ganzen Gebiet, vor allem im südlichen Mitteleuropa als Wintergast auffällig.

Auf Alpenrandseen im Winter häufigste Wasservogelart (Wintergäste aus Russland und Skandinavien). Gesellig, oft in dichten Trupps. Weidet zusammen mit Blässhuhn und Tafelente tauchend Muschelbänke ab. Frisst 850 g Wandermuscheln (3500 Stück) pro Tag. Taucht tiefer (bis 8 m tief, bleibt bis 30 Sek. unten) als Tafelente. Die ursprünglich im Schwarzen Meer beheimatete Wandermuschel hat sich mit der Schifffahrt nach Norden und Westen ausgebreitet. Ab den 1960er-Jahren besiedelte sie Voralpenseen, seit den 1970er-Jahren tritt sie massenhaft auf. Seitdem überwintern Reiherenten in großer Zahl auf den nicht zufrierenden Voralpenseen und Staubecken. Mitte des 18. Jahrhunderts war die Reiherente noch ein spärlicher Wintergast. Sie trägt ihren Namen wegen ihres Reiherschopf am Hinterkopf.

Gänsesäger

Mergus merganser

Nistet in Baumhöhlen, Felsnischen, an Gebäuden sowie in Nistkästen, meist nahe am Wasser. Größer als Schwimm- und Tauchenten. Ernährt sich hauptsächlich von Fischen, daneben Krebsen, Insekten und Ringelwürmern. Lässt sich mit Brot füttern und kommt deshalb im Winter in die Nähe des Menschen. Sucht Fische optisch, indem er mit eingetauchtem Gesicht schwimmt. Taucht bis 4 m tief, bleibt bis 35 Sek. unter Wasser. Spezielle Schnabelmorphologie: schmaler Sägeschnabel mit spitzen Hornzähnen und scharfhakigem Nagel zum Fangen und Festhalten der erbeuteten Fische. Häufiger Wintergast aus Skandinavien und Sibirien.

58–68 cm

Stellenweise ganzjährig, vielerorts nur als Wintergast.

Stromlinienförmiger Körper mit langem, schmalem Hakenschnabel. Kopf bei Männchen im Prachtkleid grün, bei Männchen im Schlichtkleid und Weibchen braun.

An fischreichen Seen und Flüssen.

Am Alpenrand und in Norddeutschland ganzjährig, in andern Teilen Mitteleuropas nur im Winterhalbjahr.

Mäusebussard

Buteo buteo

Spannweite 130 cm, 1 kg schwer. Ernährt sich von Mäusen und anderen Kleintieren, gelegentlich von Vögeln oder Amphibien, seltener von Aas. Sucht Beute meist auf offenem Gelände. Beim Kreisen V-förmige Flügelstellung. Rüttelt selten. Sitzt häufig auf Warten (Wartenjäger), im Winter oft an Autostraßen. Wurde wie alle Greife früher rücksichtslos verfolgt. Heute ist der Mäusebussard in großen Teilen des Gebiets der häufigste Greifvogel. Im Winter Zuzug von Mäusebussarden aus Nord- und Osteuropa. Dafür wandern vorwiegend jüngere Tiere der mitteleuropäischen Population zur Überwinterung in den Süden. Horst aus Ästen und Zweigen, mit Gras und Moos ausgepolstert, meist auf Bäumen am Waldrand, in Feldgehölzen, seltener auf einzeln stehenden Bäumen.

46–58 cm

Ganzjährig

Breitflügliger, mittelgroßer Greifvogel mit fächerförmig gespreiztem Schwanz. Sehr unterschiedlich gefärbt, meist aber dunkelbraun mit hellerem Brustband.

Benötigt Wälder und große Feldgehölze als Brutplatz und angrenzende offene Kulturlandschaft als Jagdhabitat. In Stadtwäldern regelmäßiger Brutvogel.

Ganz Europa.

Rotmilan

Milvus milvus

61–72 cm

Im Südwesten ganzjährig, im Osten meist nur im Sommer.

Langer, tief gegabelter Schwanz, der häufig wie ein Ruder gekippt wird. Brust, Bauch und Schwanzoberseite rotbraun, Kopf grau.

Brütet in lichten Wäldern und an Waldrändern, weniger an Gewässer gebunden als Schwarzmilan, jagt über offener Kulturlandschaft.

In Städten eines Großteils von Mitteleuropa, im Südosten fehlend. In Österreich sehr selten.

Spannweite von 160 cm, im Stadtgebiet meist der größte Greifvogel. Stundenlang in der Luft auf Suche nach Beute (Kleinsäuger, auch Regenwürmer von frisch gepflügten Äckern, Aas und Abfälle). Als Allesfresser für Vergiftungen anfällig (vergiftete Regenwürmer und Mäuse). Milane «schmücken» ihren Horst mit aufgelesenen Lumpen, Papier- und Plastikfetzen.

In der zweiten Hälfte des letzten Jahrhunderts Erweiterung des Brutareals von Westen (Frankreich) her Richtung Nordosten. Jungvögel verbringen den Winter in Frankreich und Spanien, Altvögel aus Süddeutschland und der Schweiz hingegen bleiben mehrheitlich in der Nähe des Brutgebiets. Seit den 1970er-Jahren im Winter Bildung von Schlafgemeinschaften mit teilweise einigen Hundert Individuen (auf Schlafbäumen).

Schwarzmilan

Milvus migrans

48–58 cm

Mitte März–Ende August.

Leicht gegabelter Schwanz. Dunkles Gefieder.

Bevorzugt Wassernähe und offenes Gelände (Kulturland, Feuchtgebiete).

Ganz Mitteleuropa, als Brutvogel im nördlichen und östlichen Mitteleuropa selten.

Mit einer Flügelspannweite von 150 cm etwas kleiner als der Rotmilan. Bevorzugt gewässernahe Gebiete. Seine Beute besteht aus toten und kranken Fischen, die er von der Wasseroberfläche greift, aber auch aus (oft toten oder verletzten) Kleintieren und Regenwürmern, die er auf dem Feld oder frisch gemähten Wiesen absammelt. Sucht an Autobahnen nach überfahrenen Tieren, wird dabei manchmal selbst Verkehrsopfer. Als Aasfresser trägt er den Ruf eines Gesundheitspolizisten. Baut Horst oft auf alten Nestern anderer Greif- oder Rabenvögel. Im Gegensatz zum Rotmilan ein ausgesprochener Zugvogel, der in Westafrika überwintert.

Habicht

Accipiter gentilis

Spannweite Männchen 95 cm, Weibchen 110 cm. Kräftigster Greif auf Stadtgebiet, wendiger Flieger. Ergreift Beute (Kleinvögel bis Krähe, Maus bis Eichhörnchen) meist im Flug. Wurde lange verfolgt («Hühnerdieb»), muss auch heutzutage hin und wieder sein Leben im Hühnerhof lassen. In der zweiten Hälfte des 20. Jahrhunderts Bestandsrückgänge als Folge des Pestizids DDT, das sich im Habicht über vergiftete Beutetiere anhäufte und zu Fortpflanzungsstörungen (Eierschalenbruch) führte. Dank des Verbots der gefährlichsten Gifte und verbesserter Schutzmaßnahmen hat sich der Bestand seither wieder erholt. Horst in hohen Bäumen im Wald, in Norddeutschland neuerdings auch auf innerstädtischen Alleebäumen. Belegt Nest mit grünen Zweigen. Am einmal gewählten Nistort hält er jahrelang fest. Einmal verpaarte Vögel halten lebenslange Treue.

49–56 cm

Ganzjährig

Alterskleid: Querbänderung auf heller Unterseite, Oberseite bläulich grau; im ersten Lebensjahr unterseits rötlich weiß, grob braun gefleckt («Rothabicht»).

Brütet in größeren Waldkomplexen, lockeren Altholzbeständen. Außerhalb Brutzeit auch in Siedlungsnähe anzutreffen, scheuer und versteckter als Sperber. Jagdgebiet mehrere Quadratkilometer.

Ganz Mitteleuropa, in geeigneten Gebieten auch im Umfeld von Städten.

Sperber

Accipiter nisus

Wie bei Habicht und Wanderfalke ist das Männchen bei Sperbern ein Drittel kleiner als das Weibchen. Wegen dieser Größenunterschiede nennen Jäger Greifvogelmännchen «Terzel» (lat. Drittel). Wie beim Habicht mausert das Weibchen seine Schwungfedern während der Bebrütungszeit. Weil die Flugfähigkeit in dieser Zeit stark eingeschränkt ist, versorgt das Männchen das Weibchen mit Nahrung. Die abgeworfenen Schwungfedern sind in Horstnähe zu finden. Aufgrund des individuellen Musters der Federn lässt sich die Anwesenheit eines Weibchens über Jahre verfolgen. Wegen des Pestizids DDT kam es beim Sperber zu ähnlichen Problemen wie beim Habicht. Mit seiner ungestümen Jagdart auf Kleinvögel kollidiert der Sperber oft mit Hindernissen wie Glasfronten.

29–34 cm

Ganzjährig

Im Gegensatz zum etwas größeren, aber ähnlichen Habicht sind beim Sperber auch die Jungen gebändert («gesperbert»). Wendig. Flugbild: gräulich, Flügel rel. kurz. Schwanz gerade abgeschnitten.

Halboffene Landschaften mit genügend Deckung und freien Flächen. Waldränder, Lichtungen, Siedlungen mit genügend Hecken, Büschen und Bäumen.

Ganz Mitteleuropa, in Städten mit großen Parkanlagen und entsprechendem Baumbestand regelmäßiger Brutvogel, jagt gelegentlich auch in Wohnquartieren.

Wanderfalke

Falco peregrinus

Größter mitteleuropäischer Falke. Spannweite beim Männchen 95 cm, beim Weibchen 110 cm. Hauptbeute: Straßentauben, Lachmöwen, Stare und Drosseln, die er im Sturzflug in der Luft erbeutet. Dabei kann er Spitzengeschwindigkeiten von 200 km/h erreichen. Baut wie alle Falken keine Nester; brütet in Felswänden, Steinbrüchen oder in Kolkrabenhorsten. Nimmt in der Stadt Nistkästen an. Bestandszusammenbruch um 1950: Verfolgung durch Taubenzüchter, Aushorsten der Jungen durch Falkner, Beeinträchtigung der Fortpflanzung durch DDT und andere Pestizide. Im Jahr 1971 war beispielsweise in der Schweiz außerhalb der Alpen nur noch ein Brutpaar bekannt. Mittlerweile hat sich der Bestand in ganz Europa gut erholt. Im nördlichen und östlichen Mitteleuropa aber selten.

Männchen 38–45 cm, Weibchen 46–51 cm.

Ganzjährig

Dunkler Wangenstreif. Altvögel: helle Unterseite quer gebändert, Oberseite schiefergrau. Jungvögel: Unterseite leicht rostfarbig und kräftige braune Längsstreifen.

Naturnahe Habitate mit geeigneter Nistgelegenheit (Steinbrüche), brütet auch an Hochhäusern, Kaminen und Kühltürmen.

Seit den 1970er-Jahren Bruten in verschiedenen Städten (Hamburg, Berlin, Ruhrgebiet, Frankfurt, München, Wien, Zürich, Basel).

Mit Ausnahme des nördlichen und östlichen Mitteleuropa im ganzen Gebiet verbreitet, doch selten.

Baumfalke

Falco subbuteo

Lange, schmale, sichelförmige Flügel machen ihn zu einem hervorragenden Flieger (Flugbild erinnert an Segler). Kann Schwalben und Segler im Flug ergreifen. Große Insekten, Libellen und Käfer machen einen Großteil der Beute aus. Kann Libellen bis zu einer Entfernung von 200 m wahrnehmen. Langstreckenzieher, der im Herbst ins südliche Afrika zieht und Mitte April mit den Rauchschwalben ins Brutgebiet zurückkehrt. Im tropischen Afrika bilden Termiten und Heuschrecken seine Hauptnahrung. Zum Brüten benützt er in der Regel hoch in den Nadelbäumen gelegene alte Krähennester, die einen hindernisfreien Anflug gewähren. Als Nistbaum bevorzugt er die Kiefer. Kollision mit Glasflächen und Fahrzeugen ist eine regelmäßige Todesursache.

29–35 cm

Mitte April–Ende September.

Altvögel mit auffällig rötlicher Beinbefiederung («Hosen»). Oberseite dunkelgrau, Körperunterseite hell mit Längsstreifen.

Abwechslungsreiches Kulturland mit angrenzenden Wäldern und Gewässern.

Ganz Mitteleuropa. In Städten Nester in größeren Baumgruppen und Alleen. Große Parks, Friedhöfe (z. B. Zentralfriedhof Wien).

Turmfalke

Falco tinnunculus

Spannweite 70 cm. Beide Geschlechter fast gleich groß. Fleißiger Mäusejäger. Nebst Kleinsäugern schlägt er besonders im Stadtgebiet auch Vögel, plündert Spatzennester oder ergreift noch nicht flügge Tauben. Häufig angewendete Jagdmethode ist das Rütteln («Rüttelfalke»). Dabei schwebt er gegen den Wind mit gefächertem Schwanz und heftig schlagenden Schwingen am gleichen Ort in der Luft, bis er ein Opfer erblickt und es im Sturzflug zu ergreifen versucht. Sieht wie andere Greifvögel auch im UV-Bereich, damit kann er Harnspuren von Beutetieren erkennen und abschätzen, ob eine Fläche ein gutes Jagdgebiet ist. Fortpflanzung in Krähennestern, auf anderen Nistplattformen und auch in Nistkästen. In Wien liegen über 75 % der Brutplätze an Gebäuden. Dem Menschen gegenüber wenig scheu.

31–37 cm

Ganzjährig

Beide Geschlechter mit rötlich braunen, dunkel gepunkteten Rücken und Oberflügeldecken. Männchen mit grauem Kopf und grauem Schwanz mit schwarzer Endbinde. Weibchen mit gebändertem Schwanz.

Offene und halboffene Kulturlandschaft sowie Siedlungen.

In wohl allen mitteleuropäischen Städten in und an Kirchtürmen, Rathäusern, Hochkaminen, Bäumen, weniger in Wäldern brütend.

Fasan

Phasianus colchicus

Stammt aus Trockengebieten Asiens, schon zur Römerzeit zu Jagdzwecken nach Europa gebracht. Nahrung vorwiegend vegetarisch, zur Jungenaufzucht auch Insekten, Spinnen, Regenwürmer, Schnecken. Selbstständige Fortpflanzung nur in milden Klimaregionen unter 500 m ü. M. Zur Balzzeit (Frühling) sind die roten Gesichtspartien der Männchen vergrößert. Heftige Revierkämpfe, begleitet von weit herum hörbaren Rufen. Männchen lebt mit mehreren Weibchen (Polygamie). Der gut versteckte, von der Henne gewählte Nistplatz ist eine in den Boden gescharrte Mulde in der Kraut oder Strauchschicht. Henne legt rund ein Dutzend Eier. Große Gelege können auch von mehreren Hennen stammen. Brut dauert drei Wochen. Nach etwa drei Monaten sind die Jungen selbstständig. Hohe Gelegeverluste und Jugendsterblichkeit.

Männchen 50–90 cm, Weibchen 55–70 cm, Höchstalter 7–8 Jahre.

Ganzjährig

Langer Schwanz, Männchen Kopf und Hals glänzend schwarzgrün, Kopfseiten mit roten Hautlappen. Weibchen unauffällig beigebraun, Oberseite mit schwarzen Flecken. Zahlreiche Unterarten und Zuchtformen.

Offene Bereiche, Äcker, Wiesen, Rebberge, Feldgehölze, im Winter auch in Gärten und Parkanlagen.

Große Teile Mitteleuropas, zerstreut, Stadtrandgebiete.

23–26 cm

Ganzjährig

Birnenförmige Gestalt. Langer, dünner, leicht abwärts gebogener Schnabel. Oberseite olivbraun mit schwarzen Flecken, Flanken auffällig schwarz-weiß gestreift. Geschlechter äußerlich nicht unterscheidbar.

Dichte, ungestörte Röhrichte mit offenen Wasserflächen. Im Winter an nicht zufrierenden Gewässern.

Ganz Mitteleuropa, zerstreut, selten.

Wasserralle

Rallus aquaticus

Die Wasserralle bewegt sich gewandt in dichter Vegetation und hält sich meist gut versteckt im Schilfröhricht auf, sodass man sie kaum je sieht. Einzig im Winter, wenn Gewässerteile zufrieren und sie offene Wasserflächen aufsucht, ist sie zuweilen zu entdecken. Auffällig ist jedoch ihr Ruf, der wie ein Quieken eines Ferkels klingt und ganzjährig zu vernehmen ist. Das Nest ist in Seggenbulten oder im Röhricht gut versteckt. Die Jungen sind Nestflüchter und haben ein kohlenrabenschwarzes Dunenkleid. Die Nahrung der Wasserralle besteht aus Insekten und deren Larven, kleinen Schnecken, Ringelwürmern, Krebsen sowie kleinen Wirbeltieren (Amphibien, Fischen, Kleinvögeln, Kleinsäugern). Zur Nahrungssuche bohrt sie den Schnabel in den weichen Boden.

27–31 cm

Ganzjährig

Gefieder schieferschwarz mit weißer Flankenlinie, oberseits braun, lange grüne Beine und Zehen. Roter Stirnschild.

Stehende und langsam fließende Gewässer (Seen, Weiher, Flüsse) mit schützender Vegetation. Im Winter auch auf kleinen Gewässern, Kanälen und dergleichen mitten im Siedlungsgebiet.

Brutvogel in ganz Mitteleuropa, verbreitet, auch an Parkgewässern. Östliche Populationen ziehen im Winter westwärts.

Teichhuhn

Gallinula chloropus

Kann sich dank der langen Zehen auf Schwimmblättern fortbewegen. Auf dem Wasser und an Land bewegt es sich ruckartig und zuckt dabei mit dem Schwanz, sodass die weiße Zeichnung der Unterschwanzdecken aufleuchtet. Nickt beim Schwimmen mit dem Kopf. Ist im Winter leichter zu beobachten, wenn es seinen deckungsreichen Lebensraum verlässt und auf Floße und Bootsstege geht. Ernährt sich von Wasserpflanzen, Insekten, Weichtieren und Kaulquappen. Liest Nahrung schwimmend von Wasseroberfläche ab, pickt sie von Pflanzen weg oder liest sie vom Boden auf. Korbförmiges Nest aus Wasserpflanzen in der Ufervegetation versteckt oder in Büschen über dem Wasser mitunter auch mitten im Siedlungsgebiet. Das Teichhuhn gehört wie das Blässhuhn zur Familie der Rallen.

Blässhuhn

Fulica atra

Schwimmt mit nickender Kopfbewegung, taucht mit kleinem Sprung. Muss zum Auffliegen übers Wasser laufend Anlauf nehmen. Nahrung: verschiedene Pflanzenteile, Weichtiere, Insekten; lässt sich häufig füttern. Seit einigen Jahrzehnten ist Wandermuschel eine wichtige Nahrungsquelle. Davon profitieren zwischen Oktober und März große Trupps von bis über 1000 Tieren nordischer Wintergäste in nicht zufrierenden Gewässern. Taucht im Gegensatz zum Teichhuhn zur Nahrungssuche. Kann 5–7 m tief tauchen, bleibt bis 30 Sek. unter Wasser. Nest aus Schilf, oft frei sichtbar, in Ufervegetation schwimmend, selten auf fester Unterlage. Blässhühner machen 1 bis max. 3 Gelege pro Jahr mit je 6–9 Eiern. 8–9 Wochen nach dem Schlüpfen sind die Jungen flugfähig.

36–42 cm

Ganzjährig

Gefieder rußgrau mit schwarzem Kopf, weißer Stirnschild (= Blässe) und weißer Schnabel. Frisch geschlüpfte Junge mit rotem Kopf.

In nährstoffreichen Gewässern mit offener Wasserfläche und schützender Vegetation. Stellt geringe Ansprüche. Brütet in Parkteichen, Seen, Flussstauungen.

Brutvogel in ganz Europa. Östliche Populationen ziehen im Winter westwärts.

Flussregenpfeifer

Charadrius dubius

Der Flussregenpfeifer lebte ursprünglich auf Kiesbänken unverbauter Flüsse, er weicht jedoch auch auf vom Menschen geschaffene kiesige Flächen aus (Kiesgruben, Bauplätze). Gehört zu den Watvögeln (Limikolen). Brütet am Boden und legt vier gut getarnte Eier in eine kleine Bodenmulde. Die Jungen verlassen sofort nach dem Schlüpfen das Nest (Nestflüchter) und suchen selbstständig nach Nahrung. Kommt ein Feind den Jungen zu nah, stellt sich der Altvogel flügellahm und zieht dadurch alle Aufmerksamkeit auf sich. Dieses Verhalten nennt man Verleiten. Ernährt sich von Insekten, teilweise auch Spinnen, Krustentieren und Ringelwürmern. Langstreckenzieher, der bis 7000 km entfernt in Afrika südlich der Sahara überwintert.

15,5–18 cm

Mitte März–Mitte Oktober.

Oberseite erdbraun, Unterseite weiß, schwarzes Kehlband, schwarzes Stirnband, schwarzes Band vom Schnabel durch das Auge. Gut getarnt im Lebensraum.

Offene, fast vegetationslose Kiesbänke entlang großer Flüsse, Kiesgruben, brütet gelegentlich auch auf Flachdächern (Hamburg).

Verbreiteter, aber nicht häufiger Brutvogel in ganz Mitteleuropa.

40–46 cm

An Küsten ganzjährig, als Wintergast Ende Dezember–Ende Februar auch im Binnenland.

Größer als Lachmöwe, Altvögel ohne Schwarz am Kopf, gelber Schnabel und gelbgrüne Beine.

Im Winter auf Seen, an größeren Fließgewässern. Tagsüber auf Anlegestellen, Dämmen, Bojen, Floßen.

Brutgebiete liegen hauptsächlich in Nordwest- und Nordeuropa, Mitten im Hamburger Hafen brüten in der Hohen Schaar bis zu 1600 Paare. Gelegentlich auf Dächern brütend.

Sturmmöwe

Larus canus

Küstenvogel, der im Binnenland als seltener Brutvogel und regelmäßig als Wintergast auftaucht. Vielfältige Nahrung wie Lachmöwe, gegenüber Menschen scheuer als diese. Bei Fütterung schnappen Lachmöwen das Brot in der Luft, Sturmmöwen hingegen verfolgen die Lachmöwen im rasanten Flug und versuchen, ihnen die Nahrungsbrocken abzujagen. Großmöwen wiederum jagen manchmal den Sturmmöwen das Fressen ab. Neben der kleinen Lachmöwe und der mittelgroßen Sturmmöwe kommen in vielen Städten auch Großmöwenarten wie die Mittelmeermöwe, Steppenmöwe, Silbermöwe und Heringsmöwe vor. Beliebte Aufenthaltsorte sind Pfosten und Geländer von Schiffländen, Schiffe und Lampenpfähle an Kais entlang von See- und Flussufern.

35–39 cm

Ganzjährig

Schlichtkleid mit dunklem Ohrfleck, Prachtkleid schokoladebrauner Kopf. Weißer Vorderflügelkeil im Flug charakteristisch.

An Seen und langsam fließenden Gewässern. Sitzt tagsüber bei Anlegestellen, auf Dämmen, Bojen, Floßen. Überfliegt regelmäßig in Gruppen die Stadt.

Brutvogel in Süßwassersümpfen im nördlichen und östlichen Europa, auch in Mitteleuropa. In Städten mit Gewässern außerhalb der Brutzeit häufiger Wintergast.

Lachmöwe

Larus ridibundus

Größte Ansammlungen an Flüssen und Seen in Städten zwischen Dezember und Februar. Diese Wintergäste kommen aus Nord- und Osteuropa. Mitteleuropäische Brutvögel hingegen ziehen Richtung Südwesten und überwintern meist im Mittelmeerraum. Brutbestand regional stark abnehmend. Nahrung: Insekten, Fische, Abfälle, Aas; lässt sich häufig füttern. Auf frisch gepflügten Äckern holt Lachmöwe gerne Regenwürmer, besucht auch Müllkippen und Kläranlagen. Die Möwen fliegen jeweils bei Einbruch der Dunkelheit weg und kommen morgens wieder. Sie übernachten schwimmend auf Seen.

Heringsmöwe

Larus fuscus

Die Heringsmöwe ist eine von mehreren Großmöwen, welche rund um die europäischen Küsten vorkommen und nicht ganz einfach zu unterscheiden sind. Sie brütet ausschließlich an den Küsten Nord- und Westeuropas, auf Inseln, in Feuchtgebieten und auf Dächern. In Städten des Binnenlandes können immer wieder Jungvögel gesehen werden, welche am kräftigen Schnabel und ihrer Größe von jungen Sturm- oder Lachmöwen zu unterscheiden sind. Im Winter ab und zu auch adulte Tiere. Ihre Rufe sind unverkennbar und lassen Städter von ihren Ferien am Meer träumen. An Hafenmolen, Anbindepfosten, auf Stegen, Schiffsmasten oder Kandelabern nehmen sie immer die höchst gelegenen Plätze ein und jagen kleineren Möwenarten die erbeuteten Brotreste ab.

48–56 cm

In küstennahen Städten ganzjährig.

Adulte Heringsmöwe im Prachtkleid weiß, Flügeloberseite schiefergrau bis schwarz, gelbe Beine, gelber Schnabel mit rotem Fleck am Unterschnabel. Jungmöwen bis zum vierten Jahr bräunlich gesprenkelt.

An Küsten, zusammen mit ähnlicher Mantelmöwe (*L. marinus*) und Silbermöwe (*L. argentatus*). Im Winter auch an Müllkippen, Stauseen, Agrarflächen.

Im Winter in vielen mitteleuropäischen Städten an größeren Gewässern anzutreffen. In der Schweiz selten, in Österreich Ausnahmeerscheinung.

Kuckuck

Cuculus canorus

Einzige Vogelart Mitteleuropas, die ihre Eier nicht selber ausbrütet, sondern ins Nest von Wirtsvögeln legt (Brutparasitismus). Weibchen legt jährlich bis 25 Eier einzeln in Nester von meist nur einer Wirtsart (v. a. Rohrsängerarten), frisst oder entfernt dabei mindestens ein Ei des Wirts. Gewisse Wirtsvogelarten rollen Kuckuckseier aus dem Nest oder verlassen die Brut. Kuckuck schlüpft nach zwölf Tagen Bebrütungszeit, wirft die anderen Eier aus dem Nest und wird von den Stiefeltern intensiv gefüttert. Kuckuck frisst hauptsächlich behaarte Raupen, die von anderen Vögeln verschmäht werden. Verbringt den Winter im tropischen Afrika.

Bestandesrückgang wohl wegen Verlust gut strukturierter Lebensräume, fehlender Nahrung und zunehmender Seltenheit der Wirtsvögel.

32–36 cm

Mitte April–August.

Oberseite, Kopf, Brust und Flügel blaugrau (selten braun), Bauch weißlich mit schwarzer Querbänderung. Sitzend bananenförmige Körperhaltung mit hängenden Flügeln.

Vielfältige Landschaft mit Kleinstrukturen, gebüschreiche Feuchtgebiete.

Brutvogel in ganz Europa, Stadtrandgebiete, vielerorts Bestandsabnahme.

Straßentaube

Columba livia

Ganzjährig

Stark variierende Gefiederfärbung. Stammform Felsentaube: grau, mit schillerndem Halsgefieder und zwei dunklen Flügelbändern.

Städte, Dörfer.

In allen mitteleuropäischen Städten auf Marktplätzen, Bahnhöfen, in Parkanlagen, vom Stadtzentrum bis in die Außenquartiere, überall, wo Essensreste anfallen.

Die Straßen- oder Stadttaube stammt von der Felsentaube ab. Diese im Mittelmeergebiet und am Atlantik natürlicherweise an Felsen brütende Taube wurde schon im Altertum domestiziert. Bei Straßentauben handelt es sich um Nachkömmlinge verwilderter Haustauben. Die Straßentaube ernährt sich von Sämereien, Getreide und Abfällen, in der Stadt bildet sie große Fressschwärme. Sie kann stundenlang dasitzen und auf fütternde Personen warten. Eine Tagesration beträgt ca. 30 g Futter.

Die Stadttaube kann während des ganzen Jahres brüten und Junge aufziehen. Sie nistet einzeln in Nischen und Höhlen an Gebäuden. Trägt nur wenig Nistmaterial ein, in der Stadt manchmal sogar Nägel oder Kabelbinder. Legt normalerweise zwei, manchmal auch drei Eier. Brutzeit ca. 17 Tage, beide Elterntiere brüten. Auch Schachtelbruten sind möglich. Die Nestlingszeit beträgt ca. vier Wochen. Die Jungtauben werden in den ersten zwölf Tagen mit Kropfmilch aufgezogen. Nach dem Ausfliegen folgen die Jungen zuerst noch einige Zeit den Eltern.

In Städten leben mehrere Tausend Straßentauben, besonders in den Zentren. In Wien wird der Bestand auf mind. 13 000 bis 23 000, in Hamburg auf 10 000 und in Zürich auf 4000–6000 geschätzt. Verschmutzung und Beschädigung von Gebäuden durch Kot, jedes Tier erzeugt im Jahr etwa 12 kg Kot. Durch Fütterung wird der Bestand künstlich erhöht, die natürliche Selektion ausgeschaltet, und Bruten werden auch im Winter möglich. Kontrolle durch Vergitterung von Nistplätzen, Verstellen von Sitzplätzen, Abschuss, Wegfangen und kontrollierte Taubenschläge ist nur lokal möglich. Der Gesamtbestand wird durch Futter und Brutplatzangebot bestimmt. Taubenfütterung ist durch Information und Vorschriften kaum einzudämmen.

Hohltaube

Columba oenas

Scheuer Waldbewohner, der in Baumhöhlen brütet. Weil sie nicht fähig ist, selber eine Höhle zu zimmern, ist die Hohltaube in Mitteleuropa auf alte Schwarzspechthöhlen angewiesen. Zur Nahrungssuche fliegt sie in die offene Kulturlandschaft. Dort sucht sie ihre Nahrung am Boden und ernährt sich hauptsächlich von Früchten und Samen krautiger Pflanzen, Blättern, Beeren und Baumsamen. Im Herbst gesellen sich einzelne Hohltauben gerne zu den großen Ringeltaubentrupps, die südwestwärts ziehen. Den Winter verbringt die Hohltaube in Südwesteuropa. Ihr Ruf ist ein eintöniges «oo-ou». Durch einen abgestoßenen, feinen Puder wirkt das Gefieder aller Tauben wachsartig bereift.

28–32 cm

Mitte Februar–Ende Oktober.

Größe und Gestalt ähnlich Straßentaube. Kopf und Rücken einheitlich blaugrau und ohne weißen Bürzel.

Lichte Laub- und Mischwälder mit ausreichendem Baumhöhlenangebot (Spechthöhlen, auch Nistkästen), auch in größeren, ruhigeren Parks und Friedhöfen.

Brutvogel in ganz Mitteleuropa, auch in städtischen Wäldern und Parks.

Ringeltaube

Columba palumbus

Besiedelt als ursprünglich waldbewohnende Art mindestens seit 1900 städtische Parks, Gärten und Straßenbäume, unterdessen besonders in Mitteleuropas Norden und Osten in Villenquartieren und älteren Parkanlagen längst in größerer Dichte als in stadtfernen Wäldern, vielerorts unbeliebt. In Zürich erst im letzten Jahrzehnt in die Innenstadt vorgedrungen.
Das Nest ist eine lose Ansammlung trockener Zweige. Brütet in der Stadt früher und häufiger als im Wald. Wie bei allen Tauben enthält Gelege nur zwei Eier. Nahrung: Sämereien, grüne Pflanzenteile. Beim Balzen fliegen Männchen zunächst steil hoch und gehen mit klatschenden Flügeln in den Sinkflug. Revierruf: dumpfes, rhythmisches, meist fünfsilbiges «ruguhgu-gugu». Im Oktober ziehen Teilpopulationen in oft großen Schwärmen nach Südwesteuropa, wo sie überwintern.

38–43 cm

Mitte Februar–Ende Oktober, im nordwestlichen Mitteleuropa ganzjährig.

Weißer Halsring. Im Flug weiße Zeichnung auf Flügeln erkennbar.

In Wäldern mit Lichtungen, Feldgehölzen und zunehmend im Siedlungsraum.

In ganz Mitteleuropa weit verbreitet. In Wäldern und Grünanlagen bis weit in den Siedlungsraum, bisweilen mitten in der City. Zählt zu den häufigsten Garten- und Parkvögeln.

Türkentaube

Streptopelia decaocto

Stammt ursprünglich aus der Kulturlandschaft Kleinasiens. Bereits dort in enger Nachbarschaft mit Menschen, auch bei uns ausgeprägte Kulturfolgerin. Seit den 1930er-Jahren rasante Ausbreitung nach Mitteleuropa. In den 40er-Jahren in Österreich (Wien 1947), in Tschechien und in Ost- und Norddeutschland, seit den 50er-Jahren auch im westlichen Teil Deutschlands und der Schweiz (Zürich 1955). In Großstädten wie Wien, München oder Hamburg derzeit mehrere Tausend Brutpaare. Bestand stagniert heute vielerorts oder ist rückläufig. Nahrung: Samen, Früchte, Knospen, auch Abfälle. Jungenaufzucht wie bei anderen Tauben mit Kropfmilch, einem Sekret aus Wasser, Eiweiß und Fett, das die Altvögel im Kropf, einer zweiseitigen Aussackung der Speiseröhre, produzieren. Dreisilbiger Ruf «huhu-hu».

31–34 cm

Ganzjährig

Beigebraune Taube mit schwarzem Halsring. Im Flug auffällige, breite, weißgraue Schwanzspitzen.

In Siedlungen mit Bäumen zum Nisten sowie offenen Flächen (Rasen) zur Nahrungssuche. Sitzt auf Straßenlaternen, Antennen und Dächern.

Brutvogel in Städten ganz Mitteleuropas.

Schleiereule

Tyto alba

Starke Populationsschwankungen je nach Wühlmausbestand und Schneedecke. Im Winter regelmäßig im Stadtgebiet auf Nahrungssuche. Kann im Dunkeln Beute mit hoher Präzision nach Gehör orten. Weil ihre Ohren asymmetrisch liegen, hört sie Laute auf einem Ohr um Sekundenbruchteile früher als auf dem anderen. Fast lautloser Flug. Eulen verspeisen Beutetiere oft als Ganzes. Unverdauliche Teile werden als Speiballen (Gewölle) ausgewürgt. Nimmt gerne Nisthilfen in der Nähe von Menschen an, typischerweise in alten Scheunen. Die Eier werden im Abstand von zwei Tagen gelegt und ab dem ersten Ei bebrütet. Die Jungen schlüpfen im gleichen Zeitabstand, in dem die Eier gelegt worden sind. Das Junge aus dem letzten Ei kann bis zwei Wochen jünger sein als sein ältestes Geschwister.

33–39 cm

Ganzjährig (v. a. Winterhalbjahr).

Sehr helle Unterseite, dunkle Iris und markanter herzförmiger Gesichtsschleier. Oberseite grau meliert mit goldbraunen Flecken und weißen Punkten. Nachtaktiv.

Abwechslungsreiche Kulturlandschaft mit Nistgelegenheiten in Gebäuden. Jagdgebiet: Brachflächen, Ackerrandstreifen und Weiden.

Brutvogel in ganz Europa, überall geringe Brutdichte. Stadtrand.

Waldkauz

Strix aluco

Nachtaktiv, schläft tagsüber. Reagiert weniger stark auf Schwankungen der Kleinsäugerpopulationen als Schleiereule. In der Dämmerung ist oft schon im Spätherbst sogar mitten in der Stadt sein «Huuh-hu-huuuuh» zu hören. Kann wie alle Eulen den Kopf bis 270° drehen. Nest meist in Baumhöhlen, auch auf Dachböden und in Nistkästen. Bei knapper Nahrung wird nur ältestes Junges gefüttert, und die jüngeren Geschwister sterben. Wird von Kleinvögeln gehasst. Das von Konrad Lorenz beschriebene Hassen (Gruppenangriff auf potenzielle Feinde) wurde als «mobbing» ins Englische übersetzt. Bekannt in der heutigen Bedeutung wurde der Begriff in den 1980er-Jahren als «Mobbing» in Bezug auf das Arbeitsleben auch auf menschliches Verhalten übertragen wurde.

37–43 cm

Ganzjährig

Oberseite bräunlich oder gräulich. Hellere Unterseite mit dunklen Längsflecken mit feinen Querästen. Rundlicher Kopf mit großen, dunklen Augen.

In Wäldern, die nicht zu dicht sind und Altholz enthalten. Auch in Parkanlagen und Friedhöfen mit altem Baumbestand.

In ganz Europa verbreitet, häufigste mitteleuropäische Eulenart, in gut durchgrünten Bereichen bis weit ins Siedlungsgebiet.

Waldohreule

Asio otus

Die zur Balzzeit aufgestellten Federohren sind verlängerte Kopffedern ohne Einfluss auf das Gehörvermögen. Der auffällige Gesichtsschleier wirkt wie bei der Schleiereule ähnlich wie ein Parabolspiegel, sodass Eulen Geräusche verstärkt wahrnehmen. Die dumpfen, monotonen Balzrufe («huh») der Männchen sind unauffällig und werden vom Weibchen nicht minder monoton mit «uijo» beantwortet. Waldohreulen brüten auch in Städten. In Wien liegt der Brutbestand bei 35–75 und in Hamburg bei 110 Brutpaaren. Als Nist- und Ruheplätze dienen alte Nester von Krähen und Elstern. Im Winter gelegentlich sogar größere Ansammlungen von Waldohreulen in Stadtpärken. Ganz vereinzelt brüten auch Uhus *(Bubo bubo)*, die mit bis zu 73 cm Körperlänge größten europäischen Eulen, in Städten (Hamburg).

31–37 cm, Spannweite 95 cm.

Ganzjährig, nacht- und dämmerungsaktiv.

Aufgestellte Federohren bei Balz und in Alarmstellung. Leuchtend orangegelbe Augen. Dank rindenfarbigem Gefieder gut getarnt, im Flug gelblich beige Handschwingen sichtbar, Balzrufe Februar und März.

Lebt in offenen und abwechslungsreichen Landschaften. Auf Wiesen, Weiden und Äckern jagen sie nach Mäusen. Nester und Schlafplätze liegen an Waldrändern, Gehölzgruppen oder Baumhecken.

In Mitteleuropaeuropa weit verbreitet (Standvogel), auch in Städten.

Segler fördern

Mauer- und Alpensegler suchen ihre Nistplätze fast ausschließlich an Gebäuden. Haben sie einmal einen Nistplatz gefunden, kehren sie jedes Jahr wieder in das gleiche Nest zurück, bessern dieses aus und brüten wieder darin. Heute fallen ihre Nistplätze oft Umbauten und Renovationen zum Opfer, weil sich die von ihnen benötigten dunklen Nischen und Winkel vorwiegend an älteren Gebäuden befinden. Renovationsarbeiten erfolgen oft im Sommer, wenn die Segler Junge aufziehen. Meist werden dabei Eier und Junge zerstört. Beide Seglerarten tun sich jeweils schwer damit, wenn ihre bisherigen Brutplätze nicht mehr erreichbar sind. Das vergebliche Anfliegen am alten Brutplatz, das Suchen nach einem Ersatz und das Bauen eines neuen Nestes kann sie dann eine ganze Brutsaison oder mehr kosten. Das Verschwinden von Brutplätzen wird heute als Hauptgrund für den tendenziellen Rückgang der Seglerpopulationen betrachtet.

Eine Überprüfung in der Stadt Zürich hat ergeben, dass für die Erhaltung von Nistplätzen bei Renovationen folgende Faktoren Erfolg versprechend sind:

- bestehende Nistplätze möglichst unverändert erhalten
- falls dies nicht möglich ist: Ersatz schaffen (möglichst nahe)
- Bauarbeiten (auch Gerüstbau) im Bereich der Nistplätze außerhalb der Brutzeit durchführen

Auch bei Neubauten und an Gebäuden, wo bisher keine Segler nisteten, können Nistplätze für Segler geschaffen werden:

- Nistkästen anbringen (Bauanleitungen im Internet, etwa unter www.birdlife.at/Mauersegler.htm)
- in Neubauten geeignete Hohlräume einbauen

Oft werden neu angebotene Nistgelegenheiten erst nach einigen Jahren angenommen. Segler benötigen einen von Flughindernissen freien Anflug an ihren Nistplatz und eine raue Fläche unterhalb der Einflugöffnung, um sich gut festhalten zu können. Es bestehen aber auch Unterschiede zwischen den beiden Arten: Bei Mauerseglern, für die etwas kleinere Einfluglöcher (Durchmesser 5 cm) ausreichen, braucht jedes Paar ein eigenes Einflugloch und einen eigenen Brutraum, während Alpensegler sowohl in Einzelnistkästen wie in gemeinsam benutzten Räumen brüten können. In verschiedenen Städten wie Zürich, Wien, München oder Berlin werden Unterstützung und praktische Hilfe bereitgestellt. So können bei Renovationen nach Möglichkeit Brutplätze erhalten und für jeden wegrenovierten Brutplatz ein Ersatznistplatz erstellt werden. Auch an Neubauten werden zum Teil neue Nistplätze eingebaut.

www.gebaeudebrueter.de

www.bauen-tiere.ch

Mauersegler

Apus apus

Mauersegler gelten in der Stadt als eigentliche Sommerboten, sie werden oft mit Schwalben verwechselt. Mauersegler sind jedoch immer in der Luft, nie auf Ästen oder Dächern. Nahrung: Insekten und Spinnen. Nahrung, Nistmaterial und Wasser wird im Flug aufgenommen. Monogam. Nistplatz in dunklen Höhlen und Nischen, hoch oben an Gebäuden, oft im Traufbereich, im Unterdach oder in Rollladenkästen. Mauersegler übernachten oft in der Luft bis auf 3000 m Höhe. Machen Wetterfluchten, größere Junge können bei schlechtem Wetter Körpertemperatur senken und ohne Nahrung bis zehn Tage überleben. Überwinterung in Afrika, dort ortsunabhängig, Segler folgen dank optimaler Anpassung an das Leben in der Luft den Insektenschwärmen. Belegtes Höchstalter 21 Jahre. Als Langstreckenzieher legt er jährlich insgesamt mehrere Zehntausend Kilometer zurück.

16,5 cm

Ende April–Ende Juli.

Dunkelbraun, heller Kehlfleck, Jungvögel helle Federsäume und oft helle Stirn und heller Flügelbug. Ruf: «Sriie, sriie».

Insektenjagd im Flug, Brutplätze vorwiegend an Altbauten.

Ganz Europa, in allen Städten häufig.

Alpensegler

Apus melba (Tachymarptis melba)

Alpensegler wird wie der kleinere Mauersegler oft mit Schwalben verwechselt. Lebensweise ähnlich wie Mauersegler. Ernährt sich von Insekten und Spinnen. Nahrungs- und Wasseraufnahme im Flug, auch Nistmaterial wird fliegend gesammelt. Monogam. Nistet in Höhlen und Nischen möglichst hoch oben an Gebäuden, der Anflug muss hindernisfrei sein. Belegtes Höchstalter 26 Jahre. Übernachtet am Brutplatz oder an geschützten Stellen unter Vordächern, Felsvorsprüngen. Nördliche Verbreitungsgrenze Süddeutschland (Achern, ca. 80 km nördlich Freiburg i. Br.). Überwinterung in Afrika südlich der Sahara. Pro Tag können bis über 550 km zurückgelegt werden.

22 cm

Ende März/Mitte April–September/Oktober.

Oberseite braun, Bauch und Kehle weiß, braunes Brustband. Leicht erkennbar am hellen Triller. Jungtiere: weiße Federsäume, heller Flügelbug.

Städte, Dörfer mit hohen Gebäuden wie Kirchtürme, Wohn- und Geschäftsgebäude, hohe Brücken, ursprünglich auch Felswände.

Art mit mediterranem Verbreitungsschwerpunkt, nördlich der Alpen nur Schweiz, südlichster Teil Deutschlands (Baden-Württemberg), Bodenseegebiet (Lindau, Bregenz).

17–19,5 cm

Ganzjährig

Oberseite blau, Wangen und Unterseite orangebraunrot. Langer Schnabel.

Fischreiche, nicht zu schnell fließende Flüsse mit senkrechten Uferpartien (auch Kanäle) und Sitzwarten.

Brutvogel in ganz Mitteleuropa, im Winter auch weit entfernt vom Brutplatz an Gewässern mitten in Städten.

Eisvogel

Alcedo atthis

Brütet in selbst gegrabenen Erdhöhlen in steilen Uferpartien, nimmt selten auch künstlich erstellte Bruthöhlen an. Ernährt sich v. a. von kleinen Fischen, daneben auch von Insekten, kleinen Fröschen und Kaulquappen. Nimmt Beute optisch war, fängt sie durch Stoßtauchen von einer Sitzwarte oder aus dem Rüttelflug. Taucht bis 1 m tief, packt Fische am Rücken oder spießt sie an den Flanken auf und tötet sie, indem er sie auf eine Unterlage schlägt. Er frisst sie mit dem Kopf voran. Sein täglicher Bedarf beträgt 20–30 g Nahrung, was etwa 17–20 kleinen Fischchen entspricht, die er in 70–150 Tauchgängen erbeutet. Eisvögel werden nicht alt. Die mittlere Lebenserwartung beträgt nur zwei Jahre. Vor allem in harten Wintern sterben viele.

Männchen 39–43 cm, Weibchen 27–36 cm (inkl. Schwanz).

Ganzjährig

Hellgrünes Gefieder, langer Schwanz (etwa körperlang), Papageienschnabel, Oberschnabel rot, Kopf grün. Männchen mit schwarzem Kinn, rosa Halsband. Häufig kreischende Rufe.

Größere Parks, Friedhöfe, auch Straßenbäume.

Ursprünglich Afrika, Asien, in zahlreichen europäischen Städten eingebürgert. In Mitteleuropa hauptsächlich in Städten im Rheintal.

Halsbandsittich

Psittacula krameri

Brütet in Höhlen alter Bäume (Platanen). Als Kulturfolger in Friedhöfen, Parkanlagen und anderen baumbestandenen Stadtbiotopen anzutreffen. Ansiedlungen gehen auf Gefangenschaftsflüchtlinge zurück. Erste Beobachtung frei lebender Papageien datiert in Köln aus den 1960er-Jahren. An Schlafplätzen kann es zu Ansammlungen von mehreren Hundert Vögeln kommen, wobei sie sich gerne in den obersten Baumregionen aufhalten. Schwerpunkt der mitteleuropäischen Verbreitung liegt im klimatisch milden Rheintal zwischen Heidelberg und Düsseldorf (Ruhrgebiet). Vorkommen in Innsbruck und Wien scheinen wieder erloschen, vermutlich aus klimatischen Gründen (zu kalt) oder durch Krankheiten. Aus der Schweiz sind nur Einzelbeobachtungen bekannt. Nahrung: v. a. Knospen, Blätter, Rinde, Früchte, Samen.

Grünspecht

Picus viridis

Erdspecht, der die Nahrung am Boden sucht. Ernährt sich einseitig v. a. von Ameisen. Bohrt Loch in Ameisenhaufen und holt mit seiner über 10 cm langen, klebrigen Zunge, die an der Spitze mit Widerhaken versehen ist, Ameisen und deren Puppen aus den Gängen heraus. In sehr kalten Wintern verhungern viele Grünspechte. Übernimmt bestehende Höhlen oder zimmert in morsches Holz selber eine neue. Übernachtet in Schlafhöhlen und klettert wie alle anderen Spechte mit Stützschwanz senkrecht auf- und abwärts. Typisch ist die lachende Gesangsstrophe «gjügjügjügjü ...», die von Februar bis April sehr oft zu hören ist. Wellenförmiger Flug wie fast alle Spechte. Um Grünspechte zu fördern, sollten Ameisenhaufen geschont und Altbäume möglichst lange stehen gelassen werden.

30–36 cm

Ganzjährig

Roter Scheitel und schwarze Räubermaske ums weiße Auge. Im Flug grüne Oberseite mit gelbem Bürzel erkennbar. Verwechslung mit Grauspecht *(P. canus)* möglich, der aber in Stadtnähe viel seltener ist.

Halboffene Lebensräume wie aufgelockerte Laubwälder, Obstgärten, Friedhöfe und Parks, wobei alte Baumbestände nie fehlen dürfen.

Ganz Mitteleuropa, Stadtrandgebiete, gut strukturierte Grünanlagen und gartenreiche Wohnquartiere.

Schwarzspecht

Dryocopus martius

Größte europäische Spechtart («Holzkrähe»). Hackspecht, ernährt sich von im Holz lebenden Insekten wie Ameisen und Käfern, daneben auch von Spinnen und Beeren. Bearbeitet morsche Baumstrünke; entrindet von Insekten befallene Bäume. Zimmert Höhle meist in über 100-jährige, leicht geschwächte Buchen. Ovales Einflugloch. Baut jedes Jahr neue Bruthöhle, alte Höhlen sind wichtige Brutstandorte für Dohlen, Hohltauben und Fledermäuse. Übernachtet in Höhlen. Der häufigste Ruf «Kliöö», ist über 2 km zu hören; Flugruf «grügrügrü», lachender Reviergesang auf gleicher Tonhöhe. Trommelt sehr laut und kräftig. Bestand hat in den letzten 20 Jahren zugenommen, u. a. dank veränderter Waldbewirtschaftung, die vermehrt Alt- und Totholz stehen lässt.

40–46 cm

Ganzjährig

Krähengroßer, schwarzer Vogel mit weißem Auge und großem, hellem Schnabel. Männchen mit rotem Scheitel, Weibchen hat nur roten Hinterscheitelfleck. Geradliniger Flug mit flatternden, unregelmäßigen Flügelschlägen.

Wälder mit alten Bäumen, v. a. Laub- und Mischwald mit Buchen und Kiefern.

Mitteleuropa, in geeigneten Wäldern auch im städtischen Umfeld.

23–26 cm

Ganzjährig, im Winterhalbjahr in Gärten häufiger zu beobachten.

Schwarz-weiß-rot. Große, ovale, weiße Schulterflecke, ungemusterte Flanke, kräftig roter Steiß. Schwarzer Backenstreif durchgehend bis zum Hinterkopf. Männchen mit rotem Fleck am Hinterkopf. Jungvögel mit rotem Scheitel. Stirn gelblichweiß.

Brütet in allen Waldtypen und in Baumgruppen im Siedlungsbereich. Zimmert Bruthöhle auch in Fassaden von Gebäuden (Wärmedämmung).

Im ganzen Gebiet, in geeigneten Grünanlagen bis ins Zentrum von Großstädten verbreitet.

Buntspecht

Dendrocopos major

Häufigste Spechtart im Siedlungsraum. Hackspecht. Ernährt sich im Sommer v. a. von Insekten, die er aus dem Holz hackt. Schlägt im Frühling gerne Löcher in die Rinde austreibender Bäume («ringeln») und leckt den süßen, austretenden Saft ab. Ernährt sich im Winter von Fichten- und Kiefernsamen. Um an die Samen zu kommen, klemmt er die Zapfen in natürliche Baumspalten. Diese «Spechtschmieden» sucht er regelmäßig auf, sodass darunter viele ausgefressene Zapfen liegen. Er baut jedes Jahr eine neue Höhle und hinterlässt so Wohnraum für andere Tierarten wie Meisen, Kleiber und Fledermäuse, die selber keine Höhlen bauen. Verrät sich durch gereihte «Kick»-Rufe. Das Trommeln auf Bäume, Telefonmasten oder Fernsehantennen ist bereits im zeitigen Frühling zu hören.

23–25 cm

Ganzjährig

Ähnlich Buntspecht. Unterschiede: Schwarzer Backenstreif nicht durchgehend, roter Nackenfleck beim Männchen größer, Weibchen mit ganz schwarzem Scheitel ohne Rot am Kopf, Steiß blassrot.

Obstgärten, Parkanlagen, Gärten, Baumalleen, Schrebergärten usw. Im Gegensatz zum Buntspecht Blutspecht mehr im offenen Gelände.

Im östlichen Österreich, auch mitten in Städten. Ebenso in der Slowakei und Teilen Tschechiens; in Deutschland und der Schweiz keine Brutvorkommen.

Blutspecht

Dendrocopos syriacus

Besiedelt Kulturlandschaft und Randbereiche sowie offene Partien von Wäldern, gerne in Flussnähe, meidet geschlossene Laub- und Nadelwälder. Sehr nahe mit Buntspecht verwandt, mit dem es zu Mischbruten kommt. Frisst pflanzliche und tierische Nahrung. Standorttreu. Tagaktiv, v. a. am Morgen, hält gerne Mittagsschlaf.

Seit Ende des 19. Jahrhunderts breitete Blutspecht sein Brutareal von Kleinasien her über den Balkan westwärts aus. Seit den 1950er-Jahren brütet er in Parkanlagen, Friedhöfen und anderen locker mit Bäumen bewachsenen Lebensräumen von Wien, Graz und weiteren Städten Ostösterreichs. Westlich bis Linz. In den letzten Jahrzehnten kaum mehr Arealerweiterungen in Mitteleuropa, jedoch Ausbreitung in Osteuropa (Polen, Ukraine).

Kleinspecht

Dendrocopos minor

Kleinste Spechtart. Sucht v.a. auf Zweigen und Blättern in Baumkronen nach Insekten und deren Larven (Suchspecht). Frisst selten Beeren, Früchte und Samen. Winternahrung v.a. unter der Rinde überwinternde Käfer und holzbohrende Larven. Der Kleinspecht kommt an Futterstellen. Schließt sich im Winter gerne umherstreifenden Trupps von Meisen, Kleibern, Baumläufern und Goldhähnchen an. Selten am Boden anzutreffen. Hackt Bruthöhle oft in schwache Seitenäste. Nächtigt in selbst gezimmerten Höhlen. Klettert gewöhnlich senkrecht, kann auch nach Meisenart quer an dünnen Zweigen hängen und an Astunterseiten klettern. Sein hohes, durchdringendes «Kie-kie» kann man mit dem des Turmfalken verwechseln. Beide Geschlechter trommeln regelmäßig.

14–16,5 cm

Ganzjährig

Kurzer, spitzer Schnabel. Oberseite schwarz mit weißer Querbänderung. Flanken fein gestrichelt. Männchen mit rotem Scheitel. Weibchen völlig ohne Rot im Gefieder.

In Laub- und Mischwäldern mit hohem Anteil an Alt- und Totholz. Auch in Parks und auf Friedhöfen. Gerne in Gewässernähe.

In ganz Mitteleuropa verbreitet, in gut durchgrünten Quartieren auch im städtischen Bereich.

Seidenschwanz

Bombycilla garrulus

Brütet in Nadelwäldern der Taiga von Skandinavien bis Ostasien. Wandert im Herbst je nach Nahrungsangebot und Individuendichte unterschiedlich weit nach Süden. In Norddeutschland häufiger Wintergast, in mehrjährigem Abstand gelangen Wintergäste in unterschiedlicher Anzahl bis ins südliche Mitteleuropa, selten bis ins Mittelmeergebiet. Galt früher wegen seines unberechenbaren Auftretens als Vorzeichen für Krieg, Hungersnöte und Pest («Pestvogel»). Nahrung: Beeren (besonders Eberesche, auch Schneeball, Hagenbutten, Cotoneaster, Mistel) und Früchte (Äpfel), im Frühling Knospen. Frisst täglich mehr als sein eigenes Körpergewicht (50–60 g), da der Energiegehalt der gefressenen Früchte gering ist.

18–21 cm

Wintergast Mitte Dezember–April.

Beige-lachsfarbige Scheitelhaube, schwarze Kehle und Augenumrandung, gelbe Bänder am Schwanzende und an den Flügeln. Rote Wachsplättchen an den Armschwingen.

Im Winter in Gebüschen und Baumgruppen mit reichlich Früchten.

Brutgebiet im Hohen Norden. Invasionsvogel, der alle paar Jahre im Winter auch in mitteleuropäischen Städten auftauchen kann.

17–19 cm

Ganzjährig, im Norden und Osten Zugvogel.

Etwas größer als Feldlerche. Unauffällig graubraun. Auffällig lange, spitze Haube.

Offenes, trockenes Grasland, auch Industrie- und Neubaugebiete, Häfen, Straßenränder, Bahnareale.

Besonders in Nord- und Ostdeutschland als Kulturfolger auch in Städten. Fehlt in der Schweiz.

Haubenlerche

Galerida cristata

Zu Beginn der Industrialisierung im 19. Jahrhundert starke Ausdehnung der Brutgebiete in Mitteleuropa (Verstädterung, Verkehrswege). Auch in der Schweiz und Österreich im frühen 20. Jahrhundert Brutvogel in den meisten Städten und Dörfern. Massiver Arealschwund in Mitteleuropa im Zuge der Motorisierung (Versiegelung der Straßen) und des Verschwindens des Pferdeverkehrs (Hafer als Nahrungsquelle) in der ersten Hälfte des 20. Jahrhunderts. Zwischenzeitliche Erholung in den Trümmerlandschaften nach dem Zweiten Weltkrieg. In der Schweiz und im südlichen Deutschland unterdessen verschwunden. In Wien brüten derzeit noch etwa 60 Paare, in Hamburg vielleicht noch fünf. Rückgang auch in Berlin, wo der Bestand 2004/05 auf etwa 100 Brutpaare geschätzt wurde.

16–18 cm

Ende Februar–Ende November.

Braun gestrichelter Vogel mit kurzer Kopfhaube.

Offenes Gelände (häufig Äcker) mit niedriger Vegetation und offenen Stellen sowie weitgehend freiem Horizont. Flughäfen.

In ganz Mitteleuropa verbreitet, im urbanen Gebiet in Randbereichen.

Feldlerche

Alauda arvensis

Charakterart der Kultursteppe, stammt ursprünglich aus den natürlichen Steppengebieten Zentralasiens. Leidet als Bodenbrüter in Wiesen und Äckern besonders unter der intensiven Landwirtschaft, und der Bestand geht stark zurück. Für eine erfolgreiche Brut sind oft mehrere Brutversuche nötig, da durch Nesträuber, Überflutungen, Frost und Pflug viele Bruten verloren gehen. Ernährt sich vielseitig von Insekten, Spinnen, kleinen Schnecken, Regenwürmern, Samen und grünen Pflanzenteilen. Männchen macht zur Reviermarkierung einen Singflug von mehreren Minuten: Es steigt fast senkrecht einige Meter empor, dann Spiralflug bis 60 m, bleibt flatternd an Ort und gleitet wie ein Fallschirm zur Erde zurück. Kurzstreckenzieher, überwintert in Südwesteuropa.

Rauchschwalbe

Hirundo rustica

Braucht Viehställe mit dauernd offenen Einfluglöchern und offene, feuchte Bodenstellen für Nistmaterial. Töpfert ein nach oben offenes Napfnest aus Erdklümpchen, gemischt mit Speichel und Grashalmen, meist auf Balken und Vorsprüngen im Innern von Viehställen. Brütet in lockeren Kolonien. Altvögel sind sehr ortstreu und kehren Jahr für Jahr an denselben Brutplatz zurück. Jagt niedrig über dem Boden Insekten, bei schlechtem Wetter gerne über Gewässern. Braucht 120 000 Stück (entspricht 1,2 kg) Insekten für Aufzucht von 4–6 Jungen. Langstreckenzieher, der südlich der Sahara überwintert. Bestand rückgängig wegen Strukturwandels in der Landwirtschaft, Dürren, Verfolgung auf dem Zug und in Winterquartieren. Verschwindet mit zunehmend dichterer Bauweise aus Innenstädten.

17–21 cm

Mitte März–Ende Oktober.

Oberseite stahlblau, Stirn und Kehle kastanienbraun, gegabelter Schwanz mit langen Spießen.

In offener Kulturlandschaft. Brütet im Innern von Scheunen, Ställen; auch in Bootshäusern, Gärtnereien.

Brutvogel in ganz Europa, in Dörfern, am Stadtrand, in Vorstädten.

Mehlschwalbe

Delichon urbica

Häufigste Schwalbenart in Siedlungen, Dörfern und Städten. Kunstvoll aus Lehmkügelchen gemauertes geschlossenes Viertelkugelnest mit halbrundem Einflugloch am oberen Rand, außen an Gebäuden im Winkel zwischen Mauer und Dach, meist in Kolonien. Nimmt künstliche Nisthilfen an; Brett darunter kann Kot auffangen, damit Fassade nicht verschmutzt wird. Nestlinge werden mit Futterballen versorgt, die aus dem Kehlsack ausgewürgt werden, diese enthalten durchschnittlich 57 (bis max. 388) Insekten. Vier Junge verzehren während der Nestlingszeit rund 150 000 Insekten. Insektenjagd fast ausschließlich in der Luft, oft in großer Höhe. Langstreckenzieherin, die südlich der Sahara überwintert. Schwalben versammeln sich v. a. im Herbst gerne auf Leitungsdrähten.

13,5–15 cm

Anfang April–Mitte Oktober.

Blauschwarz glänzende Oberseite, kreideweißer Bürzel, weiße Unterseite. Kurzer, leicht gegabelter Schwanz.

Im Siedlungsbereich. Brütet an der Außenseite von Gebäuden. Jagt gerne über Gewässern.

Brütet in ganz Europa, eher in Vorstädten.

Bergstelze

Motacilla cinerea

Von allen Stelzenarten am meisten ans Wasser gebunden. Ernährt sich von Insekten und deren Larven, auch Flohkrebsen und Spinnen. Fängt Nahrung aus der Luft im Rüttelflug oder durch Hochspringen, pickt diese vom Boden auf oder fängt sie im seichten Wasser. Gerne im Siedlungsbereich, wo die Gewässer nie gefroren sind und es immer genügend Nahrung gibt. Meidet Stellen mit Algen und Sand. Nest in der Nähe von Wasser in Löchern, Spalten, Nischen, Uferabbrüchen und Uferverbauungen. Wippt wie Bachstelze ständig mit Schwanz und Hinterkörper. Flug wellenförmig. Tendenziell stabile bis leicht zunehmende Bestände möglicherweise wegen verbesserter Wasserqualität.

17–20 cm

Ganzjährig, im östlichen Mitteleuropa nur im Sommer.

Unterseits gelb, Oberseite und Kopf grau, schwarzer Kehllatz. Sehr langer Schwanz. Ähnlichkeit mit Schafstelze *(M. flava)*, diese aber mit kürzerem Schwanz, heller (gelber) Kehle und kaum an Gewässern.

An schnell fließenden Bächen und Flüssen mit Steinen und Versteckmöglichkeiten am Ufer.

Ganz Mitteleuropa, an Fließgewässern auch in Städten, besonders auch zur Überwinterung.

Bachstelze

Motacilla alba

Weniger ans Wasser gebunden als die Bergstelze. Die Bachstelze ist eine Kulturfolgerin und besiedelt Grünlandflächen in Siedlungen, Agrarlandschaften und Industrieanlagen. Außerhalb der Brutzeit ist sie gesellig und v. a. an Gewässern und auf frisch umgebrochenen Äckern anzutreffen. Ernährt sich ganzjährig von Insekten. Nest in Halbhöhlen oder Nischen v. a. von menschlichen Bauten (Dachträger, Mauerlücken, Holzbalken, Brücken). Napfförmiges Nest aus trockenem Pflanzenmaterial, mit Federn, Haaren und Wollfäden ausgepolstert. Kurzstreckenzieherin, die im Mittelmeerraum überwintert. Wenige Individuen überwintern alljährlich in der Schweiz und sind dann v. a. an Gewässerufern anzutreffen.

16,5–19 cm

März–Oktober, im Westen und Süden Europas Jahresvogel.

Schwarz-weißes Gefieder, grauer Rücken, langer Schwanz.

Offene und halboffene Kulturlandschaft, in allen Dörfern und Städten häufig anzutreffen.

Im ganzen Gebiet, nur im westlichen und südlichen Mitteleuropa ganzjährig. Insektenjagd auf offenen Flächen auch im Stadtbereich.

Wasseramsel

Cinclus cinclus

Einziger einheimischer Singvogel, der regelmäßig schwimmt und taucht. Bis 1,5 m Tauchtiefe und 20 m Tauchstrecke. Die Jungen können früher tauchen als fliegen. Die Wasseramsel hat eine große Bürzeldrüse, die ein öliges Sekret absondert, welches das Gefieder wasserabstoßend macht. Nasenlöcher und Ohröffnungen sind verschließbar, die kurzen, gerundeten Flügel dienen als Ruder unter Wasser. Beim Schwimmen liest die Wasseramsel im Wasser treibende Insekten auf, unter Wasser stochert sie bei der Suche nach Insekten in Ritzen und dreht Steine um. An den Stützmauern von Brücken sucht die Wasseramsel erfolgreich Insekten. Ihr Kugelnest aus Moos baut sie über Wasser, an einem dunklen, meist überdeckten Ort (oft unter Brücken in speziellen Nistkästen).

17–20 cm

Ganzjährig

Braunes Gefieder mit großem weißem Brustlatz.

An schnell fließenden, klaren, mit Steinen durchsetzten Bächen und Flüssen mit Versteckmöglichkeiten am Ufer, stellenweise geringer Wassertiefe und strukturreichem Lauf. Oft zusammen mit Gebirgsstelze.

Fehlt in Nordfrankreich, Holland und Norddeutschland, als Brutvogel im übrigen Mitteleuropa auch in Städten, die auch zur Überwinterung geschätzt werden.

Zaunkönig

Troglodytes troglodytes

Schlüpft wie eine Maus durchs Dickicht. Das Männchen baut mehrere halbfertige Nester, von denen das Weibchen eines auswählt und mit Federn, Haaren und Wolle auspolstert. Das gut versteckte, ovale Backofennest besteht aus Moos, dürrem Laub und Halmen und hat ein Loch auf der Vorderseite. Nach der Eiablage versucht das Männchen, weitere Weibchen anzulocken. Ein Männchen kann gleichzeitig mit bis vier Weibchen verpaart sein. Ernährt sich von Insekten, Spinnen, Regenwürmern, im Herbst/Winter von kleinen Beeren und Sämereien. Der Kleinheit zum Trotz ist der Gesang, der fast das ganze Jahr zu hören ist, auffallend laut. Singt aus der Deckung oder von einer niedrigen Warte aus. Die nächsten Verwandten des Zaunkönigs leben alle in Amerika.

9–10,5 cm

Ganzjährig

Kurzer, oft gestelzter Schwanz. Oberseits rotbraun, unterseits braun-weiß mit feiner, dunkler Querbänderung. Abgesehen von Goldhähnchen kleinste Vogelart.

In vielstufigen, unterholzreichen Wäldern, aber auch in Feld- und Bachgehölzen im Kulturland sowie in Parks und Gärten.

In ganz Europa häufig und weit verbreitet, in Städten als Brutvogel und besonders zur Überwinterung.

Heckenbraunelle

Prunella modularis

13–14,5 cm

Ganzjährig

Unauffällig. Grauer Kopf und Unterseite. Spatzenähnliche, braun gestreifte Oberseite.

Jungwuchsflächen, Baumschulen, Sturmflächen, Gehölzdickicht mit kleinen freien Flächen, Lichtungen, Fichten- und Fichtenmischwälder; in buschreichen Parks, Friedhöfen und Gärten.

Ganz Mitteleuropa, besonders im nordwestlichen Deutschland häufig auch in städtischen Gärten und Parks.

Häufiger, unauffälliger Vogel, der sich meist versteckt im Dickicht aufhält. Nur singende Männchen, die auf dem Wipfel einer Jungfichte sitzen, sind leicht zu entdecken. Insektenfresser mit feinem Schnabel, der seine Nahrung auf dem Boden sucht. Frisst auch Samen von Mohn, Knöterich, Nelken und Seggen. Verschmäht Beeren. Napfförmiges Nest meist im dichten Gestrüpp in Bodennähe, aus Moos, Zweigen, trockenen Fasern und Haaren. Verwirrliches Paarungsverhalten: Weibchen kann sich mit mehreren Männchen, Männchen mit mehreren Weibchen verpaaren. Alle Männchen, die mit dem Weibchen kopuliert haben und als mögliche Väter in Frage kommen, erscheinen am Nest und füttern die Jungen. Männchen und Weibchen haben voneinander unabhängige, sich überlagernde Reviere.

Rotkehlchen

Erithacus rubecula

12,5–14 cm

Ganzjährig

Oberseite bräunlich; Stirn, Kehle und Brust orangerot. Große Augen.

Bewohnt alle Waldtypen, vorzugsweise solche mit viel Unterholz. In geringer Dichte auch in Feldgehölzen, Bachgehölzen, Parkanlagen und Gärten.

Nördliche und östliche Populationen überwintern im Atlantik- und Mittelmeerraum (Teilzieher).

Einer der häufigsten Brutvögel im ganzen Gebiet, brütet auch in Städten; in Gärten besonders im Winter zu beobachten.

Rotkehlchen lassen sich gut beobachten. Bei der Gartenarbeit sind sie rasch zur Stelle, suchen die frisch umgegrabene Erde nach fressbaren Larven von Insekten und anderen Kleintieren ab. Das Rotkehlchen singt während des ganzen Jahres in unterschiedlicher Aktivität. Der gepresste, perlende Gesang wird hauptsächlich während der Dämmerung frühmorgens und spätabends vorgetragen. Im Unterschied zu vielen anderen Singvögeln singen beim Rotkehlchen auch die Weibchen. Wird wegen des nächtlichen Gesangs manchmal mit der Nachtigall verwechselt. Brutplätze liegen hauptsächlich in Wäldern, wobei zu dichte Krautschicht ebenso gemieden wird wie steinige, trockene Lebensräume. Nester in Bodennähe unter Wurzeln, Grasbüscheln und dergl. Gerne in der Nähe von Gewässern.

Nachtigall

Luscinia megarhynchos

Ungeachtet ihres Namens singt Nachtigall am intensivsten am Morgen und Abend, mitten in der Nacht singen v. a. unverpaarte Männchen. Bis zu 260 unterschiedliche Strophentypen, kann in einer Stunde mehr als 400 Strophen nacheinander vortragen. Die rhythmisch wiederholten, ratternden Strophen werden als «Nachtigallenschlag» bezeichnet. Oft auch Serien von weichen, wehmütigen Pfeiftönen, die wie ein Schluchzen klingen. In Städten in größeren Parks oder Bahnarealen mit dichtem Gebüsch zu hören, aber selten zu sehen. Berlin gilt aufgrund der sehr hohen Bestände als «Hauptstadt der Nachtigallen». Langstreckenzieher, überwintert im tropischen Afrika. Ähnliche Art: Sprosser *(L. luscinia)* in Ost- und Nordeuropa, Überschneidung mit Verbreitung der Nachtigall in Nordostdeutschland.

15–16,5 cm

April–September

Oberseite rötlich braun mit kastanienbraunem Oberschwanz, Unterseite weiß bis fahl graubraun.

In Laub- und Mischwäldern mit dichtem Unterholz, insbesondere Auenwälder; gebüschreiche städtische Grünräume.

Fast ganz Mitteleuropa, auch in Städten. Außerordentlich hohe Brutpaardichte in Berlin.

Steinschmätzer

Oenanthe oenanthe

Typischer Brutvogel des Nordens und offener, alpiner Gebirgslandschaften. Als Kulturfolger besiedelt Steinschmätzer auch vom Menschen geschaffene steinige Lebensräume (häufiger Trümmerschuttvogel nach 1945). In den Hafen- und Industriegebieten von Hamburg brüten beispielsweise mehrere Dutzend Paare. Mit zunehmender Versiegelung und dem Verschwinden von Brachen und Kiesgruben sind Brutgebiete stark bedroht. Nest in Höhlen von Materiallagern, Steinhaufen, Stützmauern u. Ä. Die Nahrung besteht hauptsächlich aus Insekten, Würmern, Spinnen. Als Langstreckenzieher legen Steinschmätzer bis über 3000 km vom Brut- ins Überwinterungsgebiet südlich der Sahara zurück. Während der Zugzeiten im April und September gesellig auf Äckern, ab und zu auch auf Großbaustellen oder Flachdächern.

14–16,5 cm

April–September

Schwarz-weiß; grauer Rücken, weißbeige Brust, schwarze Flügel, schwarze Augenmaske, weißer Überaugenstreif, weiße Schwanzbasis (Bürzel). Männchen kontrastreicher als Weibchen.

Offene, steinige Gelände, in Städten auf Industrieflächen, Brachen, in Kiesgruben, Gleis- und Hafenanlagen.

In Mitteleuropa zerstreut, selten. In Städten (Hamburg, Berlin) gelegentlich auf Schuttplätzen und Verkehrsflächen.

13–14,5 cm

Anfang März–Ende Oktober.

Männchen rostoranger Schwanz, rauchgraue bis rußschwarze Unterseite, grauer Rücken. Weibchen mausgrau mit rostorangem Schwanz.

Ursprünglich in Felswänden und Felsblöcken in den Bergen. Heute ebenso in Siedlungen und Industriegebieten.

Häufige Vogelart in allen Städten Europas, bis in die Innenstadt.

Hausrotschwanz

Phoenicurus ochruros

Kulturfolger. Ursprünglich Gebirgsvogel, seit dem 19. Jahrhundert in den Kunstfelsen der Siedlungen. Kommt selbst auf 100 % versiegelten Flächen vor, auch bei starken Lärm- und Geruchsimmissionen. Kurzstreckenzieher, überwintert im Mittelmeerraum. Fällt nicht auf, bis er ein Nest in Rollladen, unter Ziegeln, auf Fenstersimsen oder Dachbalken gebaut hat. Nest aus Halmen, Moos, Haaren und Federn meist in Höhle. Wartenjäger, pickt Nahrung (Spinnen, Insekten) vom Boden auf oder fängt sie in der Luft. Singt schon vor der Dämmerung gerne auf Warten (Dachfirst, Antenne, Kamin). Späte Partygänger hören ihn in den Straßenschluchten. Dreiteiliger Gesang mit gepresstem Knirschen, auch Herbstgesang. Zittert wie Gartenrotschwanz fast ständig mit dem Schwanz.

13–14,5 cm

April–Anfang Oktober.

Männchen: Brust und Schwanz orangerot, Kehle schwarz, Stirn weiß, Rücken grau. Weibchen mattbraun, Brust leicht orange getönt, Schwanz rot.

In reich strukturierten Hochstammobstgärten mit vielfältigem Unternutzen, Weinbaugebieten, Altholzbeständen, Kleingärten, Friedhöfen.

Brutvogel in ganz Mitteleuropa, in Nordostdeutschland auch im Siedlungsraum recht häufig, regional (Schweiz) nur noch selten.

Gartenrotschwanz

Phoenicurus phoenicurus

Bis vor wenigen Jahrzehnten allgemein verbreiteter, charakteristischer Brutvogel in Obstgärten, Parkanlagen, Gärten und Alleen bis in die Innenstadt, ursprünglich sogar häufiger als Hausrotschwanz. Seit 1960er-Jahren vielerorts massiver Rückgang wegen Verlust des Lebensraums und als Folge mehrjähriger Dürren im Überwinterungsgebiet. Überwintert in der Sahelzone West- und Zentralafrikas. Männchen kehrt einige Tage vor dem Weibchen aus dem Winterquartier zurück und präsentiert ihm potenzielle Bruthöhlen. Weibchen trifft endgültige Wahl der Nisthöhle. Ist eine geeignete Bruthöhle bereits von einem Vogel einer anderen Art (z.B. Sperling) besetzt, so wird dieser kurzerhand vertrieben. Singt von erhöhter Warte, sehr früh am Morgen. Unverpaarte Männchen singen den ganzen Tag.

Amsel

Turdus merula

Ursprünglich Waldvogel, bis Ende des 18. Jahrhunderts nur gelegentlich im Winter in Gärten. Erste Bruten in Siedlungen (Englischen Gärten) Anfang 19. Jahrhundert. Singt in der Dämmerung an exponierter Stelle (Dachfirste, Baumwipfel). Singende Männchen in Städten oft schon im Dezember, Winterbruten sind aus Basel oder Berlin bekannt. Amsel ernährt sich im Frühling/Sommer von Regenwürmern und Insekten, nimmt Laub in Schnabel, wirft es auf, dreht es und sucht nach Wirbellosen. Hüpft bei Nahrungssuche beidbeinig. Frisst im Herbst/Winter Beeren und andere Früchte, besucht Futterstellen. Gefährdung: 2001 ist in Wien ein Amselsterben aufgetreten. Mittlerweilen scheinen sich Bestände wieder zu erholen. Unterdessen auch in der Schweiz und Deutschland Befall durch das Usutu-Virus.

23,5–29 cm

Ganzjährig

Männchen ist pechschwarz («Schwarzdrossel»), Schnabel und Lidring gelb, Weibchen dunkelbraun. Auch teilweise oder ganz weiße (albinotische) Amseln.

Alle Waldtypen, Gebüsche, Hecken, Feuchtgebiete, Obstgärten, Gärten, Parks und Friedhofe.

Weit verbreiteter und häufiger Brutvogel in Städten ganz Europas.

Wacholderdrossel

Turdus pilaris

Ursprünglich aus Osteuropa, in Mitteleuropa erst seit dem 19. Jahrhundert. Im Salzburgerland erste Bruten um 1900, in der Schweiz 1923. Breitet sich in Österreich ostwärts aus. In Wien seltener Brutvogel. In den meisten deutschen Städten als Brutvogel etabliert. Brütet im Gegensatz zu anderen Drosselarten in lockeren Kolonien, oft mehrere Nester auf demselben Baum. Im Bereich der Brutkolonien angriffslustig gegenüber Krähen, Milanen oder Mäusebussarden. Diese werden mit Kot bespritzt, gelegentlich verenden kotverschmierte Vögel, weil sie nicht mehr fliegen können. Sucht Nahrung auf gemähten Wiesen, Rasen, Äckern, an Waldrändern, in Hecken, Obstkulturen und Parks. Nahrung Regenwürmer und Insekten, ab Mitte Juni Beeren und Früchte. Außerhalb Brutzeit in lärmigen («Tschack-Tschack») Scharen unterwegs.

22–27 cm

Ganzjährig

Große, langschwänzige, robuste Drossel, hellgrauer Bürzel, weiße Unterflügeldecken, Mantel rotbraun.

Halboffene Landschaft, Laub- und Mischwälder, Alleen, Parkanlagen, alte Baumbestände.

Ganz Mitteleuropa, auch in Städten.

Singdrossel

Turdus philomelos

20–22 cm

Ganzjährig, im Osten nur März–Oktober.

Gedrungen, kurzschwänzig. Oberseite braun, Unterseite weißgelblich mit schwarzen umgekehrt V-förmigen Flecken, Unterflügeldecken rostgelb.

In geschlossenen Mischwäldern mit dichtem Unterholz. In anderen Waldtypen, sofern genügend Unterholz vorhanden. In Städten mit strukturreichen Parks und Grünanlagen, Friedhöfen.

Brütet in ganz Europa auch in Städten, Überwinterung in Westmittel-, West- und Südeuropa (Kurzstreckenzieher).

Die Singdrossel ist ursprünglich ein Waldvogel, zeigt aber deutliche Tendenz zur Verstädterung. In vielen Städten Deutschlands und Österreichs Brutvogel in Parkanlagen und Friedhöfen. In der Schweiz sind nur wenige Bruten in Städten bekannt. Im Westen ertönen die ersten Gesänge bereits im frühen März, in östlichen und nördlichen Gegenden etwas später. Reviergesang ist ein wechselndes, zwei bis vier Mal wiederholtes Motiv («Phi-lip, Phi-lip, Phi-lip»). Unverpaarte Männchen singen intensiv, während die Gesangsaktivität verpaarter Männchen stark nachlässt. Nackt- und Gehäuseschnecken spielen eine bedeutende Rolle bei Ernährung. Zertrümmert Schneckengehäuse auf Steinen («Drosselschmiede»).

Misteldrossel

Turdus viscivorus

26–29 cm

Ganzjährig, im Nordosten Mitteleuropas nur März–November (Kurzstreckenzieher).

Ähnlich Singdrossel, aber etwas größer, unregelmäßig verteilte, runde Flecken auf der Brust, weiße Unterflügeldecken.

Hochstämmige Nadelwälder, Laub- und Mischwald.

Ganz Mitteleuropa, v. a. im nördlichen Teil, besonders dort auch in Randlagen von Städten.

In weiten Teilen Europas typischer Waldvogel, vermag besonders in Norddeutschland in Städte vorzudringen (Hamburg). Die Misteldrossel hat eine Vorliebe für Misteln. Für die Verbreitung und Keimung ist die Mistel auf Vögel (Misteldrossel, Seidenschwanz) angewiesen, denn durch das Abzupfen der Beere wird die zähe Fruchtwand verletzt, die der Mistelkeimling sonst nicht durchdringen könnte. Die Misteldrossel schluckt die Beere als Ganzes und scheidet den unverletzten Mistelsamen mit Beerenhäuten als Exkrement aus. Hauptsächlich ernährt sich die Misteldrossel von Regenwürmern, Schnecken, Insekten und Früchten. Der Gesang gleicht demjenigen der Amsel, aber kürzer, melancholischer und wird später am Morgen vorgetragen.

Sumpfrohrsänger

Acrocephalus palustris

Hervorragender Spötter. Bisher wurden in seinem Gesang nachgeahmte Motive von 212 Vogelarten festgestellt, darunter 113 von afrikanischen Arten. Meidet im Gegensatz zum ähnlichen Teichrohrsänger *(A. scirpaceus)* reine Schilfbestände. Nahrung: Insekten und Spinnen, gelegentlich kleine Weichtiere. Hängendes Nest meist in Brennnesseln oder Spierstauden. Langstreckenzieher, der im Winter bis nach Südostafrika (Kenia bis Südafrika) zieht, Distanz zwischen Brutgebiet und Winterquartier bis 9000 km. Ist die jahreszeitlich am spätesten aus dem Winterquartier zurückkehrende Vogelart und verbringt nur etwa drei Monate bei uns. Zieht anders als die meisten Singvögel in südöstlicher Richtung über Kleinasien ins Überwinterungsgebiet.

13–15 cm

Mitte Mai–September.

Oberseite olivbraun, unterseits gelblich braun. Von der Zwillingsart Teichrohrsänger nur durch Gesang sicher zu unterscheiden.

Dichte Hochstaudenvegetation (Brennnessel, Spierstaude, Weidenröschen) mit einzelnen Sträuchern als Singwarte, entlang von Gräben und Gewässern, auch an Bahnböschungen.

Brütet lokal in ganz Mitteleuropa, im urbanen Raum bei Gewässern, Gräben und Bahnlinien.

Gelbspötter

Hippolais icterina

Wie der Sumpfrohrsänger kommt auch der Gelbspötter erst im April/Mai ins Brutgebiet (Überwinterung im südlichen Afrika). Seit Ende der 1960er-Jahre besiedelt er die südwestlichen Gebiete Europas immer spärlicher, was möglicherweise mit klimatischen Veränderungen zu tun hat. Gelbspötter bevorzugen Klimazonen mit trockenem Frühling. Nordöstliche Populationen sind kaum gefährdet. In Städten können Gelbspötter bis ins Zentrum vordringen, falls Grünanlagen große und alte Baumbestände mit einer dichten Strauchschicht aufweisen. Der lebhafte und variable Gesang ertönt hoch oben in den Bäumen, sodass Gelbspötter verdeckt im Laubdach kaum zu sehen sind. Stimmen anderer Vogelarten werden nachgeahmt. Nahrung: Spinnen, Insekten und deren Larven, kleine Schnecken, Beeren und Früchte.

12–13,5 cm

April–August

Oberseite graugrün, unterseits hellgelb, relativ kräftiger Schnabel, heller Streifen zwischen Schnabel und Auge, heller Augenring, helles Flügelfeld, Beine grau.

Laubwälder mit dichter Strauchschicht, Auenwälder, auch Parks und Gärten mit alten Baumbeständen, Friedhöfe.

Brutvogel in Mittel- und Osteuropa, Schweiz liegt an der südwestlichen Verbreitungsgrenze. Im Norden und Osten des Gebiets stellenweise bis in Anlagen im Innenstadtbereich.

Klappergrasmücke

Sylvia curruca

Als Langstreckenzieher treffen in Europa brütende Klappergrasmücken erst im April/Mai ein. Ihr charakteristisch klappernder Gesang ertönt aus niederen Büschen. Während Klappergrasmücke in der Schweiz hauptsächlich in den Bergen vorkommt, ist sie in vielen Städten Deutschlands und Österreichs ziemlich häufig. In Wien wird der Bestand auf über 700 Brutpaare, in Hamburg auf über 2000 Brutpaare geschätzt. Klappergrasmücken lieben offenes Gelände. Mit Hecken umsäumte Familiengartenareale mit kleinparzellierten Einzelgärten können ideale Bruthabitate sein. Wo Gärten naturnah bewirtschaftet werden, haben Klappergrasmücken bessere Nahrungsgründe (Spinnen, Insekten, Blattläuse).

11,5–13,5 cm

April–September

Oberseits graubraun, grauer Kopf, graue Ohrendecken, kurzer Schnabel, unterseits weißlich.

Besiedelt offenes, mit Sträuchern und einzelnen Bäumen bewachsene Gelände, auch innerstädtische Grünräume, meidet zu schattige Habitate.

Besonders im nördlichen und östlichen Mitteleuropa, in geeigneten Habitaten bis in die Innenstadt; im Süden seltener, Schweiz liegt am Westrand der Verbreitung.

Dorngrasmücke

Sylvia communis

Gesang kurze, kratzige Strophen, z. T. Singflug. Brütet in Bodennähe in Gebüschen mit Krautsaum sowie im dornigen Gestrüpp. Randstrukturen wie Hochstaudenfluren, Brombeergebüsche oder ungepflegte Weg- und Straßenränder, Gräben sowie Brachen tragen entscheidend zur Brutdichte der Dorngrasmücke bei. Wo Dickicht fehlt, fallen viele Vögel Katzen zum Opfer. Mit zunehmendem «Ordnungssinn» abnehmende Brutbestände. Ernährung ähnlich wie bei anderen Grasmücken, lebt jedoch weniger versteckt. Überwintert südlich der Sahara, zieht wie andere Grasmücken nachts. Bestandseinbruch in den 1960er-Jahren wegen Dürre in der Sahelzone. Profitiert in der Landwirtschaft von ökologischen Ausgleichsflächen (Hecken, Buntbrachen).

13–15 cm

Mitte April–Mitte September.

Flügel kastanienbraun, Kopfplatte beim Männchen grau, beim Weibchen graubraun, weiße Kehle.

Halboffene Gebiete mit Hecken und Büschen, an Bahndämmen, in Kiesgruben, wärmeliebend.

Verbreiteter Brutvogel in ganz Mitteleuropa, auch auf Stadtgebiet vertreten, Bestände nehmen vielerorts ab.

Gartengrasmücke

Sylvia borin

Unscheinbarer, meist versteckt lebender Vogel, ausgezeichneter Sänger. Männchen baut an verschiedenen Orten im Gebüsch Wahlnester, die nur aus ein paar Halmen bestehen. In der Nähe dieser Wahlnester trägt es einen Werbegesang vor. Das Weibchen wählt schließlich den Neststandort aus und baut das napfförmige, aus Gräsern und Halmen bestehende Nest fertig. Die Gartengrasmücke ernährt sich von verhältnismäßig kleinen Insekten und deren Larven sowie von Spinnen. Vor dem Wegzug im Spätsommer/Frühherbst verzehrt sie auch verschiedene Beeren, um Fettreserven für den Zug aufzubauen. Ausgeprägte Langstreckenzieherin, die südlich der Sahara in West- und Zentralafrika überwintert (Zuggeschwindigkeit bis 85 km/Tag).

13–14 cm

Ende April–Anfang Oktober.

Unscheinbar, kontrastarm mit beigebrauner Oberseite und rahmfarbener Unterseite.

Lebt an Waldrändern, in Hecken, Feld- und Ufergehölzen oder in ausgedehnten Jungwuchsflächen im Wald, jedoch kaum in Gärten.

Als Brutvogel in ganz Mitteleuropa verbreitet, in Städten in Parks und Grünanlagen mit naturnahen Bereichen.

Mönchsgrasmücke

Sylvia atricapilla

Zwitschernder, kräftiger Gesang. Warnruf lässt sich durch aneinandergeschlagene Kieselsteine leicht nachahmen. Brütet niedrig im dichten Gebüsch. Ernährt sich in der Brutzeit von Insekten und deren Larven sowie von Spinnen. Lebt versteckt im Laub von Büschen und Bäumen. Vor dem Wegzug im Herbst leichter zu beobachten, wenn die Tiere Beeren und Früchte zu sich nehmen. Kurzstreckenzieher, überwintert in Westeuropa und im Mittelmeerraum. Im Frühjahr gerne im Efeu, dessen Beeren zwischen Februar und April reif sind und deren Samen von Mönchsgrasmücke und anderen Vögeln verbreitet werden. Dank Franz Hohlers Erzählung «Die Mönchsgrasmücke» (in «Die Torte», 2004), die die Lebensweise des Vogels genau wiedergibt, in die Literatur eingegangen.

13,5–15 cm

Ende März–Oktober.

Graubraune Oberseite, Unterseite heller. Männchen mit schwarz glänzender Kopfplatte, Weibchen mit rotbrauner.

Mischwälder mit Gebüschanteil, Hecken, Parks und Gärten in der Siedlung. Halbschattige Stellen.

Verbreiteter und häufiger mitteleuropäischer Brutvogel, in vielen Gärten und Parks im ganzen Stadtgebiet.

Zilpzalp

Phylloscopus collybita

10–12 cm

Anfang März–Ende Oktober.

Vom sehr ähnlichen Fitis leicht anhand des Gesangs zu unterscheiden («Zilp-zalp-zilp-zalp»).

In allen Wäldern mit dichtem Unterholz, im Feldgehölz, Jungwuchs, Fichtendickicht und auf Schlagflächen. In Friedhöfen, buschreichen Gärten und Parks.

Verbreiteter und häufiger Brutvogel in ganz Mitteleuropa, in vielen städtischen Parks und Gärten.

Kurzstreckenzieher, der in Westeuropa und im Mittelmeerraum überwintert. Ist als einer der ersten Zugvögel zurück. Die ersten Ankömmlinge im Frühling halten sich gerne in blühenden Weiden entlang von Gewässern auf. Gesang von erhöhter Sitzwarte. Singt im Gegensatz zum Fitis auch auf dem Herbstzug. Der Zilpzalp ist bei der Wahl seines Lebensraums wenig anspruchsvoll. Das Weibchen baut alleine ein backofenförmiges Nest aus dürren Halmen, trockenen Blättern, etwas Moos und Wurzeln. Nest wird mit feinen Blättern ausgekleidet, hat querovalen Seiteneingang und liegt auf dem Boden oder dicht darüber im Gestrüpp. Ernährt sich von Insekten, Spinnen und Schnecken. Zur Brutzeit häufig in Baumkronen, liest Beutetiere von den Blättern ab oder fängt sie in kurzen Flugjagden.

Fitis

Phylloscopus trochilus

11–12,5 cm

Mitte März–Mitte Oktober.

Kehle und Brust gelblich. Vom sehr ähnlichen Zilpzalp nur am Gesang sicher zu unterscheiden.

Feuchte Waldgebiete wie Weichholzauen, Bruchwälder, in Jungwuchsflächen innerhalb von Laubmischwäldern oder selten an verbuschten Waldrändern, meidet Nadelwälder.

Ganz Mitteleuropa, besonders im Norden des Gebiets verbreiteter und häufiger Brutvogel, in Städten eher in Parks und Friedhöfen als in Gärten.

Langstreckenzieher, überwintert südlich der Sahara. Ist in der Schweiz an der Südgrenze seines Brutareals. Bestand seit Jahren rückläufig, möglicherweise aufgrund von Problemen im Überwinterungs- und Durchzugsgebiet. Ringfunde zeigen, dass Altvögel ortstreu sind und alljährlich in ihr angestammtes Revier zurückkehren. Backofennest aus grobem Laub, Blättern, Moos und feinem Gras gebaut, mit Federn ausgekleidet. Das Nest hat eine seitliche ovale Eingangsöffnung und befindet sich in einer Vertiefung im dichten Bodenbewuchs, Laub oder dornigen Gestrüpp. Ernährt sich von Insekten und Spinnen, zu geringem Anteil von kleinen Gehäuseschnecken und Beeren. Fängt Beute im Gebüsch, in Baumkronen, im Röhricht und in der Krautschicht.

Wintergoldhähnchen

Regulus regulus

Kleinste europäische Singvogelart (zusammen mit Sommergoldhähnchen). Einer der wenigen Insektenfresser, der bei uns überwintert. Als sehr kleines Tier braucht das Goldhähnchen pro Tag Nahrung im Umfang seines Körpergewichts (4–7 g), deshalb ist es ständig in Bewegung und auf Nahrungssuche. Hüpft Ästen entlang, klettert an hängenden Zweigen und macht zur Nahrungssuche in der Krone auch Schwirrflüge zum Ablesen kleiner Insekten. Im Frühling nimmt es auch Nektar und Pollen zu sich. Das Nest, eine Kugel aus Moos, Flechten und Spinnweben, wird an dünnen Fichtenästen angewoben und ist mit vielen Federn gepolstert. Der Gesang, ein rhythmisch wiederholtes sehr hohes auf- und absteigendes Lied, wird v. a. in der Morgendämmerung vorgetragen. Sommergoldhähnchen: hochfrequenter ansteigender Gesang.

8,5–9,5 cm

Ganzjährig

Grüne Ober- und schmutzig weiße Unterseite. Gelber, schwarz begrenzter Scheitelstreif. Ganz ähnlich Zwillingsart Sommergoldhähnchen (*R. ignicapilla*, mit schwarzem Augen- und weißem Überaugenstreif).

In Nadelwäldern (Fichte) und Mischwäldern. Hält sich meist in den Kronen auf.

Brutvogel in ganz Mitteleuropa, im urbanen Raum in großen, baumbestandenen Gärten. Im Winter in Parks und Gärten auffälliger.

Grauschnäpper

Muscicapa striata

Der Grauschnäpper ist ein unauffälliger Vogel, dessen hoher, leiser Gesang, ein wiederholtes «ziht», oft überhört wird. Er ernährt sich hauptsächlich von fliegenden Insekten. Als Wartenjäger sitzt er unbeweglich an einer exponierten Stelle (häufig ein dürrer Ast), fliegt plötzlich auf und fängt ein Insekt. Danach kehrt er meist an den Ausgangspunkt zurück oder sucht in der Nähe einen neuen Ansitz. Fängt er ein Insekt, ist oft das Knacken seines Schnabels zu hören. Er baut sein Nest aus Halmen, kleinen Wurzeln und Moos und polstert es mit Tierhaaren aus. Die Neststandorte sind vielfältig (Nischen, Halbhöhlen, Astgabeln, Holz- und Steinbauten, hinter Fensterläden, in Blumenkisten). Langstreckenzieher, überwintert in Afrika.

13,5–15 cm

April–Anfang September.

Graubrauner Vogel, mit schwarzen Augen, Schnabel und Beinen, Kehle und Brust längs gestrichelt.

Vor allem in Gärten, Friedhöfen und Parks im Siedlungsraum, auch in Feldgehölzen und an Laubwaldrändern, benötigt hohe, alte Bäume.

Brutvogel in ganz Mitteleuropa, im Siedlungsraum häufiger als im Umland.

Trauerschnäpper

Ficedula hypoleuca

12–13,5 cm

April–Mitte Oktober.

Männchen schwarz-weißes Gefieder, Weibchen bräunlich. Beide haben weißes Feld auf dunklem Flügel.

Besiedelt Laub- und Mischwälder, Feldgehölze, Obstgärten sowie Parks und Gärten im Siedlungsraum.

Verbreitungsschwerpunkt Nord- und Osteuropa, Österreich (Wien) liegt am südlichen Verbreitungsrand. In gut durchgrünten Bereichen, besonders am Stadtrand.

Der Gesang des Trauerschnäppers lässt sich lautmalerisch mit «züri-zyttig-züri-zyttig» umschreiben. Die Männchen singen sehr ausdauernd bis zur Verpaarung, danach ist der Gesang nur noch selten zu hören. Ernährt sich von Insekten, im Spätsommer manchmal auch von Beeren. Fängt Insekten meist von erhöhter Sitzwarte aus. Bei schlechtem Wetter Nahrungssuche vermehrt auf dem Boden. Sein Nest aus Halmen, Gräsern, Moos und Wurzeln, das mit Haaren ausgekleidet ist, baut er in Baumhöhlen oder Nistkästen. Der Trauerschnäpper kann mit Nistkästen gut gefördert werden. Langstreckenzieher, der südlich der Sahara in der Savannenzone West- und Zentralafrikas überwintert.

Schwanzmeise

Aegithalos caudatus

13–15 cm

Ganzjährig

Langer, schwarzer Schwanz mit weißen Kanten. Kleiner, rundlicher Körper, mit kurzem, dickem Schnabel.

Laub- und Mischwälder, Gehölze, Parks, Friedhöfe große Gärten mit dichtem Unterholz.

In ganz Europa verbreiteter Brutvogel, in städtischen Gärten und Anlagen.

Rastlose Nahrungssuche von hohen Wipfeln bis in niedrige Büsche, bis in die äußersten Zweigspitzen. Ernährt sich von kleinen Insekten, kleinen Knospen und Teilen von Früchten. Mag an Futterstellen das Kleie-Fettgemisch. Nahrungserwerb turnend und hängend, dabei fungiert der lange Schwanz als Balancierstange. Größere Nahrung frisst sie hängend aus dem Fuß. Eiförmiges Kugelnest aus Spinnweben, Moos, getarnt mit Flechten und gepolstert mit über 2000 Federn. Eingangsloch an der Seite oben. Um ins Nest hineinzukommen, muss die Schwanzmeise ihren langen Schwanz über den Rücken zum Kopf zurückschlagen. Außerhalb der Brutzeit fast ausnahmslos in kleinen Trupps unterwegs. Übernachtet dicht zusammen, in kalten Nächten mit Körperkontakt.

Sumpfmeise

Parus palustris

Ernährt sich von Insekten und Spinnen, ab Spätsommer von Samen von Blütenpflanzen und Nadelbäumen. Klemmt Samen mit beiden Füßen ein und hackt sie mit dem Schnabel auf. Legt Samenvorräte an, versteckt diese einzeln in Rindenspalten. Kommt im Winter regelmäßig an Futterstellen. Holt sich v. a. Hanfsamen, die sie auf einem Ast zwischen den Zehen festhält und mit dem Schnabel aufklopft. Brütet in bestehenden Höhlen, nimmt auch gerne Nistkästen an. Napfförmiges Nest aus Moos und Tierhaaren. Im Konkurrenzkampf um geeignete Höhlen unterliegt sie anderen Arten. Die Sumpfmeise ist ein ausgesprochener Standvogel, der sich kaum von seinem Revier entfernt. Sumpfmeisen haben große Territorien, weil sie sich auch im Winter darin ernähren müssen.

11,5–13 cm

Ganzjährig

Kopf mit glänzend schwarzer Kappe und kleinem schwarzem Kinnfleck. Oberseite graubraun, Unterseite grauweiß.

Laub- und Mischwälder, Altholzbestände, Ufergehölze, Obstgärten, Parks, Hecken, Feldgehölze. Trotz ihres Namens bewohnt sie nicht Sumpfgebiete (höchstens Auenwaldgebiete z. B. in Wien).

Brütet in ganz Mitteleuropa auch in Städten.

Haubenmeise

Parus cristatus

Sucht Nahrung in der Kronenregion oder oberen Baumhälfte von Nadelbäumen. Nahrung im Sommer: Insekten, deren Larven und Spinnen, im Winter Samen von Nadelbäumen. Größere Objekte hält sie mit den Zehen fest und bearbeitet sie mit dem Schnabel. Versteckt Nahrung zwischen Flechten und Zweigen. Hackt Nisthöhle meist selbst in vermodernde Baumstrünke oder Stämme. Nest besteht aus Moosen, Tier- und Pflanzenwolle und ist oft mit vielen Daunen und Federn ausgelegt. Nimmt auch Nistkästen an. Übernachtet in dichter Vegetation. Meist in Bewegung. Hüpft und klettert von Ast zu Ast. Die Haubenmeise hat von der Förderung der Fichte profitiert und konnte sich vom subalpinen Fichtenwald in die Niederungen ausbreiten.

10,5–12 cm

Ganzjährig

Spitze schwarz-weiße Haube, schwarzbrauner Augenstrich, der sich nach hinten halbkreisförmig fortsetzt. Brauner Rücken.

Fichten- oder Kiefernwälder, Mischwälder mit ausreichendem Nadelbaumanteil. Parks und Friedhöfe mit Nadelbaumgruppen.

Brutvogel in ganz Mitteleuropa, in Städten in Anlagen mit Nadelbäumen.

10–11,5 cm

Ganzjährig

Schwarzer Kopf mit weißem Nackenfleck und weißen Wangen. Doppelte weiße Flügelbinde. Dünner Schnabel. Ohne schwarzen Mittelstreif auf Brust.

Misch- und Nadelwälder mit starker Präferenz für Fichten. Bei ausreichendem Höhlenangebot auch in Laubwäldern, Parkanlagen und großen Gärten.

In ganz Europa weit verbreitet, in Städten in Anlagen mit Nadelbäumen.

Tannenmeise

Parus ater

Nahrungserwerb im oberen, äußeren Bereich von Nadelbäumen durch Absuchen dicht benadelter Äste. Nahrung im Sommer Insekten und Spinnen; im Winter Samen von Nadelbäumen und Bucheckern. Hält Samen mit beiden Füßen fest und bearbeitet sie mit dem Schnabel. Versteckt Samen und tierische Beute auf äußeren Ästen zwischen den Nadeln. Besucht gerne Futterhäuschen, trägt Nahrungsbrocken zum Fressen in Deckung. Brütet in Baumwurzelhöhlen, Stümpfen, Mauern, Nistkästen, selten unter Dachziegeln und in Rollladenkästen. Nest besteht aus Moosen, Haaren und Tierwolle. Übernachtet alleine in dichten Fichtenästen mit herabhängenden Zweigen. Wie Kohl- und Blaumeise fliegen auch Tannenmeisen in strengen Wintern in großen Massen (Invasion) in südlichere Gebiete.

10,5–12 cm

Ganzjährig

Blaue Kappe und schwarzer Latz, grüner Rücken und blaue Flügel, einfache weiße Flügelbinde, schwarzer Streif durch das Auge.

Typische Laubwaldbewohnerin (Eichenwälder und Auenwälder), offene Baumbestände, Feldgehölze, Parks, Gärten, Baum- und Gebüschstreifen im offenen Gelände.

Neben Kohlmeise häufigste Meisenart in ganz Europa. Brütet in allen Städten in großer Zahl.

Blaumeise

Parus caeruleus

Nahrungserwerb in Bäumen und Sträuchern, selten am Boden. Dabei geht sie bis in die äußersten Zweigspitzen und hängt sich akrobatisch daran. Nahrung: kleine Insekten und Spinnen; im Spätsommer und Herbst Obst, Beeren, Samen; im Spätwinter Knospen; im Frühling Blüten, Weidennektar. Samen hält sie mit beiden Füßen fest und bearbeitet sie mit Schnabelhieben. Von Spätsommer bis Vorfrühling zuweilen an Schilfhalmen, wo sie Insekten und deren Larven heraushackt. Besucht Futterhäuschen. Nest bevorzugt in Baumhöhlen oder Nistkästen, besteht aus feinem Moos und vergilbten Grashalmen, gepolstert mit Wolle, Haaren und Federn. Nester auch in Hausmauern und unter Ziegeln. Übernachtet einzeln in Höhlen. Lässt sich gezielt mit Nistkästen fördern.

Kohlmeise

Parus major

Geschickt, akrobatisch, erfinderisch. Vielseitige Nahrung: Insekten, Spinnen, Samen, Obst, Knospen. Nahrungserwerb eher in Stammnähe, auch im Falllaub am Boden oder an Hausmauern. Legt keine Nahrungsvorräte an, plündert jedoch Verstecke von Sumpf- und Tannenmeise. Füttert Junge mit Raupen des Frostspanners und anderer Schmetterlinge. Eine Kohlmeisenfamilie vertilgt während der dreiwöchigen Jungenaufzucht etwa 7000–8000 Raupen und andere Insekten und ist somit gern gesehener Gast im Naturgarten. Im Winter Stammgast an Futterhäuschen. Nest in Nistkästen, Baumhöhlen, Wurzelausläufern, Ritzen, Felsspalten, Briefkästen, Löchern in Bauten. Im Winter tagsüber in kleinen Trupps mit anderen Meisen, Baumläufern und Kleibern unterwegs.

13,5–15 cm

Ganzjährig

Glänzend schwarzer Kopf und Hals, weiße Wangen, gelbe Brust mit schwarzem Mittelstreif. Rücken grünlich.

Laub- und Nadelwälder, lichte offene Bestände, Gebüsche und kleine Baumbestände aller Art.

Gehört in städtischen Gärten und Parks ganz Europas zu den häufigsten Vogelarten.

Kleiber

Sitta europaea

«Spechtmeise». Einziger Vogel Europas, der kopfüber den Stamm hinunterklettern kann. Ernährt sich von Insekten, Spinnen und Samen von Nadel- und Laubbäumen. Sprengt auf der Suche nach Insekten Rindenstücke weg. Harte Insekten und Samen klopft er weich. Legt Vorräte in Spalten an und bedeckt sie mit Rinde, Moos oder Flechten. Kommt an Futterhäuschen. Brütet in Baumhöhlen. Wenn er eine Höhle findet, deren Eingangsloch zu groß ist, verklebt er den Eingang mit Lehm, bis die Größe stimmt. Auch scharfe Kanten und Hohlräume in der Höhle verklebt er mit feuchter Erde oder Lehm. Das hat ihm seinen Namen («Kleber») eingetragen. Die Bruthöhlen füllt er mit grober Kiefernrinde oder morschen Holzstücken. Übernachtet einzeln in Höhlen.

12–14,5 cm

Ganzjährig

Gedrungene Gestalt mit großem Kopf und kurzem Hals und kurzem Schwanz. Rücken und Kopf blaugrau, orangebeige Unterseite und schwarzer Augenstreif. Kräftiger, dunkler Dolchschnabel.

Lichte Laub- und Mischwälder, Park, Garten, Alleen. Bäume mit rissiger und grober Borke bevorzugt.

Brutvogel in ganz Europa. In allen Städten bis ins Zentrum an alten, großen Bäumen.

Gartenbaumläufer

Certhia brachydactyla

12–13,5 cm

Ganzjährig

Spitzer, gebogener Schnabel, gefleckter Mantel und Scheitel, unterseits weißlich. Zwillingsart Waldbaumläufer *(C. familiaris)* sehr ähnlich, nur durch Gesang sicher zu unterscheiden.

In lichten Laubwäldern, Parks, Gärten, Obstgärten.

In Mitteleuropa weit verbreitet. In allen Städten bis ins Stadtzentrum an alten, grobborkigen Bäumen.

Hoher, kurzer holpriger Gesang. Nest v. a. in Ritzen alter Bäume, hinter abstehender Rinde, an Gebäuden (Dachritzen). Ernährt sich von kleinen Insekten in allen Entwicklungsstadien und Spinnen, die er mit dem Schnabel aus der Baumrinde holt. Sucht Nahrung v. a. am Stamm von alten Bäumen. Klettert im Gegensatz zum Kleiber nur stammaufwärts. An einem Wintertag können bis 300 Bäume abgesucht werden, dabei legt er eine Kletterstrecke bis 3 km zurück. Übernachtet einzeln oder paarweise mit Körperkontakt in geschützten Nischen; im Winter gemeinsam in Schlaftrauben bis zu 20 Individuen, diese wechseln häufig ihre Position, damit während der Nacht jeder einmal zuinnerst in der Schlafgemeinschaft war und sich aufwärmen konnte.

Pirol

Oriolus oriolus

22–25 cm

Ende April–Mitte September.

Männchen leuchtend gelb mit schwarzen Flügeln und schwarzem Schwanz. Weibchen grünlich gefärbt.

Hochstämmiger, offener Laubwald, v. a. Auenwälder. Affinität zu feuchten Lebensräumen.

Brutvogel in ganz Mittel- und besonders Osteuropa. In stadtnahen Wäldern, in Städten gelegentlich in großen Parks.

Einziger Vertreter in Europa einer sonst vorwiegend tropisch verbreiteten Familie. Sein wohlklingender Flötengesang wird vom Star oft imitiert. Kunstvolles Nest hoch in Laubbäumen, aus Gras und Bast geflochten, hängt in einer Astgabel. Nahrung: Insekten, im Sommer fleischige Früchte (Kirschen) und Beeren. Auch den Jungen werden Kirschen verfüttert, falls die Frucht noch zu groß ist, pressen die Altvögel den Saft in den Rachen der Jungen. Im östlichen Mitteleuropa brütet der Pirol selten auch in städtischen Parkanlagen (Wien). Langstreckenzieher, Winterquartier in Afrika südlich der Sahara.

Neuntöter

Lanius collurio

Charaktervogel der Dornenhecken, in die er sein Nest baut. Der Hauptteil der Nahrung besteht aus Großinsekten. Er kann auch junge Kleinsäuger, Jungvögel und Eidechsen überwältigen. Seine Beute erspäht er meist von einer exponierten Warte aus (Gebüschspitzen, Pfosten) und spießt sie oft auf Dornen auf, um sie zu zerkleinern oder als Vorrat aufzubewahren. Der Volksglaube besagt, dass er zuerst neun Beutetiere aufspieße, bevor er sie verspeise. Weil Dornenhecken, Großinsekten und Ansitzwarten durch die Intensivierung der Landwirtschaft seltener wurden, nahm auch der Bestand des Neuntöters ab. Langstreckenzieher, der in Ost- und Südafrika überwintert. Er legt von unseren Zugvögeln den weitesten Weg zurück (eine Strecke bis 9000 km).

16–18 cm

Mai–September

Männchen: Rücken rotbraun («Rotrückenwürger»), Scheitel und Bürzel aschgrau, schwarze Augenmaske, Unterseite rosa. Weibchen: Oberseite braun, Unterseite gebändert.

Offene Kulturlandschaft mit Hecken und Dorngebüschen (Schwarzdorn, Weißdorn, Rose).

Brutvogel in ganz Mitteleuropa, in heckenbestandener Landschaft am Stadtrand, gelegentlich auch an Bahn- und Autobahnböschungen.

Eichelhäher

Garrulus glandarius

Der Eichelhäher kann andere Vogelstimmen täuschend echt imitieren, besonders die «Hiää»-Rufe des Mäusebussards. Er ernährt sich von Insekten, Eiern, Jungvögeln, Samen und Früchten. Ab August bis in den Frühwinter versteckt er Eicheln, Bucheckern und Haselnüsse einzeln in kleinen Löchern und Spalten am Boden, unter Baumwurzeln und im Laub. Bis zu 10 Eicheln kann der Eichelhäher in seinem Kehlsack transportieren. Zum Sammeln fliegt er bis 8 km weit. Im Herbst versteckt ein einzelner Eichelhäher mindestens 3000 Eicheln, das entspricht ca. 15 kg. Etwa ein Fünftel der versteckten Samen nutzt er im Hochwinter/Frühling, die restlichen Samen keimen aus. Damit leistet der Eichelhäher einen wichtigen Beitrag zur Verbreitung der Eiche.

32–35 cm

Ganzjährig

Rötlich braunes Gefieder mit schwarzem Bartstreif und schwarzem Schwanz. Schwanzansatz (Bürzel) weiß. Am Flügelbug hellblaues, fein schwarz gebändertes Feld.

Bewohner von Laub- und Mischwäldern, auch in Feldgehölzen, größeren Parks oder Friedhöfen mit großem Baumbestand.

In ganz Europa weit verbreiteter Brutvogel; auch in Städten, besonders im Winterhalbjahr.

40–51 cm

Ganzjährig

Schwarz-weißer Vogel mit sehr langem, metallisch grün glänzendem Schwanz.

In Gärten und Parks im Siedlungsgebiet sowie in Feldgehölzen und Obstgärten am Siedlungsrand.

In ganz Europa verbreiteter und häufiger Brutvogel, der in allen Städten in parkartige Grünanlagen bis ins Zentrum vordringen kann.

Elster

Pica pica

Bestand hat in den letzten 20 Jahren in vielen Städten zugenommen. Untersuchungen haben jedoch ergeben, dass die Zunahme der Elstern keinen Einfluss auf den Bestand der Singvögel hat und dort, wo die Elstern zunahmen, auch der Bestand an Kleinvögeln zunahm. Das große, rundliche Nest wird mit groben Zweigen hoch oben in Bäumen angelegt. Allesfresser. Wie andere Rabenvögel neigt die Elster dazu, Nahrung zu verstecken, nutzt jedoch die gespeicherte Nahrung im Gegensatz zum Eichelhäher nach kurzer Zeit wieder. Das Gehirn der Elster zählt zu den höchst entwickelten unter den Singvögeln. Dass sie glitzrigen Schmuck stiehlt oder in ihr Nest trägt («diebische Elster») wurde ihr angedichtet, weil sie neugierig Gegenstände mit dem Schnabel untersucht und damit wegfliegt, wenn sie gestört wird.

33 cm

Ganzes Jahr, Juli–September oft auf Feldern, zusammen mit Raben- und Saatkrähen; Teilzieher.

Schwarz, graue Augen, grauer Nacken, graue Ohrdecken. Allesfresser, lebt von Insekten und anderen Kleintieren, Körnern, Früchten und Siedlungsabfällen, selten von Kleinvogelbruten.

Parklandschaften, Städte, Ruinen, Felsen, Wälder.

Brutvogel in ganz Mitteleuropa, Bestände vielerorts stark zurückgegangen, besonders im Süden und im Nordosten des Gebiets.

Turmdohle, Dohle

Corvus monedula

Lebt meist in größeren Gemeinschaften. Monogam. Nest in Höhlen an Gebäuden und Türmen, seltener in Schwarzspechthöhlen in Wäldern oder in Baumlöchern von Alleebäumen. 4–6 Eier, Brutdauer 17–19 Tage, Nestlingszeit knapp 40 Tage. Braucht zur Jungenaufzucht Insekten und deren Larven. Eine Jahresbrut. In verschiedenen Regionen ist der Brutbestand gerade in Städten rückläufig, vermutlich wegen Brutplatzmangels, schlechterer Nahrungsgründe und zunehmender Bodenversiegelung. Junge werden nach dem Ausfliegen noch mehrere Wochen von den Eltern geführt. Im Sommer ziehen die Dohlen zusammen mit Rabenkrähen über die Felder. Ein Teil der Dohlen kehrt im Herbst zum Brutplatz zurück, andere ziehen für den Winter in etwas wärmere Regionen.

Rabenkrähe, Nebelkrähe

Corvus corone

Obwohl Raben- und Nebelkrähe äußerlich sehr verschieden aussehen, gehören sie zur selben, als Aaskrähe bezeichnete Art. In Überschneidungsgebieten (Ostdeutschland, Österreich) kommt es zu Mischformen zwischen der Nebelkrähe und der westlichen Form (Rabenkrähe). Im Winter sind die zweifarbigen Nebelkrähen auch im westlichen Mitteleuropa anzutreffen. Während der Brutzeit bilden nicht alle Aaskrähen territoriale Brutpaare. Vögel, die zum Brüten noch zu jung sind, keinen Brutpartner oder kein geeignetes Territorium gefunden haben, bilden Schwärme, die bei der Nahrungssuche sehr mobil sind. Diese Schwärme suchen gerne Gegenden mit intensiver landwirtschaftlicher Nutzung und wenig Strukturen auf. Schäden an landwirtschaftlichen Kulturen werden meist von solchen Nichtbrüterschwärmen verursacht. Betroffen sind v. a. Mais-, Gemüse- und Getreidefelder. Territoriale Aaskrähen hingegen sind diskret und verjagen Nichtbrüterschwärme aus dem Gebiet. Sie richten zur Brutzeit keine oder kaum messbare Schäden an.

Aaskrähen sind Allesfresser, ernähren sich sowohl von Tieren, die sie überwältigen können, als auch von Aas, aber auch von pflanzlicher Nahrung aller Art. Die Aaskrähe brütet in der Regel auf Bäumen, ausnahmsweise auf Leitungsmasten oder in hohen Gebäuden (Kirchen). Das Nest wird mit Zweigen gebaut und mit Gras, Moos, Federn und Haaren ausgepolstert. Im März/April wird das Nest innert Wochenfrist gebaut, etwa drei Wochen nach der Eiablage schlüpfen 2–3 Junge, welche einen Monat später ausfliegen und danach noch einen weiteren Monat bis zur Selbstständigkeit begleitet werden. Sehr geschickte Flugakrobaten.

44–51 cm,
Höchstalter 19 Jahre.

Ganzjährig

Schwarzes Gefieder, schwacher Metallglanz. Nebelkrähe: zweifarbiger Körper grau, Kopf, Flügel und Schwanz schwarz.

Brütet in Einzelpaaren in Gehölzen der offenen Kulturlandschaft sowie im Siedlungsbereich.

In ganz Europa verbreiteter Brutvogel. Westliche Populationen Rabenkrähe, östliche Nebelkrähe.

41–49 cm,
Höchstalter 20 Jahre.

Teilweise ganzjährig, teilweise nur im Winter.

Schwarzes Gefieder mit bläulichem Glanz. Altvögel mit unbefiederter Hautpartie am Schnabelansatz.

Abwechslungsreiche Agrarlandschaft mit Hecken und Einzelbäumen, Flughäfen, Alleen, Parks.

In Mitteleuropa lückig verbreitet, im Norden regelmäßiger vorhanden. Großteil der Bestände in Städten. Seltener als Rabenkrähe.

Saatkrähe

Corvus frugilegus

Ehemalige Steppenbewohnerin, bevorzugt offene Landschaften mit einzelnen Gehölzen. Standvogel und Teilzieher; Kulturfolger. Nahrung: Regenwürmer, Insekten, Spinnen, Tausendfüßer, Schnecken; im Winter Samen, Nüsse. Tagaktiv, gesellig, nistet in Kolonien, die mehrere Dutzend Nester umfassen können. Brut- und Schlafplätze auf hohen Bäumen (Platanen). Lärm der Saatkrähenkolonien und herabfallender Kot führen in Städten zu Konflikten mit der Anwohnerschaft. Vergrämungsaktionen können zu empfindlichem Bestandsrückgang führen.

Brutkolonien in vielen deutschen Städten, in der Schweiz in Genf, Bern und Basel. In Städten wie Berlin, Dresden, Halle und Wien im Winter jeweils Tausende von Saatkrähen aus Nord- und Osteuropa.

54–67 cm, Höchstalter um 20, in Gefangenschaft bis 28 Jahre.

Ganzjährig

Schwarzes Gefieder mit Metallglanz. Sehr kräftiger Schnabel. Im Flug leicht erkennbar am keilförmigen Schwanz. Das sonore tiefe «kroaak» ist weit herum hörbar.

Brütet v. a. im Wald und im Gebirge, Nahrungssuche in offener Landschaft.

Brütet in Städten im nördlichen und östlichen Mitteleuropa, im Süden Wiederbesiedlung aus Rückzugsgebieten in den Bergen.

Kolkrabe

Corvus corax

Größte Singvogelart. Früher im gesamten mitteleuropäischen Raum verbreitet. Dann im Tiefland jedoch starke Verfolgung in der Annahme, Kolkrabe töte Weidetiere und Wild. Dank Schutzmaßnahmen Ende der 1950er-Jahre erholen sich Bestände. In verschiedenen Städten Europas haben sich wieder Raben angesiedelt (Hamburg, Berlin um 1980, Bundeshaus Bern 1988, Zürich 2008, in Wien Bruthinweise). Allesfresser, der sich v. a. von Aas (auch schwachen oder verletzten Tieren und Nachgeburten) sowie Abfällen ernährt. Brutplätze liegen gut geschützt in Bäumen, Felsennischen, hohen Gebäuden. Nestbau bereits im Januar/Februar. Eiablage ab Februar, die Jungen schlüpfen nach drei Wochen und sind 40 Tage später flügge. Familie bleibt bis zu einem halben Jahr zusammen.

Star

Sturnus vulgaris

Der ursprüngliche Lebensraum des Stars sind Laub- und Mischwälder, Brut in Baumhöhlen. Dank künstlicher Nisthilfen starke Ausbreitung in Dörfern und Städten. Der Star ist ein ausgezeichneter Stimmenimitator und kann auch Geräusche nachahmen. Beim Singen rudert er mit den Flügeln und stellt das Gefieder der Kehle auf. Brütet in Baumhöhlen, Mauerlöchern, unter Ziegeln, in Nistkästen. Zwei Jahresbruten. Der Nestbau für die erste Brut beginnt Ende März. Ältere Weibchen legen bis neun Eier. Nach etwa zwei Wochen schlüpfen die Jungen, drei Wochen später sind sie flügge. Das Männchen beteiligt sich sowohl beim Nestbau als auch bei der Brut und Fütterung der Jungen. Bereits im Mai schließen sich die Jungen von frühen Bruten zu Jungvogelschwärmen zusammen. Der Star ernährt sich von Würmern und Insekten, im Herbst von Obst und Beeren. Zur Nahrungssuche ist er oft in Trupps unterwegs. Im Gegensatz zu Amseln, die ihre Nahrung hüpfend suchen, tun dies Stare schreitend. Im Herbst bildet der Star wie keine andere Vogelart regelmäßig große Schwärme von mehreren 10 000 Vögeln, diese sammeln sich vor Einbruch der Dunkelheit, um an einem Schlafplatz gemeinsam zu übernachten. Den Winter verbringen unsere Stare in Westeuropa und im Mittelmeerraum und kehren als erste Zugvögel bereits Anfang Februar wieder zurück. In nicht gut gespannten und schlecht sichtbaren Rebschutznetzen verfangen sich jedes Jahre viele Stare und verenden. Rebnetze sollten keine Löcher aufweisen und regelmäßig kontrolliert werden.

19–22 cm,
Höchstalter 22 Jahre.

Anfang Februar–November, teilweise auch ganzjährig.

Federn mit grün violettem Metallglanz und gelb weißen Flecken. Kurzschwänzig. Im Flug spitze, dreieckige Flügel.

Lebt in der Kulturlandschaft und in Siedlungen, brütet gerne an Waldrändern.

Häufiger Brutvogel in Siedlungen ganz Mitteleuropas.

14–16 cm

Ganzjährig

Männchen mit schwarzer Kehle und breit kastanienbraun eingefasstem, grauem Scheitel, Weibchen mit schmutzig brauner, schwarz gestreifter Ober- und grauweißer Unterseite.

Als Kulturfolger eng an den Siedlungsbereich des Menschen gebunden.

In ganz Europa in allen Städten sehr häufiger Brutvogel, auch in kleinen Grünanlagen der Innenstadt.

Haussperling

Passer domesticus

Der Haussperling ist die erste Vogelart, der man nach Ankunft in Bahnhöfen begegnet. Im Sommer pickt er oft bei den einfahrenden Zügen die toten oder verletzten Insekten von der Stirnseite der Lokomotiven, zur Säuberung des Gefieders nimmt er gerne unmittelbar neben den Schienen ein Staubbad («Dreckspatz»). Zudem findet er viele geschützte Brutnischen unter der Gleisüberdachung und wird mit Fastfood-Abfällen der Reisenden verwöhnt. Er fliegt bis in die Bahnhofrestaurants hinein und lebt gar in Einkaufszentren.

Ursprünglich war der Hausspatz ein Bewohner baumarmer Steppenlandschaften Asiens, in denen er von Grassamen lebte. Als der Mensch vor 10 000–15 000 Jahre sesshaft wurde und mit dem Ackerbau begann, folgte ihm der Haussperling. Mit ihm verbreitete er sich über fast die ganze Welt und wurde auch von Siedlern importiert.

Seit Jahrzehnten ist in Mitteleuropa ein gravierender Rückgang der Haussperlinge zu verzeichnen, in Zürich gingen die Bestände in den letzten 20 Jahren um mehr als 20 % und in Hamburg um 50 % zurück. Trotzdem ist der Haussperling noch immer eine der häufigsten Vogelarten in allen Städten. Als Gründe für den Bestandsrückgang vermutet man ein verringertes Nahrungsangebot (Körner) im Winter, Nahrungskonkurrenz mit der Türkentaube, weniger Insekten zur Jungenaufzucht sowie den Verlust von Nistplätzen (in modernen Gebäuden fehlen Nischen). Zudem wird der Hausspatz häufig Beute von Hauskatzen und Sperber. Der Hausspatz nistet in Höhlen, Spalten, Nischen in Bauwerken, Nistkästen und Überdachungen verschiedenster Art, auch in Straßenlampen. Führt meist monogame Dauerehe, Neuverpaarungen v. a. bei Tod eines Partners.

Feldsperling

Passer montanus

In Mitteleuropa weniger an menschliche Siedlungen gebunden als der Haussperling. Lebt eher am Siedlungsrand. Brutvogel in gut durchgrünten Städten (Gartenstadt). Ernährt sich hauptsächlich von Sämereien (Gras und Getreidesamen), für Jungenaufzucht braucht er Insekten, vor allem Marienkäfer. Insbesondere außerhalb Brutzeit in Trupps und Schwärmen unterwegs. Sucht Nahrung am Boden in der Nähe einer Deckung, bei Störung fliegen die Feldspatzen in Deckung und kehren anschließend einzeln nach und nach wieder zum Nahrungsplatz zurück. Brütet in Höhlen (Baumhöhlen, Nistkästen, Mauerlöchern, unter Dächern). Monogame Saisonehe; bei störungsfreiem Nistplatz Dauerehe wegen lebenslanger Nistplatztreue von Paaren.

12,5–14 cm

Ganzjährig

Im Gegensatz zum Haussperling sind Männchen und Weibchen gleich gefärbt. Rotbraune Kopfplatte, reinweiße Kopfseiten mit großem, schwarzem Wangenfleck.

Kulturlandschaft, brütet in Feldgehölzen und Obstgärten. Meidet dicht bebaute, zentrumsnahe Gebiete.

Brutvogel in ganz Mitteleuropa, in Stadtrandgebieten.

Buchfink

Fringilla coelebs

Typischer Gesang ist der «Buchfinkenschlag», den die Männchen ab Ende Februar vortragen. Ernährt sich von Samen, Insekten und Spinnen. Finkenart, die am häufigsten am Boden anzutreffen ist. Außerhalb der Brutzeit oft gesellig. Teilzieher: Weibchen überwintern im Mittelmeerraum, Männchen verbringen den Winter meist im Brutgebiet (lat. «coelebs» = ehelos). Kommt auch ans Futterbrett. Der Bestand des Buchfinks scheint insgesamt stabil zu sein. Das napfförmige Nest aus Moos, Flechten und Grashalmen wird vom Weibchen Ende März gebaut. Nach etwa zwei Wochen legt es 4–6 Eier, aus denen rund zwei Wochen später die Jungen schlüpfen. Nach weiteren zwei Wochen fliegen die Jungen bereits aus.

14–16 cm

Meist ganzjährig

Männchen im Prachtkleid graublauer Kopf und Nacken; Brust und Wangen rostrot. Bürzel graugrün. Weibchen: oberseits graubraun und unterseits hellbeige gefärbt.

Wälder aller Art, Parks, Gärten, Friedhöfe, Baumgruppen auch mitten in der Siedlung.

In ganz Europa häufiger Brutvogel, im Osten Mitteleuropas Zugvogel, im übrigen Mitteleuropa Teilzieher und ganzjährig zu beobachten.

Bergfink

Fringilla montifringilla

Brütet in der nördlichen Waldzone von Norwegen bis Ostasien. Bei uns häufiger Wintergast. Tritt meist in Schwärmen auf. Einflug abhängig von Nahrungsangebot im Brut-, Durchzugs- und Überwinterungsgebiet. Bergfinken fressen bei uns Bucheckern und im Frühjahr Knospen. Kommen auch gerne an Futterstellen. Der Bergfink ist der ausgeprägteste Zugvogel unter den Finken; Ringfunde zeigen, dass die Vögel nicht jedes Jahr das gleiche Winterquartier aufsuchen. Bergfinken bilden im Winter große Gemeinschafts-Schlafplätze, die manchmal Millionen von Vögeln umfassen können. Früher, als die Schweine im Wald mit Eicheln und Bucheckern gemästet wurden, löste der Einflug der Bergfinken Existenzsorgen aus.

14–16 cm

Wintergast von Ende September–Mitte April.

Weißer Bürzel. Vorderbrust und Schultern orangefarben. Weibchen matter gefärbt.

Im Winter in Buchenwäldern, halboffenen Landschaften und Parks.

Brutgebiete liegen in Skandinavien und Nordosteuropa, in Mitteleuropa Wintergast, auch in städtischen Parks und Gärten.

Girlitz

Serinus serinus

Gesang erinnert an ein nicht geöltes Rad, wird auch «Glasschneider» genannt. Singt von erhöhter Warte oder im fledermausartigen Balzflug. Nahrung: kleine, weiche Samen, im Sommer auch kleine Insekten. Liest heruntergefallene Samen am Boden auf. Seine Jungen füttert er mit einem vorverdauten, herausgewürgten Futterbrei, der hauptsächlich aus Sämereien besteht. Verteidigt zur Brutzeit sein Territorium. Nest ist ein Napf in Bäumen und Sträuchern. Besteht aus Würzelchen, Halmen, Gräsern, Moos und Flechten, innen ist es mit Pflanzenwolle, Federn und Haaren ausgepolstert. Der Girlitz war ursprünglich im Mittelmeerraum beheimatet, dehnte sein Areal im 19. und 20. Jahrhundert nach Norden aus. Kurzstreckenzieher, Winterquartier in West- und Südeuropa.

11–12 cm

Ende März–Anfang November.

Kleinster einheimischer Finkenvogel. Leuchtend gelber Bürzel. Winziger Kegelschnabel.

Abwechslungsreiche Kulturlandschaft, Siedlungen, Obstgärten, Rebberge, Friedhöfe, Alleen, Parks und Gärten, auch in lichten Wäldern.

Brutvogel in ganz Mitteleuropa, nördliche Verbreitungsgrenze in Norddeutschland. In Städten in Grünräumen, Wohnquartieren und Industriegebieten.

Grünfink

Carduelis chloris

Gesang von Warte oder im fledermausartig gaukelnden Singflug vorgetragen. Nahrung: hauptsächlich pflanzlich (Samen, Knospen, Beeren und andere Pflanzenteile), selten Insekten. Im Herbst und Winter auf Stoppelfeldern und Ödlandflächen. Kommt gerne an Futterstellen, ist den meisten Singvögeln überlegen und vertreibt diese. Gegen Artgenossen ist er an der Futterstelle aggressiv, wenn diese seine Individualdistanz nicht respektieren. Grünfinken sind sehr gesellig und nisten gern in aufgelockerten Kolonien in benachbarten Büschen. Nest in Bäumen oder Büschen, gelegentlich auch in Balkonpflanzen; besteht aus Halmen, dünnen Zweigen, Würzelchen und Moos, innen mit Federn und Tierhaaren weich ausgepolstert. Grünfinken verteidigen kein Revier.

14–16 cm

Ganzjährig

Kräftiger, gelbgrüner Fink mit dickem Schnabel. Im Flug leuchtend gelbe Flügel- und Schwanzabzeichen. Weibchen graugrünlich, unscheinbarer.

Ursprünglich an Waldrändern, in Lichtungen und lockeren Gehölzen. Heute auch in Parks, Hecken, Gärten, auf Friedhöfen und in Alleen bis in den Stadtkern.

In ganz Europa verbreiteter und häufiger Brutvogel in städtischen Gärten und Anlagen.

Distelfink, Stieglitz

Carduelis carduelis

Nach dem Flugruf «tiglit» auch «Stieglitz» genannt. Ernährt sich von feinen Samen, im Frühjahr auch von Knospen; zur Jungenaufzucht benötigt der Distelfink Insekten. Macht weite Nahrungsflüge und verteidigt deshalb kein Territorium. Außerhalb der Brutzeit versammeln sich die Vögel in kleinen Trupps. Wer im Garten Sonnenblumen, Karden und andere Blütenpflanzen nach dem Verblühen stehen lässt, erhält möglicherweise Besuch einer Schar Distelfinken. Brütet in Bäumen und Sträuchern. Verfilztes Nest aus feinen Halmen, Würzelchen und Moos, außen mit Flechten und anderem Material getarnt, innen mit Pflanzenwolle und Haaren gepolstert. Wegen seiner Farbenpracht und seines Gesangs war er früher ein beliebter Käfigvogel.

12–13,5 cm

Ganzjährig

Rot-schwarz-weiße Kopfzeichnung. Im Flug breiter, gelber Flügelstreif.

Brütet im abwechslungsreichen Kulturland mit hohen Bäumen, in Parks und auf Friedhöfen. Außerhalb Brutzeit streifen Familientrupps zu Wegrändern, Brachflächen und Wiesen mit Disteln.

In ganz Mitteleuropa verbreiteter Brutvogel, in naturnahen Gärten und Anlagen und am Stadtrand.

Hänfling, Bluthänfling

Carduelis cannabina

12,5–14 cm

Meist ganzjährig, im nordöstlichen Mitteleuropa nur im Sommer.

Männchen im Prachtkleid mit kräftigem Rot auf Stirn und Brust, grauem Kopf, zimtbraunem Mantel. Weibchen ohne Rot; Brust, Scheitel und Mantel leicht gestreift.

Typischer Kulturlandvogel in offener und halboffener Landschaft.

Brutvogel in ganz Mitteleuropa, auch in städtischen Parks, Friedhöfen und großen Gärten.

Wie Distelfink ein Kulturfolger. Er ist von den Finkenvögeln derjenige, der am meisten von Samen der Ackerbegleitflora («Unkräuter») abhängig ist. Frisst Sämereien von krautigen Pflanzen und Bäumen, zur Brutzeit kleine Insekten. Verschmäht von anderen Finken geschätzte Beeren und fleischige Früchte. Durch den Einsatz von Herbiziden hat sich die Ernährungsgrundlage der Hänflinge verschmälert, was vielerorts zu Bestandsabnahmen führt. Sucht im Herbst auf Stoppelfeldern, Äckern, Wiesen, in Brachland und Kiesgruben nach Nahrung. Nisten oft in lockeren Kolonien. Sie bevorzugen Orte mit vielen niedrigen Büschen, Hecken, Baumschulen, Parks, Friedhöfe und große Gärten. Nest aus Halmen, Würzelchen und Haaren relativ niedrig in Büschen an dunklem, gut verstecktem Ort.

Gimpel

Pyrrhula pyrrhula

15,5–17,5 cm

Ganzjährig

Wegen der schwarzen Kopfkappe und der roten Unterseite des Männchens auch Dompfaff genannt. Wirkt halslos. Bürzel und Flügelbinde weiß, grauer Mantel. Kräftiger, kurzer Schnabel. Weibchen matter gefärbt.

Vorwiegend im Nadel- und Mischwald, auch in Feldgehölzen, Parks, Friedhöfen und Gärten mit Bäumen und Büschen.

Brutvogel in ganz Mitteleuropa, in Städten besonders im Winter.

Heimliche Lebensweise. Der Ruf besteht aus einem melancholischen «pjüü». Nahrung: Samen, Knospen und Beeren verschiedener Pflanzen, gelegentlich Insekten. Zwickt zwischen Januar und April auch Knospen von Obstbäumen und Ziersträuchern ab. Kommt ans Futterhäuschen. Im Winter auffällig, jedoch während Brutzeit sehr unauffällig. Brütet einzeln und verteidigt kein Revier. Nest befindet sich meist in einem Nadelbaum nahe am Stamm. Das Paar bleibt ganzes Jahr über zusammen, im Gegensatz zu anderen Finkenarten, die zur Schwarmbildung neigen. Mit «Gimpel» wird auch ein leichtgläubiger Mensch bezeichnet, weil sich der Vogel durch Nachahmung des Rufs oder durch einen Lockvogel leicht fangen lässt. Der Gimpel ist eine häufige Beute des Sperbers.

Kernbeißer

Coccothraustes coccothraustes

Ruf durchdringendes «Zik», meist von Baumkronen. Im Sommer sucht er seine Nahrung in Baumkronen, Sträuchern und in der Krautschicht; im Winter am Boden. Frisst vorwiegend Samen von Buche, Ahorn, Kirsche, Kornellkirsche, Traubenkirsche und Nadelbäumen, im Winter und Frühling Hauptnahrung Knospen und Triebe, zusätzlich auch Insekten (Raupen). Kann unter den samenfressenden Vögeln die größten und härtesten Samen knacken (wie Steinobstfrüchte). Zum Öffnen eines Kirschkerns ist ein Druck von 40 kg erforderlich, was er ohne Weiteres schafft. Das Fruchtfleisch isst er nicht. Kommt zu Futterstellen. Brütet meist einzeln. Voluminöses Nest aus Zweigen, Wurzeln und Halmen, meist relativ hoch in der Krone eines Laubbaums. Wellenförmiger Flug wie alle Finken.

16,5–18 cm

Ganzjährig

Großer Kopf mit sehr kräftigem Kegelschnabel. Männchen bunt braunrotes Gefieder, Weibchen schlichter gefärbt.

Laub- und Mischwälder mit hohen, alten Bäumen; im Winter auch in Obstgärten, Parks und großen Gärten.

Ganz Mitteleuropa, in Städten besonders im Winter zu beobachten.

Goldammer

Emberiza citrinella

Charakteristischer Vogel der strukturreichen Kulturlandschaft sowie von Waldrändern und und -lichtungen. Nest auf dem Boden in der Vegetation versteckt, in Böschungen, unter Grasbulten, in niedrigen Gebüschen. Ernährt sich von verschiedenen Samen, im Sommer aber hauptsächlich von Insekten und Spinnen. Sucht Nahrung oft auf dem Boden in niedriger Vegetation oder auf vegetationslosen Flächen. Nach der Brutzeit, von Ende August bis Anfang März, bilden sich Trupps, die oft auf abgeernteten Getreidefeldern zu beobachten sind. Singt von erhöhter Warte. Den Gesang «wie, wie, wie, hab ich dich lieb» hat Beethoven in seine 5. Symphonie aufgenommen. Ein Großteil der Goldammern bleibt über den Winter bei uns, ein Teil der Population zieht nach Südwestfrankreich.

15,5–17 cm

Ganzjährig

Gefieder gelb, Bürzel rotbraun, Mantel olivbraun mit schwarzen Streifen.

In Kulturlandschaft mit Hecken und Feldgehölzen, Weinanbaugebieten, an Waldrändern, auf Kahlschlägen und Waldlichtungen. Nicht in bebauter Zone.

In ganz Mitteleuropa, in geeigneten Lebensräumen am Stadtrand.

Rohrammer

Emberiza schoeniclus

13,5–15,5 cm

Ganzjährig, im mittleren Teil des Gebiets Sommervogel (März–Oktober).

Gefieder braun mit dunklen Streifen. Männchen: Kopf und Kehle schwarz, breites weißes Nackenband und weißer Bartstreif.

Verlandungszonen, landseitige Schilfgebiete, Feuchtgebiete mit Gebüschen.

In ganz Mitteleuropa, in geeigneten Lebensräumen am Stadtrand.

Charakteristischer Vogel der Feuchtgebiete. Baut Nest aus Blättern und Halmen, kleidet es mit Grashalmen und Haaren aus. Nest v.a. in Altschilfbeständen, durch überhängende Blätter und Halme von oben verdeckt, mit den Trägerpflanzen nicht verflochten. Männchen hat gelegentlich zwei Weibchen. Die Rohrammer ernährt sich von reifen und halbreifen Samen, im Sommer auch von Insekten, Spinnen und kleinen Schnecken. Klettert auf senkrechten Halmen, meist in kleinen Sprüngen. Gesang von erhöhter Warte (Büsche, Stauden, Schilfhalme). Wegen Lebensraumzerstörung ist der Bestand örtlich rückläufig. Während Männchen und Altvögel bei uns überwintern, ziehen Weibchen und Erstjährige über den Winter nach Südfrankreich, Spanien und Mittelmeerraum.

Grauammer

Miliaria calandra

16–19 cm

Ganzjährig (Norden) oder Sommervogel.

Kräftiger Schnabel, Gefieder oberseits grau-braun gestreift, ohne auffallende Merkmale, kräftiger Schnabel.

Extensiv genutztes, aber offenes Gelände mit Einzelbäumen und Sträuchern, Getreidefelder.

Zerstreut in fast ganz Mitteleuropa, offene Flächen am Stadtrand. Starker Bestandsrückgang.

Die Grauammer bewohnt offene Landschaften, extensives Weide- und Ackerland, Feuchtwiesen. Gut sichtbar auf Bäumen, Sträuchern, Telefonmasten und -drähten lässt das Männchen seinen langsam beginnenden und immer schneller werdenden Gesang ertönen. Die Intensivierung der landwirtschaftlichen Nutzung sowie Verschwinden von Brachland hat in weiten Teilen Europas zu starkem Rückgang geführt. Das Nest liegt in Bodennähe. Das Weibchen setzt sich aufs Nest noch bevor alle Eier gelegt sind. Brutdauer etwa zwei Wochen. Die Jungen werden fast ausschließlich vom Weibchen gefüttert. Sie verlassen das Nest bereits nach 10 Tagen, noch bevor sie vollständig fliegen können. Das Männchen beteiligt sich selten oder gar nicht bei der Jungenaufzucht.

Säugetiere

Die Säugetiere (Mammalia), zu denen auch der Mensch gehört, sind eine Klasse der Wirbeltiere. Sie säugen ihre Jungen mit Milch, die in den Milchdrüsen der Weibchen produziert wird, und besitzen ein Haarkleid, das dazu beiträgt, die Körpertemperatur konstant zu halten. Je nach lokalem Klima, Nahrungsangebot und Speisezettel verbringen einzelne Arten die kalte Jahreszeit im Winterschlaf oder in einer Winterruhe. Säugetiere haben vier Extremitäten mit je fünf Finger- und Zehenstrahlen, die bei manchen Arten allerdings reduziert sind (z. B. Paarhufer). In Europa kommen über 100 Säugetierarten vor, in Städten je nach Größe 40–60 Arten. Die Gesamtartenliste von Berlin nennt 2003 59 Arten, in Zürich sind es 40. Zu ihnen gehören die Ordnungen Hasentiere, Nagetiere, Raubtiere, Huftiere, Insektenfresser und Fledermäuse. Der Schwerpunkt ihres Verbreitungsgebiets liegt bei einigen Arten im Siedlungsraum (Kulturfolger, z. B. Igel), andere haben den Siedlungsraum erst in den letzten Jahrzehnten erobert, weil sie von den fressbaren Abfällen des Menschen (z. B. Rotfuchs) oder vom warmen Stadtklima (z. B. Weißrandfledermaus) profitieren. Zusätzlich wandern Exoten wie die Bisamratte oder der Marderhund ein, die ursprünglich in unseren Breiten nicht heimisch waren. Neben den wild lebenden Säugetierarten spielen im Siedlungsraum auch domestizierte Arten eine Rolle, da sie im Freien unterwegs sind und dort auch jagen. Dazu gehören Hauskatzen und Haushunde. Zum Vergleich: Zusammen mit 380 000 Menschen leben in der Stadt Zürich rund 40 000–50 000 Katzen, 3000–5000 Igel und rund 1200 Rotfüchse. Von vielen Arten sind die aktuellen Bestandsgrößen jedoch nicht bekannt.
Säugetiere finden sich in sämtlichen Biotopen – an und teilweise in Gewässern, in Wäldern und auf Wiesen ebenso wie im Siedlungsraum, in und an Gebäuden. Viele Säuger leben sozial. Die Aktivitätsgebiete der einzelnen Arten variieren stark, umfassen wenige Quadratmeter bis zu einigen Hundert Quadratkilometern. Einige Arten verteidigen ihre Territorien gegenüber Artgenossen. Jungtiere wandern oft aus den Aktivitätsgebieten der Eltern aus und suchen neue Gebiete auf (Dispersion).
Neben den hier vorgestellten Arten zeigen sich gelegentlich auch Säugetiere im städtischen Raum, die man im urbanen Umfeld kaum erwartet. Auf dem Salzburger Kapuzinerberg und im Winterthurer Stadtwald leben Gämsen *(Rupicapra rupicapra)*. In einem Waldstück in Zürich hielt sich 2003 während Monaten ein Luchs *(Lynx lynx)* auf, der sich von Rehen ernährte, gelegentlich Stadtfüchse erlegte und Ausflüge bis in die Innenstadt unternahm. Und seit den späten 1980er-Jahren gibt es Goldschakale *(Canis aureus)* in Österreich. Der in Afrika, Asien und auf dem Balkan weit verbreitete Schakal, der sich vom Rotfuchs durch längere Beine und einen meist kürzeren Schwanz unterscheidet, ist unterdessen in vielen Teilen Österreichs gesichtet worden – auch im Wiener Bezirk Döbling, was in den Medien im Sommer 2011 mit folgender Schlagzeile vermerkt wurde: «Schakal kam mitten in Wien zum Pizzaessen».

Feldhase

Lepus europaeus

Der Feldhase ist dank seines Körperbaus (stark entwickelte Hinterpfoten, großes Herz) ein Ausdauerläufer; hohe Spitzengeschwindigkeiten (70 km/h). Kann sich bei Gefahr auch bewegungslos auf den Boden ducken und bleibt dank Tarnfärbung oft vollkommen unbemerkt. Gräbt keine Baue, sondern ruht in Gebüschen oder Bodenmulden (Sasse). Vegetarische Ernährung. Fortpflanzungszeit von Februar bis in den Herbst, 3–5 Würfe pro Jahr mit je 2–4 Jungen, Tragzeit 42 Tage. Keine Territorien, Aktionsgebiete 10–20 ha, z.T. bis 500 ha.

Obwohl als Bewohner offener Flächen ursprünglich wenig Affinität zu urbanen Lebensräumen besteht, zeigen sich Feldhasen seit einiger Zeit stellenweise auch im städtischen Raum, wo sie geeignetes Gelände und gut Deckungsmöglichkeiten finden, so im Osten Berlins.

Kopf-Rumpf-Länge bis ca. 70 cm, Ohren 8–10 cm, Gewicht 3–5, z.T. bis 6,5 kg.

Ganzjährig aktiv, vorwiegend in der Dämmerung und nachts.

Braungraues, auf der Bauchseite helles Fell. Ohren mit schwarzen Spitzen. Schwanzoberseite schwarz.

Lichte Wälder, Waldlichtungen, jedoch primär offenes Gelände, Steppen und landwirtschaftlich genutzte Flächen, auf Brachflächen.

In ganz Mitteleuropa verbreitet. Bestand wegen Lebensraumzerstörung und Zerstückelung (Straßen) regional abnehmend und gefährdet. In Außenbereichen der Städte (in Wien auch «Weingartenhasen»), selten im Siedlungsraum.

Wildkaninchen

Oryctolagus cuniculus

Stammform aller Hauskaninchen. Gesellig. Eine Familie umfasst 2–3 Männchen und 4–6 Weibchen. Strenge Hierarchie, Ranghöchstes Männchen und Weibchen verteidigen Territorium. Mehrere Familien können sich zu Sippen vereinen. Legen Erdbauten an. Nutzen Baumaterialien, Holzstapel usw. als Unterschlupf. Ernährung: Gräser, Kräuter, Kulturpflanzen wie Getreide, Mais, sowie Rinde von Sträuchern und Bäumen. Weibchen haben 2–3 Würfe mit je 2–6 Jungen pro Jahr. Hohe Sterblichkeit im Winter. Wildernde Hauskatzen und Steinmarder sind innerhalb von Stadtgebieten wichtigste Feinde. Dezimierung durch Viruskrankheiten (Myxomatose und «Chinaseuche»), mitteleuropäische Bestände im letzten Jahrzehnt stark rückläufig.

Kopf-Rumpf-Länge 35–45 cm, Ohren 6–8 cm, 1,5–2,5 kg.

Ganzjährig dämmerungs- und nachtaktiv, in Städten oft auch tagaktiv.

Fell graubraun, Bauchseite hell grauweiß, Schwanzunterseite weiß.

Zum Graben günstige trockene, sandige Böden bevorzugt, ebenso künstlich aufgeschüttete Erdhaufen. Bahndämme, Gärten, Park, Friedhöfe.

In Deutschland weit verbreitet, im Westen besonders häufig, in Österreich hauptsächlich im Osten, in der Schweiz nur vereinzelte Vorkommen. Auf Rasenflächen und in Gärten, bis in die Innenstädte.

Kopf-Rumpf-Länge 20–25 cm, Schwanz 15–20 cm, Gewicht 200–400 g.

Ganzjährig tagaktiv.

Färbung variabel, von hellrot bis fast schwarz mit allen Übergängen. Unterseite rein weiß. Im Winterpelz mit Ohrbüscheln.

Alte Waldbestände mit geschlossenen Baumkronen, Eichen, Hagenbuchenwälder. Parks, Friedhöfe und Gärten mit großem, verbundenem Baumbestand.

In ganz Mitteleuropa verbreitet, in baumreichen Gärten und Anlagen bis in innerstädtische Bereiche.

Eichhörnchen

Sciurus vulgaris

Nagetier. Lebt mehrheitlich auf Bäumen, Nahrungssuche auch am Boden. Klettert und springt geschickt, klettert senkrechte Stämme kopfvoran hinunter, Schwanz dient bei Sprüngen als Steuerruder. Nahrung: Baumsamen, Bucheckern, Eicheln, Haselnüsse, Knospen, Pilze, Insekten, Schnecken, Jungvögel. Wird gerne gefüttert, plündert auch Abfalleimer. Legt Vorrat an, indem es Nüsse und Samen einzeln vergräbt oder in Baumhöhlen versteckt. Kugelförmiges, mit Moos und Gras ausgepolstertes Nest («Kobel») aus verflochtenen Ästen im oberen Kronenbereich, dicht beim Stamm, bevorzugt in Fichten. Fortpflanzung beginnt im Januar/Februar, meist 2 Würfe pro Jahr mit je 2–5 Jungen. Junge sind Nesthocker, die nackt, blind und taub zur Welt kommen, verlassen das Nest nach sieben Wochen.

Kopf-Rumpf-Länge 83–100 cm, Schwanz 30–38 cm lang, Gewicht bis 35 kg.

Ganzjährig aktiv, im Winter jedoch wochenlang im Bau oder in der Burg.

Grau bis dunkelbraun, Bauch heller. Schwanz («Kelle») platt, mit Schuppen bedeckt. Hinterfüße mit Schwimmhäuten.

Stets in Wassernähe. Uferbereiche, Flussauen mit Wald.

Ursprünglich in ganz Mitteleuropa. Nach starker Dezimierung im 19. Jahrhundert Erholung der Bestände dank Schutz und Wiederansiedlungsprojekten. Biber dringen seit einigen Jahren vielerorts entlang von Fließgewässern weit ins Stadtgebiet vor. In München in der Isar beim Deutschen Museum, in Berlin vereinzelt bis zum Bundeskanzleramt.

Biber

Castor fiber

Größtes einheimisches Nagetier, vorwiegend dämmerungs- und nachtaktiv. Hinterlässt durch seine ausgeprägte Nage- und Bautätigkeit auffällige Spuren: Biberburgen, Dämme, kegelförmig abgenagte Baumstämme und Äste mit deutlichen Kerben der kräftigen Nagezähne. Die Biberburg besteht aus aufgeschichteten Ästen, abgedichtet mit Schlamm, Erde, Schilf und Gräsern; bis 1,5 m hoch. Mehrere Kammern (Schlaf-, Brutkammern), mehrere Zugänge, die unter Wasser münden. Auch Erdbaue am Ufer sind möglich, deren Ein- und Ausgänge ebenfalls unter Wasser münden. Nahrung rein pflanzlich: Rinde, dünne Zweige, Wurzeln, Blätter. Biber leben territorial in Kolonien von einem Paar und dessen Nachkommen bis zum Alter von drei Jahren. Alter: bis 30 Jahre.

Siebenschläfer

Glis glis

Ausschließlich nachtaktiv, baut kugeliges Nest aus Laub, Moos und Rindenteilen oder lebt in Höhlen, auch in Nistkästen, Scheunen oder Waldhütten. Bei Störung recht geräuschvolle Lautäußerungen. Der Siebenschläfer verbringt den Großteil seines Lebens auf Bäumen. Ernährt sich von pflanzlicher Kost (Obst, Beeren, Samen, Blättern- und Blütenknospen und Pilzen), aber auch von Insekten, Schnecken und Jungvögeln. Fortpflanzungszeit Mai–August, 5–7 Junge nach einer Tragzeit von ungefähr 30 Tagen in einem einzigen Wurf pro Jahr. Junge nach sieben Wochen selbstständig. Ab Herbst oft in Nistkästen, verlässt diese aber wieder für den Winterschlaf, der bis Ende Mai dauern kann. Das Höchstalter wird auf neun Jahre geschätzt.

Kopf-Rumpf-Länge 13–19 cm, Schwanz 11–15 cm, Gewicht 80–120 g.

Winterschlaf Oktober–Mai, versteckt in Erdboden, natürlichen Höhlen oder Häusern.

Auffällig buschiger Schwanz, große Augen und abgerundete Ohren. Rücken graubraun, Bauch silbergrau.

Laubmischwälder, auch Obstgärten, Parkanlagen, Gärten und dichte Hecken. Bevorzugt Gelände mit dichtem Gebüsch und Grasbewuchs.

In Waldnähe besonders im Randgebiet der meisten mitteleuropäischen Städte.

Haselmaus

Muscardinus avellanarius

Mausgroß, vorwiegend dämmerungs- und nachtaktiv, manchmal mit kurzen Aktivitätsphasen während des Tages (v. a. im Herbst). Haselmäuse klettern flink und gewandt entlang von dünnen Ästen auf Büschen und auch in Baumkronen. Kugelförmige Nester aus Gras, Blättern und Rindenstreifen oft in niedrigem Gestrüpp, ca. 12 cm bis ca. 2 m über Boden. Ein Tier hat mehrere Nester. Nehmen gern Ton- und Holznistkästen an. Nahrung: Samen, Früchte, Beeren, Knospen, Rinde, Blätter, im Sommer auch Insekten und Weichtiere. Beträchtliche Gewichtszunahme vor dem Winterschlaf: Durchschnittsgewicht im Juni/Juli 17,5 g, im Oktober 27,5 g. Während des Winterschlafs erwachen Haselmäuse ca. alle 15 Tage und wechseln dabei oft das Winternest.

Kopf-Rumpf-Länge 6–9 cm, Schwanz 5,5–7,5 cm, Gewicht 15–40 g. Höchstalter fünf Jahre.

Winterschlaf Oktober–April.

Fell braun, Unterseite gelblich weiß, rundlicher Kopf mit großen Augen. Schwanz buschig mit schwarzbrauner Endquaste.

Unterholzreiche Laubwälder, Hecken, dichte Gebüsche, Gebiete mit Haselbeständen und Beerensträuchern.

In großen Teilen Mitteleuropas verbreitet, in Stadtnähe in gut strukturierten, zusammenhängenden Waldbereichen und Hecken.

Brandmaus

Apodemus agrarius

Osteuropäische Art, charakteristische Stadtmaus in Berlin und Warschau. Kleiner und kurzschwänziger als die nahe verwandte Waldmaus. Brandmaus bewohnt in erster Linie feuchte Gebiete. Kann gut schwimmen, springt weniger gut als Waldmaus. Ernährt sich von Samen und Früchten sowie Insekten und deren Larven, Schnecken und Ringelwürmern. Baumsamen bilden Hauptnahrung urbaner Populationen. Fortpflanzungszeit dauert von April bis September. Nach drei Wochen Tragzeit kommen 3–9 Junge blind auf die Welt. Bereits mit acht Wochen geschlechtsreif. 3–5 Würfe pro Jahr. In städtischen Grünanlagen und Pärken Dichten von bis über 50 Mäusen pro ha. Starke Sommergewitter, frühe Wintereinbrüche sowie Räuber können Brandmauspopulationen dezimieren.

Kopf-Rumpf-Länge 7,5–11,5 cm, Schwanz 6–11 cm, Gewicht 14–30 g.

Ganzjährig tagaktiv.

Fell oberseits rotbraun, über der Rückenmitte schwarzer schmaler Streifen, Bauch grauweiß. Schwanz nur etwa ¾ Körperlänge.

Besiedelt feuchte Lebensräume, Röhricht, feuchte Wiesen, Waldränder, Hecken, aber auch Gärten und Parkanlagen, im Winter auch in Gebäuden und Geflügelställen.

Hauptsächlich in Ostdeutschland, Areal berührt Nordgrenze Bayerns. In Österreich nur im äußersten Osten, erstmals 1996 festgestellt, kommt in der Schweiz nicht vor. In feuchteren Gebieten, Grünanlagen, Villenquartieren und Brachflächen bis in die Innenstadt.

Waldmaus

Apodemus sylvaticus

Hauptsächlich nachtaktiv, klettert und springt geschickt, Stabilisierung mithilfe des langen Schwanzes. Sehr mobil, besitzt großen Aktionsradius. Ernährt sich von Samen, Früchten, Knospen, grünen Pflanzenteilen, Abfällen, zeitweise auch von Insekten. Niedrigste Populationsdichten im Frühjahr, maximale Dichten nach Fortpflanzung im Sommer und Herbst. Feinde sind v. a. Eulen und andere Fleischfresser.

Ähnlich die nahe verwandte Gelbhalsmaus *(Apodemus flavicollis)*, die jedoch stark an Wald oder zumindest Baum- und Strauchwuchs gebunden ist. Diese hat, wie der Name sagt, ein geschlossenes gelbes Halsband, eine klarere Abgrenzung des braunen Rückens vom hellen Bauch als die Waldmaus und einen etwas längeren Schwanz. Unterscheidung allerdings nicht immer ganz eindeutig.

Kopf-Rumpf-Länge 8,5–10,5 cm, Schwanz 8–9,5 cm, Gewicht 15–35 g.

Ganzjährig aktiv.

Helle schmutzig weiße Unterseite, Oberseite rötlich braun, auffallend große Ohren und Augen, sehr langer, zweifarbiger Schwanz, stark entwickelte Hinterfüße, die ein weites Springen ermöglichen.

Verschiedenartige Lebensräume wie Hecken, Waldränder, Wald, Parks und Gärten, auf innerstädtischen Brachflächen und Deponien, im Winter gerne auch in Häusern und Ställen. Als «Gleismäuse» häufig in offenen Bahnhöfen und Bahnarealen.

Ganz Mitteleuropa, in Städten bis ins Zentrum.

Wanderratte

Rattus norvegicus

Die Wanderratte stammt aus dem asiatischen Raum und breitet sich seit dem 18. Jahrhundert in Europa aus. Toleranter gegen Kälte und Feuchtigkeit als Hausratte. Lebt bevorzugt in Gewässernähe, besiedelt auch unterirdische Kanalnetze und kann sich dort dank Speiseabfällen, die die Toilette hinuntergespült werden, ernähren und vermehren. Bei Brüchen oder Lecks im Kanalisationssystem können Ratten über das Erdreich in einen Keller oder im Freien an die Oberfläche gelangen. Wenn sie Futter (z. B. Vogelfutter) oder offene Abfälle finden, siedeln sich Wanderratten auch oberirdisch an. Erdbaue bevorzugt unter dichter Bepflanzung, weisen mindestens zwei Eingänge und einen Wohnkessel sowie häufig auch Vorratskammern auf. Dämmerungs- und nachtaktiv, kann aber auch am Tag aktiv sein. Ratten sind Allesfresser, bevorzugen aber meist pflanzliche Nahrung. Sie schwimmen, tauchen und klettern sehr gut, laufen immer auf den gleichen Pfaden. Jungtiere nach 3–4 Monaten geschlechtsreif. Nach einer Tragzeit von 22–24 Tagen gebären Weibchen im Freien durchschnittlich 4–6 Junge. Obwohl Ratten in Gefangenschaft 2–3 Jahre leben, beträgt die Lebensdauer im Freien meist nur 6–12 Monate. Wanderratten müssen in besiedelten Gebieten und auch entlang von durch Menschen genutzten See- und Flussufern bekämpft werden. Sowohl Wander- als auch Hausratten können über Urin und Kot Krankheiten (Leptospirose, Hantavirus, Salmonellosen) übertragen. Auch entstehen ohne Bekämpfung innerhalb weniger Monaten große Sippen, die dann in die umliegenden Gebäude eindringen und neben der Verschmutzung durch Kot und Urin auch durch Benagen von Waren und Elektrokabeln Schäden anrichten. Ratten spielen eine wichtige Rolle bei der Übertragung der Lyme-Borrelien in der städtischen Umgebung, wenn gleichzeitig der Holzbock *(Ixodes ricinus)* vorhanden ist.

Kopf-Rumpf-Länge 17–27 cm, Schwanz 16–20 cm. Gewicht 230–500 g.

Ganzjährig zu beobachten, draußen ist die Fortpflanzungsperiode auf die warme Jahreszeit begrenzt, in Innenräumen und der Kanalisation können Junge auch im Winter aufgezogen werden.

Größter Vertreter der einheimischen Mausarten. Rücken graubraun, Bauch weißlich grau.

In der Nähe von Gewässern, an Fluss- oder Seeufern und in Abwasserkanälen; bei Bauernhöfen mit großem Futterangebot.

In allen mitteleuropäischen Städten.

Hausratte

Rattus rattus

Nachtaktiv. Drei Farbvarianten: schwarz, grau und braun mit weißem Bauch. Die Hausratte wurde vor ca. 2000 Jahren vom Indischen Subkontinent über die Handelswege der Römer in Mitteleuropa und England verbreitet (Schiffsratte). Als ursprünglicher Baumbewohner guter Kletterer. Nester in Hohlräumen von Wänden, in Dachgeschossen und in Bäumen. Hausratten sind Allesfresser, ernähren sich aber überwiegend von Getreide, Gemüse oder Früchten. Lange Zeit Reservoir des Pestbakteriums, welches von Flöhen auf Menschen übertragen wurde. Starker Rückgang seit dem 19. Jahrhundert, insbesondere durch veränderte Lagerhaltung (keine Getreidelager mehr in den Dachstöcken städtischer Häuser) und die Verwendung neuer, für Hausratten schwer zu durchbrechender Baumaterialien (Beton).

Kopf-Rumpf-Länge 14–23 cm, Schwanz 17–28 cm, Gewicht 170–280 g.

Ganzjährig aktiv.

Große unbehaarte Ohren, Kopf schlanker und Augen größer als bei Wanderratte, Schwanz länger als Körper.

Trockene Plätze in oberen Etagen von Getreidemühlen, Getreidesilos, Bauernhöfen und Lagerhallen.

Vereinzelt kleinere Populationen eher in tiefen Lagen entlang von Flüssen und in Binnenhäfen (Getreidemühlen, Getreidesilos). Besonders im östlichen Teil Deutschlands, ist aber in den letzten Jahren auch in anderen Regionen, wo sie als verschollen galt, wieder aufgetreten.

Hausmaus

Mus musculus

Hausmäuse leben eng mit dem Menschen zusammen, ernähren sich von seinen Nahrungsvorräten. Nachtaktiv und heimlich. Fortpflanzung das ganze Jahr über möglich, Wurfgröße 5–6, Tragzeit etwa drei Wochen. Stammt ursprünglich aus Asien und breitete sich seit der Jungsteinzeit mit dem Menschen aus. Typischer Kulturfolger, infolge moderner Bauweise allerdings selten geworden. Bei Mäusen, die heute im Stadtgebiet in Wohnhäusern angetroffen werden, handelt es sich meistens um Waldmäuse, die nur im Winter auftauchen und im Frühjahr wieder verschwinden. Unterarten: Westliche Hausmaus *(M. m. domesticus)* Westdeutschland und Schweiz; Östliche Hausmaus (*M. m. musculus*; weniger eng an Gebäude gebunden) von der Ostsee bis Sachsen, östliches Bayern und Österreich.

Kopf-Rumpf-Länge 7–10 cm, Schwanz 7–10 cm, Gewicht 20–25 g.

Oft ganzjährig aktiv.

Körperlanger, nie zweifarbiger Schwanz, kleinere Hinterfüße als die Waldmaus. Rückenfärbung dunkel, variabel (mausgrau), Bauch hell bis weiß.

In Siedlungen, an Gebäude gebunden, in Güterumschlagplätzen, Vorratskellern, Getreidespeichern, Ställen. Auch in Kühlhäusern. Auf konstantes Nahrungsangebot angewiesen.

In ganz Mitteleuropa. In Großbetrieben mit ausreichendem Nahrungsangebot, gelegentlich noch in Altstadtbauten, in Vorortsiedlungen auch in Kleingärten (Komposthaufen, Biomülltonnen); im unterirdischen Verkehrsnetz der U- und S-Bahnen.

Rötelmaus

Myodes glareolus (Clethrionomys glareolus)

Typische Wühlmaus mit Bauten in der Erde, Gänge verlaufen allerdings nahe der Oberfläche oder ganz in der Krautschicht. Keine Erdhaufen, klettert oft auch auf Bäume oder Sträucher. Nahrung besteht v. a. aus Kräutern, Gräsern, Samen, Früchten, Pilzen, aber auch aus Baumrinden und Kleintieren, im Herbst oft auch aus Nüssen; legen Vorräte an. Tag- und nachtaktiv, mit abwechselnden aktiven Phasen und Ruhephasen. Fortpflanzungszeit von März bis Oktober oder sogar Dezember. Tragzeit etwa 20 Tage, Wurfgröße 1–6 Junge. Größte Dichten im Herbst. Während der Fortpflanzungsperiode sind v. a. die sexuell aktiven Weibchen territorial, Männchen überlappen mit ihren Territorien mehrere Weibchengebiete. Sucht im Winter z. T. Scheunen und andere Gebäude auf.

Kopf-Rumpf-Länge 8,5–10,5 cm, Schwanz 5–6,5 cm. Gewicht 18–30 g.

Ganzjährig aktiv.

Farbige Wühlmaus, Oberseite rotbraun, Bauch grauweiß, Flanken graubraun. Schwanz länger als bei übrigen Wühlmäusen. Pfoten hell. Relativ lange Ohren (9 bis 16 mm).

Typischer Waldbewohner (Nadel- und Mischwälder), in Brombeer- und Himbeerschlägen, aber auch in Hecken und Parkanlagen mit guter Krautschicht.

In ganz Mitteleuropa verbreitet und sehr häufig. In Städten in Anlagen und waldartigen Bereichen.

Schermaus

Arvicola amphibius/scherman (Arvicola terrestris)

Auffallend große Wühlmaus, lebt fast ausschließlich im Boden, nur ausnahmsweise an der Erdoberfläche. Gangsystem weit verzweigt, mit Nest und Vorratskammern. Wirft Erde – im Unterschied zum Maulwurf – zu flachen Erdhügeln auf mit Öffnung seitlich und schräg nach oben. Lebt im Winter auch direkt zwischen Schnee und Erdoberfläche. Frisst Wurzeln, Pflanzenstängel und Blätter. Fortpflanzung in warmer Jahreszeit, große Populationsschwankungen. Hauptfeinde: Hermelin, Greifvögel und andere Raubtiere, besonders Fuchs. Schermäuse können durch starkes Benagen der Wurzeln große Schäden in Kulturen anrichten (Obstbäume, Äcker, Wiesen). Hauptzwischenwirt des Fuchsbandwurms. In Norddeutschland und im östlichen Mitteleuropa oft in Wassernähe («Wasserratte»).

Kopf-Rumpf-Länge 13,5–16,5 cm, Schwanz 5,5–7 cm.

Ganzjährig aktiv, unterirdische Lebensweise.

Gedrungener Körper mit stumpfer Schnauze, breitem Kopf und dickem Hals. Die kleinen Ohren sind kaum sichtbar. Färbung variabel.

In offenem Gelände, Wiesen oder Weiden, oft in Obstanlagen, auch in Gärten, selten im Wald. Auch wasserbewohnende Populationen in Feuchtgebieten und an Ufern von stehenden und langsam fließenden Gewässern, Wassergräben.

In ganz Mitteleuropa weit verbreitet und stellenweise sehr häufig. In Wiesen und Gärten im Stadtbereich, aquatische Form besonders im Norden und im Osten des Gebietes.

Feldmaus

Microtus arvalis

Kopf-Rumpf-Länge 9–12 cm, Schwanz 2,4–4 cm, Gewicht 20–50 g. Höchstalter in Gefangenschaft bis fünf Jahre, sonst weniger als ein Jahr.

Ganzjährig aktiv.

Wühlmaus mit feinem Kopf und lang gestrecktem Körper. Fell hell graubraun, Bauchseite graubeige, auffallend kurzer Schwanz.

Vorwiegend Wiesen und Weiden, eher trockene Standorte mit guter Bodendeckung. Auch Felder, Straßenböschungen und Brachflächen.

In ganz Mitteleuropa verbreitet, im städtischen Raum in trockenen Wiesen und auf Brachflächen bis in die Innenstadt.

Ehemaliges Steppentier, bewohnt offene, trockene Flächen in Kolonien. Eingänge der Bauten sind oberirdisch durch Wegnetz verbunden. Keine Erdhügel, Erde wird bei den Eingängen lose verstreut. Lebt im Winter auch direkt unter dem Schnee. Feldmaus frisst vorwiegend Pflanzenstängel, Blätter, Samen und Baumrinden. Weist größte Vermehrungsrate unserer Kleinsäuger auf: nach ca. 20-tägiger Tragzeit werden 4–10 Junge geworfen, Weibchen nach Werfen sofort wieder befruchtungsfähig. Junge sind bereits nach wenigen Wochen fortpflanzungsfähig. Hohe Dichten mit bis über 2500 Tieren/ha möglich. Beutetier für Bussard, Turmfalke, Eulen, Hermelin, Fuchs und Katze.
An feuchteren Standorten mit dichterer, höherer Vegetation kommt die nah verwandte, etwas größere Erdmaus *(Microtus agrestis)* vor.

Bisamratte

Ondatra zibethicus

Kopf-Rumpf-Länge 30–36 cm, Schwanz 20–25 cm, Gewicht 0,8–1,6 kg.

Ganzjährig aktiv, vorwiegend dämmerungs- und nachtaktiv.

Fell meist braun, Färbung variabel, Zehen der Hinterfüße mit Schwimmborsten, Schwanz im Gegensatz zu Nutria seitlich abgeplattet.

Stets am oder im Wasser, bevorzugt freie oder leicht verkrautete Wasserflächen mit ausreichender Ufervegetation.

Neozoon aus Nordamerika, heute in ganz Mitteleuropa. Kommt entlang von Gewässern in Städte, Baue auch unter stark befahrenen Straßenbrücken oder an Eisenbahndämmen.

Wühlmaus; doppelt so groß wie Schermaus. Wird wegen ihres dichten, seidigen Pelzes in Pelzfarmen gehalten. Taucht gut (bis zu 15 Min.). Mundrand verschließt Mundhöhle hinter den Schneidezähnen, was Nagen und Fressen unter Wasser ermöglicht. Frisst vorwiegend Pflanzen wie Schilfrohr, Ufergräser, Kräuter, aber auch wirbellose Wassertiere. Gräbt Röhren in der Uferböschung mit Zugängen unter Wasser. Burgen v. a. im Winter aus Wasserpflanzen, nicht aus Ästen wie beim Biber, bis 1 m hoch. Neben der Wohnburg manchmal mehrere kleinere Flucht- oder Futterburgen. Lebt in Familienverbänden.
Stammt aus Nordamerika, erste Ansiedlung (fünf Tiere) in Europa 1905 in der Nähe von Prag, in der Folge schnelle Vermehrung und Ausbreitung, erreicht 1914 Österreich und Deutschland, 1933 bereits in Hamburg.

Nutria

Myocastor coypus

Die Nutria (auch Sumpfbiber oder Biberratte genannt) steht in der Größe zwischen Bisamratte und Biber. Wird in Südamerika und Europa als Pelzlieferant gezüchtet, frei lebende Tiere gehen auf entkommene Farmtiere und absichtliche Ansiedlungen zurück. Nahrung: Stängel von Rohrkolben, Schilf, Binsen, Gräsern und Kräutern. Lebt paarweise, aber auch gesellig in Kolonien in Erdbauen am Ufer, Eingangsöffnung über Wasserspiegel, baut keine Burgen. Bei großer Dichte können Schäden an Dämmen entstehen. In Deutschland kommen Nutrias in den meisten Bundesländern vor, sind teilweise wenig scheu und lassen sich sogar von Spaziergängern füttern. Da Nutrias strenge Winter nicht gut überstehen, können in Mitteleuropa einzelne Populationen rasch wieder zusammenbrechen.

Kopf-Rumpf-Länge 55–60 cm, 7–9 kg, Weibchen etwas kleiner als Männchen.

Ganzjährig. Dämmerungs- und nachtaktiv.

Groß und plump, Fellfarbe variabel zwischen hell bis dunkelbraun, dichte, feine Unterwolle von starken Grannenhaaren überdeckt. Schwanz mit Schuppen besetzt, drehrund.

An Bächen und Flüssen mit reicher Ufervegetation, auch an nährstoffreichen Seen und Teichen.

Neozoon aus Südamerika. In Mitteleuropa verschiedene Populationen unterschiedlicher Größe, an Fließgewässern gelegentlich auch in Städten, ebenso an Parkteichen. Große Verbreitungslücken besonders im mittleren Deutschland, in Österreich und der Schweiz.

Waschbär

Procyon lotor

Mitteleuropäische Populationen gehen im Wesentlichen auf die gezielte Ansiedlung in Hessen (Edersee 1934) und auf aus einer bombardierten Pelztierfarm in Brandenburg (Wolfshagen 1945) entwichene Tiere zurück. Tagesquartiere in Baumhöhlen, in Höhlen zwischen Steinen und Felsen, in Gebäuden (Schuppen, Scheunen, Dachböden). Anpassungsfähiger Allesfresser. Hände mit langen Fingern, sehr greif- und manipulierfähig, klettert und schwimmt gut. Nicht territorial, Größe der Wohngebiete variabel, in Städten kleiner als im Wald. In Kassel bis zu 100 Tiere auf 1 km². Ähnliche Art: Marderhund oder Enok *(Nyctereutes procyonoides)*, eher fuchsartig, undeutliche Gesichtsmaske, kurze, rundliche Ohren, kurze Beine, Schwanz nicht geringelt. Besonders im Osten des Gebiets vertreten, in starker Ausbreitung.

Kopf-Rumpf-Länge 40–70 cm, Gewicht 3,5–9 kg.

Ganzjährig nacht- und dämmerungsaktiv. Winterruhe bei Schnee.

Runder Kopf mit spitzer Schnauze, schwarze, weiß umrandete Gesichtsmaske, schwarz-weiß geringelter, buschiger Schwanz. Langhaariger Pelz mit variabler Färbung, vorwiegend grau.

Waldgebiete mit Altholz, im Siedlungsraum in Gärten und Gebäuden, an Obstbäumen und Mülltonnen.

Neozoon aus Nord- und Mittelamerika, in ganz Mitteleuropa nachgewiesen, in Deutschland teilweise sehr häufig, so in Mitteldeutschland – besonders in Kassel, der Hauptstadt der Waschbären – sowie im Nordosten (um Berlin), Ausbreitung hält an.

Fuchs

Vulpes vulpes

Lange Zeit galten Füchse als Einzelgänger. Erst in den 1970er-Jahren entdeckten britische Wissenschaftler, dass Füchse in günstigen Lebensräumen in Familiengruppen leben, was später auch in anderen europäischen Städten wie Berlin, München und Paris beobachtet werden konnte. Dabei sind Füchse für die Jagd und die Nahrungssuche alleine unterwegs, nutzen aber mit anderen Familienmitgliedern ein gemeinsames Territorium. Schlaf- und Ruheplätze werden häufig gewechselt und befinden sich oft an geschützten Stellen im Freien, z. B. in Gebüschen, im Siedlungsraum häufig auch in Hohlräumen unter Gebäuden (Baracken, Gartenhäuschen). Während der Paarungszeit (Dezember–Februar) sind oft heisere Schreie zu hören. Nach 50 bis 60 Tagen Tragzeit kommen im März und April 3–5 Junge blind zur Welt. Sie werden meist in Erdbauen geboren und aufgezogen und erscheinen nach 3–4 Wochen vor dem Bau. Im Herbst sind die Jungtiere ausgewachsen. Vor allem die jungen Rüden verlassen dann das elterliche Territorium und suchen sich im Verlauf des Winters ein eigenes Gebiet. Aktivitätsgebiete von sesshaften Füchsen in Zürich 30–40 ha.

Nach den Untersuchungen des Integrierten Fuchsprojektes IFP* stammt die Nahrung von Stadtfüchsen zu mehr als der Hälfte direkt oder indirekt vom Menschen: fressbare Abfälle von Komposthaufen oder aus Abfallsäcken, weggeworfene Essensreste auf Straßen und Plätzen, Fallobst, Früchte, Beeren und Nüsse aus Gärten sowie Futter, das Haustieren oder Füchsen im Freien bereitgestellt wird. Das Füttern von Füchsen sollte unterlassen werden, da sie dabei ihre natürliche Scheu vor Menschen verlieren, was zu Problemen führt. Füchse sind hervorragende Mäusejäger, erbeuten aber auch Hühner und Meerschweinchen. Bei nassem Wetter «jagen» Füchse gerne Regenwürmer.

Kopf-Rumpf-Länge 50–90 cm, Schwanz 30–60 cm, Gewicht 4–10 kg.

Ganzjährig aktiv. Mehrheitlich nachtaktiv, z. T. auch am Tag unterwegs.

Rostrote Körperfärbung, Farbvarianten von Hellgrau bis Dunkelgrau. Vorderseiten der Beine sowie Hinterseiten der Ohren schwarz, Kehle, Brust und Bauch von rötlich über grau bis weiß. Buschiger Schwanz mit weißer Spitze, große Ohren.

Deckungsreiches Gelände, Wald, landwirtschaftliche Gebiete, Siedlungsraum von Dörfern, Agglomerationen und Städten.

In allen Gebieten Mitteleuropas gehört der Rotfuchs zu den häufigsten und am weitesten verbreiteten Raubtierarten, nutzt Siedlungsgebiete bis in die Innenstadtbereiche.

* Das IFP ist ein interdisziplinäres Forschungs- und Kommunikationsprojekt, das sich mit den Auswirkungen hoher Fuchsbestände, insbesondere im Siedlungsraum, befasst.
→ www.swild.ch/Fuchsprojekte

Füchse sind Träger des Kleinen Fuchsbandwurms *Echinococcus multilocularis* (Länge ca. 3 mm), der im Darm des Fuchses lebt. Bandwurmeier gelangen über den Fuchskot in die Umgebung. Nehmen z. B. Mäuse Bandwurmeier auf, entwickeln sich die Eier in deren Leber zu Larven, die das Lebergewebe schädigen. Frisst ein Fuchs eine infizierte Maus, ist der Lebenszyklus geschlossen: Im Darm des Fuchses entwickeln sich die Larven zu Bandwürmern. Der Mensch kann sich in seltenen Fällen (3–4 Fälle pro Jahr und Million Einwohner) anstecken, indem er Bandwurmeier aufnimmt und dann an einer Leberkrankheit, der Alveolären Echinokokkose erkrankt. Die seltene, aber ernste und oft chronische Erkrankung manifestiert sich erst 5–15 Jahre nach der Ansteckung. Die Behandlungsmöglichkeiten haben sich stark verbessert. Es empfiehlt sich, Rohgemüse und Beeren sowie die Hände nach Arbeiten im Freien gut zu waschen. Da auch mausende Hunde Fuchsbandwurmeier ausscheiden können, sollten sie regelmäßig, am besten monatlich, entwurmt werden.

Baummarder

Martes martes

Einzelgänger. Der Baum- oder Edelmarder klettert gut, ist aber mehrheitlich am Boden unterwegs, auch zum Jagen und für die Futtersuche. Legt pro Nacht mehrere Kilometer zurück. Reviergröße 1–30 km^2, Dichte gering (0,1–0,8 Individuen/km^2 im Jura). Paarung von Juni bis August, nach Keimruhe entwickeln sich die Jungen, die Mitte März bis Ende April zur Welt kommen (1–6 Junge pro Wurf). Vielseitige Nahrung, sowohl tierisch als auch pflanzlich: kleine Nager, Insekten, Vogelbeeren, Hagenbutten, Vögel. Ruheplätze (Lager) in Bäumen, in Krähennestern, Baumhöhlen, Eichhörnchennestern oder Erdhöhlen. Zerschneidung und Verlust der Lebensräume sowie direkte Verfolgung durch den Menschen haben zu starkem Rückgang geführt.

Kopf-Rumpf-Länge 40–48 cm, Schwanz 20–26 cm. Höchstalter 8–10 Jahre, in Gefangenschaft bis 18 Jahre.

Ganzjährig aktiv, mehrheitlich nachtaktiv. Vereinzelt auch am Tag unterwegs.

Fell dunkel- bis kastanienbraun, gelblicher, orangefarbener oder weißlicher Brustfleck. Nase braun.

Hauptsächlich Waldbewohner. Nur ausnahmsweise in Häusern. Offenes Gelände wird entlang von Hecken, Wäldchen und Gemäuern überquert.

In ganz Mitteleuropa verbreitet, in größeren Wäldern und Parks mit alten Bäumen auch auf Stadtgebiet.

Steinmarder

Martes foina

Guter Kletterer, kann auch Mauern erklimmen. Tagesverstecke oft in Gebäuden (Dachböden, Scheunen, Ställen). Schädigt gelegentlich Isolation, die er als Nestmaterial nutzt, muss dann tiergerecht ausgeschlossen oder mit Elektroschutz ferngehalten werden. Paarung im Sommer, Junge kommen erst im nächsten Frühling zur Welt (Keimruhe). Vielseitige Nahrung: Nager, Vögel, Insekten, Regenwürmer, Früchte (z. B. Kirschen), Speiseabfälle. Revier 80–150 ha. Seit Ende der 1970er-Jahre stellt man fest, dass Steinmarder aus Plastik oder Gummi bestehende Teile von Automobilen, z. B. Bremskabel, zerbeißen («Automarder»). Frisch abgestellte Autos werden regelmäßig «kontrolliert» (Revierverhalten), vermutlich, weil sie fremde Duftmarken tragen.

Kopf-Rumpf-Länge 40–56 cm, Schwanz 20–32 cm, Gewicht 0,8–2,5 kg.

Ganzjährig nachtaktiv.

Braunes bis gräuliches Fell, weißer Brustlatz, welcher nach hinten meist gegabelt ist. Nase rosa.

Ursprünglich Felsenbewohner (im Süden). Im Wald, im Siedlungsraum von Dörfern und Städten.

In Städten in ganz Mitteleuropa. In gewissen Städten zunehmend Mangel an Unterschlupfmöglichkeiten infolge der baulichen Verdichtung.

Hermelin

Mustela erminea

Lebt einzelgängerisch und territorial. Paarungszeit April–Juli, anschließend Keimruhe, Geburt der Jungen erst im kommenden Frühling. Wurfgröße 3–4 Junge, in günstigen Jahren bis zu 12. Nahrung: Wühlmäuse und andere Nager, Vögel, Amphibien und Wirbellose. Populationsdichte schwankt mit Beuteangebot. Bewegt sich springend auf dem Boden vorwärts, oft auch in den Gangsystemen der Wühlmäuse. Stellt sich gerne auf die Hinterpfoten, um die Gegend auszukundschaften. Natürliche Feinde sind Fuchs, Katze, Greifvögel und Eulen.
Ähnlich das Mauswiesel *(Mustela nivalis)* das im ganzen Gebiet ebenfalls in offenen Räumen am Siedlungsrand auftreten kann. Kleiner als Hermelin, hat nur vereinzelte schwarze Schwanzhaare an der Schwanzspitze.

Kopf-Rumpf-Länge 21–37 cm, Schwanz 7–13 cm.

Ganzjährig aktiv, tag- und nachtaktiv.

Lang gestreckter Körper, kurze Füße, schwarzes Schwanzende. Fell rotbraun auf dem Rücken, Bauchseite weiß bis gelb. Im Winter weißes Fell, Schwanzspitze bleibt schwarz.

Bevorzugt Wiesen und Gebüsche, selten im Wald.

Ganz Mitteleuropa, in Städten normalerweise nur in Außenbezirken.

Iltis

Mustela putorius

Dämmerungs- und nachtaktiver Einzelgänger, jedes Tier mit individuellem Aktivitätsgebiet. Verstecke im Winter in Scheunen, Ställen, Heuhaufen, Erd- und Felshöhlen. Ruheplätze im Sommer auch unter Wurzeln und in Holzstößen. Der Iltis ernährt sich hauptsächlich von Amphibien (Frösche, Kröten), ebenso von Nagetieren und Vögeln. Klettert selten, kann gut schwimmen und tauchen, jagt auch in Gewässern. Jungtiere öffnen ihre Augen erst im Alter von 30 Tagen, wenn sie schon mit Fleisch gefüttert werden. Starker Rückgang der mitteleuropäischen Iltispopulationen wegen abnehmender Amphibienbestände, Verlust von gedeckten Verbindungswegen (Gehölzen, Bachufern) in landwirtschaftlichen Gebieten, vielleicht auch wegen der Pestizidbelastung der Beutetiere.

Kopf-Rumpf-Länge 31–46 cm.

Ganzjährig aktiv, mit reduzierter Aktivität während des Winters.

Lang gestreckter Körper, kurze Beine, buschiger Schwanz. Typische Gesichtszeichnung: weißer Fleck um die Schnauze, Ohrränder und Augenumgebung heller als übriges Gesicht.

Mit Wiesen und Feldern aufgelockerte Waldgebiete. Oft in der Nähe von Gewässern. Auch im Siedlungsraum, in Familiengärten. Kehrichtdeponien. Kulturfolger.

In ganz Mitteleuropa verbreitet. Geringe Dichte, wird selten gesehen. Entlang von Gewässern mit naturnahen Ufern auch im städtischen Raum.

Kopf-Rumpf-Länge 65–90 cm, Schwanz 10–20 cm, Gewicht 15–20 kg. Höchstalter 16 Jahre.

Nachtaktiv. Winterruhe in kalten Wintern und bei hohem Schnee.

Plump, kurze, kräftige Beine, auffallende schwarz-weiße Kopfzeichnung, schlanker Kopf.

Baue v. a. an Hanglagen in Laubwäldern. Nahrungssuche im Wald, auf Wiesen und Feldern, auch im Siedlungsraum in Bachtobeln und Gärten.

In ganz Mitteleuropa verbreitet, gelangt entlang von Grünkorridoren auch in Städte, wo Parklandschaften und Gärten besiedelt werden.

Europäischer Dachs

Meles meles

Größter einheimischer Marderartiger. Körperbau mit Anpassungen an Grabtätigkeit und zeitweises Leben unter der Erde. Typische Spuren sind Trittsiegel mit Krallenabdruck, häufig begangene Wechsel, Kratzbäume, Latrinen mit mehreren Kotgruben. Jungenaufzucht in selbst gegrabenen, über mehrere Generationen benutzten Bauen. Fraßspuren auf Wiesen in Form von Grablöchern (Käferlarven, Mäuse-, Wespennester) oder an Kulturen (Mais). Opportunistischer Allesfresser mit Vorliebe für Regenwürmer, auch Insekten, Schnecken, Amphibien, Früchte, Getreide. Sammler, kein Jäger. Lebt in Familiengruppen von 2–20 Tieren je nach Bestandsdichte und Nahrungsverfügbarkeit, mit Streifgebieten von bis zu 500 ha. In einer Nacht werden Strecken bis zu 11 km zurückgelegt.

Kopf-Rumpf-Länge 95–135 cm, Risthöhe 60–85 cm, kein Schwanz; Gewicht 15–30 kg. Höchstalter 10–12 Jahre, in Gefangenschaft bis 25 Jahre.

Ganzjährig aktiv.

Rehbock mit Geweih, das im Herbst abgeworfen wird. Fell im Sommer rostbraun, im Winter graubraun. Haare des Hinterteils weiß («Spiegel»). Kitze braun mit weißen Flecken.

Bewaldete Gebiete und angrenzende Wiesen. Zur Nahrungssuche auch in Parks und Gärten.

In ganz Mitteleuropa weit verbreitet, dringt zumindest auf Nahrungssuche manchmal weit ins Stadtgebiet vor. In größeren Anlagen und Stadtwäldern auch eigenständige Populationen (Wiener Zentralfriedhof).

Reh

Capreolus capreolus

Sozialleben vielfältig: Rehe leben einzeln, in matriarchalen Gemeinschaften oder in Familien. Im Winter, außerhalb der Fortpflanzungszeit, Tendenz zur Geselligkeit. Bock ab April territorial, Geiß vor der Setzzeit, Rehkitze kommen im Mai und Juni zur Welt. 1–3, meist zwei Kitze pro Wurf. Geißen setzen Kitze oft in Wiesen, was zu Problemen mit Mähmaschinen und frei laufenden Hunden führt. Das Reh gilt als Feinschmecker und frisst Gräser, Kräuter, Knospen und Triebe von Bäumen und Sträuchern, auch Rosenknospen in Gärten. Lebensraumverluste v. a. durch Überbauung von Wiesen und Einzäunung von Wiesen für die Schafhaltung. Neben der Jagd ist der Straßenverkehr häufigste Todesursache.

Wildschwein

Sus scrofa

Soziale Tiere, nur Männchen (Keiler) leben einzelgängerisch. Familienverbände (Rotten) aus Mutter, Töchtern und den Nachkommen. Ältestes Weibchen (Bache) übernimmt Führung (Matriarchat). Rotte bewohnt ein Gebiet von 8–30 km^2 (Angaben aus dem Schweizer Jura). Innerhalb Heimgebiet befinden sich Wechsel, Suhlen, Schlaf- und Wurfkessel, Latrinen. Brunft von Dezember bis Februar, Junge kommen von April bis Juni zur Welt (Frischzeit). Frischlinge begleiten Mutter bereits nach wenigen Tagen auf ersten Streifzügen. Nach knapp einem Jahr werden die jungen Keiler aus dem Familienverband vertrieben, Töchter bleiben bei der Mutter. Allesfresser, bevorzugen pflanzliche Kost. Waldmast: Bucheckern, Gräser, Wurzeln, Kastanien, Eicheln. Feldmast: Mais, Weizen, Hafer, Kartoffeln. Wildschweine profitieren vom Ackerbau, Konflikte mit der Landwirtschaft haben zu starker Bejagung geführt. Bis Anfang des 20. Jahrhunderts waren große Teile von Deutschland, Österreich und der Schweiz frei von Wildschweinen. Mit der Ausweitung des Maisanbaus haben sich Wildschweinbestände rasant vergrößert. Seit rund 50 Jahren dringen sie auch in Städte ein, wo sie einen reich gedeckten Tisch vorfinden. Legendär sind die Wildschweinbestände in und um Berlin, wo sie bis mitten in die Stadt vorgerückt sind (Alexanderplatz) und spielende Jungtiere in Parkanlagen gesehen wurden. 2008 wurde der Berliner Bestand von der Senatsverwaltung auf gegen 10 000 Tiere geschätzt. In der Saison 2008/09 wurden gegen 3500 Tiere geschossen. Fütterung von Wildtieren ist unbedingt zu unterlassen.

Kopf-Rumpf-Länge 130–140 cm, bis 200 kg. Höchstalter sieben Jahre, in Gefangenschaft bis 25 Jahre.

Ganzjährig aktiv; eher nachts, gelegentlich auch am Tag unterwegs.

Fell grau, braun oder schwarz. Jungtiere (Frischlinge) längs gestreiftes Erstlingskleid, ab vier Monaten rotbraunes Fell.

Bevorzugt in Wäldern mit Buchen, Eichen und Kastanien. In Landwirtschaftsgebieten mit Mais.

In ganz Mitteleuropa verbreitet. Seit 1970er-Jahren in allen Regionen in Ausbreitung, dringt auch in Städte vor, wo Parkanlagen und Gärten besiedelt werden (Berlin, Hamburg, Dortmund, Frankfurt, Wien usw.).

Igel, Braunbrustigel

Erinaceus europaeus

Kopf-Rumpf-Länge 25–30 cm, Schwanz 2,5–3 cm, Gewicht 800–1700 g.

Winterschlaf Ende Oktober–März.

Typisches Stachelkleid, 6000 bis 8000 Stacheln. Unverwechselbar.

Gärten, Parkanlagen, Wiesen mit Hecken, Waldränder, Brachen.

Der Braunbrustigel *(E. europaeus)* bewohnt ganz West- und Mitteleuropa mit Ausnahme von Ostösterreich und wird im Osten vom Weißbrustigel (*E. concolor* oder *E. roumanicus*) abgelöst (Ostösterreich; in Tschechien und Westpolen überlappen sich die Verbreitungsareale). In allen Städten in sämtlichen gut durchgrünten Gebieten.

Dämmerungs- und nachtaktiv, kann bis zur Morgendämmerung mehrere Kilometer zurücklegen. Fast ausschließlich tierische Kost, verzehrt gerne Insekten, besucht Komposthaufen, vertilgt Schnecken, geht auch an herumstehendes Katzen- und Hundefutter. Einzelgänger, deren Aktionsräume sich überschneiden können. Tagsüber in manchmal nestartig ausgepolstertem Unterschlupf (in Hecken, Bodenbedeckern wie Efeu, Asthaufen, Hohlräumen unter Gebäuden), Schlafplätze werden oft gewechselt. Hält Winterschlaf, im ersten Winter stirbt ein Großteil der Jungtiere. Ab dem zweiten Jahr geschlechtsreif, Paarungszeit April–August. Vor der Paarung «Igelkarussell»: Männchen umkreisen die zuerst abweisend schnaubenden Weibchen oft stundenlang. Zum Schutz vor Feinden rollt sich der Igel zur Stachelkugel ein. Ausgewachsene, gesunde Igel haben von Füchsen nichts zu befürchten, Dachse hingegen können ihnen gefährlich werden. Große Verluste durch Verkehr.

Igel erreichen in der Stadt eine zwei bis drei Mal höhere Bestandsdichte als im Umland (nach Untersuchungen in Zürich während der frühen 1990er-Jahre). Sie schätzen reich gegliederte Gärten mit einer Vielfalt von Strukturen, die ihnen Unterschlupf und Nahrung bieten: von krautiger Vegetation begleitete Hecken, Kompost-, Laub- und Asthaufen, vielfältige Wiesen. Auch Zierrasen werden auf der Suche nach Insekten und Regenwürmern aufgesucht, können jedoch ohne naturnahe Umgebung keinen vollständigen Lebensraum bilden. Da Insekten sich kaum an exotischen Gartengewächsen entwickeln können, profitieren als Insektenfresser auch Igel von der Pflanzung einheimischer Gehölze. Der Verzicht auf chemische Schädlingsbekämpfungsmittel wirkt sich für Igel ebenfalls positiv aus. Gefährlich ist der Einsatz von Motorsensen (Fadenmähern) und anderen Mähgeräten unter Büschen, wo tagsüber ruhende Igel verletzt oder getötet werden können. Mauern und Hindernisse, die höher als 20 cm sind, können Igel nicht überwinden. Schwimmbecken können für Igel lebensgefährliche Fallen sein, obwohl sie gut schwimmen. Wasserbecken und Schächte, die nicht abgedeckt werden, sollten mit Ausstiegshilfe versehen werden (Hühnerleiter), was auch für andere Kleintiere wie Amphibien hilfreich ist. Fütterung von Igeln ist nicht empfehlenswert, als Wildtiere sind Igel im Allgemeinen fähig, sich selbstständig zu ernähren. Bei Zufütterung besteht das Risiko, dass sich an viel besuchten Futterstellen Krankheiten ausbreiten oder Nahrungsmittel wie Milch den Organismus überfordern.

Naturnahe Gärten mit zahlreichen Unterschlupfmöglichkeiten werden von Igeln geschätzt.

Kopf-Rumpf-Länge 6,8–8 cm, Schwanz 3,8–5,7 cm, Gewicht bis ca. 10 g. Höchstalter weniger als zwei Jahre.

Ganzjährig aktiv.

Rückenfärbung eher dunkelbraun, der Bauch hellgrau. Der weiche und glänzende Pelz verdeckt die Ohren teilweise. Rotbraune Zahnspitzen.

Unterschiedliche Lebensräume mit guter pflanzlicher Bodenbedeckung. Stauden- und Krautsäume, Wiesen, Wälder, Parks, besonders auch Gewässerböschungen.

Südwesteuropa: Westliches Deutschland (bis Elbe), Nordschweiz, Areal berührt im Bodenseegebiet Österreich. In geeigneten Lebensräumen auch in Städten.

Schabrackenspitzmaus

Sorex coronatus

Rotzahnspitzmaus. Breites Nahrungsspektrum, v.a. verschiedene Wirbellose, wobei Regenwürmer die wichtigste Nahrungsquelle darstellen. Lebt mehr als andere Spitzmausarten auch unterirdisch. Verbringt viel Zeit mit Suche nach geeignetem Territorium, verteidigt dieses gegenüber Rivalen, sichert sich damit genügend Nahrungsreserven für kalte und nahrungsarme Winterzeit. Zum Nahrungserwerb und Schutz vor Feinden auf bodenbedeckende Pflanzenschicht oder gut nutzbares Spaltensystem angewiesen.
Schwierig zu unterscheiden von Waldspitzmaus *(S. araneus)*: dreifarbig mit hellbrauner Flanke zwischen hellem Bauch und dunkelbraunem Rücken, stellt fast identische Ansprüche an den Lebensraum, in ganz Mitteleuropa. Weitere *Sorex*-Art: Zwergspitzmaus *(S. minutus)*, kleinstes Säugetier des Gebiets (2,5–6,5 g), auch in Städten.

Kopf-Rumpf-Länge 7,2–9,6 cm, Schwanz 4,7–7,7 cm, Gewicht 15–20 g.

Ganzjährig aktiv.

Rücken schiefergrau bis glänzend schwarz, Bauch weiß. Sehr dichtes Fell. Rotbraune Zahnspitzen.

Wasserläufe, stehende Gewässer mit gut bewachsenen naturnahen Uferbereichen, welche Grabtätigkeit erlauben.

Ganz Mitteleuropa, meist nicht sehr häufig, da vielerorts Feuchtgebiete und naturnahe Gewässerufer verschwunden sind. Gelegentlich auch in Städten an Gewässern.

Wasserspitzmaus

Neomys fodiens

Rotzahnspitzmaus. Größte einheimische Spitzmaus. Jagt wirbellose Wassertiere, taucht bis zu 50 cm tief und 20 Sek. lang. Eines der wenigen giftigen Säugetiere: Giftdrüsen unter der Zunge produzieren Gift, das für Tiere bis Mausgröße tödlich wirkt; so werden auch größere Fische erbeutet. Weibchen verteidigen Territorien, Männchen streifen umher und suchen fortpflanzungswillige Weibchen. 2–3 Würfe von 4–8 Jungen zwischen März und August. Junge werden vier Wochen gesäugt und nach 50 Tagen von der Mutter aus dem Nest gejagt. Geschlechtsreife im nächsten Frühjahr. Stirbt normalerweise im folgenden Herbst im Alter von höchstens anderthalb Jahren. Keine Winterruhe, bei schlechter Witterung Größeneinbuße der Organe und anderer Körperteile.

Hausspitzmaus

Crocidura russula

Weißzahnspitzmaus. Schwanz mit einzelnen langen Wimperhaaren (im Unterschied zu Rotzahnspitzmäusen *Sorex* und *Neomys*). Bewegt sich in der Laubschicht. Unterschlupf in Mauslöchern, Mauerspalten, Kompost- und Reisighaufen. Täglich mehrere Aktivitätsphasen, dazwischen kurze Schlafperioden. Spitzmäuse fressen täglich fast ihr eigenes Körpergewicht. Nahrung: allerlei wirbellose Bodentiere. Feinde: Eulen, Wiesel. Viele andere Fleischfresser verschmähen die nach Moschus riechenden Spitzmäuse. Katzen töten, aber fressen sie nicht. Jungtiere folgen der Mutter in einer Karawane, in der sie sich im Rückenfell des vor ihnen eingereihten Tiers festbeißen. Ähnlich Feldspitzmaus *(C. leucodon)* mit dunklerem Rücken, in Süd- und Ostösterreich, Südwest- und Mitteldeutschland, auch Berlin.

Kopf-Rumpf-Länge 6,4–8,4 cm, Schwanz 3,3–4,6 cm, Gewicht 7–15 g.

Ganzjährig aktiv, meist nachtaktiv, Ruhephasen bei schlechter Witterung.

Pelz grau bis braun, Bauch hellgrau. Ohrmuscheln frei, nicht im Pelz versteckt. Zähne weiß.

Gärten, Parkanlagen, Hecken, Waldränder, Brachen, Steinhaufen, im Herbst auch in Häusern und Ställen.

In Südwesteuropa verbreitet, fehlt in großen Teilen Österreichs, Bayerns und des nordöstlichen Deutschland. Ausdehnung des Areals nach Norden und Osten, möglicherweise als Folge der Klimaerwärmung. Östlichstes Vorkommen bei Dresden. Kulturfolger, wie Feldspitzmaus auch in Großstädten.

Maulwurf

Talpa europaea

Kleine Augen im Fell versteckt, äußeres Ohr fehlt. Selten auf der Erdoberfläche, nur stark aufgeworfene, vulkanähnliche Erdhügel deuten auf seine Präsenz hin. Unterscheidung zu den Erdhügeln der Schermaus ist nicht ganz einfach, Gangdurchmesser beim Maulwurf zwei Finger breit, Ausgangsloch senkrecht in der Mitte des Hügels. Oft wohnen beide Arten im gleichen Gangsystem. Der Maulwurf verbringt praktisch ganzes Leben unterirdisch im selbst gegrabenen Gangsystem. Ernährt sich von Regenwürmern, Insektenlarven (Engerlingen), legt z. T. Nahrungsvorräte für schlechte Witterung an. Wird von Fuchs, Hermelin, Eulen und Greifvögeln sowie Graureihern und Menschen gejagt.

Kopf-Rumpf-Länge 10–17 cm, Schwanz 2,7–3,8 cm, Gewicht 60–120 g. Höchstalter 3–5 Jahre.

Ganzjährig aktiv.

Dunkles, feines, weiches Fell, übergroße Vorderfüße (Grabschaufeln), fleischfarbige Schnauze.

Auf Böden, die tief genug zum Graben und fruchtbar sind. In Wiesen, Parks, Gärten, Äcker und Wäldern.

Besiedelt ganz Mitteleuropa, in Städten in Außenbereichen, in der Innenstadt in großräumigen Parks und Grünanlagen.

Fledermäuse

Die Fledermäuse (Chiroptera) sind eine Ordnung der Säugetiere. Ihre Mittelhand- und Fingerknochen sind extrem verlängert und bilden mit der Flughaut, die zwischen den Fingern und dem Körper aufgespannt ist, die Flügel. Ähnlich wie Vögel können sie als einzige Säugetiergruppe aktiv fliegen. Wie bei allen Säugetieren kommen ihre Jungen – nur ein bis zwei pro Jahr – lebend zur Welt und werden von der Mutter mit Milch gesäugt. Alle Fledermäuse bei uns sind Insektenfresser, einige Arten fressen auch Spinnen und Wasserfledermäuse ausnahmsweise einen kleinen Fisch. Da die Nahrungstiere in der kalten Jahreszeit nicht in genügender Menge vorkommen, machen alle mitteleuropäischen Fledermausarten einen Winterschlaf. Dazu suchen sie unterirdische Quartiere oder Hohlräume von Bäumen mit konstanter Temperatur von 4 bis 12 °C auf. In Europa wurden bisher über 50 Arten nachgewiesen. In Deutschland sind derzeit 24, in Österreich 28 und in der Schweiz 30 Arten bekannt, die alle nachtaktiv sind und sich mittels für uns nicht hörbarem Ultraschall im Bereich ca. 12–114 kHz orientieren. Mithilfe von Ultraschall-Detektoren können diese Laute hörbar gemacht werden. Verschiedene Arten haben einen Verbreitungsschwerpunkt im Siedlungsgebiet und scheinen dabei vom warmen Stadtklima, der dichten Bebauung, vom Stadtgrün, von der Ansammlung von Beuteinsekten an künstlicher Beleuchtung und dem Angebot an Versteckmöglichkeiten an Gebäuden zu profitieren. In Wien konnten beispielsweise 22, in Berlin 17 und in Zürich 14 Arten nachgewiesen werden. Forschung und verbesserte Technik bringen ständig neue Erkenntnisse ins Dunkel der Fledermauswelt. In den letzten Jahren wurde erkannt, dass es sich bei gewissen Fledermausarten um zwei Arten handelt, die äußerlich kaum unterscheidbar, jedoch in Verhalten und Bedürfnissen verschieden sind. So wurde die in manchen Regionen seltene Mückenfledermaus entdeckt, deren Vertreter bisher zur Zwergfledermaus, der häufigsten einheimischen Art, gerechnet wurden.

Fledermäuse kommen in sämtlichen Lebensräumen vor, über Gewässern, Wäldern und Wiesen ebenso wie im Siedlungsraum. Tagesquartiere befinden sich in Dachböden oder Spalten von Gebäuden oder in Höhlen von Bäumen. Die Weibchen bilden im Frühsommer sogenannte Wochenstuben, Gruppen von einigen bis zu mehreren Hundert Individuen. Außer in der Paarungszeit im Herbst leben die Männchen einzeln, bei bestimmten Arten auch in Verbänden. Die Aktivitätsgebiete sind erstaunlich groß, von einem Quartier aus wird die Umgebung im Umkreis von 1 km (Mückenfledermaus) bis zu 25 km (Großes Mausohr) genutzt. Bei verschiedenen Fledermausarten erfolgen jahreszeitliche Wanderungen (Migration) bis zu einigen Hundert Kilometern.

Nach einem massiven Rückgang der Bestände in der Mitte des 20. Jahrhunderts ist die Mehrzahl der Fledermausarten heute stark bedroht. Bei manchen Arten ist in den letzten Jahrzehnten wieder ein Aufwärtstrend zu beobachten, der wegen des geringen Populationswachstums bei Fledermäusen jedoch sehr langsam fortschreitet.

Kleine Hufeisennase

Rhinolophus hipposideros

Nach Bestandeseinbruch selten, gelegentlich am Rand von Städten (z. B. Wien, Dresden). Im Sommer tagsüber in Dachräumen von Gebäuden. Die nähere Umgebung ist reich strukturiert mit großflächigen Wäldern. Um bei einbrechender Dunkelheit zu den Jagdgebieten zu gelangen, orientieren sich die Tiere an Leitstrukturen (Hecken), größere, offene Flächen werden kaum überflogen. Licht wird gemieden. Mit ihren breiten Flügeln sind Kleine Hufeisennasen sehr wendig und jagen wenige Meter über dem Boden bis hoch zur Baumkrone. Meist ortstreu, Wanderungen kaum weiter als 10 km. Geschlechtsreif teilweise bereits nach einem Jahr. Paarung im Herbst. Weibchen bringt im Juni ein einziges Junges zur Welt. Wochenstuben umfassen wenige bis einige Hundert Weibchen.

Kopf-Rumpf-Länge 3,5–4,5 cm, Flügelspannweite 19–25 cm, Gewicht 4–10 g.

Winterschlaf; von Frühling bis Herbst dämmerungs- und nachtaktiv.

Weiches, lockeres Fell, oberseits bräunlich, unterseits grau bis grauweiß, Haarbasis hellgrau, Ohren und Flughaut hell graubraun. Ultraschall: Hauptfrequenz bei ca. 102–114 kHz.

Jagdgebiete liegen in der Vegetation von Wäldern und Parks; Quartiere auf Dachböden, in Höhlen, Stollen mit freiem Zuflug.

Große Teile Mitteleuropas, fehlt ganz im Norden und Nordosten, nördlich bis Südrand der Norddeutschen Tiefebene. In Städten eher im Randbereich.

Wasserfledermaus

Myotis daubentonii

Kommt in vielen Städten vor, zählt in Berlin, Bayreuth, Hamburg oder Hannover zu den häufigsten Arten. Wasserfledermäuse verbringen den Tag in Höhlen und Spalten von Bäumen oder Gebäuden. Auf Flugrouten entlang von Waldrändern, Hecken und Baumreihen fliegen sie am Abend in Richtung eines Gewässers. Zurückgelegter Weg beträgt oft 1–2 km. Jagen knapp über der Wasseroberfläche stehender oder ruhig fließender Gewässer (Seen, Teichen, Flüssen) nach Wasserinsekten, die sie mit den großen Füßen teilweise von der Wasseroberfläche fischen. Paarung im Herbst und im Winterquartier. Junge kommen im Sommer zur Welt, in Wochenstubenkolonien von meist 20–50 Tieren. Quartier wird häufig gewechselt. Zwischen Sommer- und Überwinterungsquartieren können Dutzende Kilometer liegen.

Kopf-Rumpf-Länge 4,5–5,5 cm, Flügelspannweite 24–28 cm, Gewicht 7–15 g.
Alter durchschnittlich ca. drei Jahre, Höchstalter 23 Jahre.

Winterschlaf; von Frühling bis Herbst dämmerungs- und nachtaktiv.

Rötlich bis dunkel graubraunes Fell, Unterseite silbergrau. Auffallend große Füße. Kurze Ohren. Ultraschall: Hauptfrequenz bei ca. 43–45 kHz.

Jagt über Gewässern; Quartiere in Baumhöhlen und -rissen, Gebäudespalten.

Ganz Mitteleuropa, auch in Städten oft häufig.

Kopf-Rumpf-Länge 6,7–7,9 cm, Flügelspannweite 35–43 cm, Gewicht 28–40 g. Höchstalter 25 Jahre.

Winterschlaf; von Frühling bis Herbst nachtaktiv.

Haarbasis schwarzbraun, Oberseite hell graubraun, Unterseite weißgrau. Ultraschall: Hauptfrequenz bei ca. 32–42 kHz.

Wälder ohne Unterwuchs, Weideland und frisch geschnittene Wiesen. Sommerquartiere (Wochenstuben) in warmen Dachböden, Kirchendachböden.

In ganz Mitteleuropa verbreitet. Dachstockfledermaus, am Stadtrand. Winterquartiere u. a. im Wasserwerk Tegel (Berlin). Wochenstuben können einige tausend Mausohren umfassen.

Großes Mausohr

Myotis myotis

Größte einheimische Fledermausart. Quartiere am Stadtrand in Waldnähe. Typische Dachstockfledermaus, hängt in großen, warmen, ungestörten Dachstöcken in Gruppen kopfüber an Balken. Fassadenbeleuchtung vertreibt Mausohren, da sie beim Ausflug im Licht ungeschützt vor Feinden (z. B. Waldkauz) sind. Im Juni und Juli bringen Weibchen in Wochenstubenkolonien, die mehrere Hundert Weibchen umfassen können, je ein Jungtier zur Welt. Geeignete große und ungenutzte Dachstöcke (z. B. Kirchen) sind selten geworden und durch Renovationen gefährdet. Jagt in Wäldern und über Wiesen im tiefen Flug nach Käfern, Schnaken und andern bodenbewohnenden Insekten, die aufgrund ihrer Geräusche entdeckt werden. Winterschlaf in frostsicheren Höhlen und Stollen. Sommer- und Winterlebensraum bis 200 km entfernt.

Kopf-Rumpf-Länge 6–8,2 cm, Flügelspannweite 32–40 cm, Gewicht 19–40 g. Höchstalter 12 Jahre.

Winterschlaf; Frühling und Sommer dämmerungs- und nachtaktiv, fliegt im Herbst auch am Nachmittag.

Groß, braun, Ohren kurz, rundlich. Ultraschall: Hauptfrequenz bei ca. 18–27 kHz.

Baumhöhlenreiche Wälder; jagt über Wiesen, Gewässern, entlang von Verkehrsträgern und Industriegebieten über Straßenlampen.

In ganz Mitteleuropa verbreitet, in allen Städten.

Großer Abendsegler

Nyctalus noctula

Weibchen paaren sich meistens mit mehreren Männchen und gebären 1–2 Junge in Baumhöhlen Nordosteuropas mit südlicher Ausbreitungstendenz. Ziehen zur Paarungszeit südwärts, wo sie mehr als 1000 km vom Sommerquartier entfernt in Baumhöhlen, Fassadenhohlräumen und Fledermauskästen überwintern. Paarungswillige Männchen sitzen am Ausgang einer Baumhöhle und locken mit hörbaren, zwitschernden Tönen Weibchen an. Ein Teil der Männchen bleibt ganzes Jahr in der Nähe der Überwinterungsgebiete. Bewohnt Höhlen in Wäldern, Allee- und alten Park- und Gartenbäumen, auch Spalten an Gebäuden. Jagt mit tiefen Ultraschallrufen (für Kinder noch hörbar) im offenen Gelände, oft über Gewässern. Rasanter, wendiger Flug. Jagt größere, schwärmende Insekten wie Köcher- oder Eintagsfliegen, auch Käfer.

Zwergfledermaus

Pipistrellus pipistrellus

Häufigste Fledermausart, mit Schwerpunktverbreitung im Siedlungsraum, eine der kleinsten einheimischen Arten. Tagesschlafquartiere und Wochenstuben in von außen zugänglichen Spaltquartieren an Gebäuden, z. B. in Rollladenkästen, unter Holzverkleidungen von Fassaden oder in Zwischendächern. Auch an neuen, modernen Gebäuden. Bevorzugt enge Quartiere, sodass Rücken und Bauch Kontakt zur Unterlage haben. Jungenaufzucht (1–2 Junge pro Weibchen pro Jahr) im Mai und Juni in Wochenstubenkolonien von bis zu mehreren Dutzend Individuen. Im Juli sind die Jungtiere bereits ausgewachsen und selbstständig. Zwergfledermäuse wechseln oft das Quartier. Sie fressen kleine Insekten und jagen im schnellen Zick-Zack-Flug um Bäume, Straßenlampen oder nahe an Gebüschen.

Kopf-Rumpf-Länge 3,6–5,1 cm, Flügelspannweite 18–24 cm, Gewicht 4,5–7 g. Höchstalter 16 Jahre.

Winterschlaf; von Frühling bis Herbst dämmerungs- und nachtaktiv. Meist ortstreu.

Fell braun, Unterseite gelbbraun bis graubraun. Ultraschall: Hauptfrequenz bei 40–50 kHz.

Vorwiegend Hausfledermaus. In Spaltquartieren. Siedlungsraum, Dörfer, Städte, auch Zentren von Großstädten, in Parks, Alleen, Obstgärten, Hinterhöfen, jagt um Straßenlampen.

In ganz Mitteleuropa weit verbreitet und häufig, in Städten bis in die Innenstadt.

Mückenfledermaus

Pipistrellus pygmaeus

Kleinste einheimische Fledermausart. Eher in tiefen Lagen, nahe von Gewässern. Wurde erst in den 1990er-Jahren mittels genetischer Analysen als eigene Art erkannt, bis dahin zu den Zwergfledermäusen gerechnet. Äußerlich sind die beiden Arten kaum voneinander zu unterscheiden, die Mückenfledermaus hat teilweise ein helleres Gesicht. Die beiden Arten rufen aber auf unterschiedlichen Frequenzen: Mückenfledermaus auf ca. 55 kHz, Zwergfledermaus auf ca. 45 kHz. Im Gegensatz zur Zwergfledermaus ist die Mückenfledermaus in manchen Regionen viel seltener. Wochenstuben im Mai und Juni, bildet große Kolonien. Als größte Wochenstube gilt die 2011 entdeckte Kolonie im Flachdach eines städtischen Gebäudekomplexes in Gera (Thüringen) mit über 860 Müttern.

Kopf-Rumpf-Länge ca. 3,0–5,0 cm, Flügelspannweite bis 20 cm, Gewicht 4–6 g.

Winterschlaf; von Frühling bis Herbst nachtaktiv.

Kleinste Fledermausart, von der Zwergfledermaus äußerlich schwer zu unterscheiden. Ultraschall: Hauptfrequenz bei ca. 52–60 kHz.

Siedlungsgebiet und Vegetationsränder, Landschaften in der Nähe von Flüssen oder Seen. Auenwälder. Quartiere in Gebäudespalten.

In ganz Mitteleuropa verbreitet, regional selten. Gebäudequartiere auch in Städten. Verbreitung, Häufigkeit und Gefährdungsgrad noch unklar.

Rauhautfledermaus

Pipistrellus nathusii

Kleinste einheimische Fledermausart, die migriert, legt zwischen Sommer- und Winterquartier bis über 2000 km zurück. Zahlreiche Wintergäste in großen Teilen Mitteleuropas, wo sie Herbst (Paarungszeit), Winter und Frühling verbringen. Balzquartiere im Herbst in Fassadenhohlräumen und Baumhöhlen, Rauhautfledermaus ist daher auf alte Baumbestände angewiesen. Winterschlafquartiere in Spalten an Gebäuden und Holzstößen. Zieht im Frühling Richtung Nordosteuropa, wo die Jungen zur Welt gebracht und bis im Herbst großgezogen werden. Jagt im gradlinigen Flug entlang von Waldrändern, Hecken, Baumalleen oder Ufergehölzen kleine bis mittelgroße Fluginsekten. Oft gleichzeitige Ankunft vieler Tiere im Herbst.

Kopf-Rumpf-Länge 4,6–5,5 cm, Flügelspannweite 23–25 cm, Gewicht 6–15,5 g. Höchstalter 8–10 Jahre.

Winterschlaf; von Frühling bis Herbst nachtaktiv.

Fell dunkelbraun bis kastanienbraun, Unterseite hellbraun bis gelbbraun. Ultraschall: Hauptfrequenz bei ca. 39–43 kHz.

Baumhöhlenreiche Laubwälder mit viel Totholz, in Siedlungen, Parks, bevorzugt im Tiefland.

Als Wintergast in Städten in ganz Mitteleuropa, Jungenaufzucht (Sommerlebensräume) im nordöstlichen Mitteleuropa und in Nordost- und Osteuropa.

Weißrandfledermaus

Pipistrellus kuhlii

Die Weißrandfledermaus trägt am Hinterrand der Armflughaut meist einen scharf begrenzten, weißen Rand. Gilt als Siedlungsfolgerin. Seit 1980er-Jahren Ausbreitung in Gebiete nördlich der Alpen. In der Schweiz sind auf der Alpennordseite Quartiere mit Jungenaufzucht (Wochenstuben, Mai, Juni) zum Beispiel in Zürich, Basel, Luzern und Chur nachgewiesen (warmes Stadtklima). In Zürich nach starker Zunahme im Stadtzentrum recht häufig. Seit Ende der 1990er-Jahre auch in Süddeutschland nachgewiesen. Sommerquartiere vorwiegend in Spalten an und in Gebäuden und in Neubauten (ähnlich wie Zwergfledermaus). Jagt kleine Fluginsekten. Fliegt schnell und wendig in mittlerer Höhe in Gärten, entlang Straßenlaternen und Alleen, an Wasserstellen.

Kopf-Rumpf-Länge 4–4,7 cm, Flügelspannweite 21–22 cm, Gewicht 5–10 g. Höchstalter acht Jahre.

Winterschlaf; von Frühling bis Herbst nachtaktiv.

Fellfärbung variabel, Oberseite mittelbraun, Unterseite hellgrau bis grauweiß. Ultraschall: Hauptfrequenz bei ca. 36–42 kHz.

Jagt in Gärten und Anlagen, entlang von Straßen und bei Gewässern.

Verbreitungsschwerpunkt Mittelmeergebiet. Mitteleuropa: Schweiz, Süden von Deutschland und Österreich, besonders in Städten.

Alpenfledermaus

Hypsugo savii

Kleine Fledermausart mit mediterranem Verbreitungsschwerpunkt, besiedelt auch föhnbeeinflusste Täler. In der Schweiz und in Österreich bisher hauptsächlich in südlichen Alpentälern bis 1900 m ü. M. In Wien und Zürich scheinen sich städtische Populationen zu etablieren, in Süddeutschland erste Nachweise. Fliegt gradlinig, ruhig, oft in großer Höhe, z. T. oberhalb von Baumkronen und Häusern. Paarungszeit im Herbst, Jungenaufzucht in Fortpflanzungskolonien (Wochenstuben) im Juni/Juli, Zwillingsgeburten häufig. Sommerquartiere oft in Spalten von Felswänden und an Gebäuden. Jagdgebiete entlang von Straßenbeleuchtungen.

Kopf-Rumpf-Länge 4–5,4 cm, Flügelspannweite ca. 22 cm, Gewicht 5–10 g.

Winterschlaf; von Frühling bis Herbst nachtaktiv.

Haarbasis schwarzbraun, Oberseite variabel von gelbbraun oder goldbraun bis dunkelbraun mit goldglänzenden Spitzen, Unterseite grauweißlich bis weißgelblich, deutlicher Kontrast zur Oberseite. Ultraschall: Hauptfrequenz bei ca. 32–36 kHz.

Jagt in Parks, Gärten, um Straßenlaternen.

Hauptverbreitungsgebiet Südeuropa, Gebirgstäler der Alpen, seit Kurzem in Siedlungsgebieten nördlich der Alpen.

Breitflügelfledermaus

Eptesicus serotinus

Eine der größten einheimischen Fledermausart, in vielen Städten insbesondere im Norden nachgewiesen. Paarungszeit vermutlich ab Mitte August. Weibchen beziehen ab April ihre Wochenstuben, wo sie zusammen mit bis zu 200 Tieren ihre Jungen im Juni/Juli aufziehen. Junge öffnen Augen nach sieben Tagen, im Alter von drei Wochen sind sie flugfähig, drei Wochen später selbstständig, danach lösen sich Wochenstubenkolonien auf. Dreißig Minuten nach Sonnenuntergang verlassen die Tiere ihre Tagesschlafquartiere und jagen in langsamem Flug entlang von Hecken, Bäumen und Straßenlampen. Da Wochenstuben in Gebäuden oft versteckt in Spalten liegen, sind Breitflügelfledermäuse durch Renovationen gefährdet.

Kopf-Rumpf-Länge 6,3–8,2 cm, Flügelspannweite 32–38 cm, Gewicht 14–35 g. Höchstalter 19 Jahre.

Winterschlaf; von Frühling bis Herbst dämmerungs- und nachtaktiv.

Erwachsene oberseits rauchbraun, unterseits gelbbraun; Ohren, Nase, Flughaut schwarz. Ultraschall: Hauptfrequenz bei ca. 25–33 kHz.

Wochenstuben in Dachböden, Giebeln, Firstbalken, hinter Fensterläden. Winterquartiere in Höhlen, Kellern, Dachböden, Holzstapeln. Jagdgebiete in städtischen Grünflächen, Hinterhöfen, auf Sport- und Müllplätzen.

Ganz Mitteleuropa. In Norddeutschland bis ins Zentrum von Städten, gilt etwa in Berlin als typische Stadtfledermaus.

Nordfledermaus

Eptesicus nilssonii

Die Nordfledermaus lebt, wie ihr Name sagt, im Norden Europas (bis über den Polarkreis), aber auch in den kühleren, höheren Lagen der Mittelgebirge, des Juras und der Alpen und im Gebirgsvorland. Flug schnell und geschickt, mit raschen Wendungen. Jagt in freiem Luftraum, über Wasser, Straßenlampen und in der Höhe der Baumkronen. Sommerquartiere hinter Blechabdeckungen und Holzverschalungen oder im Zwischendach. Paarung beginnt im Herbst. Die Weibchen gebären im Juni 1–2 Junge. Die Jungen werden etwa zwei Wochen gesäugt und sind mit vier Wochen bereits selbstständig. Sobald die Jungen unabhängig sind, verlassen die Tiere ihre Fortpflanzungsquartiere und beziehen andere Unterschlüpfe. Wochenstuben werden über viele Jahre behalten. Nordfledermäuse sind ziemlich standorttreu, Sommer- und Winterquartiere liegen in der Regel nahe beieinander.

Kopf-Rumpf-Länge 4,5–6,4 cm, Flügelspannweite 24–28 cm, Gewicht 8–18 g. Höchstalter 21 Jahre.

Winterschlaf; von Frühling bis Herbst dämmerungs- und nachtaktiv.

Ohren relativ kurz, langhaarig, Haarbasis schwarzbraun, Oberseite mit goldglänzenden Haarspitzen, gelbbraune Unterseite. Ultraschall Hauptfrequenz bei ca. 29–32 kHz.

Sommerquartiere (Wochenstuben) in Spalten in und an Gebäuden. Einzeltiere in Baumhöhlen. Erträgt kurzzeitig Temperaturen unter dem Gefrierpunkt.

In großen Teilen Mitteleuropas, im Norddeutschen Tiefland selten, fehlt in Nordwestdeutschland.

Zweifarbenfledermaus

Vespertilio murinus

Ursprünglich Felsfledermaus, heute auch in großen Städten (u. a. Hamburg, Berlin, München, Wien, Linz, Zürich, Luzern) mitten im Zentrum (hohe Häuser als Felsersatz) v. a. im Herbst. Schneller, aber wenig wendiger Flug, jagt über Gewässer und hoch über dem Boden (10–40 m) nach Insekten (Dipteren, Köcherfliegen, Nachtfalter), auch um Straßenlaternen. Östliche Populationen wandern zwischen Sommer- und Winterquartier mehrere Hundert Kilometer weit, westliche gelten dagegen eher als ortstreu. Paarung findet bei den Winterquartieren im Herbst statt. Die Weibchen haben vier Zitzen (einzige Art in Europa), Zwillingsgeburten sind die Regel.

Kopf-Rumpf-Länge 5,5–6,3 cm, Flügelspannweite 27–33 cm, Gewicht 12–23 g. Höchstalter 12 Jahre.

Winterschlaf; von Frühling bis Herbst nachtaktiv.

Schnauze groß und kurz; Ohren, Schnauze und Flughäute schwarzbraun; Spitzen des Rückenfells silbern, grau meliert. Unterseits weißgrau. Ultraschall bei ca. 22–28 kHz.

Sommerquartier (Wochenstuben) in Dachstrukturen, Schornsteinen, Fensterläden. Winterquartiere in Felsspalten, Mauerritzen, Kellern. An Gebäuden auch Winterquartiere (u. a. in Plattenbauten).

In Osteuropa und von Südskandinavien bis zur Alpenkette, westlich bis zum Schweizer Jura, Verbreitungslücke im Westen und Norden Deutschlands.

Braunes Langohr

Plecotus auritus

Ortstreu. Winter- und Sommerquartiere liegen wenige Kilometer auseinander. In vielen Städten nachgewiesen, zählt in Bayreuth und Berlin zu den häufigeren, in den meisten Städten aber zu den seltenen Fledermausarten. Paarung im Herbst oder Frühling. Junge kommen im Juni/Juli zur Welt, können bereits Ende Juli/Anfang August fliegen. Relativ langsamer Flug, aber sehr wendig. Jagdgebiete in Wäldern und entlang von Hecken und Bäumen, Braune Langohren können Beute rüttelnd von Blättern und Wänden ablesen und lassen sich auch kurzzeitig am Boden oder auf Zweigen nieder, um Ohrwürmer und Raupen abzulesen. Hauptnahrung Nachtfalter. Während des Winters werden unterirdische Schlafplätze oft gewechselt. Die großen Ohren werden während des Winterschlafs unter die Unterarme geklappt.

Kopf-Rumpf-Länge 3,7–5,5 cm, Flügelspannweite 24–28 cm, Gewicht 4,6–12 g. Durchschnittsalter vier Jahre, Höchstalter über 30 Jahre.

Winterschlaf; von Frühling bis Herbst dämmerungs- und nachtaktiv.

Auffallend große, beinahe körperlange Ohren, kurze und breite Flügel, große Augen. Fell oberseits braun, unterseits heller. Ultraschall: Hauptfrequenz bei ca. 28–42 kHz.

Wochenstuben hauptsächlich in Dachstöcken, aber wie Tagesschlafquartiere auch in Baumhöhlen, Fledermaus- oder Vogelnistkästen, Wandverschalungen.

In ganz Mitteleuropa, nicht in allen Städten häufig, jagt in Wäldern, Gärten, Parks, Obstgärten.

Graues Langohr

Plecotus austriacus

In vielen Großstädten nachgewiesen, zählt etwa in Prag oder Wien zu den häufigeren Fledermausarten. Ortstreu, unternimmt nur kurze Wanderungen. Wochenstubenkolonien während des Sommers mit kleinen Gruppen von 10–25 Tieren in Spaltenquartieren. Junge bereits nach wenigen Wochen selbstständig. Männchen mehrheitlich solitär. Graue Langohren jagen nicht (wie Braune Langohren) in Wäldern, sondern in halboffenen Landschaften und ernähren sich vorwiegend von frei fliegenden, größeren Insekten, bevorzugt großen Eulenfaltern und Schwärmern, auch Junikäfern, die oft an Fraßplätzen verzehrt werden. Die Fledermaus hängt sich dafür an einem geschützten Ort kopfunter auf und frisst die Beutetiere, wobei sie ungenießbare Teile (Flügel, Beine) abbeißt und fallen lässt.

Kopf-Rumpf-Länge 4,0–5,8 cm, Flügelspannweite 25–29 cm, Gewicht 5–14 g. Höchstalter 15–25 Jahre.

Winterschlaf; von Frühling bis Herbst nachtaktiv.

Ähnliches Aussehen wie Braunes Langohr, auffällig lange Ohren, die im Schlaf eingerollt werden. Fell oberseits meist grau, unterseits heller. Ultraschall bei ca. 25–33 kHz.

Vielfältige Kulturlandschaften, oft Siedlungen, in Gärten, entlang von Hecken und Alleen, in Obstgärten. Sommerquartiere (Wochenstubenquartiere) in Spalten von Gebäuden und Dachstöcken.

Großteil Mitteleuropas, wärmeliebender als Braunes Langohr, fehlt daher im nördlichsten Deutschland. Auch in Städten.

Anhang

Glossar

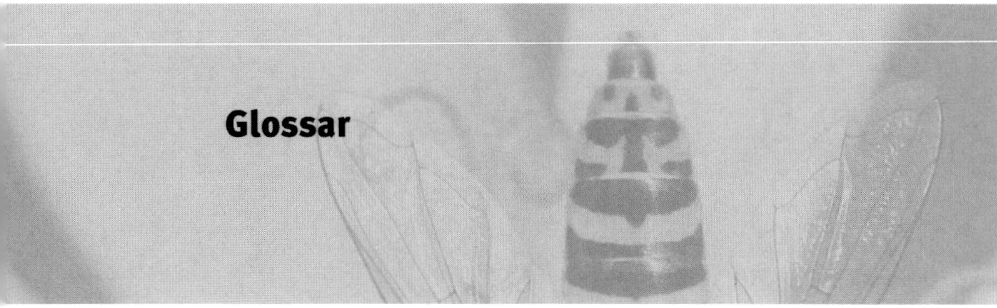

Abdomen Hinterleib (bei Insekten und anderen Gliederfüßern)

Archäophyt Alteinwanderer unter den Pflanzen, ursprünglich nicht einheimische Art, die sich schon vor mehr als 500 Jahren etablieren konnte

Archäozoon Alteinwanderer unter den Tieren, ursprünglich nicht einheimische Art, die sich schon vor mehr als 500 Jahren etablieren konnte

Art Kleinste systematische Einheit, eine Fortpflanzungsgemeinschaft bildend

Adhäsionskräfte Oberflächenhaftung

adult Voll entwickelt, ausgewachsen

Aggregation Anhäufung, Ansammlung

Altarm Heute noch sichtbare Überreste eines ehemaligen Flusslaufes

Altgrasbestand Bei der Mahd stehen gelassene Grasfläche, welche erst mit der nächsten Mahd geschnitten wird

Altholz Noch stehende, uralte Bäume

Antenne Fühler (bei Gliederfüßern)

Auenwald Periodisch überschwemmter Wald entlang eines Flusses

autochthon Einheimisch; Art, die das aktuelle Verbreitungsgebiet ohne Einfluss des Menschen besiedelt hat

Avifauna Gesamtheit der in einer Region vorkommenden Vogelarten

Bahnbort Bahnböschung

BiodiverCity Nationales Forschungsprojekt zur Untersuchung der Biodiversität und ihrer Akzeptanz in städtischen Räumen (Schweiz 2009)

Biodiversität Biologische Vielfalt auf allen Ebenen: genetische Vielfalt (innerhalb einer Art), Artenvielfalt, Vielfalt von Ökosystemen

Bioindikator Organismus, der bestimmte Standort- und Umweltbedingungen anzeigt

Biolumineszenz Erzeugung von kaltem Licht in biochemischen Prozessen

Biomasse Gesamtheit an organischem Material, umfasst sowohl lebende als auch abgestorbene Organismen

bodenständig Art, die sich im Gebiet fortpflanzt und nicht z. B. auf Einflug aus anderen Regionen angewiesen ist

Brache Nicht mehr genutztes Grundstück

Brackwasser Meerwasser mit geringem Salzgehalt

Brandungszone Von Wellen oder Gezeiten stark überspülte Uferzone

Bruchwald Sumpfiger Wald an Orten mit hohem Grundwasserspiegel

Buntbrache Mehrjährige Streifen auf stillgelegtem Ackerland, Ansaat mit einheimischen Wildkräutern

Bürzel Partie zwischen Rücken und Schwanz bei Vögeln (Schwanzwurzel)

carnivor Fleischfressend (Gegensatz zu herbivor = vegetarisch)

Chitin Zelluloseähnliche Substanz, Bestandteil des Außenskeletts von Insekten u. a. Gliederfüßern

Denaturierung Irreversible Veränderung von Körpereiweißen (Proteinen)

Destruenten Abbauende Organismen der Nahrungskette, ernähren sich von toter organischer Substanz

Detritus Feines Material aus abgestorbenen, sich zersetzenden Tier- und Pflanzenresten (z. B. unter älterem Falllaub oder am Grund von Gewässern)

dorsal Auf dem Rücken befindlich

Drohne Männliche Honigbiene

Elaiosom Nährstoffreiche Anhängsel an Samen, die durch Ameisen (oder andere Tiere) verbreitet werden

Emergenz Schlupf zur Imago, bei Insekten mit wasserbewohnenden Larven mit dem Übergang an das Leben in der Luft und an Land verbunden

extensiv Hier: schwache Nutzung von Grünland – Gegensatz zu intensiver, hochproduktiver landwirtschaftlicher Nutzung

Exuvie Leere Larvenhaut, die nach der Emergenz (Schlupf) zurückbleibt

Facettenauge Auge, das sich aus vielen Einzelaugen zusammensetzt (Komplexauge)

Fischtreppen Seitlich entlang eines Fließgewässers angelegtes Gewässer ohne unüberwindliche Stufen, um Fischen und andern Wassertieren flussaufwärts die Überwindung von Hindernissen (Staustufen) zu ermöglichen

Flachmoor Von Grundwasser gespeiste Riedfläche

Gattung Systematische Kategorie, welche mehrere Arten zusammenfasst

gestaffelte Mahd, Pflege Zeitlich verschobenes Mähen gewisser Teilflächen

Gliederfüßer Stamm des Tierreiches, zu dem Krebstiere, Spinnentiere, Tausendfüßer und Insekten zählen (Arthropoda)

Gliedertiere Gliederfüßer und Ringelwürmer

Grubengewässer Gewässer in Kiesgruben

Halbtrockenrasen Spezielle Ausbildung von sehr mageren und ziemlich trockenen Wiesen

Hämolymphe Körperflüssigkeit verschiedener Wirbelloser («Insektenblut»)

Hangried Geneigte Riedflächen mit Quellaustritten

Habitat Lebensraum einer Art

Hochmoor Von Grundwasser unabhängiges, nur von Regenwasser gespeistes Moor

Hochstaudenflur Vegetationstyp mit hohen, meist mehrjährigen Pflanzen auf eher feuchten, nährstoffreichen Böden

Hochwasserrückhaltebecken Künstlich angelegtes Wasserbecken, in dem schwallartig auftretendes Hochwasser zeitlich zurückbehalten werden kann, sodass andernorts Überschwemmungen verhindert werden

Honigtau Zuckerhaltige Ausscheidung von Blattläusen und weiteren Pflanzenläusen

Imago (f.), **Imagines** (Pl.) Voll entwickeltes, ausgewachsenes Insekt

Indikator Art, die den Zustand eines Lebensraumes anzeigt (Bioindikator)

Intradomalfauna Ständig im Innern von Gebäuden lebende Tiere

invasive Art Nichteinheimische Art, die in natürlichen oder halbnatürlichen Ökosystemen oder Habitaten etabliert ist, Veränderungen verursacht und die heimische Biodiversität bedroht

Insektizid Chemisches Mittel zur Bekämpfung von Insekten

Kiemen Organ, meist am Kopf von Wassertieren, das der Aufnahme von im Wasser gelöstem Sauerstoff dient

Kleinseggenried Nährstoffarme Riedflächen mit kleinwüchsigen Sauergräsern

Knospung Form der ungeschlechtlichen Vermehrung, Bildung von Tochterorganismen durch Abschnürung von Zellkomplexen

Kokon Hülle, die eine sich verpuppende Insektenlarve oder Eier (z.B. von Ringelwürmern) umschließt

Komplexauge Aus zahlreichen Einzelaugen zusammengesetztes Auge vieler Insekten (**Facettenauge**)

Kosmopolit Art mit nahezu weltweiter Verbreitung

Kulturfolger Art, die geeignete Lebensräume im menschlichen Kulturbereich besiedelt und ihre Verbreitung weitgehend dem Menschen verdankt

Kurzstreckenzieher Vögel (und andere flugfähige Tiere), deren Winterquartiere wenige Hundert Kilometer vom Brutgebiet entfernt liegen

Langstreckenzieher Vögel, die während ihrer saisonalen Wanderung bis zu mehreren Tausend Kilometer zurücklegen

Larve Aus dem Ei geschlüpftes Jungtier während der Metamorphose

Magerwiese Nährstoffarmer und in der Regel auch trockener Wiesentyp, sehr artenreich

Makrosaprophag Größere saprophage Tiere, die wenig zersetztes Pflanzenmaterial fressen (wie Regenwürmer, Asseln)

Membran Bei Wanzen: hinterer Teil der Vorderflügel, bedeckt oft die Hinterleibsspitze

Metamorphose Umwandlung vom Larven- zum Erwachsenenstadium (z.B. bei Insekten, Amphibien)

monogam Andauernde Fortpflanzungsgemeinschaft der gleichen Partner (z.B. bei gewissen Vögeln)

montan Höhenstufe des Berglandes (Buchen-Weißtannen-Stufe), schließt an die kolline Stufe (Hügelland) an

Mulm Weitgehend zersetztes oder faules Holz

Nektar Süße Ausscheidung im Blütenbereich von Pflanzen, welche von Insekten, die zur Bestäubung angelockt werden, aufgenommen wird

neolithisch Jungsteinzeitlich

Neophyt Neueinwanderer unter den Pflanzen, ursprünglich nicht einheimische Art, die sich in der Neuzeit (nach ca. 1500) etablieren konnte

Neozoon Neueinwanderer unter den Tieren, ursprünglich nicht einheimische Art, die sich in der Neuzeit (nach ca. 1500) etablieren konnte

Nymphe Entwicklungsstadium noch nicht voll entwickelter Tiere (Spinnentiere), das der ausgewachsenen Form ähnelt und wenig larvenartige Merkmale aufweist

Ocelle Einzelauge

ökologische Ausgleichsflächen Flächen in Landwirtschaft oder Siedlung, die hauptsächlich zur Förderung der Biodiversität dienen

ovovivipar Jungtiere entwickeln sich in Eiern, die im Mutterleib ausgebrütet werden, und schlüpfen noch im Muttertier aus (oder unmittelbar nach der Eiablage)

Parthenogenese Eingeschlechtliche Fortpflanzung (Jungfernzeugung), Nachkommen entstehen ohne vorherige Paarung aus unbefruchteten Eizellen

Permanenter Sozialparasitismus Bei Ameisen: Sozialparasitische Arten, die permanent von anderen Ameisenarten abhängig sind, etwa durch den Raub von deren Puppen, aus denen im Raubameisennest Sklavenarbeiterinnen schlüpfen

Pheromon Botenstoff, chemische Substanz, die abgegeben wird, um Signale an Artgenossen zu senden

Pionierart Rasch in noch kaum besiedeltem Gebiet auftretende Art
Pionierstadium Noch kaum bewachsener, neu entstandener Lebensraum
Plankton Im Wasser schwebende und treibende Lebewesen, die keine (oder nur geringe) Eigenbewegung haben
polyphag Nutzt verschiedene Nahrungsquellen (z. B. unterschiedliche Pflanzenarten)
Population Gesamtheit von sich selbstständig fortpflanzenden Individuen einer Art in einem geografisch begrenzten Verbreitungsgebiet
Pseudotuberkulose Bakterielle Infektionskrankheit bei Schafen und Ziegen
Puppenstadium Dem Larvenstadium folgende Phase bei Insekten mit vollständiger Entwicklung, während der der Umbau der Larve zur Imago erfolgt
Quellflur Vegetation rund um Quellen
Reviergesang Gesang von Vögeln, um das Brutterritorium abzustecken
Revitalisierung Wiederbelebung etwa von Fließgewässern, die wieder in einen naturnahen Zustand gebracht werden
Riedwiese Sehr feuchte bis nasse Wiesen, auf denen u. a. Sauergräser (Seggen) wachsen
Röhricht Mit Schilf oder Rohrkolben bewachsene Uferzone
Ruderalfläche Rohbodenfläche (mit Kies, Schotter, Schutt)
Ruderalfluren Vegetation auf Ruderalflächen
rural Ländlich
Salmonellose Durch Salmonellen ausgelöste bakterielle Erkrankung
Saum, Krautsaum Krautige Vegetation entlang von Hecken, Wald- und Wegrändern, Äckern usw., die längere Zeit stehen bleibt
Schildchen Bei Wanzen, Käfern u. a. Insekten: An Halsschild angeschlossene Partie, bei einigen Arten groß und leicht erkennbar
Schlagfluren Spontan aufkommende Vegetation auf kahlen Stellen im Wald, entstanden durch Windwurf oder Kahlschlag
Schlenke Wassergefüllte Vertiefung in Mooren
Segmente Körperabschnitte von Gliedertieren
Sickerquellaufstöße Quellen, deren Wasser sofort wieder versickert
solitär Einzellebende Tierart, nicht staatenbildend
Sozialparasitismus Bei Ameisen: Sozialparasitische Arten machen sich das Sozialsystem anderer Arten zunutze und treten mit diesen in Kommunikation
Standvogel Vogel, der höchstens lokale jahreszeitliche Wanderungen unternimmt oder stets in der gleichen Umgebung verweilt
Streuschicht Bestandsabfall (Laub, Nadeln), der auf der Bodenoberfläche liegt
Superkolonie Aus zahlreichen Einzelnestern bestehende Ameisenkolonie, deren Arbeiterinnen untereinander keine Aggression zeigen, sondern vielmehr miteinander kooperieren können
Symbiose Zusammenleben zweier Organismen, die beiden Partnern Vorteile bringt
synanthrop Art, die eng an Mensch und Siedlungsraum gebunden ist
Temporärer Sozialparasitismus Sozialparasitismus bei Ameisenarten, die nur während der Koloniegründungsphase von der Wirtsameisenart abhängig sind. Parasitenkönigin dringt in Wirtsnest ein, Wirtskönigin wird beseitigt
Tentakel Fangarm
Territorium Gebiet, das eine Art besiedelt und das gegebenenfalls gegen Artgenossen verteidigt wird
Thermokomposter Plastikbehälter, in dem organisches Material bei relativ hohen Temperaturen rasch verrottet
Thorax Brustteil von Insekten (und anderen Gliederfüßern)
Totholz Abgestorbene Bäume oder Teile von Bäumen, stehend oder liegend
Tracheen Mit Chitin ausgekleidetes Röhrensystem zur Versorgung des Gewebes mit Luft (bei Gliederfüßern)
Tracheenkiemen Ausstülpungen der Haut bei Wasserinsekten, die der Atmung dienen
Trockenrasen Sehr trockene, magere Wiesen
Turbanauge Komplexauge als Doppelauge ausgebildet, bei dem die vergrößerte Hälfte zylinderförmig nach oben ragt
Tularämie Durch Bakterien verursachte tödliche Erkrankung bei Nagetieren
vegetative Vermehrung Vermehrung von Organismen durch ungeschlechtliche Fortpflanzung
ventral Zum Bauch gehörig, bauchwärts
versiegelte Fläche Überbaute, nicht mehr bepflanzbare oder bewuchsfähige Fläche, die Regenwasser nicht mehr versickern lässt
Wartenjäger Auf einer erhöhten Stelle sitzender Vogel, der auf Beute lauert
Wirtspflanzen Nahrungspflanze etwa von Schmetterlingsraupen, auf der meist auch die Eier abgelegt werden
Wochenstube Raum, in dem Fledermäuse ihre Jungen aufziehen
Zooplankton Tierische Organismen des Planktons
Zwischenwirt Für die Vermehrung gewisser Parasiten benötigter zusätzlicher Wirt
Zwitter Doppelgeschlechtlicher Organismus, mit sowohl männlicher als auch weiblicher Geschlechtsausprägung

Literatur und Links

Benutzte Quellen und weiterführende Werke

Einleitung, allgemein

Baur, B., Billen, W. & Burckhardt, D. (2008): Vielfalt zwischen den Gehegen: wildlebende Tiere und Pflanzen im Zoo Basel. Monographien der Entomologischen Gesellschaft Basel 3

Bircher, U., Landolt-Dunster, H., Lüchinger, G., Pfaffen, P. & Ribi, F. (2000): Nachhaltiger Umgang mit Grüngut im Siedlungsgebiet. Projektarbeit NDS Umweltwissenschaften, Institut für Umweltwissenschaften der Universität Zürich

Brohmer, P., Schaefer, M. & al. (2000): Fauna von Deutschland. Ein Bestimmungsbuch unserer heimischen Tierwelt. Quelle & Meyer, Wiebelsheim

Bürki, M., Gut, P. & Schloz, W. (2007): Bildatlas Pflanzenschutz an Zier- und Nutzpflanzen. Krankheiten und Schädlinge erkennen, vorbeugen und richtig behandeln, neuzeitlicher Nützlingseinsatz. Ulmer, Stuttgart

Burckhardt, D., Baur, B. & Studer, A., Red. (2003): Fauna und Flora auf dem Eisenbahngelände im Norden Basels. Monographien der Entomologischen Gesellschaft Basel 1

Di Giulio, M., Holderegger, H., Bernhardt, M. & Tobias, S. (2008): Zerschneidung der Landschaft in dicht besiedelten Gebieten. Eine Literaturstudie zu den Wirkungen auf Natur und Mensch und Lösungsansätze für die Praxis. Haupt, Bern

Duvigneaud, P. & S. Denayer-De Smet (1977): L'écosysteme urbs. L'écosysteme urbain bruxellois. In: Duvigneaud, P. & P. Kestemont (Ed.), Productivité biologique en Belgique. SCOPE. – Travaux de la Section belge du Programme Biologique International Gembloux

Forum Biodiversität Schweiz (Hrsg.) (2004): Biodiversität in der Schweiz. Zustand, Erhaltung, Perspektiven. Haupt, Bern

Gleich, M., Maxeiner, D., Miersch, M. & Nicolay, F. (2000): Life Counts. Eine globale Bilanz des Lebens. Berlin Verlag, Berlin

Home, R. (2009): The Social Value of Urban Nature in Switzerland. Dissertation, vorgelegt der Mathematisch-naturwissenschaftlichen Fakultät der Universität Zürich (BiodiverCity)

Ineichen, S. (1997): Die wilden Tiere in der Stadt. Zur Naturgeschichte der Stadt. Die Entwicklung städtischer Lebensräume in Mitteleuropa, verfolgt am Beispiel von Zürich. Waldgut, Frauenfeld

Klausnitzer, B. (1988): Verstädterung von Tieren. Ziemsen, Wittenberg Lutherstadt

Klausnitzer, B. (1992): Besonderheiten der urbanen Insektenfauna. – Verh. Ges. Ökologie 21: 95–102

Klausnitzer, B. (1993): Ökologie der Großstadtfauna. 2., bearbeitete und erweiterte Auflage. – Gustav Fischer Verlag, Jena, Stuttgart

Klausnitzer, B., Stresemann, Hannemann, H.-J. & Senglaub, K. (Hrsg.) (2011): Exkursionsfauna von Deutschland, Band 2 (Insekten), 11., neu bearbeitete und erweiterte Auflage. Spektrum Akademischer Verlag, Heidelberg

Knopfli, W. (1971): Die Vogelwelt der Limmattal- und Zürichseeregion. Studien in ausgewählten Biotopen. Ornithol. Beob. Beiheft zu Bd. 68/1971 (Beiheft 2)

Kowarik, I. (2010): Biologische Invasionen: Neophyten und Neozoen in Mitteleuropa. 2., wesentlich erweiterte Auflage. Ulmer, Stuttgart

Landolt, E. (2001): Flora der Stadt Zürich (1984–1998). Birkhäuser, Basel

Lubini, V. (2008): Die Wirbellosenfauna im Unterlauf der Sihl. Pro Sihltal Jahrheft 58: 17–18

Möllers, F. (2010): Wilde Tiere in der Stadt. Knesebeck, München

Nowak, E (1975): Die Ausbreitung der Tiere – dargestellt an 28 Arten in Europa. A. Ziemsen Verlag, Wittenberg Lutherstadt

Nentwig, W. (2010): Invasive Arten. UTB Haupt, Bern

Parlow, E., Scherer, D., Fehrenbach, U. (2008): Klimaanalyse der Stadt Zürich (KLAZ). Abschlussbericht Phase 1. Erstellt im Auftrag des Umwelt- und Gesundheitsschutzes der Stadt Zürich, unveröffentlicht

Pernstich, A. & Krenn, H.W., Hrsg. (2004): Die Tierwelt des Botanischen Gartens der Universität Wien. Eine Oase inmitten der Großstadt. Institut für Angewandte Bildung und Umweltschutz www.ifabu.at, Wien

Pisarski, B. (1989): Die Struktur der Stadtfauna am Beispiel von Warszawa. – Verh. XI. SIEEC Gotha 1986: 31–37

Reichholf, J. H. (2007): Stadtnatur. Eine neue Heimat für Tiere und Pflanzen. Oekom, München

Sattler, T. (2009): Biodiversity in urban landscape matrices: from species richness to functional community structure. Inauguraldissertation der Philosophisch-naturwissenschaftlichen Fakultät der Universität Bern (BiodiverCity)

Schinz, H. (1842): Der Kanton Zürich in naturgeschichtlicher und landwirthschaftlicher Beziehung dargestellt. Meyer & Zeller, Zürich

Sedlag, U. (2000): Tiergeographie. Die große farbige Enzyklopädie Urania-Tierreich. Urania, Berlin

Senator für Stadtentwicklung und Umweltschutz, Berlin (1985): Naturbuch Berlin. Pflanzen – Tiere – Lebensräume. Nicolai, Berlin

Senatsverwaltung für Stadtentwicklung und Umwelt Berlin (2009): Natürlich Berlin! Naturschutz- und NATURA 2000-Gebiete in Berlin. Verlag Natur & Text, 2. überarbeitete Auflage, Berlin

Streit, B. (2007): Was ist Biodiversität? Erforschung, Schutz und Wert biologischer Vielfalt. C. H. Beck, München

Stresemann, E., Hannemann, H.-J., Klausnitzer, B., & Senglaub, K. (Hrsg.) (1992): Exkursionsfauna, Band 1 (Wirbellose außer Insekten), 8. Auflage. Volk und Wissen Verlag GmbH, Berlin

Stresemann E., Senglaub, K., Hannemann, H.-J., Klausnitzer, B., (Hrsg.) (2005): Exkursionsfauna von Deutschland. Bd. 3 (Wirbeltiere). Spektrum, Heidelberg

Sukopp, H. (1983): Ökologische Charakteristika von Großstädten. In: Grundriß der Stadtplanung. Hannover

Sukopp, H. & Wittig, R. (Hrsg.) (1998): Stadtökologie. Ein Fachbuch für Studium und Praxis. Fischer, Stuttgart

Tischler, W. (1980): Biologie der Kulturlandschaft. Fischer, Stuttgart

Westphal, U. & Helm. G. (2006): Wilde Hamburger. Natur in der Großstadt. Murmann, Hamburg

Wittenberg, R. (Hrsg.) (2005): Invasive alien species in Switzerland. An inventory of alien species and their threat to biodiversity and economy in Switzerland. CABI Bioscience Switzerland Centre report to the Swiss Agency for Environment, Forests and Landscape. The environment in practice no. 0629. Federal Office for the Environment (FOEN/BAFU), Bern

www.biodivercity.ch (zum Forschungsprojekt BiodiverCity: Ökologische und soziale Werte der städtischen Natur – Identifizierung, Erhalt und Förderung der Biodiversität und ihre Akzeptanz im städtischen Entwicklungsprozess)

www.helldunkel.ch (Ökologische Auswirkungen künstlicher Beleuchtung)

www.nabu.de (Tiere & Pflanzen: Informationen zu verschiedenen Tiergruppen, u. a. Rote Listen Deutschland)

www.naturschutzbund.at

www.stadtentwicklung.berlin.de (unter Natur + Grün: Landschaftsplanung, Stadtgrün, Naturschutz)

www.stadt-zuerich.ch/ted/de/index/gsz/planung_u_bau/inventare_und_grundlagen/naturschutz-inventar_und_kartierungen.html: Inventar der kommunalen Natur- und Landschaftsschutzobjekte (KSO), Biotopkartierungen und faunistische Kartierungen

www.umweltbundesamt.at/oasis (Österreichisches Artenschutz-Informationssystem)

Schädlinge (und vermeintliche Schädlinge)

Bürki, M., Gut, P. & Schloz, W. (2007): Bildatlas Pflanzenschutz an Zier- und Nutzpflanzen. Ulmer, Stuttgart

Lachmuth, U. (2006): Hausschädlinge. Vorbeugung und Abwehr. Schweizerischer Hauseigentümerverband

Weidner, H., Sellenschlo, U. (2003): Vorratsschädlinge und Hausungeziefer. Spektrum, Heidelberg

www.stadt-zuerich.ch/schaedlingsbekaempfung (Merkblätter zu zahlreichen Arten)

Wassertiere, Bärtierchen, Ringelwürmer

Engelhardt, W., Rehfeld, K. & Martin, P. (2008): Was lebt in Tümpel, Bach und Weiher? Pflanzen und Tiere unserer Gewässer. Eine Einführung in die Lehre vom Leben der Binnengewässer. Kosmos, Stuttgart

Grabow, K. (2000): Farbatlas Süßwasserfauna, Wirbellose. Ulmer, Stuttgart

Lubini, V. (2011): Wasserinsekten. Leben in zwei Welten. Neujahrsblatt der Naturforschenden Gesellschaft 63 (erhältlich bei www.ngsh.ch)

Nesemann, H., Neubert, E. (1999): «Annelida, Clitellata: Branchiobdella, Acanthobdellea, Hirudinea». In: Süßwasserfauna von Mitteleuropa (Hrsg.: Schwoerbel, J., Zwick, P.). Spektrum, Heidelberg. Bd. 6/2

Sartori, M. & Landolt, P. (1999): Atlas de distribution des Ephemères de Suisse (Insecta, Ephemeroptera). Fauna Helvetica 3. Centre Suisse de Cartographie de la Faune (CSCF), Neuchâtel (erhältlich bei www.cscf.ch)

Timm, T. (2009): A guide to the freshwater Oligochaeta and Polychaeta of Northern and Central Europe. Lauterbornia 66: Dinkelscherben

http://homepage.bluewin.ch/hvicentini/

www.baertierchen.de

Weichtiere

Boschi, C., Kappeler, M. & Tanner, K. M. (2011): Die Schneckenfauna der Schweiz: Ein umfassendes Bild- und Bestimmungsbuch. Haupt, Bern

Glöer, P., Meier-Brook, C. (2003): Süßwassermollusken. Ein Bestimmungsbuch für die Bundesrepublik Deutschland. DJN, Hamburg

Hausser, J. (2005): Bestimmungsschlüssel der Gastropoden der Schweiz. Fauna Helvetica 10. Centre Suisse de Cartographie de la Faune (CSCF), Neuchâtel (erhältlich bei www.cscf.ch)

Kerney, M. P., Cameron, R. A. D., Jungbluth, J. H. (1983): Die Landschnecken Nord- und Mitteleuropas, Bestimmungsbuch für Biologen und Naturfreunde. Parey, Hamburg, Berlin

Turner, H., Kuiper, J. G. J., Thew, N., Bernasconi, R., Rüetschi, J., Wüthrich, M. & Gosteli, M. (1998): Atlas der Mollusken der Schweiz und Lichtensteins. Fauna Helvetica 2. Centre Suisse de Cartographie de la Faune (CSCF), Neuchâtel (erhältlich bei www.cscf.ch)

Spinnentiere, Krebstiere, Tausendfüsser

Bader, C. (1989): Milben. Veröffentlichungen aus dem Naturhistorischen Museum Basel Nr. 22, Basel

Bellmann, H. (2006): Kosmos Atlas Spinnentiere Europas. Extra: Süßwasserkrebse, Asseln und Tausendfüßer. Kosmos, Stuttgart

Hauser, H. & Karin Voigtländer (2009): Doppelfüßer (Diplopoda) Ostdeutschlands. Bestimmung, Biologie und Verbreitung. 2. Auflage. DJN, Deutscher Jugendbund für Naturbeobachtung, Göttingen

Pedroli-Christen, A. (1993): Faunistik der Tausendfüßler der Schweiz. Documenta Faunistica Helvetiae 14. Centre Suisse de Cartographie de la Faune (CSCF), Neuchâtel

Stucki, P. & Zaugg, B. (2005): Decapoda. Fauna Helvetica 15. Centre Suisse de Cartographie de la Faune (CSCF), Neuchâtel (erhältlich bei www.cscf.ch)

www.argades.de (Checkliste Spinnentiere)

www.diplopoda.de

www.edelkrebsnrw.de/ (Edelkrebsprojekt NRW)

Insekten

Amann, G. (2003): Kerfe des Waldes. Taschenbildbuch der beachtenswertesten Käfer, Schmetterlinge und sonstigen Kerfe des mitteleuropäischen Waldes, ihrer Entwicklungsstufen und Fraßbilder mit Textteil über Bau und Leben. Neumann-Neudamm, Melsungen

Bellmann, H. & Honomichl, K. (2007): Jacobs/Renner. Biologie und Ökologie der Insekten. Spektrum, München

Klausnitzer, B., Stresemann, Hannemann, H.-J. & Senglaub, K. (Hrsg.) (2011): Exkursionsfauna von Deutschland, Band 2 (Insekten), 11., neu bearbeitete und erweiterte Auflage. Spektrum Akademischer Verlag, Heidelberg

Schäffer, A. & Schäffer, N. (2009): Schmetterlinge, Libellen und andere Wirbellose im Garten. Bestimmen – Beobachten – Schützen. Aula, Wiebelsheim

Libellen

Bellmann, H. (2007): Der Kosmos Libellenführer: Die Arten Mitteleuropas sicher bestimmen. Kosmos, Stuttgart

Dijkstra, K.-D. B., Lewington, R. (2006): Field Guide to the Dragonflies of Britain and Europe. British Wildlife Publishing, Dorset

Pro Natura (Hrsg.) (2009): Libellen schützen, Libellen fördern. Leitfaden für die Naturschutzpraxis. Beiträge zum Naturschutz in der Schweiz Nr. 31. Pro Natura, Basel

Wildermuth, H., Gonseth, Y. & Maibach, A. (2005): Odonata. Die Libellen der Schweiz. Fauna Helvetica 11 & 12. Centre Suisse de Cartographie de la Faune (CSCF), Neuchâtel (erhältlich bei www.cscf.ch)

Ohrwürmer

Kölliker, M. (2007): Benefits and costs of earwig (Forficula auricularia) family life. Behavioral Ecology and Sociobiology 61, 1489–1497 (s. auch: http://evolution.unibas.ch/koelliker/)

Lahusen, A., Höhn, H. & Gasser, S. (2006): Der Birnenblattsauger und ein in Vergessenheit geratener Gegenspieler, Schweiz. Zeitschrift für Obst- und Weinbau Nr. 4/06, S. 10–13

Suter H., Keller S. (1990): Blattläuse und Blattlausfeinde. Bubenberg, Bern, S. 34–36

Heuschrecken

Baur, B., Baur, H., Roesti, C. & Roesti, D. (2006): Die Heuschrecken der Schweiz. Haupt, Bern

Bellmann H., 1993: Heuschrecken: beobachten – bestimmen. 3. Aufl. Naturbuch-Verl., Augsburg

Röösli, T., Steffen, M. & Cigler, H. (2004): Die einheimischen Heuschrecken in Wort und Bild. Biologie, Lebensweise und Vorkommen. SVS, Zürich (erhältlich bei www.birdlife.ch)

Roesti, C. & Keist, B. (2009): Die Stimmen der Heuschrecken. Mit DVD. Haupt, Bern

Tierläuse

www.bsafb.de (Suche «Hautparasiten Läuse»; «Filzlaus»)

www.kopflaus.ch

Pflanzenläuse

Bährmann, R. (2002): Die Mottenschildläuse. Neue Brehm-Bücherei Bd. 664. Westarp, Hohenwarsleben

Schmutterer, H. (2008): Die Schildläuse. Neue Brehm-Bücherei Bd. 666. Westarp, Hohenwarsleben

Zikaden

Biedermann, R. & Niedringhaus, R. (2004): Die Zikaden Deutschlands. Bestimmungstafeln für alle Arten. WABV Fründ, Scheeßel

Günthart, H. & Mühlethaler, R. (2002): Provisorische Checklist der Zikaden der Schweiz (Insecta: Hemiptera, Auchenorrhyncha). Denisia 04: 329–338

Mühlethaler, R. (2001): Untersuchungen zur Zikadenfauna der Lebensraumtypen von Basel (Hemiptera, Auchenorrhyncha). Beiträge zur Zikadenkunde 4: 11–32

Remane, R. & Wachmann, E. (1993): Zikaden: kennenlernen – beobachten. Naturbuch-Verlag, Augsburg

Witsack, W. (1998): Zikaden (Auchenorrhyncha). In: Arten- und Biotopschutzprogramm Sachsen-Anhalt – Stadt Halle (Saale). Berichte des Landesamtes für Umweltschutz Sachsen-Anhalt, Sonderheft 4: 225–229

Wanzen

McGavin, G.C. (1999): Bugs of the World. Blandford Press, London

Sauer, F. (1996): Wanzen und Zikaden: nach Farbfotos erkannt. Fauna Verlag, Karlsfeld

Schuh, R. T. & Slater, J.A. (1995): True Bugs of the World (Hemiptera: Heteroptera): Classification and Natural History. Cornell University Press, Ithaca, New York

Wachmann, E., Melber, A. & Deckert, J. (2004–2008): Wanzen, Bde. 1–4. Goecke & Everts, Keltern

Netzflügler, Kamelhalsfliegen

Aspoeck, H., Aspoeck, U., Hölzel, H. (1980): Die Neuropteren Europas. 2 Bde. Goecke & Ewers, Krefeld

Wachmann, E., Saure, C. (1997): Netzflügler, Schlamm- und Kamelhalsfliegen. Beobachtung, Lebensweise. Naturbuch-Verlag, Augsburg

Käfer

Ettmüller, W. (2007): Die faszinierende Welt einheimischer Käfer. Neujahrsblatt der Naturforschenden Gesellschaft 59 (erhältlich bei www.ngsh.ch)

Freude, H , Harde, K. W. & Lohse, G. A. (1964–1989): Die Käfer Mitteleuropas. Bände 1–11. Goecke & Evers, Krefeld

Harde, K.W. & Severa, F. (2006): Der Kosmos Käferführer. Kosmos, Stuttgart

Klausnitzer, B. (2002): Wunderwelt der Käfer. 2. Auflage. – Spektrum Akademischer Verlag Heidelberg, Berlin

www.gluehwuermchen.ch

Wildbienen

Müller, A., Krebs, A. & Amiet, F. (1997): Bienen. Mitteleuropäische Gattungen, Lebensweise, Beobachtung. Naturbuch-Verlag, München

Westrich, P. (1990): Die Wildbienen Baden-Württembergs. Ulmer, Stuttgart

Westrich, P. (2011): Wildbienen: die anderen Bienen. Dr. Friedrich Pfeil, München

Witt, R. (2009): Wespen. Vademecum-Verlag, Oldenburg (zu beziehen bei www.vademecumverlag.de)

www.wildbienen.info

www.wwf-zh.ch/regizh

Ameisen

Nagy, C. et al. (2009): Effects of the invasive garden ant, Lasius neglectus Van Loon, Boomsma & Andrásdalvy, 1990 (Hymenoptera: Formicidae), on arthropod assemblages: pattern analyses in the type supercolony. Myrmecological News 12: 171–181

Neumeyer, R. & Seifert, B. (2005): Kommentierte Liste der frei lebenden Ameisen in der Schweiz. Mitteilungen der Schweiz. Entomologischen Gesellschaft 78 (1–2): 1–17

Seifert, B. (2007): Die Ameisen Mittel- und Nordeuropas. Lutra, Görlitz/Tauer

Schmetterlinge

Bellmann, H. (2003): Der neue Kosmos-Schmetterlingsführer. Schmetterlinge, Raupen und Futterpflanzen. Kosmos, Stuttgart

Bühler-Cortesi, T. (2009): Schmetterlinge. Tagfalter der Schweiz. Haupt, Bern

Friedrich, E. (2008): Schmetterlinge im Naturgarten. Mitt. Ent. V. Stuttgart, Jg. 43: 43–62

Hermann, G. (2007): Tagfalter suchen im Winter. Books on Demand, Norderstedt

Konvicka, M. & Kadlec, T. (2011): How to increase the value of urban areas for butterfly conservation? A lesson from Prague nature reserves and parks. Eur. J. Entomol. 108: 219–229

Lepidopterologen-Arbeitsgruppe (1987–2000): Schmetterlinge und ihre Lebensräume. Bd. 1–3. Pro Natura, Basel

Rey, A. & Wiedemeier, P. (2004): Beiträge zum Naturschutz: Tagfalter als Ziel- und Leitarten. Pro Natura, Basel

www.schmetterlinge-raupe.de

Zweiflügler

Bastian, O. (1994): Schwebfliegen. Neue Brehm-Bücherei Bd. 576. Westarp, Hohenwarsleben

Haupt, J. & Haupt, H. (1998): Fliegen und Mücken. Beobachtung, Lebensweise. Naturbuch (Weltbild), Augsburg

Merz, B., Bächli, G., Haenni, J.-P. & Gonseth Y. (Hrsg.) (1998): Diptera – Checklist. Fauna Helvetica 1. Centre Suisse de Cartographie de la Faune (CSCF), Neuchâtel (erhältlich bei www.cscf.ch)

Fische

Bachmann, S., Glauser, C., Inderwildi, E. & Müller, K. (2007): Fische der Schweiz. SVS, Zürich (erhältlich bei www.birdlife.ch)

Maitland, P., Linsell, K. (2007): Süßwasserfische. Alle Arten Europas gezeichnet. Kosmos, Stuttgart

Zaugg, B., Stucki, P., Pedroli, J.-C., Kirchhofer, A. (2003): Pisces, Atlas. Fauna Helvetica 7. Centre Suisse de Cartographie de la Faune (CSCF), Neuchâtel (erhältlich bei www.cscf.ch)

www.fischartenatlas.de (Fischartenatlas von Deutschland und Österreich)

Amphibien, Reptilien

Cigler, H. (2002): Amphibien der Schweiz. SVS, Zürich (erhältlich bei www.birdlife.ch)

Dusej, G. & Cigler, H. (2000): Reptilien der Schweiz. SVS, Zürich (erhältlich bei www.birdlife.ch)

Engelmann, W.-E., Fritzsche, J.,Günther, R., Obst, F. J. (1993): Lurche und Kriechtiere Europas. Neumann Verlag, Radebeul

Meyer, A., Zumbach, S., Schmidt, B. & Monney, J.-C. (2009): Auf Schlangenspuren und Krötenpfaden. Amphibien und Reptilien der Schweiz. Haupt, Bern

www.amphibienschutz.de (Amphibien- und Reptilienschutz, Rote Listen von Deutschland (Bundesländer), Österreich (Bundesländer) und der Schweiz)

Vögel

Bezzel, E. (1985): Kompendium der Vögel Mitteleuropas: Nonpasseriformes – Nichtsingvögel. Aula, Wiesbaden

Bezzel, E. (1993): Kompendium der Vögel Mitteleuropas: Passeres – Singvögel. Aula, Wiesbaden

Burkhardt, M., Marti, C. & Tobler, F. (2009): Vogelführer Schweiz. Schweizer Vogelwarte, Sempach

Hume, R. (2010): Die europäische Vogelwelt. Dorling Kindersley, München

Maumary, L., Vallotton, L. & Knaus, P. (2007): Die Vögel der Schweiz. Schweizer Vogelwarte, Sempach

Mitschke, A., Baumung, S. (2001): Brutvogel-Atlas Hamburg. Herausgegeben vom Arbeitskreis an der Staatlichen Vogelschutzwarte Hamburg. Hamburger avifaunistische Beiträge (hab), Band 31

Müller, W. (2003): Vögel der Schweiz. Die 120 häufigsten Vogelarten der Schweiz in Bild und Text. SVS, Zürich (erhältlich bei www.birdlife.ch)

Schäffer, A. & Schäffer, N. (2006): Gartenvögel. Naturbeobachtungen vor der eigenen Haustür. Mit Vogelstimmen-CD. Aula, Wiebelsheim

Svensson, L. (1999): Der neue Kosmos-Vogelführer. Alle Arten Europas, Nordafrikas und Vorderasiens. Kosmos, Stuttgart

Wichmann, G., Dvorak, M., Teufelbauer, N, Berg, H.-M. (2009): Die Vogelwelt Wiens. Atlas der Brutvögel. Herausgegeben von BirdLife Österreich. Gesellschaft für Vogelkunde. Verlag Naturhistorisches Museum Wien, Wien

www.papageien.org/df (Halsbandsittiche)

www.stadt-zuerich.ch/falken (Falken am Hochkamin)

www.vogelwarte.ch (mit Artporträts der Vögel der Schweiz)

Säugetiere

Aulagnier, S., Haffner, P., Mitchell-Jones, A. J. & Moutou, F. (2009): Die Säugetiere Europas, Nordafrikas und Vorderasiens: Der Bestimmungsführer. Haupt, Bern

Gloor, S., Bontadina, F. & Hegglin, D. (2006): Stadtfüchse. Ein Wildtier erobert den Siedlungsraum. Haupt, Bern

Hausser, J. (Hrsg.) (1995): Säugetiere der Schweiz: Verbreitung, Biologie, Ökologie. Schweiz. Akademie der Naturwissenschaften, Birkhäuser

Hohmann, U., Bartussek, I. (2001): Der Waschbär. Verlagshaus Reutlingen, Oertel und Spörer, Reutlingen

Marchesi, P., Blant, M. & Capt, S. (2008): Bestimmungsschlüssel der Säugetiere der Schweiz. Fauna Helvetica 21 & 22. Centre Suisse de Cartographie de la Faune (CSCF), Neuchâtel (erhältlich bei www.cscf.ch)

Marchesi, P., Mermod, C., Salzmann, H. C. (2010): Marder, Iltis, Nerz und Wiesel. Kleine Tiere, große Jäger. Haupt, Bern

Obrist, M. K., Flückiger, P. F., Boesch, R. (2011): Bioakustische Erhebung von Fledermäusen in unterschiedlichen Lebensräumen der Schweiz. Computergestützte synergetische Arterkennung im Einsatz. Mit DVD BatEcho – Schweizer Fledermäuse: Echoortungslaute und Artinformation. Mitteilungen der Naturforschenden Gesellschaft des Kantons Solothurn 41, 9–87

Siemers, B. & Nill, D. (2000): Fledermäuse: Das Praxisbuch. Echoortung, Jagdverhalten, Winterquartiere, Schutz, Fledermaus-Kästen und -Detektoren, Bat Nights, Experten-Interviews. BLV, München

www.redel-online.de/examen/flederm.htm (Fledermäuse in europäischen Städten)

www.fledermausschutz.at

www.fledermausschutz.ch

www.fledermausschutz.de

www.fuchsratgeber.ch

www.pro-igel.de/igel-links/igel-links.html (Igel-Links)

www.kora.ch (Koordinierte Forschungsprojekte zur Erhaltung und zum Management der Raubtiere in der Schweiz)

www.swild.ch/Fuchsprojekt

www.zsm.mwn.de/external/ksaeuger/ (Kleinsäuger Bayern)

www.zor.ch (Integriertes Fuchsprojekt)

Bildnachweis

This Schenkel 9 l
Stefan Ineichen 9 r, 18 l, 20, 28, 31 o, 31 u, 33, 34 o, 37, 100, 101 o, 179 u, 190 o, 191 u, 193 o, 194 m, 195, 202 o, 227, 254 u, 281 u, 284 u, 288 o, 289, 290 o, 294 u
Ekkehard Wachmann 18 r, 169 o, 181, 184
Max Ruckstuhl 27, 36, 55 o, 101 u, 109 u, 111 u, 139, 162 u, 164, 187 o, 194 u, 240 o, 254 o, 262 o, 264 u, 270 o, 277 o, 299 u, 318 u, 323 u, 330 u, 342 o, 372 u, 373 u, 374 o, 375 u, 376 u, 401
Yvonne Aellen 34 u
BiodiverCity (Bildmontagen Roland Hausheer) 40, 41
Patrick Steinmann 43, 45, 47, 49, 56 u, 79, 81 o, 82 u, 83, 84, 86 u, 145 u, 194 o, 295, 297 o, 299 o, 302 u, 303 o, 304, 305 o, 306, 307, 308
Heinrich Vicentini 51, 57 o, 77, 78, 118, 265 u, 279 u
Stanislav Krejcik 53, 196 u, 202 u
Christine Dobler Gross 55 u, 68 u, 86 o, 87, 90, 91, 92, 93 u, 94 o, 95, 96, 97, 98, 99 o, 109 o, 113, 143 o, 167 o, 168, 171 o, 175, 176 u, 177, 178, 179 o, 185 o, 196 o, 197 o, 201, 204, 205 o, 207 o, 208, 209 o, 210, 211, 212 o, 214, 215, 216, 217, 218, 219, 220, 221, 222, 223, 224 o, 225, 229 u, 230 u, 231 o, 233, 234 u, 240 u, 269 u, 274 o, 275 u, 281 o, 282 o, 285 u, 286 o, 287, 288 u, 292, 293 o, 293 u, 294 o, 324 o
Harry Taylor (Copyright Natural History Museum London) 56 o
Adolfo Outeiro 57 u, 117 o
Martin Mach 58
Peter Müller 59, 61 o, 62 o, 63, 64, 65, 66 u, 67 u, 69 u, 70, 71, 72 u, 73 u, 74 u, 75
Lubomir Hlasek 61 u, 183 u, 350 u, 370 u
Eric Walravens 62 u
Naturhistorisches Museum Bern 66 o, 73 o
Ladislav Patrny (Fotocommunity.de) 67 o
Jozef Grego (www.animalbase.uni-goettingen.de) 68 o
Jens Schubert (Schubs Panoramio) 69 o
Angela Schwarz 72 o, 74 o, 85 u, 102 o, 137 u, 143 u, 161 u, 193 u, 197 u, 203 o, 277 u, 290 u, 329 u, 388 o
Sascha Schleich 81 u
Nils Sloth (Biopix.dk) 82 o, 266 u, 393 u
Peter Pfeiffer 85 o
Jorgen Lissner 89 o
Adam Polednicek 89 u
Manfred Kunz 93 o, 271 o
Thomas Ritzinger 94 u
Johann Häussler 99 u
Beat Wermelinger 102 u, 105 o, 162 o, 171 u, 172 u, 174, 176 o, 239 u, 241 o, 242 o, 267 o, 268 u, 270 u, 271 u, 272 o, 275 o, 283 u
Erik Jorgensen 103 o
Jean-Yves Pierquin 103 u
Josef Dvorak 105 u
Clouds Hill Imaging (www.lastrefuge.co.uk) 106 o
Keystone 106 u
Jürgen Peters 107, 110 u
Christian Reiter 110 o
Ivan Motlik 111 o
Peter Decker 112 o
Frithjof Kohl 112 u
Verena Lubini 119, 121, 135, 237, 283 o
Hansruedi Wildermuth 123 o, 132 u, 133, 273 u
André Rey 123 u, 124 u, 125, 126 o, 126 u, 127, 128, 129, 130, 131, 132 o, 146, 147, 148, 149 o, 150, 151 u, 152, 153, 154, 155, 239 o, 247, 248, 249, 250, 251, 252, 253 u, 255, 256, 257 o, 258, 259, 260 u, 261, 262 u, 263, 264 o, 265 o
Stefan Hose 124 o
Agroscope 137 o, 161 o
Beratungsstelle Schädlingsbekämpfung Zürich UGZ 141, 142 o, 159 o, 173, 342 u, 389 o
Reiner Pospischil 142 u, 159 u, 279 o
Dieter Thommen 145 o, 151 o
Marek Velechovsky 149 u
Jarmo Holopainen 157
Biocontrol 163 o
Jiri Novak 163 u
Günter Dorn (mikroskopie gruppe bodensee / MGB) 165
Gernot Kunz 167 u, 169 u
Astrid Hauzenberger 172 o
Peter Duelli 183 o, 185 u

Walter Ettmüller 187 u, 190 u, 192, 198, 199 u, 200, 205 u
Roy Anderson 188 o
Trevor and Dilys Pendleton 188 u, 191 o
Udo Schmidt 189 o
Pavel Sinkyrik 189 u
Dmitry Telnov (www.zin.ru/Animalia/Coleoptera/eng/nipholdt.htm) 199 o
Josef Nemec 203 u
Ivo Antusek 207 u, 244 o
Libor Hudik 209 u,
Werner Hauenstein 212 u
Wolfgang Rutkies 213 o
Gabi Krumm 213 u, 241 u
Wilfried Funk 224 u
Bernhard Seifert 229 o, 232 u, 235
Bill Urwin 230 o
Guillaume Jacquemin 231 u
Claude Lebas 232 o
Elva Robinson 234 o
Harald Cigler 242 u, 243 o, 244 u, 245, 246 u, 267 u, 269 o, 273 o, 309, 311, 312 u, 313 u, 314 u, 315 o, 316, 317
Patrik Wiedemeier 243 u, 315 u, 393 o
Jiri Dohnal 246 o, 268 o
deco 253 o
Oliver Seitz 257 u, 260 o
Frantisek Sarzik 266 o,
René Güttinger 272 u, 302 o, 305 u, 386 o, 388 u, 390 u, 391 u, 392 o, 397 o, 398 u, 402 u
Ingrid Altmann 274 u
Christian Kaufmann (Copyright IPZ, Universität Zürich) 282 u
Ingebort M. M. Van Leeuwen 284 o
Pavel Krasensky 285 o
Tom Murray 286 u
Andreas Haselböck 291 o
Albert Krebs 291 u
Michel Roggo 297 u, 298 o, 300, 301 o, 303 u
Jens Christian Schou (biopix.dk) 298 u
Piet Spaans 301 u
Lars Bergendorf 312 o, 314 o, 318 o
Marek Szczepanek 313 o
Heidi Jost 319, 322 u
Herbert Billing 321
Rainer Neumeyer 322 o, 324 u
Andreas Meier 323 o
Marcel Ruppen 325, 327, 328, 329 o, 330 o, 331, 332, 333, 334, 335, 336 u, 337 o, 338, 339, 340, 341 u, 343 u, 344 o, 345 o, 347, 348 o, 349, 350 o, 351 u, 352 u, 353, 354, 355, 356, 357 o, 358, 359, 360, 362 u, 363, 364, 365, 366, 367, 368, 369, 370 o, 371, 372 o, 373 o, 374 u, 375 o, 376 o, 377, 378, 379, 380 o, 381, 382 o
Grün Stadt Zürich 336 o
Ruedi Aeschlimann 337 u, 341 o, 345 u, 351 o, 352 o, 357 u, 361 o, 362 o, 382 u
Martin Gerber 343 o
Alfred Limbrunner 344 u
Norbert Uhlhaas 348 u
Fabienne Muriset 361 u
Anja Gieseler 380 u
Wildnispark Zürich (www.wildnispark.ch) 383, 385 o, 386 u, 399
Marko König 398 o, 405 o, 406 o, 407 o, 411 o
Samuel Wüst 387 o
Susanne Danegger 387 u
Milos Andera 389 u
Stefan Endepols 390 o
Mathias Wüst 391 o
Martin Pelanek 392 u
SWILD (www.swild.ch) 394, 395, 396 u, 400, 407 u
Manfred Danegger 396 o
Darius Weber 397 u
Richard Kraft 402 o
Fredy Leutert 403 o
Petr Konupka 403 u
Fledermausschutz (www.fledermausschutz.ch) 405 u, 406 u, 408, 409, 410, 411 u

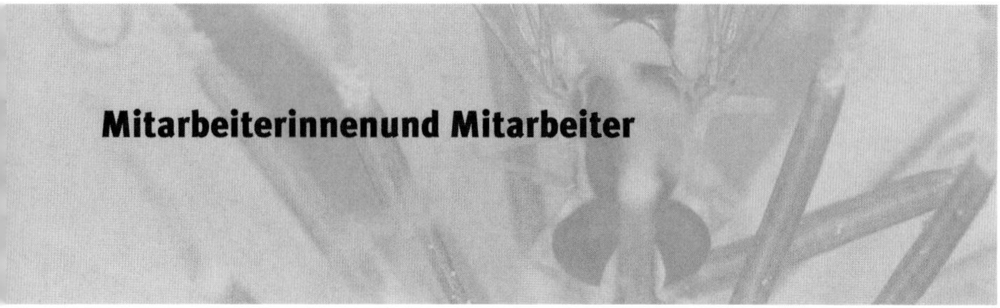

Mitarbeiterinnenund Mitarbeiter

Das vorliegende Buch basiert auf der 2010 im Haupt Verlag erschienenen «Stadtfauna. 600 Tierarten der Stadt Zürich» und enthält zahlreiche neue, in der Zürcher Stadtfauna fehlende Artporträts, während andererseits Dutzende von Porträts von in Zürich vorkommenden Arten gestrichen wurden, die als wenig typisch für die urbane Fauna des gesamten mitteleuropäischen Raums gelten müssen. Sämtliche Beiträge sind für die vorliegende Publikation neubearbeitet worden.

Die Originalbeiträge, die als Grundlage für die hier in ergänzter und bearbeiteter Form vorliegenden Artporträts dienten, stammen von folgenden Autorinnen und Autoren:

Claudia Baumberger, Biologin, Ornithologin.
→ Vögel (alle Arten außer Stadttaube, Segler und Turmdohle)

Beratungsstelle Schädlingsbekämpfung der Stadt Zürich:
Gabi Müller, Biologin; **Isabelle Landau Lüscher,** Biologin; **Marcus Schmidt,** Agronom.
→ Holzbock, Silberfischchen, Springschwänze, Schaben, Staubläuse, Tierläuse, Bettwanze, Flöhe, Ratten

Fabio Bontadina, Sandra Gloor: Wildtierbiologe und Wildtierbiologin, Arbeitsgemeinschaft SWILD – Stadtökologie, Wildtierforschung, Kommunikation, Zürich.
→ Feldhase, Eichhörnchen, Biber, Haselmaus, Bisamratte, Waschbär, Fuchs, Iltis, Baummarder, Steinmarder, Luchs, Huftiere, Igel, Fledermäuse

Harald Cigler: Wissenschaftlicher Zeichner und Naturschutzbeauftragter.
→ Amphibien

Peter Duelli: bis 2008 Abteilungsleiter Biodiversität an der Eidg. Forschungsanstalt WSL, Dozent an der Universität Basel und der ETH.
→ Netzflügler, Schnabelfliegen

Christine Dobler Gross: Psychomotorik-Therapeutin; seit 2006 Dokumentation der Fauna im eigenen, naturnah gestalteten Garten in Zürich mit Makrofotografie.
→ Wildbienen fördern

Marianne Fritzsche: Gartenbauingenieurin, Projektleiterin Fachbereich Naturschutz bei Grün Stadt Zürich.
→ Ohrwürmer (fachliche Beratung durch Heinrich Höhn, Agroscope ACW)

Karin Hindenlang: Zürich. Biologin, Fachrichtung Zoologie, Geschäftsleitungsmitglied Grün Stadt Zürich, Leiterin Geschäftsbereich Naturförderung.
→ Regen- und Kompostwurm, Dachs

Stefan Ineichen:
→ Einleitung, Milben (ohne Holzbock und Kugelmilbe), Käfer (mit fachlicher Beratung durch Walter Ettmüller), Zweiflügler (mit fachlicher Beratung durch Gerhard Bächli)

Verena Lubini-Ferlin: Biologin, Beratungsbüro für Gewässerökologie in Zürich, Spezialgebiet wirbellose Wassertiere.
→ Eintagsfliegen, Steinfliegen, Köcherfliegen

Thomas Maag: Assistent für Biologie an der Kantonsschule Rämibühl Zürich.
→ Nachtfalter und Kleinschmetterlinge

Roland Mühlethaler: Zoologe, Arbeitsgruppe Biosystematik (Schwerpunkt Bioakustik von Zikaden), Museum für Naturkunde Berlin.
→ Zikaden

Peter Müller: Freiberuflicher Zoologe (Kartierung und Schutz von einheimischen Weichtieren, Reptilien, Amphibien).
⇢ Schnecken

Rainer Neumeyer: Zoologe, Diplomarbeit (Kreuzotter), Dissertation (Ernteameisen), Ökobüro (Oekoservice N & F).
⇢ Ameisen, Reptilien

André Rey: Landschaftsarchitekt und Tierökologe, spezialisiert auf Inventarisierung, Beobachtung, Bewertung, Förderung, Schutz und Wiedereinbürgerung einheimischer Arten.
⇢ Libellen, Heuschrecken, Schmetterlinge (Tagfalter, Dickkopffalter, Widderchen)

Max Ruckstuhl:
⇢ Pflanzenläuse (Birnblattsauger: fachliche Beratung durch Heinrich Höhn, Agroscope ACW)

Iris Scholl: Ethologin, im Bereich Artenschutz im Siedlungsraum beschäftigt, vorwiegend mit Dohlen und Seglerförderung.
⇢ Stadttaube, Mauer- und Alpensegler, Segler fördern, Turmdohle

Patrick Steinmann: Gewässerbiologe, Amt für Abfall, Wasser, Energie und Luft des Kantons Zürich AWEL, Abteilung Gewässerschutz.
⇢ Süßwasserschwämme, Nesseltiere, Moostierchen, Bärtierchen, Krebse, Kugelmilbe, Fische

Heinrich Vicentini: Zoologe, Spezialgebiete: Großmuscheln, Köcherfliegen, aquatische Oligochaeta, Egel; Lehrtätigkeit, eigenes Büro für Gewässerökologie.
⇢ Strudelwürmer, Ringelwürmer (ohne Regen- und Kompostwurm), Muscheln

Patrik Wiedemeier: Zoologe, Lehraufträge für Tierökologie, eigenes Ökologiebüro.
⇢ Spinnen, Bücherskorpion, Hornkanker, Tausendfüßer, Hautflügler (ohne Ameisen)

Matthias Wüst: Wildbiologe und Umweltpädagoge, Kleinsäugerspezialist und Ornithologe, Mitarbeiter der Rucksackschule.
⇢ Siebenschläfer, Rötel-, Feld-, Ostscher-, Wald- und Hausmaus, Hermelin, Spitzmäuse, Maulwurf

Denise Wyniger: Wissenschaftliche Mitarbeiterin Naturhistorisches Museum Basel, Zoologin mit Spezialgebiet Wanzen.
⇢ Wanzen (außer Bettwanze)

Die Neubearbeitung der für die Zürcher Stadtfauna verfassten Artengruppen haben auch für die vorliegende Ausgabe übernommen: **Gabi Müller, Isabelle Landau Lüscher, Marcus Schmidt** (Beratungsstelle Schädlingsbekämpfung der Stadt Zürich), **Verena Lubini-Ferlin, Roland Mühlethaler, André Rey** und **Denise Wyniger.**

Zahlreiche Artporträts von wirbellosen Tieren wurden bearbeitet und ergänzt von **Maik Raap**: Studium der Biologie an der Universität Leipzig, Promotion am Max-Planck-Institut für Pflanzenphysiologie, wissenschaftlicher Mitarbeiter am Paul-Flechsig-Institut für Hirnforschung der Universität Leipzig, seit 2011 freiberuflicher Biologe und Autor.

Die Bearbeitung der übrigen Artengruppen sowie der Einleitung wurde von den **Herausgebern** vorgenommen.

Die Herausgeber möchten allen herzlich danken, die in irgendeiner Weise zum Gelingen der «Stadtfauna» beigetragen haben!

Register der deutschen Namen

Register der lateinischen Namen

Bitte beachten Sie auch die folgenden Seiten

Erläuterungen

Auswahl der Arten: Die vorliegende Auswahl beschränkt sich auf meist häufige und auffällige Arten und umfasst nur einen kleinen Teil der in mitteleuropäischen Städten zu erwartenden Fauna, deren Artenzahl in größeren Städten im fünfstelligen Bereich liegt. Während bei einigen Artengruppen ein großer Anteil der im urbanen Raum auftretenden Arten beschrieben wird (z. B. Wirbeltiere), sind andere, oft sehr artenreiche Gruppen nur durch verhältnismäßig wenige Artporträts vertreten (z. B. Spinnen, Käfer).

Piktogramme: Dienen als Orientierungshilfe und geben an, wo die beschriebene Art beobachtet werden kann.

 Gebäude

 Ruderalflächen, Verkehrswege, offene Flächen

 Garten und Park

 Wiesen, Obstgärten und Felder

 Hecken und Waldränder

 Wald

 Feuchtgebiet

 Gewässer

 überall

Angaben zur Verbreitung: Die Angaben zur Verbreitung in Mitteleuropa beziehen sich im Allgemeinen auf den deutschsprachigen Raum nördlich der Alpen.